Wolfgang Nutsch
Handbuch der Konstruktion
Innenausbau

Wolfgang Nutsch

Handbuch der Konstruktion
Innenausbau

Deutsche Verlags-Anstalt

Haftungsausschluss
Dem Inhalt dieses Werks liegt der derzeitige Kenntnisstand in Wissenschaft und Technik zugrunde. Gerade im Bereich von Wissenschaft und Technik sind Kenntnisse und Erfahrungen einer raschen Änderung unterworfen. Wenn in Zeichnungen oder Text inhaltliche Fehler und Mängel enthalten sein sollten, können Autor und Verlag nicht haftbar gemacht werden.

3. Auflage 2025

in der Penguin Random House Verlagsgruppe GmbH, Neumarkter Str. 28, 81673 München
produktsicherheit@penguinrandomhouse.de
(Vorstehende Angaben sind zugleich Pflichtinformationen nach GPSR)

Umschlagentwurf: Büro Klaus Meyer, München – Costanza Puglisi
Satz und Layout: Boer Verlagsservice, Grafrath
Gesetzt aus der Helvetica
Druck und Bindung: Friedrich Pustet, Regensburg

FSC www.fsc.org MIX Papier | Fördert gute Waldnutzung FSC® C014889

Penguin Random House Verlagsgruppe FSC®N001967

Printed in Germany

ISBN 978-3-421-04129-6

www.penguinrandomhouse.de

Inhalt

Einleitung . . . 9

1 Maße im Hochbau . . . 11
1.1 Baunormzahlen . . . 11
1.1.1 Baurichtmaße . . . 11
1.1.2 Nennmaße . . . 11
1.1.3 Kleinmaße . . . 11
1.2 Rohbauöffnungen . . . 13

2 Innentüren . . . 15
2.1 Arten der Innentüren . . . 15
2.2 Drehflügeltüren . . . 23
2.2.1 Türblätter . . . 23
2.2.1.1 Sperrtüren . . . 23
2.2.1.2 Rahmentüren . . . 27
2.2.1.3 Aufgedoppelte Türen . . . 27
2.2.1.4 Ganzglastüren . . . 27
2.2.1.5 Glasverbundtüren . . . 34
2.2.2 Türumrahmung . . . 35
2.2.3 Anschlagsmöglichkeiten . . . 35
2.2.3.1 Überfälzte Türen . . . 37
2.2.3.2 Stumpf einschlagende Türen . . . 49
2.2.3.3 Bündig überfälzte Türen . . . 55
2.2.4 Verschlussmöglichkeiten von Drehflügeltüren . . . 61
2.2.4.1 Einsteckschlösser . . . 61
2.2.4.2 Schließbleche . . . 65
2.2.5 Sicherungsarten . . . 65
2.2.6 Drückergarnituren . . . 68
2.2.7 Schließanlagen . . . 70
2.2.7.1 Hauptschlüsselanlage . . . 72
2.2.7.2 Generalhauptschlüsselanlage . . . 72
2.2.7.3 Zentralschlossanlage . . . 72

2.2.7.4 Zentralschlossanlage mit übergeordnetem Schlüssel 72
2.2.7.5 Kombinierte Hauptschlüssel- und Zentralschlossanlage 74
2.2.8 Türschließersysteme 75
2.2.9 Elektromechanische Drehtürantriebe 80
2.2.10 Türdichtungen 81
2.2.11 Türen mit Futter und Bekleidungen 86
2.2.12 Blockrahmentüren 103
2.2.13 Zargenrahmentüren 112
2.2.14 Blendrahmentüren 112
2.2.15 Metallzargentüren 123
2.2.16 Windfangtüren 132
2.2.17 Drehflügeltüren für Sonderzwecke 138
2.2.17.1 Schallschutztüren 138
2.2.17.2 Feuerschutztüren, Rauchschutztüren 140
2.2.17.3 Strahlenschutztüren 148
2.2.17.4 Einbruchhemmende Tür 148
2.2.17.5 Durchschusshemmende Tür 150
2.3 Pendeltüren 151
2.3.1 Anschlagsmöglichkeiten 151
2.3.1.1 Bommerbänder 151
2.3.1.2 Hawgood-Pendeltürbänder 153
2.3.1.3 Türschließer 153
2.3.2 Verschlussmöglichkeiten 154
2.4 Schiebetüren 161
2.4.1 Arten der Schiebetüren 161
2.4.2 Beschläge 161
2.4.2.1 Laufwerksysteme 161
2.4.2.2 Führungssysteme 170
2.4.2.3 Schiebetürschlösser 173
2.4.3 Montage 174
2.5 Falt- und Harmonikatüren 186
2.5.1 Falttüren 186
2.5.2 Harmonikatüren 186
2.6 Horizontalschiebewände 189
2.7 Fußleisten 192

3 Wandverkleidungen 193
3.1 Arten der Wandverkleidungen 193
3.2 Architektonische Regeln 197
3.3 Technische Anforderungen 200

3.4 Unterkonstruktion . . . 201
3.5 Verkleidungsschale . . . 208
3.5.1 Verstäbungen und Verbretterungen . . . 208
3.5.1.1 Konstruktionsdetails . . . 211
3.5.2 Wandverkleidungen aus Rahmen und Füllungen . . . 223
3.5.2.1 Konstruktionsdetails . . . 223
3.5.3 Plattenverkleidungen . . . 234
3.5.3.1 Konstruktionsdetails . . . 234
3.5.3.2 Verkleidungen mit besonderen Platten . . . 237
3.5.4 Verkleidungen mit Bespannungen . . . 260
3.5.5 Verkleidungen mit Spiegeln . . . 260
3.6 Technische Wandverkleidungen . . . 265
3.6.1 Ballwurfsichere Wandverkleidung . . . 265
3.6.2 Schalldämmende Wandverkleidung . . . 267
3.6.3 Wärmedämmende Wandverkleidung . . . 269

4 Heizkörperverkleidung . . . 270
4.1 Verkleidungen für Radiatoren . . . 270
4.2 Verkleidungen für Konvektoren . . . 283

5 Einbauschränke . . . 290
5.1 Wandschränke . . . 290
5.1.1 Wandanschlüsse bei Wandschränken . . . 291
5.1.2 Aufhängemöglichkeiten . . . 295
5.2 Schrankwände . . . 299
5.2.1 Aufbausysteme . . . 302
5.2.1.1 Schrankmontage . . . 304
5.2.1.2 Wandanschlüsse . . . 315
5.2.1.3 Deckenanschlüsse . . . 315
5.2.1.4 Fußbodenanschlüsse . . . 328
5.2.2 Schrankeinbauten und Schrankfronten . . . 333
5.2.3 Beleuchtung in Möbeln . . . 360

6 Deckenverkleidungen . . . 363
6.1 Architektonische Wirkung . . . 363
6.2 Unterkonstruktion . . . 364
6.2.1 Unterkonstruktion für Deckenbekleidungen . . . 364
6.2.2 Unterkonstruktion für Unterdecken . . . 368
6.3 Balkendecken . . . 375
6.4 Bretterdecken . . . 383

6.5 Plattendecken 388
6.6 Kassettendecken 389
6.7 Deckensonderformen 389
6.8 Technische Deckenverkleidungen 411
6.8.1 Lüftungsdecken 411
6.8.2 Akustik- oder Schallschutzdecken 411
6.8.3 Brandschutzdecken 417
6.8.4 Ballwurfsichere Deckenverkleidungen 418
6.9 Einbauzubehör für Decken 419

7 Trennwände 430
7.1 Bauarten der Trennwände 430
7.2 Bauliche Anforderungen 431
7.3 Gerippewände 432
7.4 Elementwände 435
7.4.1 Vertikale und horizontale Anschlüsse 443
7.4.2 Überströmelemente in Trennwänden 460
7.5 Schalldämmende Trennwände 462
7.6 Trennwände mit erhöhtem Brandschutz 464
7.7 Ganzglastrennwände 466

Register 470
Abkürzungen 477

Einleitung

Der individuelle Innenausbau ist eines der größten und auch interessantesten Aufgabengebiete kleinerer und mittlerer Holzverarbeitungsbetriebe. Wie das Inhaltsverzeichnis dieses Buches ausweist, gehören hierzu die Innentüren wie Drehflügeltüren, Pendeltüren, Schiebetüren, Falt- und Harmonikatüren, die Horizontalschiebewände, die Wand-, Decken- und Heizkörperverkleidungen, die Einbauschränke sowie die Trennwände. In zunehmendem Maße werden hohe qualitative Anforderungen an die Konstruktion dieser Einbauten gestellt, nicht selten unter Einbeziehung von erhöhtem Schall-, Wärme- und Brandschutz.
Jeder Innenausbau ist aber auch eine architektonische Aufgabe. Die Gestaltung hängt vom Zeitgeschmack ab, von den Vorstellungen des Kunden und den Ideen des Architekten für die Realisierung. Die Konstruktion der einzelnen Ausbauelemente ist auf deren Funktion wie auch auf die umfassende Gestaltung abzustimmen. Grenzen für Entwurf und Konstruktion setzen in der Planung allerdings die vorhandenen Werkstoffe und Beschläge, auf deren spezielle Eigenschaften und Funktionen Rücksicht zu nehmen ist.
Obwohl sich die formalen Vorstellungen wandeln, bleiben die einzelnen Konstruktionselemente über längere Zeit im Wesentlichen unverändert. Das hat bei der Bearbeitung des Buches dazu geführt, dass besonders die Konstruktionsdetails wie Wand-, Decken-, Mittel- und Fußbodenanschlüsse von Verkleidungen und Einbauschränken, die Anschlags-, Montage- und Verschlussmöglichkeiten von Innentüren, die Anschlüsse und Elementstöße bei Trennwänden sowie deren Verbindung zu Innentüren und Einbauschränken beispielhaft behandelt werden. Zusätzliche technische Anforderungen an den Innenausbau wie Schall-, Wärme-, Brand- oder Strahlenschutz verlangen besondere konstruktive Lösungen, die in ihren Detailpunkten klar dargestellt sind.
Die beim Innenausbau zunehmend in größerem Umfang verwendeten Nichtholzmaterialien, wie zum Beispiel Glas für Ganzglastüren, Metall für Unterkonstruktionen oder Kunststoff- beziehungsweise Mineralstoffplatten für Beplankungen, erhalten den ihnen gebührenden Raum.

Alle Detailpunkte sind im Maßstab 1:2 nach DIN 919 gezeichnet, was zur Verständlichkeit und besseren Verwendungsmöglichkeit des Buches beiträgt. Die für die Konstruktion wichtigen Maße sind eingetragen, die Zeichnungen eignen sich daher als Vorlagen für die Erstellung von Teilschnittzeichnungen oder direkt als Arbeitsunterlagen. Angefügte Abkürzungen geben Auskunft über die verwendeten Materialien beziehungsweise die Hersteller oder Lieferfirmen. Über ein Abkürzungsverzeichnis im Anhang können die Hersteller- oder Lieferfirmen des Beschlags oder Werkstoffs ermittelt werden. Soweit erforderlich, sind Hinweise auf die einschlägigen Normen gegeben.

Das Buch ist so gegliedert, dass man die gesuchten Detailpunkte in den einzelnen Abschnitten schnell finden und aus der Vielfalt der dargestellten Konstruktionen eine dem Einzelfall angemessene Auswahl treffen kann. Somit dient es dem Praktiker, Konstrukteur, Innenarchitekten und Architekten als Vorlagenwerk. Da sich der Aufbau methodisch am Arbeitsablauf orientiert, kann das Buch aber auch systematisch durchgearbeitet werden. So ist es gleichzeitig ein Lehrwerk für Studenten an Hochschulen und Fachhochschulen sowie für Fachschüler an Meister-, Gestalter- und Technikerschulen.

1 Maße im Hochbau

1.1 Baunormzahlen

Die Maße im Bauwesen sind durch die »Maßordnung im Hochbau« (DIN 4172) festgelegt. Dadurch wurde eine gewisse Normung erreicht, die auch im Innenausbau von Bedeutung ist. In der DIN wird zwischen Baurichtmaßen und Nennmaßen unterschieden.

1.1.1 Baurichtmaße

Baurichtmaße sind die Grundlage für alle Rohbau- und Ausbaumaße. Sie sind erforderlich, um die Bauteile normgerecht verbinden zu können. Grundmodul ist das Achtelmeter (am), also 12,5 cm = 125 mm. Die Baurichtmaße sind meistens ein Vielfaches davon.
Obwohl die Steinmaße auch auf den Achtelmeter abgestimmt sind, zum Beispiel 11,5 cm × 24 cm und mit Mörtelfuge 12,5 cm × 25 cm, sind die Baurichtmaße besonders bei Mauerwerksbauten mit Fugen theoretische Maße, die von den Nennmaßen durch die Mauerwerksfugen abweichen können (Bild 1.1-1).

1.1.2 Nennmaße

Nennmaße sind die Maße, die die Rohbauten tatsächlich aufweisen. Sie werden in die Bauzeichnungen eingetragen. Bei Bauten ohne Fugen, etwa solchen aus Beton, entsprechen die Nennmaße den Baurichtmaßen. Bei Bauten aus Mauerwerk zum Beispiel, die also Mörtelfugen aufweisen, ergeben sich die Nennmaße aus den Baurichtmaßen abzüglich oder zuzüglich der Fugen. Die Fugendicke wird mit 10 mm angenommen. Dadurch sind Öffnungen und Nischen 1 cm größer als das Baurichtmaß und Vorlagen, Pfeiler und Wanddicken 1 cm kleiner (Bild 1.1-1).

1.1.3 Kleinmaße

Alle Maße, die unter 25 mm liegen, sind Kleinmaße. Sie kommen vorzugsweise für den Ausbau in Frage. Kleinmaße werden weiter wie folgt gestaffelt: 25; 20; 16; 12,5; 10; 8; 6,3; 5; 4; 3,2; 2,5; 2; 1,6; 1,25; 1 mm.

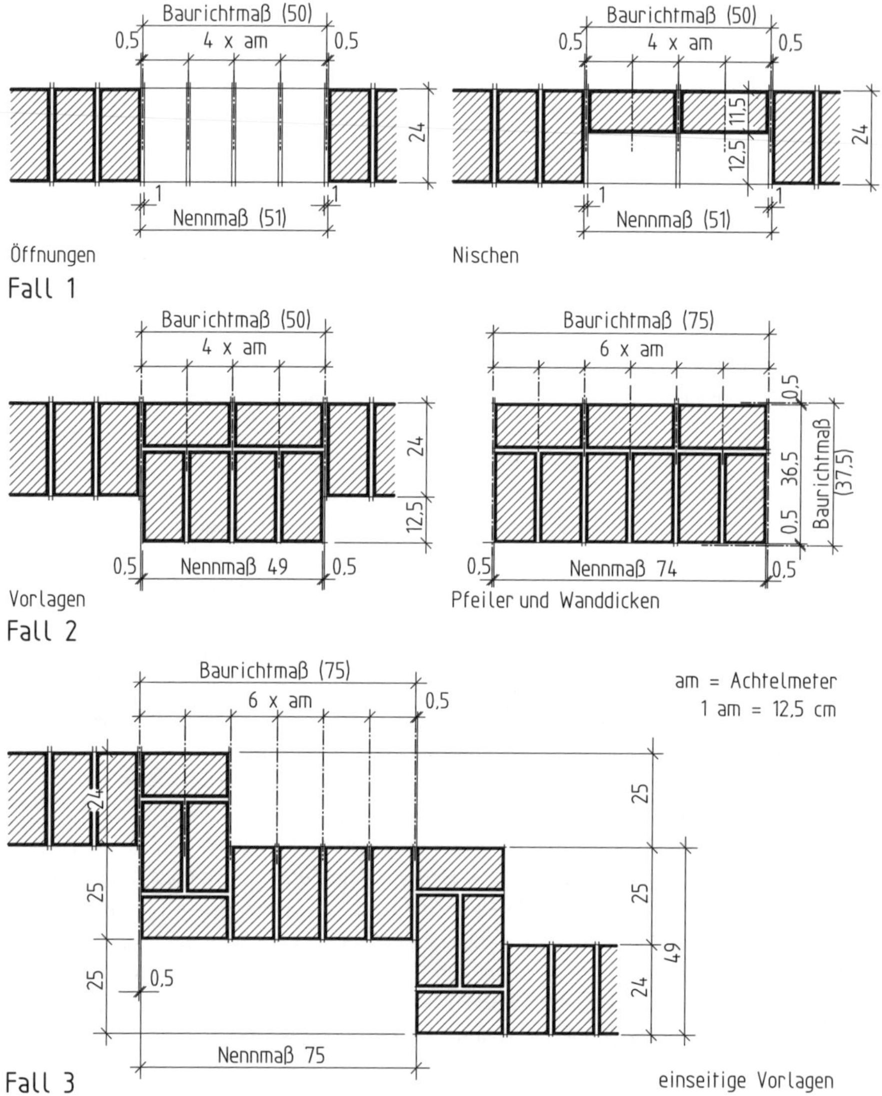

Bild 1.1-1 Baurichtmaße und Nennmaße im Mauerwerksbau. Maßangaben in cm. Fall 1: Bei Öffnungen und Nischen (x · 12,5 cm + 1 cm). Fall 2: Bei Vorlagen, Pfeilern und bei Wanddicken (x · 12,5 cm – 1 cm). Fall 3: Bei einseitig angebauten Pfeilern und Vorlagen (x · 12,5 cm).

1.2 Rohbauöffnungen

Bei Rohbauöffnungen für Türen und Fenster werden die Baurichtmaße in der Breite und Höhe angewendet und betragen ein Vielfaches von 125 mm. Bei Türen werden die Höhenmaße in der Regel auf die Oberfläche des fertigen Fußbodens (OFF) bezogen. Die Nennmaße von Rohbauöffnungen bei Mauerwerksbauten sind bei Fenstern und Nischen in der Höhe und in der Breite um je 10 mm (1 Fuge) größer als die Baurichtmaße. Da bei Türöffnungen die Höhe von der Oberfläche des fertigen Fußbodens aus gemessen wird, ist hier die Nennmaßhöhe nur um 5 mm größer als das Baurichtmaß.

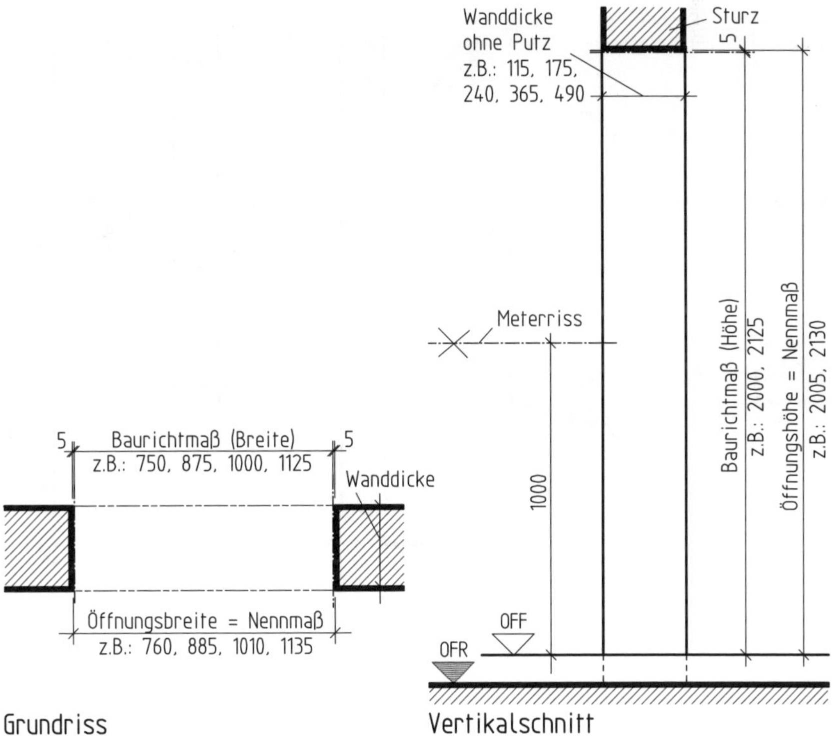

Bild 1.2-1 Baurichtmaße und Nennmaße bei Rohbauöffnungen für Türen.

In Rohbauten kann man vom Meterriss aus die Höhe des fertigen Fußbodens ermitteln, da dieser einen Meter über OFF liegt (Bild 1.2-1).

Da die Maße nicht immer genau eingehalten werden können, sind Toleranzen zugelassen, die auf die Nennmaße bezogen werden. So kann bei Türöffnungen das Breitenmaß um +10/–10 mm und das Höhenmaß um +10/–5 mm schwanken (Bild 1.2-2).

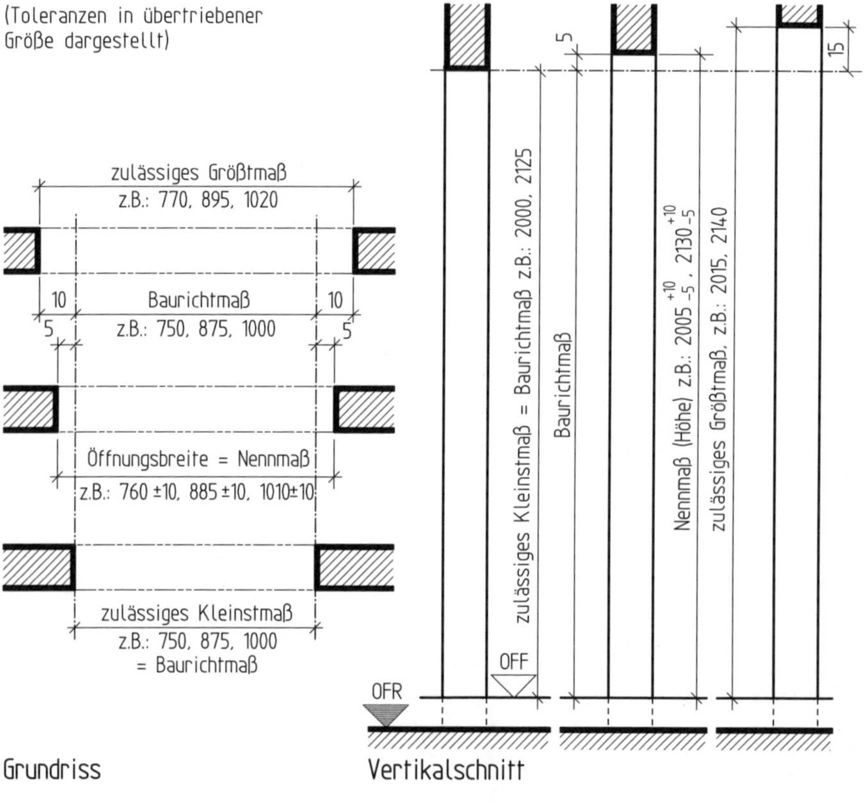

Bild 1.2-2 Zulässige Toleranzen der Maße von Rohbauöffnungen.

2 Innentüren

Innentüren haben die Aufgabe, Räume zu separieren. Sie können gegen unbefugten Zutritt verschlossen werden. Innentüren bestehen im Wesentlichen aus der Türumrahmung, die fest mit der Raumwand verbunden ist, und dem beweglichen Türblatt, das je nach verwendetem Beschlag unterschiedlich zu öffnen und zu schließen ist.
Eine Innentür bestimmt sehr weitgehend die architektonische Wirkung des Raumes. Darum ist nicht nur für die Lage in der Wand, sondern auch für die Konstruktion der Türumrahmung, die Türblattausbildung sowie die Auswahl der Beschläge eine sensible Abstimmung im Hinblick auf die spätere Raumnutzung und Möblierung erforderlich. Man kann zwischen breiten oder schmalen, schlichten oder stark profilierten Türumrahmungen, glatten oder durch Profile und Füllungen stark gegliederten Türblättern, Türen mit Sturz oder raumhohen Türelementen, echtholzfunierten, folienbeschichteten oder lackierten Ausführungen und zwischen unauffälligen oder betonenden Beschlägen wählen.
Ganz allgemein sollten Türen dann neutral und in der Wand zurückhaltend bleiben, wenn sie sich nicht in die Architektur des Raums beziehungsweise in die Ausführung des Mobiliars gestalterisch einfügen lassen.

2.1 Arten der Innentüren

Innentüren sind im Gegensatz zu Außentüren in der Regel nicht so sehr unterschiedlichen Klimaeinflüssen ausgesetzt. Auch die Wärmedämmung ist im Allgemeinen sekundär. Allerdings können bei manchen Türarten Einbruchhemmung, Schallschutz, Brand- und Rauchschutz gefordert sein.
Man unterscheidet die Innentüren nach verschiedenen Kriterien.

Nach dem Einsatzort:

- Zimmertüren – trennen Räume von Fluren, Gängen oder Räume untereinander ab.
- WC- und Badezellentüren – schließen WC und Badezimmer ab und haben meistens ein besonderes Schloss.
- Windfangtüren – liegen hinter den Hauseingängen und trennen die Windfangschleuse vom Wohnbereich.
- Wohnungsabschlusstüren – schließen Wohnungen von Treppenhäusern oder Hausfluren ab. Schallschutz, Einbruchhemmung, evtl. auch Brandschutz und die Montage eines Türschließers werden erforderlich (DIN 18105).

- Hotelzimmertüren – trennen Gästezimmer von Hotelfluren und sind mit besonderen Schlössern bestückt, die zum Beispiel mit Chipkarte oder codiertem Schlüssel zu betätigen sind. In der Regel werden Brand- und Rauchschutztüren gefordert.
- Krankenhaustüren – haben ein Überformat. Wegen der breiten Krankenbetten beträgt das lichte Durchgangsmaß mindestens 1,20 m. Sie sollen schalldämmend sein und geräuscharm schließen.

Nach der technischen Verwendung:

- Schallschutztüren – besondere Türblätter, gute Falz- und Bodendichtungen sowie ein gut gedichteter Einbau ermöglichen Raumabschlüsse mit einem Schalldämmmaß bis 45 dB (DIN 4109).
- Strahlenschutztüren – hier sind Bleieinlagen eingebaut, die gegen Röntgenstrahlen abschirmen.
- Brandschutz- und Rauchschutztüren – werden aus schwer- oder nicht entflammbaren Stoffen gebaut und müssen gegen Rauchdurchgang gedichtet sein. Ein Türschließer ist einzubauen (DIN 4102 und DIN 18095).
- Durchschusshemmende Türen – besondere Türeinlagen wie Delignit-Panzerholz bieten hier einen Durchschusswiderstand (DIN 52290/2).
- Einbruchhemmende Türen – die Verwendung besonderer Beschläge und Werkstoffe, sichere Konstruktion und Montage können die Einbruchhemmung erhöhen. Gemäß DIN 18103 werden 3 Klassen ET1, ET2 und ET3 und gemäß DIN EN 1627 6 Widerstandsklassen RC1 bis RC6 (*resistance class*) unterschieden.

Nach der Bewegungsrichtung:

- Drehflügeltüren – das Türblatt dreht sich um eine Längskante und schlägt auf die Türumrahmung (Bild 2.1-1).
- Pendeltüren – das Türblatt dreht sich um eine Längskante und schlägt in der Türumrahmung nach beiden Seiten durch (Bild 2.1-1).
- Raumspartüren – das Türblatt wird vertikal im Verhältnis 2 : 1 geteilt und öffnet durch Drehen und seitliches Verschieben. Dadurch wird nur ein geringer Bewegungsraum beim Öffnen der Tür benötigt (Bild 2.2-121).
- Schiebetüren – die Türblätter sind an Laufwerken aufgehängt und werden seitlich verschoben (Bild 2.1-1).
- Falttüren – bestehen aus mehreren Türblättern, die an den Längskanten drehbar miteinander verbunden und oben am Laufwerk aufgehängt sind. Durch seitliches Verschieben lassen sich die Türblätter zusammenfalten (Bild 2.5-1).
- Harmonikatüren – die Türflügel sind oben mittig am Laufwerk aufgehängt und an den Längskanten über Scharniere miteinander verbunden. Durch Verschieben werden sie seitlich zu Paketen zusammengeschoben (Bild 2.5-2).

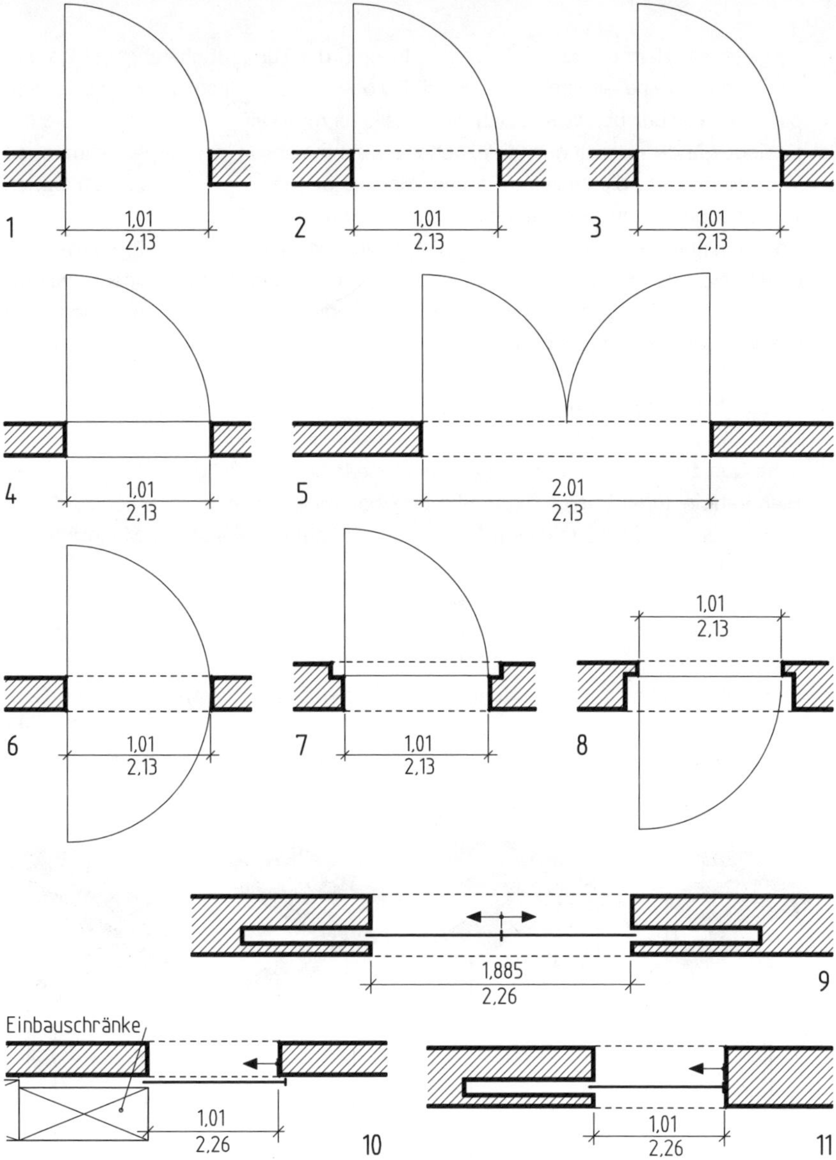

Bild 2.1-1 Symbole der Türen in Hochbauzeichnungen. 1 Drehflügeltür ohne Sturz. 2 Drehflügeltür mit Sturz, Rohbaumaß: Breite 1,01 m, Höhe 2,13 m. 3 Drehflügeltür mit Bodenschiene. 4 Einflügelige Drehflügeltür mit Schwelle. 5 Zweiflügelige Drehtür. 6 Pendeltür. 7 Maueröffnung mit Innenanschlag für Blendrahmentür. 8 Maueröffnung mit Außenanschlag für Blendrahmentür. 9 Zweiflügelige Schiebetür in Mauertaschen laufend. 10 Einflügelige Schiebetür hinter einem Schrank laufend. 11 Einflügelige Schiebetür in eine Mauertasche laufend.

Vorgefertigte Harmonikatüren haben im Inneren der Tür ein Scherengestänge, auf das beidseitig eine faltbare Holzkonstruktion oder Kunststoffhaut befestigt ist. Durch seitliches Verschieben lassen sich die Türteile harmonikaförmig zusammenfalten.

- Schiebewände – bestehen aus mehreren schmalen, in der Regel raumhohen Wandelementen, die einzelne Räume voneinander trennen und sich zum Öffnen verschieben und auf verschiedene Weise parken lassen (Bild 2.6-1).
- Drehkreuztüren – drei oder vier Türflügel sind an einer Längskante stern- oder kreuzartig miteinander verbunden und drehen sich zentrisch in einem zylindrischen Futter. Zum ungehinderten Durchgang oder zum Lüften können die Flügel aufeinander geklappt werden.

Nach der Türumrahmung:

- Blockrahmentüren – die Türumrahmung hat eine blockartige, annähernd quadratische Querschnittsform und wird an der Mauerlaibung befestigt (Bild 2.1-2 und 3).
- Blendrahmentüren – die Türumrahmung hat meistens eine rechteckige Querschnittsform und wird in einem Mauerfalz oder auf der Kante der Maueröffnung befestigt (Bild 2.1-2 und 3).
- Zargenrahmentüren – die Zargenrahmen sind mindestens so tief wie die Wände dick sind und werden an der Mauerlaibung befestigt. Zargenrahmentüren haben keine Bekleidungen (Bild 2.1-2 und 3).
- Futterrahmentüren mit Bekleidungen – der Futterrahmen hat annähernd die Tiefe der Wanddicke. Die Luft zwischen Futter und Mauerlaibung wird auf der Türseite durch die Falzbekleidung und auf der Gegenseite durch eine Zierbekleidung abgedeckt (Bild 2.1-2 und 3).

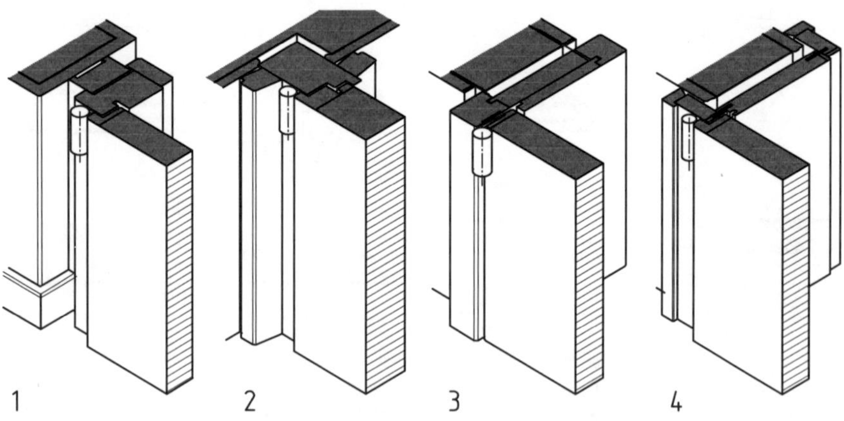

Bild 2.1-2 und 3 Unterscheidung der Türen nach der Türumrahmung. 1 Blockrahmen- oder Blockzargentür, 2 Blendrahmentür, 3 Zargenrahmen- oder Futterzargentür, 4 Tür mit Futter und Bekleidung.

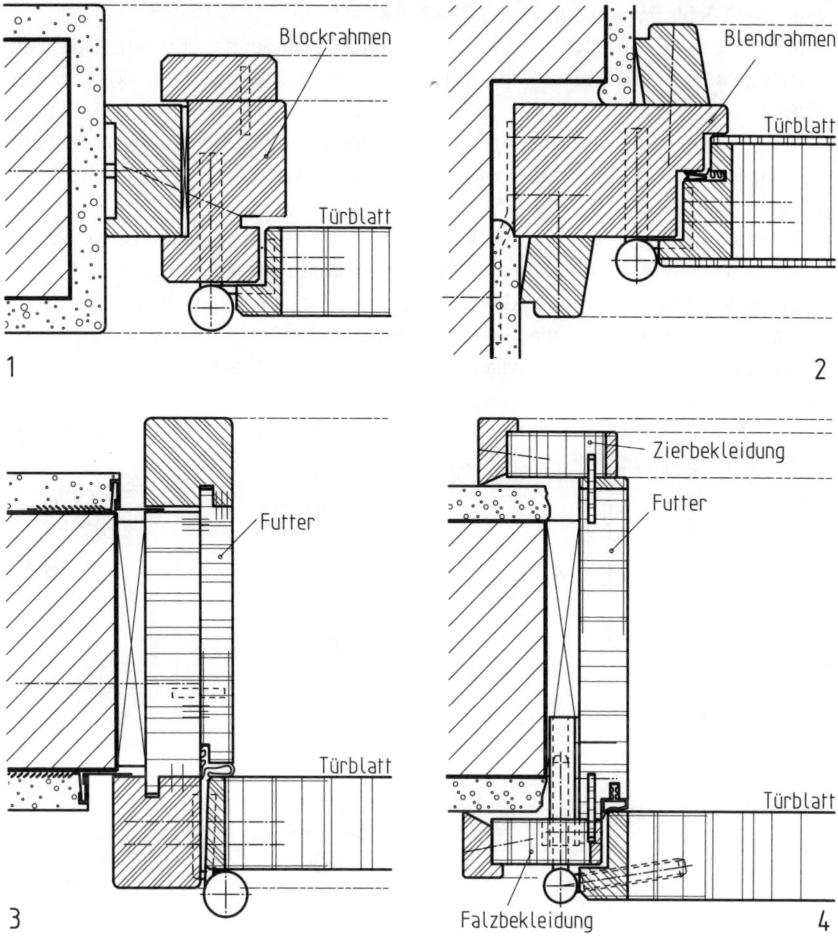

Bild 2.1-3

Nach der Türblattform

- Sturzhohe Türen – Normalform, bei der das Türelement vom Fußboden bis zum Mauersturz reicht.
- Raumhohe Türelemente – sie reichen vom Fußboden bis zur Decke und haben in der Regel ein Oberlicht oder eine Oberblende.
- Rundbogentüren – der obere Türabschluss hat die Form eines Rundbogens.
- Stichbogentüren – der obere Türabschluss hat die Form eines Stichbogens.
- Korbbogentüren – der obere Türabschluss hat die Form eines Korbbogens.

Nach der Türblattausbildung

- Sperrtüren – sind in DIN 68706 genormt und werden industriell gefertigt (Bild 2.1-6).
- Rahmentüren – die Türblätter bestehen aus Rahmen mit Glas- oder Holzfüllungen (Bild 2.1-4).
- Brettertüren – bestehen aus Nut- und Federbrettern, die auf Querriegel und Strebe montiert sind. Sie werden in der Regel mit Langbändern angeschlagen und heute selten gefertigt (Bild 2.1-5).
- Aufgedoppelte Türen – auf einer Rahmenunterkonstruktion oder auf Sperrholzrohlingen werden Verbretterungen oder furnierte Platten angebracht.
- Ganzglastüren – bestehen in der Regel aus Einscheibensicherheitsglas (ESG).
- Glasverbundtüren - bestehen aus beidseitig und vollflächig mit Einscheiben- oder Verbundscheiben-Sicherheitsglas beplankten Rahmen (Seite 27).

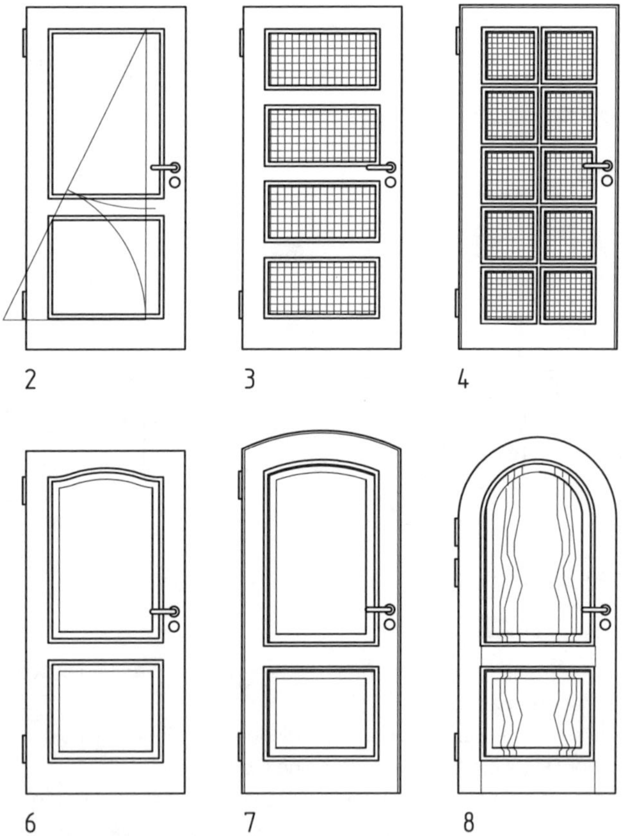

Bild 2.1-4 Rahmentüren mit Füllungen. 1–4 Glasfüllungen, 5–8 Holzfüllungen.

Nach der Anzahl der Türflügel:

- Einflügelige, zweiflügelige, dreiflügelige Türen.

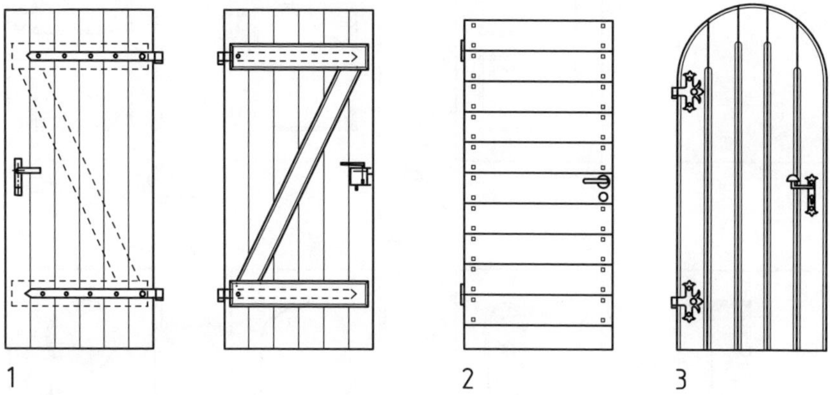

Bild 2.1-5 Brettertüren. 1 Einfache Brettertür, Bretter durch Querriegel und Strebe ausgesteift, 2 Bretter mit schmiedeeisernen Nägeln auf Rahmen befestigt, 3 Rundbogentür mit Verbretterung.

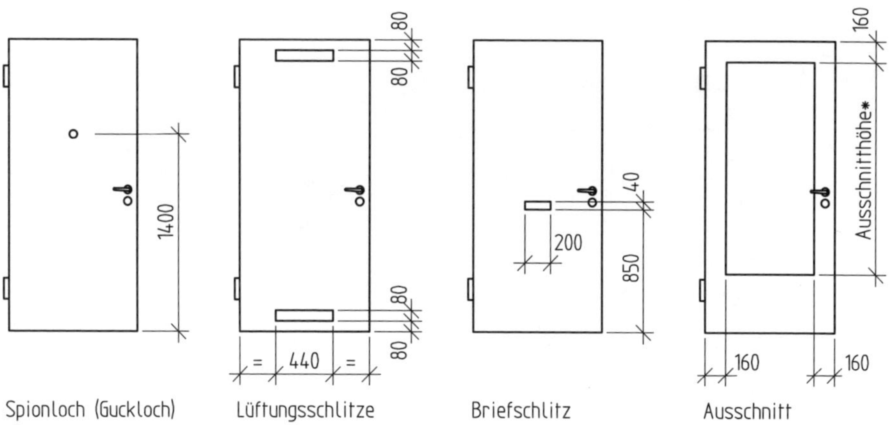

Bild 2.1-6 Ausbildung der Sperrtürblätter nach DIN 68706. Die Ausschnitthöhe beträgt bei einer Sperrtürhöhe von 1798 bis 1923 mm = 1300 mm; von 1924 mm bis 2058 mm = 1425 mm; von 2059 bis 2173 mm = 1550 mm; von 2174 bis 2298 mm = 1675 mm (Sperrtür ohne Ausschnitt ist nicht dargestellt).

Bild 2.2-2 Sperrtürblätter mit verschiedenen nicht genormten Glasausschnitten.

2.2 Drehflügeltüren

Drehflügeltüren sind an ihrer Längskante angeschlagen, drehen sich um diese nach einer Seite und schlagen gegen die Türumrahmung. Nach der Drehrichtung sind Links- und Rechtstüren zu unterscheiden. Maßgebend für die Bestimmung der Drehrichtung ist der Sitz der Bänder auf der Anschlagseite (Bild 2.2-1).

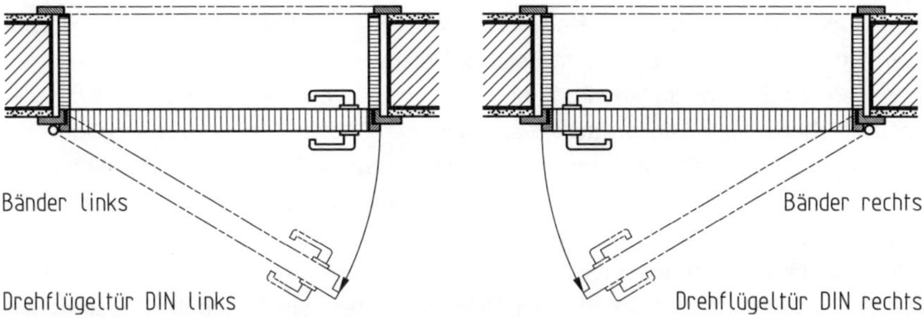

Bild 2.2-1 Drehrichtung der Drehflügeltüren (DIN 107).

Bei der Planung ist zu berücksichtigen, in welcher Richtung Drehflügeltüren sinnvoll geöffnet werden. Aus psychologischen Gründen werden im Privatbereich die Drehflügeltüren in den Raum wie Wohn- und Schlafraum hinein geöffnet. Ausnahmen bilden kleine Räume wie Abstellräume und WCs. Hier gehen die Drehflügeltüren am zweckmäßigsten nach außen auf. Wohnungsabschlusstüren in Mehrfamilienhäusern schlagen ebenfalls aus praktischen und psychologischen Gründen nach innen auf (allerdings wird hier eine Selbstschließung verlangt). Drehflügeltüren zu Treppenab- oder Treppenaufgängen verlangen aus Sicherheitsgründen einen bestimmten Mindestabstand zu den ersten Stufenkanten (Bild 2.2-2).
In öffentlichen Gebäuden müssen Drehflügeltüren in der Regel in Fluchtrichtung aufschlagen.

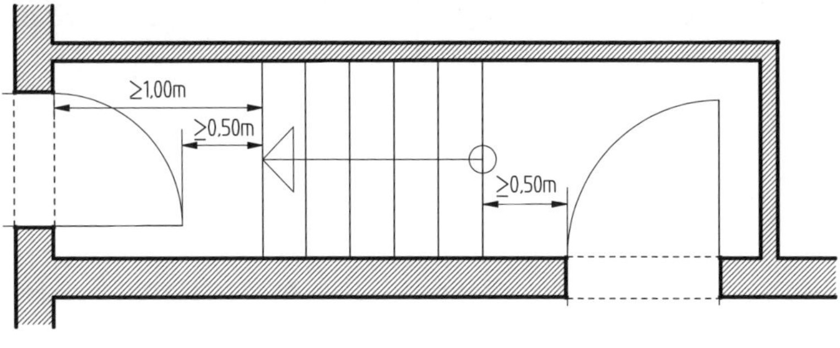

Bild 2.2-2 Abstände der Drehflügeltüren zu Treppenläufen.

2.2.1 Türblätter

Türblätter können industriell gefertigte Sperrtüren, Rahmentüren, aufgedoppelte Türen, Glasverbundtüren oder Ganzglastüren sein.

2.2.1.1 Sperrtüren

Sperrtüren (DIN 68706) bestehen aus dem Holzrahmen mit der Schloss- und Bandverstärkung an den aufrechten Rahmen, der Türblatteinlage und den Deckplatten. Die Deckplatten können zum Beispiel Furnierplatten, Holzspanplatten oder Holzfaserplatten sein, die Einlagen zum Beispiel Holzfaserplattenstreifen, Holzstäbe, Röhrenspan- oder Vollspanplatten und andere Füllstoffe. Sperrtüren sind ungefälzt oder gefälzt, ohne oder mit genormtem Glasausschnitt, Briefeinwurf und Lüftungsschlitzen im Handel (Bild 2.1-6). Die Türen können roh, mit Kunststoffen beplankt oder furniert und fertig lackiert sein. In die schlichten Sperrtüren können frei gewählte Glas- oder Füllungsausschnitte eingefräst beziehungsweise eingeschnitten werden (Bild 2.2-2). Glasfüllungen werden so eingeleistet, dass man durch einseitig eingeleimte Leisten einen Falz bildet und auf der anderen Seite die Leisten zum Zweck der Reparatur nur einschraubt. Zur Geräuschdämpfung sollten die Gläser mit Vorlegebändern oder mit Verglasungsprofilen eingeglast werden (Bild 2.2-4). Bei Holzfüllungen dagegen kann man die Füllungsstäbe beidseitig einleimen (Bild 2.2-5).

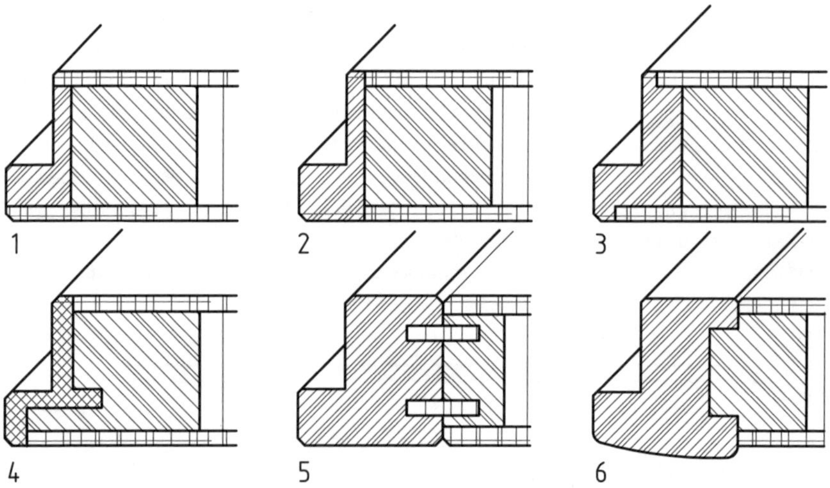

Bild 2.2-3 Mögliche Kantenausbildung bei Sperrtüren. 1 Einleimer, 2 Anleimer, überfurniert, 3 Einleimer für Decklagen ausgefälzt, 4 Kunststoff-Kantenprofil, 5 und 6 angeleimte Massivholzkanten.

Die Kanten der Sperrtüren erhalten schon bei der Türblattherstellung Einleimer, oder es werden Anleimer nachträglich stumpf angeleimt oder eingefälzt beziehungsweise besondere Randleisten vorgesehen (Bild 2.2-3).

Je nach Einsatzort werden die Türblätter hygrothermisch oder mechanisch mehr oder weniger beansprucht. Deshalb werden Sperrtüren für drei Klimaklassen und drei mechanische Beanspruchungsgruppen (Tabelle 2.2-1) sowie für Schallschutz, Brandschutz, Strahlenschutz und Einbruchhemmung gefertigt.

Tabelle 2.2-1 Klimaklassen und Beanspruchungsgruppen

Hygrothermische Beanspruchung			Mechanische Beanspruchung		
I	II	III	N	M	S
normale Klimabean-spruchung	mittlere Klimabean-spruchung	hohe Klimabean-spruchung	normale Beanspruchung	mittlere Beanspruchung	starke Beanspruchung
i. 23 °C–30 % a. 18 °C–50 %	i. 23 °C–30 % a. 13 °C–66 %	i. 23 °C–30 % a. 3 °C–80 %			
Türen für: Wohnzimmer, Schlafzimmer Esszimmer, Arbeitszimmer Küche, Bad, Abstellraum, Kellerabgang, Büroräume, Hotelzimmer, Schulräume, Laborräume, Kindergärten	Türen für: Küche*, Bad*, WC*, Abstellraum*, Wohnungs-abschluss, Kantinen, Praxen, usw. *) wenn nicht in Klasse I	Türen für: Wohnungs-abschluss*, Eingang in öffentl. Ver-waltung *) wenn nicht in Klasse II	Türen für: Wohnzimmer, Schlafzimmer, Esszimmer, Arbeitsraum, Küche, Bad, Abstellraum, Kellerabgang, Dachgeschoss		Türen für: Wohnungs-abschluss, Büroräume, Schulräume, Kindergärten, Kranken-häuser, Kantinen, Laborräume, Praxen öffentl. Verwaltung

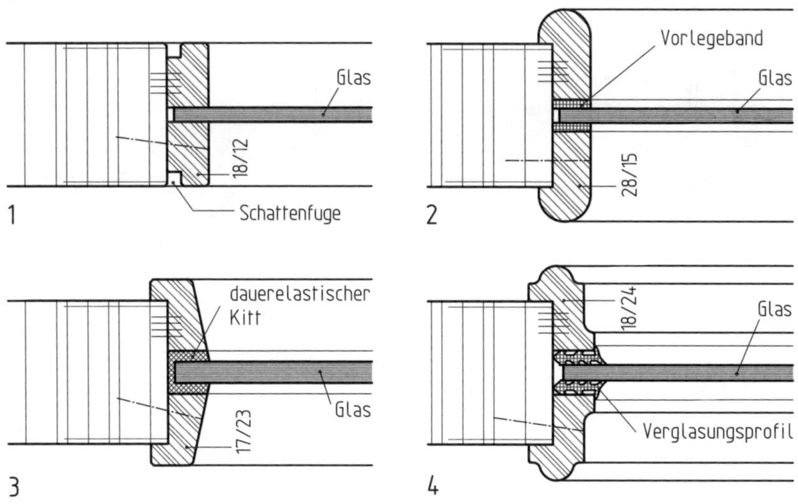

Bild 2.2-4 Ausschnitte in Sperrtüren mit Glasfüllungen. 1 Glashalteleisten mit der Türfläche bündig, 2 Glashalteleisten ausgefälzt, Glas im Vorlegeband, 3 Glas im dauerelastischen Kittbett, 4 reich profilierte Glashalteleisten, Glas in Verglasungsprofilen.

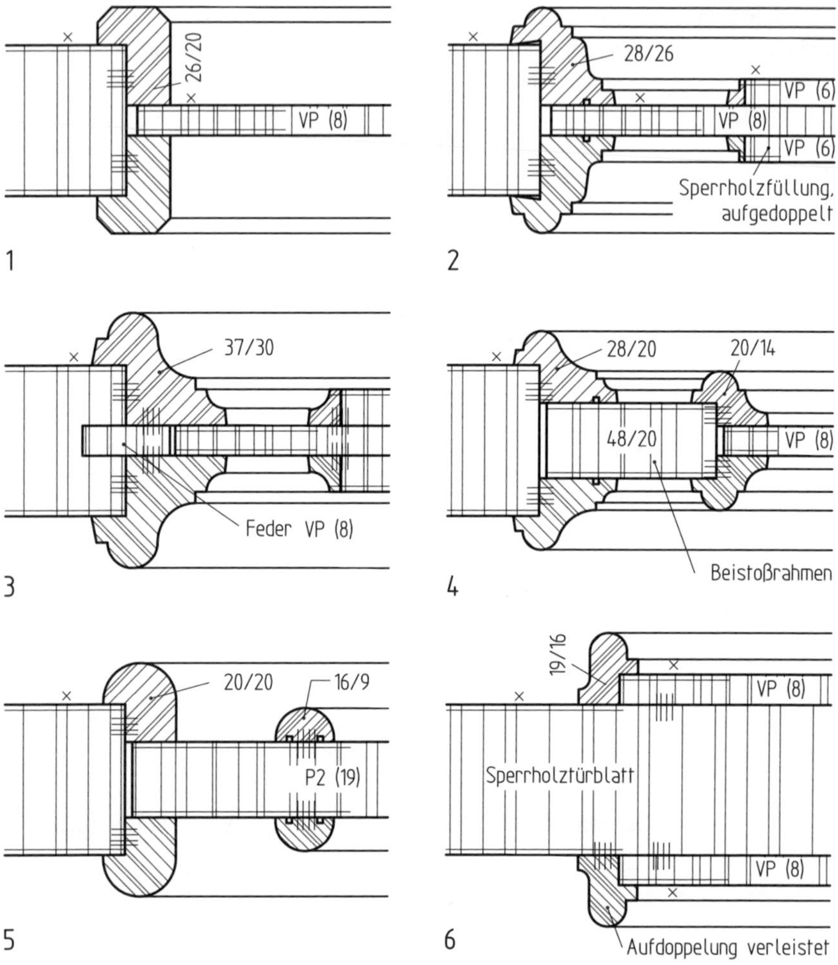

Bild 2.2-5 Ausschnitte in Sperrtüren mit Sperrholzfüllungen. 1 Beidseitig verleistete Füllung, 2 Füllung beidseitig aufgedoppelt, reich profilierte Leisten, 3 breite profilierte Rahmen mit Feder stabilisiert, 4 eingeleistete Füllung im eingeleisteten Beistoßrahmen, 5 und 6 imitierte Füllungen.

2.2.1.2 Rahmentüren

Rahmentüren bestehen aus dem umlaufenden Rahmen aus Vollholz oder auch aus Holzwerkstoffen. Aus ästhetischen Gründen ist das Unterstück des Rahmens etwa 30 % breiter als die aufrechten Rahmenstücke und das Oberstück entweder gleich breit oder bis 10 % breiter. An den Ecken werden die Rahmen mittels Dübel oder seltener durch Zapfen verbunden. Bei einer Dübelung ist zusätzlich noch ein Nutzapfen vorzusehen (Bild 2.2-6). Je nach Ausbildung der Rahmeninnenkanten, mit Falz, mit Nut oder Profil, sind die Brüstungen der Querstücke des Rahmens, die gegen die durchlaufenden aufrechten Rahmenfriese laufen, auszubilden. Sie erhalten das Konterprofil. Bei einigen Konterprofilen entsteht in den Ecken eine Gehrung (Bild 2.2-7). In die Rahmen werden Füllungen aus Holz, Holzwerkstoffen oder Glas eingesetzt. Die Holzfüllungen werden entweder in die Rahmen eingenutet und müssen beim Verleimen des Rahmens gleich mit eingebaut werden, oder sie werden nachträglich beidseitig eingeleistet. Vollholzfüllungen muss man an den Kanten auf das Maß der Nutbreite abplatten. Sie erhalten wegen des größeren Schwundmaßes tiefere Nuten als Füllungen aus Holzwerkstoffen. Glasfüllungen werden in Fälze gelegt und zum Zwecke einer eventuellen Reparatur einseitig durch eingeschraubte Glashalteleisten verleistet (Bild 2.2-8 bis 12). Für eine weitere Aufteilung der Füllungsfläche können Sprossen eingebaut werden. Diese sind in den Kreuzungspunkten einfach oder auf Gehrung überplattet (Bild 2.2-13 und 14).
Bei profilierten Rahmeninnenkanten oder Füllungen muss auch die Türumrahmung wie Bekleidungen oder Blockrahmen eine Profilierung erhalten. Diese bildet in der Regel sogar die Dominante des Profilablaufs. Alle Profile eines Elementes müssen die gleiche Charakteristik aufweisen.

2.2.1.3 Aufgedoppelte Türen

Bei aufgedoppelten Türen sind Vollholzbretter oder furnierte Platten auf Rahmen oder Sperrtürrohlingen entweder beidseitig aufgeleimt oder einseitig mit besonderen Beschlägen so aufgedoppelt, dass Rahmen und Rohlinge ungehindert arbeiten können. Ein einseitiges Aufleimen der Aufdoppelung ist auf jeden Fall zu vermeiden, da sich der Sperrtürrohling, auch wenn er mit Stabilisatoren in der Einlage versehen ist, oder der Rahmen mit Sicherheit verformen wird (Bild 2.1-5).

2.2.1.4 Ganzglastüren

Ganzglastüren sind rahmenlose Glasflächen, die für die Beschläge gebohrt und dann zu Einscheibensicherheitsglas (ESG) gehärtet werden. Die Glasdicke beträgt in der Regel 8 mm, 10 mm, aber auch 12 mm. Entscheidend für die Wahl der Glasdicke ist die Türblattgröße, vor allem aber die Aufnahmemöglichkeit der Ganzglasbeschläge. Ganzglastüren gibt es in Klar-, Matt- und Strukturglas (Bild 2.2-92 und 93).

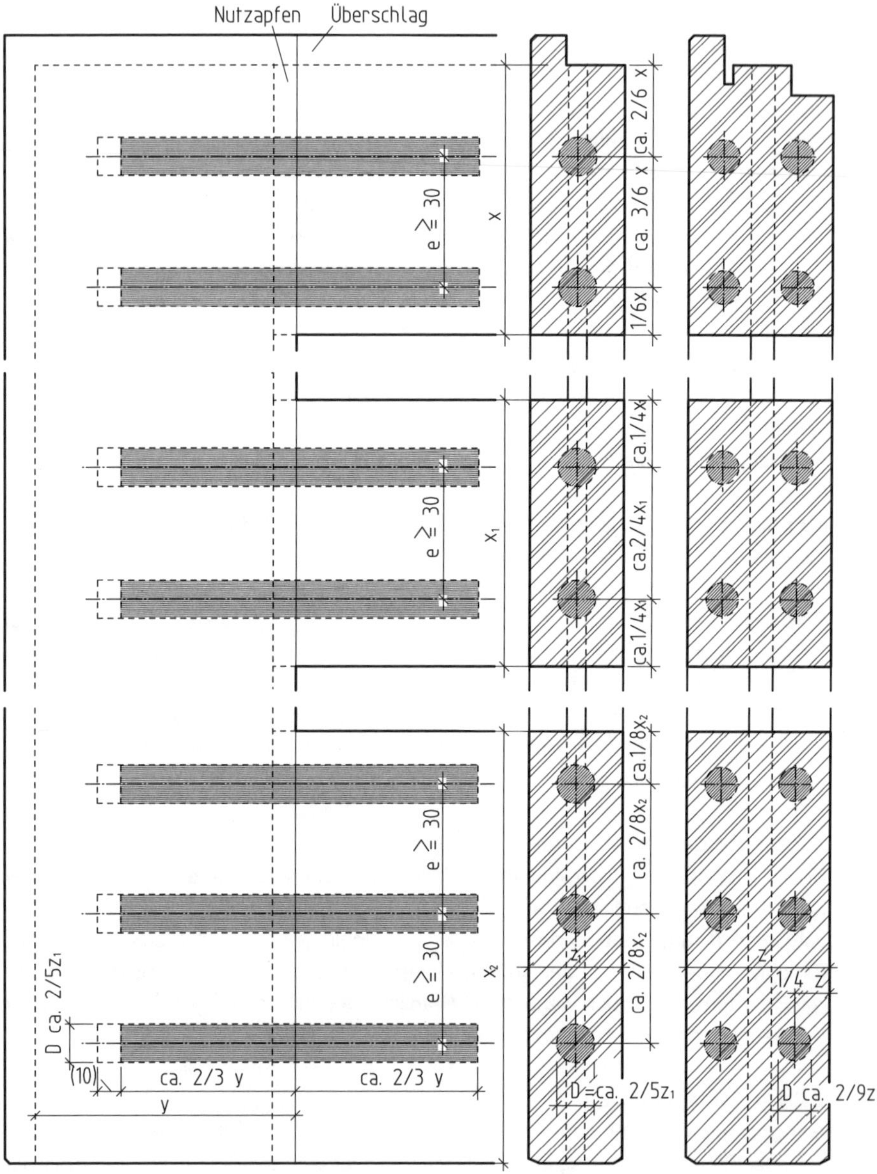

Bild 2.2-6 Eckverbindungen bei Rahmentüren durch Dübel und Nutzapfen.

Bild 2.2-7 Eckverbindungen bei Rahmentüren unter Berücksichtigung der inneren Kantenbearbeitung. 1 Gefälzte Innenkanten, 2 genutete Innenkanten, 3 gefälzte Innenkante und profilierter Anschlag durchlaufend und gekontert, 4 profilierte Innenkanten, gekontertes Querstück.

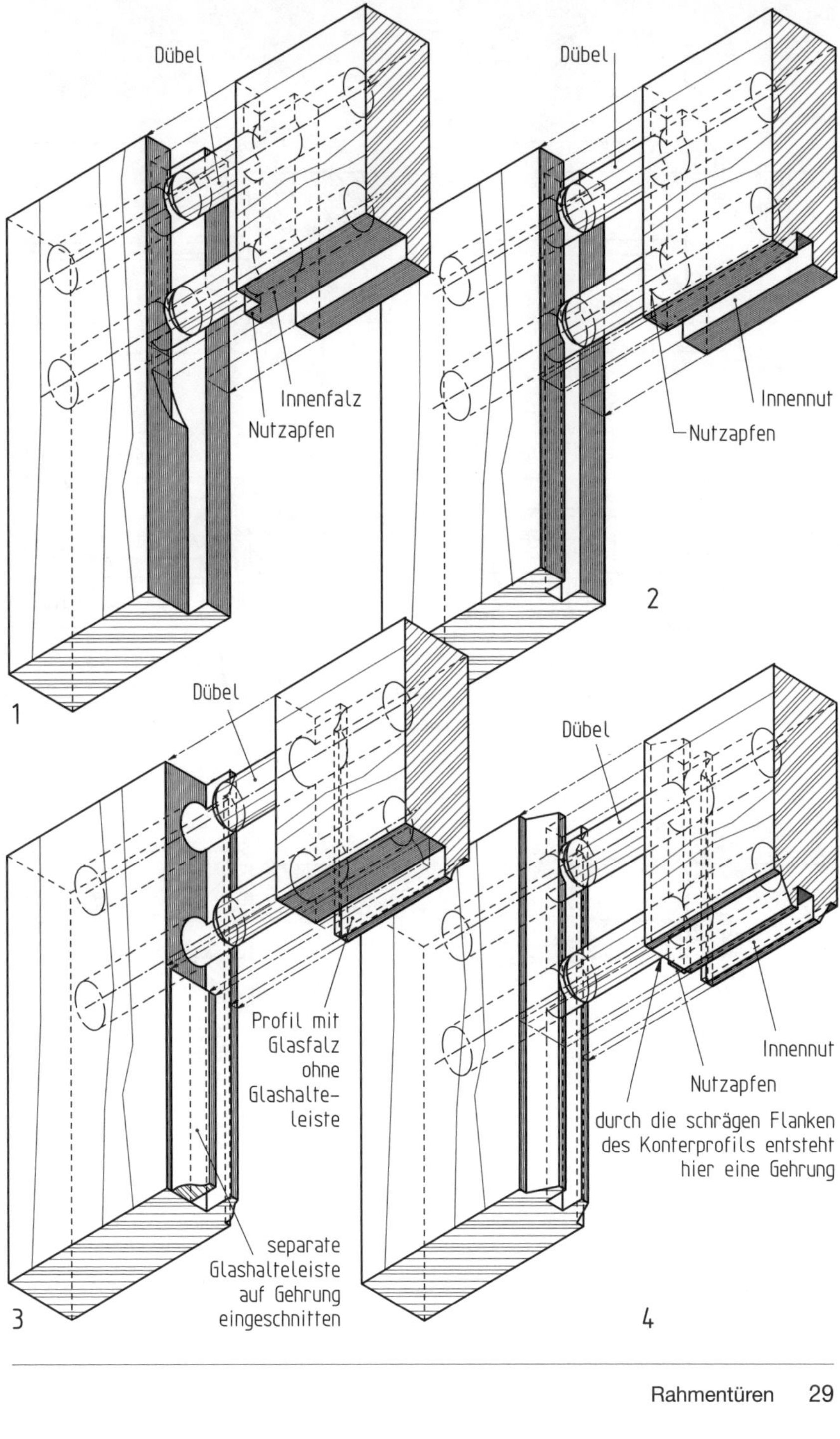
Dübel
Innenfalz
Nutzapfen
1
Dübel
Innennut
Nutzapfen
2
Dübel
Profil mit Glasfalz ohne Glashalte-leiste
separate Glashalteleiste auf Gehrung eingeschnitten
3
Dübel
Innennut
Nutzapfen
durch die schrägen Flanken des Konterprofils entsteht hier eine Gehrung
4

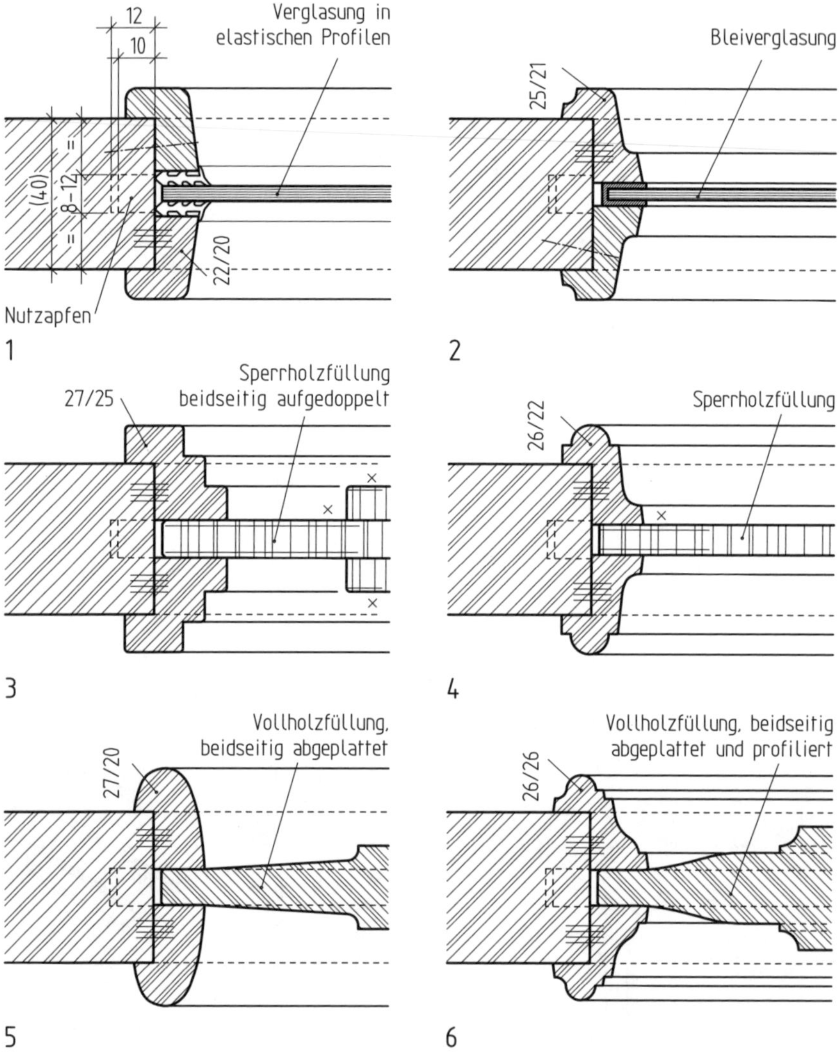

Bild 2.2-8 Rahmentüren mit verleisteten Füllungen. 1 und 2 Glasfüllungen, 3 und 4 Sperrholzfüllungen, 5 und 6 Vollholzfüllungen.

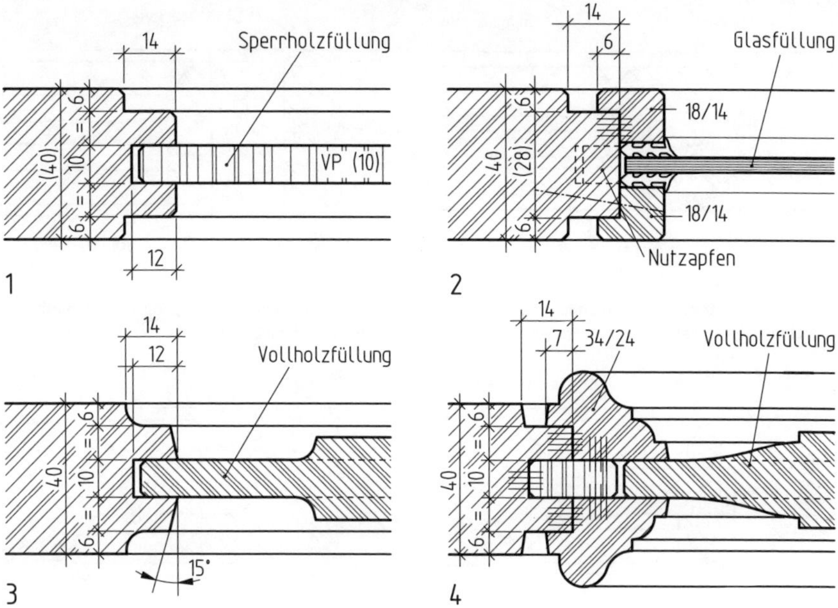

Bild 2.2-9 Rahmentüren mit profilierten Innenkanten und gekonterten Querfriesen. 1 Eingenutete Sperrholzfüllung, 2 eingeleistete Glasfüllung in Glashalteprofilen, 3 eingenutete Vollholzfüllung, 4 eingeleimte breite Füllungsleisten bilden die Nut für die Aufnahme der Vollholzfüllung.

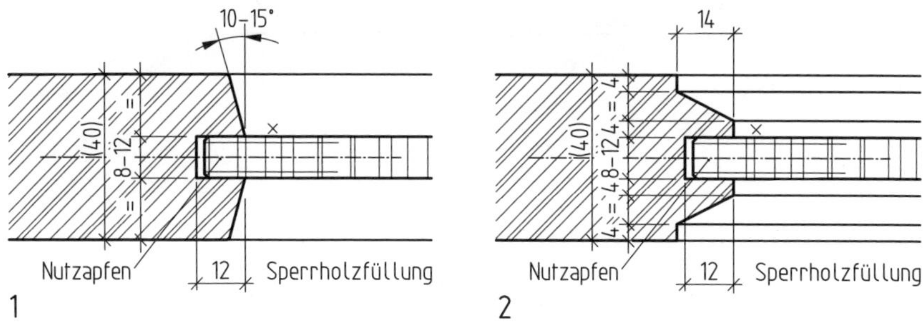

Bild 2.2-10 Rahmentüren mit profilierten Innenkanten und Sperrholzfüllungen. Die Profile eignen sich zum Kontern (Go, Lei, Leu, Op).

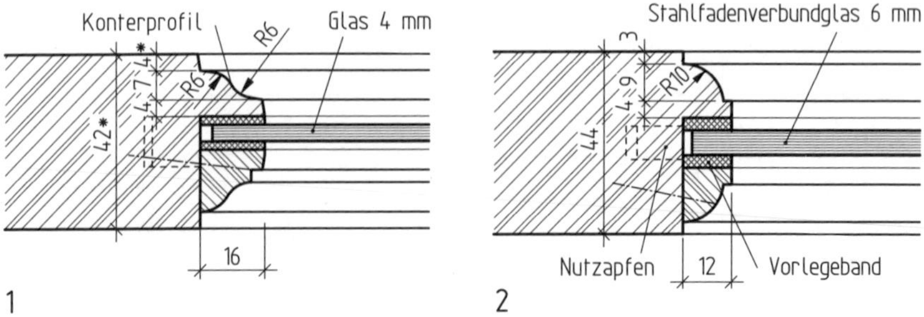

Bild 2.2-11 Rahmentüren mit einseitig eingeleisteten Glasfüllungen. Die Rahmenprofile werden mit besonderen Fräsersätzen gefräst und eignen sich zum Kontern (Go, Lei, Leu, Op).

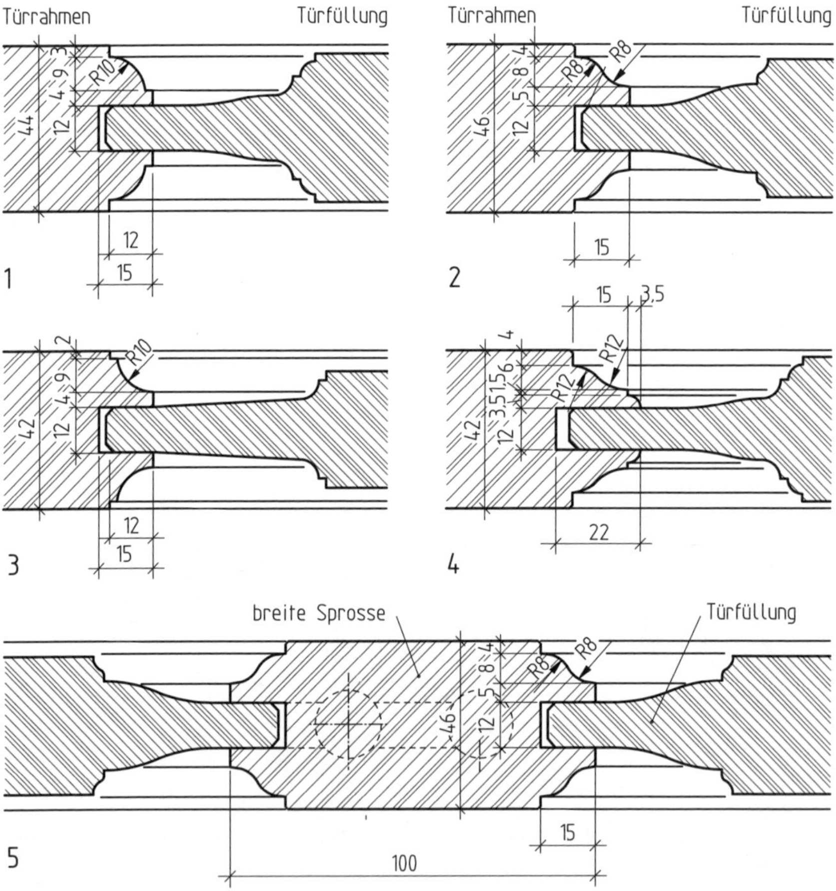

Bild 2.2-12 Rahmentüren mit profilierten Innenkanten und profilierten Vollholzfüllungen. Die Rahmenprofile werden mit besonderen Fräsersätzen angefräst und eignen sich zum Kontern (Go, Lei, Leu, Op).

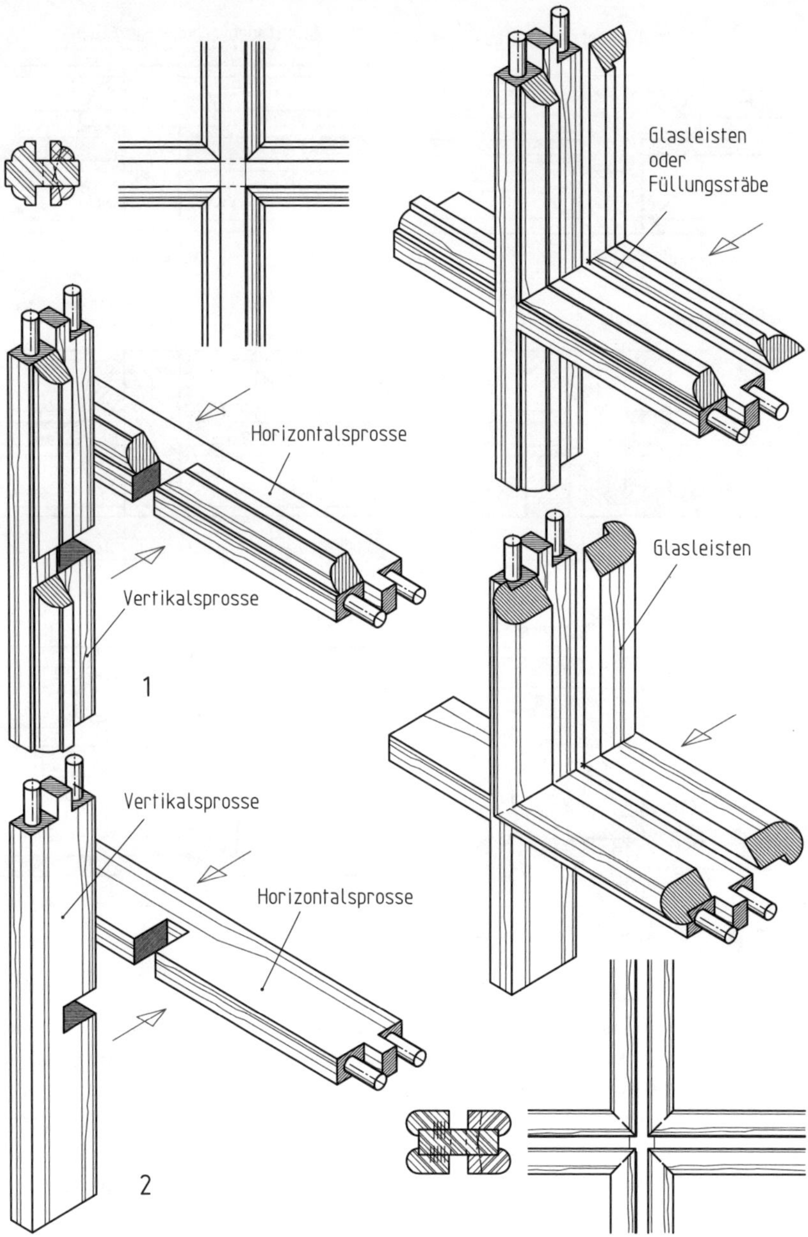

Bild 2.2-13 Verbindung der Kreuzsprossen. 1 Einseitig zu verleisten, Verbindung auf Gehrung überschnitten. 2 Beidseitig zu verleisten, Sprossenstege stumpf überschnitten.

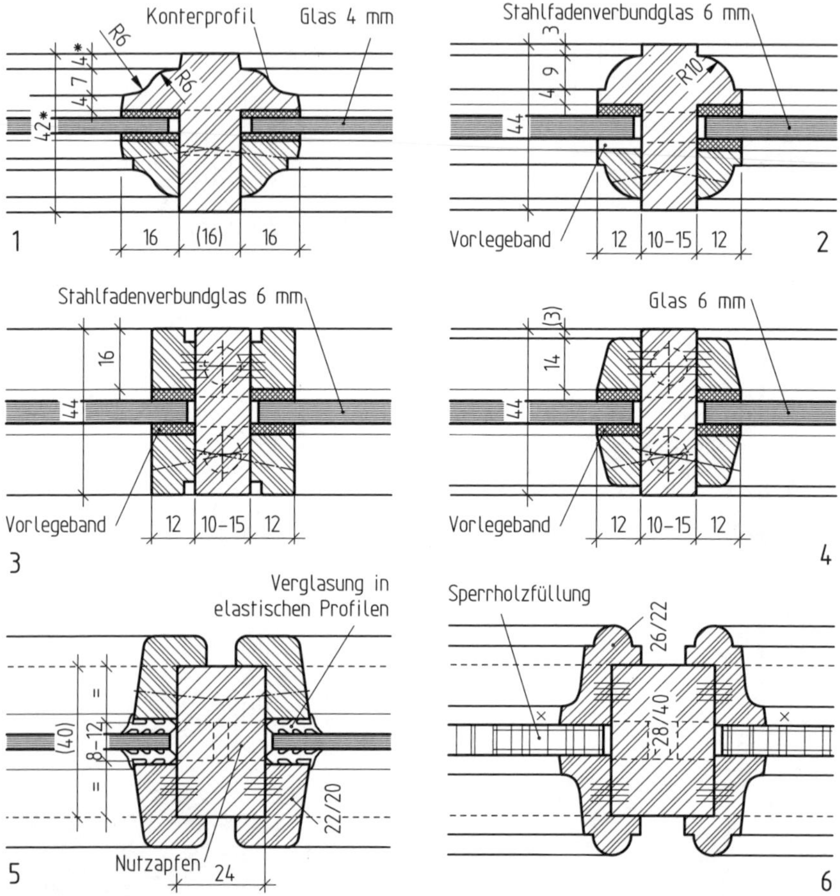

Bild 2.2-14 Konstruktion der Sprossen, Beispiele.

2.2.1.5 Glasverbundtüren

Glasverbundtüren bestehen aus einem Rahmen aus Holz oder aus Aluminiumprofilen, der die Beschläge wie Schloss und Bänder aufnehmen muss, und der beidseitigen Beplankung aus 6 mm oder 8 mm dickem Einscheibensicherheitsglas (ESG) oder Verbundsicherheitsglas (VSG). Die Glasscheiben werden mit Zweikomponentenkleber auf die Rahmen geklebt. Im Bereich der Klebeflächen sind die Glasscheiben innen meist unifarben weiß oder grau emailliert. Die Gläser können aber auch satiniert oder farbig bedruckt hergestellt werden (Bild 2.2-120c).

Diese Türen sind bei wirksamer Bodendichtung schalldämmend (37dB) und entsprechen der Feuerwiderstandsklasse T30.

2.2.2 Türumrahmung

Türumrahmungen können Blockrahmen, Blendrahmen, Zargenrahmen oder Futterzargen und Futterrahmen mit Bekleidungen sein (siehe Bild 2.1-3). Die Türumrahmung hat die Aufgabe, das Türblatt zu tragen und das Türelement am Mauerwerk zu befestigen. Sie wird je nach Beanspruchung durch das Türgewicht und mechanischer Beanspruchung dimensioniert. Die Befestigung schmaler Türumrahmungen erfolgt stellenweise mit Schrauben in Spreizdübel oder mit besonderen Mauereisen beziehungsweise Ankern in der Mauerlaibung. Die Befestigungsstellen dürfen nicht weiter als 800 mm voneinander entfernt sein und sollten auf jeden Fall auf der Höhe des Schlosses und der Bänder liegen. Zargenrahmen oder Futterrahmen werden meistens mit Klebschäumen eingeschäumt. Gegen den hohen Expansionsdruck des Schaumes ist eine stabile Aussteifung der Futter beim Ausschäumen der Fugen zwischen Laibung und Futteraußenflächen erforderlich. Ein Nachjustieren des Türrahmens ist bei eingeschäumten Futtern nicht mehr möglich.

Bei den Abmessungen der Rohbauöffnungen muss die Konstruktion der Türumrahmungen berücksichtigt werden, weil diese das lichte Durchgangsmaß der Tür bestimmt. Türumrahmungen können je nach Maueröffnung sturzhoch oder auch raumhoch sein. Bei raumhohen Türen können über den Türen Oberblenden oder verglaste Oberlichter eingesetzt oder aber hohe Türblätter verwendet werden. Die Oberlichtverglasung kann auch rahmenlos in die Türumrahmung gesetzt werden und stumpf gegen die Decke laufen. Sie wird hier lediglich durch eine Kunststoffschiene oder durch eine Silikonfuge gedichtet. Die Türblätter schlagen in die Türumrahmung einfach oder doppelt überfälzt, stumpf oder bündig überfälzt ein (Bild 2.2-15).

2.2.3 Anschlagsmöglichkeiten

Zum Anschlagen der Türblätter an die Türumrahmung stehen zahlreiche Bänder und Scharniere zur Verfügung. Sie sind im Wesentlichen für überfälzte, stumpf einschlagende oder bündig überfälzte Türen konstruiert.

Die Höhe der Bänder und des Schlosses sind in der DIN 18101 festgelegt. Für die gängigen Bänder gelten Bandbezugslinien, die in der Regel in der Mitte des Bandes liegen. Bei dreiteiligen Bandarten verläuft die Bandbezugslinie aber auch durch die obere Trennung des Bandes oder durch die Bandoberkante. Über den Verlauf der Bandbezugslinie bei den einzelnen Bändern gibt die DIN 18268 Auskunft (Auswahl siehe Bild 2.2-17). An der Tür liegt die obere Bandbezugslinie 241 ± 1 mm vom Zargenfalz. Der Abstand der oberen zur unteren Bandbezugslinie beträgt bei Baurichtmaßhöhen der Türen von 1875 bis 2125 mm = 1435 ± 0,5 mm, von 2126 bis 2250 mm = 1560 ± 0,5 mm und von 2251 bis 2375 mm = 1685 ± 0,5 mm. Die Höhe der Bandbezugslinien ist besonders bei der Verwendung von Fertigfuttern zu berücksichtigen. Die Drückerhöhe des Schlosses ist auf 1050 mm von der Oberfläche des Fertigfußbodens festgelegt (Bild 2.2-16).

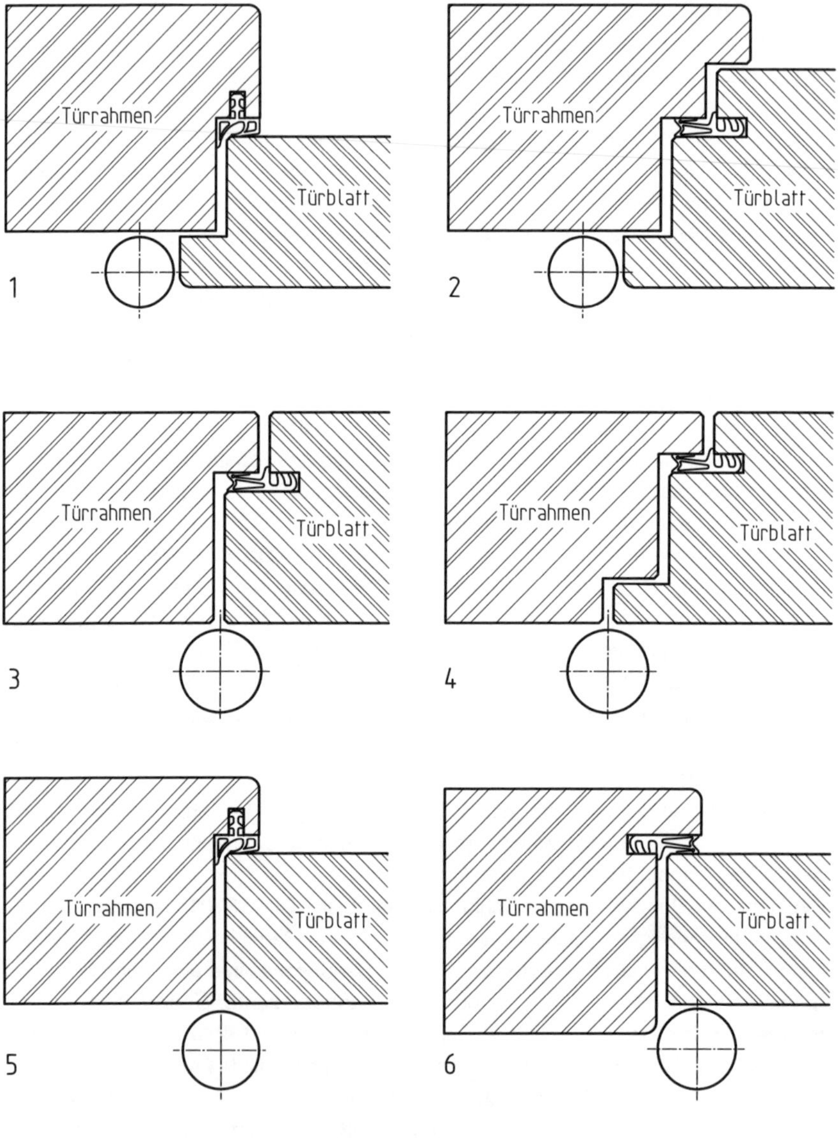

Bild 2.2-15 Einbau der Türen in den Türrahmen. 1 Überfälzte Tür, 2 doppelt überfälzte Tür mit Mitteldichtung, 3 bündig überfälzte Tür, 4 bündig doppelt überfälzte Tür, 5 stumpf einschlagende Tür (mit Rahmen bündig), 6 stumpf einschlagende, zurückspringende Tür.

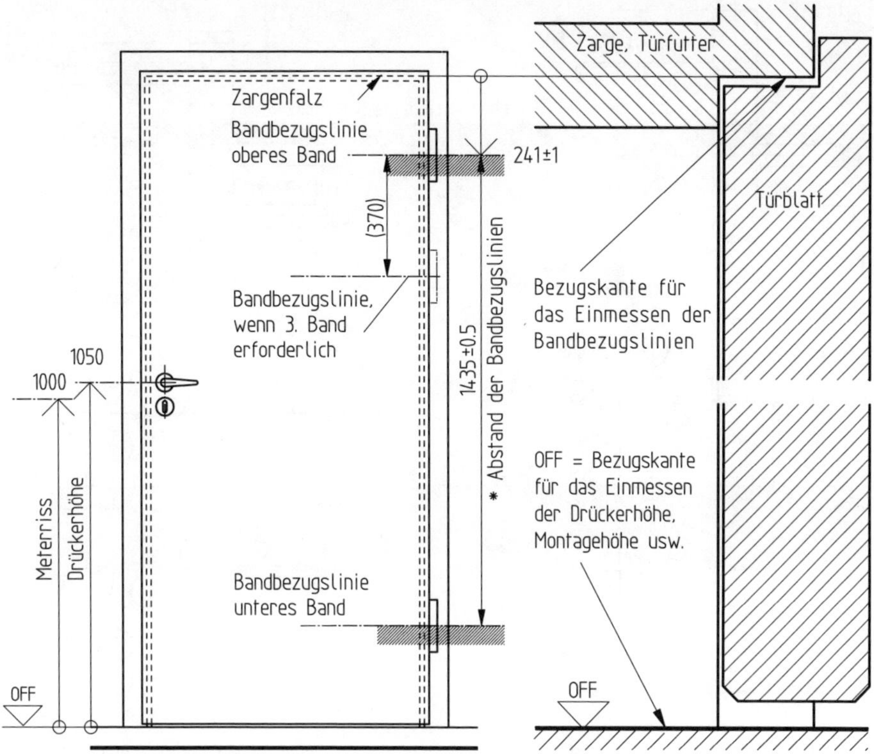

Bild 2.2-16 Bandbezugslinien und Drückerhöhe bei Zimmertüren (gem. DIN 18268 u. 18101).
*) Abstand ist von der Baurichtmaßhöhe abhängig (siehe Seite 35).

2.2.3.1 Überfälzte Türen

Bei überfälzten Türen sind die Türblätter mit einem dreiseitig umlaufenden Falz versehen, der bei 39 bis 42 mm dicken Innentüren 13 + 0,5/0 mm tief und 25,5 + 0,5/0 mm breit beziehungsweise hoch sein soll (DIN 18101). Der Gegenfalz in der Türumrahmung soll 11 bis 15 mm tief und 24 ± 0,5 mm breit sein. Die Falztiefe in der Türumrahmung ist in der Regel von dem verwendeten Dämpfungsprofil abhängig. Damit das Dämpfungsprofil richtig wirken kann, ist unter dem Überschlag ein Spiel von 1,5 mm zu lassen. Auch in den Fälzen muss das Türblatt gegenüber der Türumrahmung und unter dem Türblatt zum fertigen Fußboden Luft haben, damit die Tür störungsfrei zu öffnen und zu schließen ist. Die seitliche Falzluft (LS) darf auf jeder Seite 2,5 mm nicht unterschreiten und 6,5 mm nicht überschreiten. Die Summe der seitlichen Luft darf aber nicht größer als 9 mm sein. Die obere Falzluft (LO) darf 2 mm nicht unterschreiten und 6,5 mm nicht überschreiten. Durch den Überschlag wird die Falzluft abgedeckt. Die untere Luft (LU) von Unterkante Türblatt zum Fertigboden beträgt ca. 7 mm (Bild 2.2-18).

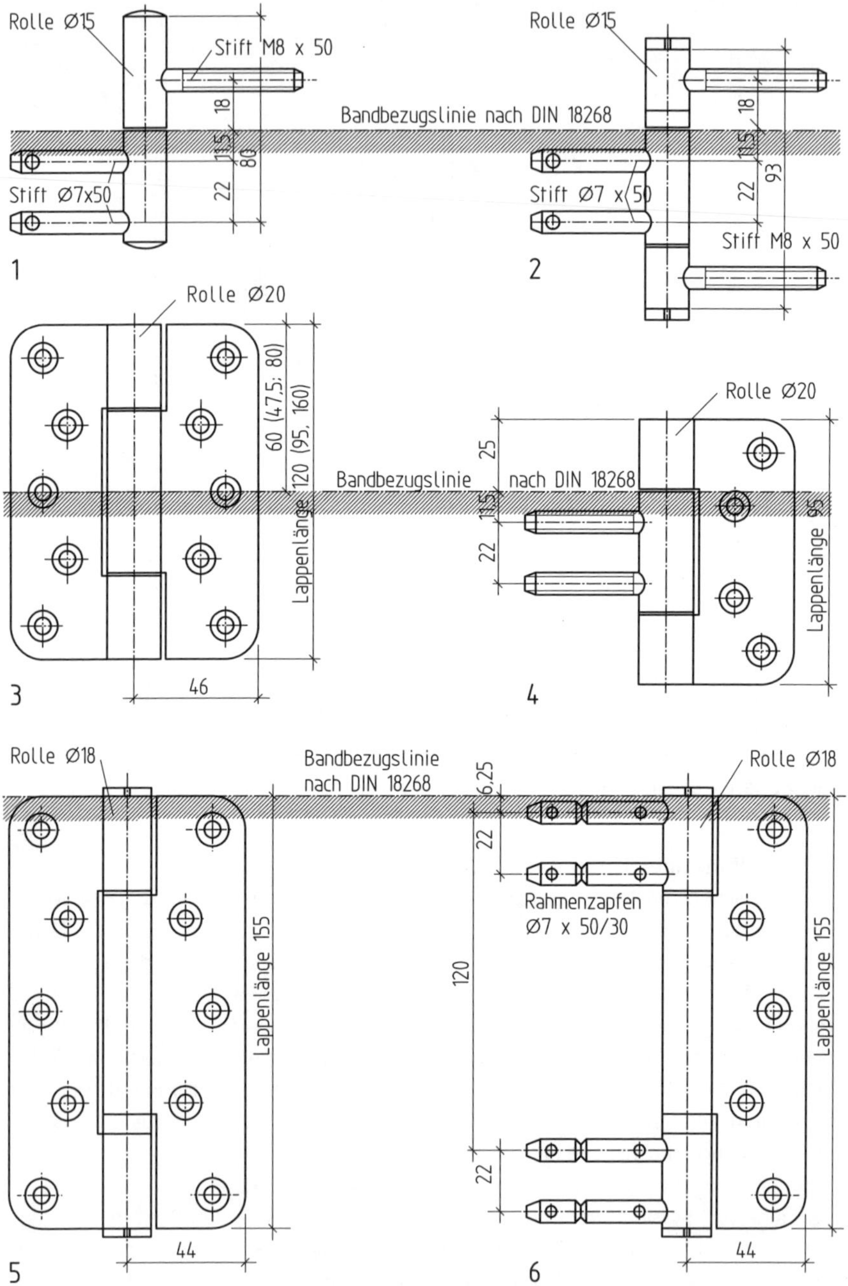

Bild 2.2-17 Bandbezugslinien bei den verschiedenen Türbändern (DIN 18268).

Überfälzte Türen können mit Fitschen, Aufsatzbändern mit gekröpften Anschraublappen (Kröpfung D), Einbohrbändern, Kombibändern, Bodentürschließern und einer Anzahl von Spezialbändern angeschlagen werden.

Fitschen, auch Einstemmbänder genannt, bestehen aus dem Oberlappen und dem Unterlappen mit dem Stift, die in das Türblatt beziehungsweise in die Türumrahmung eingestemmt und dort mit Schrauben oder sogenannten Fitschenstiften befestigt werden. Die Drehrichtung, DIN rechts oder DIN links, ist zu berücksichtigen. Die Befestigung des Oberlappens ist in der Türfläche sichtbar, außerdem ist das Anschlagen der Fitschen relativ umständlich, sodass diese Bandart für neue Türen nur sehr selten verwendet wird (Bild 2.2-19 bis 21).

Aufsatzbänder weisen für überfälzte Türen gekröpfte Lappen auf (Kröpfung D). Sie müssen im Falz manuell eingelassen oder maschinell eingefräst werden. Die Falztiefe ist auf die Kröpfung der Bänder abzustimmen. Sie kann 12, 13 oder 14 mm betragen. In die Lauffläche zwischen Rahmenteil und Türteil der Aufsatzbänder können Zwischenringe mit oder ohne Kugellager eingesetzt werden. Einige Aufsatzbänder haben verdeckt eingebaute Kugellager und können zusätzlich mit Tragzapfen ausgerüstet sein, die die Bandlappen bei starker Beanspruchung der Türen stabilisieren. Die Länge der Rolle des Aufsatzbandes kann 80, 100, 120, 160 und 180 mm betragen. Die Bänder aus Edelstahl, Stahl kunststoffummantelt und Aluminium weisen in der Rolle Speziallager auf, die weitgehende Wartungsfreiheit gewährleisten. Die Tragkraft der Bänder hängt von der Größe, der Ausführung und dem Material der Bänder sowie der Breite der Türen ab. Wenn die Fläche eines Türblatts 1,00 m × 2,00 m beträgt und dieses mit zwei Bändern angeschlagen wird, kann je nach Bandgröße das Türgewicht 60 bis 150 kg betragen. Durch den Einsatz eines dritten Bandes, 370 mm unter der oberen Bandbezugslinie montiert, kann man das Türgewicht um 30 % erhöhen. Bei breiteren Türen reduziert sich das zulässige Türgewicht um das über 1,00 m hinausgehende Maß in Prozent, zum Beispiel bei einer 1,25 m breiten Tür um 25 %. Die Türen dürfen für diese Bänder nicht breiter als 1,25 m sein (Sim, Vie, Wen). Die Drehrichtung der Tür, DIN rechts oder DIN links, ist bei der Bestellung der Bänder in der Regel anzugeben. Die Aufsatzbänder sind in Stahl, roh oder kunststoffbeschichtet, in Aluminium, Edelstahl und Messing massiv im Handel (Bild 2.2-22 bis 25).

Türscharniere sind wie die Aufsatzbänder gekröpft. Sie können durch das mehrgliedrige Gewerbe nicht ausgehängt werden. Allerdings weisen sie meistens einen losen Stift auf, sodass die Türen von der Türumrahmung gelöst werden können. Ausführung mit Kugelringen in Messing, massiv.

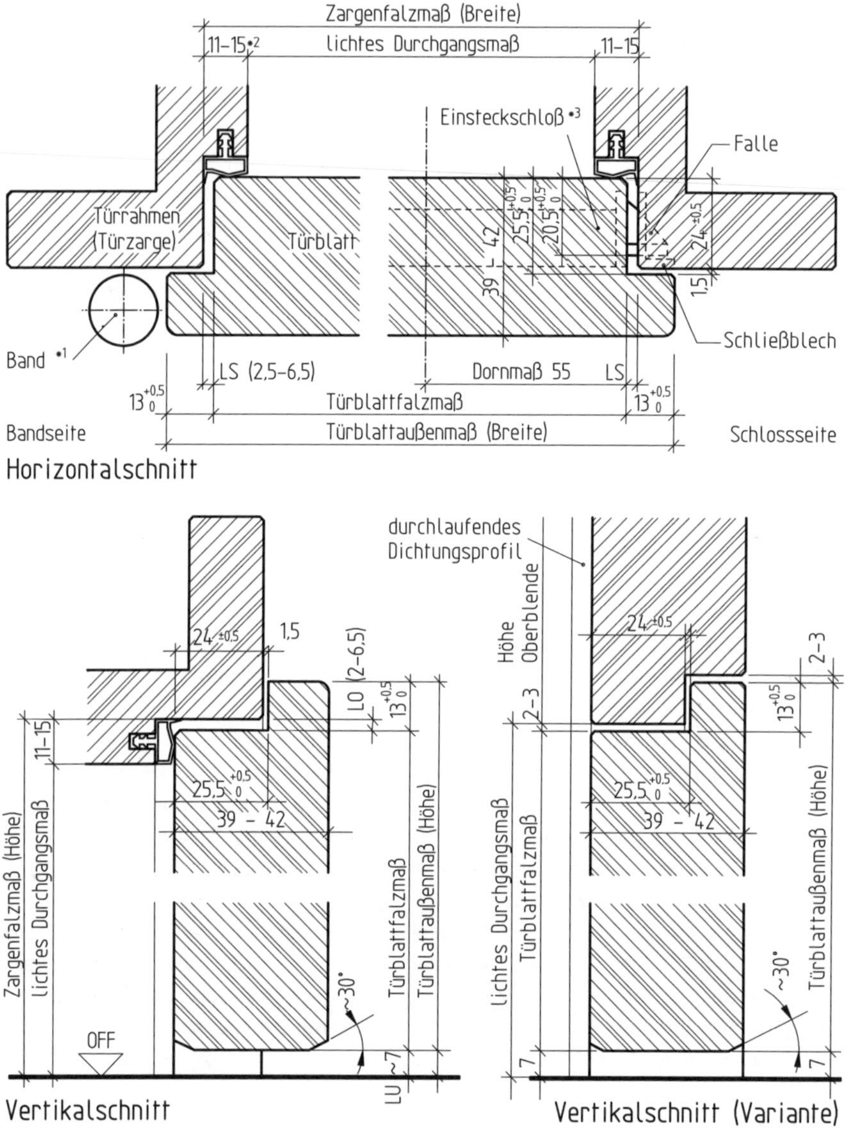

Bild 2.2-18 Maße und Begriffe bei überfälzten Türen (gem. DIN 18101).

Bild 2.2-19 Überfälzte Tür in Futter und Bekleidung ist mit Einstemmbändern G1/G3 (Fitschen), Lappen versetzt, DIN links, angeschlagen (BSW, Sim).

Bild 2.2-20 Überfälzte Tür in Blendrahmen ist mit Einstemmbändern G4/G5 (Fitschen), DIN links, angeschlagen (BSW, Sim).

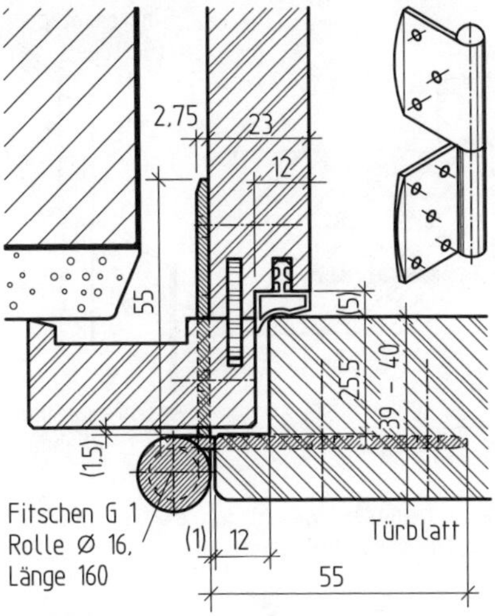

Bild 2.2-19

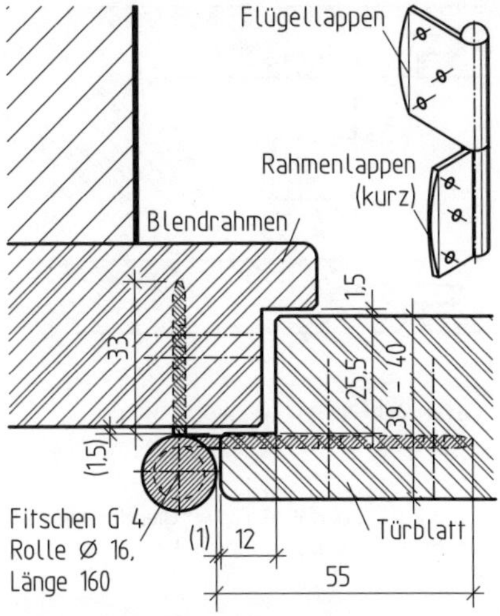

Bild 2.2-20

Einbohrbänder ermöglichen ein schnelles und einfaches Anschlagen von überfälzten Türen. Hierzu sind besondere Bohrlehren und genau passende Bohrer erforderlich, die auf die Holzart wie Weichholz oder Hartholz abgestimmt sein müssen. Die Einbohrzapfen weisen bei den Türteilen Gewinde auf, sodass man diese in die Bohrungen eindrehen und auch justieren kann. Der Überschlag der Tür muss dick genug sein, damit er beim Eindrehen des Einbohrzapfens nicht aufspaltet. Die Einbohrzapfen der Rahmenteile haben ebenfalls Gewinde oder auch Bohrungen, durch die die Rahmenteile zum Beispiel gegen die Innenseite der Futter geschraubt werden. Immer mehr kommen aber besondere Anschraubtaschen oder Klemmböcke zum Einsatz, in die die Einbohrzapfen der Rahmenteile fassen und festgeklemmt werden können. Ausführung in Stahl verzinkt, chromatiert, vernickelt, brüniert, vermessingt oder vergoldet und in Edelstahl (Bild 2.2-26 bis 32). Auf einfache Bänder kann man auch besondere Zierhülsen aus Messing aufschieben.

Kombibänder sind in der Regel Kombinationen von Einbohr- und Aufsatzbändern. Hier ist der Rahmenteil des Bandes zum Einbohren und der Türteil des Bandes mit Anschraublappen versehen. Auf die Drehrichtung der Tür, DIN rechts oder DIN links, ist Rücksicht zu nehmen (Bild 2.2-33 und 34).

Zu den **Spezialbändern** kann man zum Beispiel die Objektbänder zählen, die wie bei Stahlzargentüren in besondere Aufnahmeelemente fassen und dadurch dreidimensional verstellbar sind, die vollständig einfräsbaren Bänder und die Zapfenbänder mit Bodentürschließern (Bild 2.2-28, 29, 34a, 35 und 36).

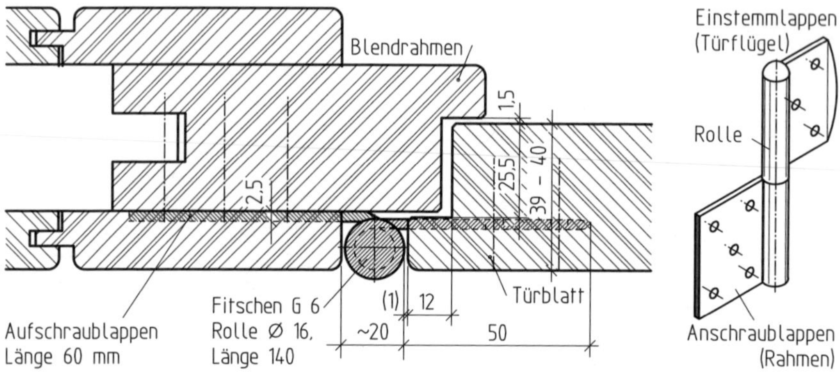

Bild 2.2-21 Überfälzte Tür im Blendrahmen ist mit Türband G6/G7 angeschlagen. Der Türlappen ist zum Einstemmen, der Rahmenlappen zum Aufschrauben, DIN links (BSW, Sim).

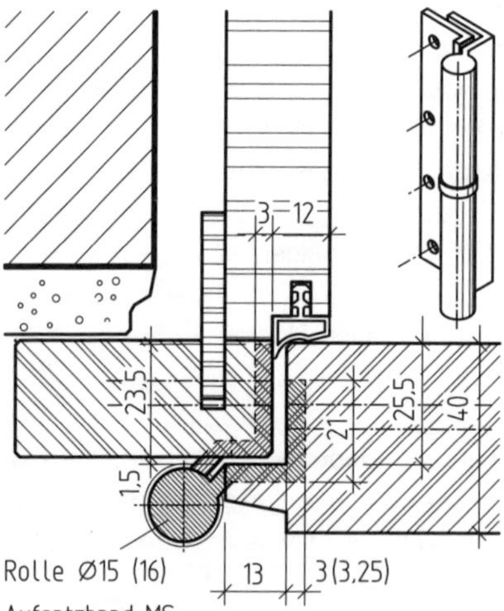

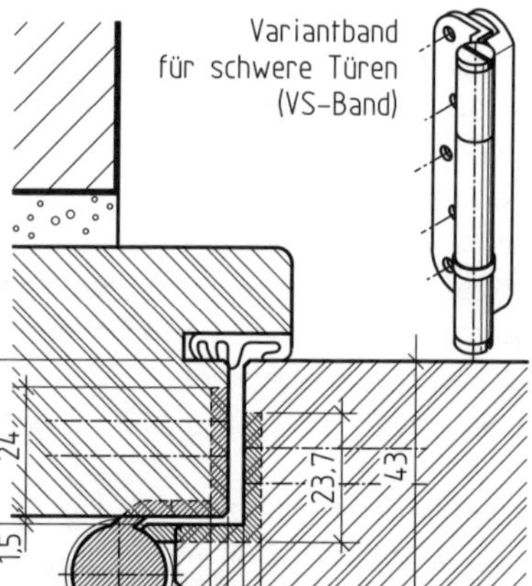

Bild 2.2-22 Überfälzte Tür ist mit Aufsatzband, Kröpfung D, angeschlagen (He, FS).

Bild 2.2-23 Überfälzte Tür ist mit einfräsbarem Aufsatzband, Kröpfung D, angeschlagen (Sim, BSW, Vie, Wen).

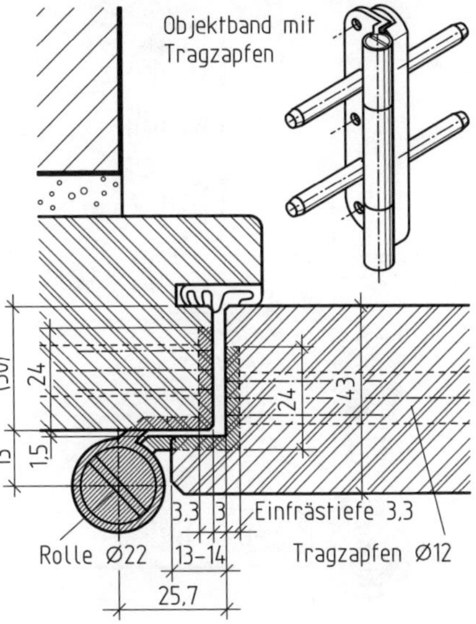

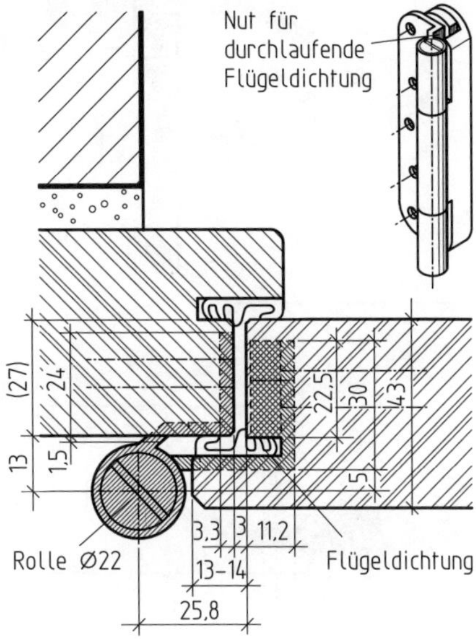

Bild 2.2-24 Einfräsbares Aufsatzband mit zusätzlichen Tragzapfen, Kröpfung D (Sim, Vie, Wen).
Bild 2.2-25 Besonderer Türlappen ermöglicht unter dem Türanschlag die Montage einer durchlaufenden Dichtung (Sim).

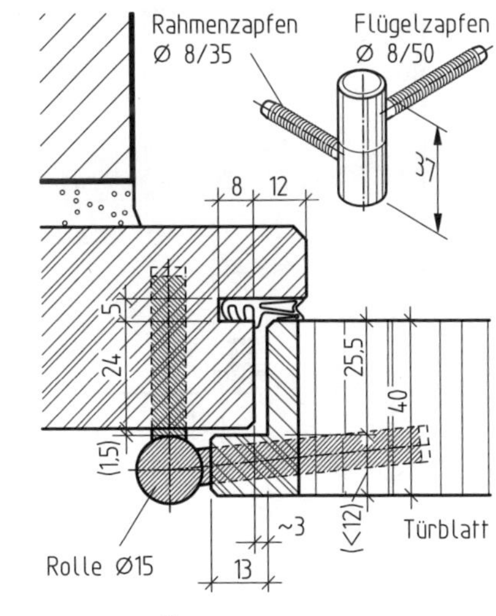

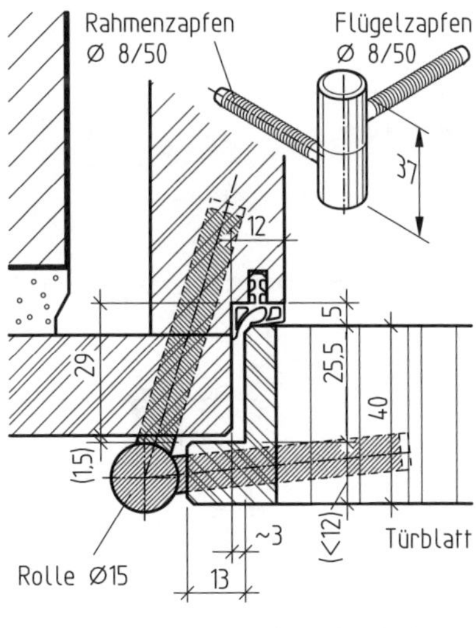

Bild 2.2-26 Überfälzte Tür im Blendrahmen ist mit Einbohrbändern angeschlagen (An, BSW, Sim). Der Rahmenzapfen ist kürzer als der Türzapfen.
Bild 2.2-27 Überfälzte Tür mit Futter und Bekleidung ist mit Einbohrbändern angeschlagen.

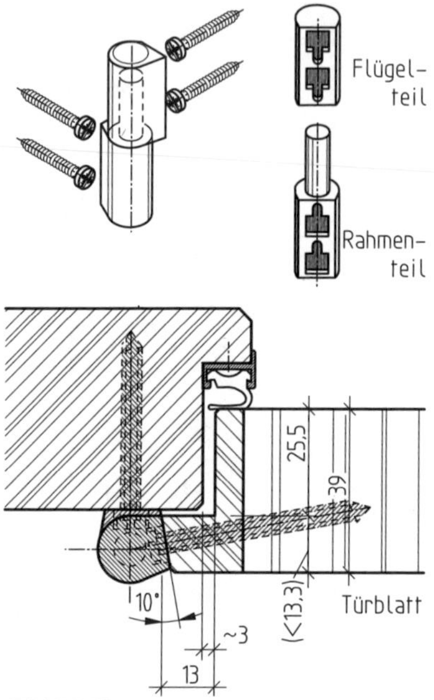

Bild 2.2-28

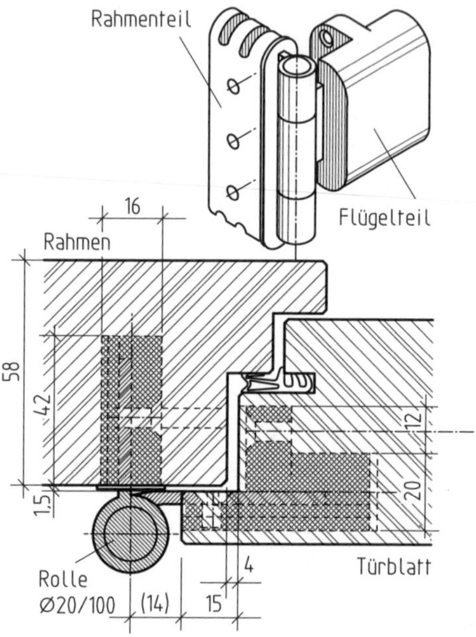

Bild 2.2-29

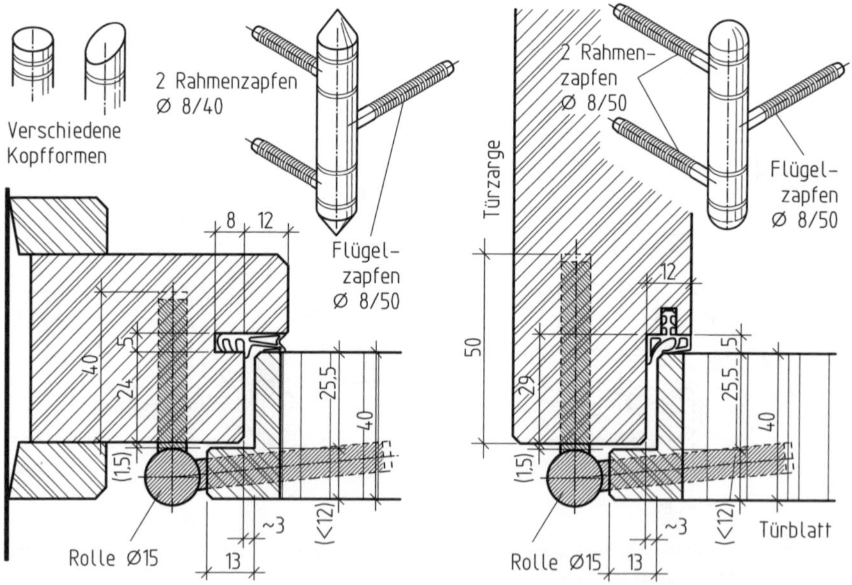

Bild 2.2-30

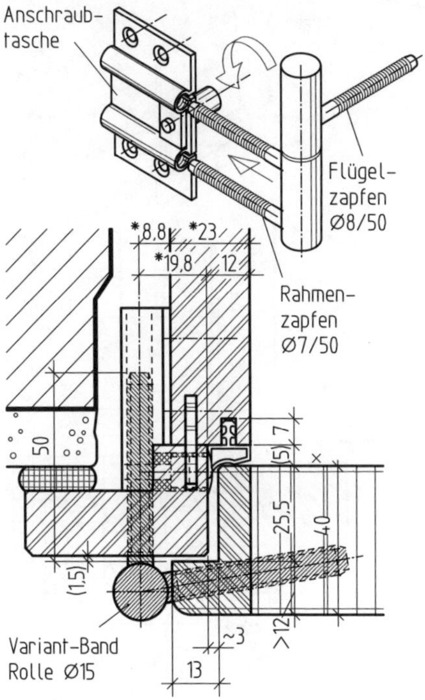

Bild 2.2-31

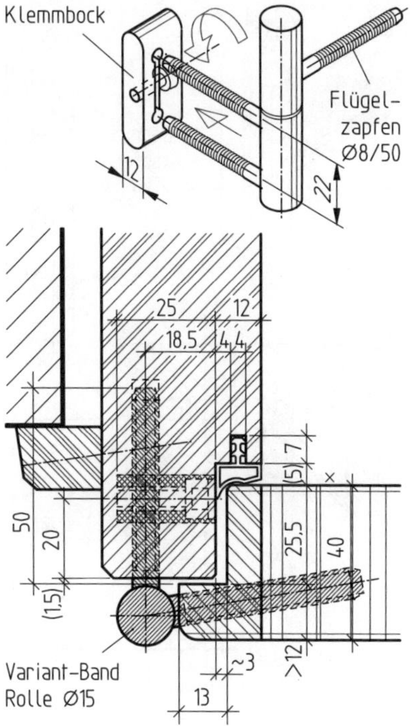

Bild 2.2-32

Bild 2.2-28 Nylonaufsteckbänder (Bettbeschlagprinzip) für bis zu 35 kg schwere Türen (Hew).
Bild 2.2-29 Einfräsbares, dreidimensional verstellbares Sonderband, für bis 120 kg schwere Türen (An).
Bild 2.2-30 Überfälzte Tür ist mit schweren Einbohrbändern mit zwei Rahmenzapfen angeschlagen (An, BSW, Sim).
Bild 2.2-31 Überfälzte Tür mit Futter und Bekleidung ist mit Einbohrbändern angeschlagen. Der Rahmenzapfen wird in einer Aufschraubtasche an der Innenseite des Futters befestigt (An, BSW, Sim, Bas).
Bild 2.2-32 Im Blockfutter ist ein Klemmbock eingelassen, in dem die Rahmenzapfen befestigt werden (BSW, Sim).

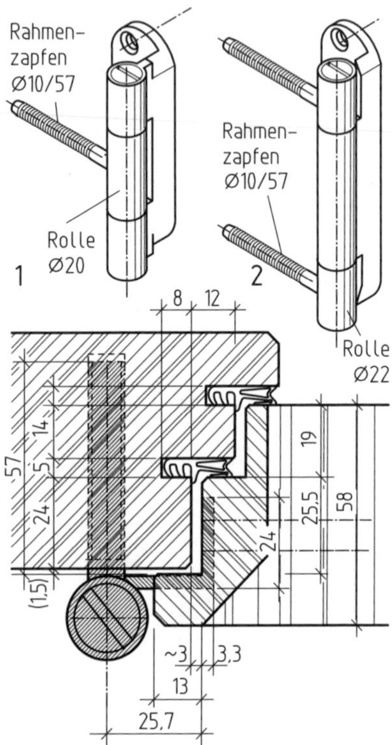

Bild 2.2-33

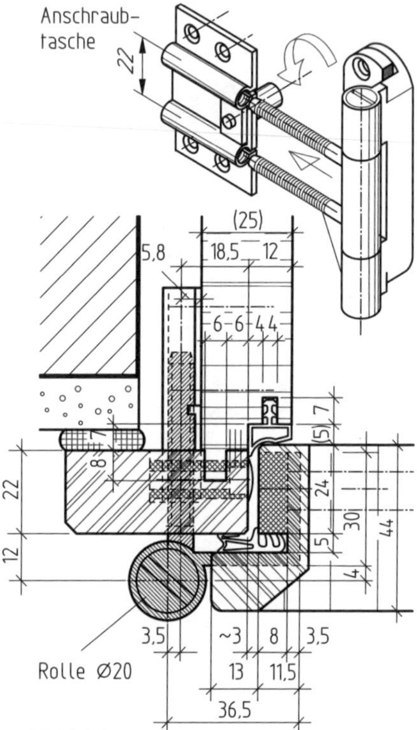

Bild 2.2-34

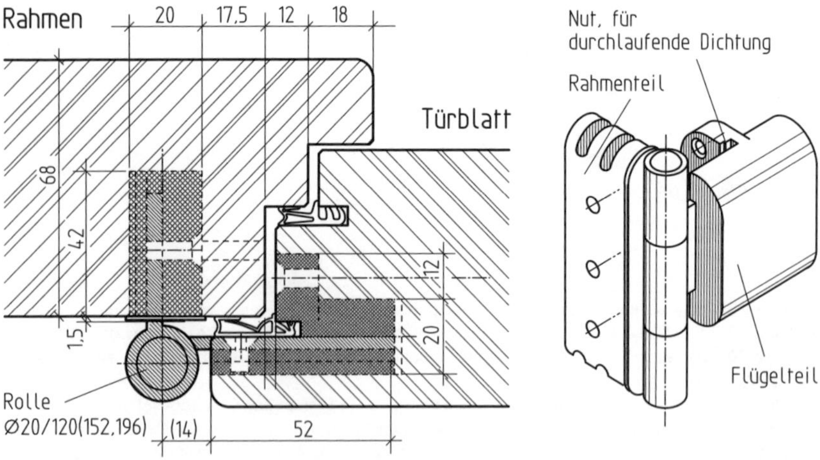

Bild 2.2-34a

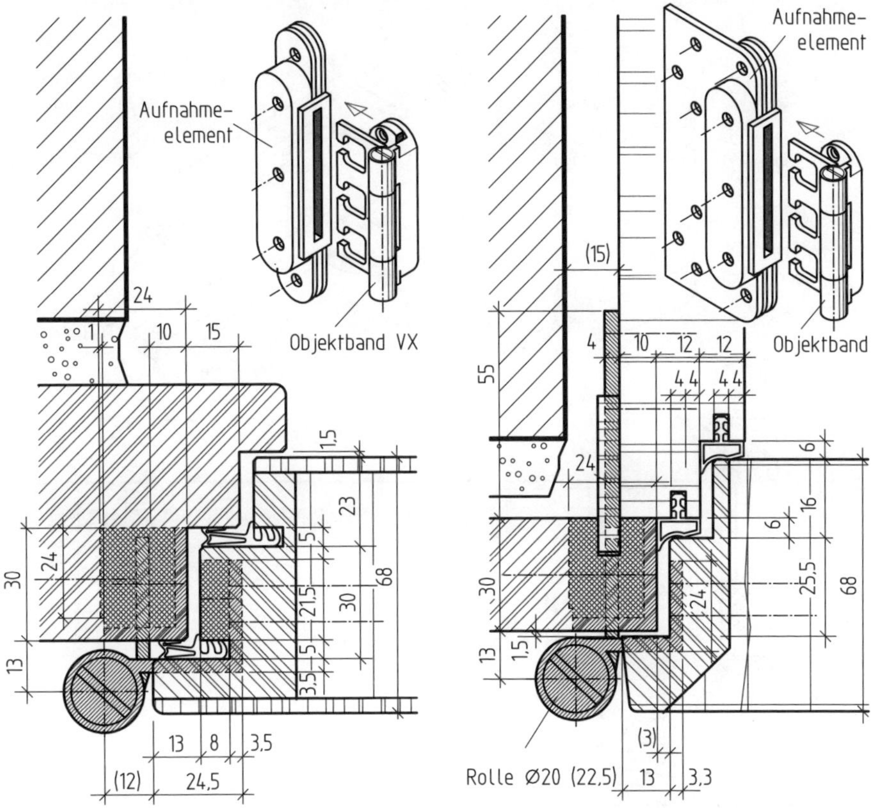

Bild 2.2-35

Bild 2.2-33 Doppelt überfälzte Tür ist mit Kombibändern, Anschraublappen im Türfalz und Einbohrzapfen im Blendrahmen angeschlagen (Sim).
Bild 2.2-34 Band für schalldämmende Futtertüren mit Bekleidungen. Die Rahmenzapfen fassen in eine Anschraubtasche. Am Türlappen kann die Dichtung durchlaufen (Sim).
Bild 2.2-34a Dreidimensional verstellbare Bänder für schwere, überfälzte Türen, belastbar bis 120 kg. Tür- und Rahmenteil sind einfräsbar. Die Überschlagsdichtung läuft am Band durch. Oberfläche: Edelstahl, matt vernickelt, poliert vergoldet und weiß (Sim, Bas).

Bild 2.2-35 Bänder für einbruchhemmende, überfälzte Türen. Belastbarkeit bis 150 kg. Der Rahmenlappen wird in einem dreidimensional (+/–3mm) verstellbaren Aufnahmeelement befestigt, der Türlappen in den Falz eingefräst und -geschraubt. Für Türgewichte bis 180 kg. Innen liegende Kugellager gewährleisten einen leichten Lauf. Ausführung in Edelstahl, Aluminium und mit Kunststoff ummantelt. Links Ausführung für Blendrahmentüren mit durchlaufender Dichtung am Überschlag, rechts für Futtertüren (Sim, BSW, Wen, Bas und Vie sinngem.)

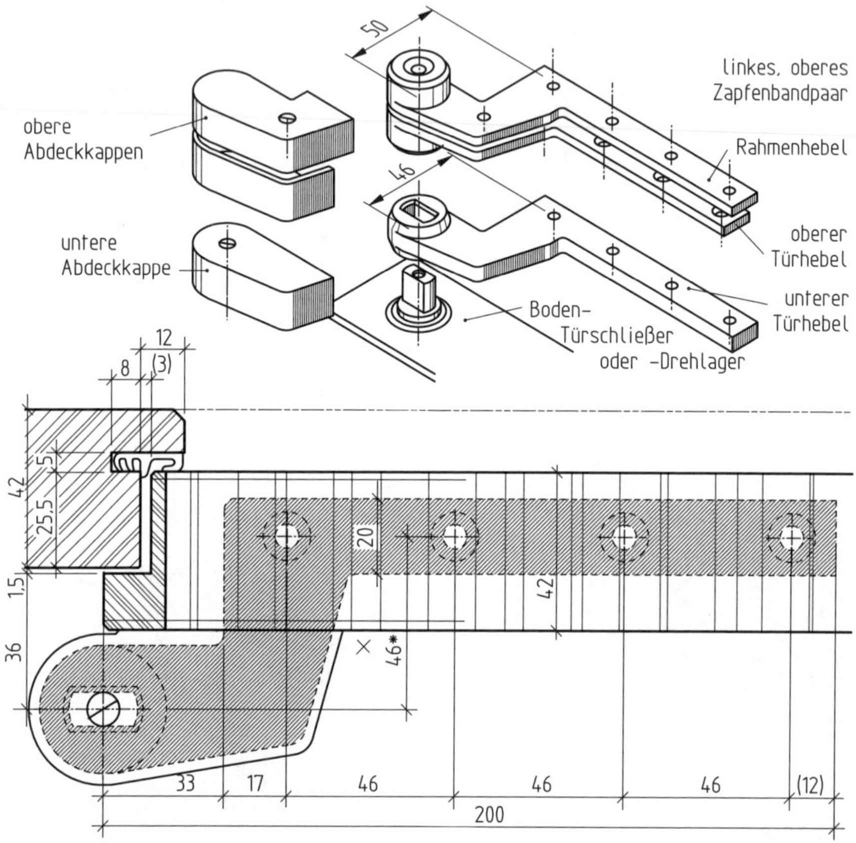

Bild 2.2-36

Bild 2.2-36 Überfälzte Tür ist mit auskragenden Türhebeln bzw. Zapfenbändern angeschlagen. Der untere Türhebel kann auf einen Bodentürschließer oder ein Bodendrehlager gesetzt werden. Der Beschlag lässt ein Türgewicht bis 300 kg zu (Do, Ge, Hä).

2.2.3.2 Stumpf einschlagende Türen

Bei stumpf einschlagenden Türen sind die Türblätter meistens ohne Fälzung in ganzer Dicke so in die Türumrahmung eingesetzt, dass Türblatt und Rahmen auf der Anschlagseite bündig sind. Sie müssen genau eingepasst werden, weil die Luft zwischen Türblatt und Türumrahmung sichtbar ist. Die seitliche Luft beträgt an jeder Seite 2 bis 4 mm, die obere Luft ebenfalls 2 bis 4 mm und die untere Luft (LU) von Unterkante Türblatt zum Fertigboden ca. 7 mm (Bild 2.2-37).
Zum Anschlagen sind Aufsatzbänder mit geraden Lappen, Scharniere mit geraden Lappen, Kombibänder, Zapfenbänder mit Bodentürschließer sowie verdeckt eingebaute Scharniere geeignet.

Aufsatzbänder weisen für stumpf einschlagende Türen gerade Anschraublappen auf. Diese können bei gerundeten Ecken maschinell eingefräst werden. Bei der Konstruktion der Türumrahmung und der vorgesehenen Falzhöhe ist die Lappenbreite der Bänder zu berücksichtigen. Die Länge der Rolle des Aufsatzbandes kann 80, 100, 120, 160 und 180 mm betragen. Die Bänder aus Edelstahl, Stahl kunststoffummantelt und Aluminium weisen in der Rolle Speziallager und verdeckte Kugellager auf, die weitgehende Wartungsfreiheit gewährleisten. Je nach Länge der Rolle und der Ausführung des Bandes kann das Türgewicht 60 bis 200 kg betragen. Beim Einsatz eines dritten Bandes, 370 mm unter der oberen Bandbezugslinie montiert, kann man das Türgewicht um 30 % erhöhen. Diese Angaben beziehen sich auf die übliche Türblattgröße von 1,00 × 2,00 m. Bei breiteren Türen reduziert sich das Türgewicht um das über 1,00 m hinausgehende Maß in Prozent, zum Beispiel bei einer 1,20 m breiten Tür um 20 %. Die Türen dürfen für diese Bänder nicht breiter als 1,25 m sein (Si, Vie, Wen).
Aufsatzbänder gibt es in Stahl kunststoffummantelt, in Edelstahl, Aluminium und massivem Messing. Bei einigen Bändern ist die Drehrichtung DIN rechts oder DIN links anzugeben (Bild 2.2-38 und 40).

Scharniere, aus Stahl oder massivem Messing, weisen in dem mehrgliedrigen Gewerbe Zwischenringe mit Kugellagern auf. Sie haben eine zierliche und relativ kurze Rolle (100, 120 mm) und gestatten trotzdem ein hohes Türgewicht. Die Türen können durch Lösen des Stiftes aus der Türumrahmung herausgenommen werden (Bild 2.2-39).

Kombibänder für stumpf einschlagende Türen haben zum Beispiel für die Befestigung am Rahmen einen Einbohrzapfen und für die Befestigung an der Tür einen Anschraublappen. Je nach Bandgröße (100 mm oder 160 mm) sind sie für ein Türgewicht von 80 kg bis 120 kg geeignet (Bild 2.2-41).

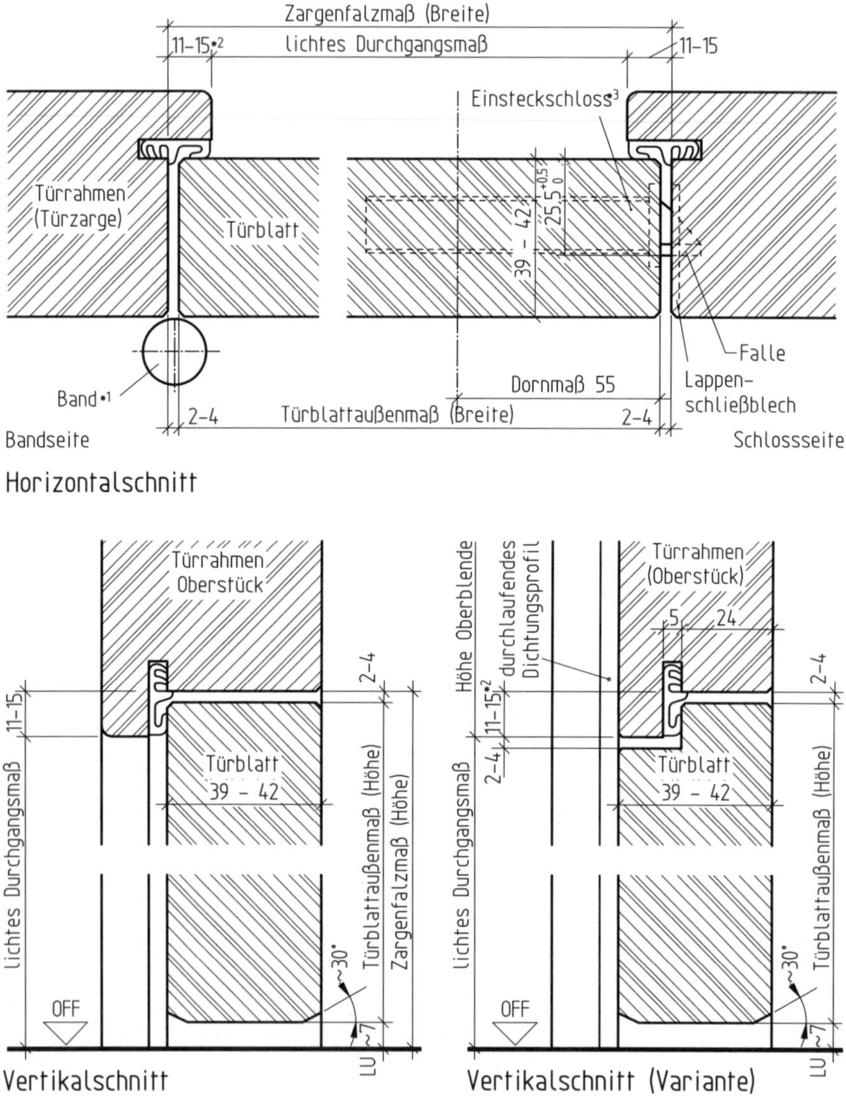

Bild 2.2-37 Maße und Begriffe bei stumpf einschlagenden Türen.

Spezialbänder für stumpf einschlagende Türen können auf die Front der Tür und des Rahmens geschraubt werden. Sie sind in der Ansicht als besonderer gestalterischer Punkt sichtbar. Die Tragkraft beträgt 25 kg. Die statisch tragenden Teile sind in Metall ausgeführt, der mit farbigem Kunststoff ummantelt ist (Bild 2.2-42).
Für stumpf einschlagende Türen gibt es komplett verdeckt liegende Bänder, die in der Front nicht sichtbar sind. Sie weisen einen gedachten Drehpunkt auf, sind dreidimensional verstellbar und in Türrahmen und Türkante voll einfräsbar. Sie sind links und rechts verwendbar und erlauben einen Öffnungswinkel der Tür von 180°. Sie sind in Edelstahl, vermessingt oder vernickelt poliert oder farbig lieferbar (siehe Bild 2.2-42a und 46).
Diese verdeckt liegenden Bänder gibt es auch mit integrierter Schließmechanik. Sie ermöglicht ein gedämpftes Sebstschleßen der Tür (Bild 48a).
Zu den Spezialbändern kann man zum Beispiel auch die Objektbänder zählen, die wie bei Stahlzargentüren in besondere Aufnahmeelemente fassen und dadurch dreidimensional verstellbar sind (siehe Bild 2.2-48), und die Zapfenbänder mit Bodentürschließern (siehe Bild 2.2-53).
Stumpf einschlagende Türen können aber auch gegenüber der Türumrahmung zurückspringend angeschlagen werden. Hierzu verwendet man gekröpfte Aufsatzbänder (Kröpfung B) oder auch Zapfenbänder mit Bodentürschließer (Bild 2.2-43, 44 und 53).

Seite 52
Bild 2.2-38 Stumpf einschlagende Tür ist mit Aufsatzbändern mit geraden Lappen, in Messing massiv, angeschlagen (FS, He).
Bild 2.2-39 Anschlag mit Türscharnieren mit geraden Lappen. Das Gewerbe läuft auf zwei Kugellagern. Der Stift ist herausdrehbar (BSW, FS, He, Hä, Sim).
Bild 2.2-40 Stumpf einschlagende Tür ist mit Aufsatzbändern mit geraden Lappen angeschlagen. Das Band ist einfräsbar und kann zusätzlich mit Tragzapfen ausgestattet werden. Für Türgewichte bis 150 kg. Innen liegende Kugellager gewährleisten einen leichten Lauf (Bas, BSW, Sim, Vie, Wen).
Bild 2.2-41 Anschlag mit einem Kombiband. Die Rahmenzapfen werden eingebohrt, die Türlappen ausgefräst und aufgeschraubt (Sim).

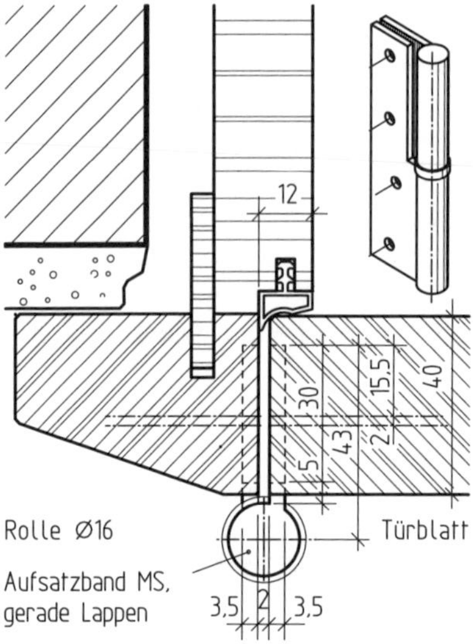

Bild 2.2-38

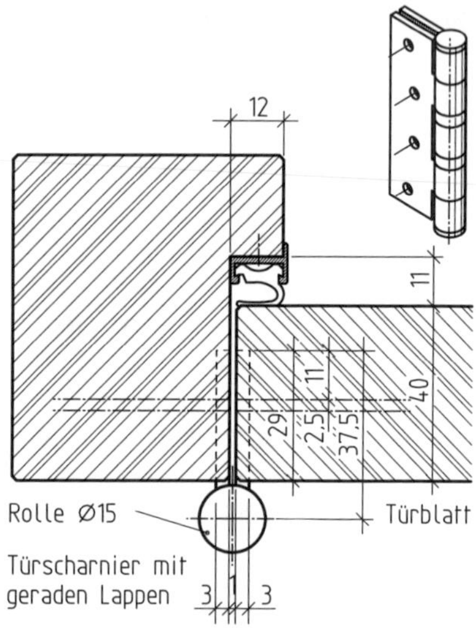

Bild 2.2-39

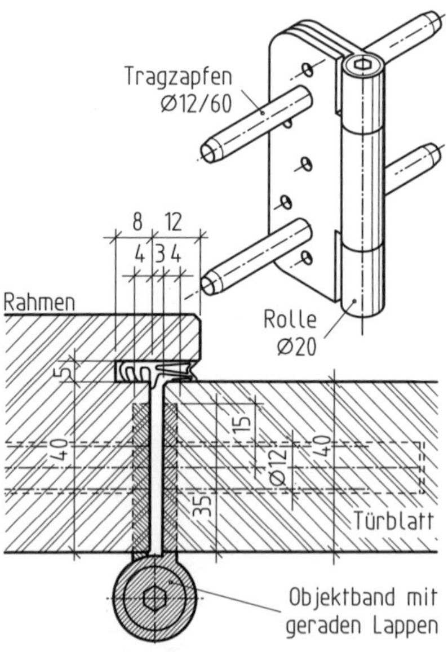

Bild 2.2-40

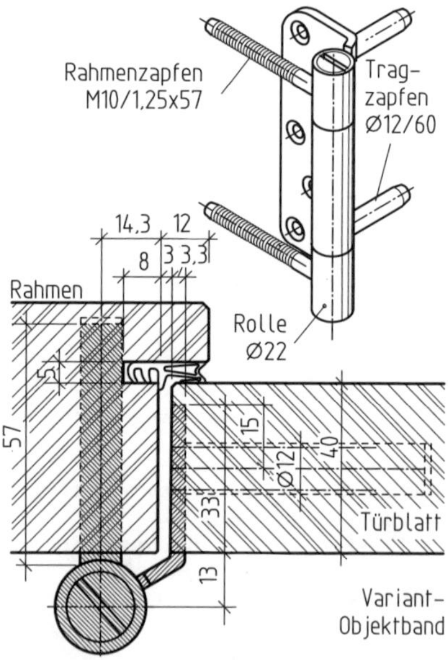

Bild 2.2-41

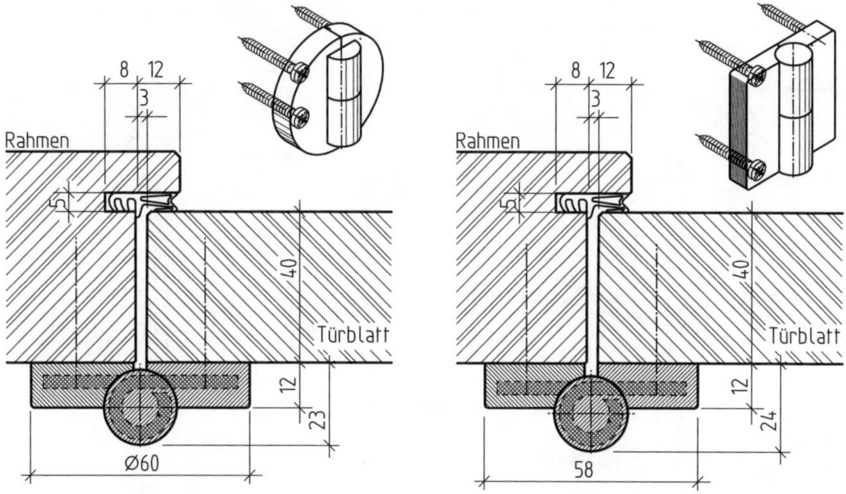

Bild 2.2-42 Stumpf einschlagende Türen sind mit zierlichen Aufschraubbändern angeschlagen. Die Verschraubung wird durch Nylonkappen abgedeckt (Hew).

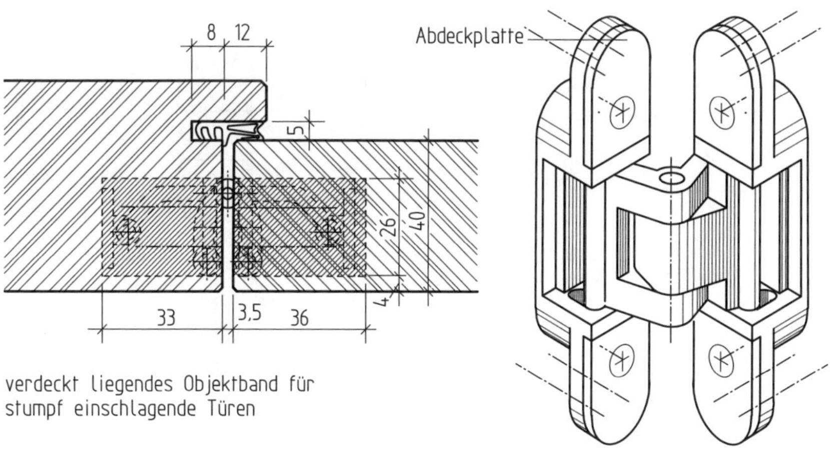

Bild 2.2-42a Verdeckt liegende Bänder für stumpf einschlagende Türen, dreidimensional verstellbar, 155 mm lang, für 100 kg Türgewicht, auch von 40 kg bis 200 kg erhältlich, Edelstahl gebürstet (Sim, Bas).

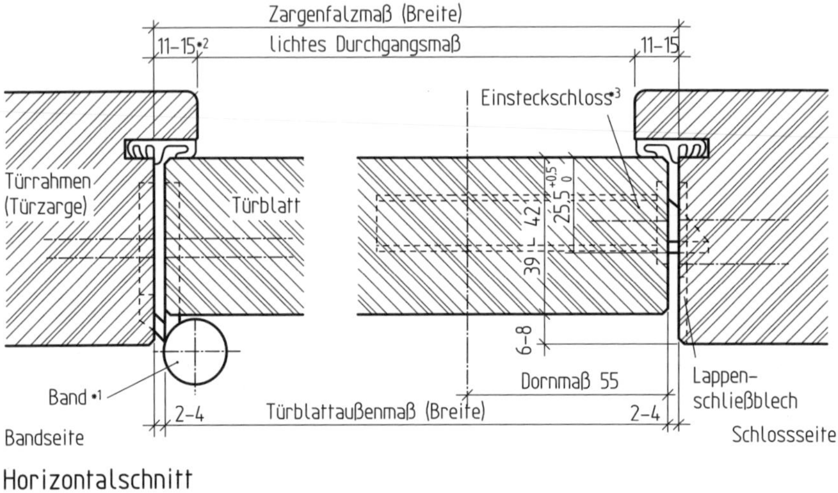

Bild 2.2-43 Maße und Begriffe bei stumpf einschlagenden, zurückspringenden Türen.

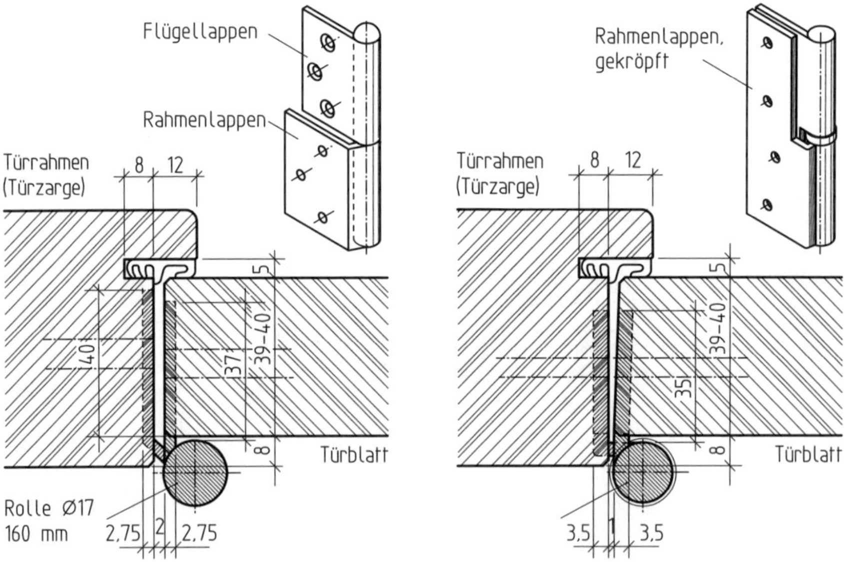

Bild 2.2-44 Stumpf einschlagende, zurückspringende Tür ist mit gekröpften Bändern angeschlagen. Links: Ausführung in Stahl, Berliner Band. Rechts: Ausführung in Aluminium oder Edelstahl (BSW, Sim, Wen).

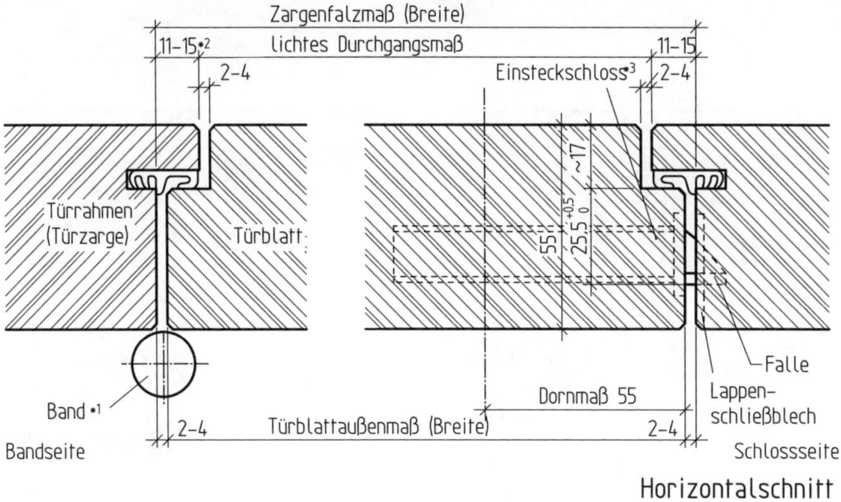

Bild 2.2-45 Maße und Begriffe bei einfach bündig überfälzten Türen.

2.2.3.3 Bündig überfälzte Türen

Dicke Türblätter können einfach, aber auch doppelt bündig überfälzt werden. Die seitliche und obere Luft sollte 2 mm nicht unterschreiten und 4 mm nicht überschreiten, weil sie in der Front sichtbar ist (Bild 2.2-45). Die einfach bündig überfälzten Türen können wie die stumpf einschlagenden Türen mit Aufsatzbändern mit geraden Lappen angeschlagen werden. Allerdings muss die Lappenbreite im Falz unterzubringen sein (Bild 2.2-47). Außerdem kann man Objektbänder mit geraden Türlappen und besonderen Rahmenlappen verwenden, die in besondere Aufnahmeelemente greifen und dadurch eine dreidimensionale Verstellmöglichkeit bieten (Bild 2.2-48). Auch ist ein Anschlag dieser Türen mit Zapfenbändern und mit Bodentürschließern möglich (Bild 2.2-53). Leichtere Türen kann man auch mit verdeckt liegenden Bändern anschlagen. Diese Anschlagsart findet besonders bei Tapetentüren oder bei nicht als Tür erkennbaren Wandelementen Verwendung (Bild 2.2-46).

Die doppelt bündige Überfälzung kann man nur bei dicken Türblättern (mindestens 55 mm) anwenden. Im hinteren Falz kann ein Dämpfungsprofil eingebaut werden. Damit das Dämpfungsprofil richtig wirksam werden kann, muss der vordere Falz 1,5 mm Luft aufweisen. Der mittlere Falz muss so breit sein, dass er die Stulpbreite des Schlosses und die Breite des Schließbleches aufnehmen kann (Bild 2.2-49).

Zum Anschlagen stehen hierfür speziell gekröpfte Bänder zur Verfügung, die auch für hohe Türgewichte bis 120 kg geeignet sind. Bei der Verwendung dieser Bänder muss unbedingt die Fälzung der Türblätter und der Türumrahmung auf die Kröpfung der Bänder abgestimmt werden (Bild 2.2-50, 51 und 52). Besonders geeignet sind für diese Türen die Zapfenbänder mit Bodentürschließer (Bild 2.2-53).

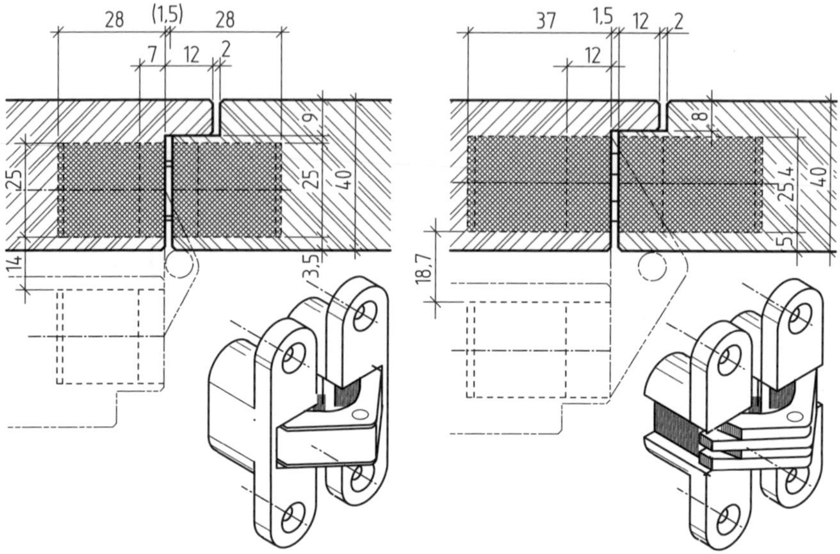

Bild 2.2-46 Unsichtbare Scharniere. Die Türen drehen sich um einen imaginären Drehpunkt, der außerhalb des Materials liegt (He, Hä).

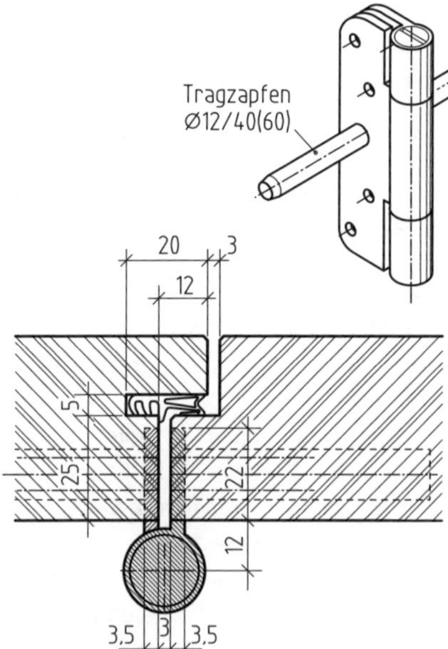

Bild 2.2-47

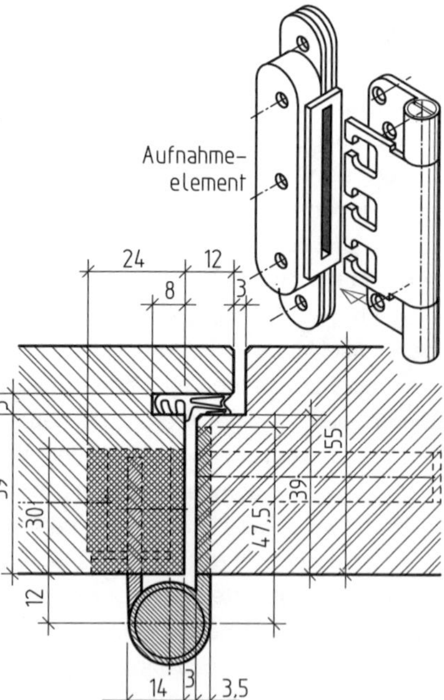

Bild 2.2-48

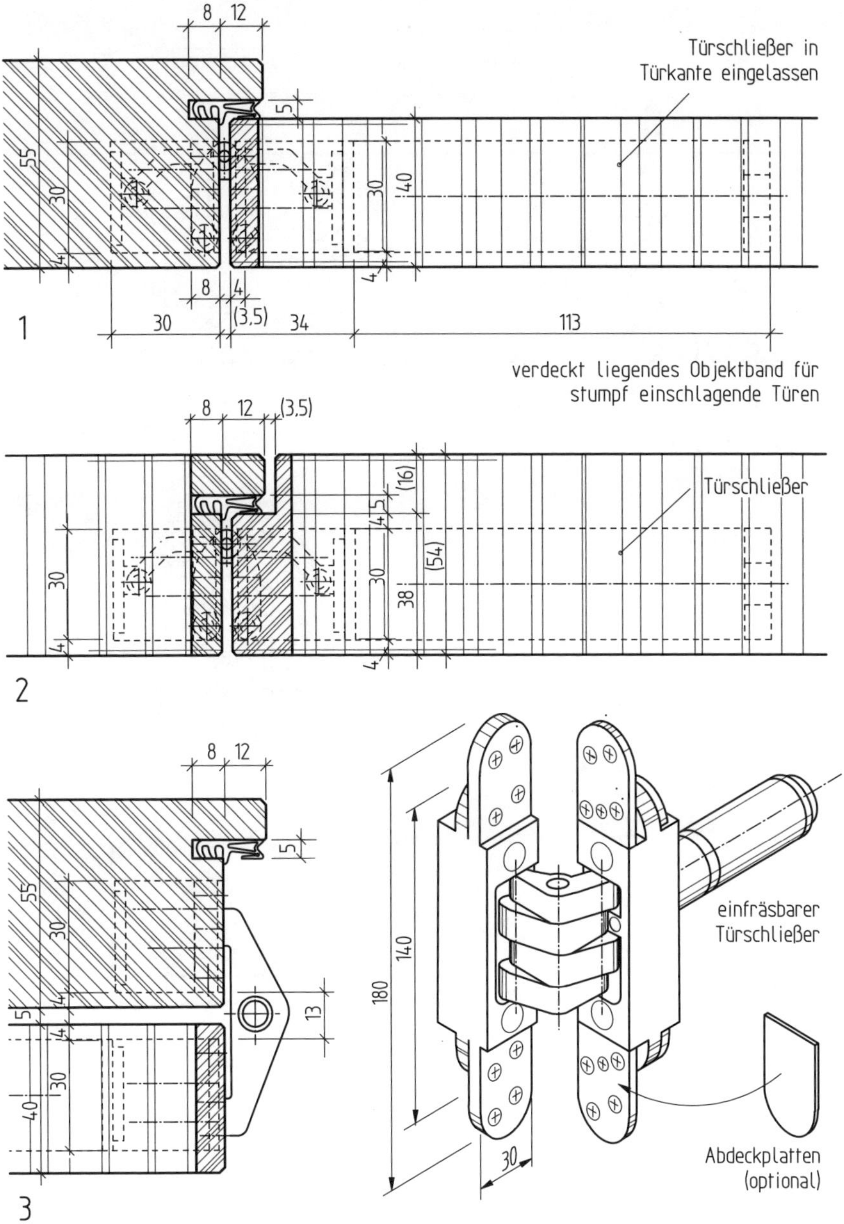

Bild 2.2-48a Stumpf einschlagende Tür mit 3-dimensional verstellbaren Objektbändern angeschlagen. Die Bänder sind bei geschlossener Tür unsichtbar und mit einer verdeckten Schließmechanik ausgestattet. Für Türgewichte von 80 kg pro Paar (Bas).

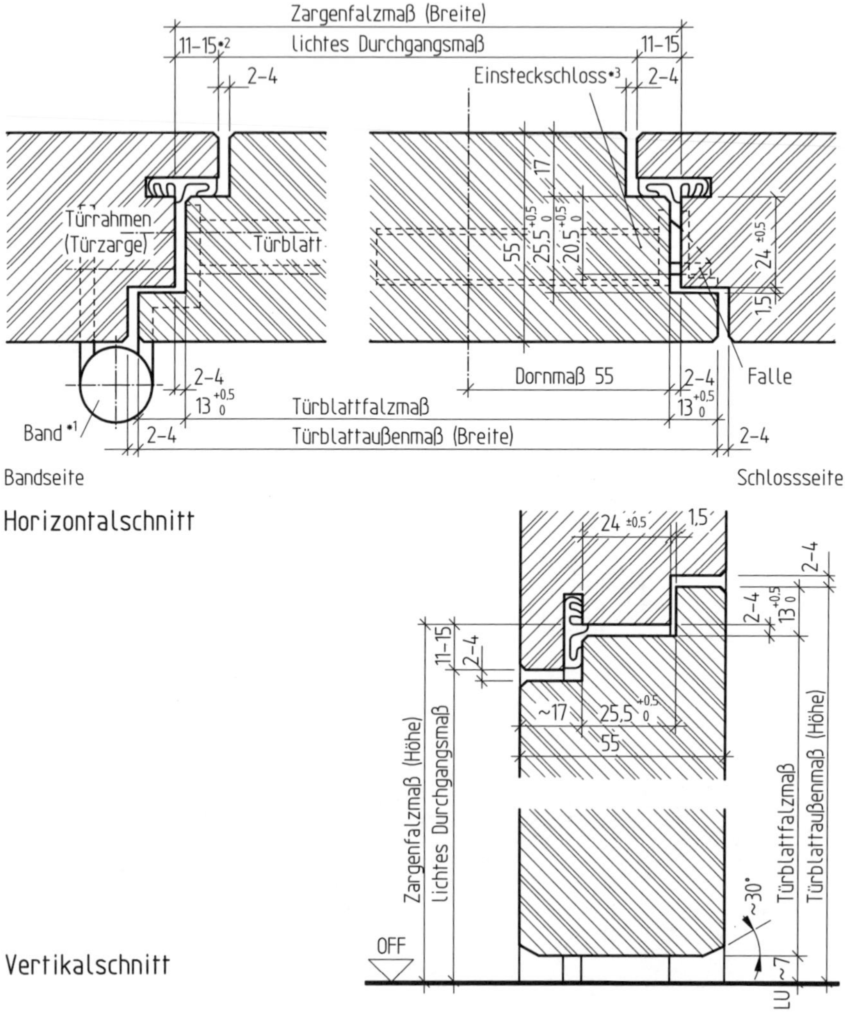

Bild 2.2-49 Maße und Begriffe bei doppelt (zweifach) bündig überfälzten Türen.

Bild 2.2-47 Bündig überfälzte Tür ist mit Aufsatzbändern angeschlagen. Die Lappen können eingefräst, die Tragkraft des Bandes kann durch Tragzapfen erhöht werden. Innen liegende Kugellager sorgen für einen leichten Lauf. Ausführung in Edelstahl, Aluminium, Natur oder mit Kunststoff ummantelt (BSW, Bas, Sim, Wen, Vie).

Bild 2.2-48 Anschlag sinngem. wie 2.2-47, jedoch Befestigung des Rahmenlappens in einem besonderen Aufnahmeelement; dadurch ist eine dreidimensionale Verstellmöglichkeit gegeben (Bas, Sim, Wen).

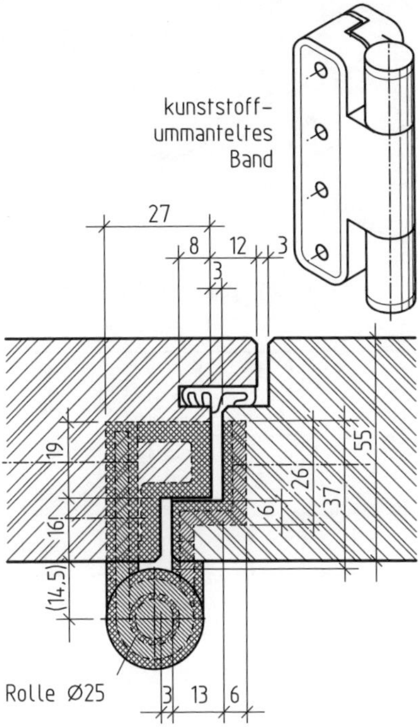

Bild 2.2-50 (siehe Seite 61)

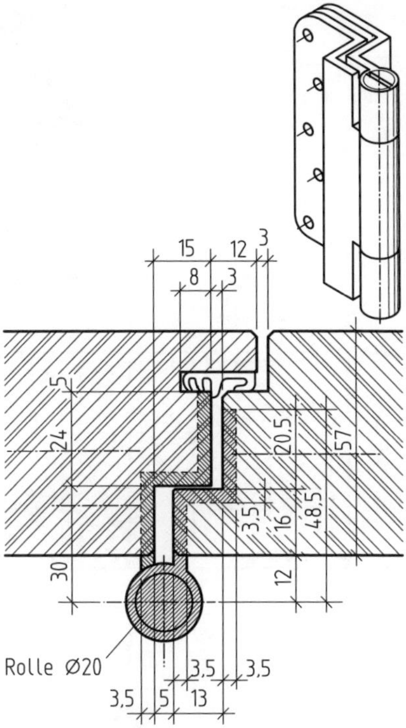

Bild 2.2-51 (siehe Seite 61)

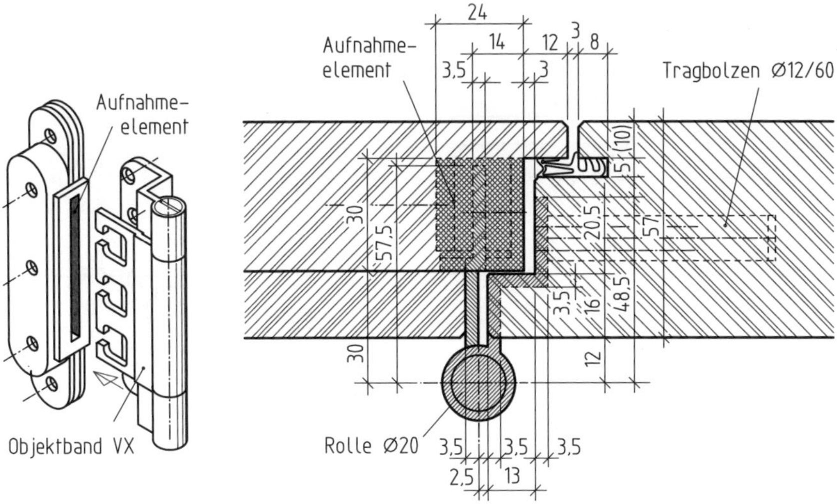

Bild 2.2-52 (siehe Seite 61)

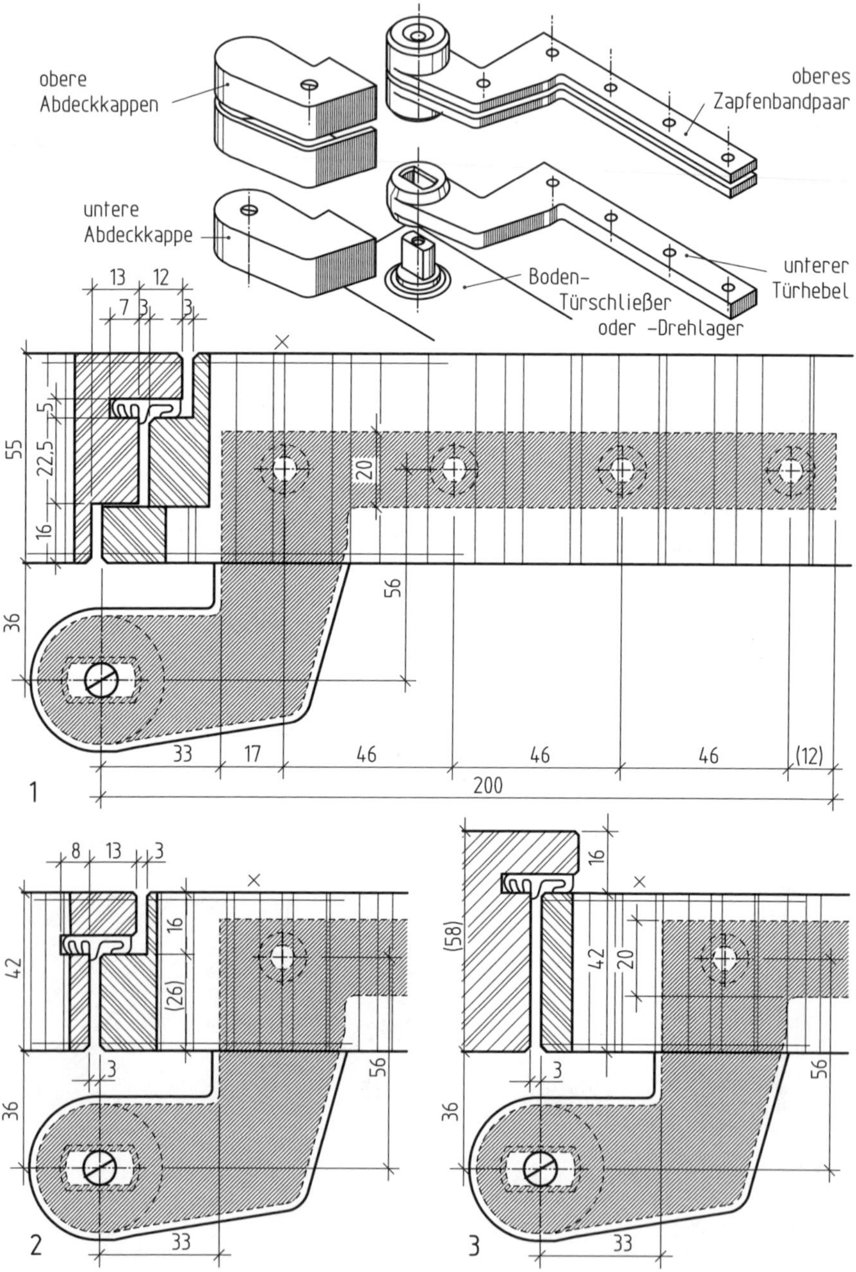
obere
Abdeckkappen
oberes
Zapfenbandpaar
untere
Abdeckkappe
Boden-
Türschließer
oder -Drehlager
unterer
Türhebel
1
2
3

Bild 2.2-53

2.2.4 Verschlussmöglichkeiten von Drehflügeltüren

Zum Verschluss der Innentüren gehören im allgemeinen Einsteckschlösser mit den unterschiedlichsten Sicherungsarten, Schließbleche und Drückergarnituren.

2.2.4.1 Einsteckschlösser

Einsteckschlösser für Innentüren und Wohnungsabschlusstüren sind in der DIN 18251 genormt. Die im Handel befindlichen Schlösser können geringfügig Abweichungen, wie zum Beispiel Verwendbarkeit für rechte und linke Drehtüren oder Ausstattung mit geräuscharmer Kurbelfalle, aufweisen.

Bei den Einsteckschlössern ist zwischen Schlössern für Haustüren, Wohnungsabschlusstüren, Zimmertüren, Badtüren zu unterscheiden. Sie sind in vier Klassen eingeteilt:

Klasse 1: Schloss für Innentüren, leichtes Innentürschloss für Türgewichte ≦20 kg/m^2 und geringe Beanspruchung und Benutzerhäufigkeit.

Klasse 2: Schloss für Innentüren mit erhöhten Anforderungen, sogenanntes Innentürschloss für Türgewichte >20 bis ≦25 kg/m^2 und übliche Benutzerhäufigkeit.

Klasse 3: Schloss für Wohnungsabschlusstüren oder Türgewichte >25 bis ≦30 kg/m^2 und für mittlere Beanspruchung beziehungsweise Benutzerhäufigkeit.

Klasse 4: Schloss für erhöhte Einbruchhemmung und hohe Benutzerfrequenz, für Türgewichte über 30 kg/m^2.

Die Einsteckschlösser bestehen im Wesentlichen aus dem Schlosskasten, in dem die Schließmechanik untergebracht ist, der Falle, die durch den Drücker oder bei eingebautem Wechsel (W) mit dem Schlüssel zurückgenommen werden kann, der Nuss, die mit einem Vierkantloch bei Innentüren von 8 mm (9 mm) und bei Außentüren wie Haustüren von 10 mm für die Aufnahme des Drückerstiftes versehen ist, dem Riegel, der mit dem Schlüssel eintourig oder zweitourig zu schließen ist, dem Schlüsselloch oder der Aussparung für den Schließzylinder und dem Stulp, der für Falztüren einseitig und für Stumpftüren mittig auf dem Schlosskasten angebracht ist. Der Stulp

Seite 59

Bild 2.2-50 Doppelt bündig überfälzte Tür ist mit besonderen Bändern angeschlagen. Die Fälzung ist auf das Band abzustimmen. Ausführung: Stahl, mit Kunststoff ummantelt (Hew).

Bild 2.2-51 Anschlag mit einem besonders gekröpften Band. Die Fälzung ist auf die Kröpfungsmaße abzustimmen. Ausführung in Edelstahl und Aluminium, auch farbig mit Kunststoff ummantelt (Sim, Wen, Vie).

Bild 2.2-52 Bündig doppelt überfälzte Tür ist mit besonders gekröpftem Band angeschlagen. Der Rahmenlappen wird in einem Aufnahmeelement befestigt. Dadurch ist das Band dreidimensional verstellbar (Sim, Wen).

Seite 60

Bild 2.2-53 Bündig überfälzte Türen sind mit auskragenden Türhebeln bzw. Zapfenbändern angeschlagen. Der untere Türhebel kann auf einen Bodentürschließer oder ein Bodendrehlager gesetzt werden. Der Beschlag lässt ein Türgewicht bis 300 kg zu. 1 Bündig doppelt überfälzte Tür, 2 bündig einfach überfälzte und 3 stumpf einschlagende Tür (Do, Ge, Hä, Mab).

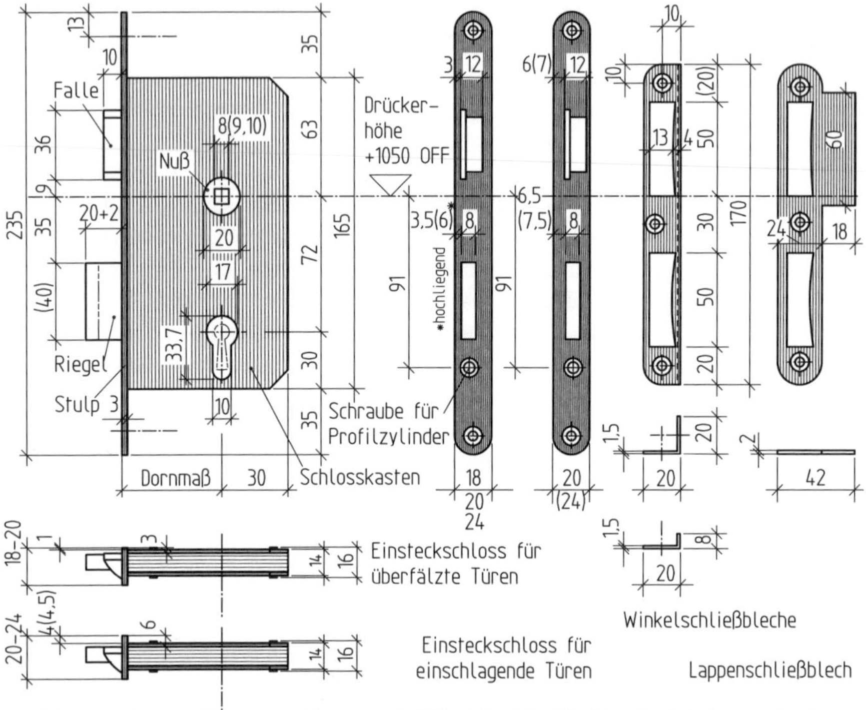

Bild 2.2-54 Einsteck-Zimmertürschlösser nach DIN 18251, hier DIN links, für Zuhaltungs-, Buntbart-Schlüssel und Profilzylinder. Sie sind mit eingebautem Wechsel auch für Wohnungsabschlusstüren geeignet. Das übliche Dornmaß beträgt 55 mm. Weitere Dornmaßabstufungen sind 30, 35, 40, 45, 50, 60, 65, 70, 80, 90,100 mm (BKS, BMH, Do).

kann zum Einfräsen an den Ecken gerundet, in Stahl lackiert, in Edelstahl, in Messing poliert und vernickelt oder verchromt ausgebildet sein. Das Dornmaß des Schlosses ist das Maß von Vorderkante Stulp bis Mitte Nuss beziehungsweise Schlüsselloch. Es beträgt für Innentüren normal 55 mm, für Außentüren wie Haustüren 65 mm. Das Maß zwischen Mitte Nuss und Mitte Dorn des Schlüsselloches nennt man Entfernung. Es beträgt bei Schlössern für Innentüren normal 72 mm, für Außentüren 92 mm (Bild 2.2-54).

Schlösser für Sonderzwecke

Einsteckriegelschlösser weisen nur einen Riegel zum Verschließen der Tür auf und keine Falle. Sie werden mit Schlüsseln oder Profilzylindern geschlossen. Man verwendet sie in leichten Türen zu Abstellräumen oder für Tapetentüren.

Einsteckfallenschlösser weisen statt des Riegels nur eine Falle auf, die mit einem Vierkantschlüssel oder einem Drehknopf betätigt werden kann. Man verwendet sie für Nebentüren, die nicht verschlossen werden müssen.

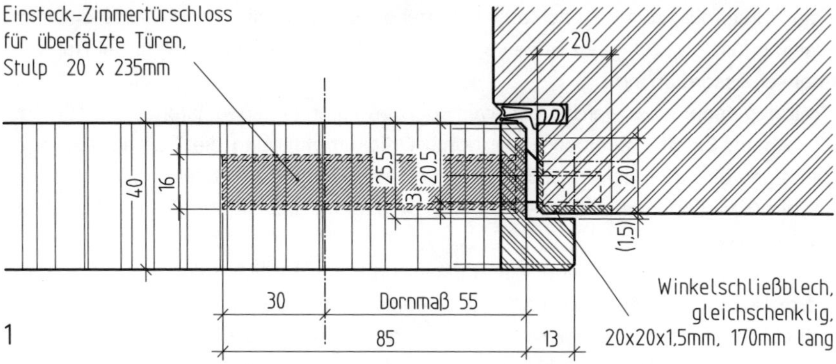

1

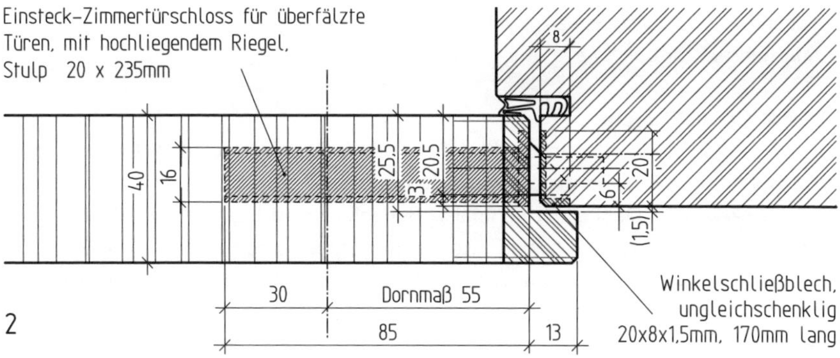

2

Bild 2.2-55 Verschluss einflügeliger, überfälzter Türen, DIN links. 1 Das gleichschenklige Winkelschließblech ist bei geschlossener Tür sichtbar. 2 Das Winkelschließblech mit schmalem Schenkel wird durch den Überschlag der Tür abgedeckt. Es ist ein Einsteckzimmertürschloss mit hoch liegendem Riegel zu verwenden.

Keiltreiberschlösser werden in Schallschutztüren eingebaut. Sie haben neben der Falle und dem Riegel noch einen Keiltreiber, der die Tür fest gegen die Dichtung der Türumrahmung presst. Das Dornmaß beträgt hier 65 mm.

In **Strahlenschutztüren** werden besondere Schlösser mit versetzten Dornmaßen verwendet. Schlüssel beziehungsweise Zylinder und Drückervierkant sind an der Außenseite gegenüber der Innenseite um 40 mm versetzt angeordnet. Dadurch gehen das Schlüsselloch beziehungsweise der Schließzylinder und der Vierkant des Drückers nicht durch. Dornmaße sind 40 und 80 mm.

Panikschlösser werden in Türen zu großen, von vielen Menschen genutzten Räumen eingebaut. Selbst verschlossene Türen lassen sich von innen entriegeln und öffnen.

Paniktüren müssen stets nach außen aufgehen, damit sie auch beim Druck einer von Panik erfassten Menge zu öffnen sind. Dornmaße sind normal 65 mm, bei Rohrrahmenschlössern 35 mm.

Treibriegelschlösser werden bei zweiflügeligen Türen in den feststehenden Türflügel eingebaut. Es sind Schlösser, die durch Drückerbetätigung die Treibriegelstangen betätigen und den feststehenden Flügel oben und unten verriegeln oder entriegeln. Ist der Gangflügel verschlossen, ist eine Betätigung des Treibriegels nicht möglich. Dornmaß ist 60 mm.

Motorschlösser weisen eine Vierkantnuss und eine Profilzylinderlochung (PZ) wie normale Schlösser auf. Sie können mit Schlüssel von innen und außen jederzeit geöffnet werden. Sie sind aber mit einer Selbstverriegelung, die je nach Einstellung nach 2 bis 15 Sekunden wirksam wird, und mit Drückersperre sowie für eine externe Steuerung über codierte Schließmittel ausgestattet. Sie benötigen einen 12 V Gleichstrom- oder Wechselstromanschluss. Dornmaße sind 55, 60, 65, (80, 100) mm, Entfernung 72 mm.

2.2.4.2 Schließbleche

Die Schließbleche werden in der Regel mit den Schlössern geliefert. Grundsätzlich sind drei Arten zu unterscheiden: Winkelschließbleche mit etwa gleich breiten Schenkeln, Winkelschließbleche mit schmalen Schenkeln und Lappenschließbleche. Die Winkelschließbleche sind für überfälzte Türen geeignet, wobei der schmale Schenkel des Winkelschließbleches vom Überschlag der Tür völlig abgedeckt wird und der breite Schenkel des gleichschenkligen Winkelschließbleches sichtbar bleibt. Schließbleche mit schmalem Schenkel benötigen Schlösser mit hoch liegendem Riegel. Lappenschließbleche werden bei stumpf einschlagenden Türen verwendet. Der Lappen des Schließbleches schützt das Holz gegen Verkratzen durch die einlaufende Falle (Bild 2.2-54).

Für einfache Innentüren werden heute vielfach Schließbleche zum Einfräsen und wie die einfachen Schlösser für DIN rechts und DIN links geliefert. Für einbruchhemmende Türen gibt es besonders verstärkte und verlängerte Winkelschließbleche, oder auch Winkelschließbleche mit zusätzlichen Ankern.

Sollen die Türen über eine Fernbedienung geöffnet werden, wird man Winkelschließbleche mit elektrischen Türöffnern einbauen.

2.2.5 Sicherungsarten

Die Schlösser können unterschiedliche Sicherungsarten aufweisen. So unterscheidet man Buntbartschlösser (BB), Zuhaltungsschlösser (ZH), Profilzylinderschlösser (PZ), Schlösser für Badtüren (BAD) und Schlösser mit Wechsel (W). Eine Sonderform sind die Motorschlösser, die für eine elektromechanische Betätigung benötigt werden.

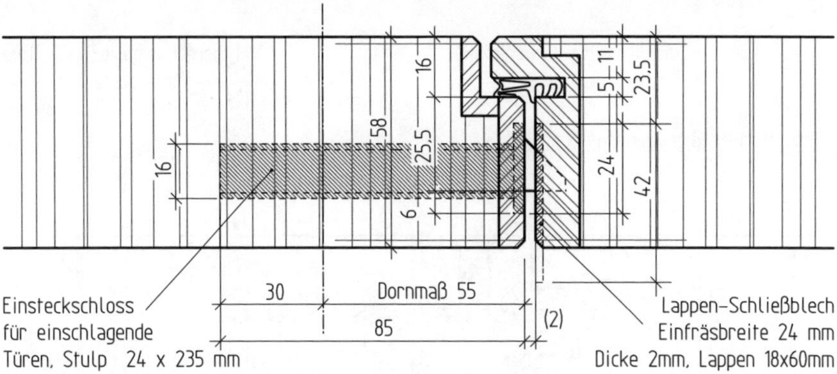

Bild 2.2-56 Verschluss einer bündig überfälzten Tür, DIN links.

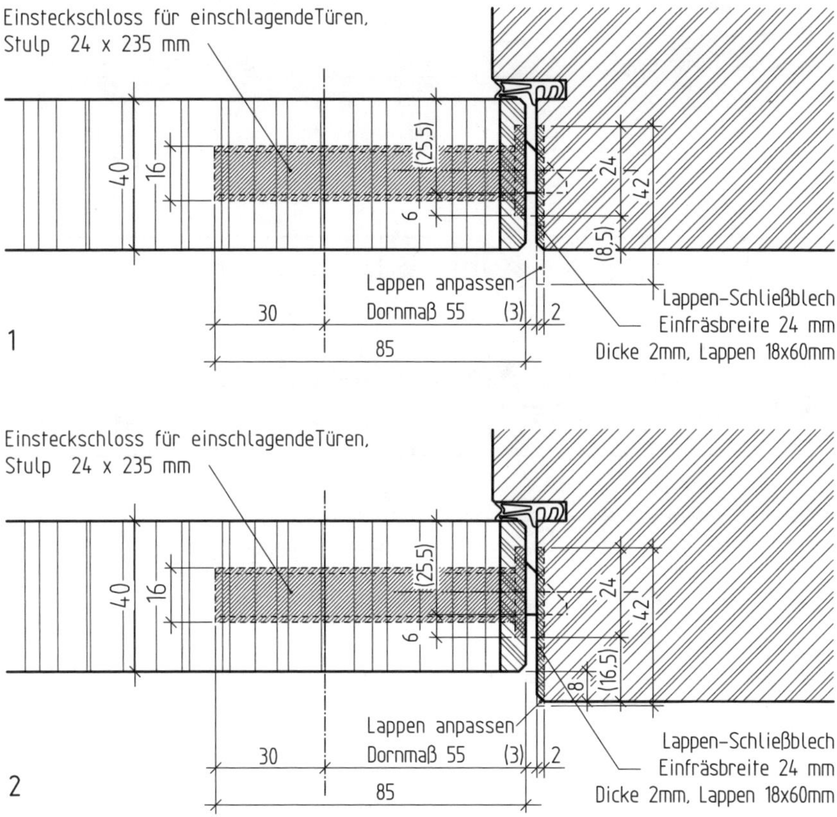

Bild 2.2-57 Verschluss einflügeliger, einschlagender Türen, DIN links. 1 Die Türfläche und der Türrahmen sind bündig. 2 Die Türfläche springt gegenüber dem Rahmen zurück.

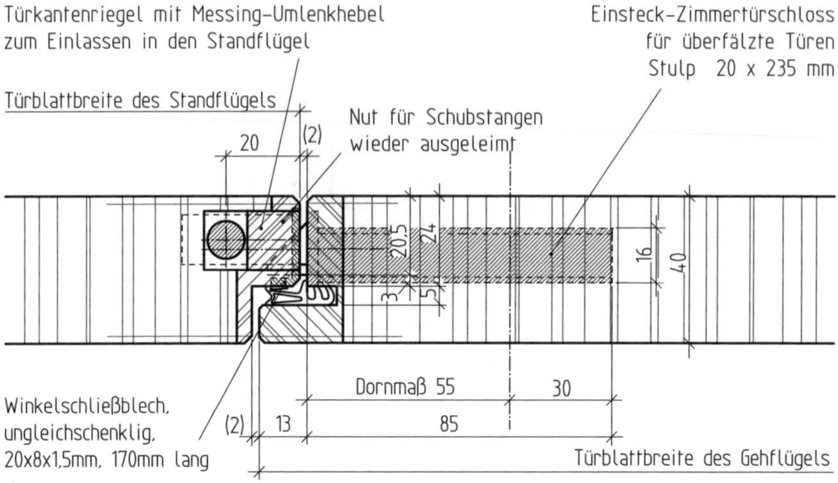

1

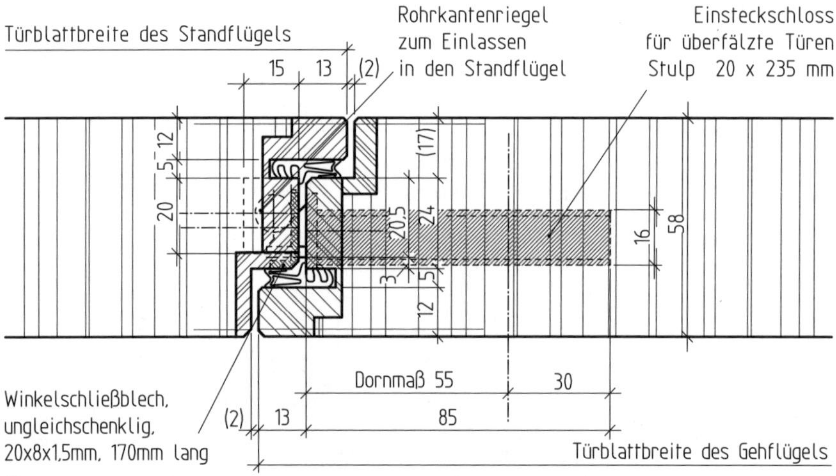

2

Bild 2.2-59 Verschluss zweiflügeliger Türen. Der Gehflügel ist DIN rechts angeschlagen. Der Standflügel wird jeweils durch einen Einlasskantenriegel festgestellt. 1 Mittelanschlag einfach überfälzt, 2 doppelt überfälzt.

Seite 67

Bild 2.2-58 Schlüssel für die verschiedenen Sicherungsarten. 1 Buntbartschlüssel, 2 Besatzungsschlüssel mit Einschnitten für die Besatzungsreifen, 3 Zuhaltungsschlüssel mit Einschnitten für die Zuhaltungen, 4 Schlüssel für Schließzylinder, 5 Wendeschlüssel für Schweizer Schließzylinder, 6 Schlüssel für Magnetzylinder, 7 Schlüssel für Elektronikschlösser.

Buntbartschloss (BB)
Buntbartschlösser sind die einfachste Schlosskonstruktion. Nur die Form des Schlüsselbartes bietet einen Schutz gegen unbefugtes Öffnen. Diese Sicherungsart ist wegen der begrenzten Sicherheit nur an Zimmertüren in abgeschlossenen Wohnungen oder Gebäuden zu empfehlen.

Schloss für Badtüren (BAD)
Schlösser für Badtüren werden von innen mit Griffoliven statt mit Schlüsseln verriegelt. Sie weisen deshalb zwei Vierkantnüsse übereinander auf. Von außen zeigen die Beschläge »besetzt« oder »frei« an. Sie können im Ernstfall mit einem Vierkantschlüssel oder einem Geldstück von außen geöffnet werden.

Zuhaltungsschloss (ZH)
Zu Schlössern mit eingebauten Zuhaltungen gehören Schlüssel mit verzahnten Barten. Der Schlüsselbart muss zu der Schlüssellochform und mit der Verzahnung zu den vier bis neun eingebauten Zuhaltungen passen. Die Schlösser können in Wohnungsabschlusstüren, hier mit eingebautem Wechsel, und in gut zu sichernde Innentüren sowie für Schließanlagen eingebaut werden.

Schlösser mit Besatzung
Besatzungsschlösser weisen in der Mitte des Schlosskastens eine Scheibe mit aufgelöteten Besatzungsreifen auf. Der Schlüsselbart ist in der Mitte eingeschlitzt und mit Kerben versehen, die auf die Besatzungsreifen passen müssen. Sie sind ähnlich wie die Zuhaltungsschlösser einzusetzen, werden heute aber kaum noch hergestellt.

Schlösser mit Schließzylinder
Schließzylinder haben eine genormte Profilform. Es gibt neben dem üblichen Profilzylinder (PZ) auch das sogenannte Schweizer Profil sowie Rundzylinder und Ovalzylinder. Die Zylinder sind am Schlosskasten zu befestigen. Schließzylinder gewährleisten

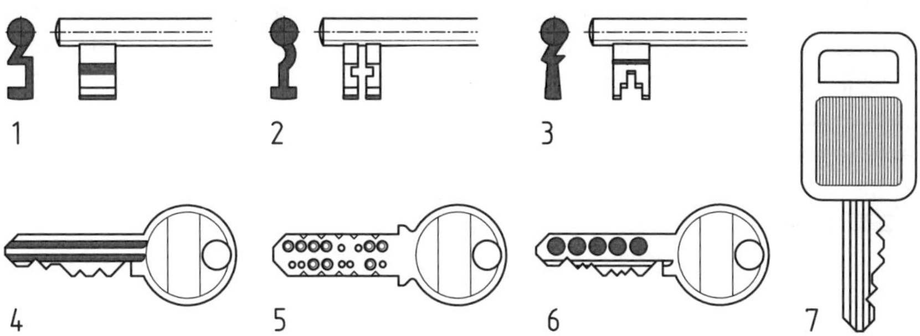

Bild 2.2-58

durch die Profilierung des Schlüssels, durch die starke Differenzierung der Schlüsseleinschnitte sowie durch die Stufensprünge eine außerordentlich hohe Zahl von Schließungsvarianten. Sie sind heute mit besonderem Aufbohrschutz versehen sowie gegen Herausziehen und Abbrechen gesichert. Besondere Schließzylinder können mit elektronischen Komponenten ausgestattet sein, die sich nur mit codierten Schlüsseln schließen lassen.
Die Schließzylinder sind in der Länge symmetrisch aufgebaut. Die Länge des Zylinders muss auf die Türdicke plus Türschild- oder Rosettendicke abgestimmt sein; denn die Zylinder dürfen aus Sicherheitsgründen hier nur etwa 1 mm überstehen. Sitzt das Schloss nicht in der Türmitte, müssen asymmetrische Schließzylinder eingebaut werden. Außerdem kann man je nach Funktion einseitige Schließzylinder oder auch Schließzylinder mit einseitigem Drehknopf einbauen. Schließzylinder werden in Wohnungsabschlusstüren, Haustüren und in Schließanlagen eingesetzt.

Motorschlösser mit externer Steuerung
Motorschlösser für externe Steuerung können mit oder ohne Profilzylinder ausgestattet sein. Ihre Betätigung erfolgt über elektronische Impulse oder in der Kombination durch mechanische und elektronische Betätigung. Die Motorschlösser können durch einen über Tastenfeld einzugebenden Zahlen- oder Buchstabencode sowie durch Einstecken codierter Schlüssel oder Karten, Fingerscanner und auch berührungsfrei durch Sender, an der Kleidung oder am Handgelenk zu tragen, betätigt werden. Die Schlösser verfügen über eine Selbstverriegelung, sodass die Tür wieder verschlossen ist, wenn sie ins Schloss fällt. Die Bedienungselemente können entweder direkt auf der Tür, zum Beispiel in der Drückergarnitur, untergebracht werden oder extern neben der Tür. Es lassen sich nicht nur komplizierte Schließanlagen mit diesem Schließsystem erstellen, sondern es kann über Computer auch ein Zutrittskontrollsystem angeschlossen werden, das in einem Protokoll ausweist, wer wann mit seinem Schließmittel die Tür geöffnet hat. Außerdem zeigt es an, ob die Türen geschlossen oder nicht geschlossen sind, und gibt Alarm, wenn an dem Motorschloss manipuliert wird. Dieses Schließsystem wird besonders in Gebäuden mit hoher Sicherheitsstufe wie in Türen zur Geschäftsleitung, zu Entwicklungsbüros, zur EDV-Anlage, zu Lagern mit hochgiftigen Stoffen installiert. Aber auch in Hotels ergeben sich interessante Einsatzmöglichkeiten, weil für jeden Gast das Schließmittel neu codiert und bei seiner Abreise wieder gelöscht werden kann (BKS, Do, IK).

2.2.6 Drückergarnituren

Drückergarnituren ermöglichen das Bedienen der Türen. Sie bestehen aus den Drückern, den Türklinken, und den Türschildern. Die beiden Türdrücker, Stiftteil und Lochteil, werden sichtbar durch einen Drückerhaltestift oder eine Madenschraube beziehungsweise unsichtbar durch eine innen liegende Keilverbindung miteinander

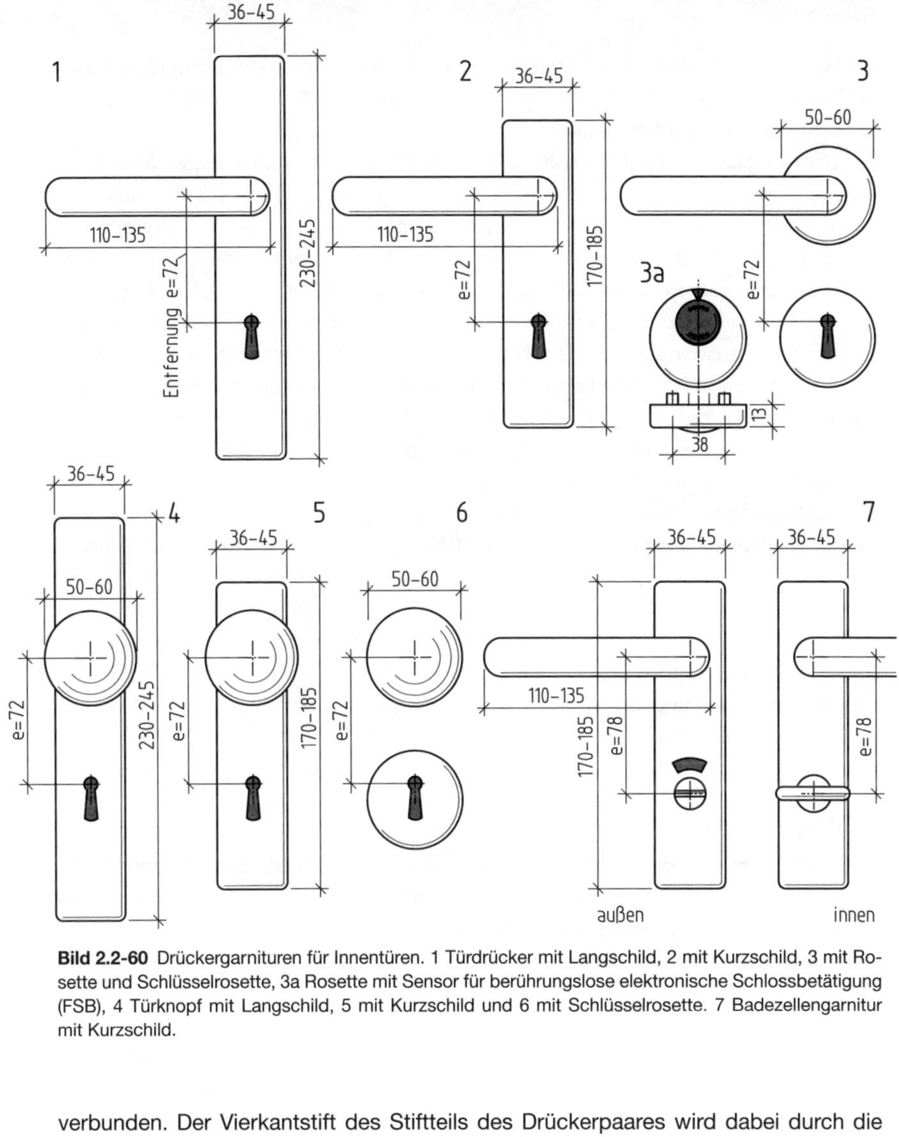

Bild 2.2-60 Drückergarnituren für Innentüren. 1 Türdrücker mit Langschild, 2 mit Kurzschild, 3 mit Rosette und Schlüsselrosette, 3a Rosette mit Sensor für berührungslose elektronische Schlossbetätigung (FSB), 4 Türknopf mit Langschild, 5 mit Kurzschild und 6 mit Schlüsselrosette. 7 Badezellengarnitur mit Kurzschild.

verbunden. Der Vierkantstift des Stiftteils des Drückerpaares wird dabei durch die Nuss des Schlosses gesteckt. Die Drücker laufen in runden Aussparungen der Türschilder, die meistens mit Kunststoffgleitringen ausgelegt sind. Die Türschilder können als Langschilder oder Kurzschilder ausgebildet sein. In den Türschildern ist noch die passende Lochung für den Schlüssel oder Schließzylinder vorgesehen. Werden Rosetten statt Türschilder verwendet, sind für Türdrücker und Schlüssel beziehungsweise Schließzylinder getrennte Rosetten erforderlich.

Auf Wunsch kann statt einer Türklinke auf einer Seite oder auch auf beiden Seiten der Tür ein Drehknopf montiert werden. Die Öffnung der Tür ist mit einem Knopf beschwerlicher als mit einer Türklinke.
Bei Wohnungsabschlusstüren (DIN 18105) sind Schlösser mit Wechsel eingebaut. Hier kommen sogenannte Wechselgarnituren zur Anwendung, die außen aus dem Knopfschild und innen aus dem Drücker bestehen. Der Knopf ist hier nicht drehbar, sodass die Tür von außen mit dem Schlüssel geöffnet werden muss. Je nach geforderter Sicherung kann die Drückergarnitur einbruchhemmend sein, das heißt die Türschilder sind innen durch Stahleinlagen verstärkt sowie an den Befestigungsstellen aufbohrsicher ausgerüstet worden. Der Türknopf kann über eine Sollbruchstelle verfügen. Die Türen werden für die Montage normaler Wechselstifte durchgebohrt. Wird die Bohrung auf der Türaußenseite durch die Verwendung besonderer Griffplatten nicht abgedeckt, darf die Tür nicht ganz durchgebohrt werden. Es ist dann ein Gelenkwechselstift zu verwenden, der von der Türinnenseite her durch die Vierkantnuss des Schlosses geschoben werden kann.
Für die Schlösser in Badezimmertüren und WC-Türen sind besondere Badtürschilder oder Rosetten zu verwenden, die von innen durch eine Olive die Türen verriegeln und von außen in einem Fenster »besetzt« oder »frei« signalisieren. Die von innen verriegelten Türen können in Notsituationen von außen mit einem Geldstück oder einem Vierkantschlüssel wieder geöffnet werden (Bild 2.2-60). Ein besonderer Beschlag ist die Einknopfbedienung, die in das Türblatt einzubohren ist. Mit diesem Beschlag kann die Tür durch Drehen des Drehknopfes geöffnet, von innen durch Eindrücken eines kleinen Druckknopfes und von außen durch Schließen im Drehknopf verschlossen werden. Diese Garnitur ist nur komplett mit dem runden Schlosskasten zu montieren (Bild 2.2-61).
Motorschlösser, die durch Magnetkarten, codierte Schlüssel, Zahlen- und Buchstabentastatur, Fingerscanner oder berührungslos durch Sensoren geöffnet werden können, weisen in der Regel besondere Drückergarnituren auf. Häufig sind in der Front des Türschildes die Bedienungselemente wie die Tastatur, die Schlitze für die Magnetkarte oder ein Sensor für den codierten Schlüssel und im Inneren des Türschildes die elektronischen Steuerelemente untergebracht.
Drückergarnituren haben über die technische Funktion hinaus auch eine ästhetische Funktion zu erfüllen. Sie sind daher in zahlreichen antiken bis modernen Formen und in unterschiedlichen Materialien wie in Schmiedeeisen, in Aluminium eloxiert, in Edelstahl, Messing poliert, verchromt, vernickelt oder vergoldet und in farbigem Kunststoff im Handel.

2.2.7 Schließanlagen

Schließanlagen regeln die Zutrittsberechtigung. Sie ermöglichen ein Öffnen und Verschließen mehrerer bestimmter Türen mit einem Schlüssel oder das Öffnen und

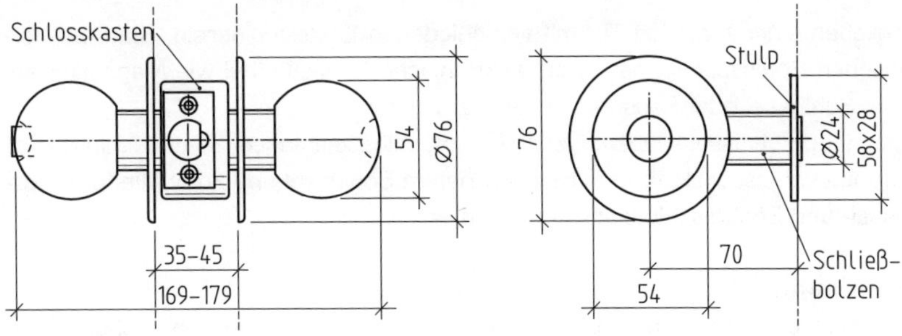

Bild 2.2-61 Knopftürschloss. (Hä).

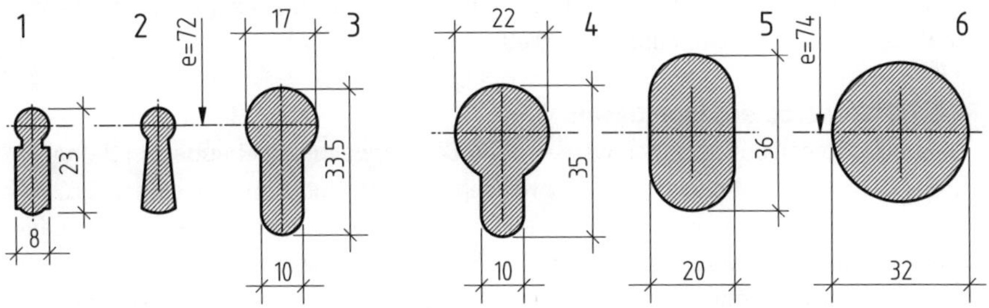

Bild 2.2-62 Schlüsselloch- und Zylinderlochformen. 1 Für Buntbartschlüssel, 2 Zuhaltungsschlüssel, 3 Profilzylinder, 4 Schweizer Profilzylinder, 5 Ovalzylinder und 6 für Rundzylinder.

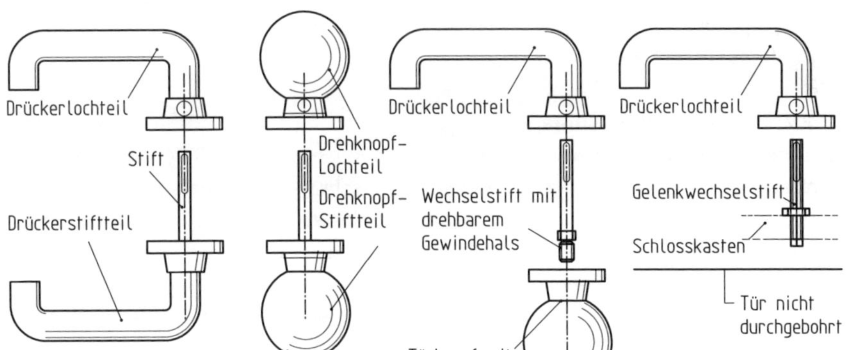

Bild 2.2-63 Kombination der Drückergarnituren. 1 Drückergarnitur, bestehend aus Drückerstiftteil und Drückerlochteil, beide werden durch den Drückerhaltestift bzw. durch eine Klemmfeder miteinander verbunden. 2 Drückergarnitur, bestehend aus Drehknopfstiftteil und Drehknopflochteil. 3 Drückergarnitur, bestehend aus dem Türknopf, dem Wechselstift und dem Türdrücker. Der Wechselstift wird in den Türknopf geschraubt. 4 Drückergarnitur, bestehend aus dem Türdrücker und einem Gelenkwechselstift der auf dem Schlosskasten befestigt wird. Die Tür ist nur einseitig von innen gebohrt.

Verschließen einer zentralen Tür mit verschiedenen Einzelschlüsseln. Statt der herkömmlichen Schlüssel können auch elektronische Schließmittel wie Magnetkarten, codierte Schlüssel oder Sensoren eingesetzt werden.
Es sind Hauptschlüsselanlagen, Generalhauptschlüsselanlagen, Zentralschlossanlagen, Zentralschlossanlagen mit übergeordnetem Schlüssel und kombinierte Hauptschlüssel- und Zentralschlossanlagen zu unterscheiden.

2.2.7.1 Hauptschlüsselanlage

Hauptschlüsselanlagen werden in Einfamilienhäusern, Wohnheimen, Schulen und kleineren Büros eingesetzt. An allen Türen befinden sich Schlösser mit unterschiedlichen Einzelschlüsseln, die immer nur das dazugehörende Schloss öffnen und schließen können. Die Schlösser sind aber so eingerichtet, dass ein sogenannter Hauptschlüssel alle Türen öffnet und verschließt (Bild 2.2-64).

2.2.7.2 Generalhauptschlüsselanlage

Generalhauptschlüsselanlagen werden in großen Verwaltungsgebäuden, in Betriebsgebäuden, Hotels, Schulen, Krankenhäusern, Banken und so fort eingebaut. Die Schlüsselanlage ist jeweils in Gruppen aufgeteilt, die meistens dem Organisationsschema des Unternehmens oder der Verwaltung entsprechen. Mehrere solcher Gruppen lassen sich wieder in Hauptgruppen zusammenfassen. Zu diesen Gruppen beziehungsweise Hauptgruppen gehören besondere Hauptschlüssel oder Gruppenschlüssel. Während mit dem Gruppenschlüssel nur für die Gruppe bestimmte Türen zu öffnen oder zu verschließen sind, kann man mit dem Generalhauptschlüssel sämtliche Schlösser betätigen, obwohl zu allen Schlössern unterschiedliche Einzelschlüssel gehören (Bild 2.2-65).

2.2.7.3 Zentralschlossanlage

Zentralschlossanlagen werden in Mehrfamilienhäusern und größeren Wohnanlagen eingebaut. Alle Schlösser an den Wohnungsabschlusstüren erhalten unterschiedliche Schließungen. In die von allen Mietern gemeinsam genutzten Türen, etwa Haustür, Hoftür, Kellerausgangstür, werden Zentralschlösser eingesetzt, die sich mit den Schlüsseln der Wohnungsabschlusstüren öffnen und schließen lassen. Jedoch kann kein Mieter mit seinem Schlüssel in die Wohnung eines anderen Mieters gelangen (Bild 2.2-66).

2.2.7.4 Zentralschlossanlage mit übergeordnetem Schlüssel

Diese Schließanlage kommt bei größeren Wohnanlagen vor, in denen ein Hausverwalter oder Hausmeister mit einem übergeordneten Schlüssel Zugang zu allen Wohnblocks und vielleicht zu deren Versorgungsräumen hat, aber nicht zu den Wohnungen der Mieter (Bild 2.2-67).

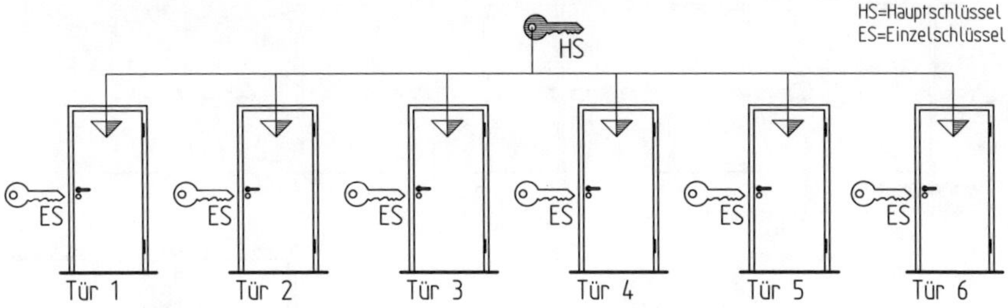

Bild 2.2-64 Hauptschlüsselanlage.

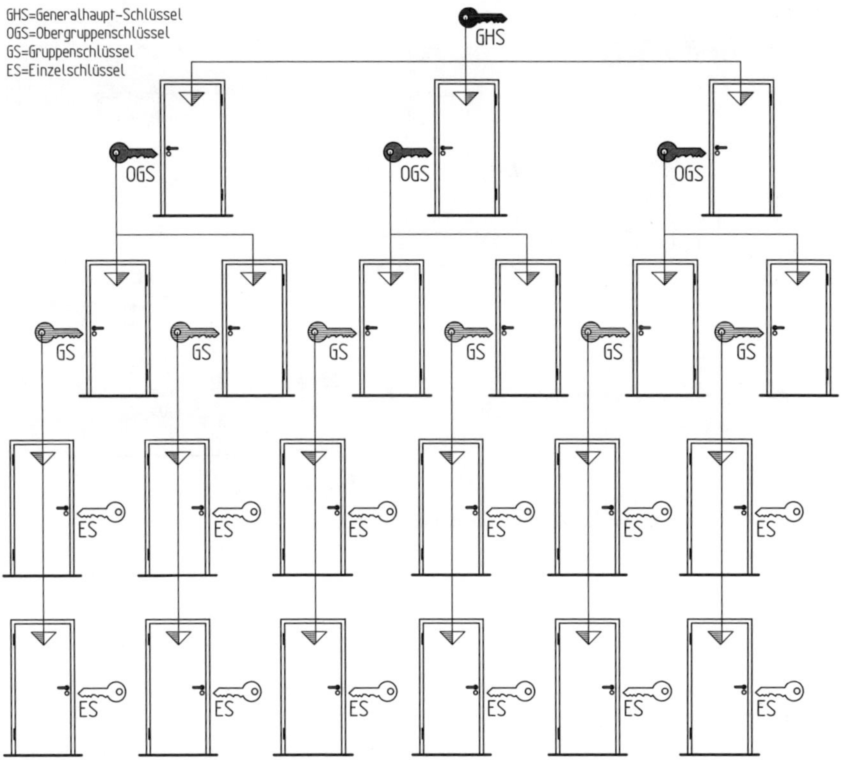

Bild 2.2-65 Generalhauptschlüsselanlage.

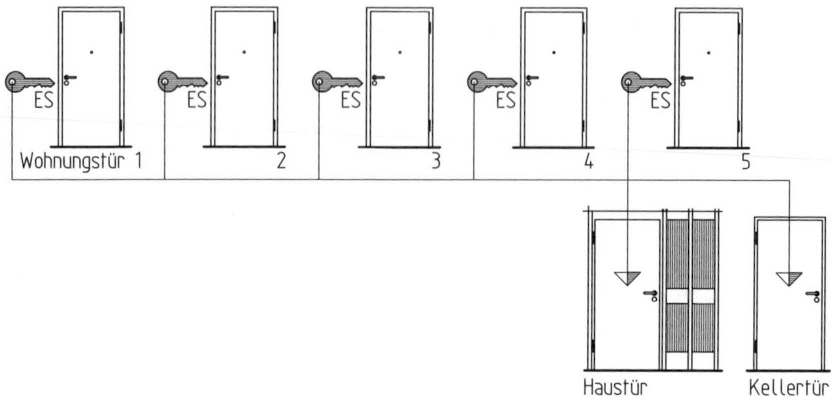

Bild 2.2-66 Zentralschlossanlage.

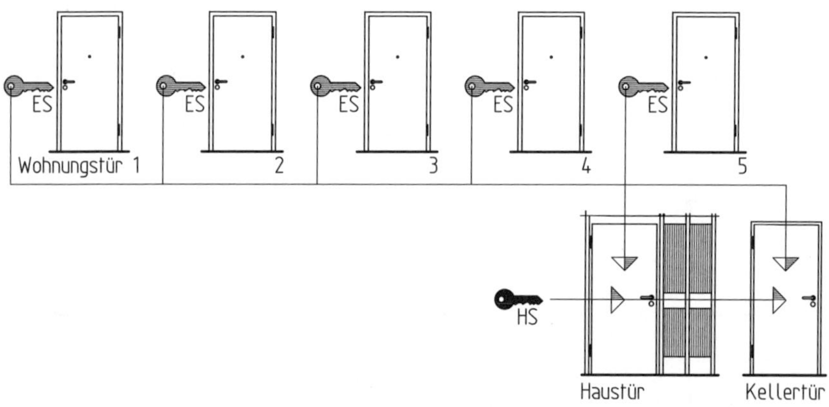

Bild 2.2-67 Zentralschlossanlage mit übergeordnetem Schlüssel.

2.2.7.5 Kombinierte Hauptschlüssel- und Zentralschlossanlage

Kombinierte Hauptschlüssel- und Zentralschlossanlagen werden zum Beispiel für große Wohnanlagen mit Geschäfts- und Büroräumen, in Schulen und Verwaltungsgebäuden eingesetzt. Mit dem Hauptschlüssel können die Türen der einzelnen Büroräume und die Hauseingänge geschlossen werden, mit den Einzelschlüsseln für die Büros dagegen nur die Hauseingänge (Bild 2.2-68).

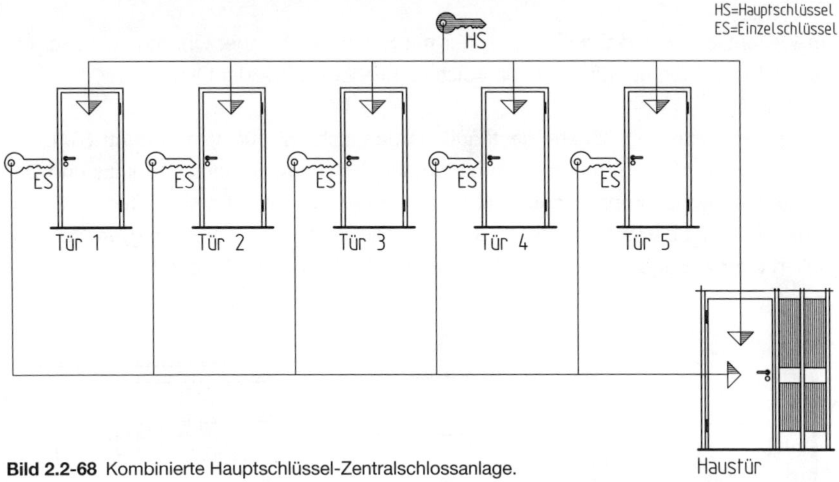

Bild 2.2-68 Kombinierte Hauptschlüssel-Zentralschlossanlage.

Die Schließanlagen können sehr komplex sein. Es können nicht nur die Zimmer- und Außentüren in einer Schließanlage berücksichtigt werden, sondern auch die Schließzylinder der Möbel in den Räumen oder einzelnen Abteilungen. Zur Lösung dieser Aufgabe muss ein Schließplan aufgestellt werden. Bei großen Anlagen wird man ohne Beratung der Schloss- oder Schließmittelhersteller nicht auskommen, die den Schließplan entsprechend der gewünschten Organisation der Schließanlage mittels Computer erstellen. Beim Einsatz von Motorschlössern und elektronischen Schließmitteln können Schließanlagen zum Beispiel in Industrie- und Verwaltungsgebäuden mit Computerüberwachung und Zugangsprotokollen erstellt werden.

2.2.8 Türschließersysteme

An Türen zu Ausgängen in öffentlichen Gebäuden, in Brandschutz- und Rauchschutztüren, an Türen, die im Brandfalle automatisch schließen oder auch einfach an Türen, die nach dem Durchgehen wieder geschlossen werden sollen, werden Türschließer montiert.

Bei der Wahl der Türschließer ist die Größe der Schließer zu berücksichtigen, die nach der Türbreite und dem Türgewicht zu bestimmen ist. Die Türschließer weisen in der Regel ein stark abfallendes Öffnungsmoment auf und sind DIN rechts wie DIN links einzusetzen. Die Schließgeschwindigkeit, der Endanschlag und Feststellpunkt, die Öffnungsdämpfung und Schließverzögerung sind einstellbar. In geöffneter Stellung gehaltene Türen können über zusätzlich eingebaute Rauchmelder gelöst werden. Werden an zweiflügeligen Türen Türschließer vorgesehen, sind diese mit einer Schließfolgeregelung auszustatten, damit der Standflügel immer vor dem Gehflügel schließt.

Im Wesentlichen sind Obentürschließer mit Scherengestänge, Obentürschließer mit Gleitschiene, Rahmentürschließer, Falztürschließer und Bodentürschließer zu unterscheiden.

Obentürschließer mit Scherengestänge werden sichtbar auf dem Türblatt (Türmontage) oder auf dem Türrahmen (Sturzmontage) befestigt. Sie sind DIN links und DIN rechts montierbar, können auch mit Rauchmelder ausgestattet sein. Der Öffnungswinkel der Tür beträgt bis 180°. Obentürschließer gibt es silberfarbig, in Messing poliert oder in Edelstahl sowie in verschiedenen RAL-Farben (Bild 2.2-69).

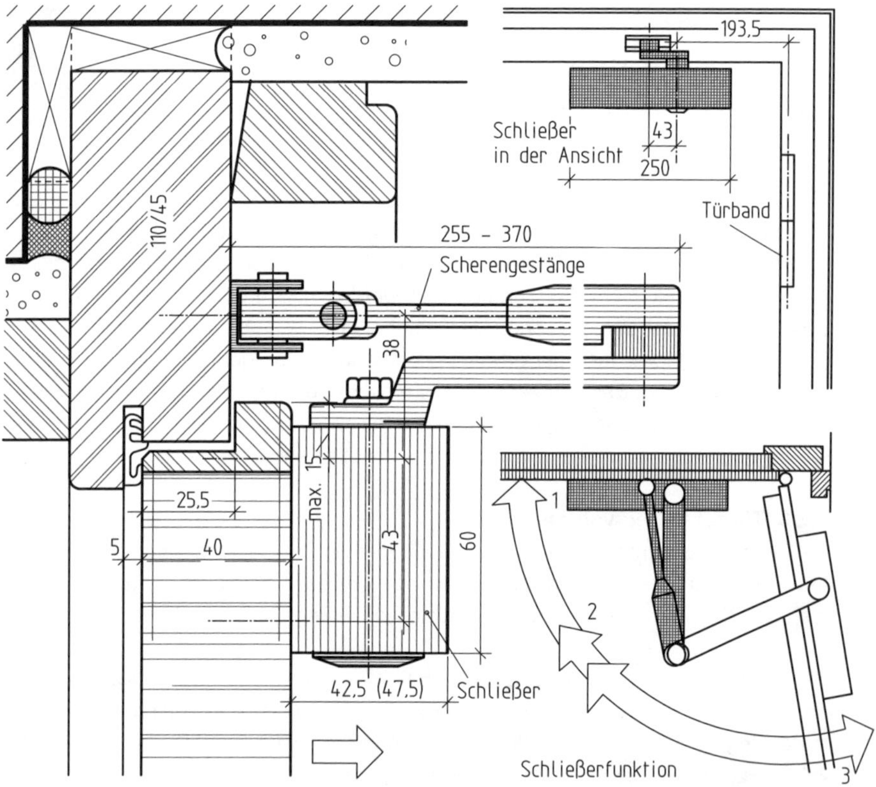

Bild 2.2-69 Türschließer mit Scherengestänge nach DIN EN 1154 A. Schließkraft (1), Schließgeschwindigkeit (2) und Endschlag (3) sind stufenlos einstellbar. Er wird oben am Türblatt auf der Bandseite montiert und ist DIN links und DIN rechts verwendbar. Eine Sturzmontage auf der Bandgegenseite ist möglich (Do, Ge).

Obentürschließer mit Gleitschiene weisen eine moderne geschlossene Form auf. Statt des vorstehenden Scherengestänges läuft hier das Schließgestänge in einer Gleitschiene. Sie sind ebenfalls für die Tür- oder Sturzmontage sowie für DIN rechts und DIN links einsetzbar, können mit Rauchmelder ausgestattet und für zweiflügelige Türen mit Schließfolgeregler versehen sein. Der Öffnungswinkel beträgt etwa 120° (Bild 2.2-70).

Rahmentürschließer sind ebenfalls mit einer Gleitschiene ausgestattet. Die Abmessungen dieses Schließers konnten durch gehärtete Materialien und ausgefeilte Konstruktion so verringert werden, dass er in die Tür oder in den Türrahmen verdeckt eingebaut werden kann. Er ist bei geschlossener Tür nicht sichtbar. Der Öffnungswinkel beträgt etwa 120° (Bild 2.2-71).

Falztürschließer werden im senkrechten Falz der Tür an ihrer Anschlagseite eingebaut. Sie sind bei geschlossener Tür nicht sichtbar. Der maximale Öffnungswinkel der Tür beträgt 140°.

Bodentürschließer werden in einem fest in den Boden verankerten Zementkasten montiert. Die Achse des Bodentürschließers steht über dem fertigen Fußboden vor und kann die Türhebel aufnehmen. Die Schließfunktionen sind am Schließer einstellbar. Er wird durch eine Abdeckplatte aus Edelstahl oder Messing verdeckt. Man kann sie DIN links und DIN rechts einsetzen. Für Brandschutz- und Rauchschutztüren können bei zweiflügeligen Türen die Bodentürschließer mit Schließfolgeregler und elektromechanischer Feststellung ausgestattet werden (Bild 2.2-72).

Bild 2.2-70 Gleitschienentürschließer nach DIN EN 1154 A (Do). Schließgeschwindigkeit, Endschlag, hydraulisch kontrollierte Öffnungsdämpfung und Schließverzögerung sind über Ventile einstellbar. Er kann oben am Türblatt auf der Bandseite (1) oder auf der Bandgegenseite (2) DIN rechts und DIN links montiert werden. Auch eine Sturzmontage ist möglich (c) und (d).

Bild 2.2-71 Rahmentürschließer für verdeckte Montage nach DIN EN 1154 A. Er ist DIN rechts und DIN links verwendbar, weist ein stark abfallendes Öffnungsmoment auf und hat eine stufenlose Schließgeschwindigkeits- und Endschlageinstellung (Do). 1 Montage in überfälzter Tür, 2 in stumpf einschlagender Tür und 3 im Rahmen. 4 Schließ- und Öffnungscharakteristik: a Schließkraft und Schließgeschwindigkeit stufenlos einstellbar, b Endschlag stufenlos einstellbar, c Öffnungsbegrenzung bei 120° und d Rastfeststellungen möglich. 5 Mechanische oder elektromechanische Regelung der Schließfolge bei zweiflügeligen Türen.

Bild 2.2-72 Bodentürschließer und Türschiene mit Abdeckkappe (Do, Ge, Mab). Sie sind für hohe Türgewichte, bis 300 kg, geeignet und für DIN rechts und DIN links einsetzbar. 1 Die Schließcharakteristik wie hydraulische Feststellung (a), mechanische Öffnungsdämpfung (b), Schließgeschwindigkeit (c), Endschlag (d), Öffnungsstellung (e) und Endfeststellung (f) sind meist stufenlos einstellbar. 2 Bei zweiflügeligen Türen wird die Schließcharakteristik durch mechanische oder elektromechanische Schließfolgeregler gesteuert. Die beiden Bodentürschließer sind im Estrich entweder mit Bowdenzug oder Kabel miteinander verbunden (Do).

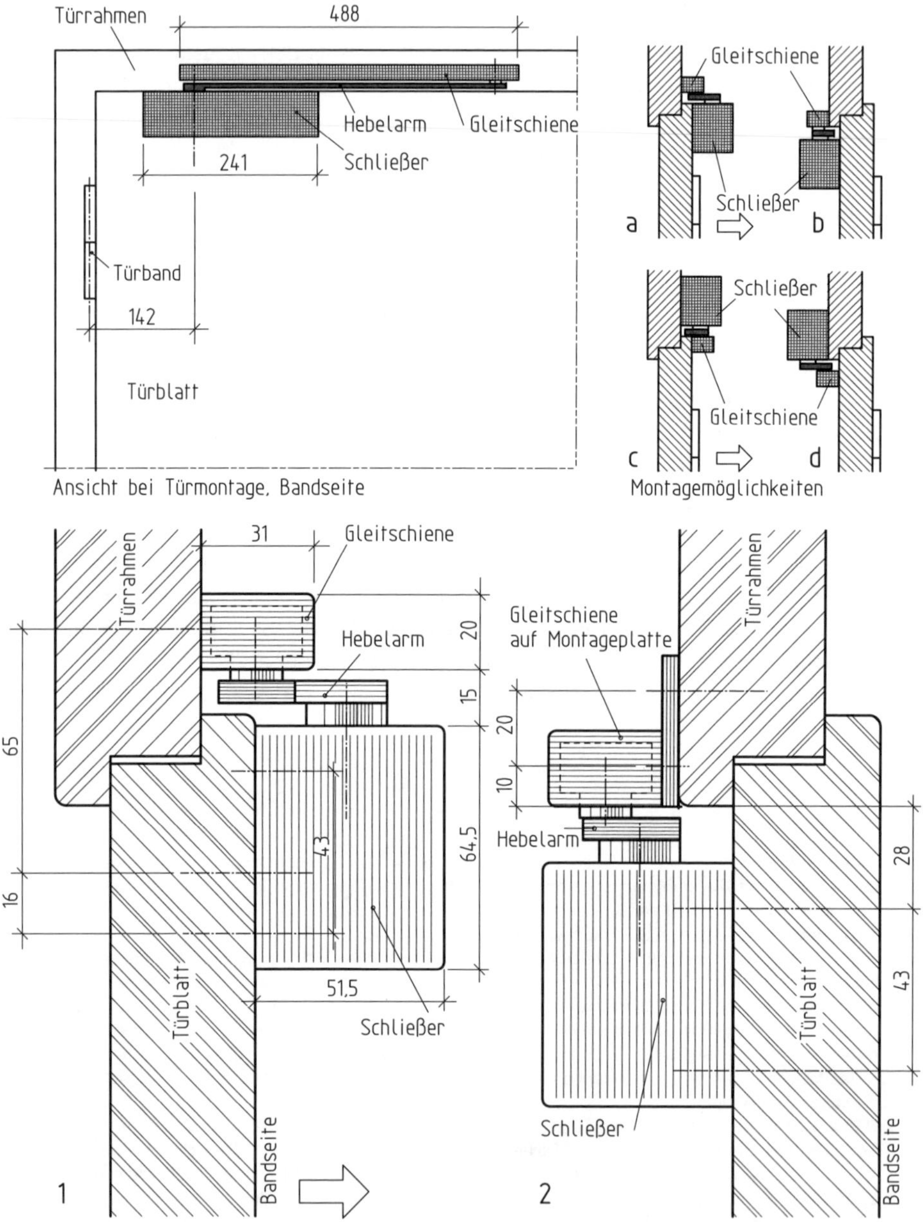

Bild 2.2-70 Gleitschienentürschließer (Do, Ge).

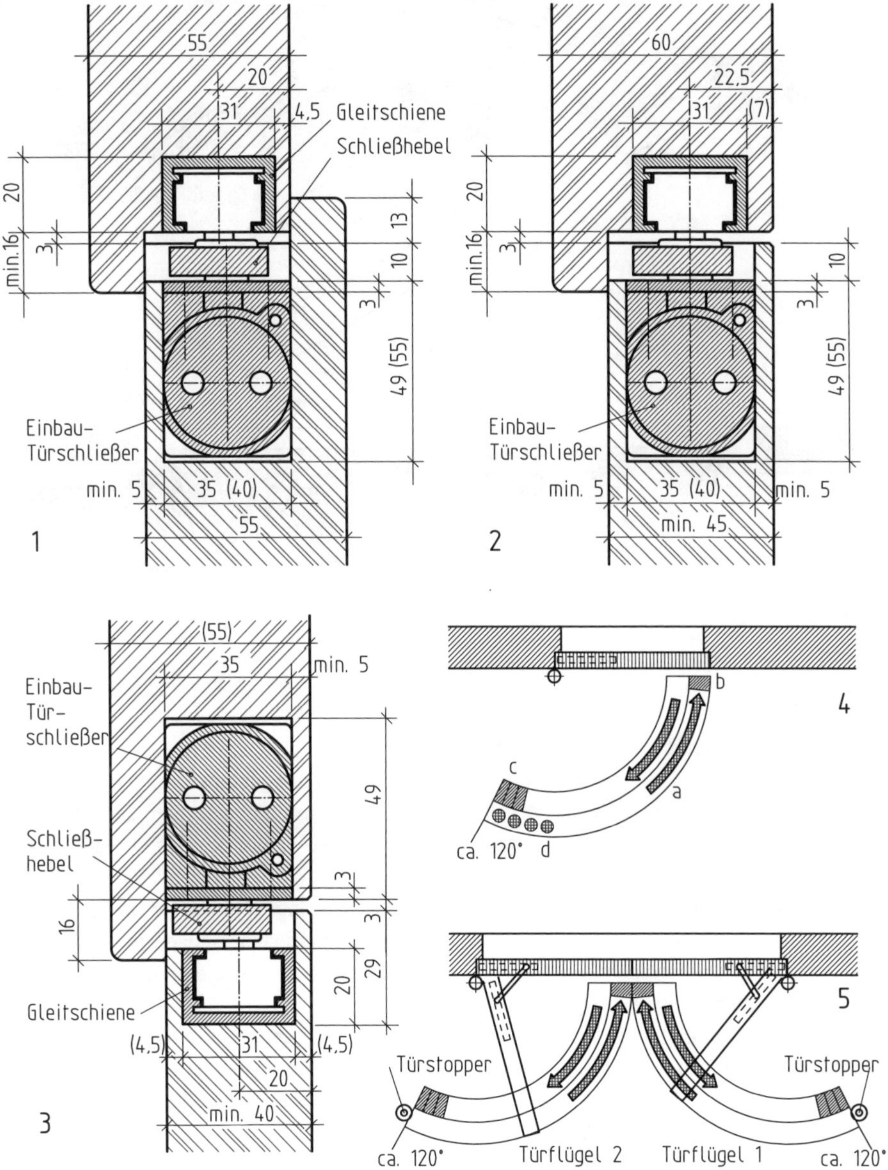

Bild 2.2-71 Rahmentürschließer (Do).

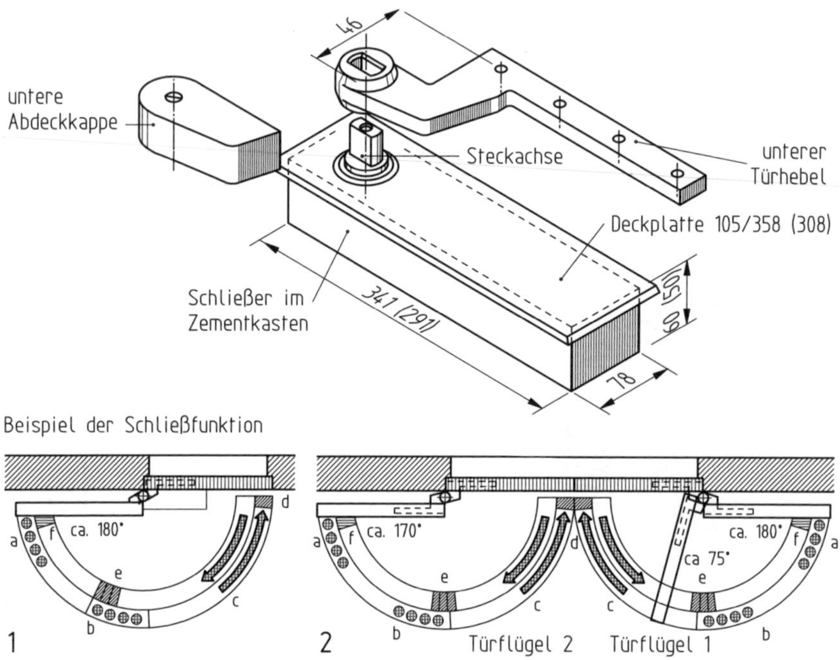

Bild 2.2-72 Bodentürschließerfunktion (Do, Ge).

2.2.9 Elektromechanische Drehtürantriebe

Drehtüren können mit elektromechanischen Antrieben ausgestattet werden, die die Drehtüren automatisch öffnen und schließen. Solche Antriebe sind zum Beispiel an Türen in Krankenhäusern, Seniorenheimen, öffentlichen Gebäuden wie in Flughäfen und Bahnhöfen, in Ladengeschäften, Großküchen usw. einzubauen. Sie werden vorwiegend dort eingesetzt, wo Hygiene, Bequemlichkeit und Hilfe wie für barrierefreie Türdurchgänge gefordert werden. Aber auch bei Sicherheitsschleusen mit Zutrittskontrollen, bei Brandschutz (Rauch- und Feuerschutz) finden elektromechanische Drehtürantriebe Anwendung.

Die Drehtürantriebe sind in der Regel für Innen- und Außentüren bis zu einer Flügelbreite von 1400 mm und einem Flügelgewicht von 230 kg konstruiert. Sie können ziehend, auf der Bandseite, oder drückend, auf der Bandgegenseite montiert werden. Sie schließen und öffnen die Türen geräusch- und stufenlos, können gemäß eingestellter Offenhaltezeit auf Dauer offen gehalten werden und im Ernstfall über ein Branderkennungssystem wieder automatisch und selbständig schließen. Der Öffnungswinkel beträgt bis 115°, bei gegen Wände oder Laibungsflächen öffnenden Türen ist auf die Öffnungsweite zu achten.

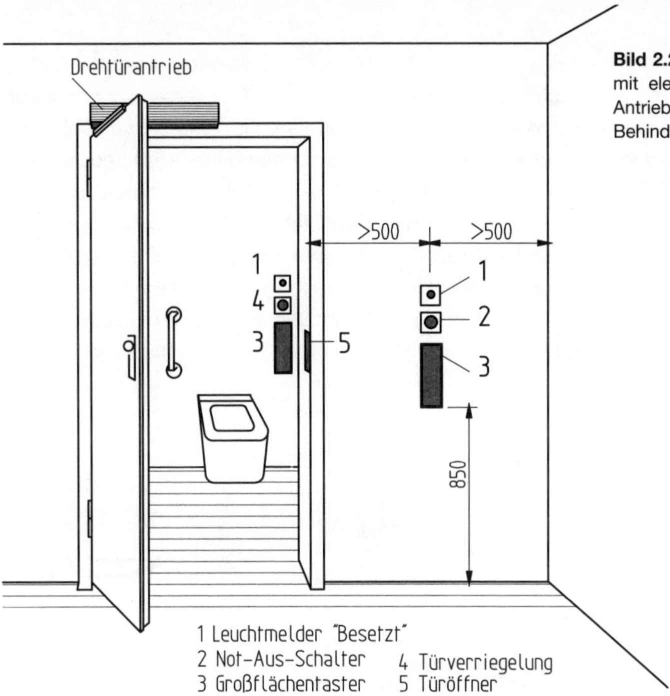

Bild 2.2-72a Drehflügeltür mit elektromechanischem Antrieb am Beispiel eines Behinderten-WCs (Ge).

Die Betätigung der Automatiktüren kann über Radar- oder Infrarotbewegungsmelder, über Druck- oder Flächentaster, Schlüsselschalter, Codekartenleser oder über eine Funkfernsteuerung erfolgen. Bei nicht durchsichtigen Türen müssen Sicherheitssensoren vorgesehen werden, die die Drehbereiche der automatisch betätigten Türen überwachen. Sie stoppen die Türbewegung, sobald sich Personen oder Gegenstände im Erfassungsbereich des Sensors befinden.

Elektromechanische Drehtürantriebe benötigen einen Stromanschluss, normal 230 V, die Ansteuerelemente in der Regel 24 V. Die Kabelführungen und Stromanschlüsse müssen schon bei der Planung und Konstruktion der Türen berücksichtigt werden.

2.2.10 Türdichtungen

Türdichtungen haben die Aufgabe ein geräuscharmes Schließen der Türen zu gewährleisten und die Türblätter an den Kanten abzudichten. Bei schalldämmenden Türen sind solche Dichtungen unerlässlich, denn sie sollen den Luftdurchgang und somit auch den Schalldurchgang an den Anschlussfugen Türblatt/Türrahmen und Türblatt/Fußboden verhindern. Es sind Falzdichtungen und Fußbodendichtungen zu unterscheiden.

Falzdichtungen können aus Moosgummi mit rechteckigen oder profilierten Querschnitten, aus Kunststoffhohlprofilen oder Kunststofflippendichtungen mit gerippten

Stegen zum Einnuten bestehen, oder die Dichtungsprofile werden in Leichtmetallprofile eingesetzt. Eine gute Dichtung soll einen großen Dichtungsweg aufweisen, damit sie auch bei geringfügig verzogenen Türen noch wirksam ist, und sie soll bei geringem Anpressdruck gut abdichten. Außerdem erwartet man eine lange Lebensdauer und gute Anstrichverträglichkeit der Dichtungsprofile. Kunststoffdichtungen aus thermoplastischem Elastomer (TPE) erfüllen diese an Dichtungen gestellten Aufgaben. Sie sind darüber hinaus weitgehend farb- und UV-beständig, gut zu verarbeiten wie einzubauen und an den Ecken mit der Gehrungszange auszuklinken, gut schweißbar und auch recyclingfähig. Sie werden standardmäßig in den Farben Weiß, Braun, Schwarz, Grau, Opak und farblos hergestellt. Sie können aber auch in nahezu allen Farben hergestellt werden.

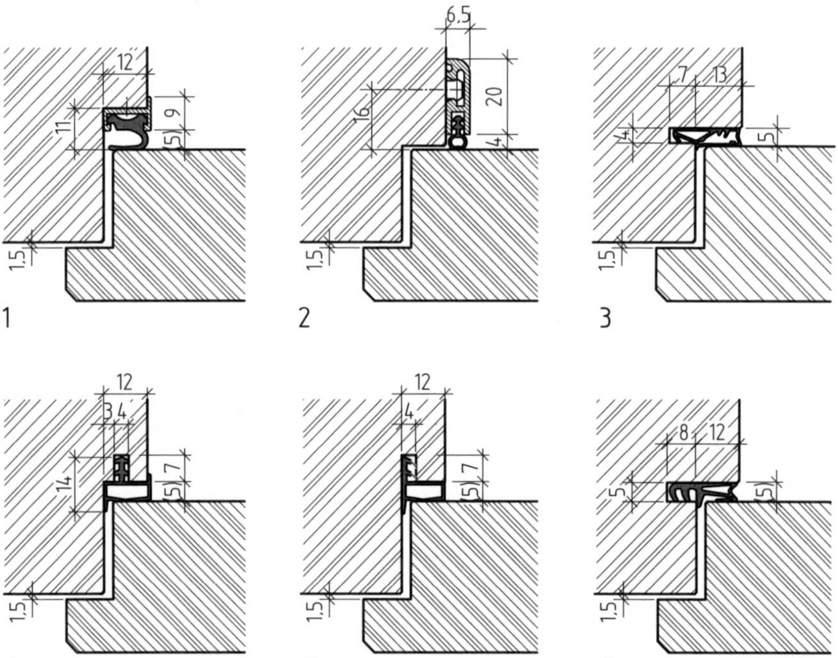

Bild 2.2-73 Beispiele von Türfalzdichtungen. 1 Lippendichtung in einem Alu-profil (Heb), 2 nachträglich montierbare Falzdichtungen (Heb), 3 bis 6 Falzdichtungen mit Hohlkammerprofil (Ath, Dev).

Bei schalldämmenden Türen kann man auch doppelte Falzdichtungen vorsehen (Bild 2.2-73). Am Boden können bei unterschiedlichem Fußbodenniveau oder bei einer eingebauten Türschwelle ebenfalls Falzdichtungen verwendet werden (Bild 2.2-79). Bei durchlaufenden Fußböden lassen sich entweder Höckerschwellen nachträglich beziehungsweise beim Verlegen des Fußbodens einbauen, auf die sich beim Schließen der Türen die in der Türunterkante eingelassenen Hohlprofile, Lippen- oder Lamellendichtungen aufsetzen, oder es werden automatische Dichtungen verwendet. Bei automatischen Dichtungen wird beim Schließvorgang der Tür ein Kunststoffhohlprofil oder Lamellenprofil mechanisch auf den Fußboden gedrückt (Bild 2.2-75 und 77). Magnetdichtungen dagegen ziehen einen im U-Profil liegenden Metallstreifen bei

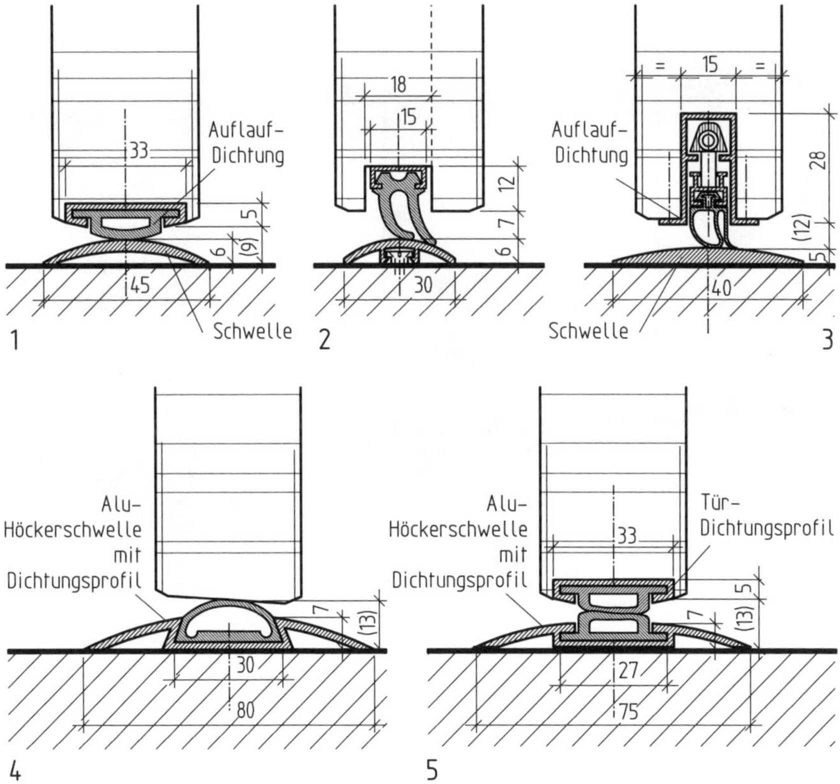

Bild 2.2-74 Schwellendichtungen als Auflaufdichtungen. An der Türunterkante laufen flexible Dichtungsprofile auf Metallschwellen auf. Unter diesen können die Fußbodenbeläge getrennt werden (Ath, Gut, Heb).

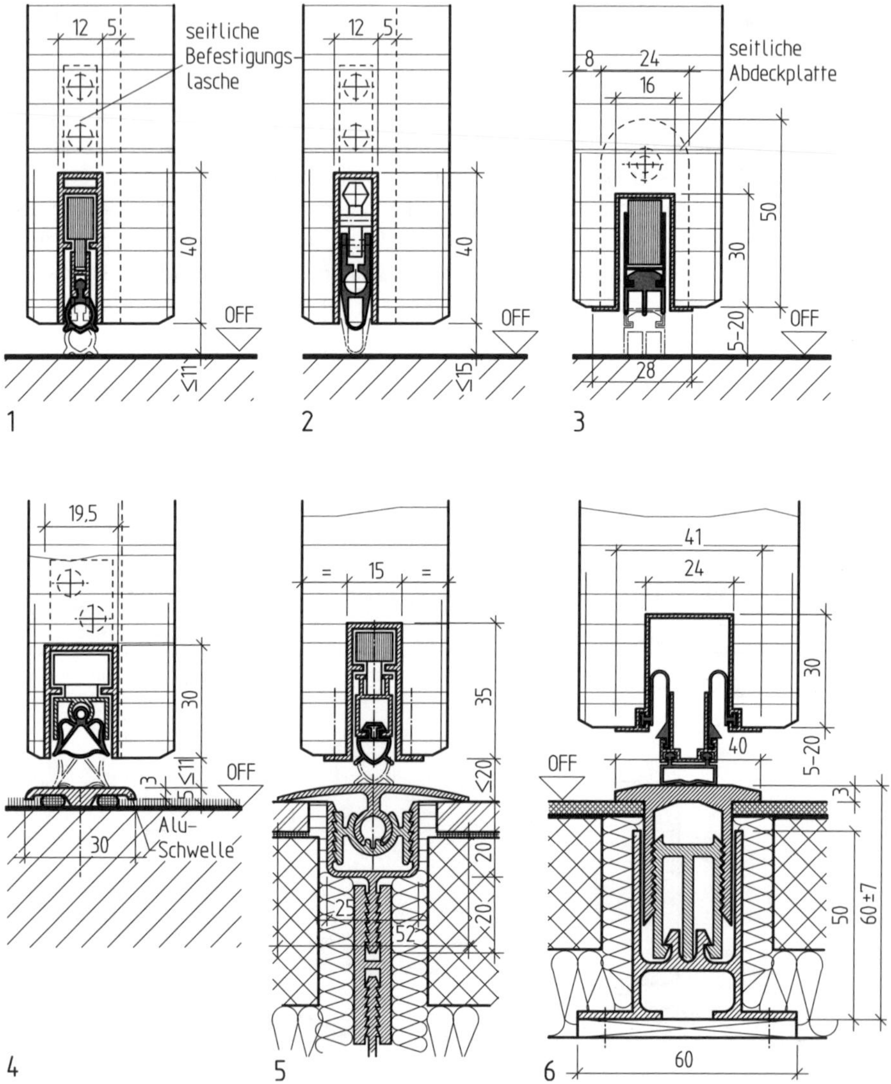

Bild 2.2-75 Automatische Bodendichtungen, die sich beim Schließen der Tür absenken. Beispiel 4 ermöglicht unter der Schwelle eine Trennung des Fußbodenbelags, 5 und 6 sogar eine Trennung des Estrichs, um den Durchgang von Körperschall zu vermeiden (Ath, Pia).

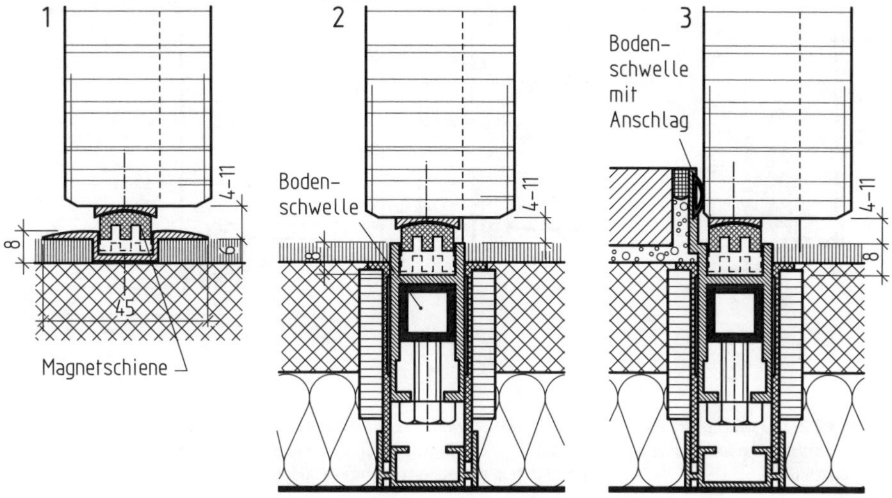

Bild 2.2-76 Automatische Magnetdichtungen. 1 Die Schwelle deckt die Trennung des Fußbodenbelags ab. 2 Die Schiene durchtrennt Estrich und Fußbodenbelag und bildet bei 3 zusätzlich einen Türanschlag (Alu).

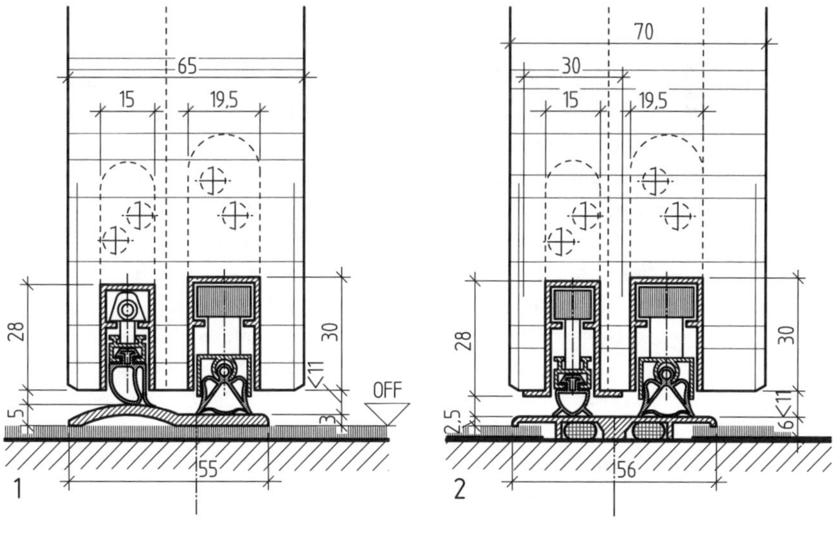

Bild 2.2-77 Doppelte, automatische Bodendichtungen in Schallschutztüren (Ath).

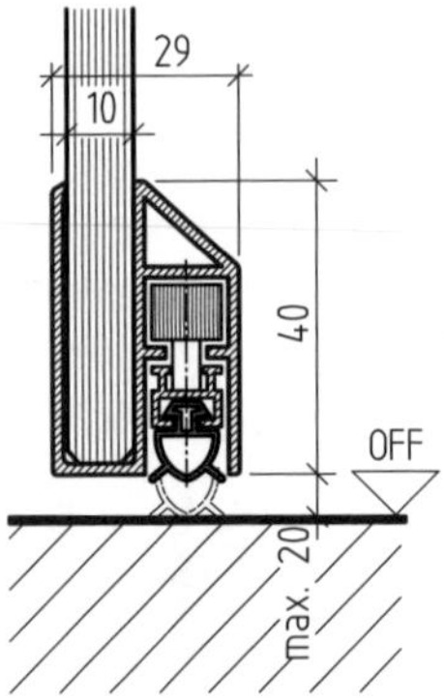

Bild 2.2-78 Automatische Bodendichtung an einer Glastür (Ath).

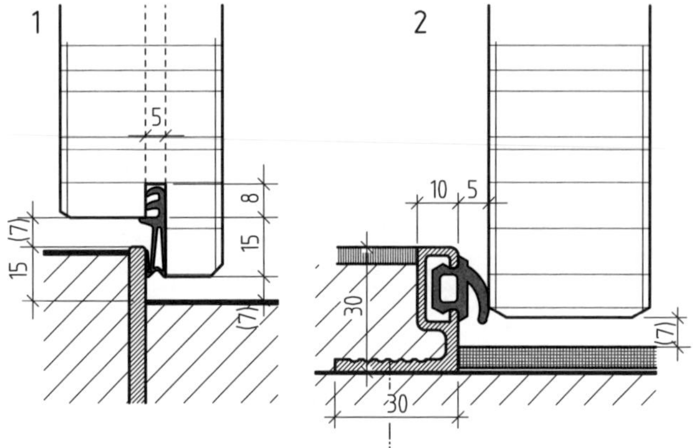

Bild 2.2-79 Schwellendichtungen als Anschlagdichtungen. 1 Umlaufendes Dichtprofil (Dev) schlägt gegen eine Metallschwelle. 2 Aluprofil mit eingesetztem Dichtprofil (Heb).

geschlossener Tür automatisch an und schließen so den unteren Luftspalt (Bild 2.2-76). Unter schalldämmenden Türen ist der Fußboden oder aber besser der Estrich mit Fußboden zu trennen. Hierfür sind besondere Trennschwellen im Handel (Bild 2.2-75 und 76). Für besonders dicke Türen können auch doppelte automatische Bodendichtungen eingebaut werden (Bild 2.2-77).

2.2.11 Türen mit Futter und Bekleidungen

Diese Türen bestehen aus dem Futter, mit oder ohne Schwelle, den Bekleidungen wie Falz- und Zierbekleidung und dem Türblatt, das überfälzt oder stumpf in die Türumrahmung einschlägt. Das Futter ist etwa so tief, wie die Wand dick ist. Die Luft zwischen dem Futter und der Mauerlaibung wird auf der Anschlagseite der Tür mit der Falzbekleidung und auf der anderen, der Tür abgewandten Seite mit der Zierbekleidung abgedeckt. Die Bekleidungen können sehr verschieden ausgebildet sein und in unterschiedlicher Weise auf dem Futter befestigt werden. Hierfür werden Fräsersätze angeboten, die Futterkanten und Bekleidungen zueinander passend fräsen. Die Befestigung der Zierbekleidung ermöglicht auch einen geringen Differenzausgleich unterschiedlicher Mauerdicken. In die Falzbekleidungen sind auf der einen Seite die Türbänder oder -scharniere und auf der anderen Seite das Schließblech eingelassen. Die Türblätter können stumpf oder überfälzt angeschlagen werden (siehe Seite 92 bis 100). An den Außenkanten der Bekleidungen angebrachte Putzdeckleisten sorgen für einen sauberen Übergang und Anschluss zwischen Holz und Wandputz beziehungsweise Mauerwerk. Die Ausführung der Bekleidungen und deren Verleistung bestimmen sehr wesentlich die Gestaltung der Tür (Bild 2.2-80 bis 83).

Das Futter mit der montierten Falzbekleidung wird in die Maueröffnung eingeschoben und an der Mauerlaibung entweder sichtbar oder unsichtbar befestigt. Für die unsichtbare Befestigung stehen besondere Leimanker und Metallanker zur Verfügung; die Futterrahmen können auch mit Klebeschaum eingeschäumt werden. Die Befestigungsstellen kann man durch ein Zierfutter abdecken. In der Regel werden die Türfutter auf den Fertigfußboden gesetzt, besonders dann, wenn sie mit einer Schwelle ausgestattet sind, die heute allerdings sehr selten vorgesehen ist. Bei einem Türfutter ohne Schwelle kann man das Futter auch länger lassen und in den Estrichboden eingießen. Dadurch bekommt der Futterrahmen zusätzlichen Halt. Nachteilig ist dann, dass der Fußbodenbelag nicht immer exakt an der Türumrahmung anschließt und bereits gesetzte Türfutter durch die nachfolgenden Bauarbeiten verschmutzt oder beschädigt werden.

In Nassräumen oder in allen Räumen, in denen die Möglichkeit besteht, den Fußboden nass aufzuwischen, sollten Futter und Bekleidungen aus Holz oder Holzwerkstoffen eine Fuge von 3 mm zum Fußboden erhalten, die dann mit dauerelastischem Kitt abzudichten ist.

Die Türen mit Futter und Bekleidungen sind in DIN 18101 genormt und können deshalb auch als Fertigtüren bezogen werden. Auszugsweise einige Maße in Tabelle 2.2-2.

Tabelle 2.2-2. Maße für gefälzte Türblätter in Futterzargen mit Bekleidungen in mm

Baurichtmaße Breite/Höhe	Rohbaumaß/ Nennmaß Breite/Höhe	Türblattaußenmaße Breite/Höhe	Türblattfalzmaße Breite/Höhe	Lichte Zargenmaße im Falz Breite/Höhe
875/1875	885/1880	860/1860	834/1847	841/1858
625/2000	635/2005	610/1985	584/1972	591/1983
750/2000	760/2005	735/1985	709/1972	716/1983
875/2000	885/2005	860/1985	834/1972	841/1983
1000/2000	1010/2005	985/1985	959/1972	966/1983
750/2125	760/2130	735/2110	709/2097	716/2108
875/2125	885/2130	860/2110	834/2097	841/2108
1000/2125	1010/2130	985/2110	959/2097	966/2108
1125/2125	1135/2130	1110/2110	1084/2097	1091/2108
Die Höhen beziehen sich auf OFF = Oberfläche des fertigen Fußbodens (B 1.2-1).				

Einige Beispiele von Türen mit Futter und Bekleidungen mit überfälzten Türen siehe Bild 2.2-84 bis 88; mit einschlagenden Türen Bild 2.2-89 und 90; mit bündig überfälzter Tür Bild 2.2-91 und mit Ganzglastüren Bild 2.2-92 und 93.

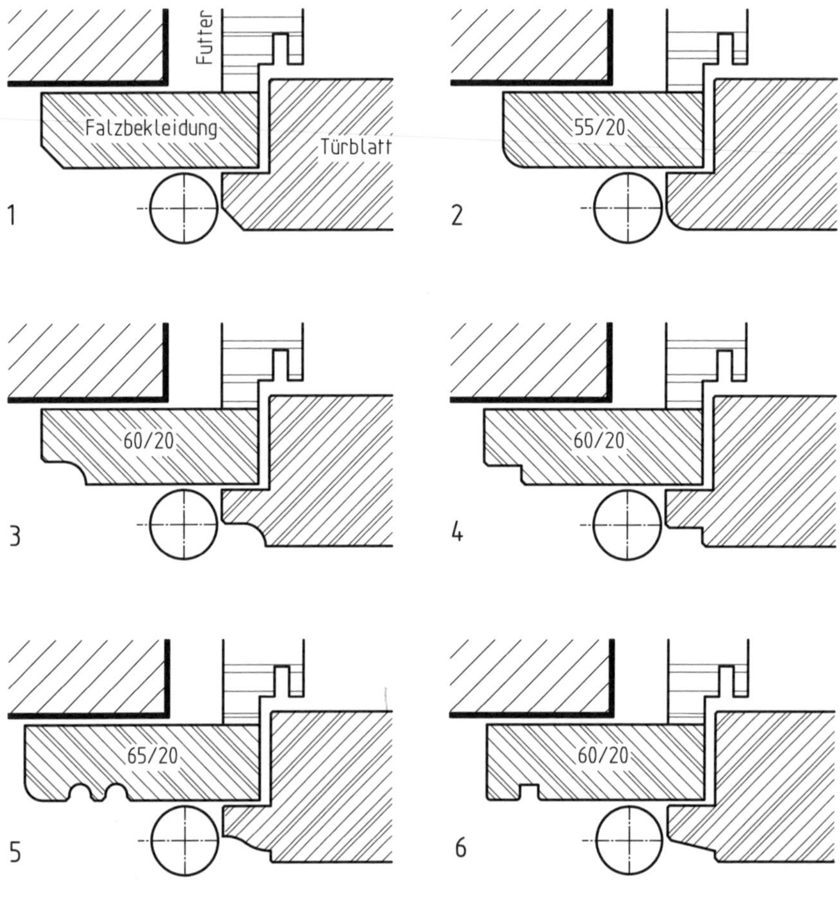

Bild 2.2-80 Ausbildungsmöglichkeiten des Türüberschlags und der Falzbekleidung. 1 Kanten gefast, 2 gerundet, 3 mit Hohlkehle, 4 mit Zierfalz, 5 mit Karnies und Ziernuten, 6 abgeplatteter Überschlag und genutete Bekleidung.

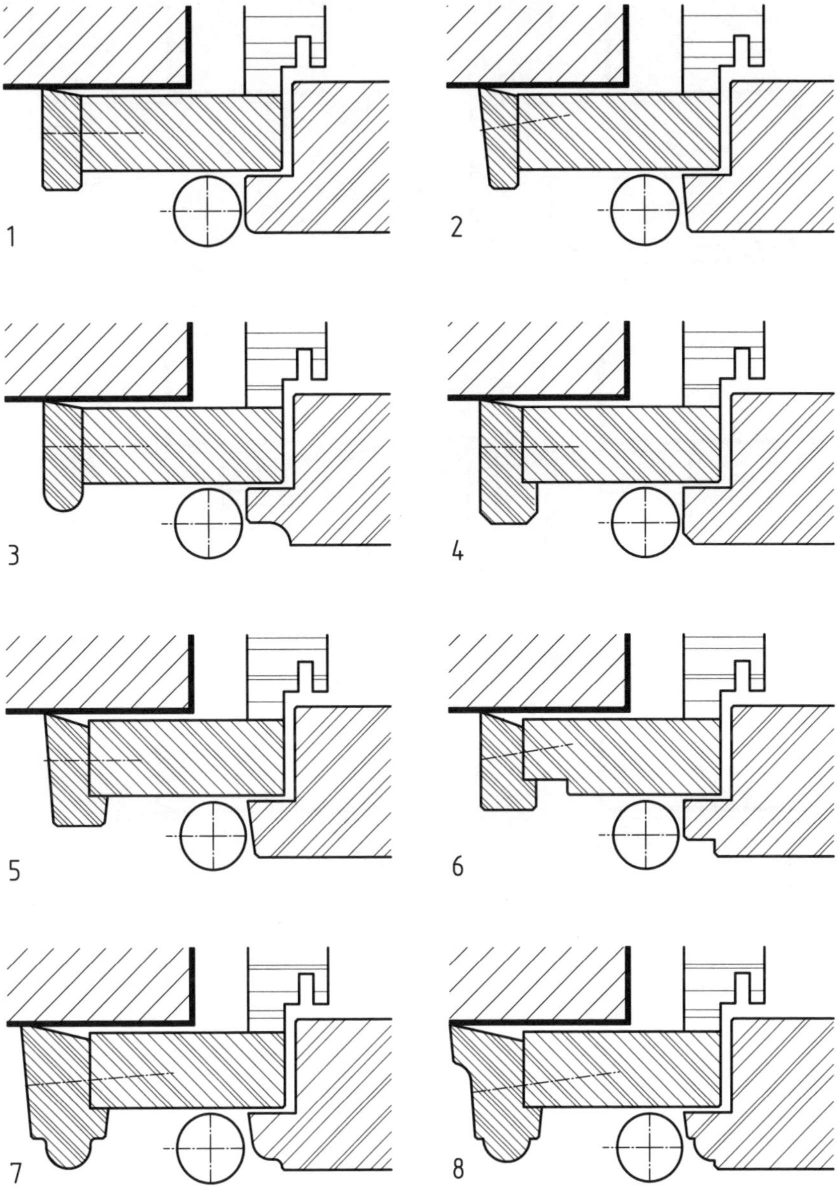

Bild 2.2-81 Ausbildungsmöglichkeiten des Überschlags und der Falzbekleidung mit Deckleiste.

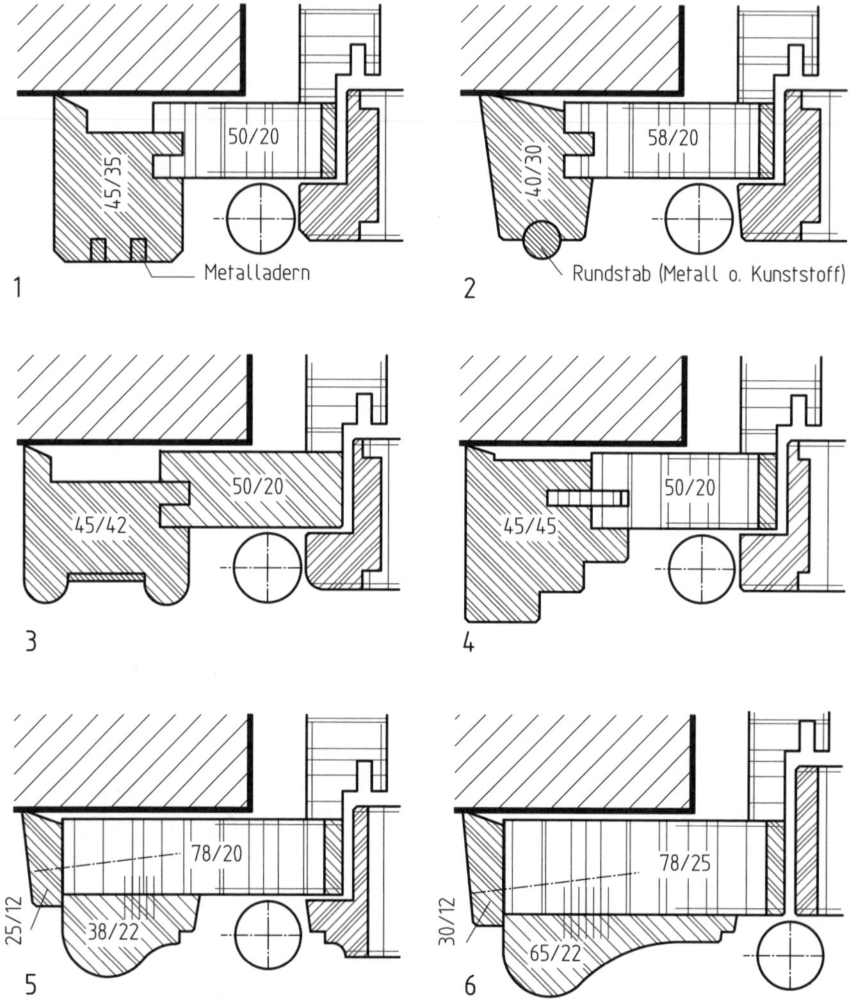

Bild 2.2-82 Beispiele stark ausgeprägter Falzbekleidungen.

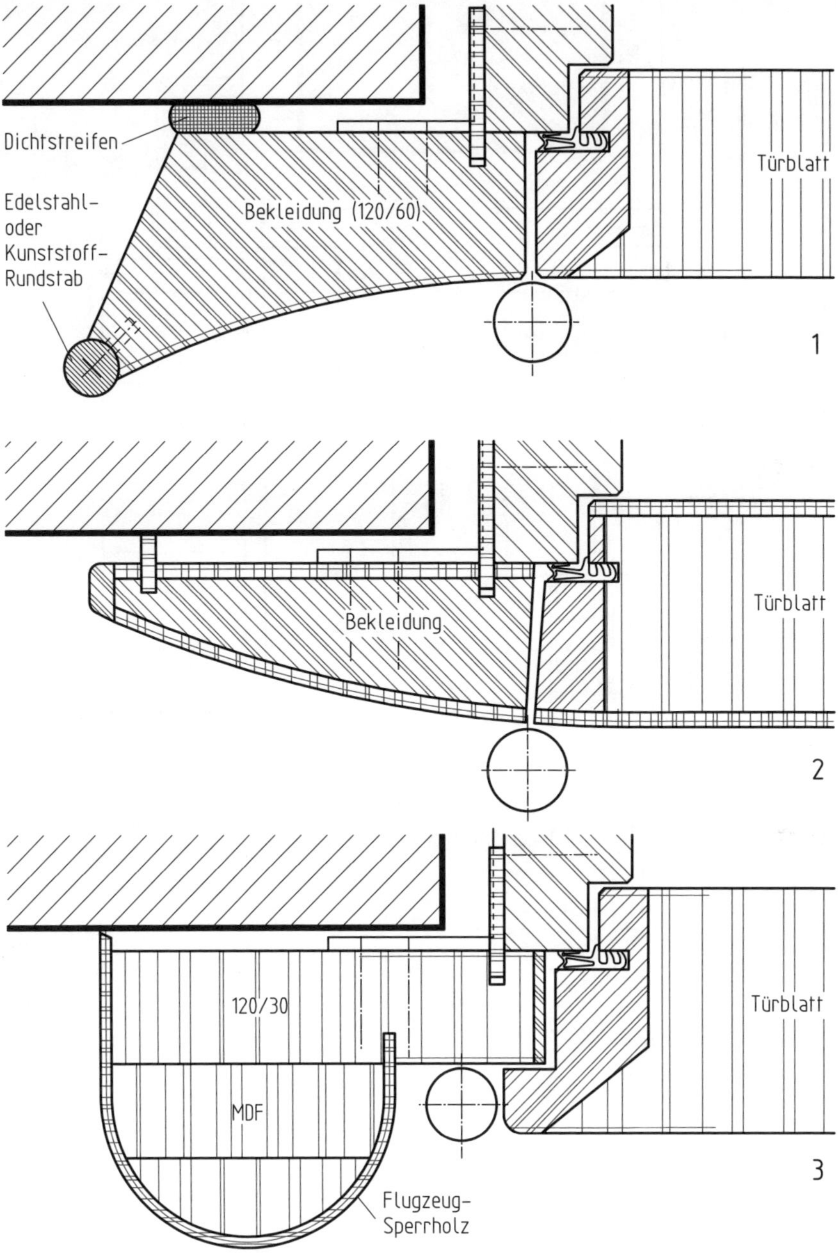

Bild 2.2-83 Beispiele breiter Bekleidungen bei repräsentativen Türen.

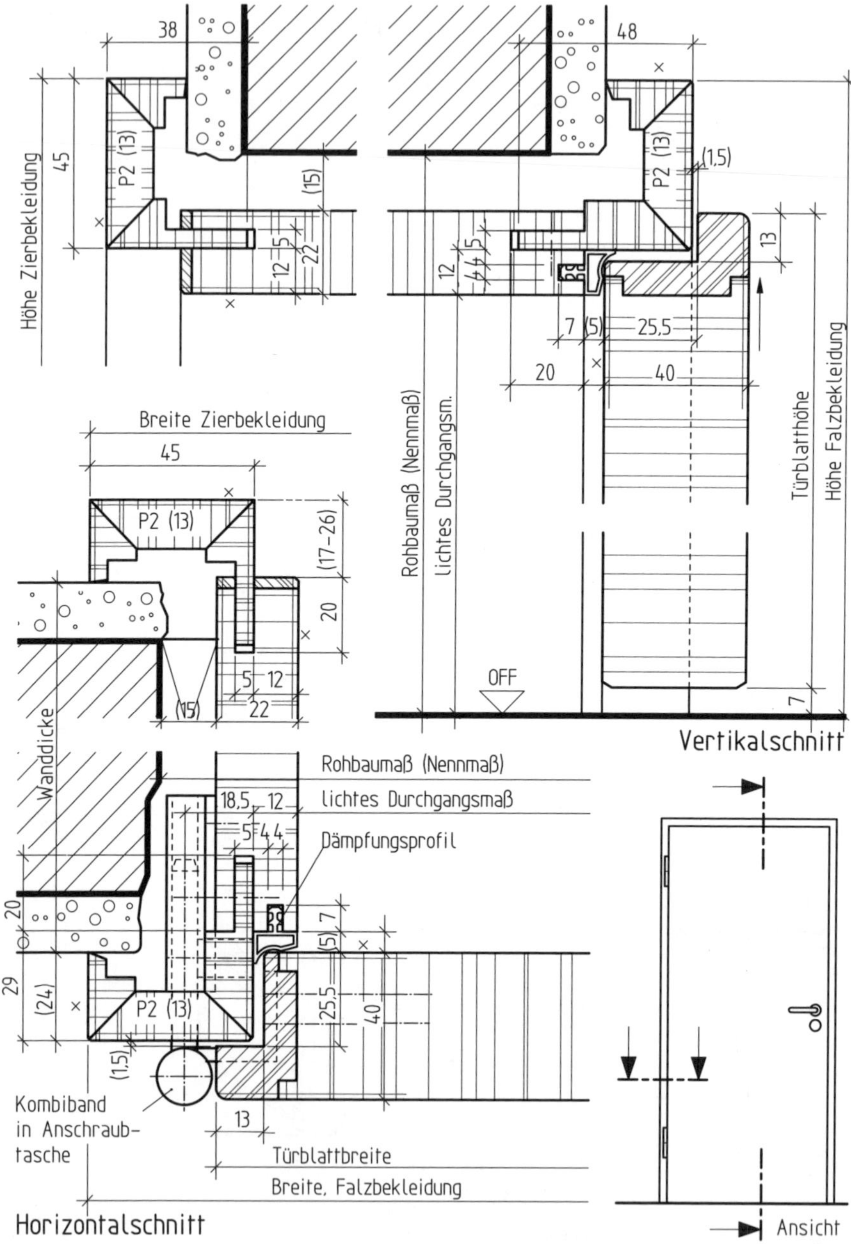

Bild 2.2-84 Einflügelige, überfälzte Sperrtür mit Futter und Bekleidungen. Die Konstruktion der Zierbekleidung erlaubt ein Anpassen an Differenzen der Wanddicke.

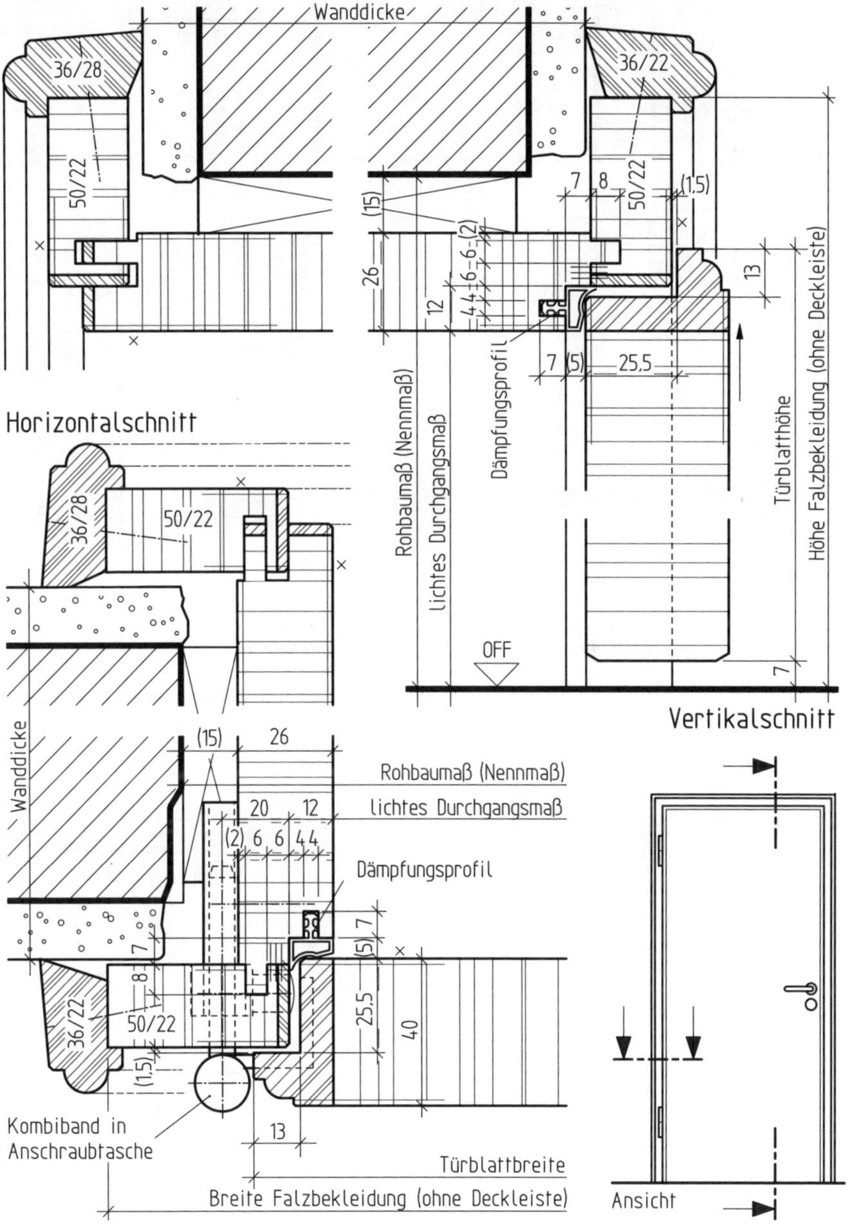

Bild 2.2-85 Einflügelige, überfälzte Sperrtür mit Futter und Bekleidungen. Die Überschlagkanten und Putzdeckleisten sind profiliert (Türfutterfräsersatz Lei).

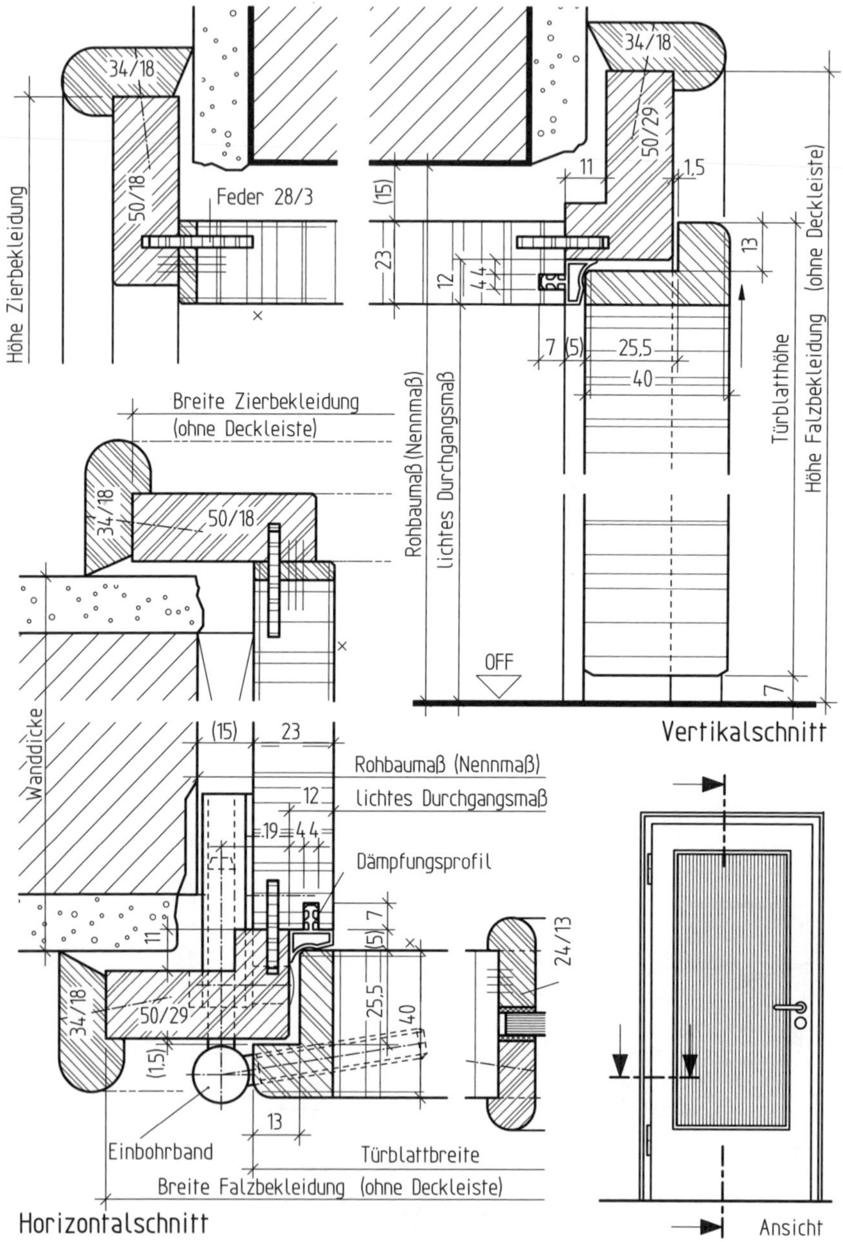

Bild 2.2-86 Einflügelige, überfälzte Sperrtür mit Glasausschnitt. Die Glashalteleisten und die Putzdeckleisten an den Bekleidungen sind ausgefälzt und stehen vor.

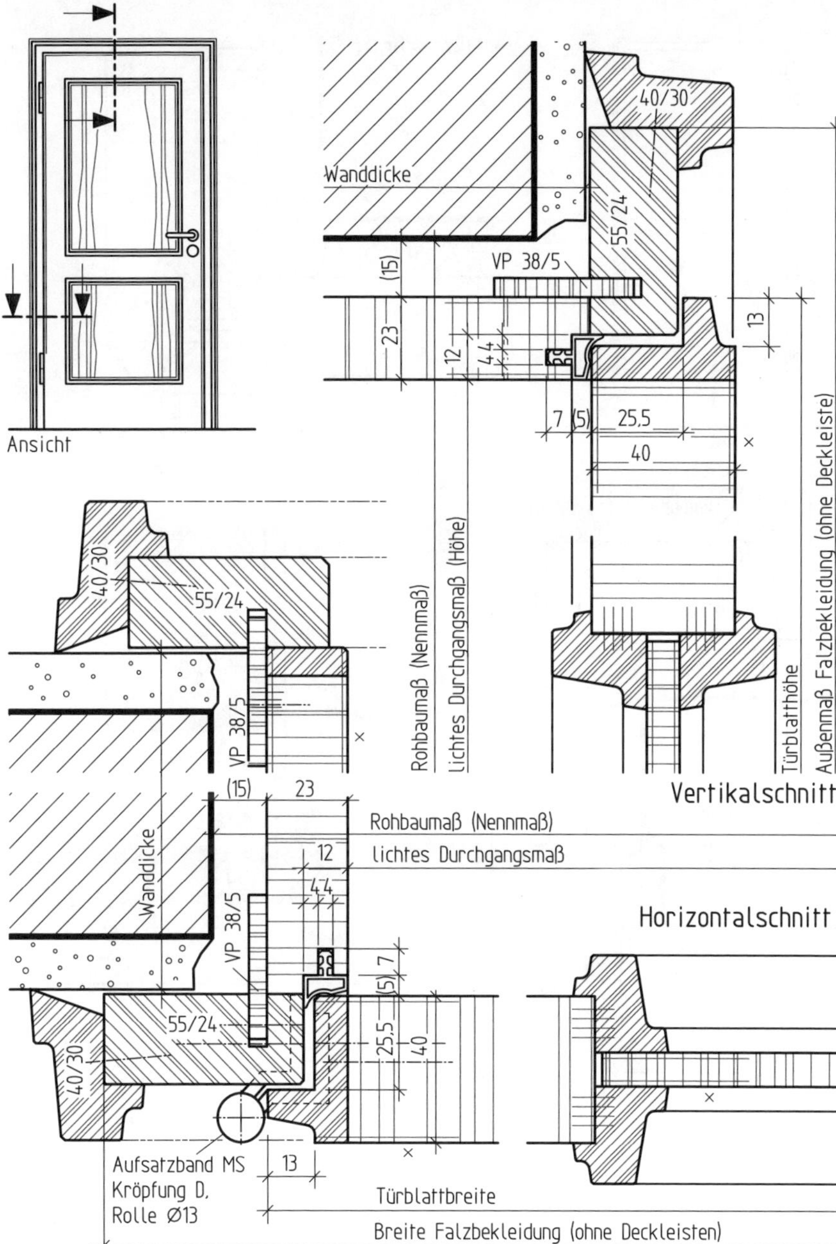

Bild 2.2-87 Einflügelige, überfälzte Rahmentür mit eingeleisteten Sperrholzfüllungen. Füllungsstäbe, Putzdeckleisten und Türkanten sind stark profiliert.

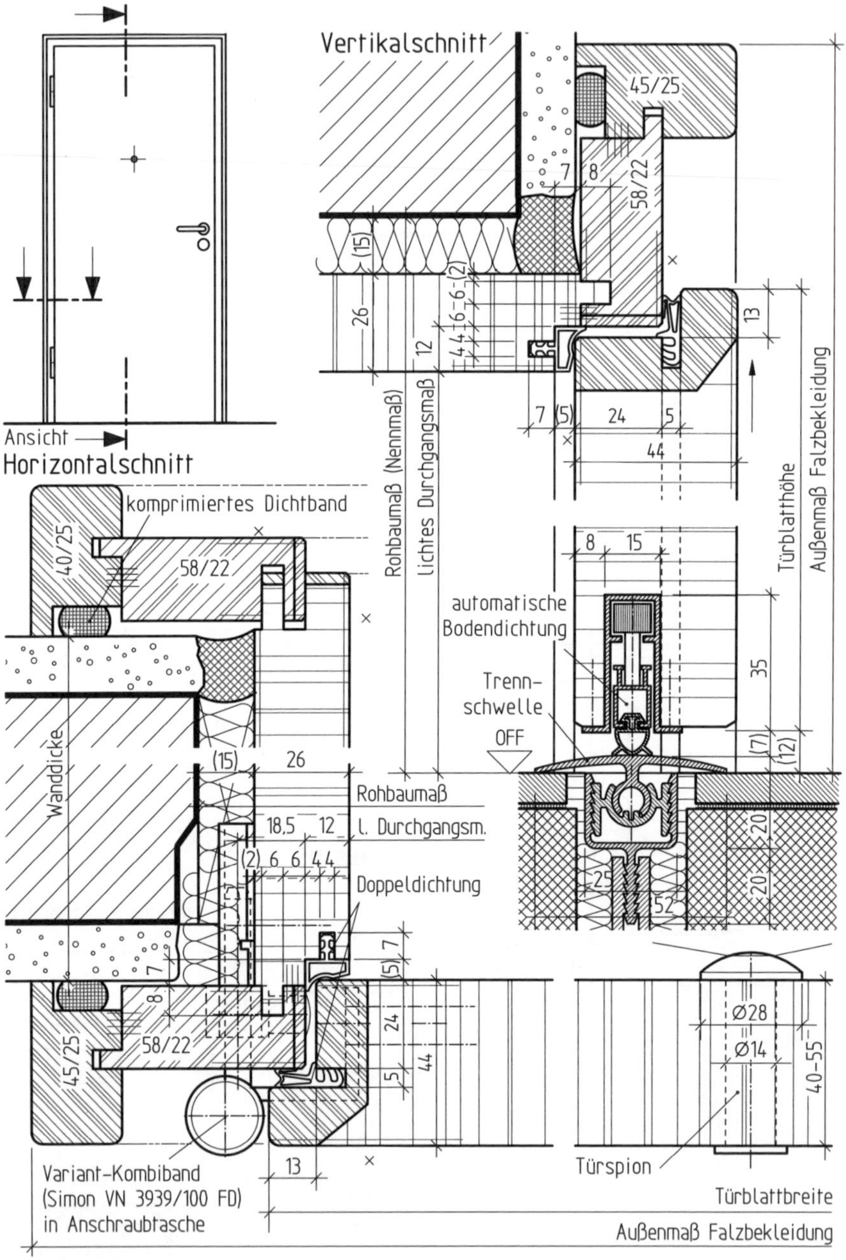

Bild 2.2-88 Beispiel einer Wohnungsabschlusstür mit Falzdoppeldichtung, Bodendichtung und eingebautem Türspion.

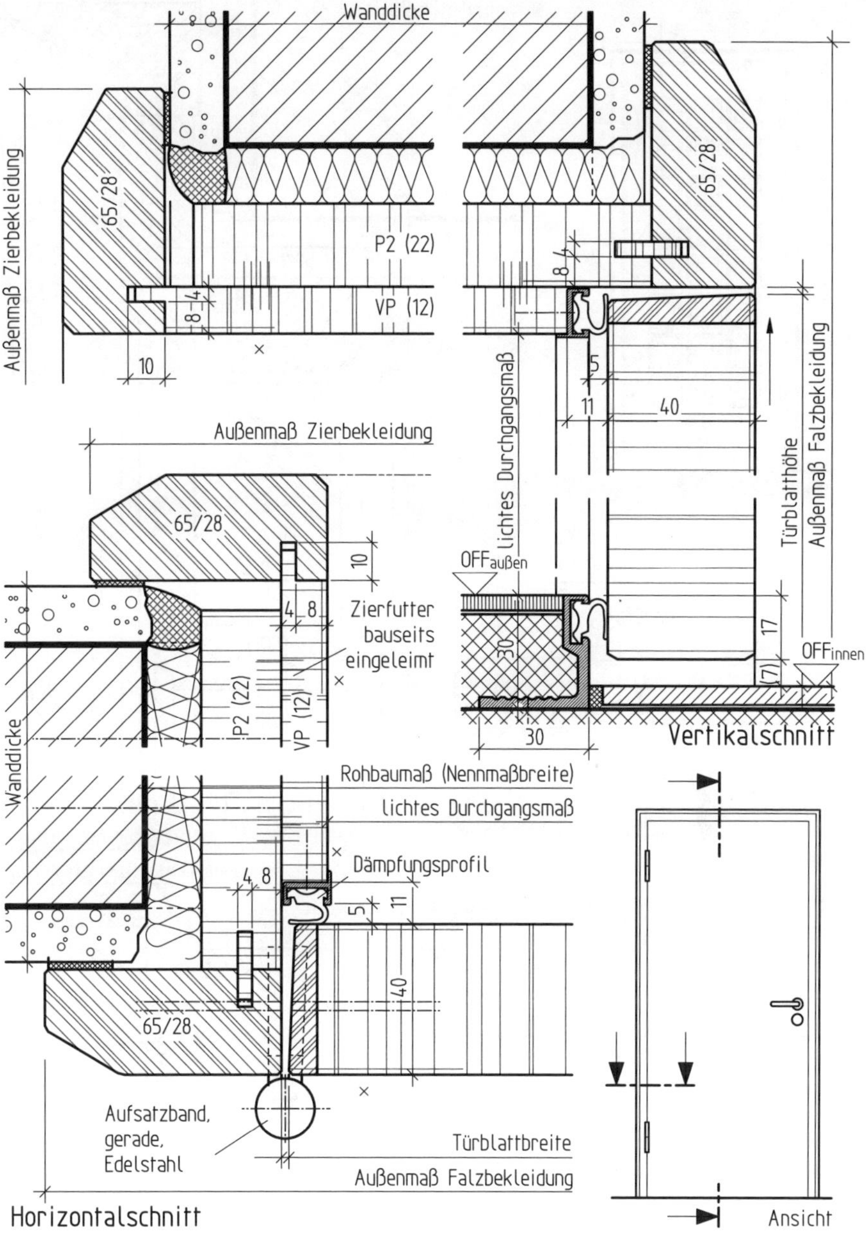

Bild 2.2-89 Beispiel einer Wohnungsabschlusstür mit stumpf einschlagendem Türblatt. Das umlaufende Dämpfungsprofil geht auch an der Bodenschwelle durch (Heb).

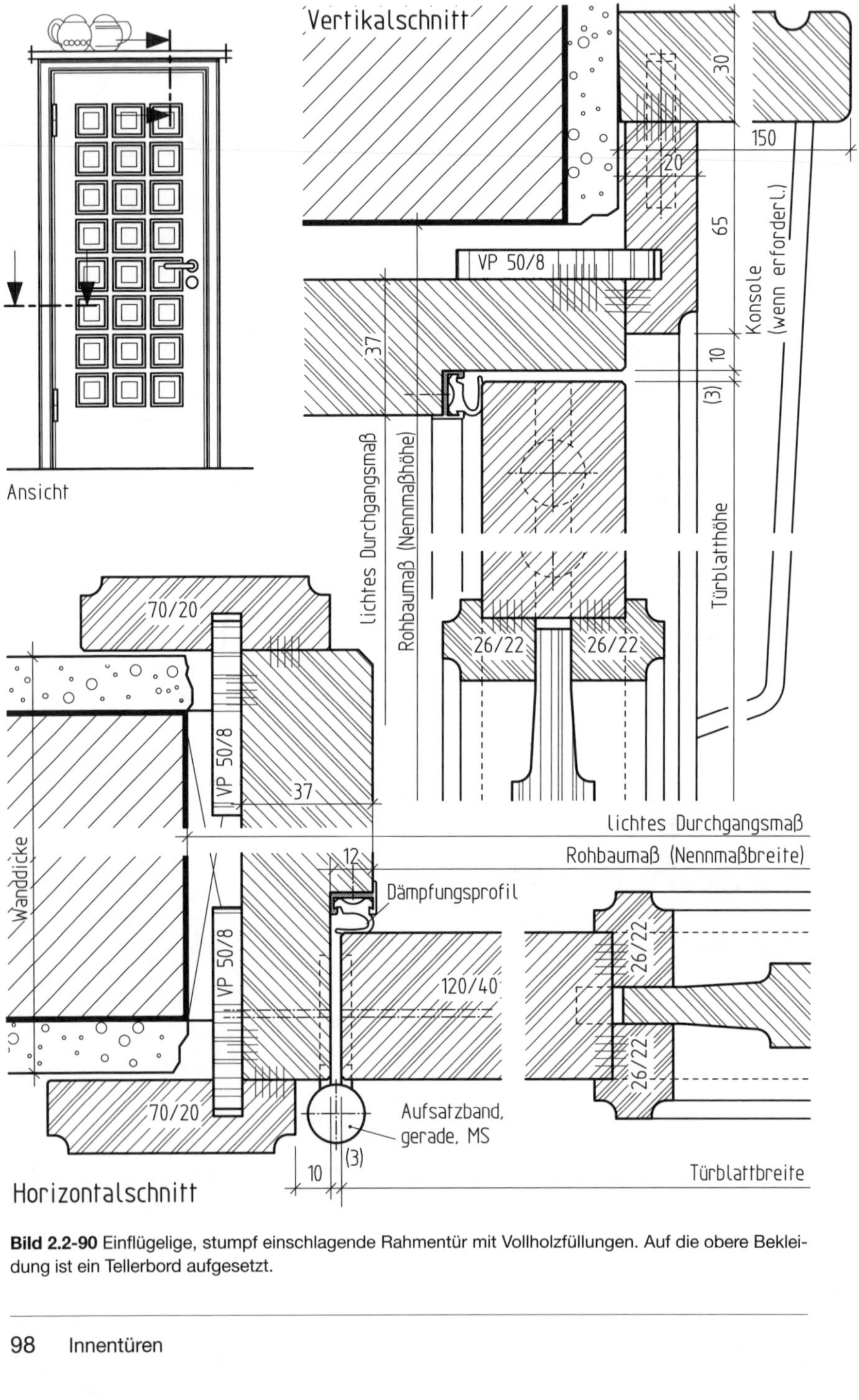

Bild 2.2-90 Einflügelige, stumpf einschlagende Rahmentür mit Vollholzfüllungen. Auf die obere Bekleidung ist ein Tellerbord aufgesetzt.

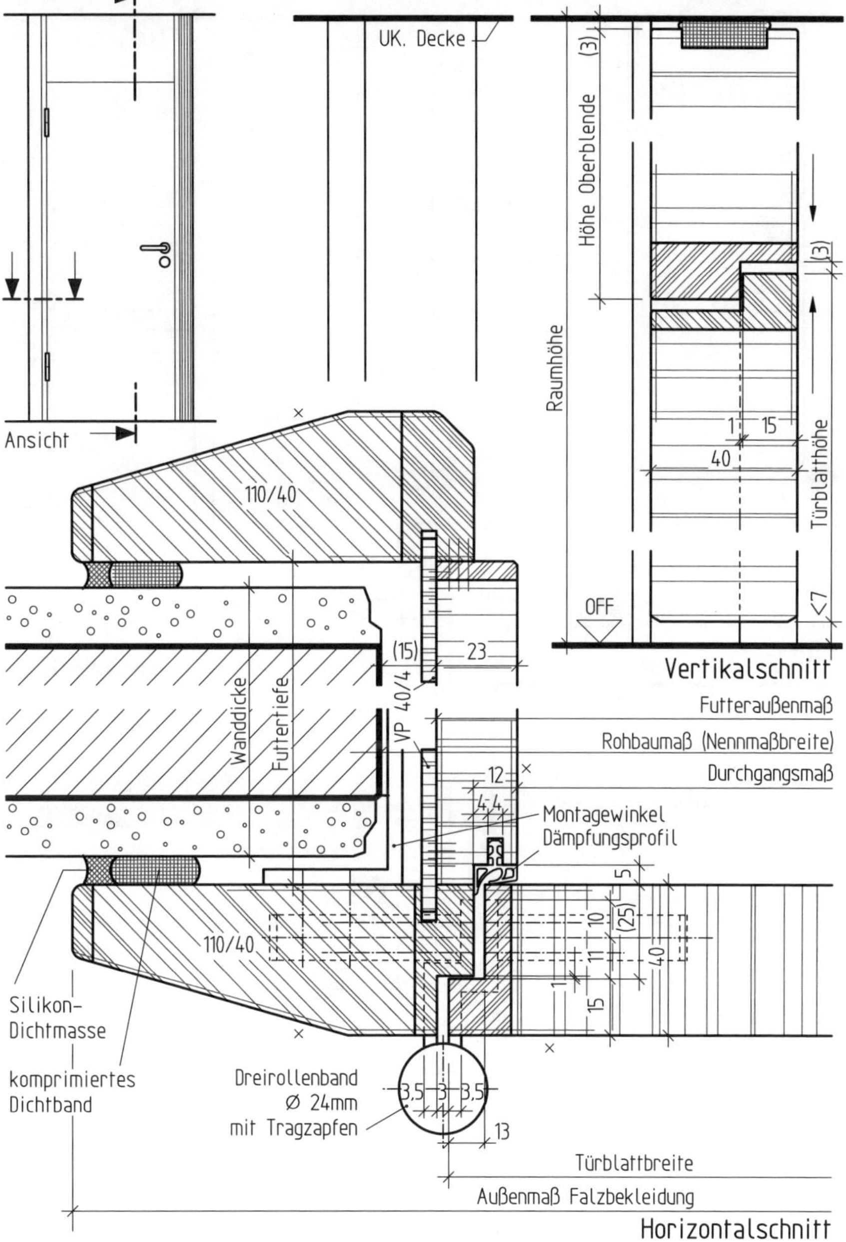

Bild 2.2-91 Sturzlose Tür mit Oberblende und bündig überfälztem Sperrholztürblatt.

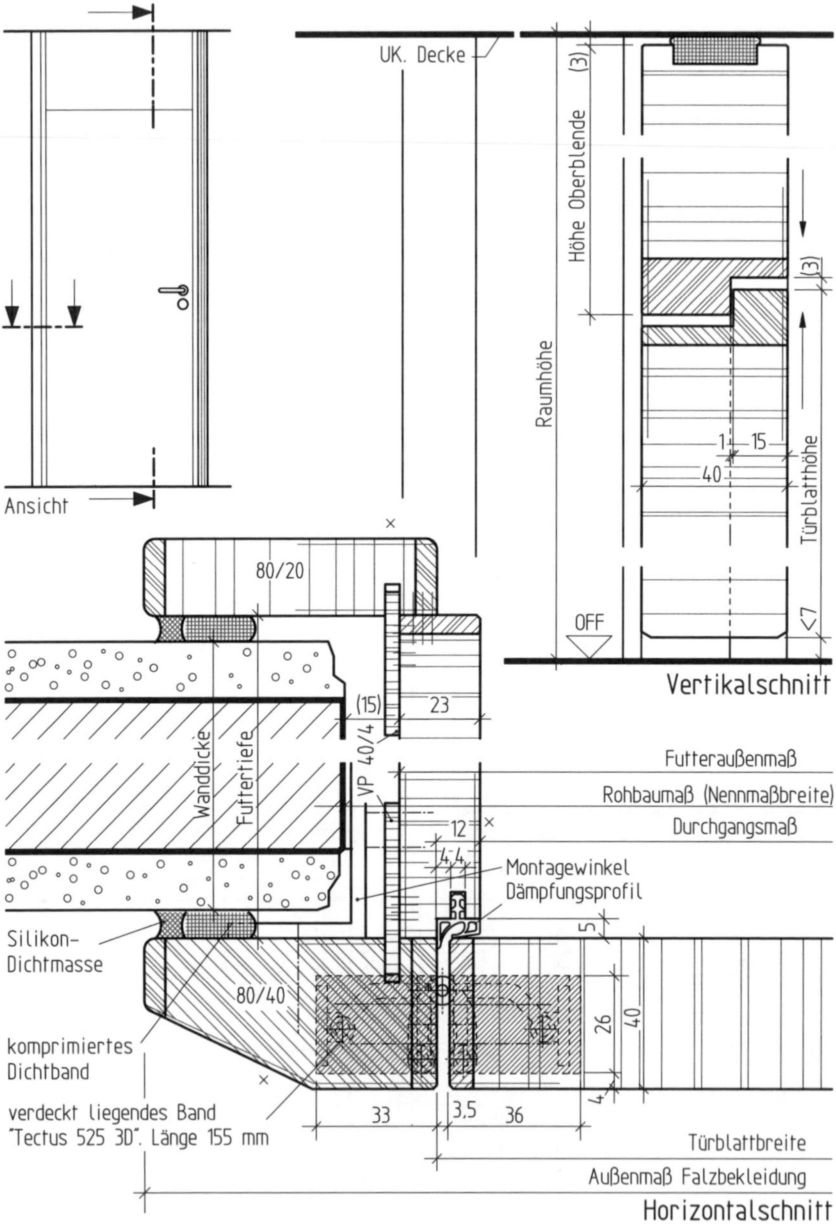

Bild 2.2-91a Raumhohe, stumpf einschlagende Tür mit Futter und Bekleidungen, mit verdeckt liegenden Bändern angeschlagen (Sim).

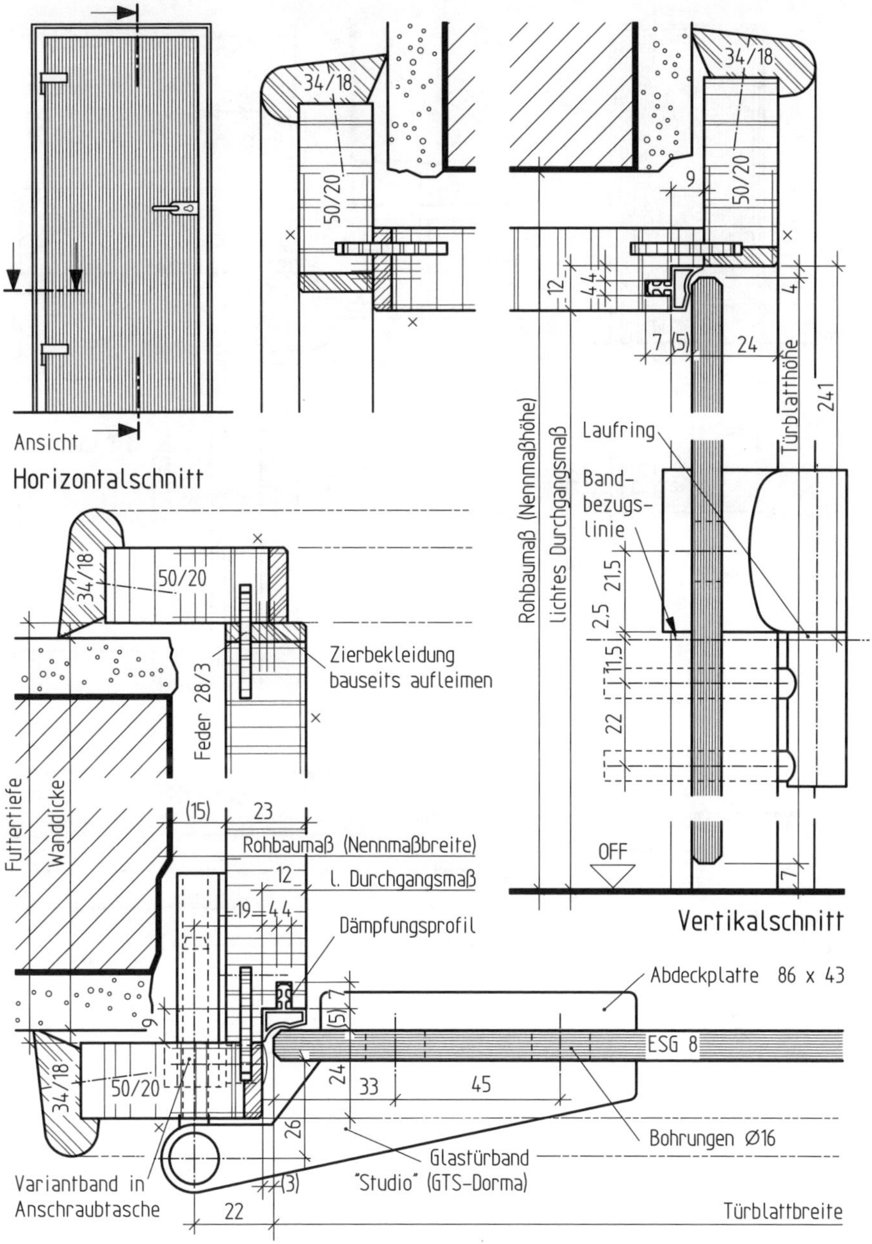

Bild 2.2-92 Ganzglastür im Futterrahmen mit Bekleidungen mit Variantbändern angeschlagen.

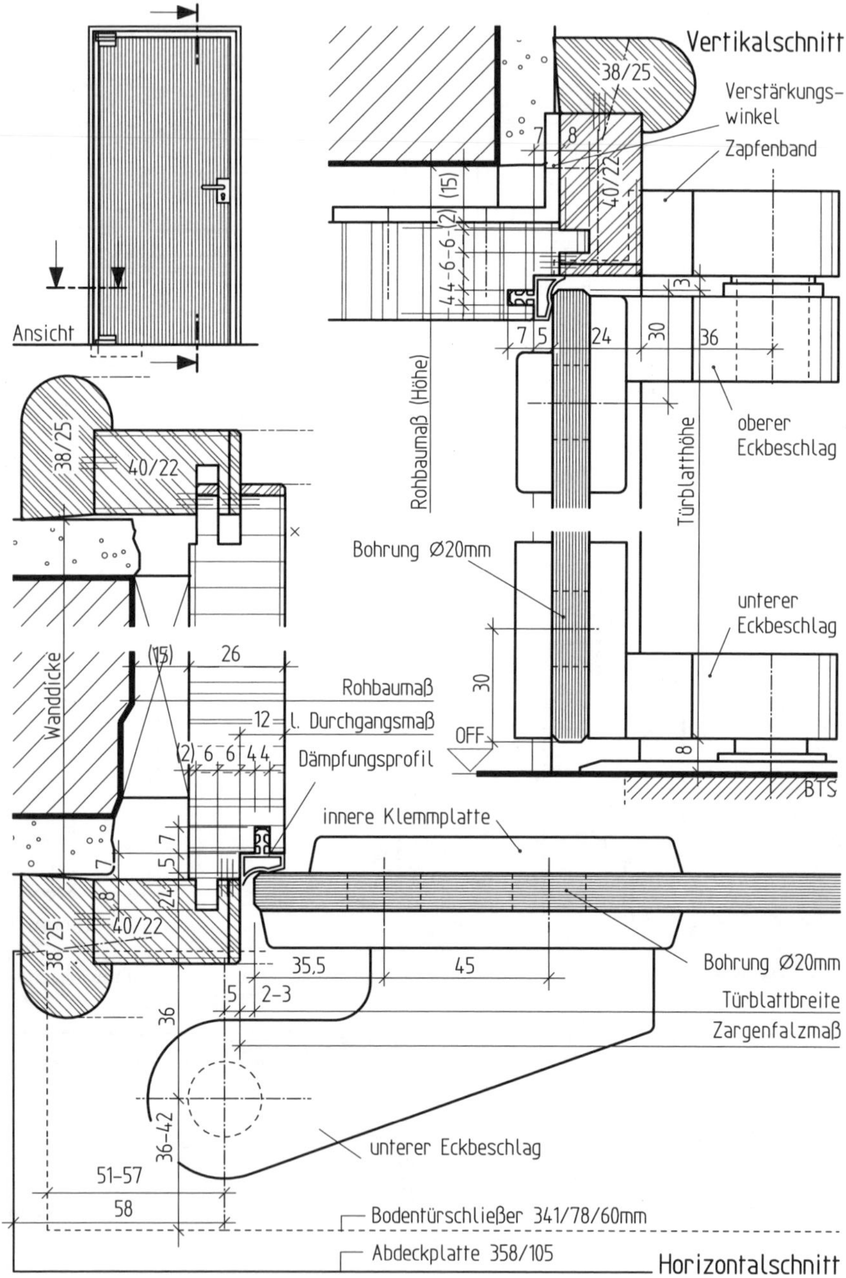
Vertikalschnitt
Verstärkungs-
winkel
Zapfenband
38/25
40/22
Ansicht
Rohbaumaß (Höhe)
oberer
Eckbeschlag
Türblatthöhe
Bohrung Ø20mm
unterer
Eckbeschlag
OFF
BTS
Wanddicke
Rohbaumaß
l. Durchgangsmaß
Dämpfungsprofil
innere Klemmplatte
Bohrung Ø20mm
Türblattbreite
Zargenfalzmaß
unterer Eckbeschlag
Bodentürschließer 341/78/60mm
Abdeckplatte 358/105
Horizontalschnitt

2.2.12 Blockrahmentüren

Blockrahmen weisen einen annähernd quadratischen Querschnitt auf. Sie werden mittels Montageeisen oder Mauerdübel in der Mauerlaibung befestigt. Die Befestigungsmittel werden entweder durch Deckleisten verdeckt oder liegen im Türfalz. Sind die Schraubenlöcher sichtbar, können sie durch Kunststoffkappen abgedeckt werden. Die Mauerlaibungen bleiben bei dieser Türart zum Teil sichtbar. Sie sind deshalb, mit Ausnahme bei Sichtmauerwerk oder Sichtbeton, zu verputzen. Die Türblätter können in den Blockrahmen überfälzt oder stumpf einschlagen. Hierfür kommen Einbohrbänder, Aufsatzbänder, Kombibänder und Zapfenbänder mit Bodentürschließer in Frage (siehe Seite 41 bis 58).

Blockrahmenkonstruktionen sind besonders gut bei sturzlosen Maueröffnungen und bei Maueröffnungen aus Sichtmauerwerk und Sichtbeton geeignet. Es ist darauf zu achten, dass durch die verhältnismäßig dicke Rahmenkonstruktion das lichte Durchgangsmaß sehr viel kleiner ist als das Rohbaumaß. In Blockrahmen wird unten selten eine Schwelle eingebaut, Schienen zur Trennung verschiedener Fußbodenbeläge sind aber durchaus üblich.

Beispiele von Blockrahmentüren mit überfälzten Türblättern siehe Bild 2.2-94 bis 96; mit einschlagenden Türblättern Bild 2.2-97 bis 100 und mit Ganzglastüren Bild 2.2-101.

Bild 2.2-93 (Seite 102) Ganzglastür aus Einscheibensicherheitsglas (ESG 10 mm) mit Bodentürschließer im Futterrahmen mit Bekleidungen angeschlagen.

Bild 2.2-94 (Seite 104) Einflügelige Blockrahmentür, das Sperrholztürblatt ist überfälzt angeschlagen.

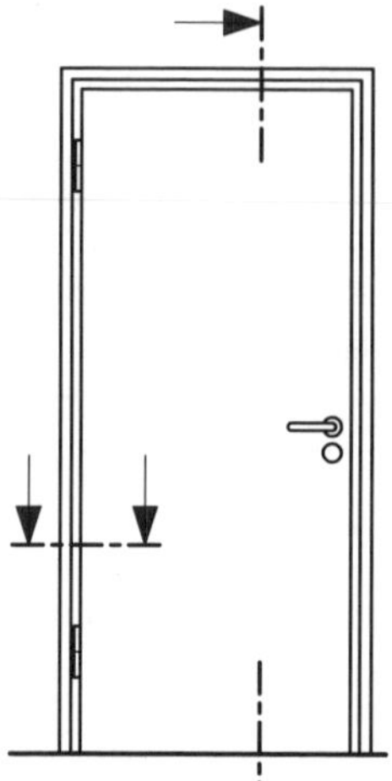

Ansicht

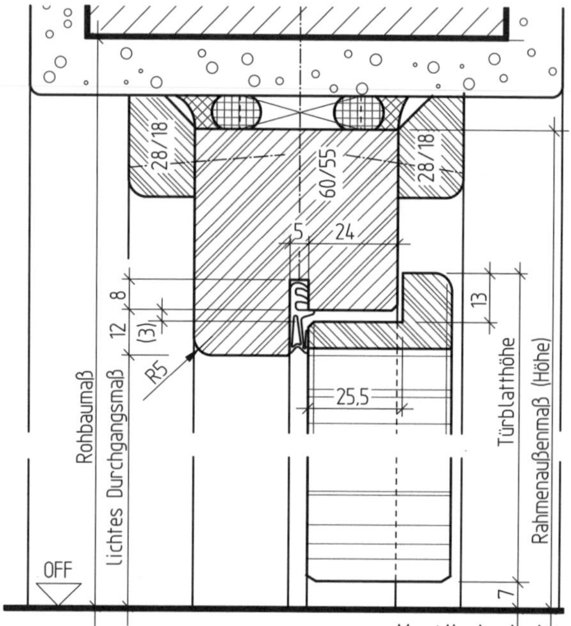

Horizontalschnitt

Vertikalschnitt

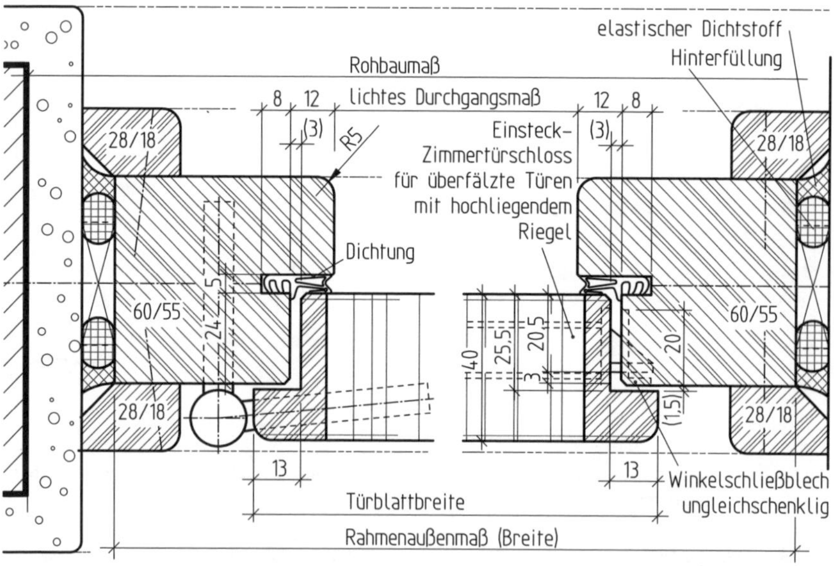

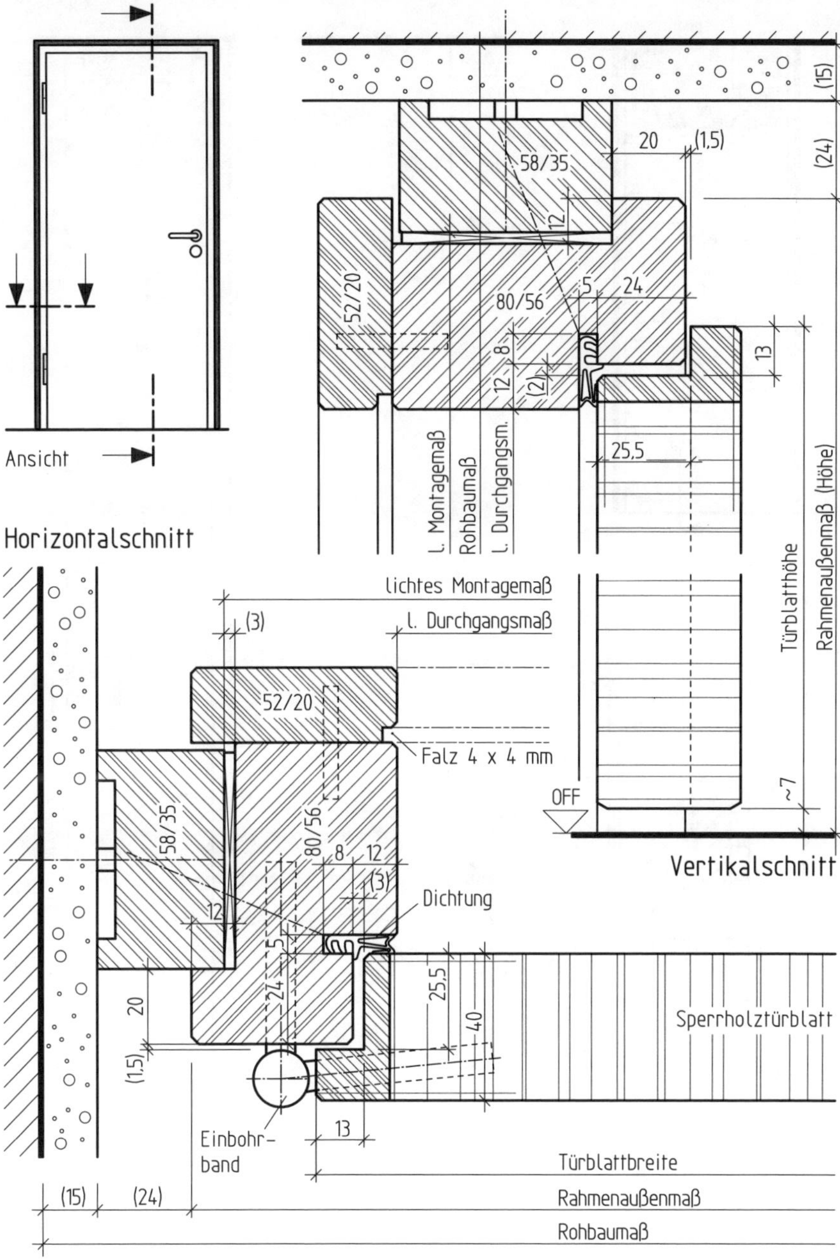

Bild 2.2-95 Einflügelige Blockrahmentür in vormontiertem Montagerahmen befestigt.

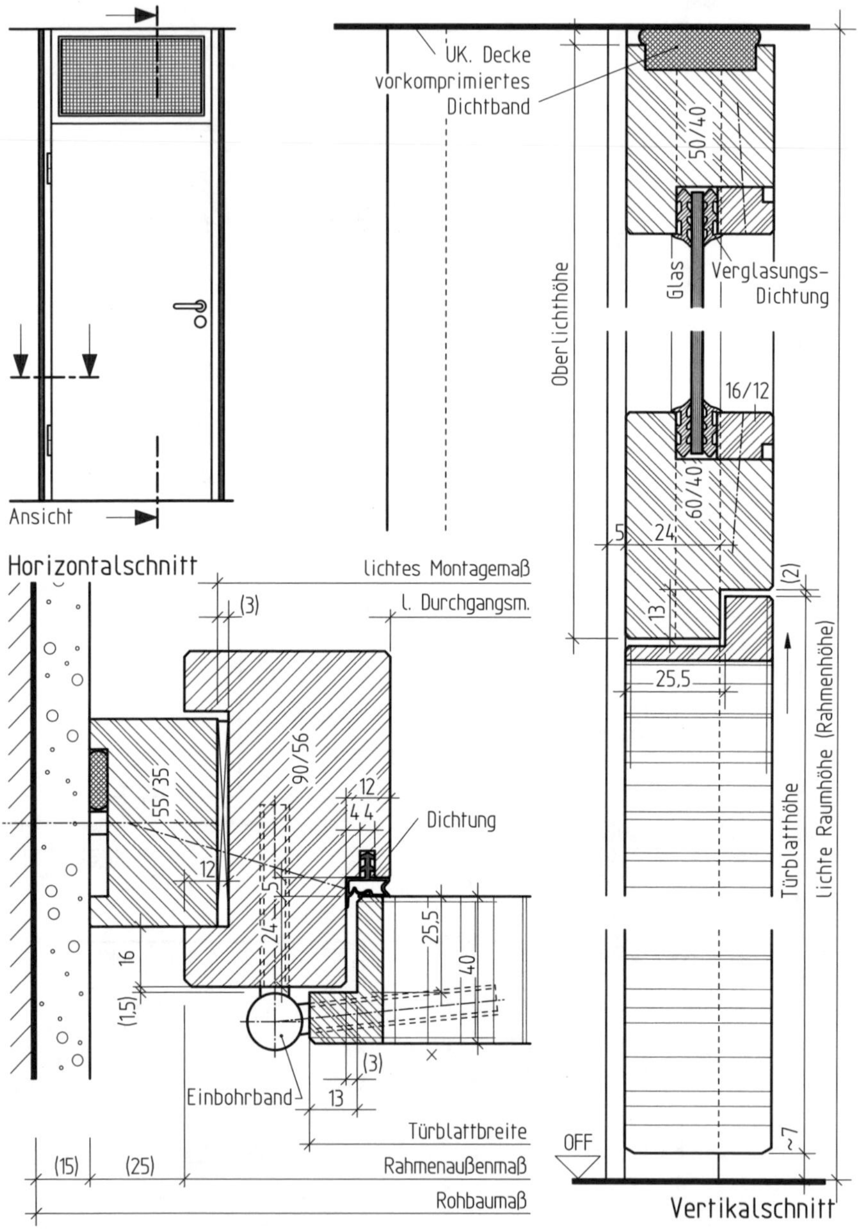

Bild 2.2-96 Raumhohes Türelement mit Oberlicht. Tür ist überfälzt angeschlagen.

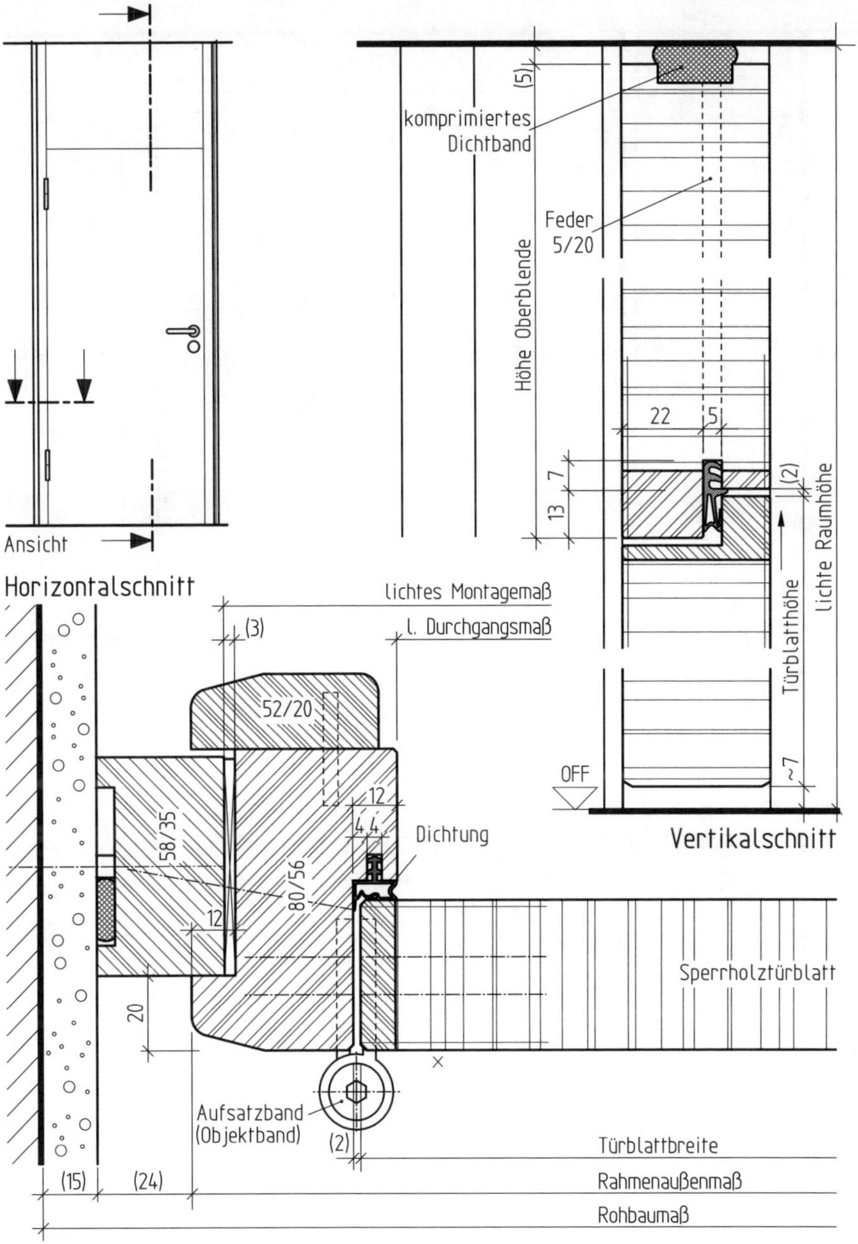

Bild 2.2-97 Raumhohes Türelement mit Oberblende und stumpf einschlagendem Türblatt.

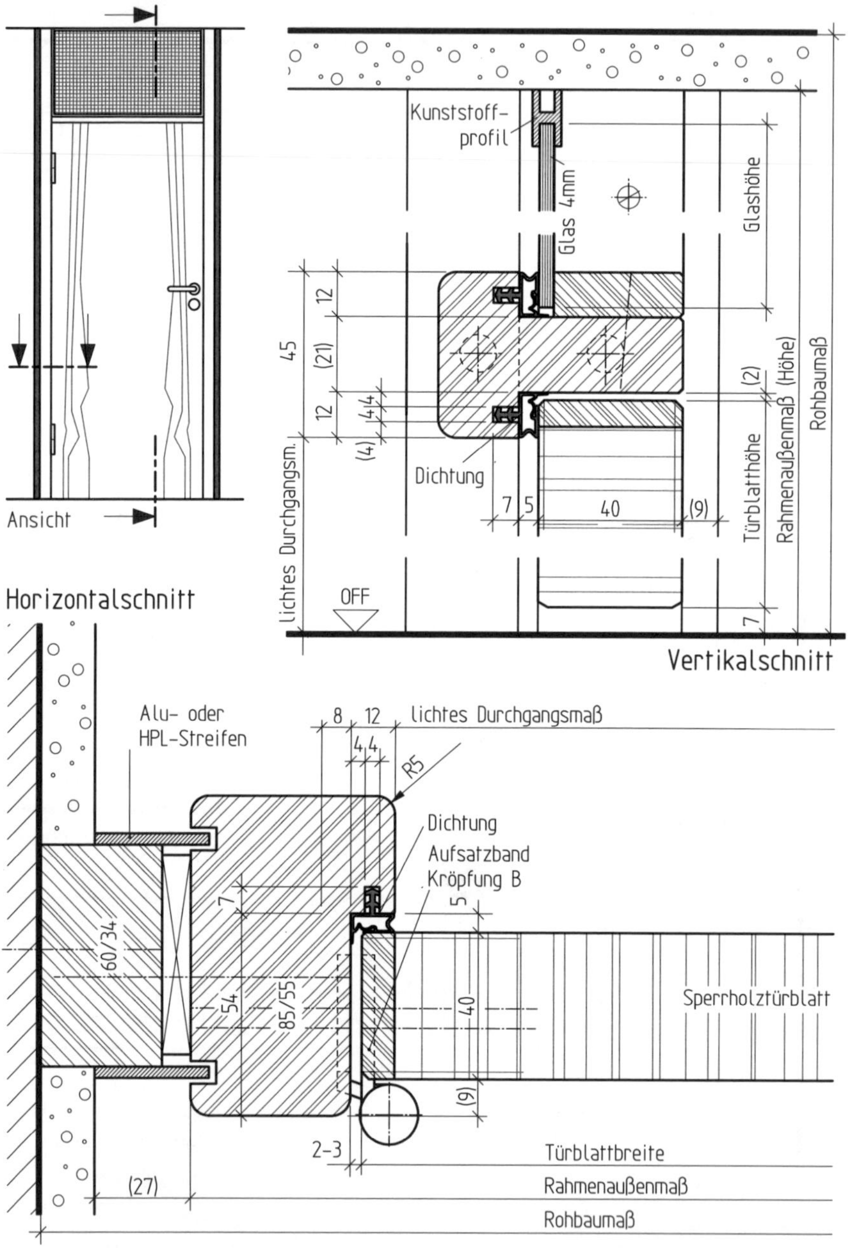

Bild 2.2-98 Raumhohes Türelement mit Oberlicht und Kämpfer. Das Türblatt ist stumpf einschlagend und zurückspringend mit Aufsatzbändern Kröpfung B angeschlagen.

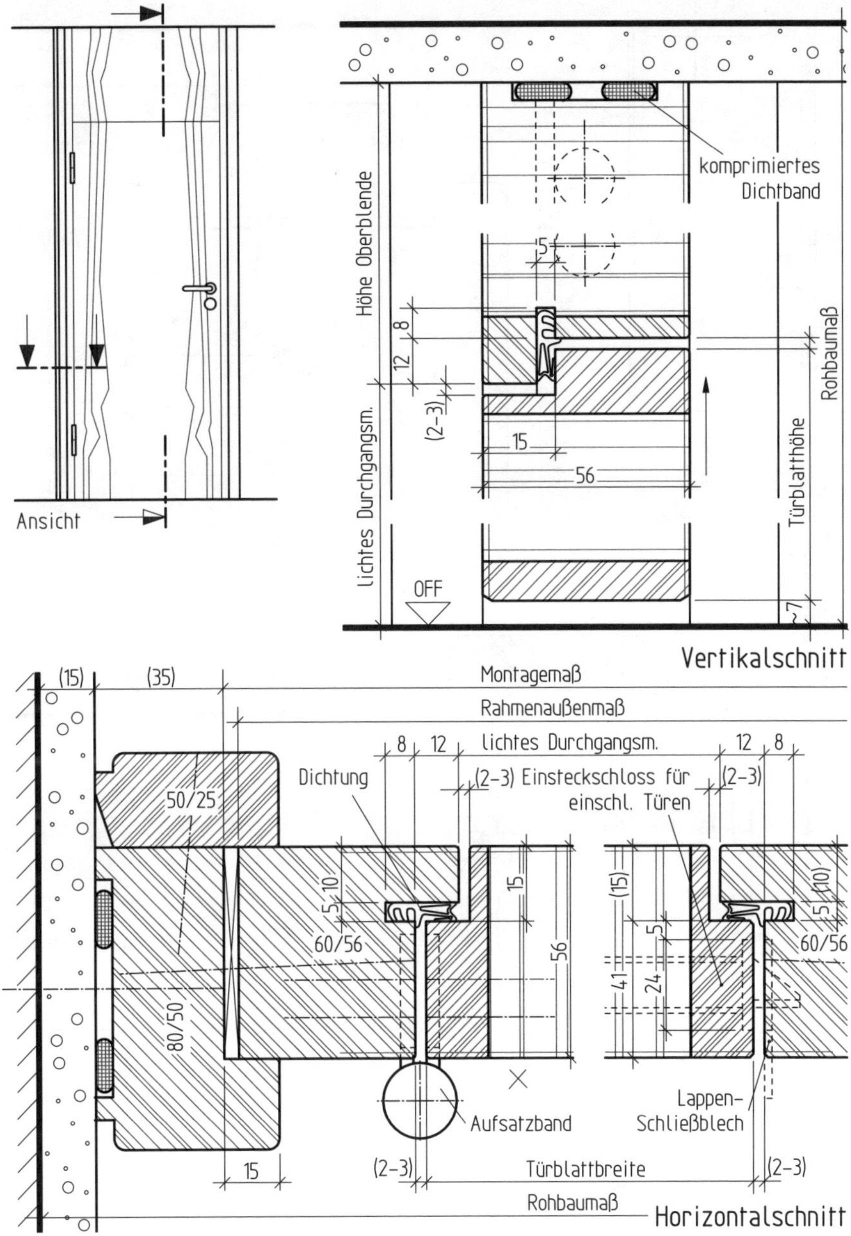

Bild 2.2-99 Raumhohes Türelement mit Oberblende ist in einen Montagerahmen eingesetzt. Das Türblatt ist im Rahmen einfach bündig überfälzt.

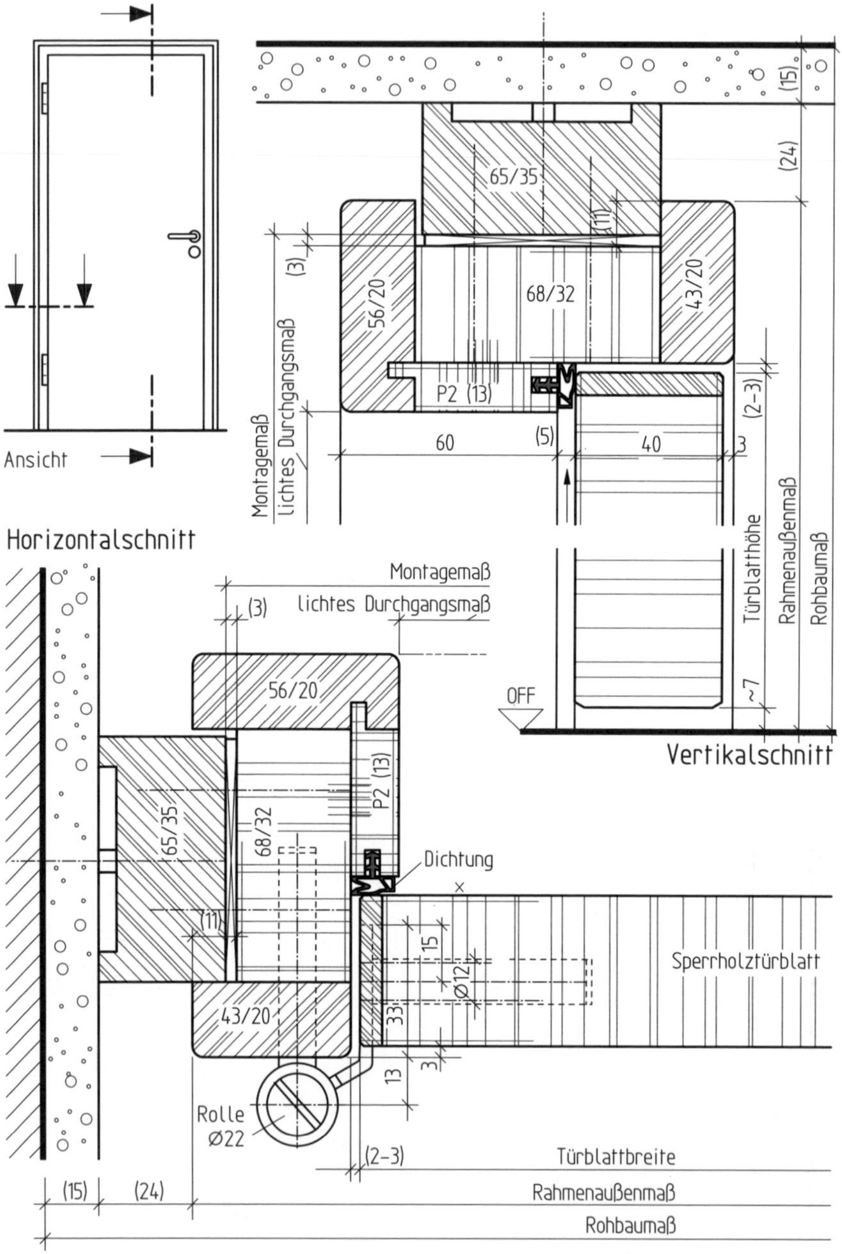

Bild 2.2-100 Blockrahmentür mit stumpf einschlagendem Sperrholztürblatt. Das Halbfutter mit Bekleidung wird bauseits eingeleimt und deckt die Befestigungselemente ab.

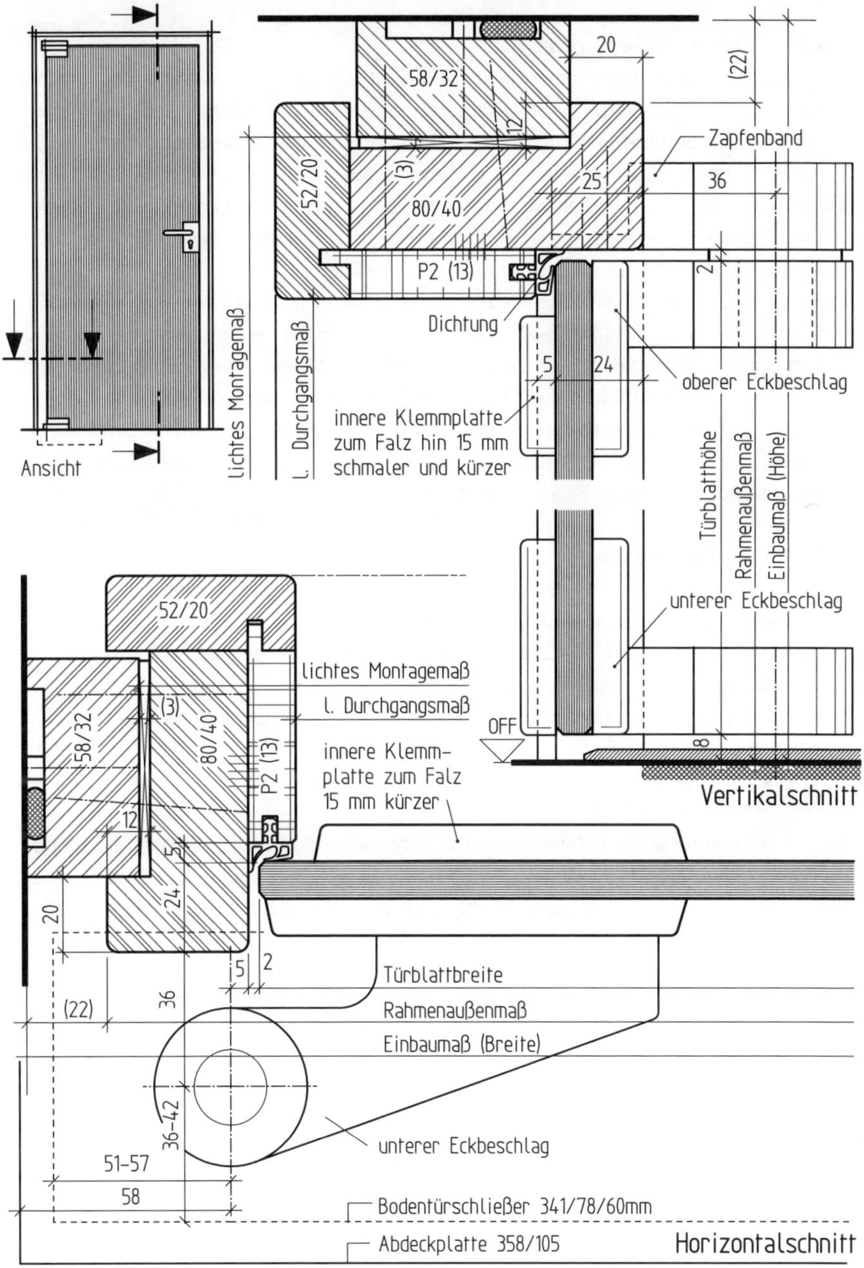

Bild 2.2-101 Ganzglastür im Blockrahmen, mit Bodentürschließer angeschlagen.

2.2.13 Zargenrahmentüren

Zargenrahmentüren haben eine meist dicke Futterzarge, die etwa so tief ist wie die Wand einschließlich Verputz dick. Dadurch sind die Zargenkanten mit der Wandfläche bündig. Um die eventuellen Unebenheiten der Wand besser ausgleichen zu können, ist ein geringer Vorsprung der Zargenkanten gegenüber der Wandfläche zu empfehlen. Sollen die Fußleisten gegen die Zarge stoßen, müssen die Zargenkanten mindestens um die Dicke der Fußleisten vorspringen. Die Zargenkanten erhalten keine Bekleidungen, sodass die schmale Zargenkante in der Türansicht den Rahmen bildet. Der Anschluss zwischen Mauerwerk und Futter wird durch Deckleisten, Metallschienen oder Metallwinkel erreicht. Zargenrahmen werden entweder sichtbar gegen die Mauerlaibung geschraubt, mit Sonderbeschlägen oder mit Klebeschaum unsichtbar an der Laibung befestigt. Da die Zargentiefe und die Wanddicke gut aufeinander abgestimmt sein müssen, empfiehlt es sich bei verputzten Wänden Putzhilfen wie Leichtmetallschienen oder verzinkte Putzschienen anzubringen. Beispiele für Zargenrahmentüren siehe Bild 2.2-102 bis 108.

2.2.14 Blendrahmentüren

Blendrahmen haben einen rechteckigen Querschnitt. Sie werden mit der Breitseite entweder auf die Wand oder in einen Mauerfalz gesetzt. Bei Innentüren sind Blendrahmen selten. Sie kommen aber bei Windfangtüren, Wohnungsabschlusstüren und Kellertüren vor.

Die Türblätter können in den Blendrahmen überfälzt oder einschlagend angeschlagen werden. Hierfür stehen Fitschen mit kurzem Stiftlappen, Einbohrbänder mit kurzem Einbohrzapfen für den Blendrahmen, Aufsatzbänder und Kombibänder zur Verfügung (siehe Seite 41 bis 58).

Blendrahmen werden mit Mauereisen, mit Schrauben in Mauerdübel oder mit Blendrahmenschrauben auf der Wand, im Mauerfalz oder auch gegen die Laibung einer Maueröffnung befestigt. Die Befestigungsstellen lassen sich mit Abdeckkappen oder Deckleisten abdecken.

Beispiele für Blendrahmentüren siehe Bild 2.2-109 bis 113.

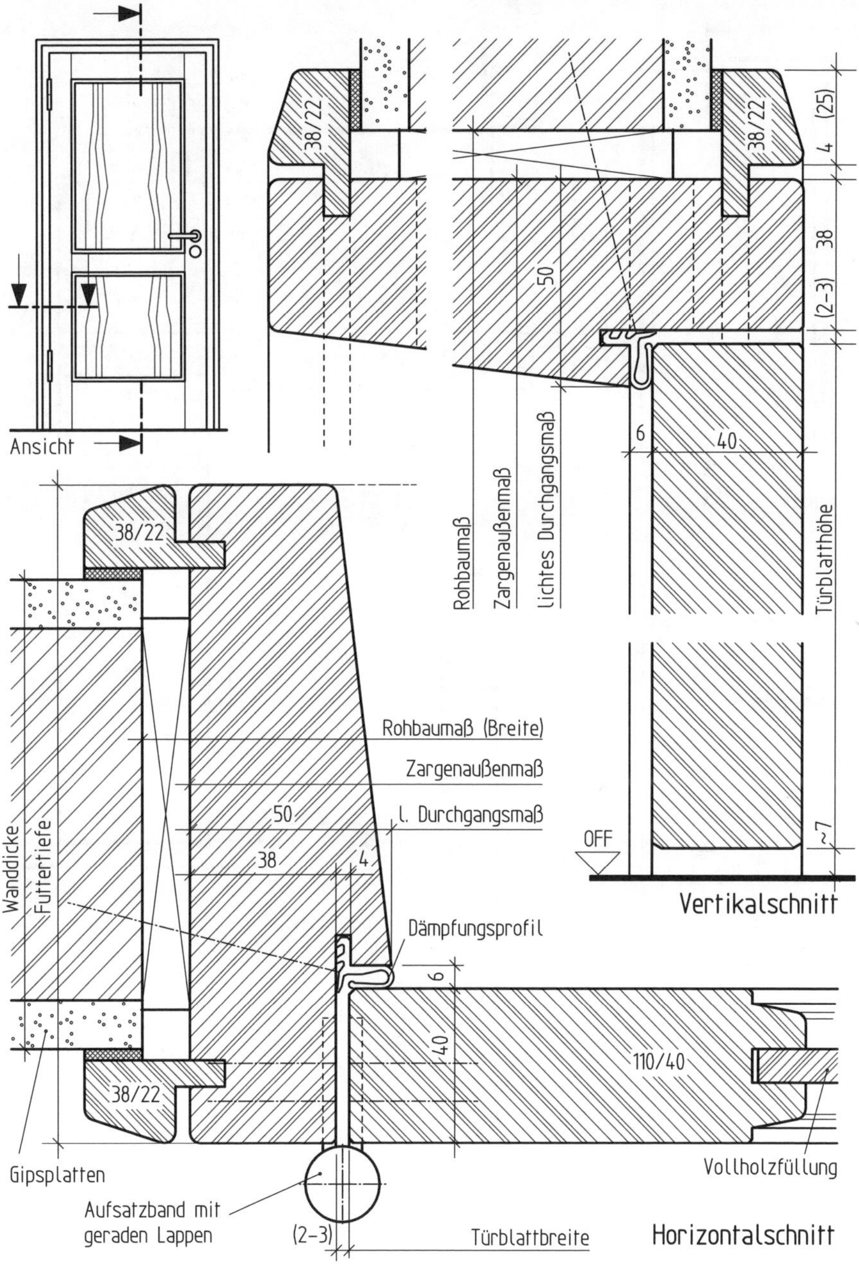

Bild 2.2-102 Schwere Zargenrahmentür mit einem stumpf einschlagenden Rahmentürblatt.

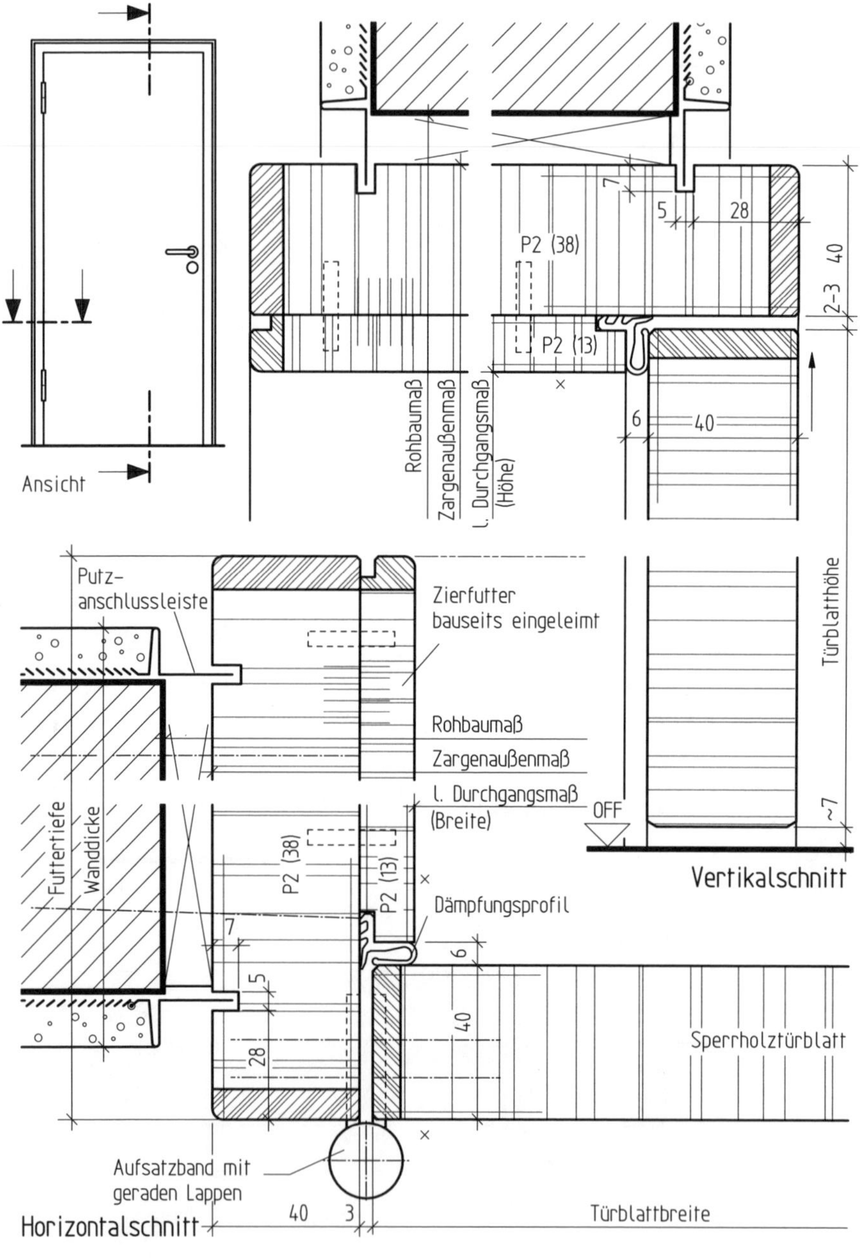

Bild 2.2-103 Zargenrahmentür mit stumpf einschlagendem Sperrholztürblatt.

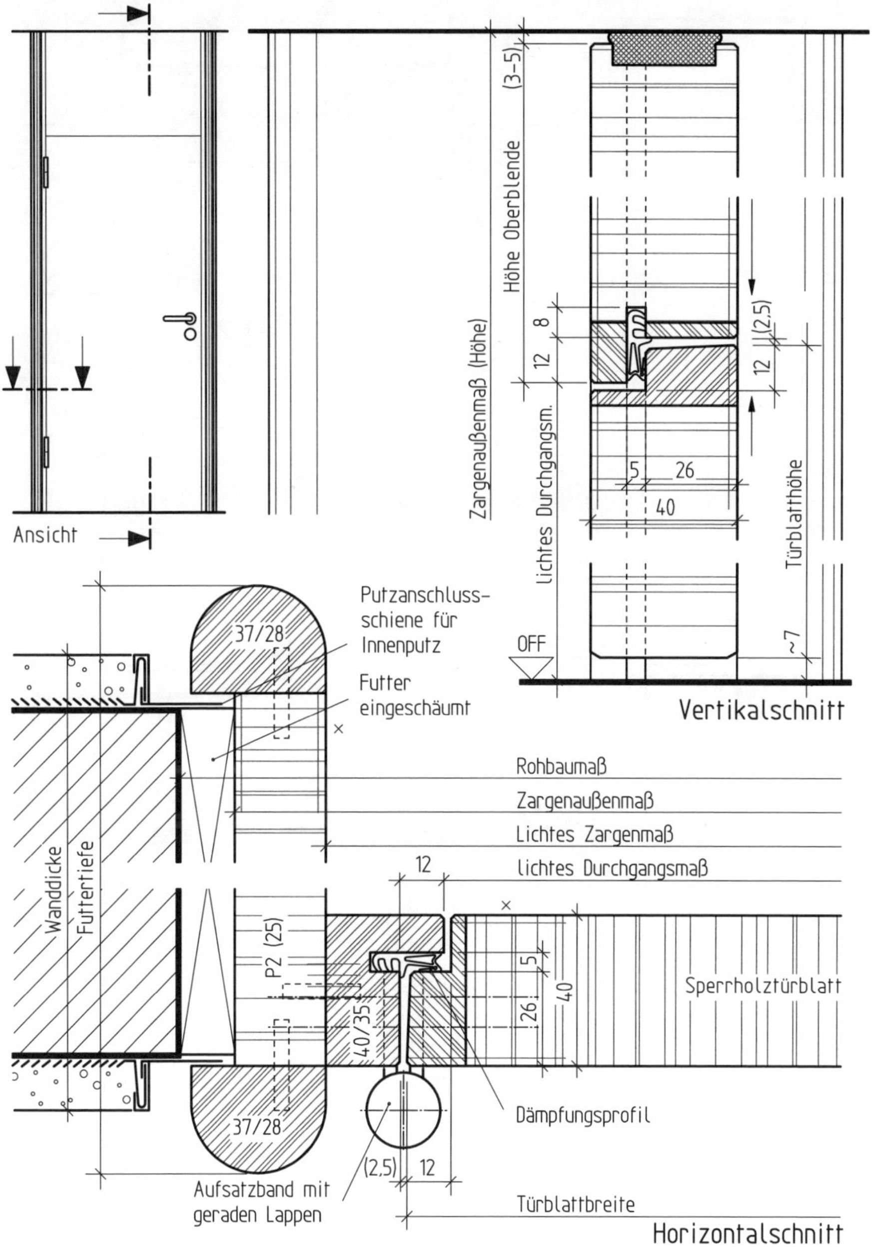

Bild 2.2-104 Raumhohes Zargenrahmentürelement. Sperrholztürblatt ist bündig überfälzt.

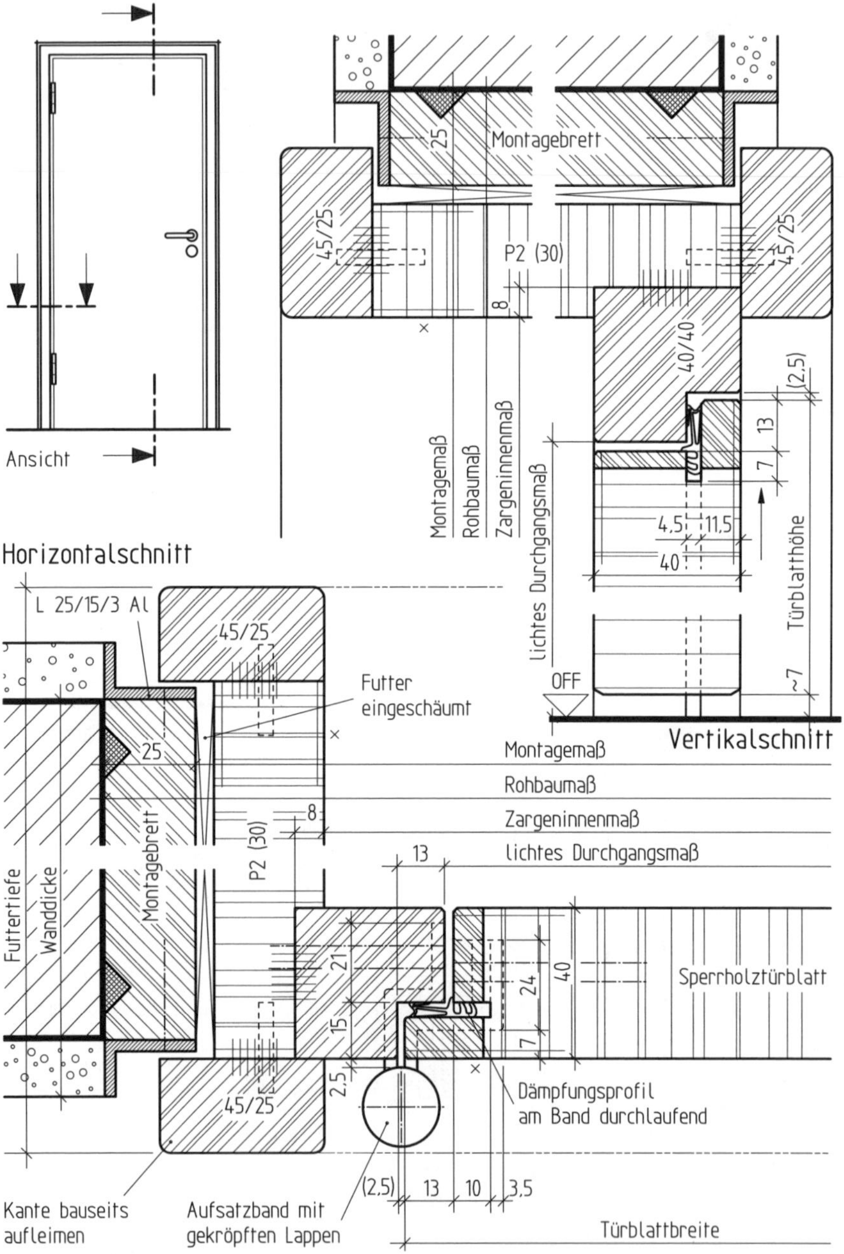

Bild 2.2-105 Zargenrahmentür. Türblatt ist einfach überfälzt und mit speziellen Aufsatzbändern mit gekröpften Lappen angeschlagen (Wen).

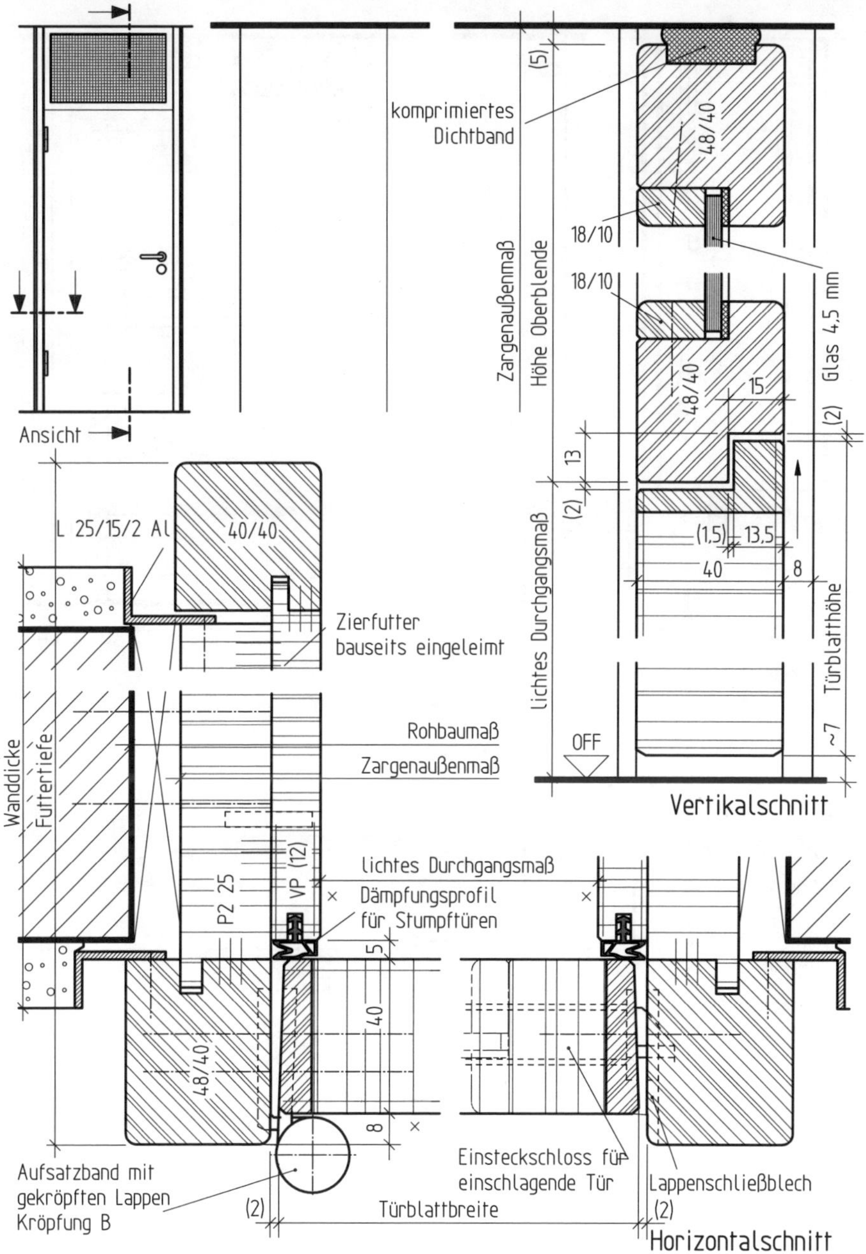

Bild 2.2-106 Raumhohe Zargenrahmentür mit Oberlicht. Das Türblatt ist stumpf einschlagend und gegenüber der Zargenkante zurückspringend angeschlagen.

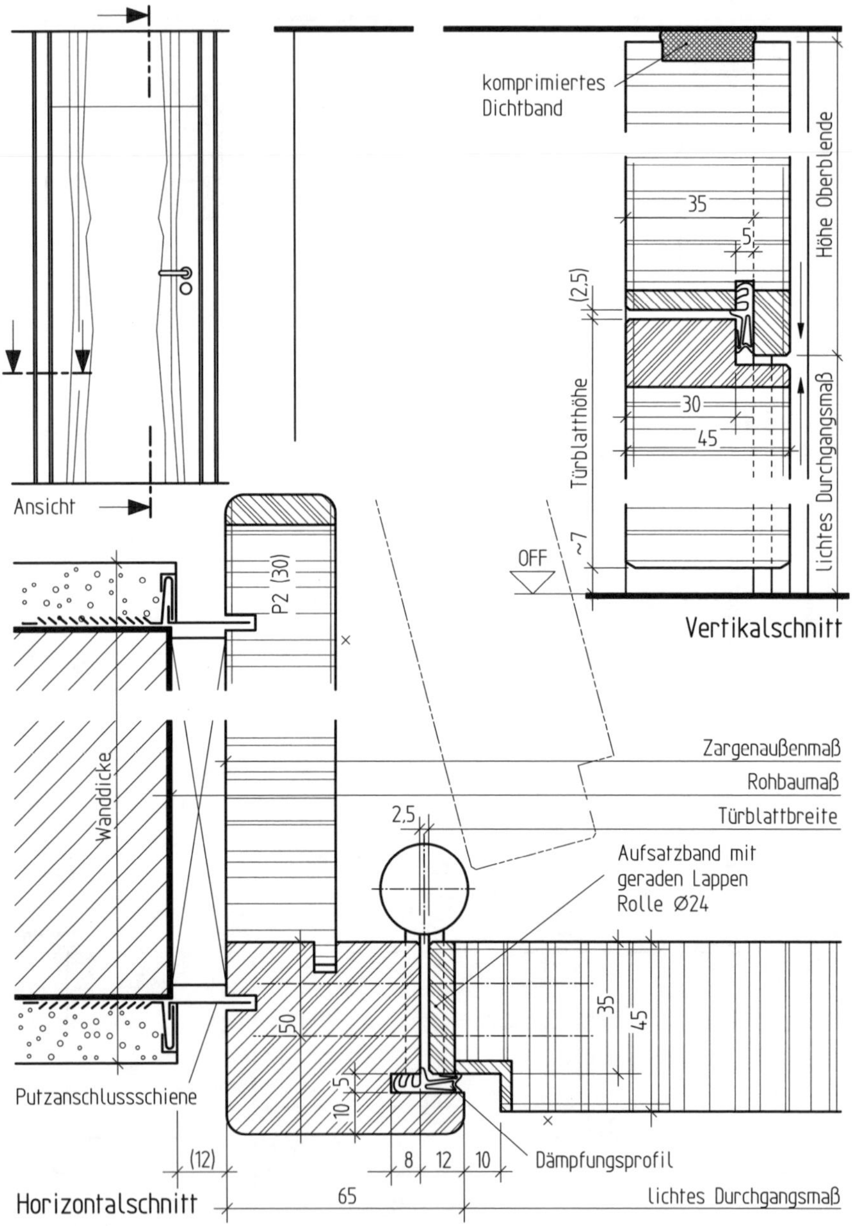

Bild 2.2-107 Sturzlose Zargenrahmentür mit Oberblende. Das Türblatt ist bündig überfälzt angeschlagen und geht nach innen auf (Sonderfall). Öffnungswinkel etwa 95°.

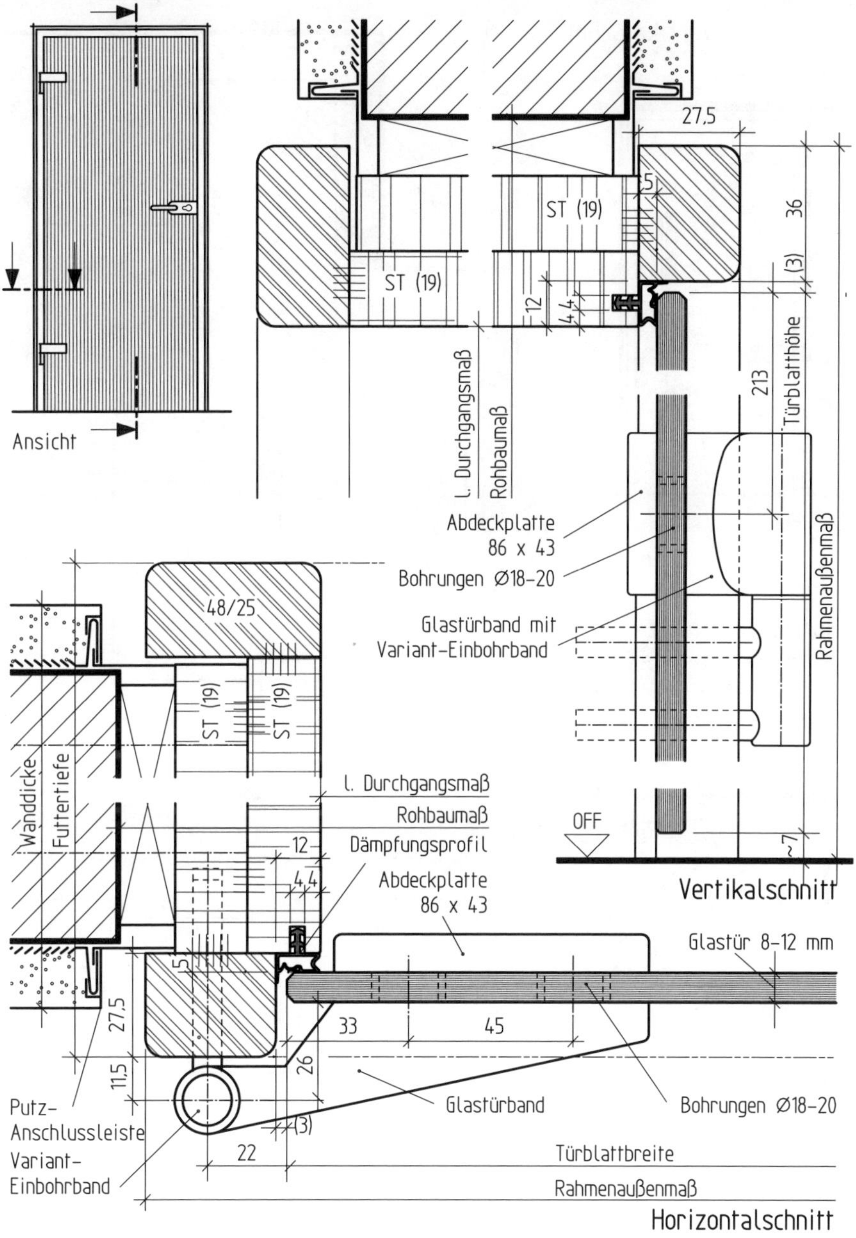

Bild 2.2-108 Ganzglastür im Zargenrahmen mit Variant-Einbohrbändern angeschlagen (Do). Das Zierfutter wird bauseits eingeleimt und deckt die Befestigungselemente ab.

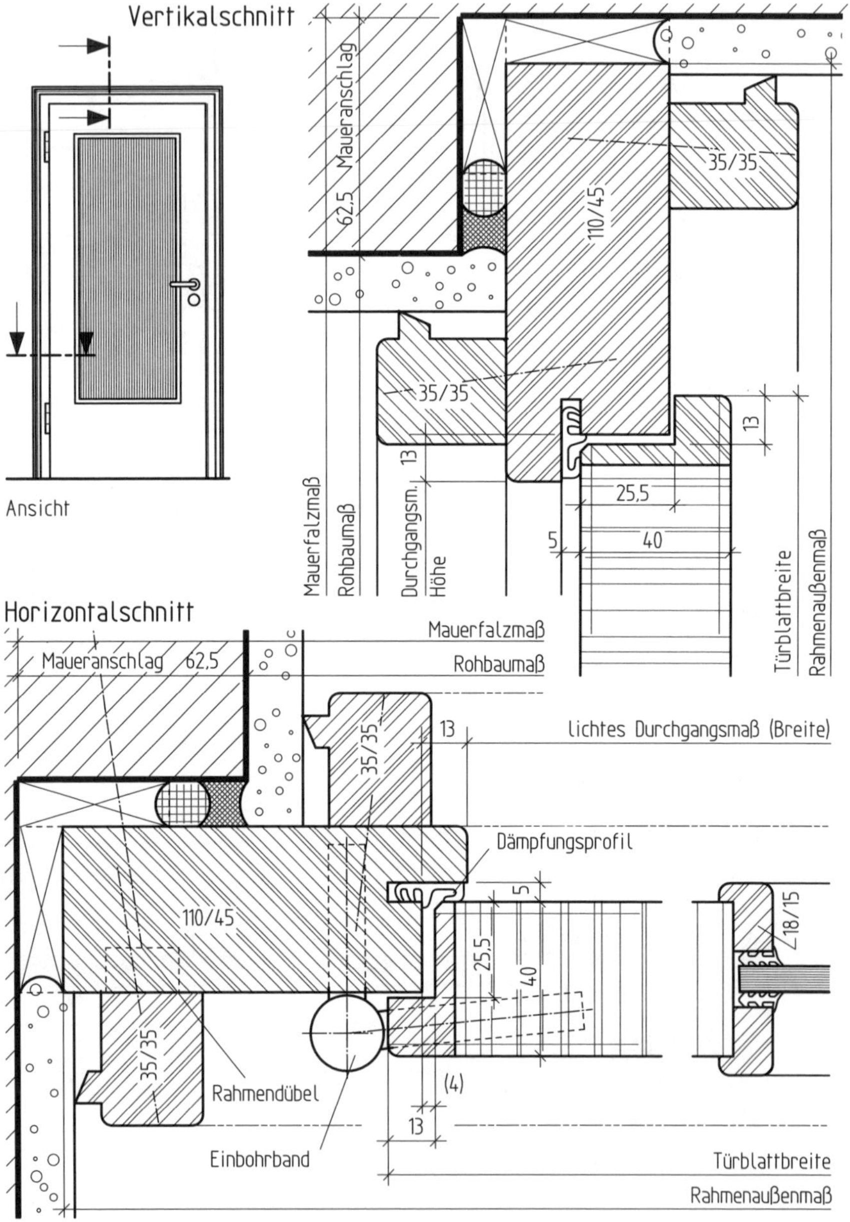

Bild 2.2-109 Blendrahmentür mit Glasfüllung, im Maueranschlag eingesetzt.

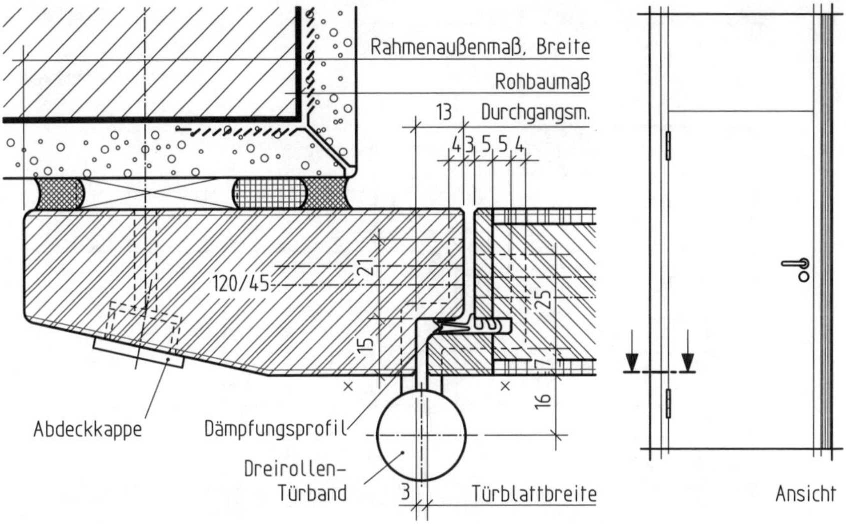

Bild 2.2-110 Raumhohes Blendrahmentürelement mit Oberblende wird stumpf auf die Wandöffnung montiert. Anschlag mit Dreirollenbändern für durchlaufendes Dämpfungsprofil (Wen).

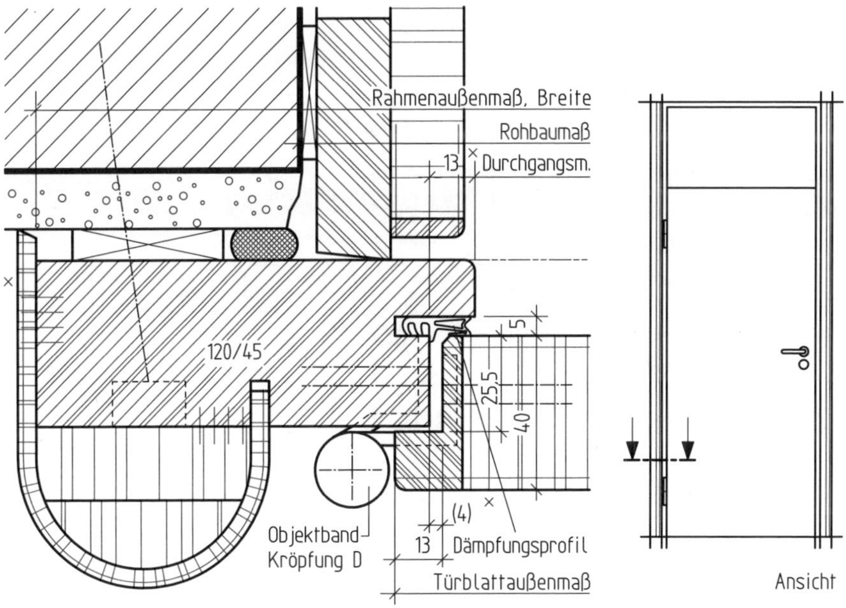

Bild 2.2-111 Raumhohes Blendrahmentürelement mit Oberblende ist stumpf gegen die Wandöffnung montiert. Das ausgeprägte Wandprofil deckt die Montagestellen ab.

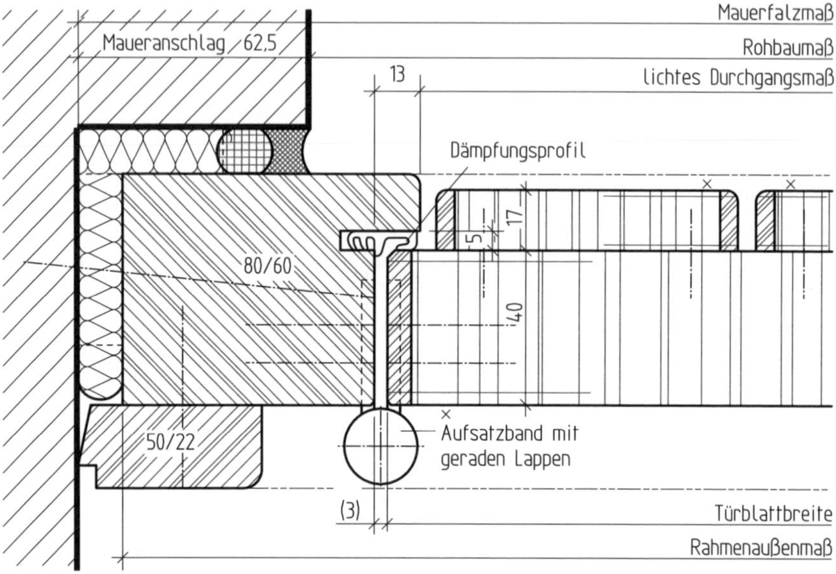

Bild 2.2-112 Blendrahmentür mit aufgedoppeltem Türblatt, stumpf einschlagend, wird im Maueranschlag eingesetzt.

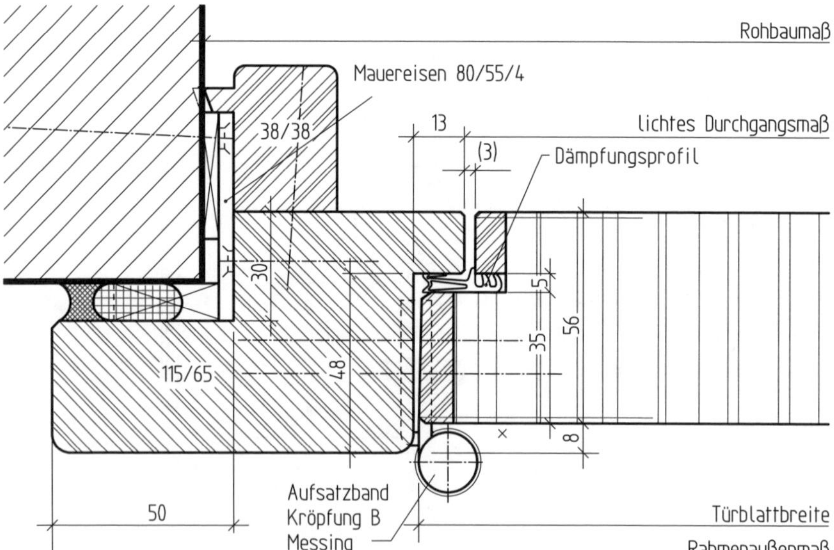

Bild 2.2-113 Blendrahmentür wird mit ausgefälztem Rahmen in der Mauerlaibung befestigt.

2.2.15 Metallzargentüren

Statt Holzzargen können Zargen aus Stahl, Edelstahl oder Aluminium verwendet werden. Sie wirken durch ihren schmalen Zargenspiegel sehr schlicht. Die Spiegelfläche kann auch stark abgerundete Kanten oder eine Rundung aufweisen. Es sind Eckzargen, Blockzargen und Umfassungszargen zu unterscheiden. Eckzargen und Blockzargen sind zwar preiswerter, aber da die Mauerlaibungen zu verputzen, zu streichen oder zu tapezieren sind, werden sie insgesamt gesehen teurer. Eckzargen werden hauptsächlich bei sehr dicken Wänden benutzt, für die es keine Umfassungszargen mehr gibt. Umfassungszargen umfassen durch die Zargentiefe die Mauerdicke, einschließlich Putz. Die Standardmetallzargen sind sturzhoch, an der Schlossseite für die Falle und den Riegel vorgestanzt und an der Bandseite für die Bandaufnahmen vorgesehen. Sie sind für überfälzte Türblätter und die Aufnahmenut eines Dämpfungsprofils vorgesehen. Durch eingebaute Dämpfungsprofile schließen die Türen geräuscharm. Sie werden am Bau bis zur Bodeneinstandsmarkierung ca. 30 mm tief in den Boden eingesetzt. Genormt sind sie in der DIN 18111.

Metallzargen gibt es auch für einschlagende und für doppelt überfälzte Türen, für raumhohe Türelemente, mit oder ohne Querstücke, und für zweiflügelige Türen mit oder ohne Oberlicht (Bild 2.2-114).

Metallzargen-Sonderformen sind die Fingerschutzzarge (Seite 128) und die Zarge für Raumspartüren (Seite 131).

Tabelle 2.2-3 Maße für Metallzargentüren nach DIN 18111

Baurichtmaße Breite/Höhe	Rohbaumaß/ Nennmaß Breite/Höhe	Lichte Durchgangsmaße Breite/Höhe	Türblattfalzmaße Breite/Höhe	Lichte Zargenmaße im Falz Breite/Höhe
625/1875	635/1880	561/1843	584/1847	591/1858
750/1875	760/1880	686/1843	709/1847	716/1858
875/1875	876/1880	811/1843	834/1847	841/1858
625/2000	635/2005	561/1968	584/1972	591/1983
750/2000	760/2005	686/1968	709/1972	716/1983
875/2000	885/2005	811/1968	834/1972	841/1983
1000/2000	1010/2005	936/1968	959/1972	966/1983
750/2125	760/2130	686/2093	709/2097	716/2108
875/2125	885/2130	811/2093	834/2097	841/2108
1000/2125	1010/2130	936/2093	959/2097	966/2108
1125/2125	1135/2130	1061/2093	1085/2097	1091/2108
1250/2125	1260/2130	1186/2093	1210/2097	1216/2108
Die Höhen beziehen sich auf OFF= Oberfläche des fertigen Fußbodens (B 1.2-1).				

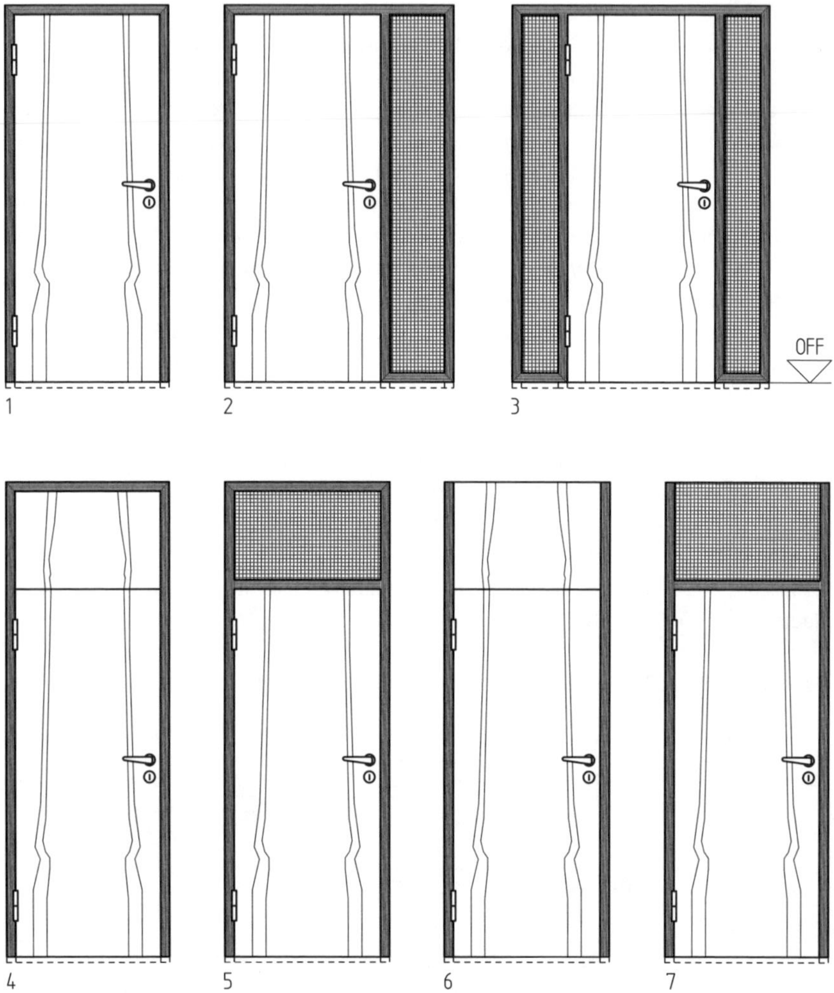

Bild 2.2-114 Bauarten von Metallzargentüren. 1 Umlaufende Zarge für Türen mit Sturz, 2 mit einem seitlichen Glasteil, 3 mit beidseitigen Glasteilen, 4 raumhohe Zarge, 5 raumhohe Zarge mit Kämpferstück für Oberlicht, 6 raumhohe Zargen ohne Querstücke, 7 raumhohe Zarge, nur mit Kämpferstück.

Bild 2.2-115 (Seite 125) Stahlzargenprofile. Kantiges Profil, 1a für überfälzte Türen, 1b für stumpf einschlagende Türen. Rundprofil, 2a für überfälzte und 2b für stumpf einschlagende Türen (Wul).

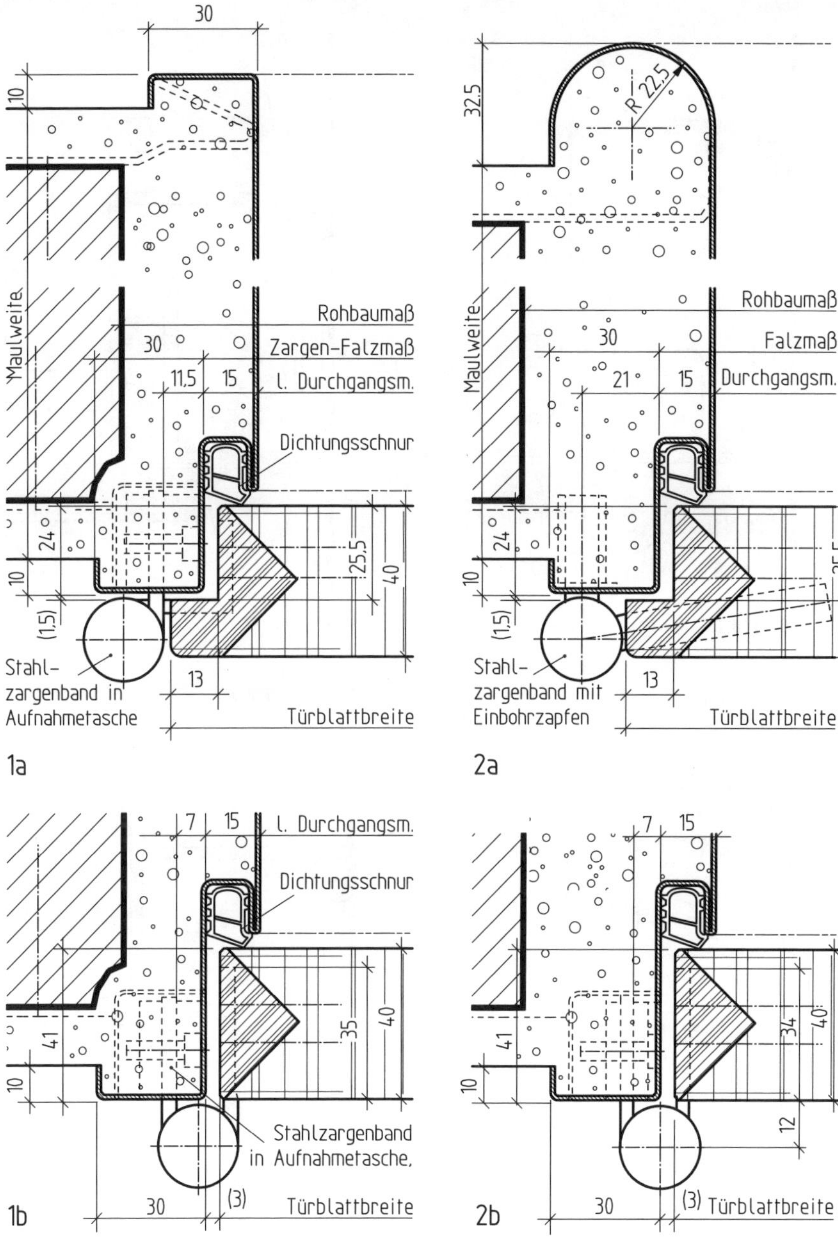

Bild 2.2-115 Stahlzargenprofile

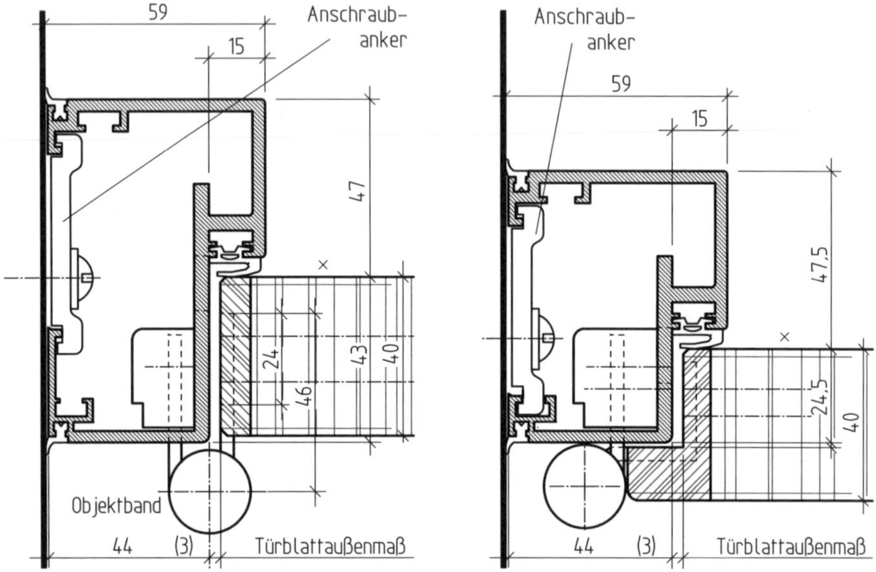

Bild 2.2-116 (siehe Seite 130)

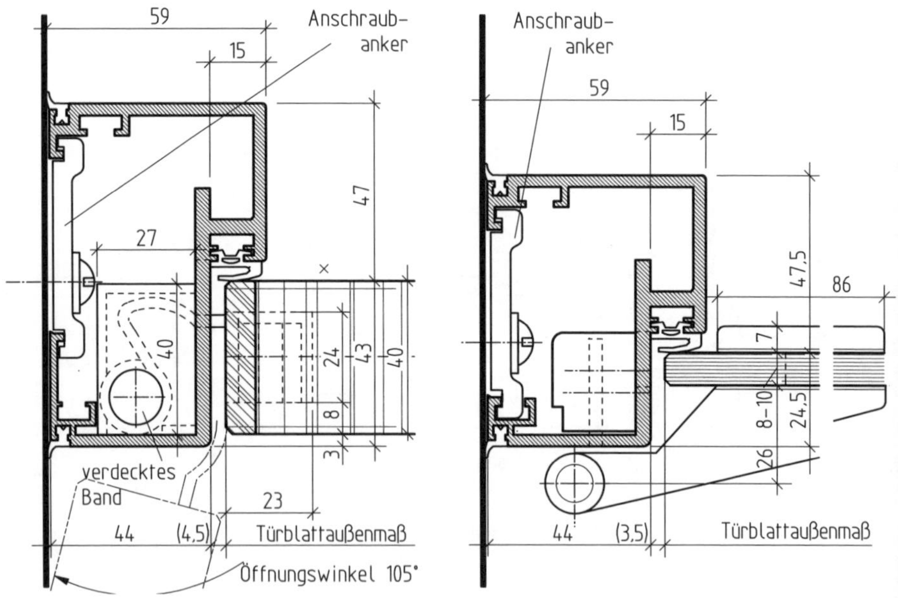

Bild 2.2-117 (siehe Seite 130)

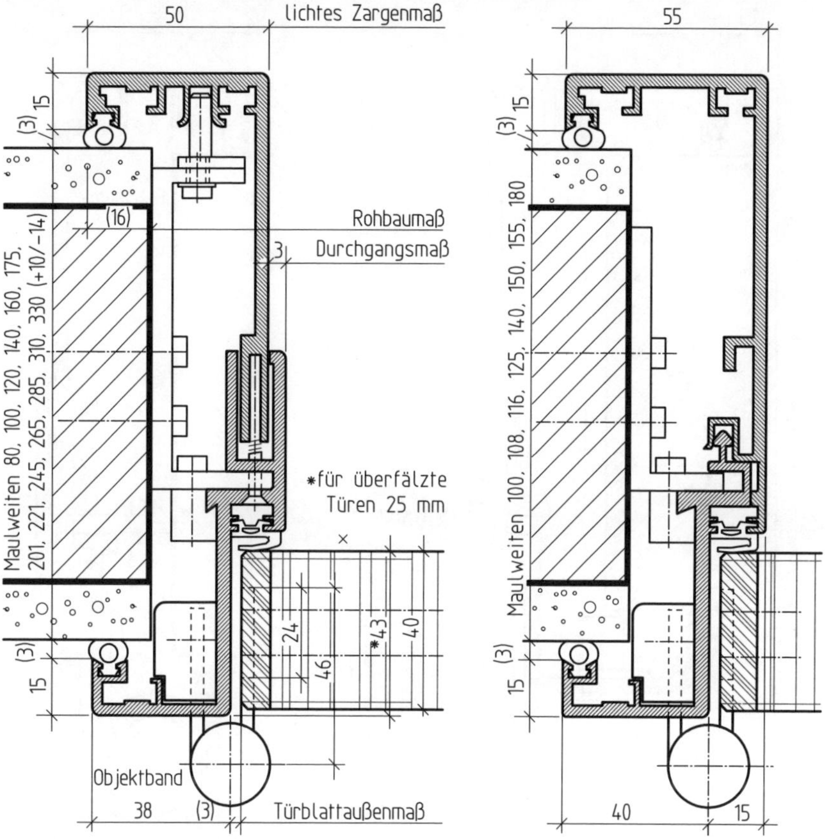

Bild 2.2-118

Stahlzargen bestehen aus feuerverzinktem Feinblech, Edelstahlzargen aus Edelstahlblech und Alumiumzargen aus eloxiertem Aluminium. Die Aluminiumzargen sind in der Zargentiefe getrennt und können nachträglich auf dem Bau eingesetzt und jederzeit ohne Beschädigungen auch wieder demontiert werden. Aluminiumzargen sind auch farbig pulverbeschichtet nach NCL oder RAL erhältlich.

Metallzargen werden besonders bei stark begangenen und strapazierten Türen sowie bei Schallschutztüren eingesetzt. Für die Montage am Bau sind die Einbauanleitungen der Zargenhersteller zu beachten.

Für Blockzargen gelten andere Falz- und lichte Durchgangsmaße. Die Maulweiten der Umfassungszargen haben in der Regel das Rohbaumaß der Wanddicke zuzüglich 30 mm Putzdicke.

In Beispielen sind die Anschlagseiten von Metallzargentüren in Bild 2.2-115 bis 120 dargestellt.

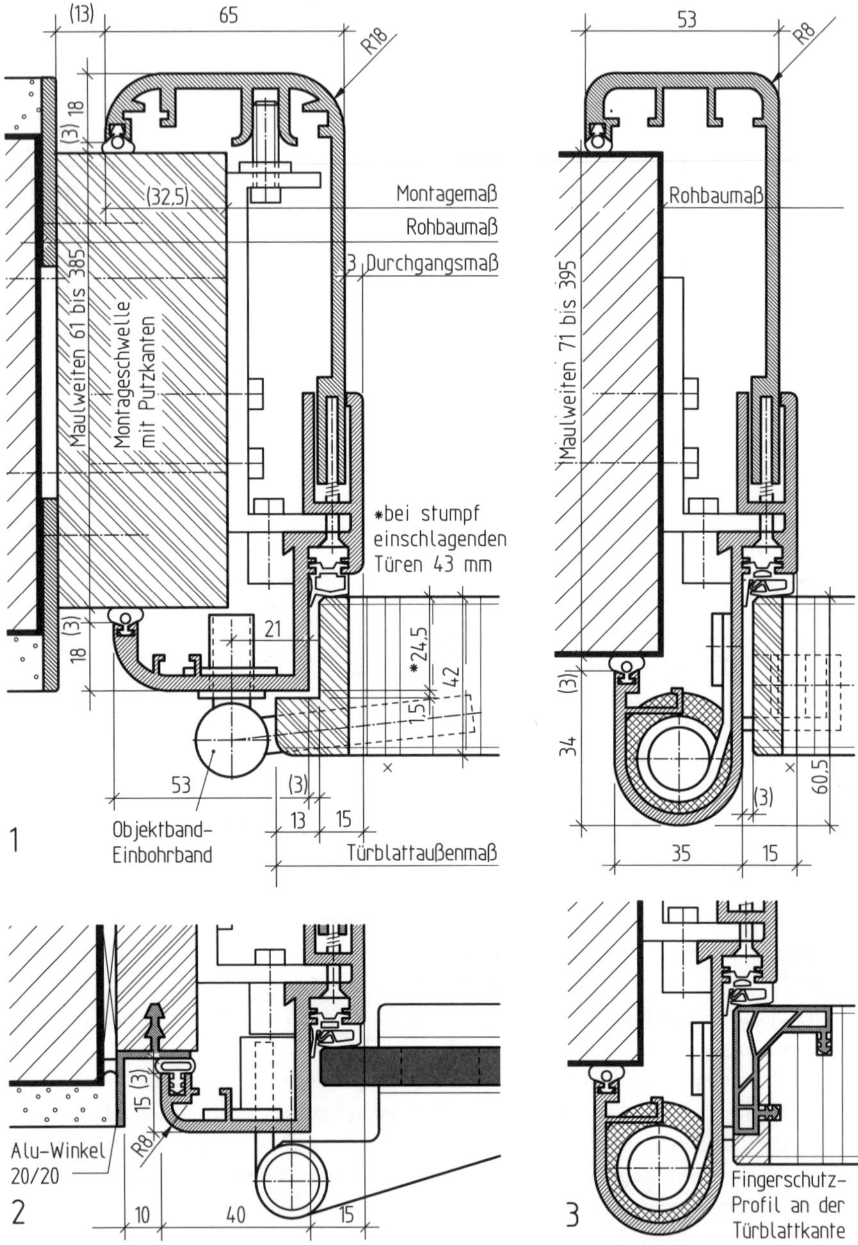

Bild 2.2-119 Alu-Umfassungszargen mit runden Kanten. 1 Mit überfälzter Tür, 2 mit Ganzglastür. 3 Fingerschutzzarge, unten ist die Türkante mit einem besonderen Fingerschutzprofil versehen (Küf).

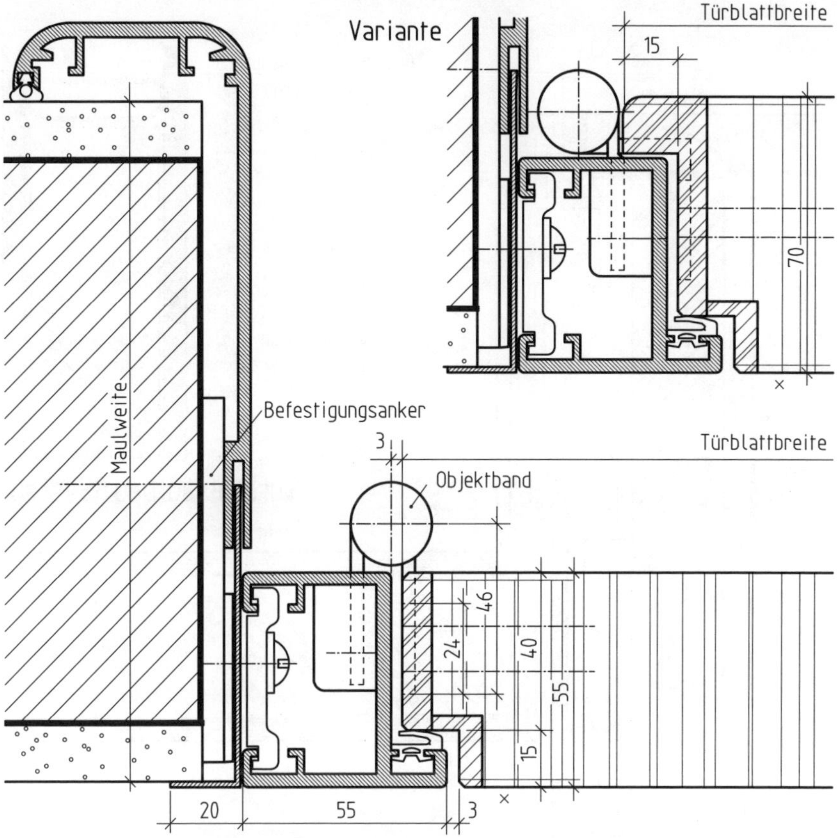

Bild 2.2-120a Alu-Turnhallenzargen für überfälzte und bündig überfälzte Türen (Küf).

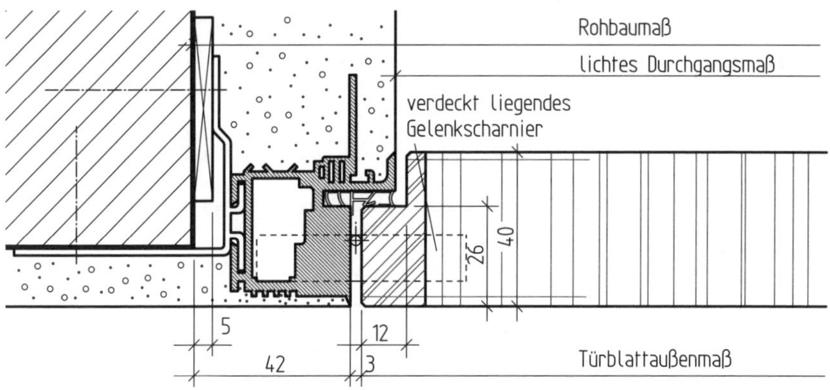

Bild 2.2-120b

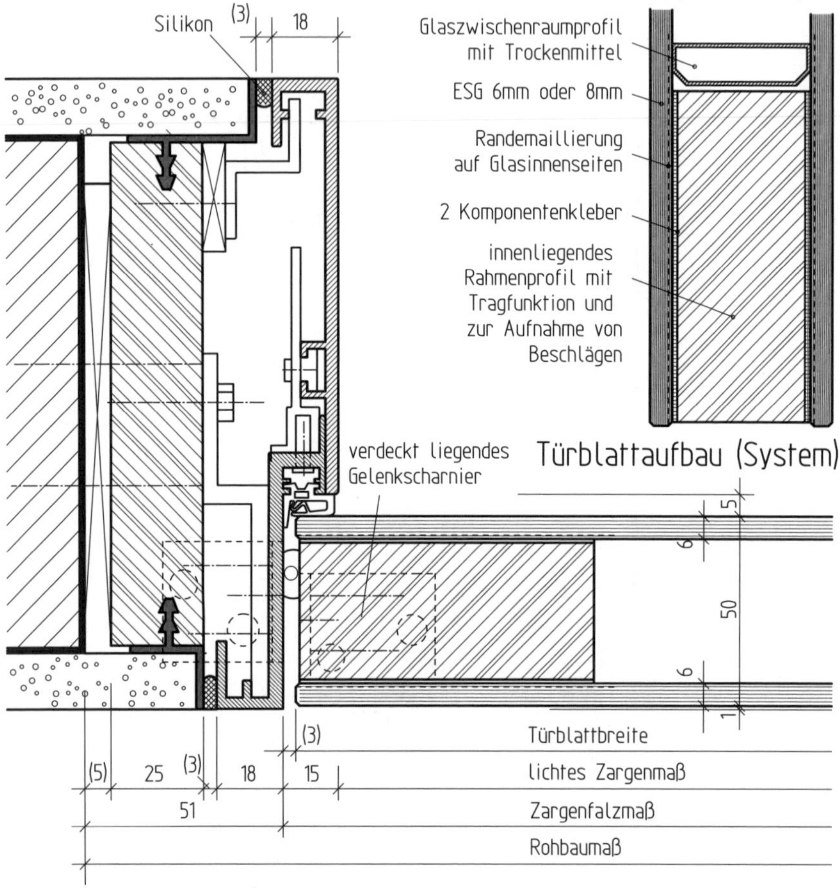

Bild 2.2-120c Alu-Umfassungszarge mit sehr schmalem Zargenspiegel für wandbündige Konstruktionen. Die Glasverbundtür ist mit verdeckt liegenden Gelenkscharnieren angeschlagen (Küf, Sim).

Bild 2.2-116 (Seite 126) Alu-Blockzargen für stumpf einschlagende und überfälzte Türen (Küf).
Bild 2.2-117 (Seite 126) Alu-Blockzargen, links: eine mit verdeckten Bändern angeschlagene, stumpf einschlagende Tür, rechts: mit Ganzglastür (Küf).
Bild 2.2-118 (Seite 127) Alu-Umfassungszargen, kantiges Profil, für stumpf einschlagende oder für überfälzte Türen. Links: Zargen mit Maulweitenanpassung um +10/–14mm, rechts: ohne Maulweitenanpassung (Küf).
Bild 2.2-120b (Seite 129) Alu-Türzarge für Tapetentüren (Küf).

Bild 2.2-121 Raumspartür in Metallzarge; sie benötigt beim Öffnen nur einen geringen Bewegungsraum. Sie ist besonders für Rollstuhlnutzer geeignet. Dann sollte der Fußboden schwellenlos durchlaufen, das lichte Durchgangsmaß 900 mm betragen und der Türdrücker auf einer Höhe von 850 mm eingebaut sein (Küf).

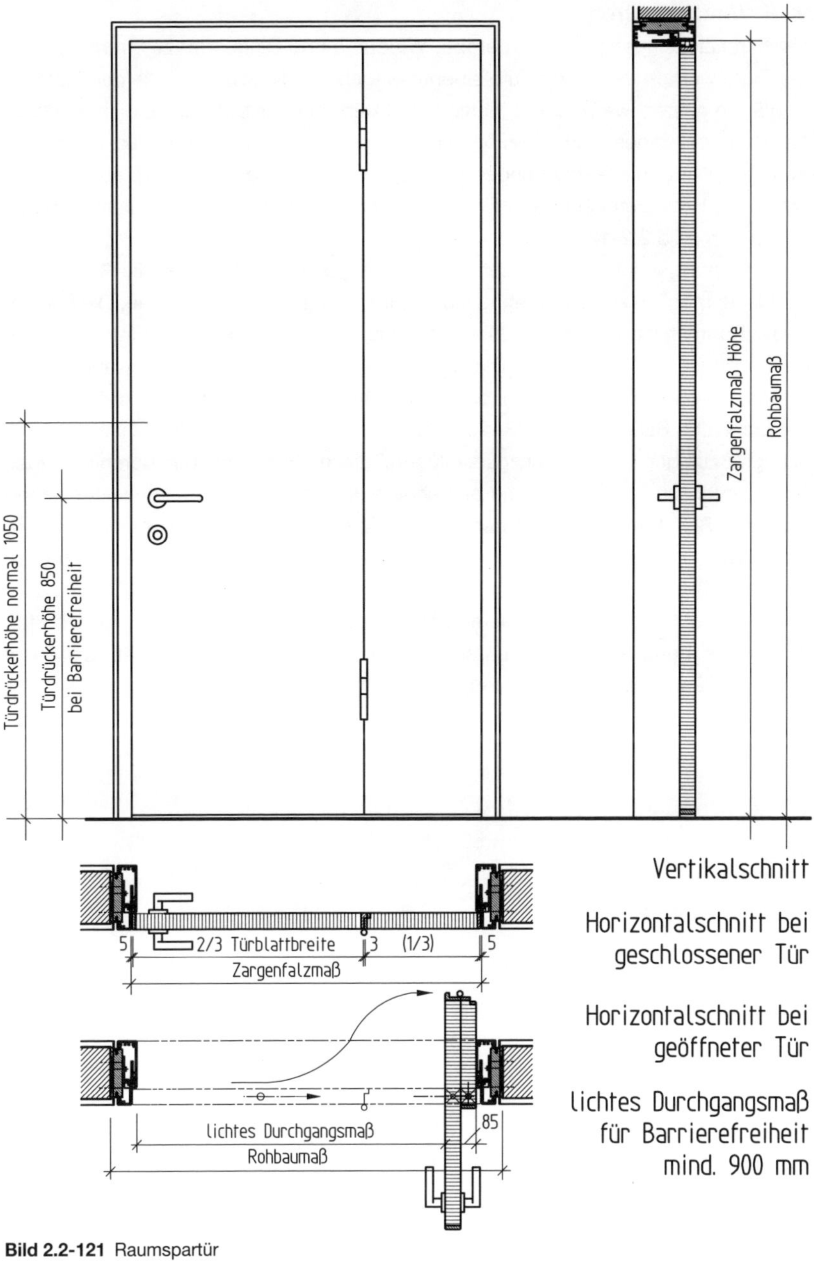

Bild 2.2-121 Raumspartür

2.2.16 Windfangtüren

Zwischen Hauseingang und Garderobe, Windfang und Diele oder zur Trennung längerer Flure werden trennende Türelemente eingebaut, die zwischen die durchlaufenden Wände gesetzt werden und häufig vom Fußboden bis zur Decke reichen. Damit hinter den trennenden Elementen noch das Tageslicht genutzt werden kann, sind die Türen selbst oder die feststehenden Elemente neben beziehungsweise über der Tür verglast. Im Privatbereich lassen sich die Seitenteile als beidseitig verglaste Vitrinen konstruieren (Bild 2.2-123).

Bei der Planung verglaster Rahmentüren ist ein gestalterisches Ziel, die Rahmen so schmal wie möglich zu halten, ohne die Stabilität zu sehr zu schwächen. Die Fälzungen der Rahmen sind so anzuordnen, dass die Ansichtsflächen der aufrechten Rahmen möglichst gleich breit sind. Die Rahmenbreite ist aber so breit zu wählen, dass das Schloss unterzubringen ist und das Türschild oder die Rosette in der Mitte der Sichtfläche des Rahmens liegt (Bild 2.2-121).

Noch großzügiger wirken Ganzglasanlagen, die man seitlich mit durchlaufenden Friesen einfassen kann. Die Türen bestehen aus 10 mm dickem Einscheibensicherheitsglas (ESG). Sie werden mit besonderen Beschlägen in Bodentürschließern angeschlagen. Eine Öffnung wäre in dieser Konstruktion nach beiden Seiten möglich (Bild 2.2-124).

Bei völlig geschlossenen Trennelementen bietet sich eine flächenbündige Überfälzung an. Die Trennfugen der Türen ergeben die dünnen Teilungslinien auf der sonst schlichten Fläche (Beispiel Bild 2.2-121 und 125).

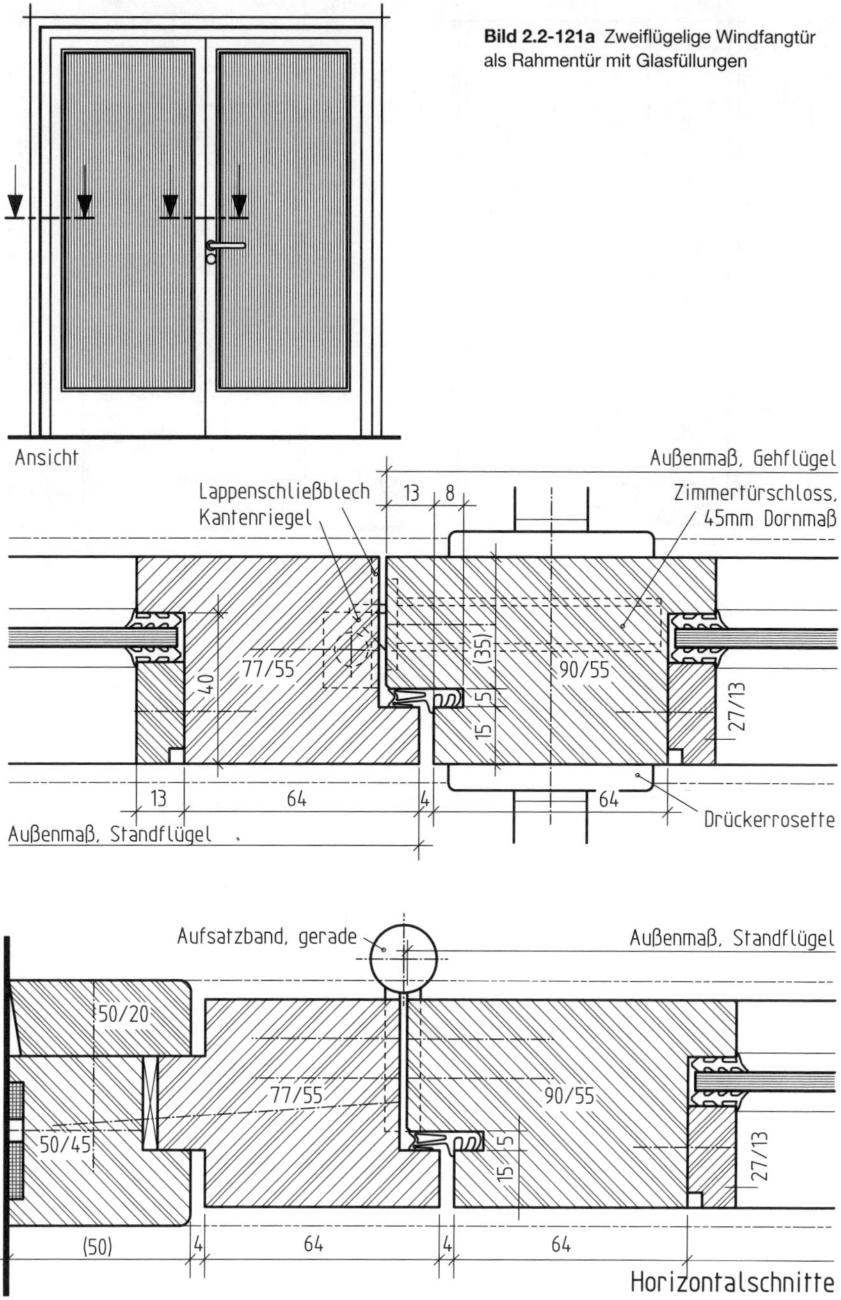

Bild 2.2-121a Zweiflügelige Windfangtür als Rahmentür mit Glasfüllungen

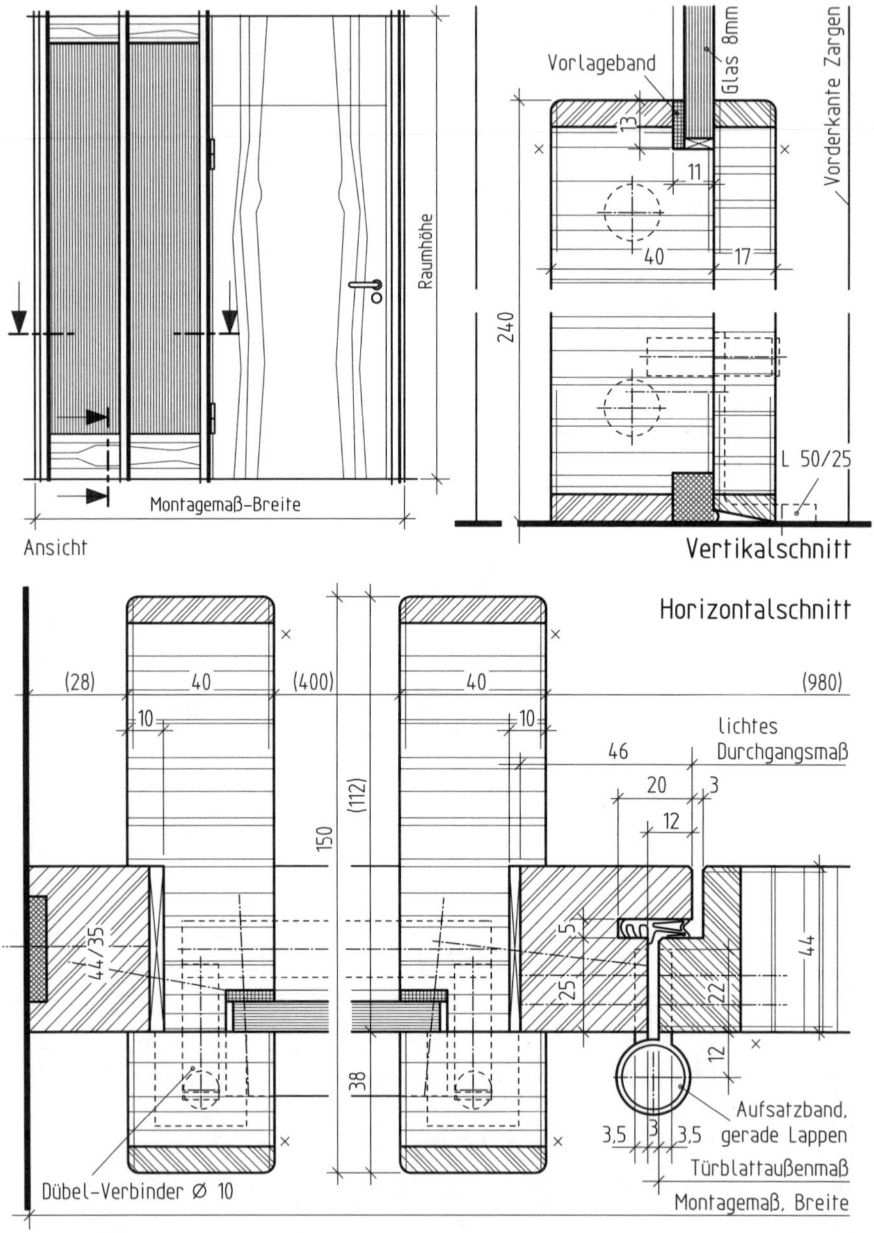

Bild 2.2-122 Kombiniertes Tür-Glas-Element. Die Befestigungselemente werden durch die aufgeklippsten Zargenteile verdeckt. Die Tür ist bündig überfälzt.

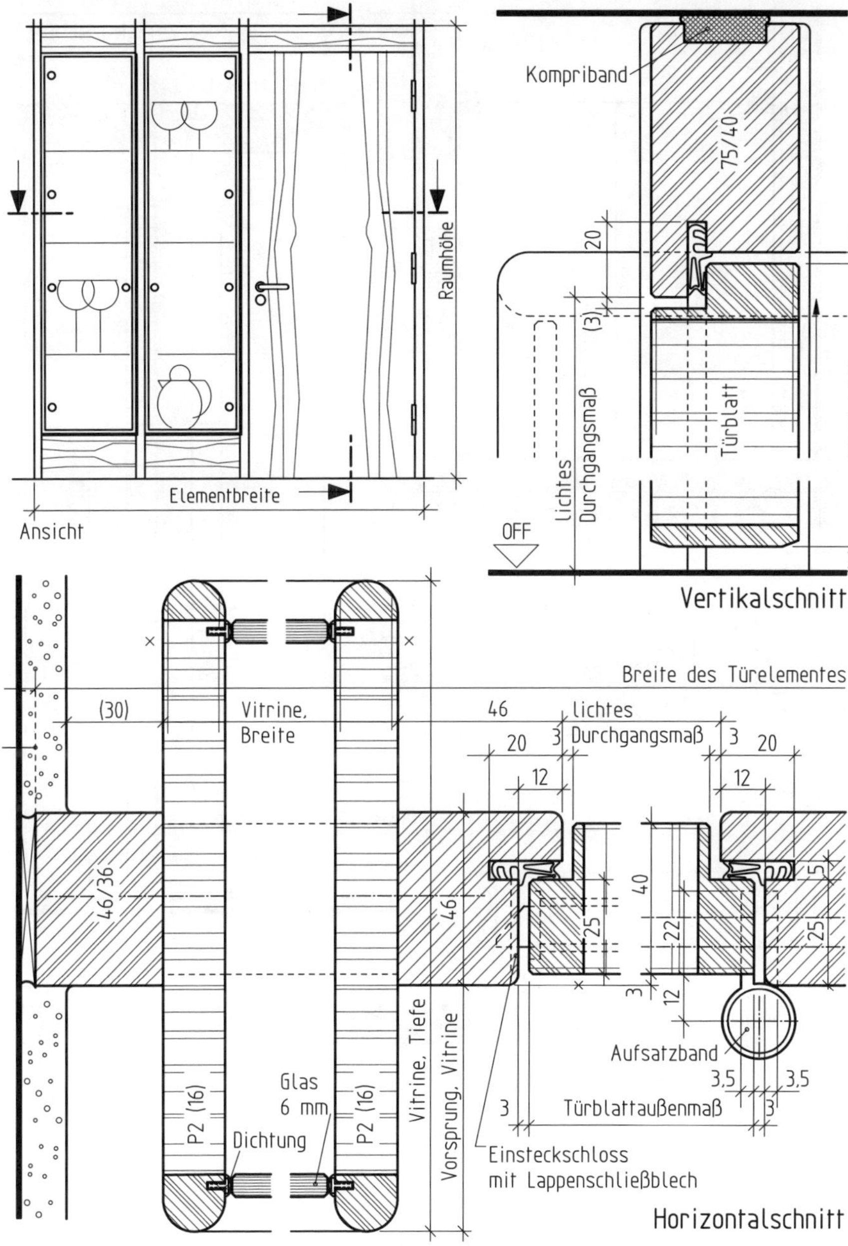

Bild 2.2-123 Windfangtür mit beidseitig verglasten Vitrinen kombiniert.

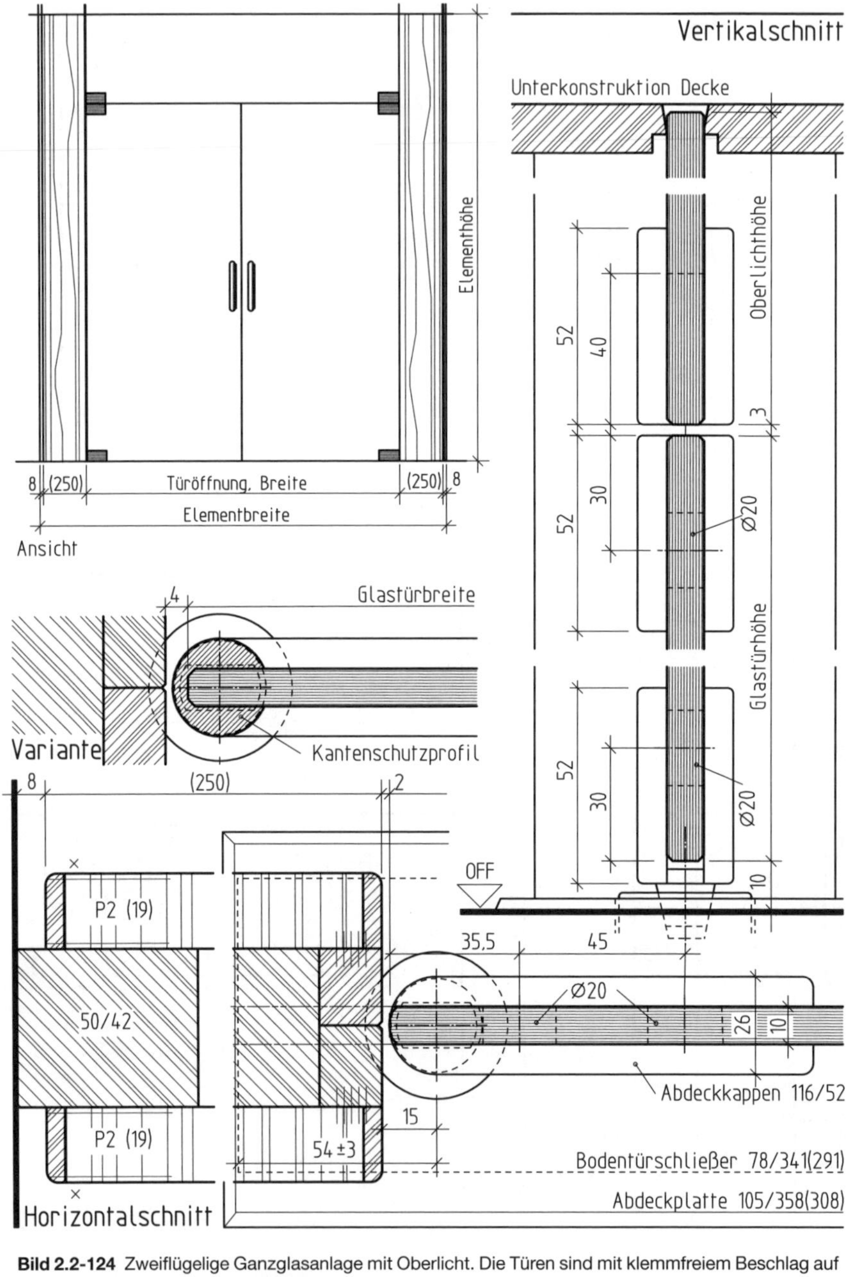

Bild 2.2-124 Zweiflügelige Ganzglasanlage mit Oberlicht. Die Türen sind mit klemmfreiem Beschlag auf Bodentürschließern angeschlagen (Do).

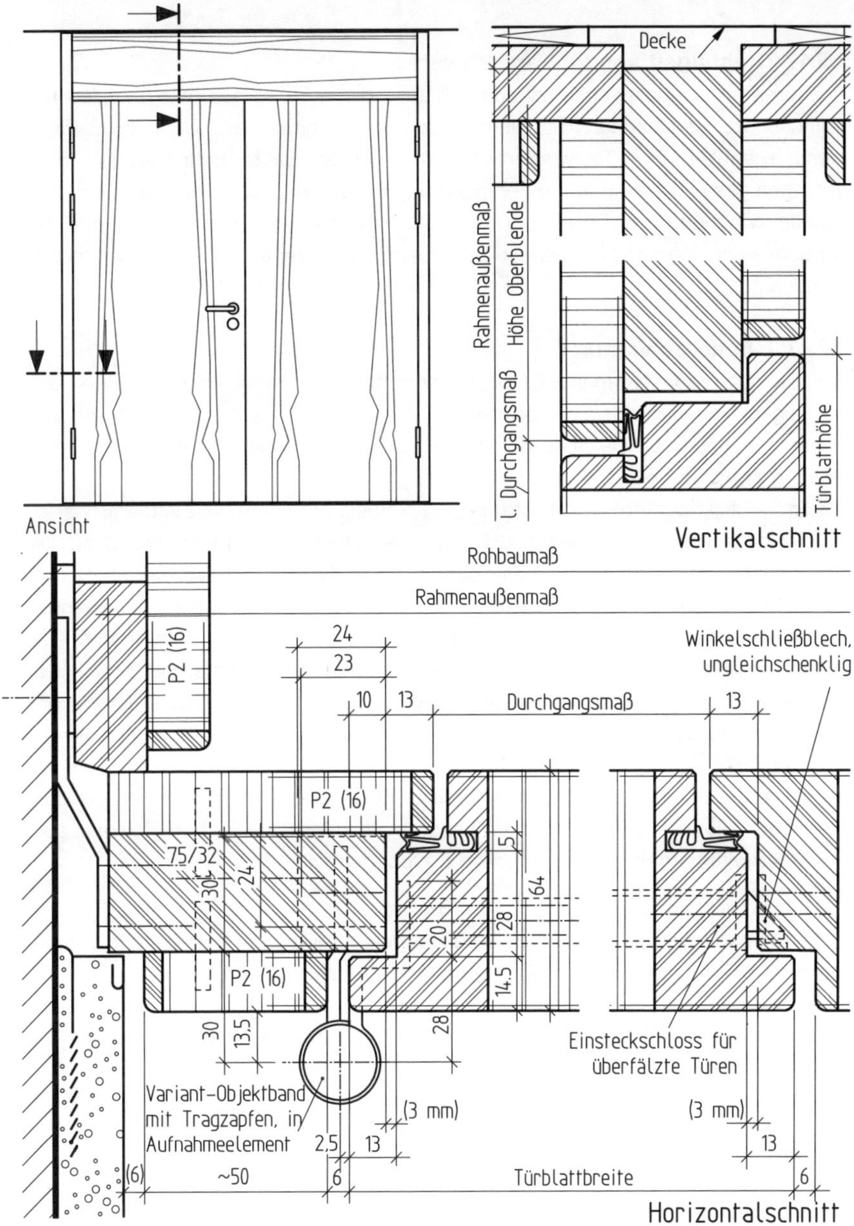

Bild 2.2-125 Zweiflügelige Windfangtür mit Oberblende. Die Türen sind mit Oberblende und Rahmen bündig doppelt überfälzt. Zum Anschlagen der Türen sind besondere Objektbänder erforderlich (Sim). Der Standflügel wird mit Kantenriegel festgestellt (St).

2.2.17 Drehflügeltüren für Sonderzwecke

Drehtüren für Sonderzwecke haben noch zusätzliche Funktionen wie Schallschutz, Brandschutz, Rauchschutz, Strahlenschutz sowie Einbruch- und Durchschusshemmung zu erfüllen. Zum Teil werden dadurch an dieses Bauteil sehr spezielle Anforderungen gestellt, die nur dann Fertigung und Einbau zulassen, wenn eine amtliche Güteüberwachung und Prüfung erfolgte. Deshalb wird man sich in der Regel der auf dem einschlägigen Markt erhältlichen Elemente bedienen und diese fachgerecht montieren.

2.2.17.1 Schallschutztüren

Schallschutztüren werden in Räumen mit erhöhter Vertraulichkeitsstufe oder einfach nur gegen unerwünschte Lärmbelästigung eingebaut. Die Anforderungen und Einsatzempfehlungen an die Schalldämmung bei Türen ist in der DIN 4109 angegeben (Auszug siehe Tabelle 2.2-4).

Die Einheit für den Schallpegel ist das dB (Dezibel). Eine normale Zimmertür hat einen Schalldämmwert von etwa 20 dB, eine gute Schallschutztür von etwa 42 dB. Die kennzeichnende Größe der Luftschalldämmung ist Rw. Es ist das bewertete Schalldämmmaß eines fertigen Türelements ohne Berücksichtigung der flankierenden Bauteile wie Türumrahmung, Wände, Decke, Fußboden. R'w (sprich: er-strich-we) kennzeichnet das Schalldämmmaß des eingebauten Türelements und berücksichtigt die Schallübertragung über die angrenzenden Bauteile. Beide Schalldämmmaße differieren. Die eventuelle Streuung zwischen Labor- und realem Laborwert wird in der DIN 4109 als sogenanntes Vorhaltemaß bezeichnet und bei Türen mit 5 dB angegeben. Somit muss zum Beispiel bei einer geforderten Schalldämmung auf dem Bau von 27 dB das Türelement im Prüflabor mindestens 32 dB haben. Soll eine gute Schalldämmung erreicht werden, sind die folgenden Faktoren zu beachten:

- Gute schalldämmende Wirkung des Türblatts.
- Vermeidung von unmittelbarem Schalldurchgang durch die Türfälze und Öffnungen des Türblatts (wirksame Falzdichtungen, gut stehendes Türblatt).
- Gute Abdichtung der Bodenfuge.
- Trennung des Fußbodenbelags und gegebenenfalls des Estrichs.
- Vermeidung von Schalldurchgang zwischen Türfutter und Mauerlaibung.
- Vermeidung von direktem Kontakt der Türumrahmung mit der gemauerten Wand.

Die Dämmwirkung des Türblatts hängt von dessen Gewicht, von seiner Biegesteifigkeit, von den verwendeten Materialien und dem konstruktiven Aufbau ab. Man unterscheidet unter anderem einschalige Türblätter, Türblätter in Sandwichbauart und doppelschalige Türblätter. Man kann sie selbst anfertigen oder besser mit der entsprechenden Dämmwertangabe im Handel beziehen. Sie sind fachgerecht in die Türumrahmung einzubauen. Der unmittelbare Schalldurchgang durch den Türfalz kann

Tabelle 2.2-4 Schalldämmung bei Türen

Typische Bauteile	Mindestanforderungen am Bau Rw (dB)	Zuzüglich Vorhaltemaß nach DIN (dB)	Mindestanforderungen im Labor R'w (dB)	Schallschutzklasse VDI 3728
1. Geschosshäuser mit Wohnungen und Arbeitsräumen				
Türelemente, die von Hausfluren oder Treppenhäusern in Flure und Dielen von Wohnungen und Wohnheimen oder von Arbeitsräumen führen	27 dB	5 dB	32 dB	1
Türelemente, die von Hausfluren oder Treppenräumen unmittelbar in Aufenthaltsräume, außer Flure und Dielen, von Wohnungen führen	37 dB	5 dB	42 dB	3
2. Beherbungsstätten				
Türen zwischen Fluren und Übernachtungsräumen (z. B. Hotels)	32 dB	5 dB	37 dB	2
3. Krankenhäuser, Sanatorien				
Türen zwischen Fluren und Krankenräumen, Behandlungsräumen, Operationsräumen und Türen zwischen diesen Räumen	32 dB	5 dB	37 dB	2
Türen zwischen Untersuchungsräumen bzw. Sprechzimmern und zwischen Fluren und Untersuchungsräumen bzw. Sprechzimmern	37 dB	5 dB	42 dB	3
4. Schulen und vergleichbare Unterrichtsbauten				
Türen zwischen Unterrichtsräumen oder ähnlichen Räumen und Fluren	32 dB	5 dB	37 dB	2

durch eine wirksame einfache oder doppelte Abdichtung der Fälze durch Lippendichtungen und durch eine Abdichtung der Bodenfuge verhindert werden. Die Bodendichtung kann durch Schwellendichtungen, Höckerschwellendichtungen und automatische Senkschwellendichtungen erfolgen (siehe Seite 83-86). Wird ein Schalldämmmaß von über 32 dB gefordert, darf unter der Bodendichtung der Fußbodenbelag nicht durchlaufen. Besser wäre auch eine Trennung des Estrichs.
Natürlich dürfen die Türblätter nicht durch Öffnungen wie Brief- oder Lüftungsschlitze durchbrochen werden.

Unsachgemäße Montage kann ebenfalls ein Bauelement der Schallschutzklasse 3 bis zur Schutzklasse 1 reduzieren. Daher ist hier besonders sorgfältig vorzugehen. Die Hohlräume zwischen Mauerlaibung und Türumrahmung sind sorgfältig mit Mineralwolle auszustopfen, und die Fuge ist mit dauerelastischem Kitt gegen Luftschalldurchgang abzudichten. Bei Verwendung von Metallzargen ist der Zwischenraum zwischen Mauerlaibung und Zarge vollständig auszugießen. Um Schallbrücken zu vermeiden, dürfen die Konstruktionsteile der Türumrahmung nicht direkt mit der Wand in Berührung kommen. Befestigungseisen sind auf schalldämmende Unterlagen zu setzen.
Schallschutztüren haben in der Regel ein hohes Gewicht. Sie sind deshalb mit zwei bis drei starken Bändern und einem kräftigen Schloss anzuschlagen, die auch dem höheren Anpressdruck der Falzdichtungen standhalten können. In speziellen Fällen wird man Keiltreiberschlösser einsetzen, die durch die Betätigung des Keiltreiberriegels die Tür an der Schlossseite fest gegen die Dichtung pressen. Beispiele für Schallschutztüren siehe Bild 2.2-126 bis 128.

2.2.17.2 Feuerschutztüren, Rauchschutztüren

Für die Einteilung eines Gebäudes in Brandabschnitte oder für die Abtrennung von Treppenhäusern, Fluren und Ausgängen als gesicherte Rettungswege, müssen gemäß den Landesbauordnungen Feuerschutztüren eingesetzt werden. Gemäß DIN 4102 ist zwischen »feuerhemmenden Türen« nach Feuerwiderstandsklasse T 30 (Feuerwiderstand bei Brandversuch von 30 Minuten) und »feuerbeständigen Türen« nach Feuerwiderstandsklasse T 90 (Feuerwiderstand bei Brandversuch von 90 Minuten) zu unterscheiden. Dabei darf die dem Feuer abgekehrte Seite der Tür jeweils nicht wärmer als 130 °C werden, und es muss eine Materialdicke von mindestens 1 cm stehen bleiben.
T-30-Türen (Fh-Türen) sind noch in Holzumrahmungen zugelassen. Die Türblätter, meist besondere Sperrtüren, sind mit besonderen Brandschutzeinlagen wie Korkeinlagen versehen und weisen an den Rändern Expansionsstreifen auf, die im Brandfall expandieren und dann das Türblatt gegen Rauch- und Feuerdurchgang in den Falzen abdichten.
Die Türblätter werden in der Türumrahmung einfach oder doppelt überfälzt und stumpf einschlagend, dann aber doppelt eingefälzt angeschlagen. Die Türkanten schlagen gegen eine dreiseitig umlaufende, doppelte, schwer entflammbare Kunststoffdichtung. In den Türblättern können Lichtausschnitte aus Pyrostop-Brandschutzglas gesetzt werden, die man mit Glasleisten aus Hartholz einleistet. Auch die Beschläge wie Bänder, Schlösser und Drückergarnituren müssen für Feuerschutztüren zugelassen sein. Feuerschutztüren müssen mit Türschließern wie Obentür- oder Bodentürschließer (nach DIN 18263) versehen sein. Sind sie mit einer Feststellmöglichkeit ausgestattet, müssen sie über einen Rauchmelder verfügen, der die Feststellung im

Brandfall aufhebt. Bei zweiflügeligen Türen ist zusätzlich noch eine Schließfolgeregelung einzubauen, die immer zuerst ein Schließen des Standflügels veranlasst, bevor der Gehflügel zuschlägt.

T-90-Türen (Fb-Türen) müssen eine nicht brennbare Metallzarge als Türumrahmung aufweisen. Sie dürfen nicht eingeschäumt, sondern müssen vollständig mit Zementmörtel eingegossen beziehungsweise hinterfüllt werden. Das doppelt eingefälzte Türblatt, die Beschläge und die eventuelle Verglasung müssen bei der »feuerbeständigen Tür« dem Brandversuch 90 Minuten widerstehen. Türschließer sind wie bei T-30-Türen vorzusehen.

Bei Feuerschutztüren kann zusätzlich noch Rauchschutz (DIN 18095) gefordert sein. Türelemente sind im eingebauten und geschlossenen Zustand nach dieser Norm in der Lage, den Durchtritt von Rauch durch die Wandöffnung in ausreichendem Maß zu verhindern. Hier müssen alle vier Schmalflächen des Türblatts gegen Rauchdurchgang durch schwer entflammbare Dichtungsmittel abgedichtet werden. Es muss zusätzlich eine wirkungsvolle Bodendichtung eingebaut sein. Auch an diesen Türen sind Türschließer vorzusehen.

Die Hersteller der Feuerschutz- und Rauchschutztüren haben nachzuweisen, dass die Ausführung der Tür den Anforderungen der einschlägigen Normen entspricht. Die Prüfstelle sowie die Nummer und das Datum des Prüfzeugnisses sind anzugeben. Feuerschutz- und Rauchschutztüren tragen in der Regel eine Metallmarke mit den Prüfvermerken. Außerdem muss der Hersteller eine ausführliche Einbauanleitung für diese Türen mitliefern, die den Firmennamen und Anschrift des Türherstellers, Bezeichnung der Tür, das Baurichtmaß, die Angaben über zulässige Luftspaltbreiten, eine Montageanleitung, die Einstellung der Schließmittel und das Einsetzen der Dichtungsmittel ausweisen. Es ist auch festgelegt, wie weit die Tür im Bedarfsfall gekürzt werden darf. Von Fall zu Fall sind diese Ausführungen noch durch eine besondere Wartungsanleitung für die Beschläge und Dichtungsmittel zu ergänzen. Da Feuer- und Rauchschutztüren in der Regel schwere Türblätter und eine gute Falz- und Bodendichtung aufweisen, sind diese Türelemente in der Kombination auch als Schallschutztüren einzusetzen. Mit besonderen beziehungsweise zusätzlichen Beschlägen wie Bandseitensicherungen und Mehrfachverriegelung an der Schlossseite sind sie darüber hinaus auch noch einbruchhemmend ausgestattet. Beispiele für Feuerschutztüren siehe Bild 2.2-130.

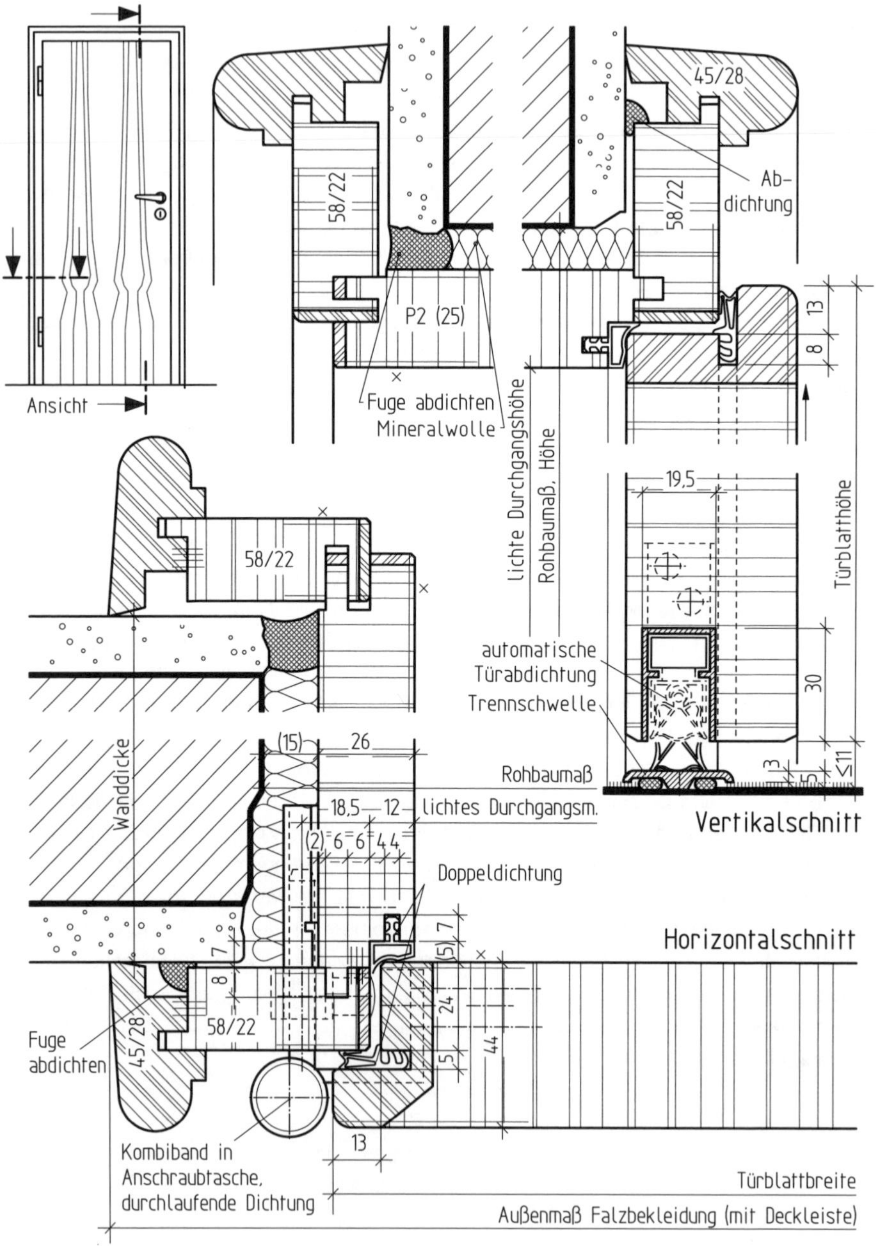

Bild 2.2-126 Einflügelige Schallschutztür (Schallschutz Türblattwert Rw = 42 dB)

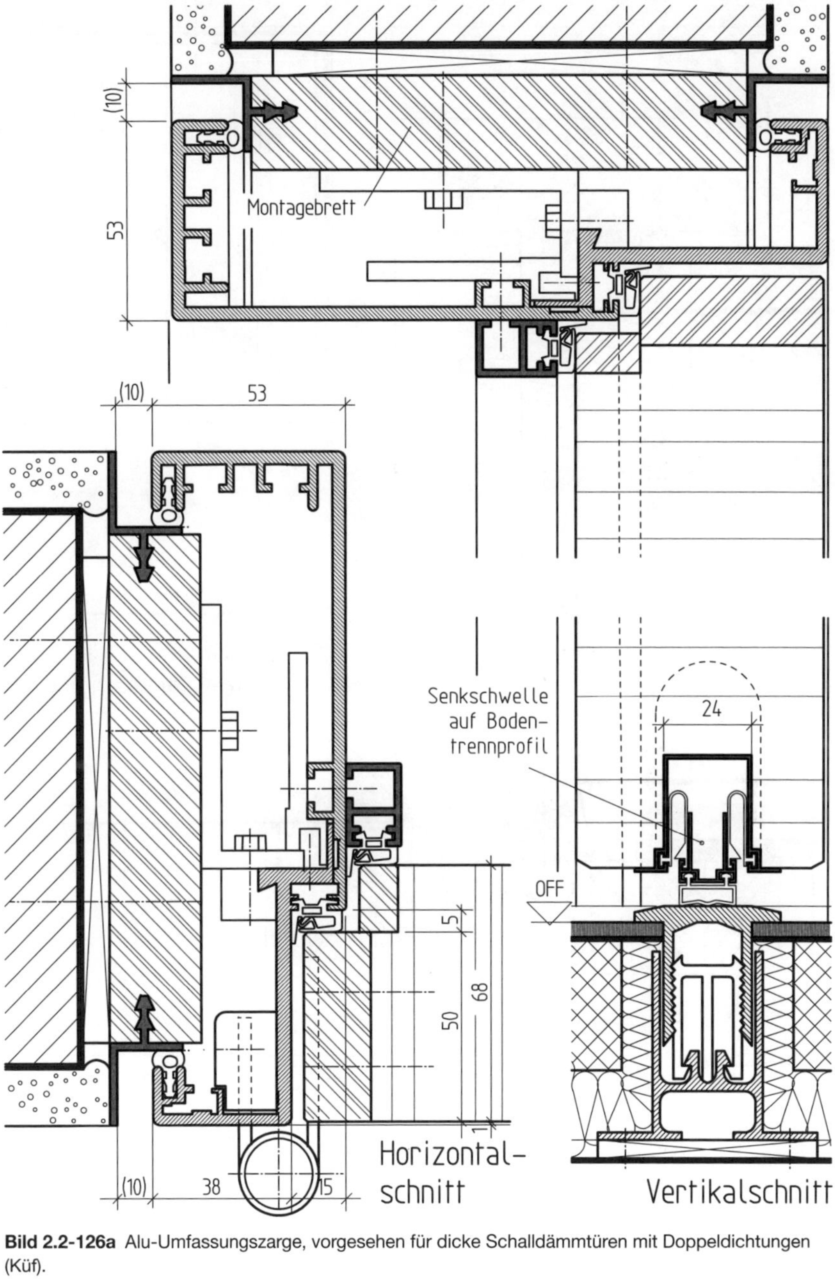

Bild 2.2-126a Alu-Umfassungszarge, vorgesehen für dicke Schalldämmtüren mit Doppeldichtungen (Küf).

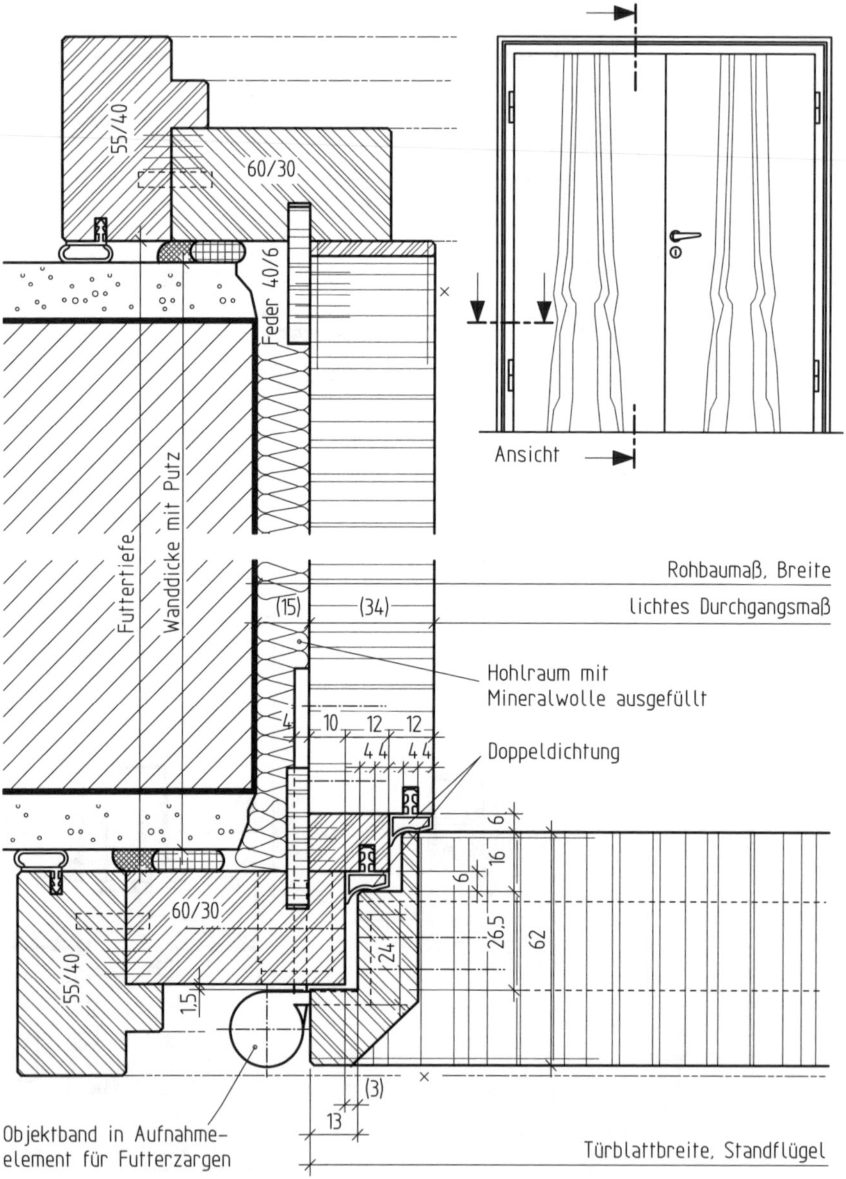

Horizontalschnitt

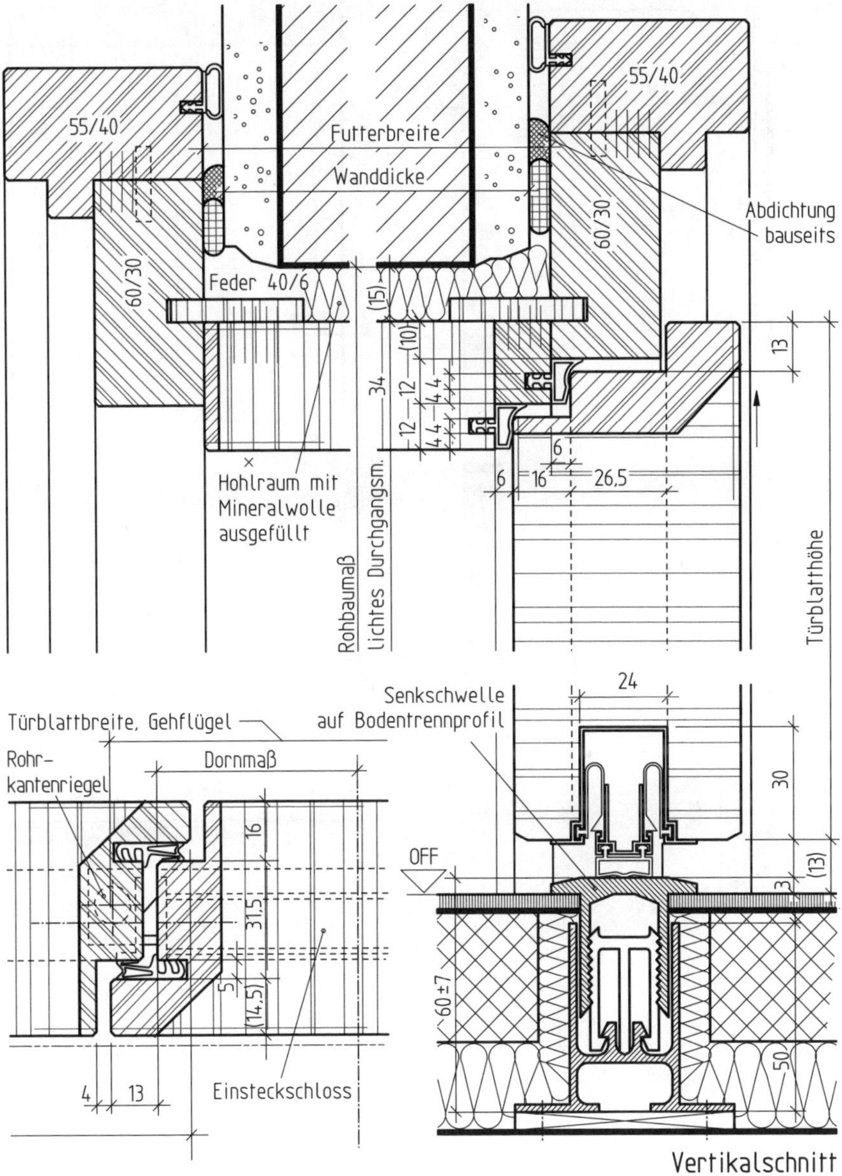

Bild 2.2-127 Zweiflügelige Schallschutztür (Schallschutz-Türblattwert Rw = 48 dB). Durch die Bodenschwelle sind Fußboden und Estrich getrennt (Mo, Pl, We).

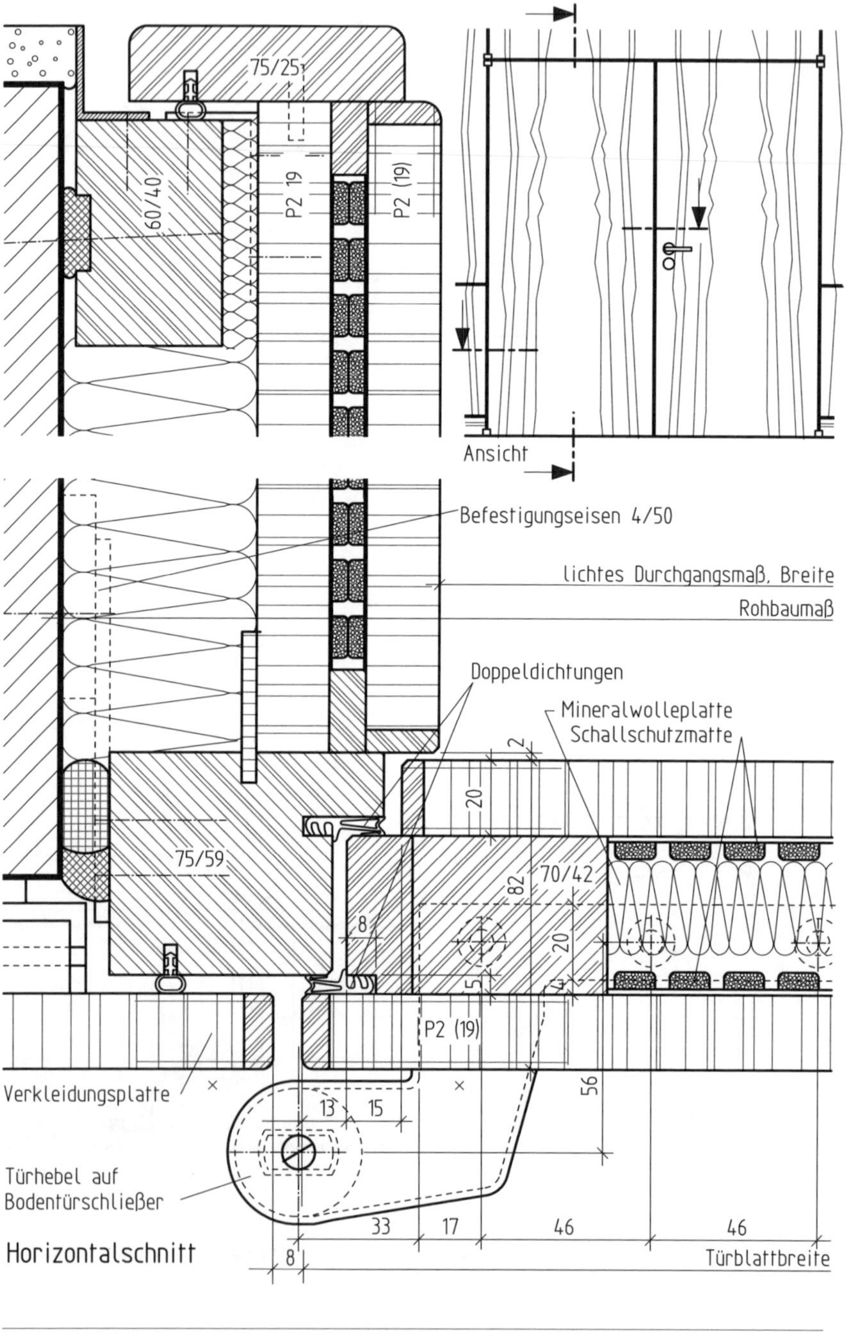

Horizontalschnitt

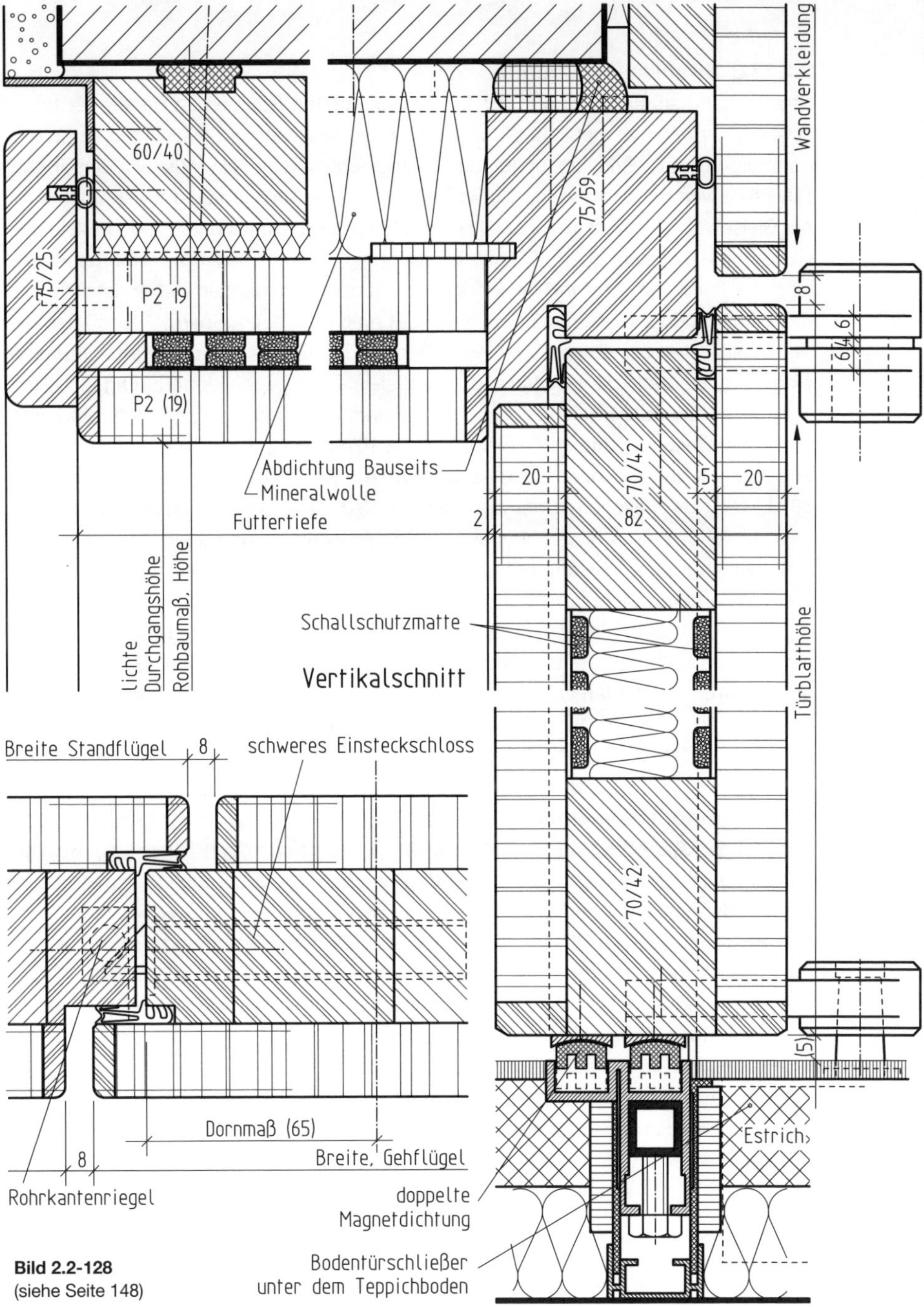

Bild 2.2-128
(siehe Seite 148)

2.2.17.3 Strahlenschutztüren

Strahlenschutztüren werden in medizinisch genutzten Räumen, in denen Röntgenstrahlen auftreten, eingesetzt. Sie weisen strahlenhemmende Bleieinlagen auf, die je nach gefordertem Schwächungsgrad unterschiedlich dick sein müssen. Gemäß der DIN 6812 wird der Schwächungsgrad in Bleigleichwert ausgedrückt. Er entspricht einer Bleischicht in mm; zum Beispiel entspricht ein Bleigleichwert von 2 einer Bleidicke von 2 mm. Die einzubauende Dicke ist abhängig von der maximalen Röntgenstrahlung in kV und dem Abstand der Einrichtung zu den umgebenden Gebäudeteilen. Für den Bau von Strahlenschutztüren verwendet man besondere Sperrholztürblätter, die mit entsprechenden Bleieinlagen versehen sind. Sie können in Türumrahmungen eingebaut werden, die ebenfalls durch Bleieinlagen gegen den Durchgang auch schräg auftreffender Strahlen abzuschirmen sind. Der Spalt zwischen Blattunterkante und Fußbodenoberkante darf nicht größer als 10 mm sein. Bei Röntgenanlagen bis zu 200 kV kann auf eine zusätzliche Abdichtung der Bodenfuge verzichtet werden (DIN 6834). Die Luft zwischen Futter beziehungsweise Zarge und Mauerlaibung kann mit Strahlenschutzmörtel hinterfüllt werden. Strahlenschutztüren haben durch die Bleieinlagen ein hohes Gewicht. Dies ist beim Anschlagen und bei der Auswahl der Beschläge zu berücksichtigen. Man wird mindestens drei, ja sogar vier stabile Objektbänder pro Türblatt einsetzen müssen. Es können auch kleinere Glasscheiben aus Bleiglas, ca. 400 × 300 mm, in das Türblatt eingesetzt werden. Die Glasfälze sind ebenfalls mit Bleistreifen auszulegen. Bei einem geforderten Bleigleichwert von mehr als 2 mm ist auch ein besonderes Schloss mit versetzten Dornmaßen (40/80 mm) einzusetzen (Bild 2.2-129).

2.2.17.4 Einbruchhemmende Tür

Für Wohnungsabschlusstüren und in Sicherheitsbereichen von Büros und Banken können einbruchhemmende Türen verlangt werden. Die Einbruchhemmung wird je nach Widerstandszeit und Werkzeugeinsatz des Einbrechers in 6 Widerstandsklassen (RC1 bis RC6 nach DIN EN 1627) klassifiziert. Einbruchhemmung einer Tür ist nur dann gegeben, wenn deren einzelne Elemente einbruchhemmende Eigenschaften aufweisen und die Tür nach Montageanleitung eingebaut wird, wie zum Beispiel:

- Verwendung einbruchhemmender Türblätter.
- Konstruktion einer stabilen Türumrahmung und eines geringen seitlichen Luftspaltes.
- Anschlag mit kräftigen Bändern, Einsatz von Bandseitensicherungen.
- Einbau von schweren Einsteckschlössern oder von Schlössern mit Mehrfachverriegelung.

Bild 2.2-128 (Seite 146/147) Zweiflügelige schwere Schallschutztür mit Bodentürschließern angeschlagen. Die Bodendichtung erfolgt mittels doppelter Magnetdichtung, deren Schiene sowohl Fußboden als auch Estrich trennt (Alu, Ha).

- Schließsicherung durch Zuhaltungsschlösser mit sechs bis sieben Zuhaltungen oder durch aufbohrsichere Schließzylinder.
- Verwendung von Sicherheitsschließblechen.
- Montage von einbruchhemmenden Drückergarnituren mit Sollbruchstelle am Türknopf und aufbohrsicheren äußeren Türschildern. Die Schließzylinder müssen mit den äußeren Rosetten oder Drückerschildern bündig sein.
- Stabile Montagebefestigungen der Türumrahmung mit der Mauerlaibung, mindestens alle 60 cm und in Schloss- und Bandhöhe.

Sind einbruchhemmende Türen mit Glasfüllungen zu versehen, sind durchbruchhemmende Verglasungen B1, B2 oder B3, je nach gewünschter Widerstandsklasse (DIN EN 1627), einzubauen. In der Regel handelt es sich bei der durchbruchhemmenden Verglasung um Einscheibenverbundglas, das 13 mm, 24 mm beziehungsweise 33 mm dick und entsprechend schwer sein kann. Wichtig ist, dass die Glashalteleisten auf der Außenseite der Tür nicht lösbar sind und auf der Innenseite eine stabile Befestigung, möglicherweise durch Verstärkung mit Metallwinkeln erhalten.

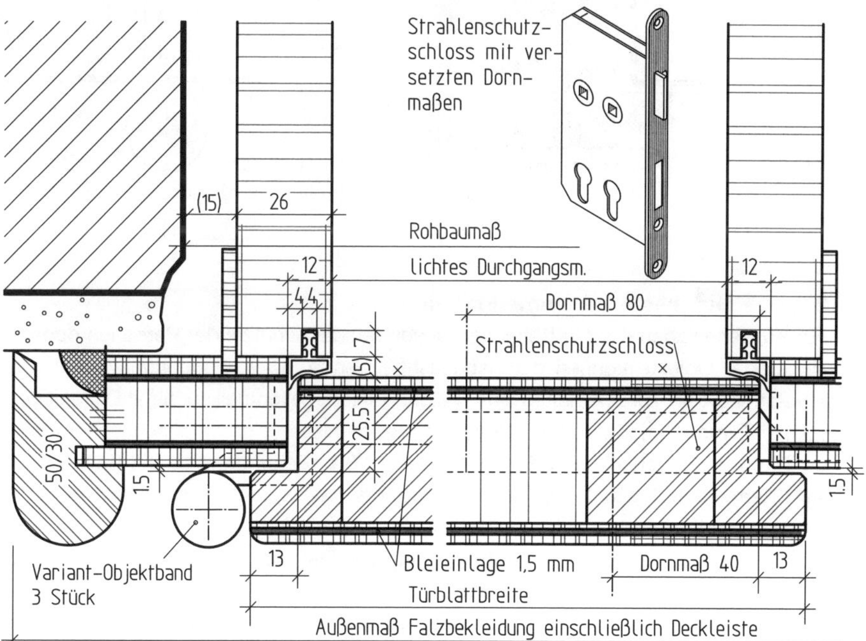

Bild 2.2-129 Strahlenschutztür mit eingebautem Strahlenschutzschloss (Türblatt Mo, We).

Bild 2.2-130 (Seite 150) Brandschutz- und Rauchschutztüren in Stahlzargen (Mo, We). 1 Doppelt überfälztes Türblatt, 2 bündig überfälztes Türblatt.

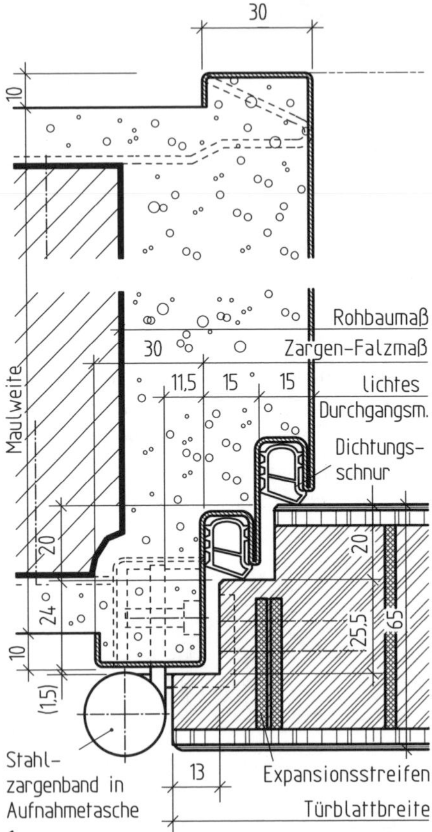

1

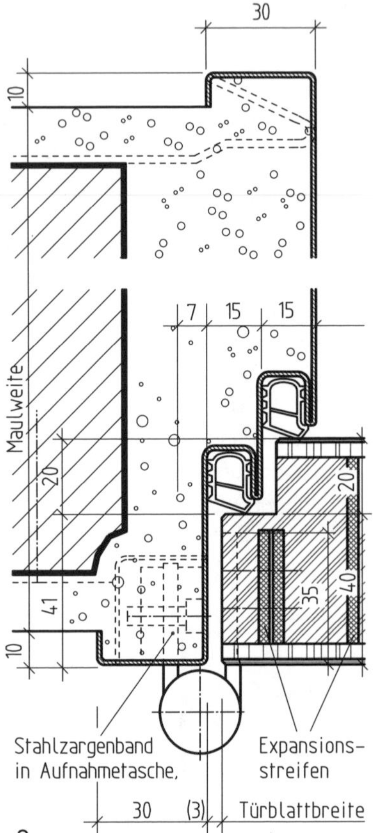

2

2.2.17.5 Durchschusshemmende Tür

Für Kassenanlagen oder in Bereichen besonders zu schützender Personen oder zu sichernder Objekte können durchschusshemmende Türen eingebaut werden. Die Türblätter dieser Türen erhalten eine Delignit-Einlage, eventuell auch mit Delignit verstärkte Türumrahmungen. Mit diesen Materialien lassen sich durchschusshemmende Türen der Durchschusswiderstandsklasse C3 beziehungsweise M3 (DIN 52290, Teil 2) erreichen. Sie entsprechen nebenbei der Beanspruchungsklasse S und der Klimaklasse II nach DIN 18101.

Durchschusshemmende Türen können auch verglast werden. Es sind Verbundgläser der Durchschusswiderstandsklassen C1 (Dicke 19 mm, Gewicht 45 kg/m^2) bis C5 (Dicke 67 mm, Gewicht 166 kg/m^2) einzusetzen. Wegen des hohen Flächengewichts der Türblätter sind diese mit drei bis vier schweren dreiteiligen Lappenbändern anzuschlagen. Das Schloss sowie die Befestigung des Türelements in der Mauerlaibung müssen ebenfalls diesen erhöhten Anforderungen entsprechen. Durchschusshemmende Türen sollten natürlich auch einbruchhemmend sein.

2.3 Pendeltüren

Pendeltüren schlagen durch die Türumrahmung nach beiden Seiten hin auf. Sie können einflügelig oder zweiflügelig hergestellt werden.
Die Türumrahmung besteht aus Blockrahmen, die in der Mauerlaibung mit Mauerdübeln oder -eisen befestigt werden. An den Blockrahmen kann man beidseitig Futter mit oder ohne Bekleidungen anarbeiten.
Die Türblätter sind mit bruchfesten Glasfüllungen zu versehen, damit man eine Person, die sich hinter der Tür befindet, auch erkennt. Volle Türblätter sind für Pendeltüren zu vermeiden, wenn sie nicht durch Lichtschranken gesteuert automatisch geöffnet werden können. Bei Schließern mit gedämpfter Schließgeschwindigkeit können auch Ganzglastüren eingebaut werden.
Pendeltüren benötigen zwischen den Türblattkanten und der Türumrahmung Luft und lassen sich meistens nicht exakt abdichten. Darum werden Pendeltüren vorwiegend für Flurabschlüsse oder-trennungen, Windfangabschlüsse, als Sichtschutz und so fort und weniger zum Verschließen von Räumen eingesetzt.

2.3.1 Anschlagsmöglichkeiten

Zum Anschlagen der Pendeltüren stehen verschiedene Beschläge zur Verfügung. Sie können mit Pendeltürbändern wie etwa Bommerbändern, Hawgood-Bändern, Rahmentürschließer und Bodentürschließer mit Zapfenbändern angeschlagen werden. Sind bei den Beschlägen keine Arretierungspunkte eingebaut, um die Türen bei ca. 90° offen zu halten, wird man besondere Türfeststeller montieren müssen, um die Räume ausreichend belüften zu können (Beispiele Bild 2.3-3 bis 8).

2.3.1.1 Bommerbänder

Bommerbänder sind Pendeltürbänder mit je zwei Rollen, die durch einen Lappen fest miteinander verbunden sind, und zwei beweglichen Aufsatzlappen, den Tür- und den Rahmenlappen. In den Rollen sind Torsionsfedern eingebaut, die so gespannt werden, dass das Türblatt federnd zuschlägt. Das Spannen der Federn geschieht durch die Spannringe im Kopf der Rollen. Ein Arretierungsstift, der in die Bohrungen des Spannrings gesteckt wird, verhindert das Zurückschnellen der Feder. Die Bänder werden an den Längskanten der Pendeltür so angeschlagen, dass die Rollen des Bommerbands beidseitig sichtbar sind. Das Spannen der Federn kann erst nach der Montage der Bänder geschehen.
Mit Bommerbändern angeschlagene Pendeltüren schlagen ungebremst hart federnd durch den Rahmen durch. Je nach Türflügelformat und -größe sind entsprechend große Bommerbänder zu wählen. Sie sind in Stahl, Stahl vermessingt sowie in Edelstahl und Messing massiv erhältlich. Eine mit der Zeit erschlaffende oder auch gebrochene Torsionsfeder kann ausgewechselt werden (Bild 2.3-1).

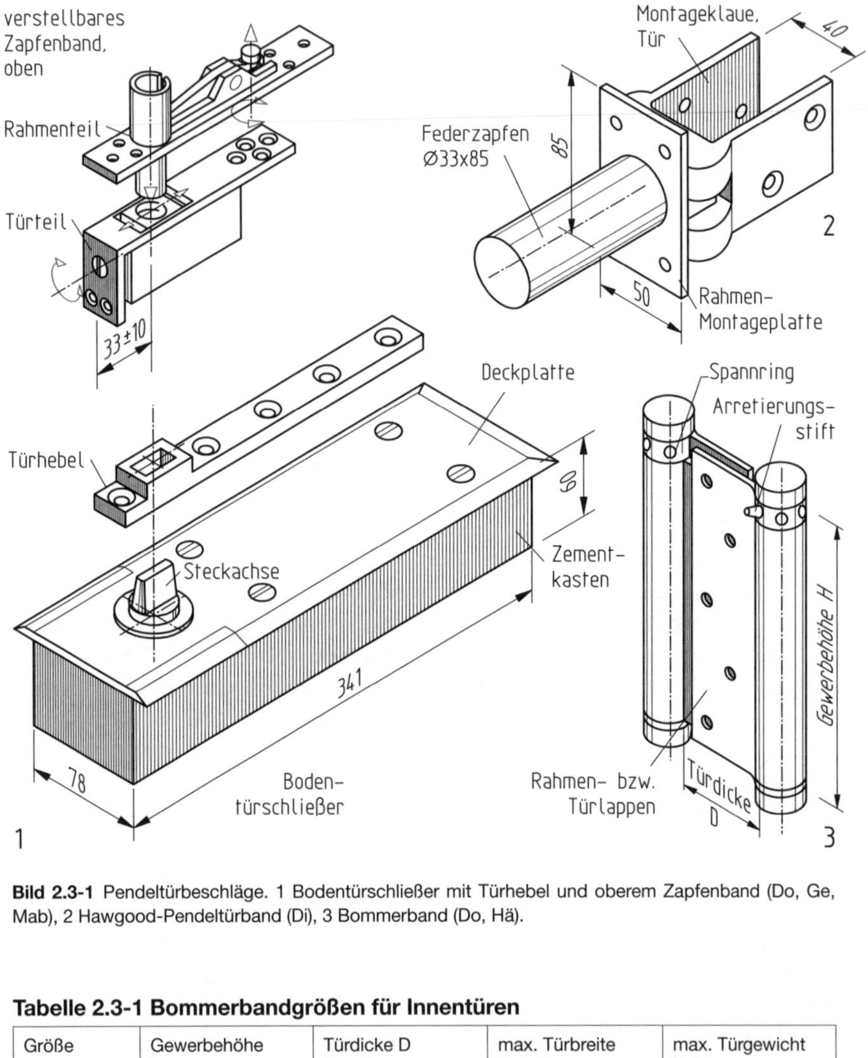

Bild 2.3-1 Pendeltürbeschläge. 1 Bodentürschließer mit Türhebel und oberem Zapfenband (Do, Ge, Mab), 2 Hawgood-Pendeltürband (Di), 3 Bommerband (Do, Hä).

Tabelle 2.3-1 Bommerbandgrößen für Innentüren

Größe	Gewerbehöhe in mm	Türdicke D in mm	max. Türbreite in mm	max. Türgewicht in kg
33	125	30–35	700	27
36	150	35–40	750	40
39	175	40–45	850	55
42	200	45–50	1000	70
45	250	50–60	1100	100

2.3.1.2 Hawgood-Pendeltürbänder

Bei Hawgood-Pendeltürbändern liegt die Federkraft in einem runden Zapfen, der in den Blockrahmen einzubohren ist. Der gesamte Federmechanismus ist daher unsichtbar. Da ein Nachstellen der Feder nicht möglich und auch nicht nötig ist, ist für das betreffende Türgewicht das passende Band auszuwählen. Die Bänder sind in zwei Stärken, mit und ohne Feststellung bei ca. 90° erhältlich. Die erforderliche Bandstärke ist über eine vom Hersteller angegebenen Formel mit den Faktoren Türgewicht, Türhöhe und Türbreite zu ermitteln (Di). In besonderen Fällen können drei oder vier Bänder erforderlich sein. Werden verschieden starke Bänder für eine Tür ermittelt, sind die stärkeren Bänder oben anzuordnen. Die Türblätter werden für die Bänder teils ausgeklinkt und in den U-förmigen Schuh des Bandes geschoben, der für Türstärken von 40 mm eingerichtet ist (Bild 2.3-1).

2.3.1.3 Türschließer

Türschließer weisen einen hydraulisch kontrollierten Schließablauf wie Schließverzögerung und Öffnungsdämpfung auf. Sie können DIN rechts und DIN links eingesetzt werden und mit einer Türfeststellung zwischen 75° bis 180° ausgestattet sein. Sie sind für Pendeltüren aus Holz oder Holzwerkstoffen bis 300 kg Türgewicht und für Ganzglastüren geeignet. Türschließer gibt es als Rahmentürschließer und Bodentürschließer.

Rahmentürschließer werden oben in die Türumrahmung eingebaut und durch eine Platte abgedeckt, die zum Einstellen der Schließkraft und Schließfolgen abnehmbar sein muss. Auf dem Boden wird lediglich ein Bodenlager montiert. Die Drehachsen werden auf sogenannte Zapfenbänder oder Türschienen gesteckt, die in der Türkante unsichtbar eingelassen sind (Bild 2.3-1).

Bodentürschließer werden in einem Zementkasten in den Boden eingelassen. Die Türblätter erhalten an der Türunterkante die Türschiene, die auf die Achse des Schließers aufgesteckt wird. An der Oberkante wird die Tür mit einem Zapfenband gehalten. Die Zapfen können durch eine Stellschraube in ihrer Lage verstellt werden. Somit lässt sich die Mittelachse des Zapfens genau lotrecht über die Drehachse des Schließers stellen. Der Zapfen wird dann durch eine Schraube arretiert. Der eingeschränkte Verstellbereich des Zapfenbandes ist natürlich bei der Lage des Bodentürschließers zu berücksichtigen. Allerdings lässt sich auch der Schließer im Zementkasten geringfügig verstellen. Der Bodentürschließer wird durch eine Deckplatte aus Messing, Edelstahl oder Aluminium abgedeckt. Bodentürschließer gibt es in sechs verschiedenen Stärken für die unterschiedlichsten Türformate und Türgewichte sowie für Holztüren und Ganzglastüren. Die Öffnungswinkel können nach beiden Seiten von 110° bis zu 180° betragen (Bild 2.3-6 bis 8).

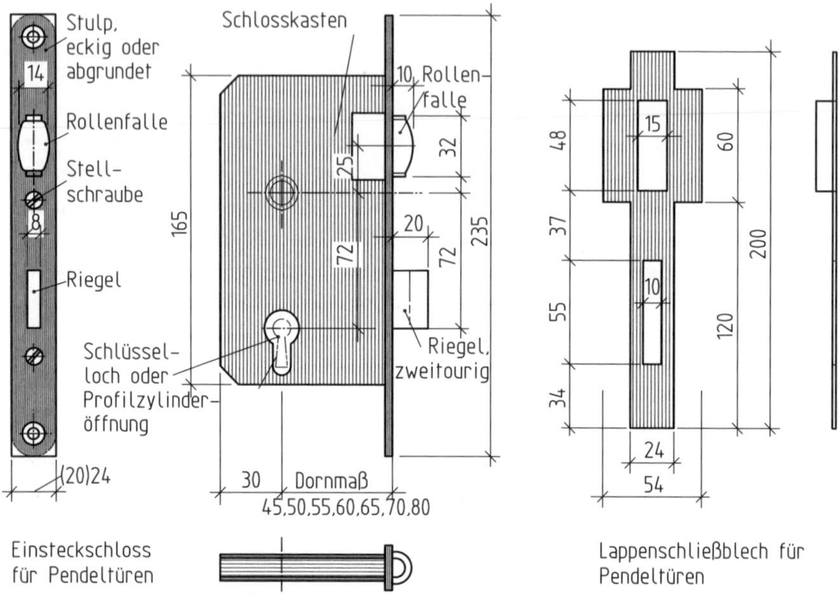

Bild 2.3-2 Pendeltürschloss (Rollenfallenschloss) mit Lappenschließblech. Mit der Stellschraube kann die Rollenfalle auch zurückgenommen werden.

2.3.2 Verschlussmöglichkeiten

Pendeltüren werden im allgemeinen nicht abgeschlossen. Wird ein Verschließen gewünscht, sind hierfür besondere Pendeltürschlösser zu verwenden. Sie weisen neben dem normalen Riegel zum Verschließen eine federnd gelagerte Rollenfalle auf, die bei Durchschlagen der Tür über die Lappen des Schließbleches rollt und bei Nullstellung ins Fallenloch eingreift und die Tür arretiert. Die Rollenfalle bewirkt, dass die Pendeltür bei Zugluft geschlossen gehalten wird, hat aber den Nachteil, dass sie ein lautes Schließgeräusch verursacht. Deshalb lässt sich bei den meisten Schlössern die Rollenfalle durch eine Schraube im Stulp zurücknehmen (Bild 2.3-2). Bei Pendeltüren aus Ganzglas können Riegelschlösser in die untere Türschiene oder in die obere Ecke der Tür besondere Schlösser eingebaut werden. Bei Pendeltüren, die mit Bodentürschließern angeschlagen sind, genügen zum Verschließen einfache Riegelschlösser.

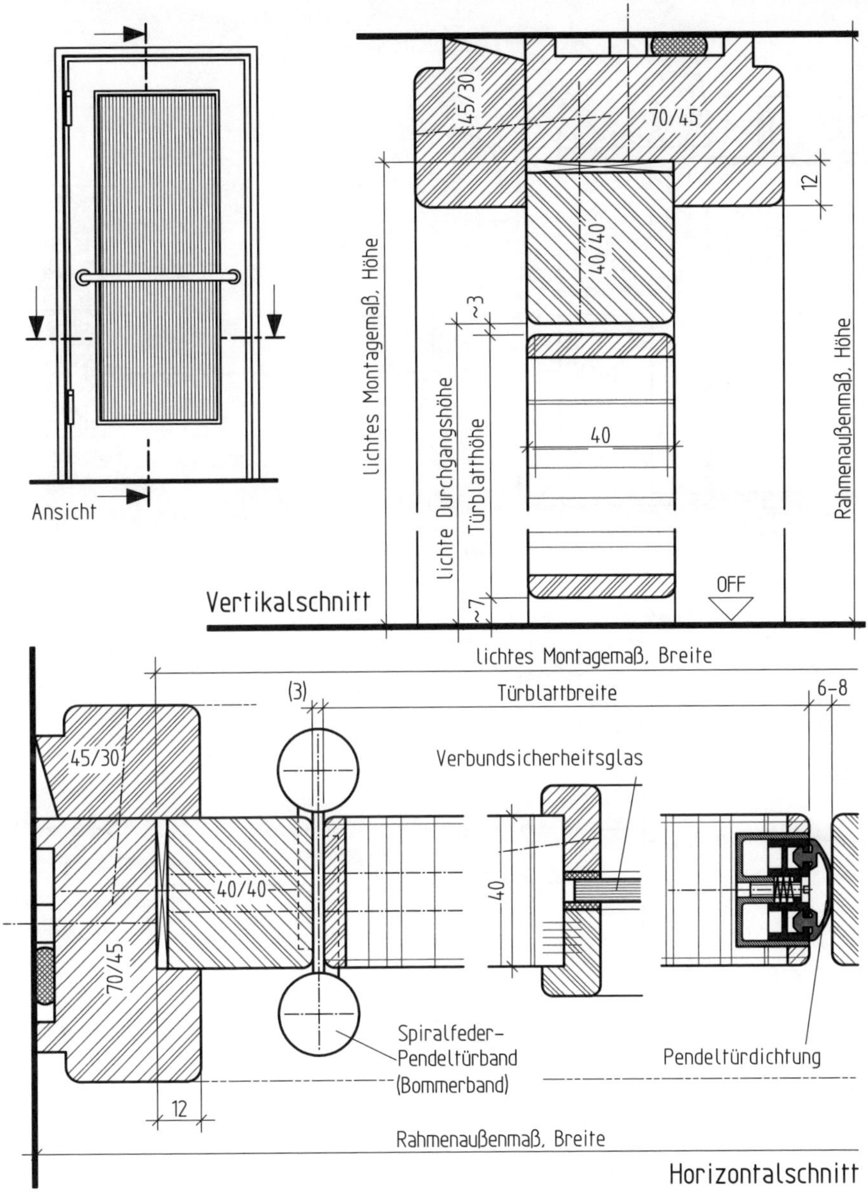

Bild 2.3-3 Pendeltür ist mit Bommerbändern angeschlagen. Auf der Verschlussseite ist eine auf ganzer Höhe durchlaufende Dichtung eingebaut (Ath).

Bild 2.3-4 (Seite 156) Pendeltüren, mit Bommerbändern angeschlagen, 1 im Zargenrahmen und 2 als Futtertür mit Bekleidungen.

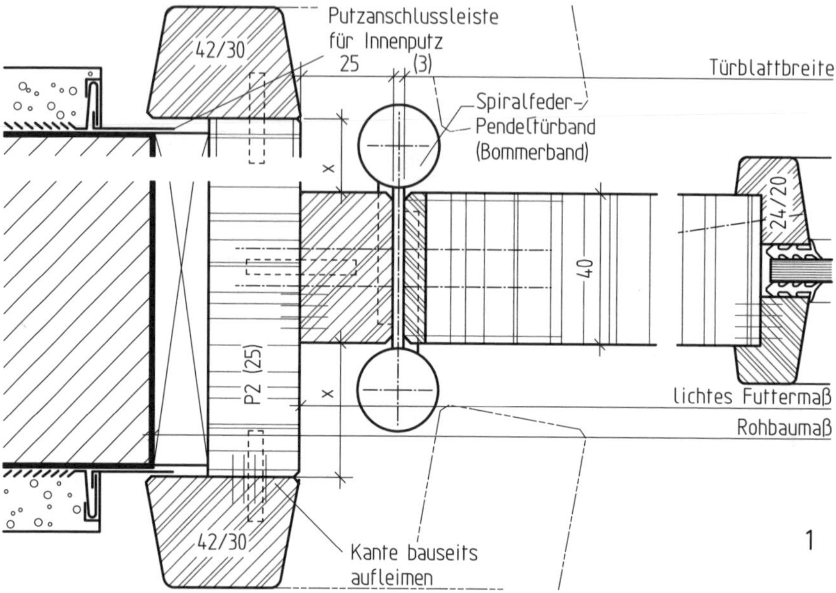
Putzanschlussleiste
für Innenputz
25
(3)
Türblattbreite
42/30
Spiralfeder-
Pendeltürband
(Bommerband)
x
24/20
40
P2 (25)
lichtes Futtermaß
Rohbaumaß
42/30
Kante bauseits
aufleimen

1

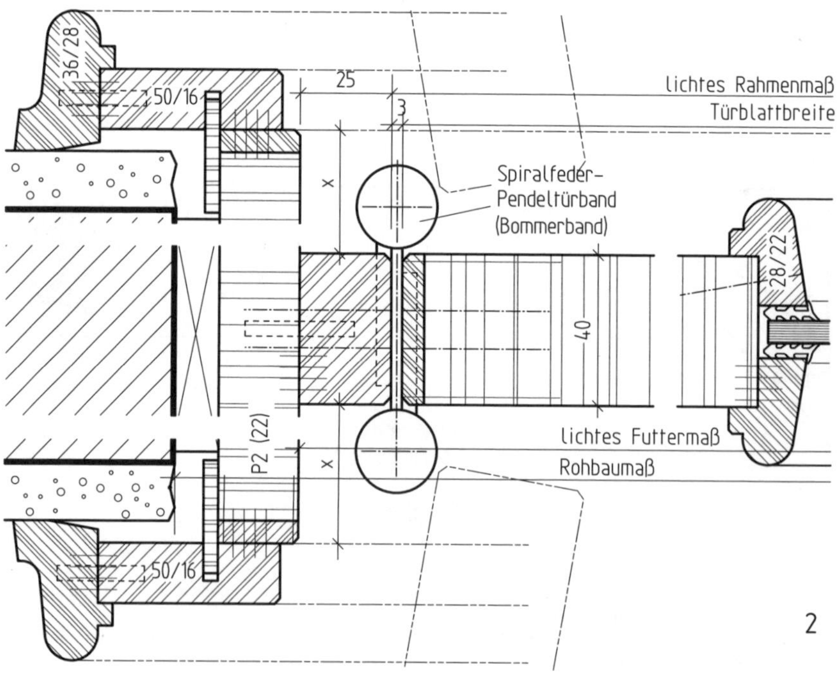
36/28
50/16
25
3
lichtes Rahmenmaß
Türblattbreite
x
Spiralfeder-
Pendeltürband
(Bommerband)
28/22
40
P2 (22)
lichtes Futtermaß
Rohbaumaß
50/16

2

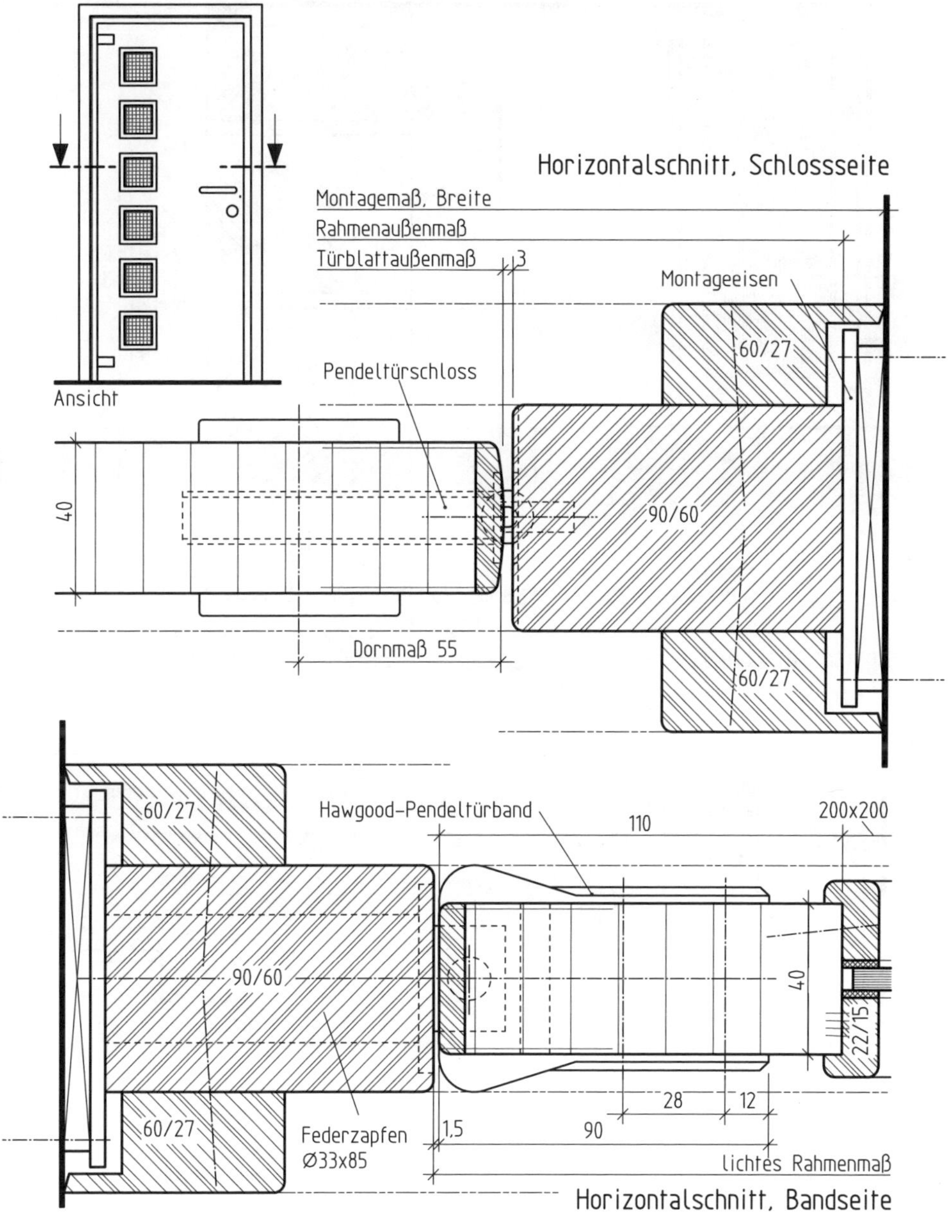

Bild 2.3-5 Pendeltür ist im Blockrahmen mit Hawgood-Pendeltürbändern (Di) angeschlagen und kann durch das eingebaute Pendeltürschloss verschlossen werden.

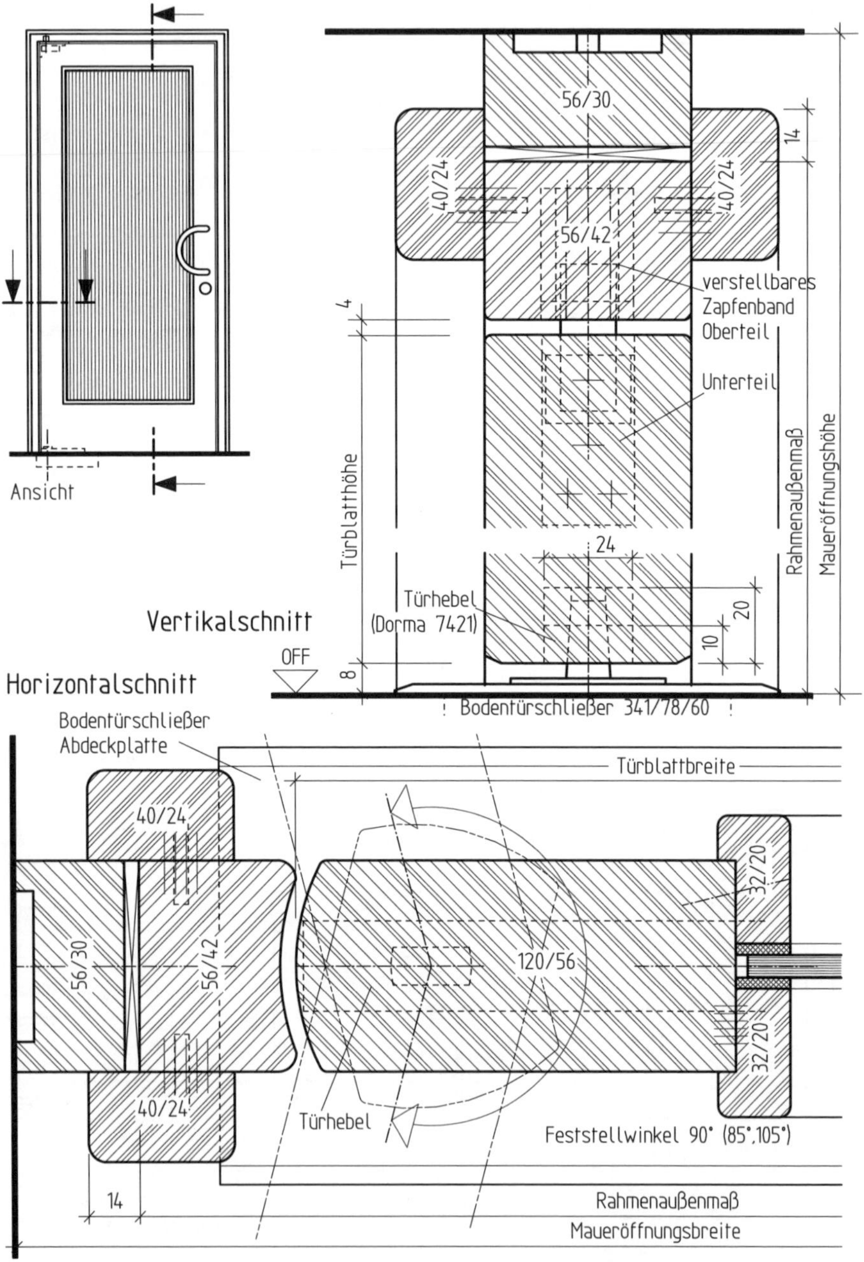

Bild 2.3-6 Pendeltür ist mit Bodentürschließer und oberem Drehlager angeschlagen (Do, Ge).

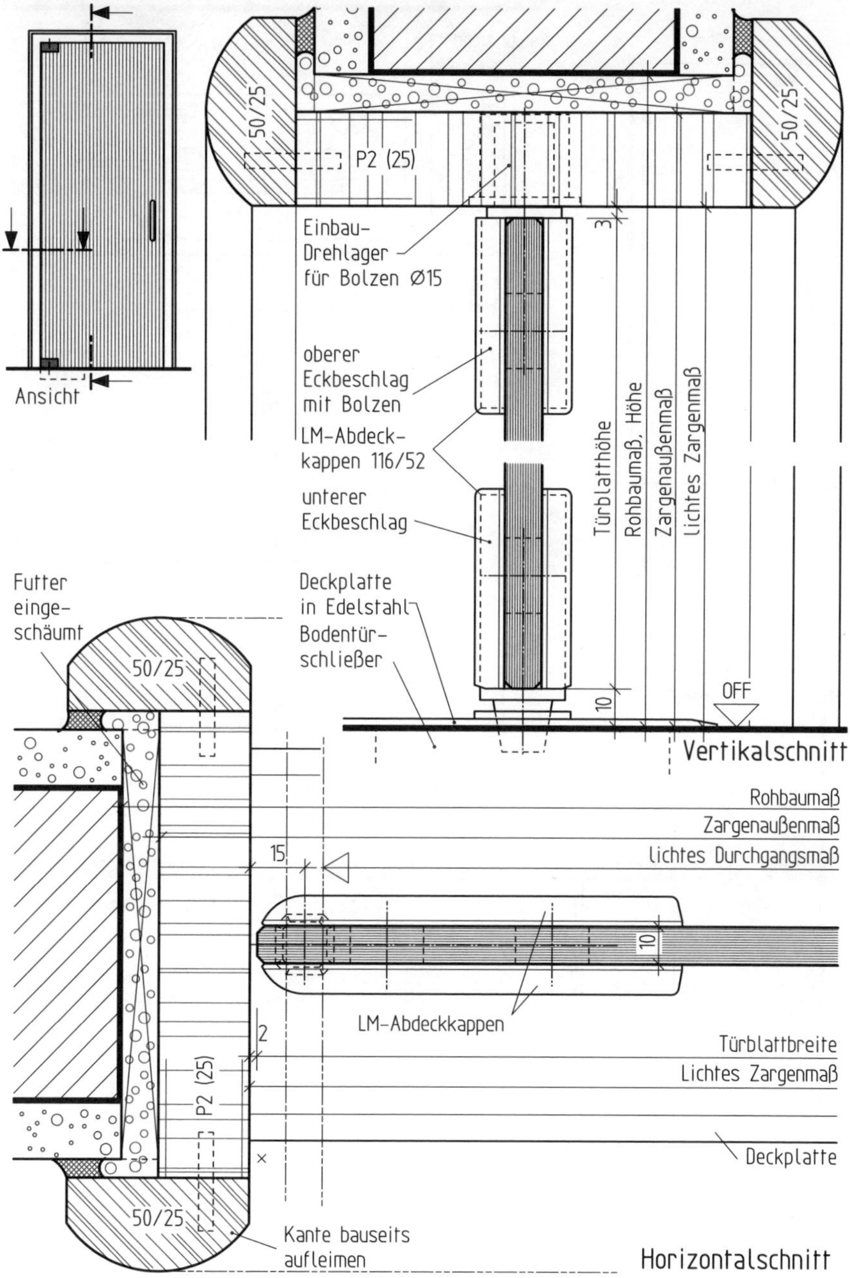

Bild 2.3-7 Pendeltür aus Ganzglas ist mit Bodentürschließer und oberem Drehlager angeschlagen. Der Drehpunkt liegt nur 15 mm von der Futterinnenkante entfernt (Do).

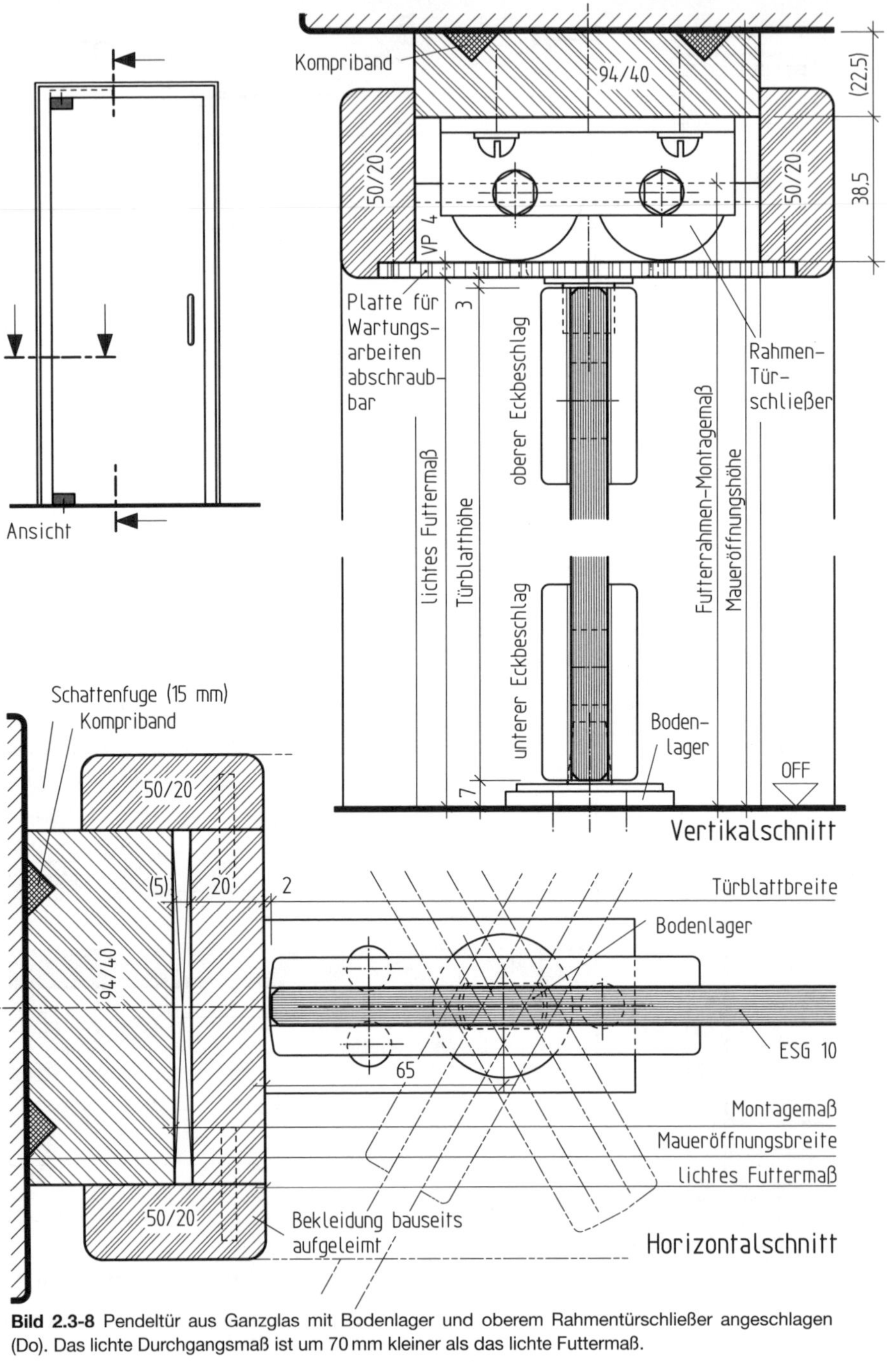

Bild 2.3-8 Pendeltür aus Ganzglas mit Bodenlager und oberem Rahmentürschließer angeschlagen (Do). Das lichte Durchgangsmaß ist um 70 mm kleiner als das lichte Futtermaß.

2.4 Schiebetüren

Schiebetüren werden an Laufwerken aufgehängt und seitlich, parallel zur Wandfläche verschoben. Sie benötigen keinen Drehraum, sind also raumsparend, müssen aber seitlich in ihrer ganzen Breite verschiebbar sein. Schiebetüren eignen sich zur Abtrennung von Räumen und weniger für stark begangene Durchgangstüren. Ihre Öffnungs- oder Schließbewegungen sind normalerweise für Durchgangstüren nicht besonders gut geeignet, es sei denn sie werden durch Lichtschranken automatisch betätigt.

2.4.1 Arten der Schiebetüren

Nach der Anzahl der Türblätter sind einflügelige und mehrflügelige Schiebetüren zu unterscheiden. Einflügelige Schiebetüren können entweder nach rechts oder nach links, zweiflügelige nach rechts und links und mehrflügelige in der Regel noch teleskopartig ineinander verschoben werden.
Nach der Führung können sie vor der Wand laufen oder unsichtbar in Mauernischen, hinter Vertäfelungen oder Einbauschränken. Bei Platzmangel können sie teleskopartig geführt werden (Bild 2.4-2). In der Regel sind die Laufwerke gerade und die Türen eben. Es können aber auch gebogene Laufwerke für sogenannte Segmentschiebetüren eingesetzt werden (Bild 2.4-3).
Nach der Ausführung der Türblätter unterscheidet man furnierte Schiebetüren aus geschlossenen Sperrtüren, Türen aus Rahmen mit Glas- oder Holzfüllungen und Ganzglastüren.

2.4.2 Beschläge

Schiebetürbeschläge bestehen im Wesentlichen aus dem Laufwerk, den Führungsbeschlägen, den Türstoppern, dem Schiebetürschloss mit Gegenkasten oder Schließblech und den Schiebetürgriffen (Bild 2.4-1).

2.4.2.1 Laufwerksysteme

Bei den Laufwerken sind in der Regel offene und geschlossene Laufschienen sowie Teleskoplaufwerke zu unterscheiden. Bei offenen Laufschienen wird der Laufwagen einspurig geführt und bei oben geschlossenen Laufschienen zweispurig mit einem Rollenpaar (Bild 2.4-4). Die Laufwagen können mit einem oder zwei Rollenpaaren

Bild 2.4-2 (Seite 162) Schiebetüren, Führungs- und Einbaumöglichkeiten. 1 Schiebetür, vor der Wand geführt, einflügelig; 2 zweiflügelig; 3 Schiebetür läuft in Mauertasche, einflügelig; 4 zweiflügelig; 5 einflügelige Schiebetür läuft hinter einen Schrank; 6 zweiflügelige Schiebetür läuft hinter eine Wandverkleidung; 7 zweiläufige Teleskopschiebetür; 8 zweiläufige Schiebetür gegeneinander zu verschieben, dadurch wird nur eine halbe Öffnungsbreite frei; 9 Teleskopschiebetür, dreiläufig; 10 Schiebetür mit gekoppeltem Drehflügel, zum gelegentlichen Öffnen oder Verschließen.

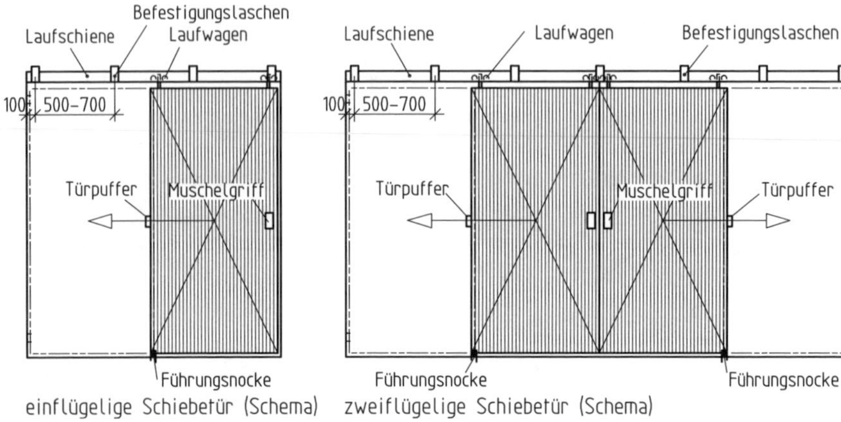

Bild 2.4-1 Schiebetürbeschläge bei einflügeligen und zweiflügeligen Schiebetüren.

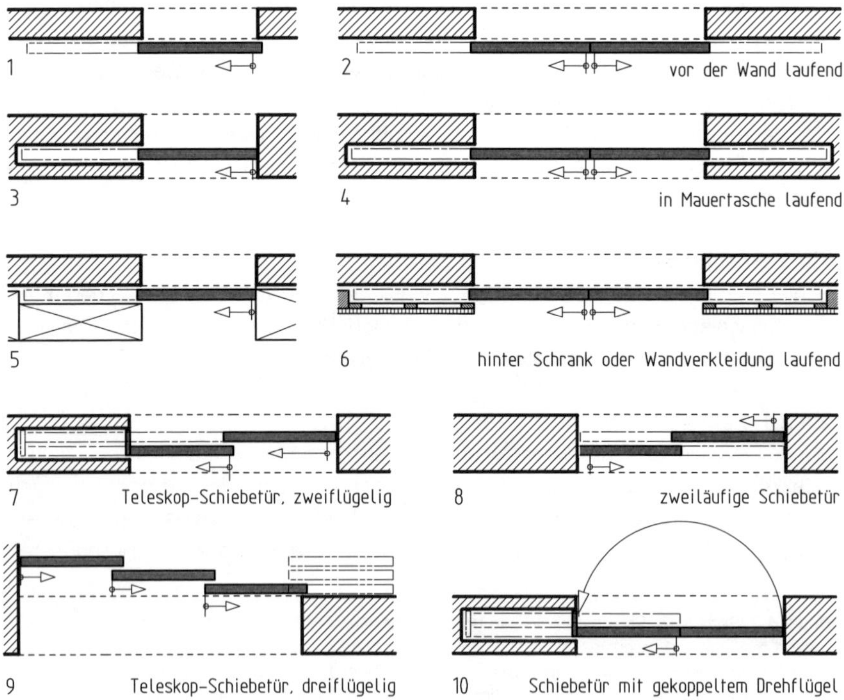

Bild 2.4-2 Siehe Seite 161

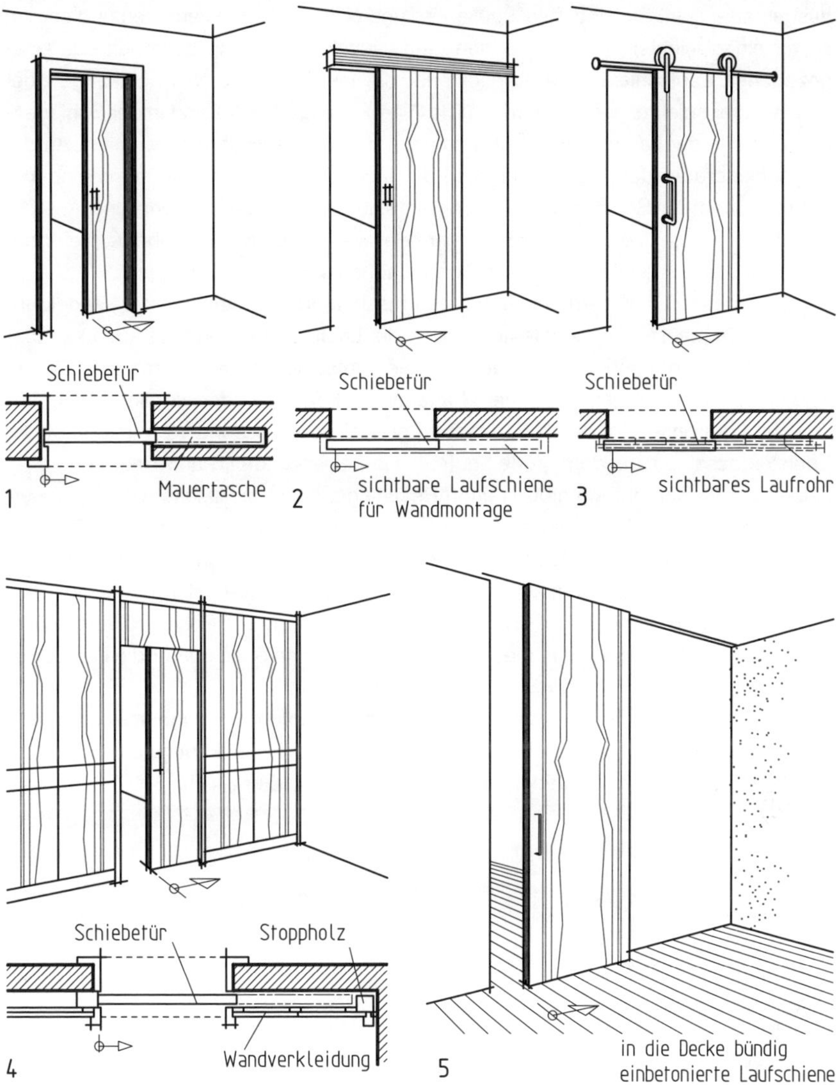

Bild 2.4-2a Gestalterische Wirkung der Schiebetüren je nach gewähltem Einbau. 1 Klassischer Schiebetüreinbau in eine Mauertasche mit Futter und Bekleidung, 2 Schiebetür läuft am besonderen Beschlag vor der Wand (HA), 3 Schiebetürbeschlag mit großen Laufrollen in Edelstahl für Wandmontage (Do), 4 Schiebetür läuft hinter einer Wandverkleidung (oder auch einem Einbauschrank), 5 Raumhohe Schiebetür hängt an einem in der Decke einbetonierten Laufbeschlag (HA).

ausgestattet sein. Sie sind mit Kugellagern und Nylonlaufreifen versehen und sorgen so für einen leichten, geräuscharmen Lauf. Teleskoplaufwerke bestehen aus einer gezogenen Laufschiene und Tragschiene, die ineinander durch Kugelkäfige oder Walzenlager spielfrei geführt werden (Bild 2.4-4). Die Laufwerke sind in der Schienengröße und in der Laufwagenausführung nach dem Türgewicht dimensioniert. An der Tragschiene oder dem Laufwagen sind die Aufhänger befestigt, die auf der oberen Schmalfläche der Schiebetür zu montieren sind. Je nach Befestigung und Ausführung des Beschlags ergibt sich eine mehr oder weniger große Einbauhöhe, die unbedingt bei der Festlegung der lichten Rohbauhöhe zu berücksichtigen ist.
Die Schiebetüren laufen entweder in Mauertaschen oder versteckt hinter Verkleidungen oder Einbauschränken. Heute werden die Laufschienen vielfach auch sichtbar auf den Wänden montiert. Entweder sind die Laufschienen dann durch eine Blende verkleidet oder bestehen aus feinem Material wie Edelstahl oder Aluminium. Die Enden der Laufrohre sind durch Endkappen geschlossen. Besonders markant ist der Edelstahlbeschlag, bei dem große Laufrollen auf einer runden Stange laufen.
Neben der Wandmontage gibt es auch Beschläge, die in die Decke eingebaut werden können. Sie bestehen neben den üblichen Schiebetürbeschlagsteilen aus einem Montageprofil, das in die Decke einbetoniert wird und den Kunststoffklippsen. Die Kunststoffklippse müssen exakt ausgerichtet auf der Betonschalung befestigt werden. Darauf wird dann das mit Endkappen versehene und mit Polystyrol ausgefüllte Montageprofil aufgeklippst. In dieses Montageprofil kann dann später die Laufschiene für die raumhohe Schiebetür befestigt werden (Bild 2.4-7).
In einige Laufwerke können hydraulisch wirkende Dämpfungseinzüge unsichtbar eingebaut werden. Sie bremsen die Schiebetüren beim Schließen kontinuierlich sanft ab und fahren sie ohne Zurückfedern in die Endstellungen (Bild 2.4-8).

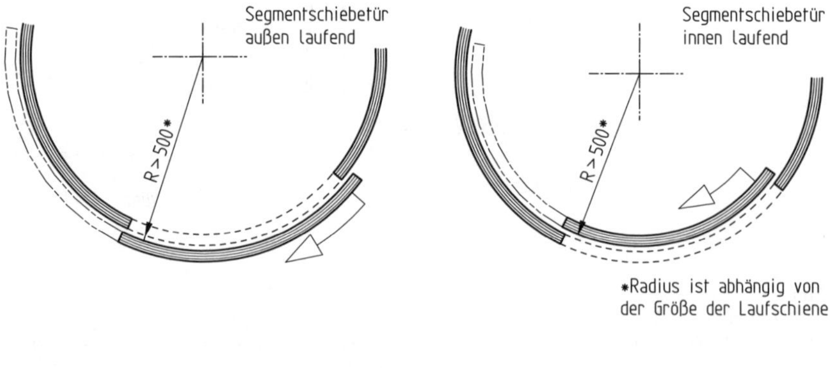

Bild 2.4-3 Segmentschiebetüren

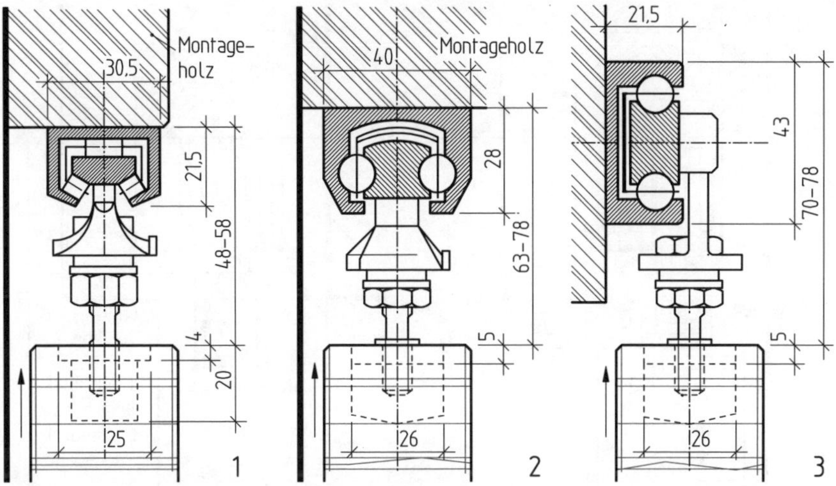

Bild 2.4-4 Schiebetürteleskopbeschläge mit Walzen- oder Kugelkäfigen (Do, Ge).

Sonderlaufwerke

Die Laufwerke für zweiflügelige Schiebetüren können mit einer Drahtseilkuppelung ausgestattet sein. Sie wird eingebaut, wenn beide Schiebetüren synchron, also gleichzeitig geöffnet und geschlossen werden sollen (Bild 2.4-19). Diese Schiebetürbeschläge lassen sich auch motorisch betätigen. Durch Begehen einer Kontaktschwelle oder beim Durchschreiten einer Lichtschranke werden die Schiebetüren automatisch geöffnet.

Die Laufwerke für Teleskoptüren bestehen aus zwei parallel liegenden Schienen, die ein kulissenartiges Zusammenschieben der Türen ermöglichen. Mit einer Zahnstangenkupplung ausgestattet, sorgt dieser Beschlag dafür, dass der Flügel mit dem längeren Türweg mit der doppelt so hohen Geschwindigkeit geführt wird wie der mit dem kürzeren Türweg (Bild 2.4-12).

Laufwerke für Segmentschiebetüren sind gebogen. Der mögliche Biegeradius ist von Beschlag zu Beschlag unterschiedlich und beim Hersteller zu erfragen. Anzugeben ist nicht nur der Radius, sondern auch die Flügelbreite der Segmentschiebetüren und ob die Tür innen oder außen vor der Rundung läuft (Ge, Ha).

Die Laufwerke für Ganzglasschiebetüren unterscheiden sich grundsätzlich nicht von denen für Holzschiebetüren. Allerdings sind die Türbefestigungen am Laufwerk anders. Für die Befestigung der Glasschiebetüren gibt es Klemmbacken, die die Schiebetüren an der Oberkante halten, ohne dass das Glas Ausschnitte oder Bohrungen aufweisen muss, und es gibt Montagelaschen, für die die Glastüren vor dem Härten gebohrt werden müssen.

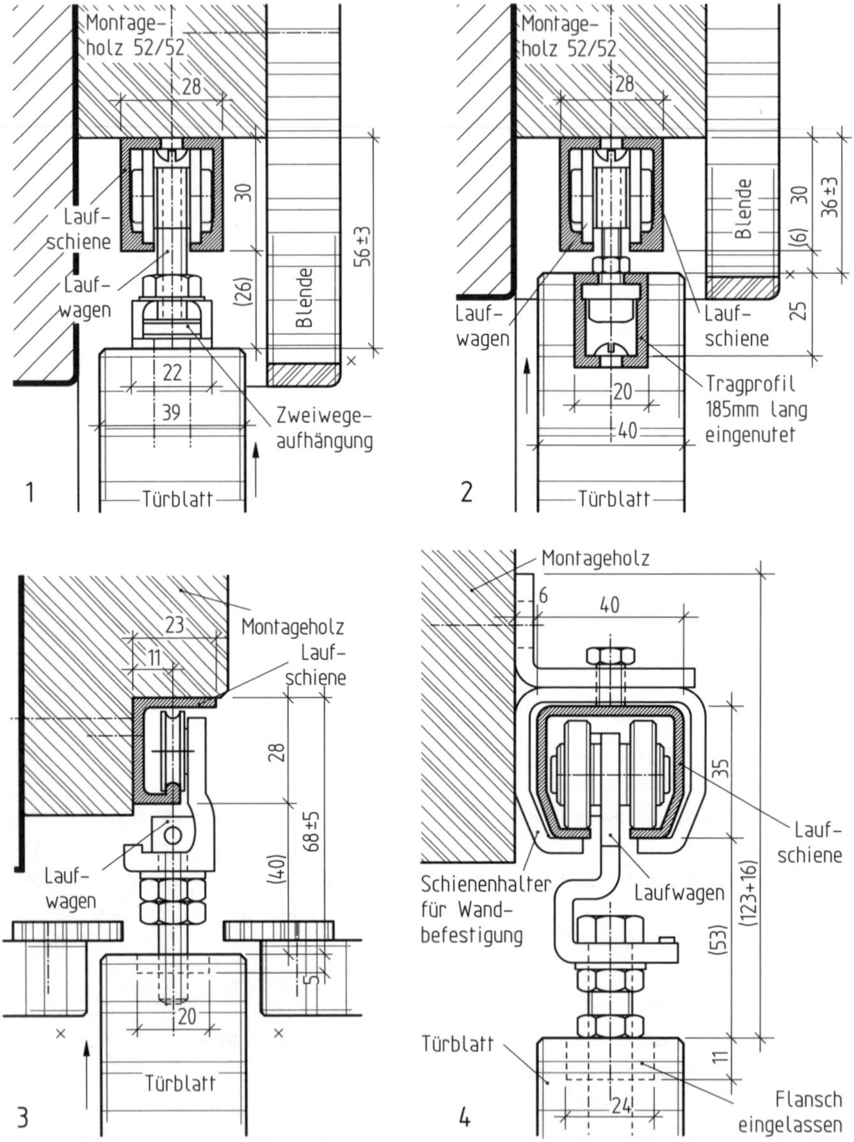

Bild 2.4-5 Laufwerksysteme. 1 Laufschiene aus Alu, Laufwagen mit Zweiwegeaufhängung (HA). 2 Laufschiene aus Alu, Laufwagen mit Aufhängung im Tragprofil; besonders geringe Montagehöhe, Türgewicht bis 40 kg (HA). 3 Beschlag für runde und gerade Schiebetüren (HA). 4 Laufrohrbeschlag für schwere Schiebetüren (Ge, Hei, Zi).

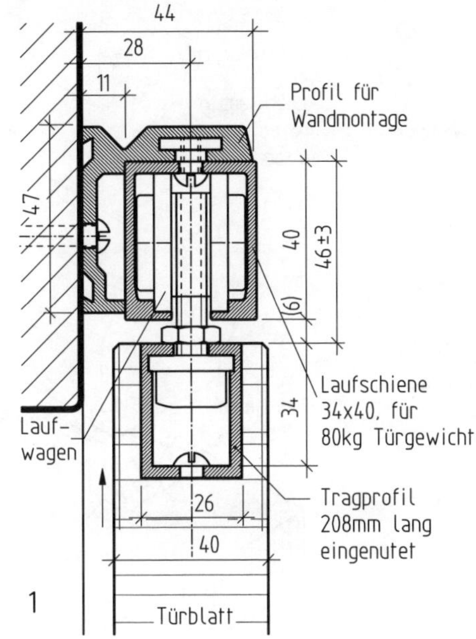

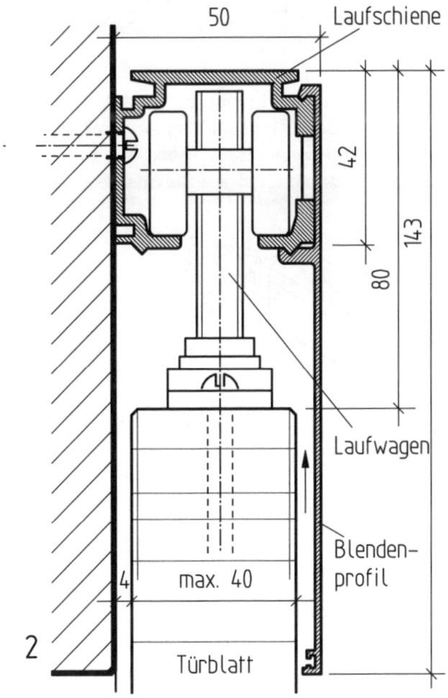

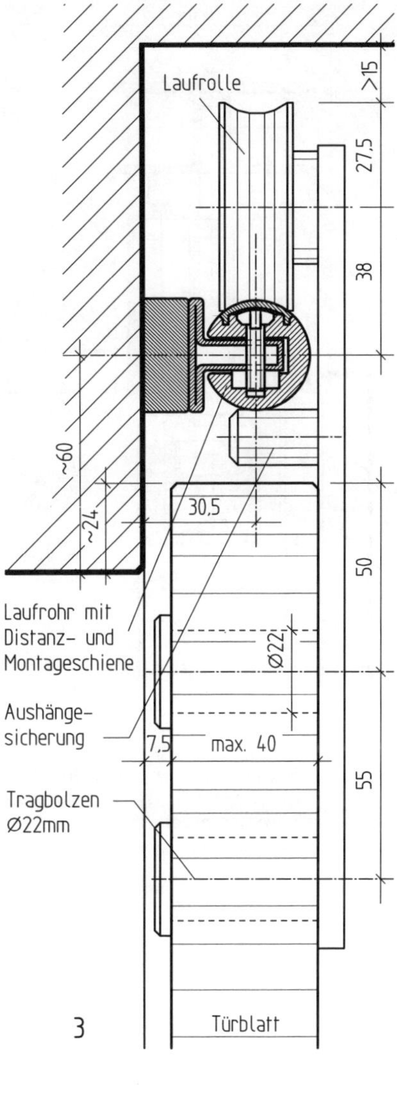

Bild 2.4-6 Schiebetürbeschläge für Wandmontagen. 1 Laufschiene mit Wandmontageprofil, nur 6 mm Abstand zur Schiebetüroberkante (HA), 2 Laufschiene für Wandmontage mit Blendenprofil (Do), 3 Laufrohr mit großen sichtbaren Laufrollen (Do).

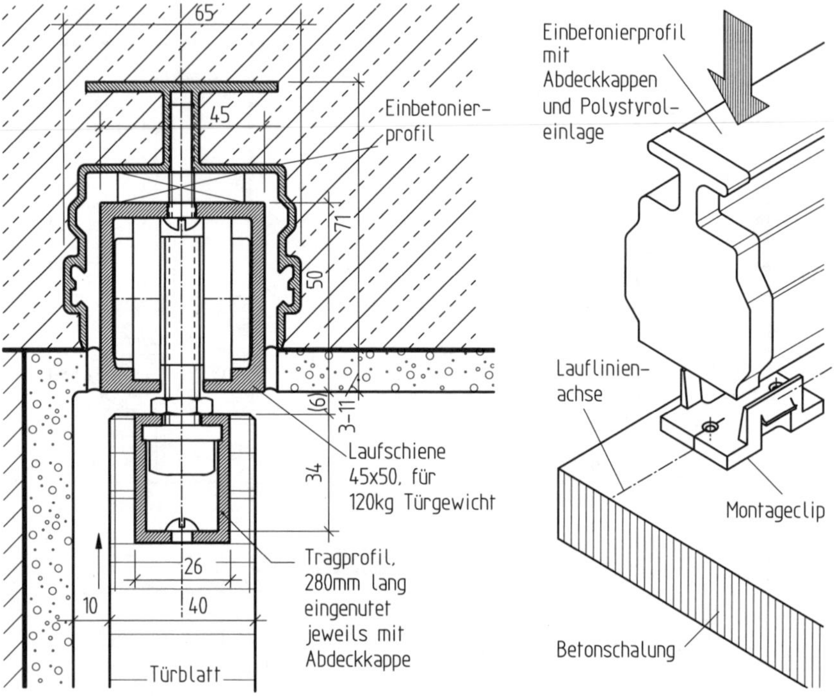

Bild 2.4-7 Das Einbetonierprofil ermöglicht eine mit der Raumdecke bündige Montage der Laufschiene. Die Mittelachse der Laufschiene für die Schiebetür ist genau auf der Betonschalung aufzureißen, sodass die Montageklipps exakt ausgerichtet darauf montiert werden können. Bei vor der Wand laufenden Schiebetüren sind bei der Planung eventuell vorstehende Wandaufbauten wie Schalter, Steckdosen und Fußleisten zu beachten (HA).

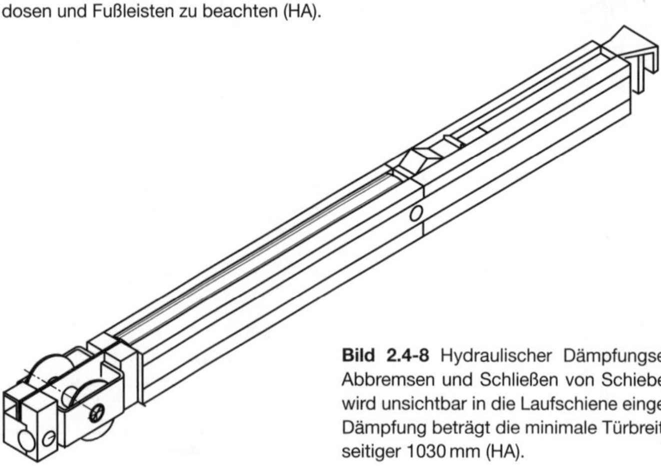

Bild 2.4-8 Hydraulischer Dämpfungseinzug zum sanften Abbremsen und Schließen von Schiebetüren, Ø 14 mm. Er wird unsichtbar in die Laufschiene eingebaut. Bei einseitiger Dämpfung beträgt die minimale Türbreite 690 mm, bei zweiseitiger 1030 mm (HA).

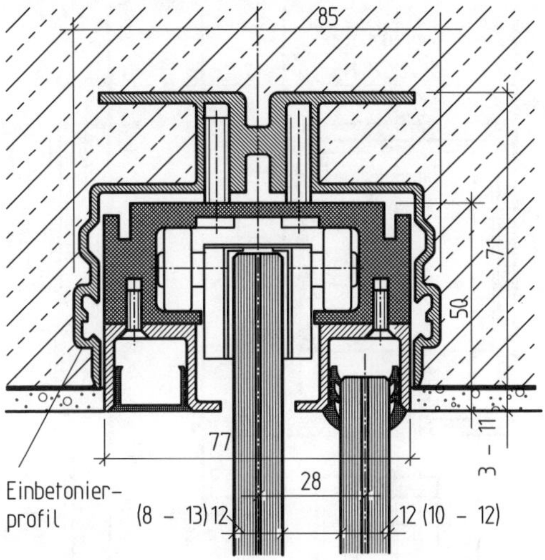

Bild 2.4-9 Beschlag für raumhohe Ganzglasschiebetüren mit verdeckter Aufhängung. Laufschiene ist mit der Deckenunterseite bündig in das Einbetonierprofil eingesetzt. Der Beschlag nimmt Ganzglasschiebetüren aus VSG oder ESG von 8 bis 13 mm Dicke und eine Festverglasung von 10 bis 12 mm (mit Silikon 13 mm) auf (HA).

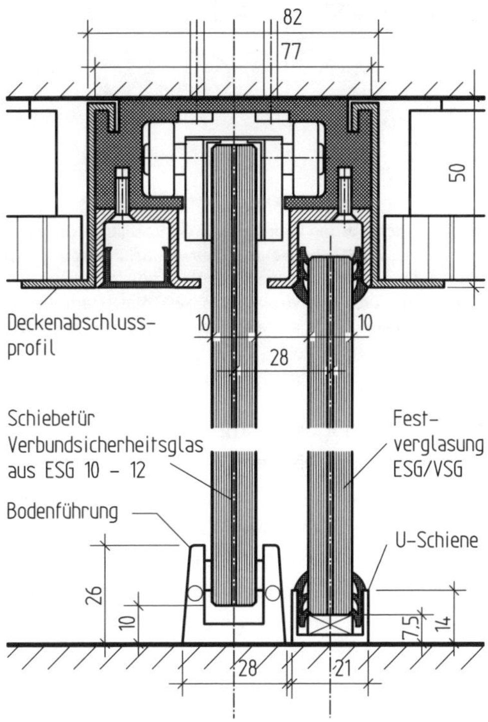

Bild 2.4-10 Beschlag für den Einbau in Deckenbekleidungen. Die Glasschiebetüren werden wie oben, in Bild 2.4-9, durch eine Keilaufhängung gehalten. Dadurch sind die Glastüren, maximales Türgewicht 150 kg und minimale Türbreite 750 mm, formschlüssig in der Schiebeachse aufgehängt. Statt der Festverglasung können auch Flächen aus Holzwerkstoffen in den Beschlag eingespannt werden (HA).

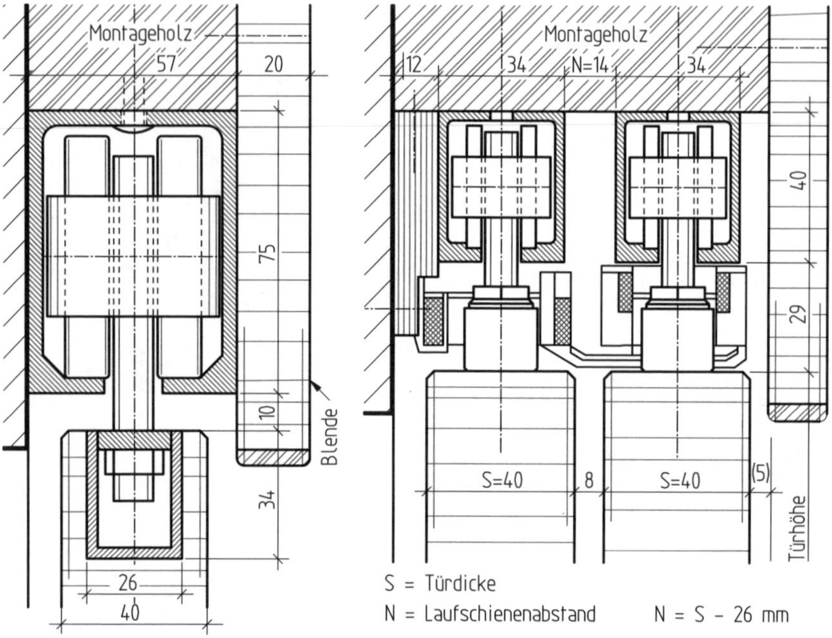

Bild 2.4-11 **Bild 2.4-12**

Bild 2.4-11 Geräuscharmer Schiebetürbeschlag für Holzschiebetüren bis 250 kg Türgewicht. Die Aufhängung erfolgt in den in der oberen Schmalfläche der Tür eingelassenen Tragprofilen. Dadurch ergibt sich eine niedrige Einbauhöhe. Höhenverstellung ist um ±5 mm möglich (HA).
Bild 2.4-12 Teleskopschiebetürbeschlag zum gleichzeitigen Verschieben von zwei oder drei Türen bis zu je 80 kg. Türbreiten von 500 bis 1200 mm, Türdicken von 37 bis 47 mm. Ein glasfaserverstärkter Zahnriemen ermöglicht ein teleskopartiges Öffnen der Schiebetürpaare (HA).

2.4.2.2 Führungssysteme

Die Schiebetüren hängen frei pendelnd an den Laufwerken und müssen durch Führungen in der richtigen Lage gehalten werden. Im Wesentlichen sind hier Führungsnocken und Führungsrollen zu unterscheiden.
Die Führungsnocken können aus Metall oder Kunststoff bestehen. Sie werden so auf dem Boden oder über einen besonderen Winkel am Türfutter befestigt, dass sie die Schiebetür während des ganzen Öffnungsweges führen können. Die Türblätter sind für die Führungsnocken an ihrer unteren Schmalfläche genutet. Bei stark begangenen Schiebetüren können die Nuten mit Kunststoffschienen ausgeleimt werden. Statt der Führungsnocken sind auch Führungsrollen möglich.

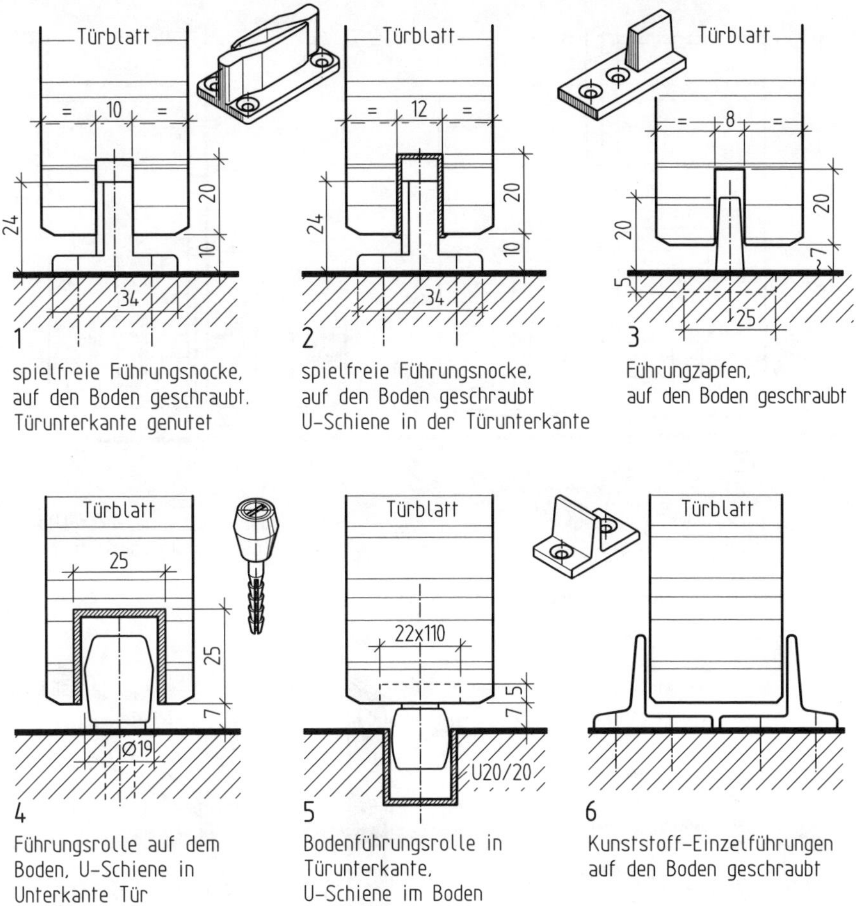

Bild 2.4-13 Bodenführungen für Schiebetüren (HA, Ge, He, Do und Zi sinngem.).

Dieses Führungssystem kann auch umgedreht werden; die Führungsrolle sitzt an der unteren Schmalfläche der Tür und hier in der Mitte beziehungsweise an der Öffnungsseite, und im Fußboden ist eine U-Schiene eingelassen, in der die Führungsrolle läuft. Die im Boden eingelassenen U-Schienen können sich allerdings mit Schmutz zusetzen (Bild 2.4-13).

Ganzglastüren erhalten als untere Führung zwei Führungsrollen, oder sie werden in einem U-förmigen Gleiter geführt (Bild 2.4-21).

Bei zweiflügeligen Teleskoptüren, die nach einer Seite zu verschieben sind, werden die beiden Türblätter zusätzlich durch einen Führungswinkel miteinander verbunden (Bild 2.4-14).

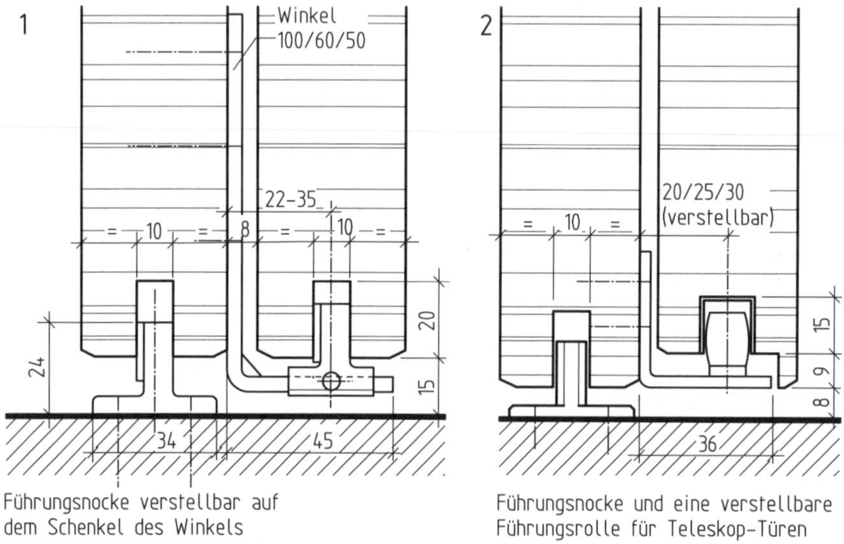

Bild 2.4-14 Bodenführungen für Teleskopschiebetüren (Ha, Ge, He).

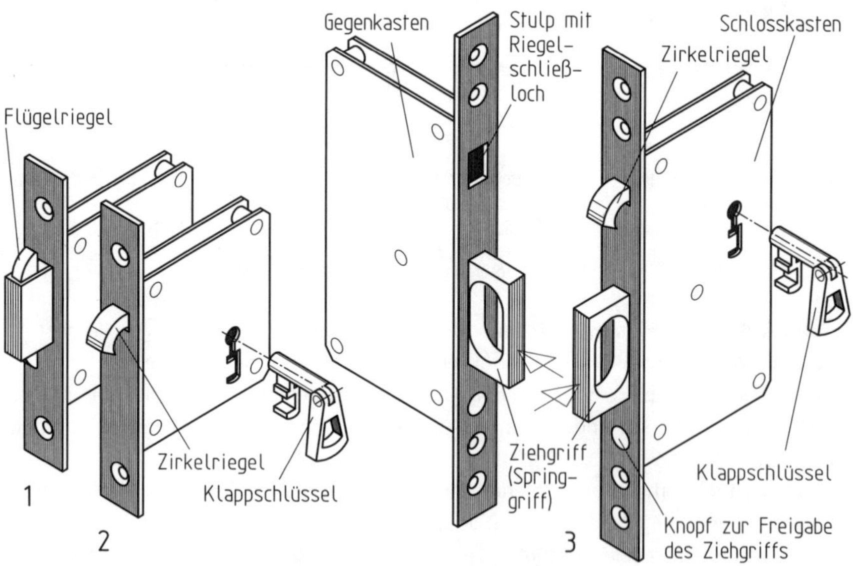

Bild 2.4-15 Einsteckschlösser für Schiebetüren. 1 Flügelriegelschloss, 2 Zirkelriegelschloss, 3 Zirkelriegelschloss mit Springgriff und Gegenkasten mit Springgriff.

2.4.2.3 Schiebetürschlösser

Schiebetüren können verschlossen werden. Gebräuchlich sind Flügelriegel- und Zirkelriegeleinsteckschlösser. Als Sicherungsarten kommen Buntbart, Zuhaltungen und Schließzylinder in Frage. Die Standarddornmaße betragen 55 mm oder 70 mm. Schiebetürschlösser haben in der Regel keine Vierkantnuss. Sie werden nur mit dem Schlüssel verschlossen. Damit man die Türen vollständig in die Tasche hineinschieben kann, wird hier ein spezieller Klappschlüssel verwendet. Zum Herausziehen der Schiebetür lassen sich durch einen Knopf im Stulp des Schlosses Spring- oder

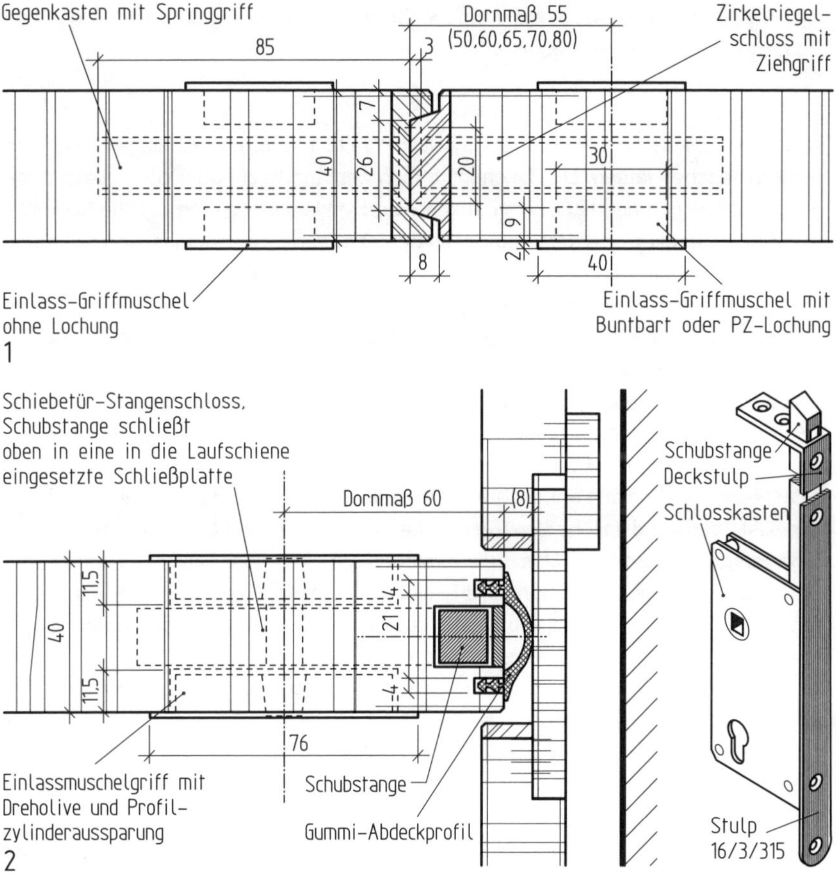

Bild 2.4-16 Verschluss von Schiebetüren. 1 Verschluss einer zweiflügeligen Schiebetür mit Zirkel- oder Flügelriegelschloss mit Springgriff in einem Gegenkasten (BMH, BKS, Do, Hä, Ik). 2 Verschluss einer einflügeligen Schiebetür mit Schubstangenschloss. Die Schubstange fasst oben in ein in die Laufschiene montiertes Schließblech (HA).

Ziehgriffe herausstellen. Bei zweiflügeligen Türen schließen die Schlösser nicht in ein Schließblech, sondern in einen Schlossgegenkasten. In ihm ist ebenfalls ein Springgriff eingebaut, er hat aber sonst im Stulp die Funktion eines Schließbleches (Bild 2.4-15). Zum Verschließen von Schiebetüren gibt es auch Schubstangenschlösser die in der Schiebetürkante eingelassen werden und die Tür über eine Schubstange oben in der Laufschiene verriegeln. Diese Schlösser haben eine Zylinderlochung und Vierkantnuss, sodass die Schiebetür nur bis zum Drehknauf oder Drücker in die Tasche geschoben werden kann (Bild 2.4-16). Schiebetüren, die ganz in die Futtertaschen hineingeschoben werden sollen, erhalten flache Einlassgriffmuscheln mit der Lochung für den Klappschlüssel. Klappschlüssel gibt es nur für Buntbart- und Zuhaltungsschlösser (Bild 2.4-15).

2.4.3 Montage

Schiebetüren können vor der Wand, vielleicht mit sichtbaren Beschlägen, oder verdeckt in Taschen laufen. Die Taschen können gemauert sein oder durch Leichtbauwände, dünne gemauerte Schalen, durch Wandverkleidungen, vorgestellte Schränke oder Regale gebildet werden. Laufen die Schiebetüren in Taschen, ist vor Errichtung der zweiten Schale die Laufschiene zu montieren, oder es sind zur Montage Aussparungen in dieser Schale vorzusehen, die dann später geschlossen werden. Wandverkleidungen lassen sich zur Montage und Wartung des Laufwerks aushängen, Regale und Schränke wegrücken.

Die Laufschienen sind, mit Ausnahme der Laufschienen für selbstschließende Schiebetüren, genau in Waage zu setzen. Sie dürfen sich durch die Montage an der Wand oder unter dem Sturz nicht verziehen oder verwinden. Vorteilhaft ist deshalb eine Befestigung der Schiene auf gut abgerichtete Kanthölzer. Bei der Montage des Laufwerks ist natürlich die Höhe der Türen zu berücksichtigen und auch die Ebenheit des Fußbodens zu überprüfen. Damit die Schiebetüren nicht über die Begrenzung in der Mitte und bei der größten Offenstellung hinauslaufen, sind sie an den Endpunkten in den Laufschienen abzustoppen. Die Schiebetüren sollten aber auch an der Längskante der Schiebetür in Schwerpunkthöhe durch Puffer abgestoppt werden, um die Laufwerke zu entlasten. Damit die Türen in der richtigen Lage geführt werden, sind auf dem Fußboden Führungsnocken oder Führungsrollen angebracht. Die Türumrahmung besteht in der Regel aus Futter und Bekleidungen. Das Futter ist so getrennt, dass die Schiebetür sicher zwischen den Futterhälften durchlaufen kann. Auch wenn sich die Türen geringfügig verzogen haben, dürfen sie nicht am Futter entlangstreifen. Um dem vorzubeugen, können die Türen an den Rändern durch schmale Leisten aufgedoppelt werden (Bild 2.4-18 und 19). Glashalteleisten und Beschläge dürfen natürlich in der Türfläche nicht vorstehen. Um das Laufwerk warten und die Schiebetüren gegebenenfalls justieren zu können, ist ein Halbfutter zumindest aber die Bekleidung abnehmbar. Beispiele für Schiebetüren siehe Bild 2.4-17 bis 24.

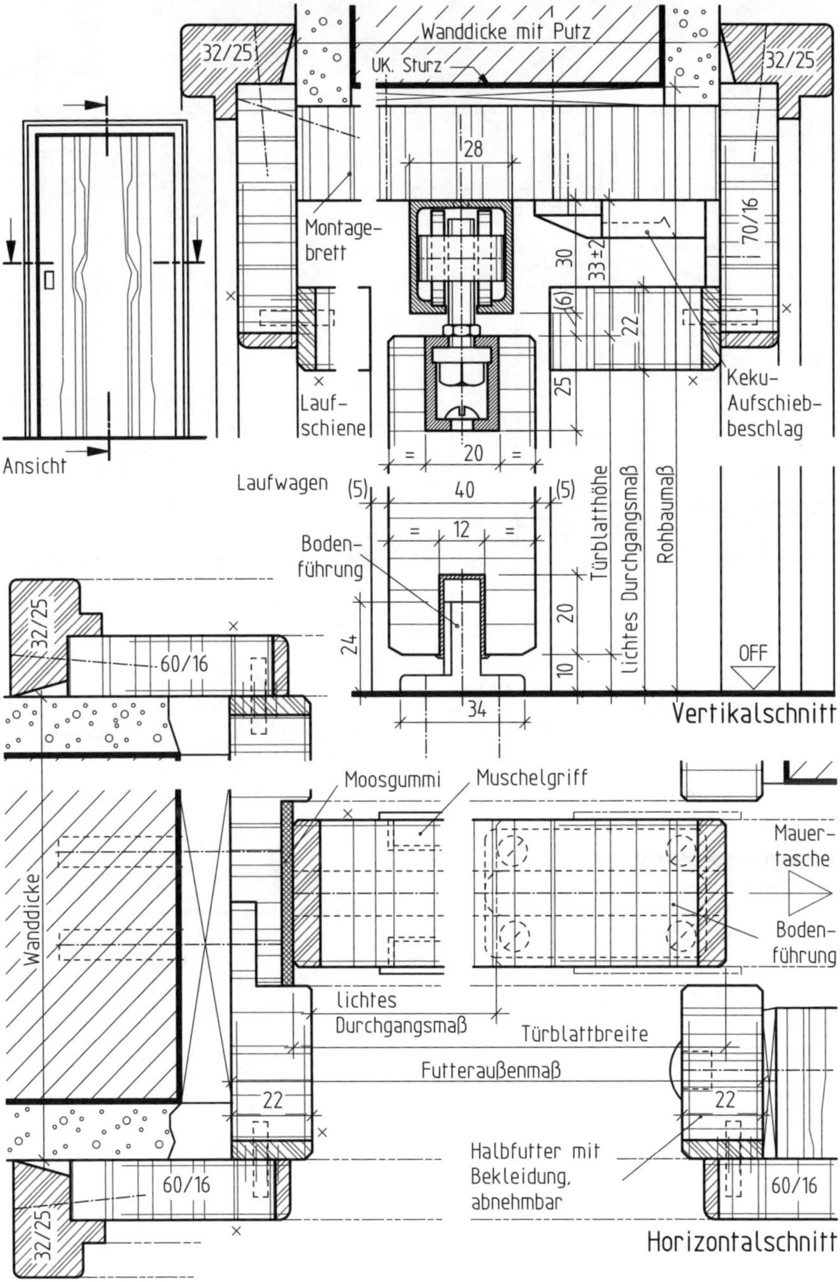

Bild 2.4-17 Einteilige Schiebetür, in Mauertasche laufend (HA).

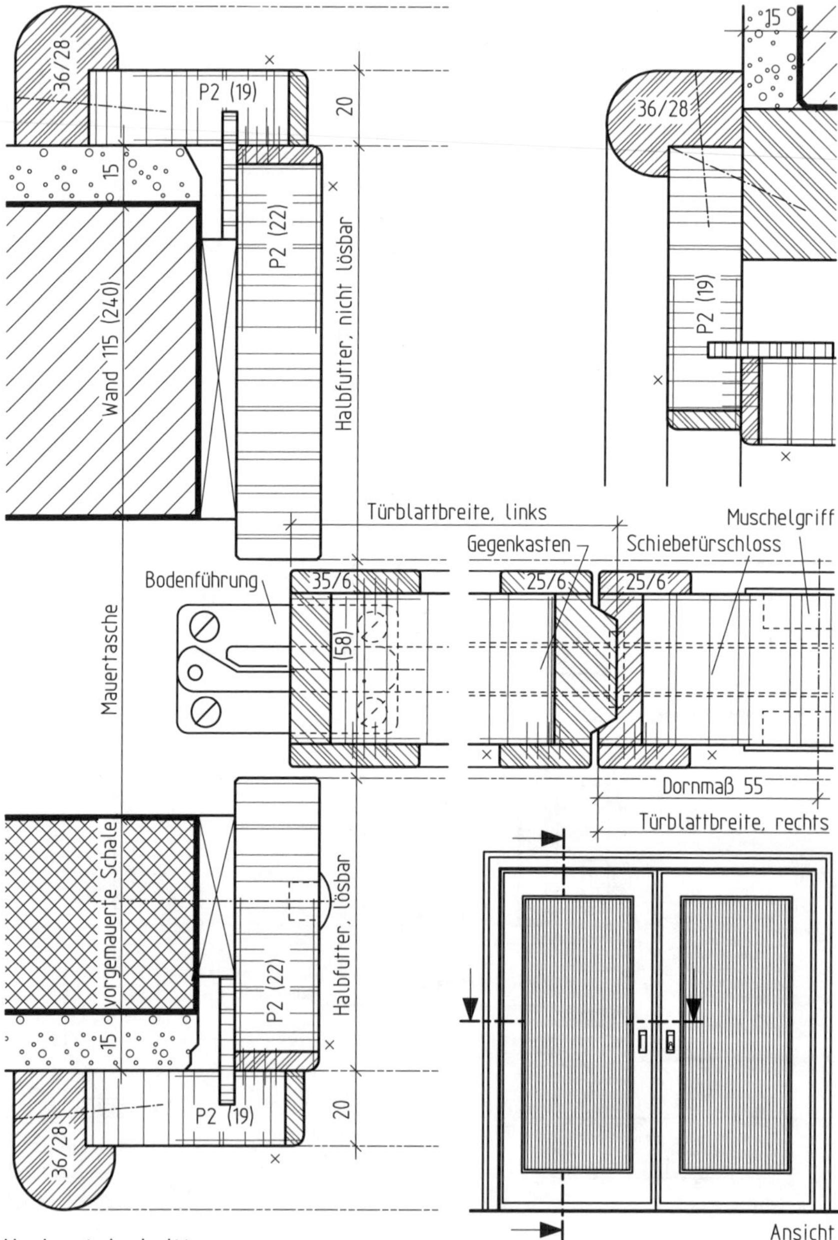

Horizontalschnitt

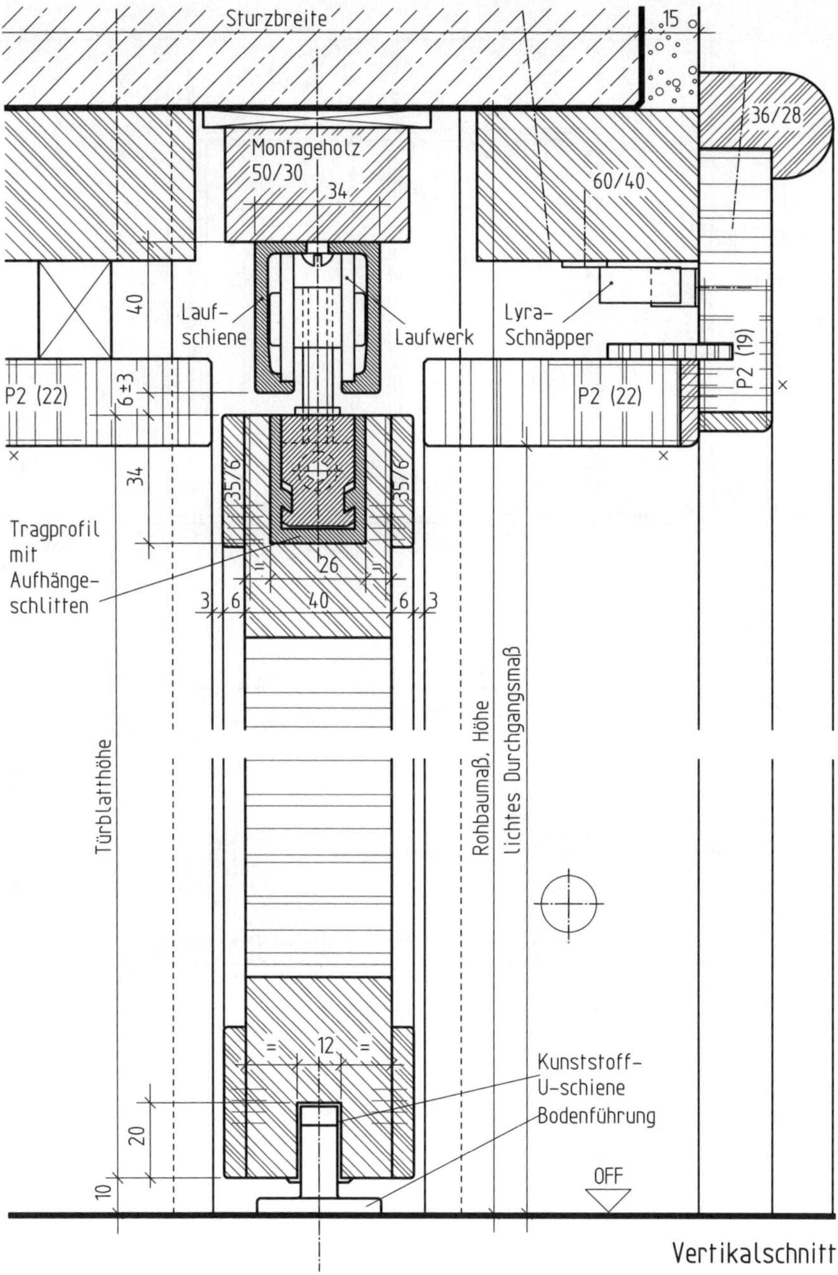

Bild 2.4-18 Zweiflügelige Schiebetüren, verglast, in Mauertaschen laufend (HA).

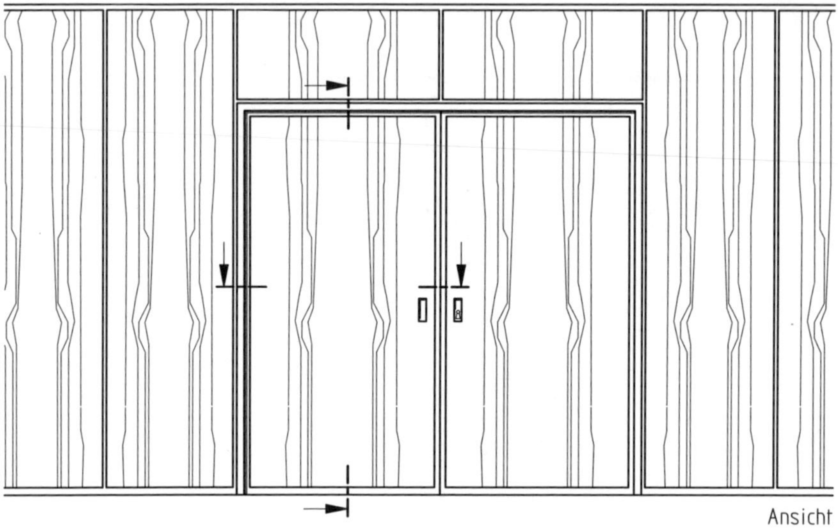

Ansicht

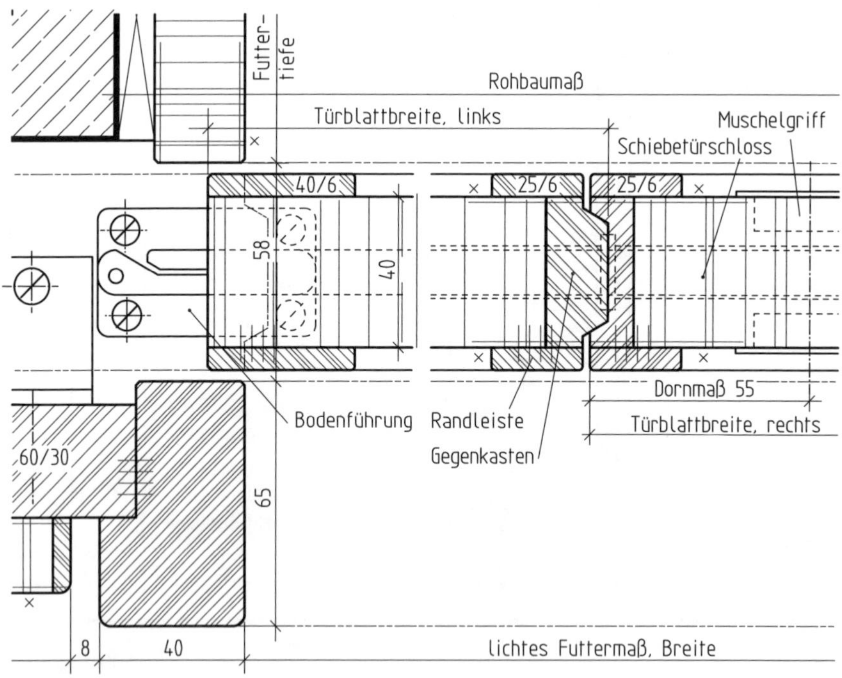

Horizontalschnitt

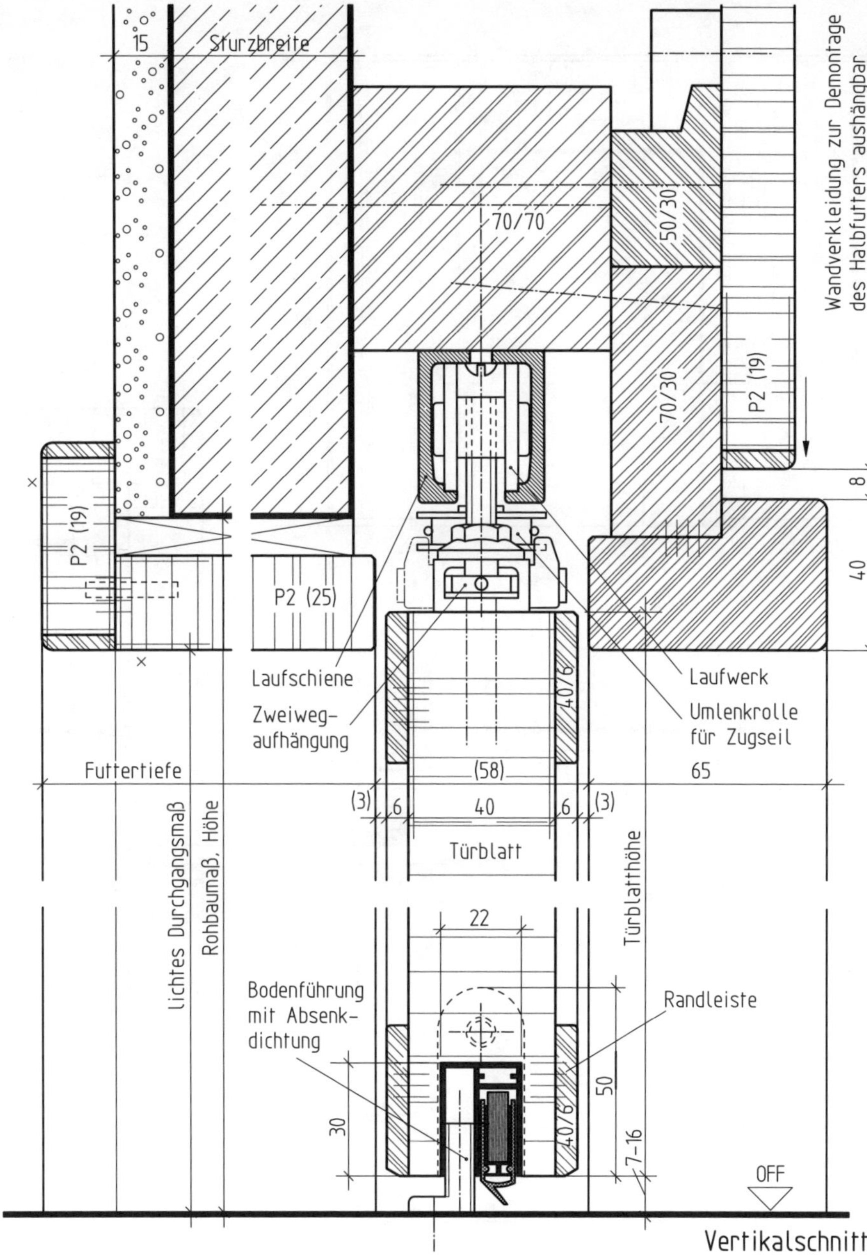

Bild 2.4-19 Zweiflügelige Schiebetüren, hinter einer Wandverkleidung laufend. Der Beschlag erlaubt ein gleichzeitiges, symmetrisches Öffnen beider Schiebetüren (HA). Das Bodenführungsprofil ist mit einer Absenkdichtung kombiniert (PI).

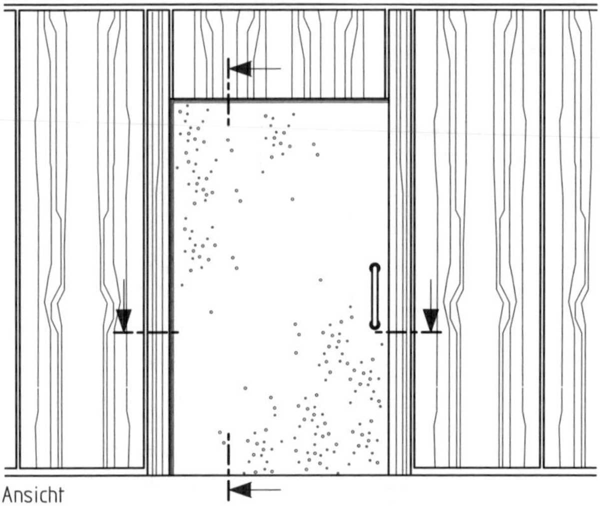
Ansicht

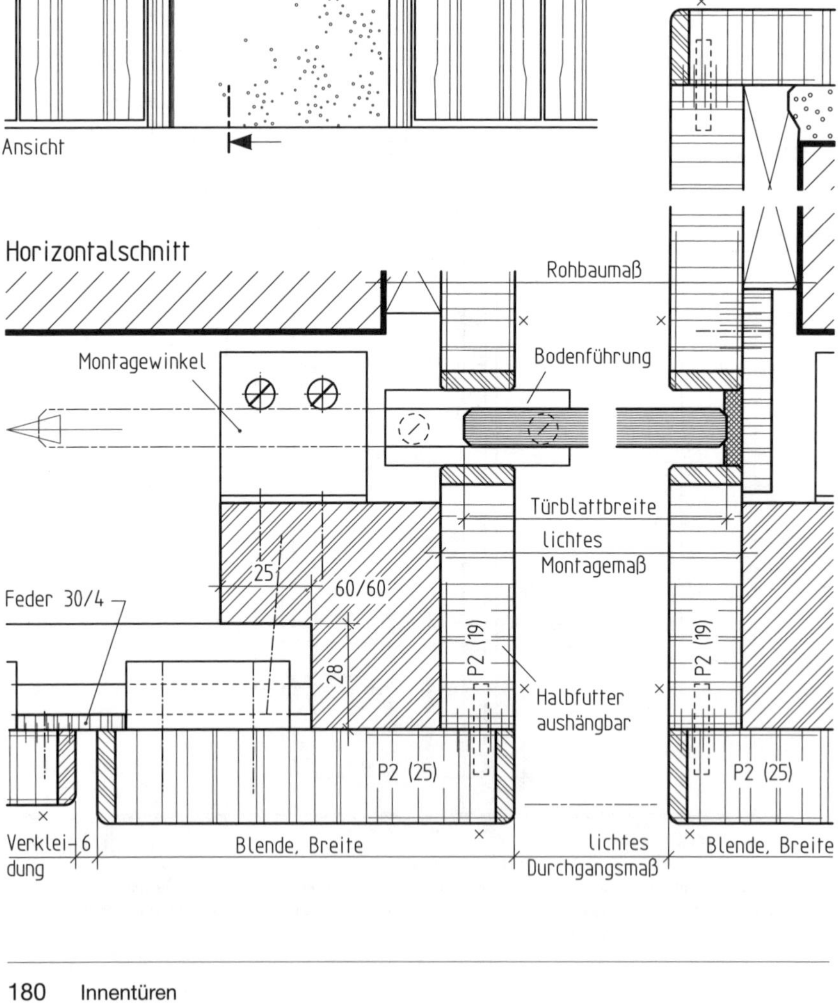
Horizontalschnitt
Rohbaumaß
Montagewinkel
Bodenführung
Türblattbreite
lichtes Montagemaß
25
60/60
Feder 30/4
28
P2 (19)
P2 (19)
Halbfutter aushängbar
P2 (25)
P2 (25)
Verkleidung
6
Blende, Breite
lichtes Durchgangsmaß
Blende, Breite

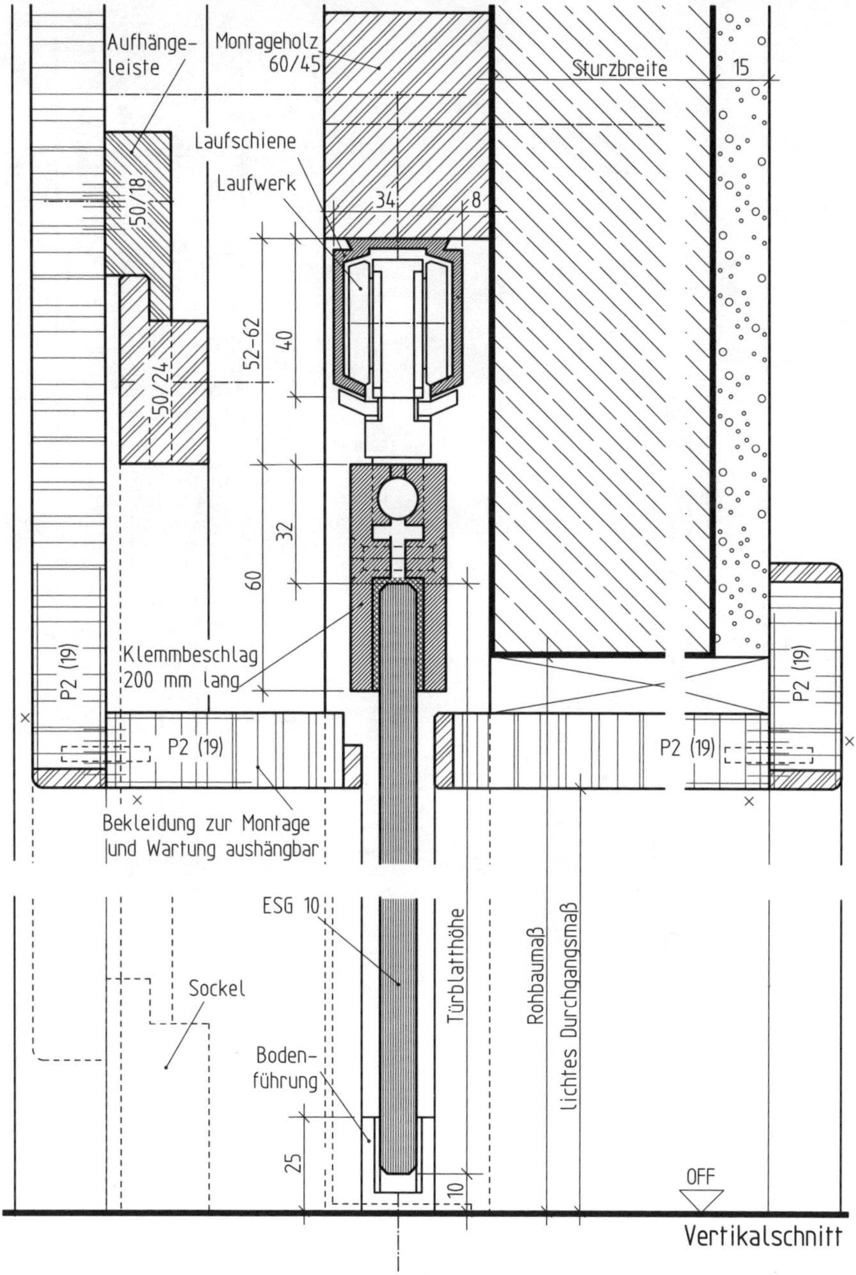

Bild 2.4-20 Große einflügelige Ganzglasschiebetür im Klemmschuhbeschlag (Ge, HA).

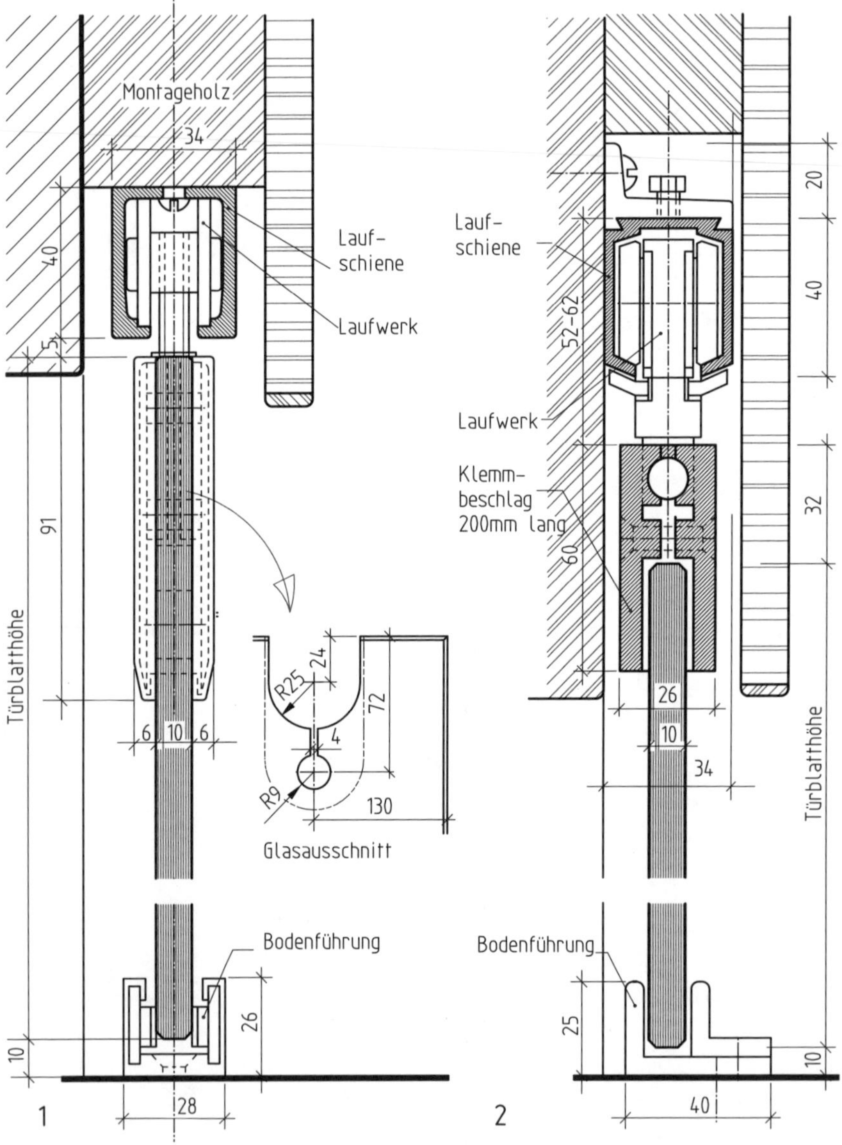

Bild 2.4-21 Laufwerke für Ganzglasschiebetüren. 1 Der Beschlag für 80 kg schwere Türen erfordert einen Glasausschnitt, der von den Türenden einen Abstand von 130 mm aufweisen muss (HA). 2 Laufrohrbeschlag mit Klemmschuh für 80 kg schwere Ganzglastüren geeignet (Ge, HA).

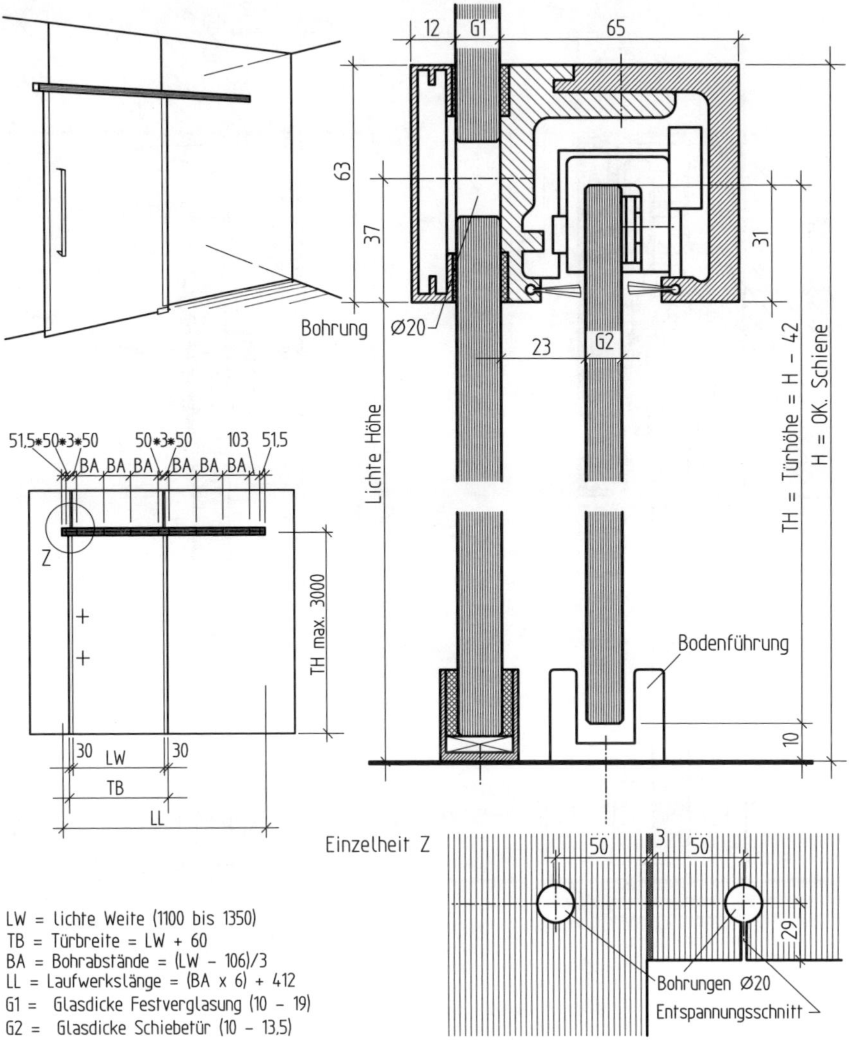

Bild 2.4-22 Raumhohe Glaswand mit Glasschiebetür. Für die Befestigung der zweiteiligen, nur 63 mm hohen Laufschiene ist die Glaswand zu bohren (Ø 20 mm). Die Bohrungen der Sturzscheibe müssen zur Unterkante hin einen Entspannungsschnitt erhalten. Die Befestigungsstellen der Laufschiene sind auf der Gegenseite der Laufschiene durch ein Abdeckprofil verkleidet. Beschlag auch für Doppeltüren und für Türgewichte bis 80 kg oder bis 150 kg. Die Schiebetüren werden in beiden Endstellungen selbsttätig und sanft eingefahren (Do, EKU sinngemäß).

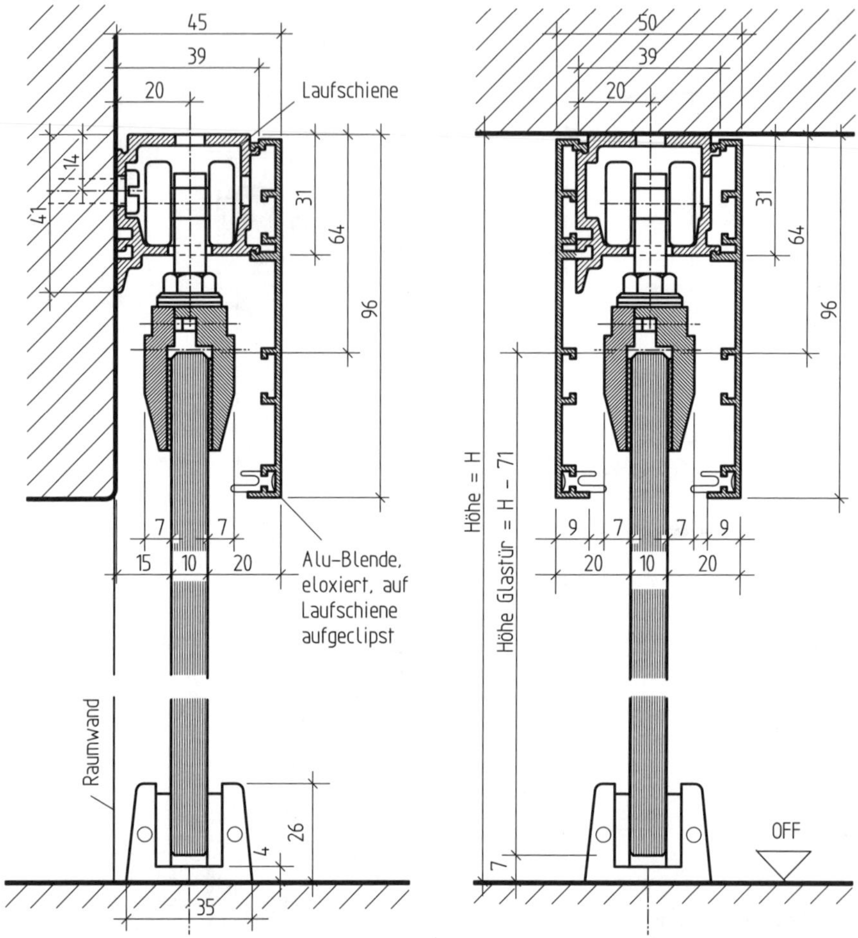

Bild 2.4-23 Kombiglasschiebetürbeschlag für Wandmontage (links) oder Deckenmontage (rechts). Er ist für ein Türgewicht bis 100 kg geeignet. Laufschiene und Laufwerk einschließlich Klemmbacken werden durch eine eloxierte Alu-Blende bei Wandmontage einseitig, bei Deckenmontage beidseitig abgedeckt. Auch Holzblenden können mit besonderen Metallklipps, die alle 400 bis 600 mm an der Innenseite der Holzblende anzuschrauben sind, an der Laufschiene befestigt werden (EKU).

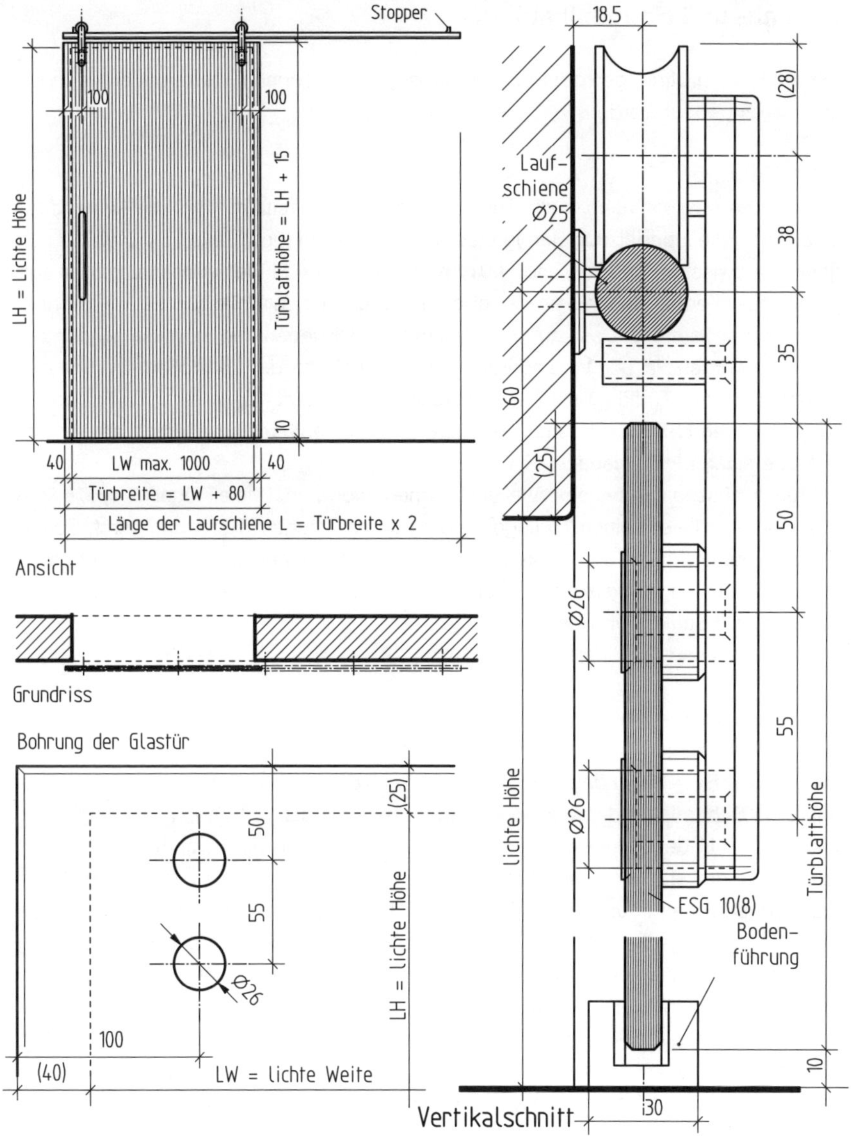

Bild 2.4-24 Glasschiebetür, vor der Wand laufend. Beschlag mit großen Laufrollen wird an Glastür befestigt. Sie muss hierfür je vier Durchgangsbohrungen, Ø 26, erhalten. Für Türgewicht von max. 80 kg, max. Türbreite 1080 mm. Die Laufschiene wird an der Wand und dem Sturz befestigt. Auf sie sind die Stopper zur Arretierung der Tür in den Endstellungen geschraubt (Do, Pho).

2.5 Falt- und Harmonikatüren

Für größere Türöffnungen oder für Raumabschlüsse können Falttüren oder Harmonikatüren eingebaut werden.

2.5.1 Falttüren

Bei Falttüren weisen nahezu alle Türflügel die gleiche Breite auf, nur die Außenflügel sind durch die Überfälzung geringfügig schmaler. Die Flügelbreite liegt zweckmäßigerweise zwischen 600 mm und 900 mm. Jeder zweite Flügel wird im Laufrohr aufgehängt und erhält deshalb an der oberen Türecke einen Einlasswinkel mit drehbar aufgesetzter Laufrolle. Das Laufrohr kann unter oder gegen den Sturz der Türöffnung montiert werden. In der Verlängerung der Drehachsen der Laufrollen sind an den Unterkanten der Türflügel die Führungsrollen angebracht, die in einer im Fußboden eingelassenen U-Schiene geführt werden. Jeder rollenlose Flügel erhält an der Unterkante einen Einlassriegel.

Falttüren müssen mindestens zwei und können unbegrenzt viele Flügel (3, 4, 5, 6, 7, 8 usw.) haben. Die einzelnen Türflügel sind an den aufrechten Türkanten durch Scharniere verbunden. Die Öffnung kann sowohl nur nach einer Seite hin als auch nach beiden Seiten hin, teilweise nach rechts oder nach links erfolgen. Der erste Türflügel lässt sich als Schlupftür alleine öffnen.

Das System einer Falttür siehe Bild 2.5-1.

2.5.2 Harmonikatüren

Harmonikatüren beginnen an der seitlichen Maueröffnung mit einem halben Türflügel. Die übrigen Flügel sind dann gleich breit. Sie sind an den Längskanten wechselseitig durch Scharniere oder Dreilappenbänder miteinander verbunden. Die Laufwerke werden hier in der Mitte der oberen Schmalfläche der Türflügel angebracht. Diese laufen in einer stabilen Laufschiene, die unter der Decke oder unter einem Sturz montiert ist. Es wird nur jeder zweite Flügel mittig aufgehängt. Die möglichen Flügelbreiten liegen zwischen 500 mm und 900 mm. Das Flügelgewicht darf maximal 80 kg betragen. Die Harmonikatür wird durch seitliches Verschieben, nur nach einer Seite hin oder teils nach rechts und teils nach links, geöffnet. Dabei falten sich die Türflügel aufeinander. Im geschlossenen Zustand können die Türflügel durch Einlassriegel an den unteren Türecken festgestellt werden. Eine Bodenführung ist bei Harmonikatüren in der Regel nicht erforderlich. Wird trotzdem eine Bodenführung eingebaut, besteht diese aus den Führungsrollen, die mittig unter der unteren Schmalfläche der Türflügel sitzen, genau in der Verlängerung der Drehachse der oberen Laufwerke, und in einer Bodenschiene laufen. Harmonikatüren können aus 2½, 3½, 4½, 2 × 2½, 2 × 3½ usw. Flügeln bestehen. Bei Bedarf können Harmonikatüren durch ein Stangen- oder ein Zapfenschloss verriegelt werden. Für Ganzglasharmonikatüren aus Glasdicken von

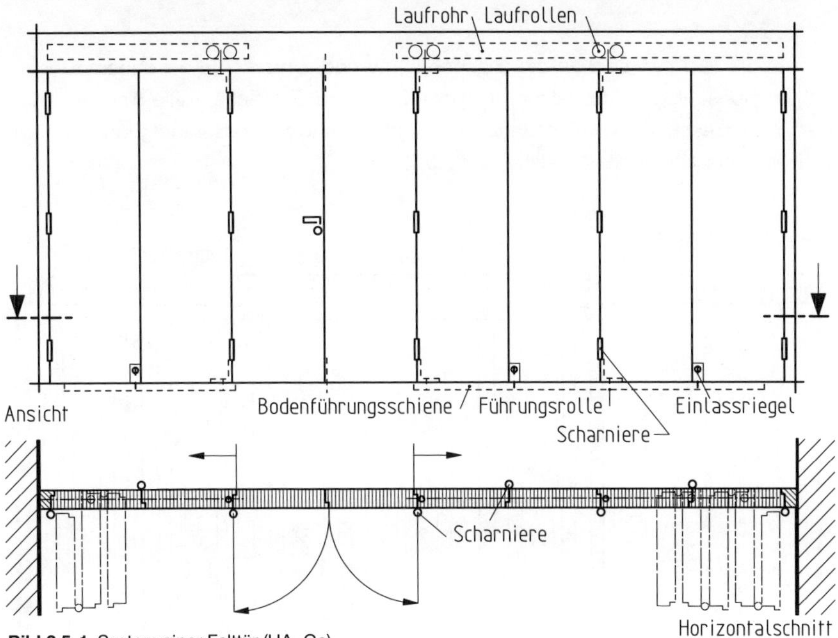

Bild 2.5-1 System einer Falttür (HA, Ge).

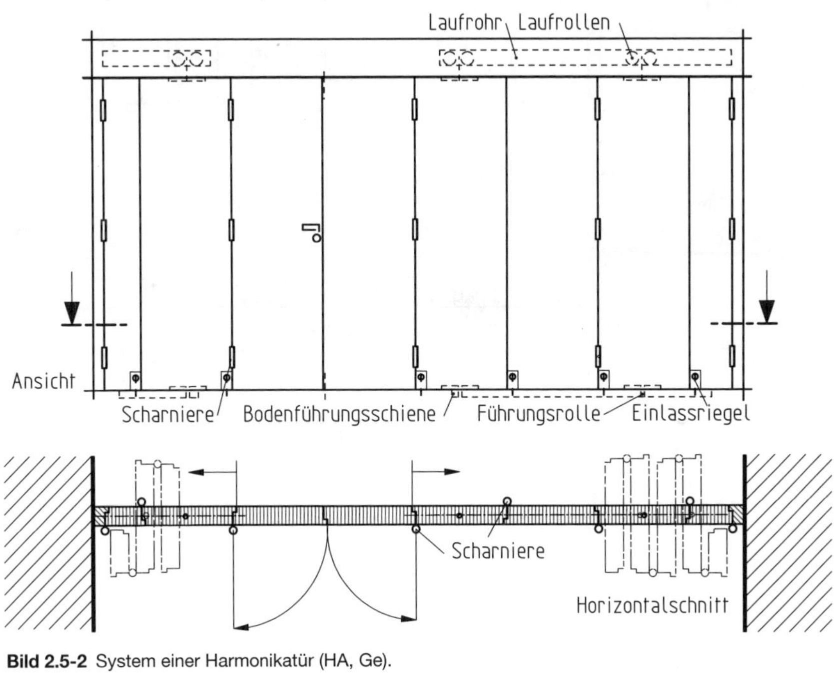

Bild 2.5-2 System einer Harmonikatür (HA, Ge).

10 mm bis 12,7 mm sind an der Glasoberkante und -unterkante besondere Klemmschienenbeschläge aufzusetzen. In diese Trag- und Glashalteprofile sind die erforderlichen Beschläge wie Aufhängung, Scharniere und Schlösser integriert (HA, Ge). System einer Harmonikatür siehe Bild 2.5-2.

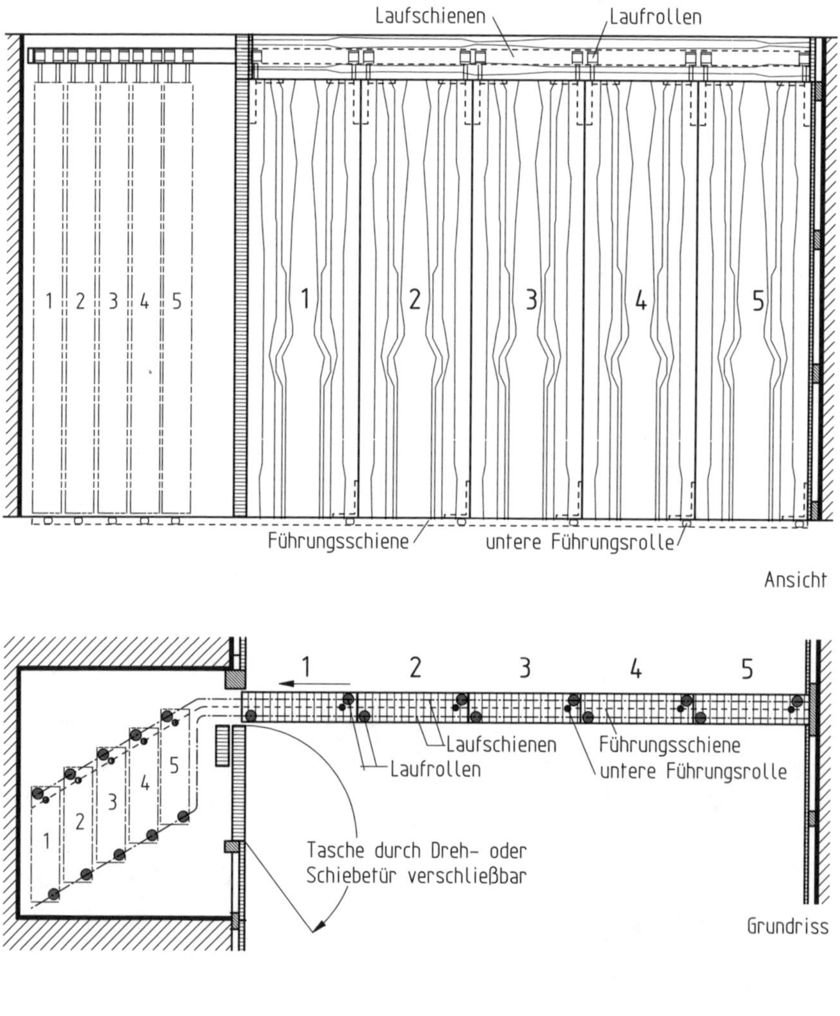

Bild 2.6-1 System einer Horizontalschiebewand. Die einzelnen Wandelemente werden zum Öffnen in eine Tasche geschoben und hier geparkt.

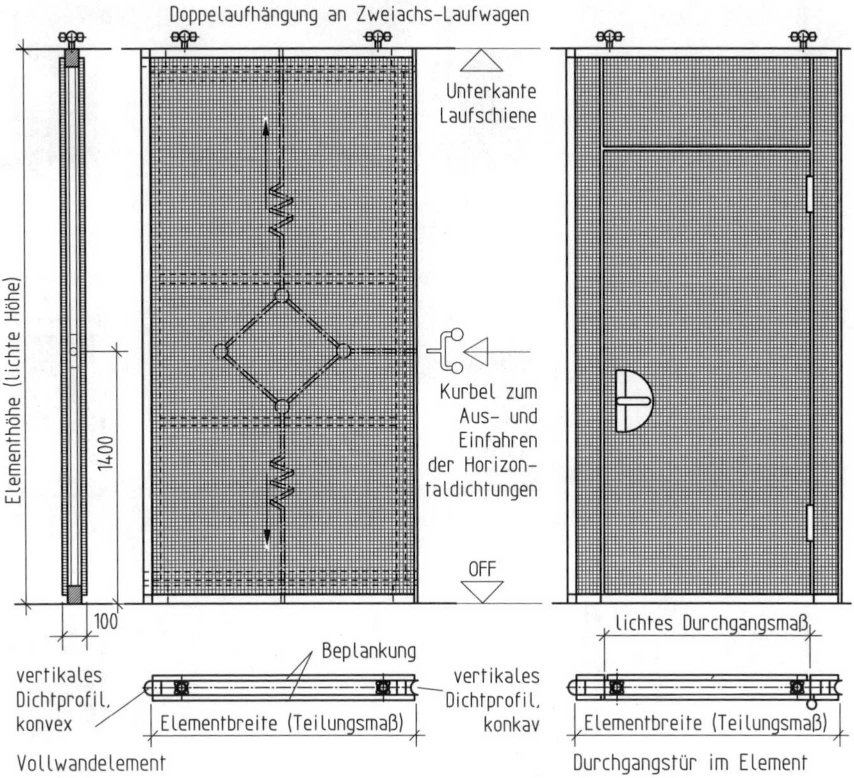

Bild 2.6-2 System der Schiebewandelemente (Hü).

2.6 Horizontalschiebewände

Große Räume können durch raumhohe Horizontalschiebewände in kleinere aufgeteilt werden. Diese Schiebewände bestehen aus einzelnen Elementen, die man zu Wänden zusammenschieben kann. Dabei sind auch winklige Anschlüsse von 90° oder 120° möglich. Die Breite der Elemente kann 600 mm bis 1250 mm, die Höhe 2000 mm bis 4100 mm und die Dicke 80 mm, 100 mm bis 160 mm betragen. In besonderen Fällen wurden schon Elemente bis zu 16 000 mm Höhe konstruiert. Sie bestehen aus einer Rahmenkonstruktion, die beidseitig mit Holzwerkstoffen oder Stahlblech beplankt sind. Die Elemente können schalldämmend von 42 bis 55 dB (R›w), wärmedämmend mit einem U-Wert von 0,664 bis 0,38 und für den Brandschutz ausgestattet sein. In die großen Elemente können auch kleinere Durchgangstüren eingebaut werden. Die einzelnen Wandelemente werden an einem oder besser zwei Laufwerken in Laufschienen aufgehängt, die unter Stürzen oder Decken montiert sind. Ein konstanter

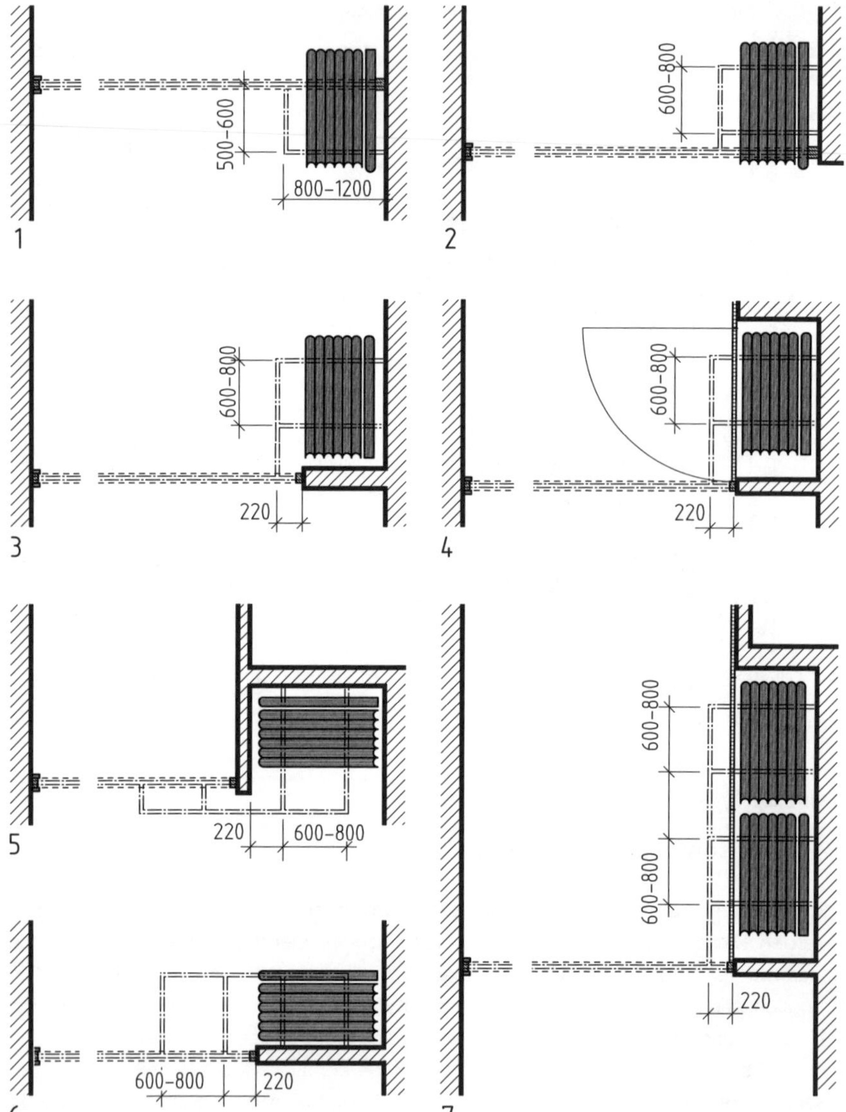

Bild 2.6-3 Parkmöglichkeiten der Schiebewandelemente (HA, Hü).

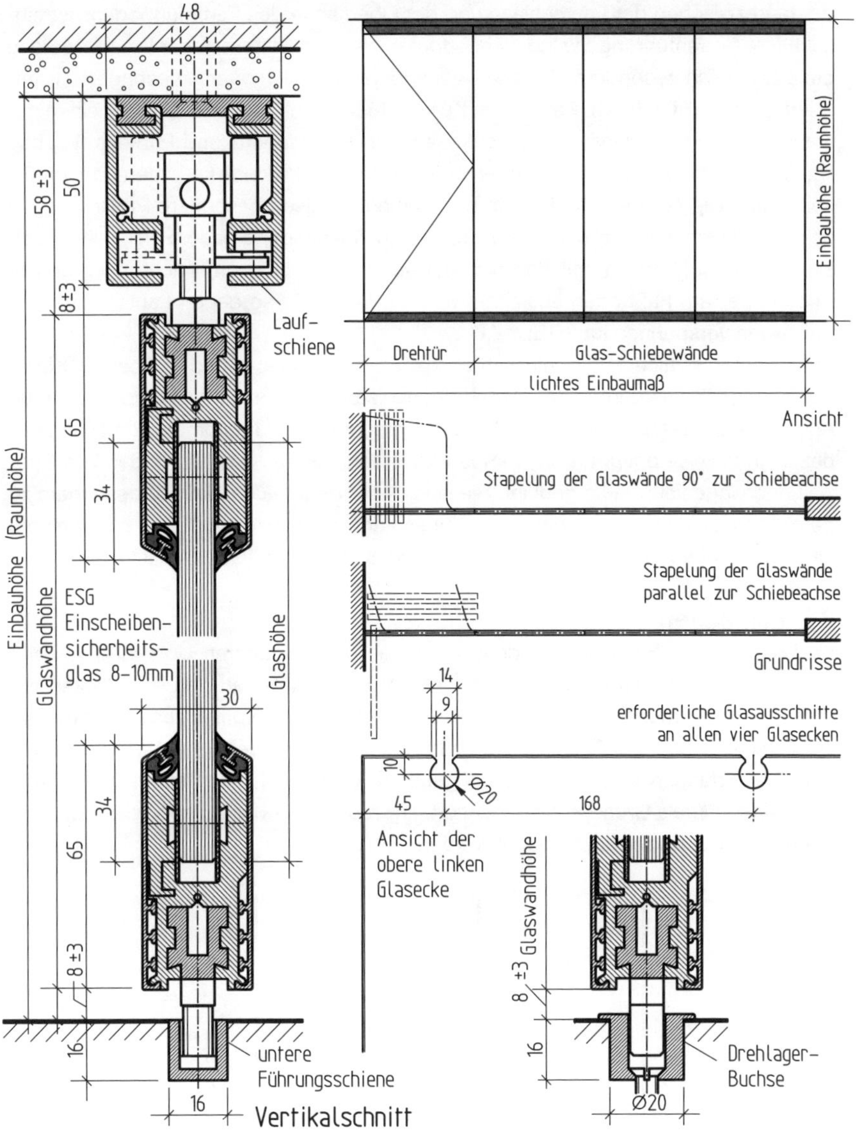

Bild 2.6-4 Glasschiebewand für leichte Glastrennwände bis zu 60 kg pro Glaselement, maximale Elementhöhe bis 2600 mm, Türbreiten ab 500 mm bis 950 mm, bei paralleler Stapelung bis 1100 mm. Lauf und Führungsschienen in Leichtmetall, farblos eloxiert (HA).

Abstand zwischen der Laufschiene und der Oberfläche des Fertigfußbodens ist einzuhalten. Bodenführungen sind nicht erforderlich. Zum Entfernen der Wände werden die Elemente in besonderen Räumen, vor anderen Wänden oder in besonderen Kammern geparkt (Bild 2.6-3). Besondere Kurvenstücke, Weichen oder Drehscheiben gestatten die verschiedensten Möglichkeiten des Verschiebens und Parkens. Wichtig ist, dass im Schwenkbereich der Elemente aus der Decke keine Leuchten oder Profile vorstehen. Die senkrechten Kanten der Elemente weisen besondere Profile auf, die beim Schließen wie Nut- und Federbretter dicht ineinander greifen. Seitlich lässt sich eine Kurbel aufstecken, mit der man kulissenartig die Horizontaldichtungen an der Decke oder am Fußboden ausfahren und die Elemente so gegen Laufschiene und Fußboden verspannen kann (Bild 2.6-2).

Zuletzt wird seitlich ein Schlussstück gegen die Schiebewand gespannt. Kleine Schiebewände werden in der Regel mechanisch und manuell verschoben. Große Anlagen können automatisch elektronisch verschoben und automatischmechanisch beziehungsweise pneumatisch verspannt werden. Große Anlagen werden von Spezialfirmen ingenieurmäßig geplant. Sie sind in der Regel auch statisch besonders zu berechnen. Horizontalschiebewände gibt es auch als Ganzglasanlagen bis zu einem Flügelgewicht von 400 kg und Glasdicken von 8 bis 16 mm (Ge, HA, Hü, Nü).

2.7 Fußleisten

Fußleisten, auch Sockelleisten genannt, sollen einen sauberen Übergang von der Wand zum Fußboden herstellen. Sie werden in der Regel an den Wandecken auf Gehrung zusammengeschnitten oder mit besonderen Eckprofilen zusammengefügt. An Türen müssen die Fußleisten unterbrochen werden. Bei vorstehenden Zargen oder Bekleidungen können sie stumpf gegen diese Kanten anschließen. Die Fußleisten können mittels Grundprofilen montiert, angeschraubt oder mit speziellem Baukleber an den Raumwänden befestigt werden (Bild 2.7-1).

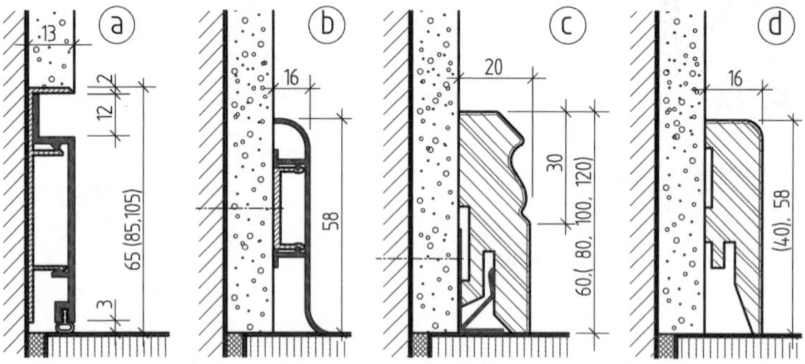

Bild 2.7-1 Fußleistenarten. a Putzbündige Alu-Schiene, b Kunststoffleiste, c profilierte Holzleiste, d schlichte Holzleiste, oft kunstoffummantelt.

3 Wandverkleidungen

Wände können aus optischen und aus technischen Gründen mit wertbeständigen Schalen aus Holz, Holzwerkstoffen, Kunststoffen, Metallen oder Ähnlichem verkleidet werden. Möglich ist auch ein Bespannen der Flächen mit Textilien oder Leder. Aus optischen Gründen werden Wandverkleidungen angebracht, um den Raumeindruck zu verändern, den Raum wertvoller erscheinen zu lassen oder ihn zum Beispiel mit Verkleidungen aus Metall nüchterner und kühler, mit Verkleidungen aus Holz und Textilien wärmer und behaglicher zu machen.
Aus technischen Gründen kann eine Verkleidung erforderlich werden, um die Schalldämmung oder Raumakustik zu verbessern, den Wärmedurchlasswiderstand zu erhöhen und um Risse und Installationsleitungen zu überdecken.

3.1 Arten der Wandverkleidungen

Es gibt sehr viele Möglichkeiten, Wandverkleidungen zu konstruieren und zu gestalten. Die gewählten Werkstoffe, die Flächengliederung, der Einbau im Raum und die technischen Anforderungen bestimmen sehr wesentlich die Ausbildung und die architektonische Wirkung. Man unterscheidet nach der Konstruktion und nach der Flächengliederung Verkleidungen aus Verstäbungen, Verbretterungen, Rahmen und Füllungen sowie aus Platten, nach den technischen Anforderungen wärmedämmende, schalldämmende und ballwurfsichere Verkleidungen.

- **Verstäbungen** bestehen aus schmalen profilierten Vollholzstäben. Die geringen Fugenabstände und vorstehenden Profile bestimmen die architektonische Wirkung dieser Wandverkleidung. Verstäbungen sind besonders geeignet zum Verkleiden eindimensional gebogener Flächen und zur Ummantelung von Säulen (Bild 3.5-1 und 3).
- **Verbretterungen** werden aus einzelnen Profilbrettern, zum Beispiel aus Nut- und Federbrettern oder aus genuteten Profilbrettern mit losen Federn, aufgebaut. Schmale Bretter bis zu einer Breite von etwa 150 mm können aus Vollholz bestehen. Breitere Bretter werden vorwiegend aus furnierten Holzwerkstoffen hergestellt. Sie werden auch als Paneelverkleidungen bezeichnet. Die architektonische Wirkung der verbretterten Wand wird durch die Farbe und Struktur des Holzes, die Profilierung der Bretter und vom Verlauf der Fugen, vertikal, horizontal oder auch diagonal, bestimmt (Bild 3.5-4 bis 14).

- **Wandverkleidungen aus Rahmen und Füllungen** setzen sich aus dem gliedernden Rahmenwerk und den Füllungen zusammen. Die Rahmen bestehen aus Vollholz, auch aus furnierten Holzwerkstoffen, die Füllungen in der Regel aus furnierten Holzwerkstoffen wie Furnier-, Holzfaser- oder Spanplatte, der großen Breite wegen seltener aus Vollholz. Es sind eingenutete, überschobene und in Fälzen gelegte und verleistete Füllungen zu unterscheiden. Sind die Leisten sichtbar, können sie fein oder stark profiliert werden und die Gliederung der Fläche mehr oder weniger ausgeprägt betonen (Bild 3.5-15 bis 24).
- **Plattenverkleidungen** bestehen meistens aus furnierten Span- oder Stabsperrholzplatten, die auf die Unterkonstruktion unsichtbar montiert werden. Die Platten können aber auch mit Metallen, Kunststoffen und dünnen Naturstein-Imitationen kaschiert oder mit Textilien beziehungsweise mit Leder bespannt werden. Mit Platten lassen sich großflächige Wandverkleidungen herstellen. Die Gliederung der Verkleidungsfläche wird durch die Plattenformate und die Ausbildung der Fugen zwischen den einzelnen Platten erreicht (Bild 3.5-25 bis 41).
- **Wärmedämmende Wandverkleidungen** werden besonders dann eingebaut, wenn die Außenwände nicht mit ausreichendem Wärmeschutz versehen sind. Obwohl normale Wandverkleidungen aus Holz oder Holzwerkstoffen schon Wärmeschutz bieten, wird hier noch eine zusätzliche Wärmedämmung eingebaut. Um ein Auskondensieren der feuchten Raumluft im Dämmmaterial zu verhindern, wird die Wärmedämmschicht raumseitig mit einer dichten Dampfsperre aus Kunststoff- oder Alu-Folie abgedeckt (Bild 3.6-4).
- **Schalldämmende Wandverkleidungen** können gezielt den Schallschutz oder die Raumakustik verbessern. Sie müssen besonders sorgfältig aufgebaut und montiert werden. Schallbrücken wie starre Befestigungen der Unterkonstruktion am Mauerwerk oder der Verkleidungsschale auf der Unterkonstruktion, durchlaufende Rohrleitungen, feste Randeinspannungen an Fußboden und Decke sind zu vermeiden. Die Dämmschicht zwischen Verkleidungsschale und Gebäudewand muss weich federnd sein, um die Schallenergie ausreichend abzubauen. Dann dürfen Vertäfelungsplatten nicht zu dünn und zu großformatig sein, um eine Eigenschwingung der Verkleidungsschale auszuschalten. Um Schallreflexionen zu verhindern, sind durchbrochene Verkleidungsschalen einzubauen, die den Schall schlucken (Bild 3.6-3).
- **Ballwurfsichere Wandverkleidungen** werden in Sporthallen eingebaut. Sie müssen nicht nur den auftreffenden Bällen, sondern auch dem horizontalen Aufprall eines menschlichen Körpers standhalten. Außerdem werden gerundete Kanten und schmale Fugen zwischen den Verkleidungselementen gefordert, um Verletzungen beim Berühren der Verkleidungsschale weitgehend auszuschalten (Bild 3.6-1 und 2).

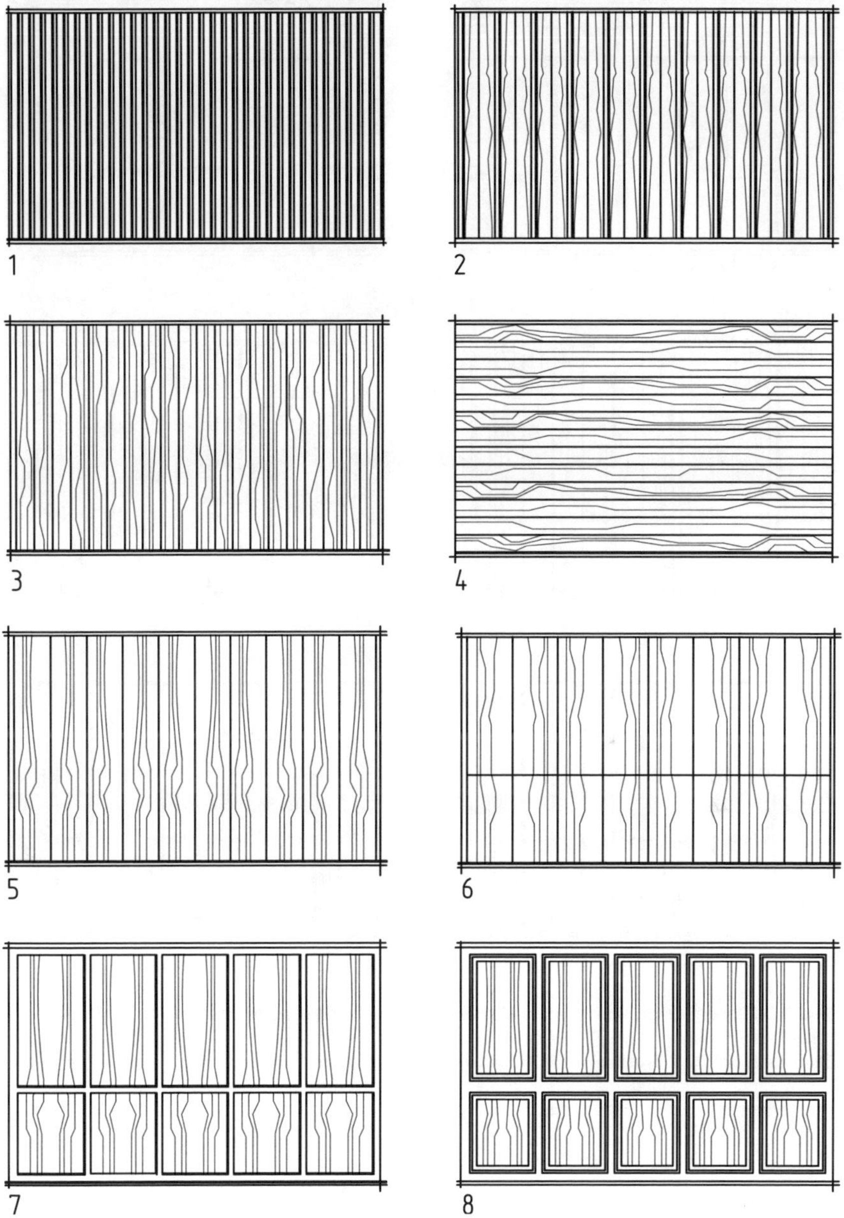

Bild 3.1-1 Siehe Seite 196

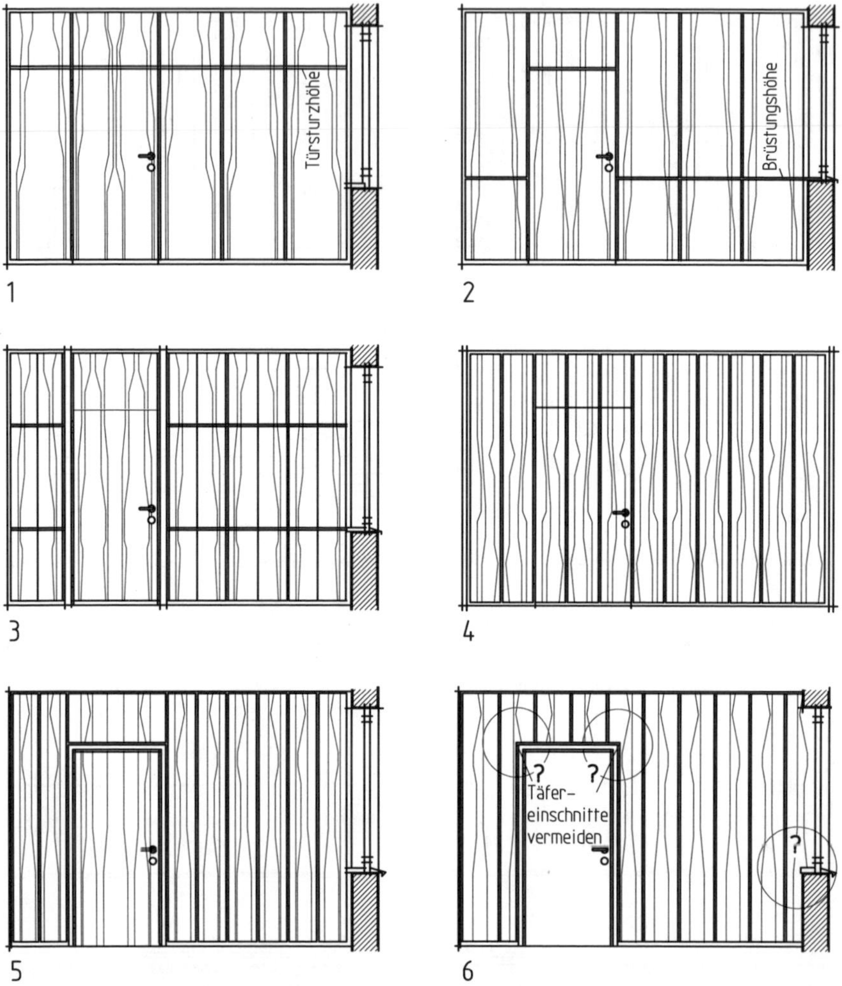

Bild 3.2-1 Innentüren in einer Wandverkleidung. 1 Plattenverkleidung mit Innentür, die durch die Plattenteilung unauffällig in die Verkleidung eingearbeitet werden konnte. Horizontale Teilungslinie auf Sturzhöhe, bei 2 auf Brüstungshöhe. 3 Plattenverkleidung mit optisch durch Lisenen herausgetrennter Tür. 4 Paneelverkleidung, die auch über die Zimmertür geführt wird. 5 Paneelverkleidung mit optisch herausgetrennter Tür. 6 Platten- oder Paneelverkleidung darf so nicht ausgeführt werden.

Bild 3.1-1 (Seite 195) Arten von Wandverkleidungen. 1 Verstäbung, 2 Verbretterung und Verstäbung in rhythmischem Wechsel, 3 vertikale Verbretterung, 4 horizontale Verbretterung, 5 Platten- oder Paneelverkleidung, 6 Plattenverkleidung mit horizontaler Trennfuge, 7 Verkleidung aus Rahmen und überschobenen Füllungen, 8 Verkleidung aus Rahmen mit eingeleisteten Füllungen.

3.2 Architektonische Regeln

Wandverkleidungen verändern den architektonischen und je nach den verwendeten Materialien auch den auf die Psyche wirkenden Raumeindruck. Einflussfaktoren sind die Gliederung und Höhe der Verkleidungsschale, die Anzahl der im Raum verkleideten Wände und das gewählte Material beziehungsweise die Holzart. In der Regel werden die Raumwände vollständig, von einer Raumecke zur nächsten und vom Fußboden bis zur Decke verkleidet. Dabei kann die Flächenteilung der Verkleidungsschale den Raumeindruck verändern. Im Allgemeinen lassen betont vertikale Gliederungen den Raum höher, vorwiegend horizontale Gliederungen dagegen den Raum breiter erscheinen. Bei Verkleidungen aus Platten oder Rahmen und Füllungen bewirken kleinformatige Platten- oder Rahmenaufteilungen optisch eine Vergrößerung des Raums und großformatige Flächenaufteilungen eine Verkleinerung. Hohe Räume wirken niedriger, wenn man die Wandverkleidung nicht ganz bis unter die Decke führt, sondern nur bis zur Fenster- oder Türsturzhöhe beziehungsweise bis zur Brüstungshöhe der Fenster. Eine Teilung in halber Raumhöhe ist zu vermeiden, da diese Flächengliederung langweilig und spannungslos wirkt (Bild 3.2-2). Bei der Gestaltung ist stets die gesamte Wandfläche zu betrachten. Nur teilweise verkleidete Wände verlangen ein zwingendes Motiv, zum Beispiel besondere Auskleidungen von Nischen, sturz- oder brüstungshohe Verkleidungen. Bei der Platten- sowie Rahmen-und-Füllung-Gliederung sollte man auf Bezugshöhen im Raum wie Brüstungs- und Türhöhen und auf Unterbrechungen der Flächen durch Fenster- und Türöffnungen Rücksicht nehmen. Befinden sich Türen in der Wandfläche, können sie durch die Wandverkleidung überdeckt werden, wenn der Teilungsrhythmus der Verkleidungsschale an der Tür aufgeht. Lässt sich die Tür nicht in die Verkleidung integrieren, muss man sie gestalterisch bewusst als besonderes Element aus der Fläche heraustrennen. In Veranstaltungsräumen ist es sogar erforderlich, die Türen besonders zu betonen, damit das Publikum die Ausgänge schnell finden kann (Bild 3.2-1).
Im Raum können alle vier Wände, aber auch nur eine, zwei oder drei Wände verkleidet werden (Bild 3.2-3). Allseitig verkleidete Räume wirken kleiner, meistens aber auch sehr gemütlich. Durch die Verkleidung einer oder beider Stirnflächen in Räumen mit rechteckigem Grundriss wird die Geometrie des Raums besonders betont. Man sollte aber vermeiden, nur zwei benachbarte Wände im rechteckigen Raum oder eine lange Raumwand teilweise zu verkleiden. Dadurch wird die Raumgeometrie gestört.
Die gewählten Materialien oder Holzarten für die Verkleidungsschale können dem Raum eine nüchtern kalte bis behaglich warme, eine unverbindlich neutrale bis aufdringlich provokante und eine sachlich moderne bis ländlich romantische Atmosphäre verleihen. Verkleidungen aus Holz oder furnierten Holzwerkstoffen wirken durch die natürliche Schönheit dieses gewachsenen Werkstoffs in der Regel warm und behaglich. Je nach Gliederung der Flächen, durch großflächige Platten oder stark profi-

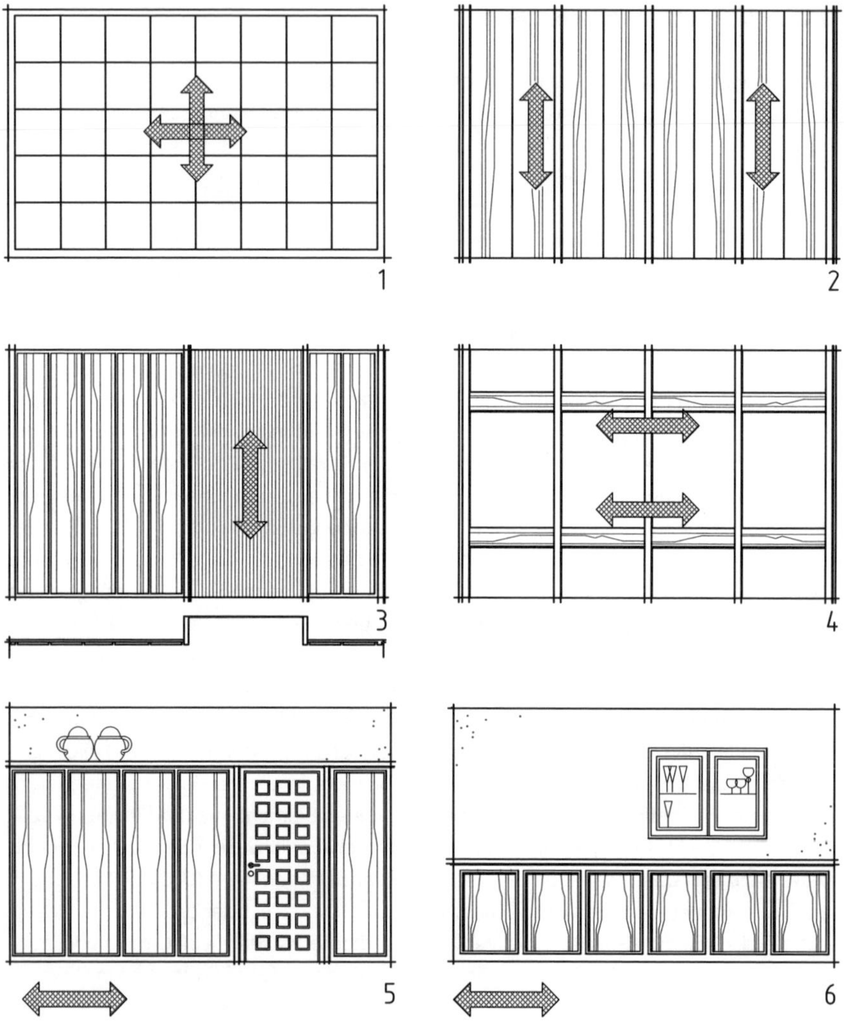

Bild 3.2-2 Beispiele der optischen Wirkung verschiedener Wandverkleidungen auf einer gleichen Wandflächengröße. 1 Neutrale Ausdehnungstendenzen der Fläche bei gleicher Gliederung in Höhe und Breite; 2 und 3 vertikale Ausdehnungstendenz der verkleideten Fläche durch betont vertikale Gliederung; 4, 5 und 6 horizontale Ausdehnungstendenz der Fläche durch betont horizontale Gliederung.

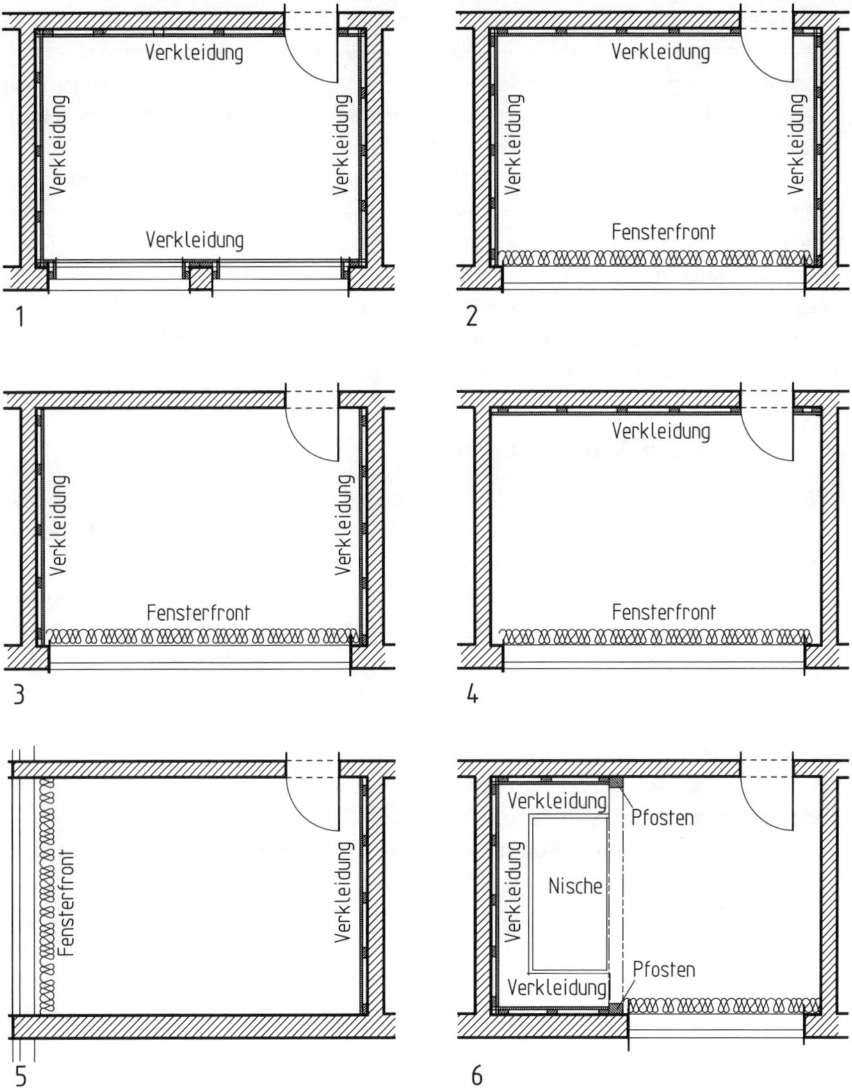

Bild 3.2-3 Anordnung der Wandverkleidungen im Raum. 1 Verkleidung aller vier Wände, der Raum wirkt dadurch optisch kleiner. 2 Verkleidung von drei Flächen im Raum, die Fensterwand wirkt durch die großzügige Gardinenanlage wie eine besondere Fläche. 3 Verkleidung der beiden gegenüberliegenden Raumwände ergibt eine markante Raumbegrenzung. 4 Verkleidung einer Längswand, 5 einer Querwand und 6 Verkleidung einer imitierten Nische, die durch Pfosten seitlich abgegrenzt ist.

lierte Gesimse und Füllungsstäbe, lässt sich sowohl ein modern sachlicher wie auch ländlich romantischer Eindruck erzielen. Verkleidungen mit Metall- oder Spiegelflächen wirken dagegen kühl und sachlich nüchtern. Darüber hinaus gilt die allgemeine Regel, dass helle Materialien, auch helle Hölzer den Raum optisch vergrößern, dunkle Materialien das Gegenteil bewirken.
Wandverkleidungen, besonders aus Holz und Holzwerkstoffen, sind empfindlich gegen Baufeuchtigkeit, Kalk- und Farbspritzer. Deshalb muss das Anbringen der Verkleidung eine der letzten Innenausbauarbeiten sein. Auf jeden Fall sollten der Maurer, Stuckateur und auch der Fußbodenleger und Maler ihre Arbeiten abgeschlossen haben. Eine Ausnahme bildet der Teppichboden, der auch nach der Montage der Wandverkleidung verlegt werden kann. Sind die anschließenden Wände zu tapezieren, so kann auch dies eventuell nachträglich geschehen.

3.3 Technische Anforderungen

Wandverkleidungen können im Gebäude sowohl an Innenwänden als auch an Außenwänden angebracht werden, die aus Beton, Mauerwerk oder Fachwerk bestehen. Hier treffen nun anorganische Baustoffe und der organische Werkstoff Holz mit fast gegensätzlichen physikalischen Eigenschaften aufeinander. Nur durch geeignete Konstruktionen und richtige Behandlung des Holzes lassen sich Bauschäden vermeiden.
So sind besonders Außenwände aus Mauerwerk vor dem Anbringen der Wandverkleidung zu verputzen. Der Verputz hat die Aufgabe, die Mauerwerksfugen abzuschließen und für einen langsamen Feuchtigkeitsaustausch zwischen Wand und Raumluft zu sorgen. Die Bildung von Schwitzwasser, wie sie bei unverputzten Wänden vorkommen kann, wird dadurch gemindert.
Weil sich Feuchtigkeit und Holz nicht gut vertragen, dürfen die Verkleidungsschalen niemals dicht auf den Wänden befestigt werden. Hier ist ein Luftzwischenraum von 25 mm bis 30 mm einzuhalten. Die Luft sollte sich besonders bei verkleideten Außenwänden durch eine zirkulierende Hinterlüftung erneuern können. Zu diesem Zweck sind Lüftungsschlitze möglichst unsichtbar über dem Boden und an der Decke in der Verkleidung vorzusehen. Sie sollten pro laufenden Meter Verkleidung einen Querschnitt von 25 cm^2 haben.
Hat eine Außenwand eine ungenügende Wärmedämmung, ist also mit erhöhter Schwitzwasserbildung auf der Innenseite dieser Wand zu rechnen, sollten wärmedämmende Wandverkleidungen eingebaut werden. Zwischen die Unterkonstruktion wird zusätzlich Dämmmaterial eingebaut, das raumseitig mit einer Dampfsperre aus Alu- oder Kunststofffolie abzudecken ist (Bild 3.6-1).
Sind in der zu verkleidenden Raumwand Schornsteine eingebunden, müssen zwischen Holz und Rauchrohr bestimmte Abstände eingehalten werden. Die Bauordnun-

gen der Länder sind in diesem Zusammenhang recht unterschiedlich. Im Allgemeinen gilt, dass von Innenkante Rauchrohr ein Abstand zum Holz von 200 mm einzuhalten ist. Ungeschützte Feuerstellen und Ofenrohre müssen zum Holz einen Abstand von 400 mm haben (Bild 3.3-1).

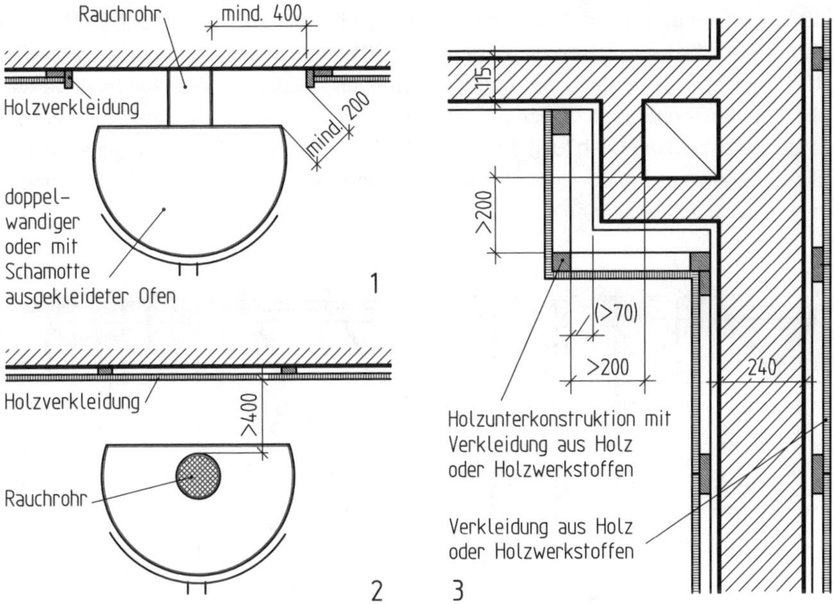

Bild 3.3-1 Abstände eingebauter Holzteile von Feuerstellen und Rauchrohren. 1 Die Holzverkleidung ist an der Feuerstelle unterbrochen. 2 Die Holzverkleidung läuft hinter der Feuerstelle durch. 3 Abstand der Holzverkleidung von Innenkante Rauchrohr. Hier sind die geltenden Bestimmungen der Landesbauordnung (LBO) und Feuerungsverordnung (FeuVO) zu beachten.

3.4 Unterkonstruktion

Wandverkleidungen bestehen aus der Unterkonstruktion und der Verkleidungsschale. Bei der Unterkonstruktion sind verschiedene Systeme und bei der Verkleidungsschale verschiedene Arten zu unterscheiden. Die Unterkonstruktion ist im Hinblick auf eine sichere und wirtschaftliche Montage und die Art der Verkleidungsschale abzustimmen. Die Unterkonstruktion hat im Wesentlichen folgende Aufgaben zu erfüllen:

- die Verkleidungsschale zu tragen,
- die Unebenheiten der Gebäudewand auszugleichen,

- einen ausreichenden Luftraum zwischen Verkleidungsschale und Gebäudewand zu schaffen,
- für eine gute Hinterlüftung der Wandverkleidung zu sorgen.

Die Unterkonstruktion kann aus Latten oder Rahmen, aber auch aus Metallschienen bestehen. Die Latten sollten gehobelt sein und einen Querschnitt von 24/48 mm oder 30/50 mm haben. Ihr Abstand voneinander soll bei bis zu 12 mm dünnen Materialien der Verkleidungsschale nicht mehr als 600 mm und bei dickeren Materialien ab 13 mm nicht mehr als 800 mm betragen. Je nach Art der Wandverkleidung werden die Unterkonstruktionen verschieden angebracht. Bei Verbretterungen verlaufen die Latten quer zu den Fugen (Bild 3.4-2 und 3). Mit der Lattung können auch gleichzeitig die Decken- und Fußbodenrandleiste beziehungsweise die Wandrandleisten angebracht werden. Sie sind an die Gebäudeflächen anzupassen.

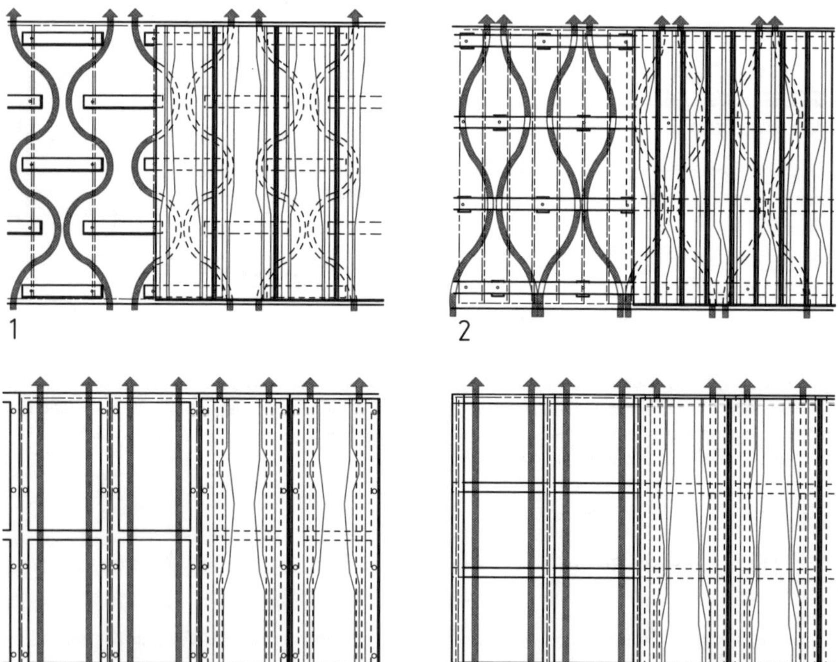

Bild 3.4-1 Möglichkeiten der Hinterlüftung der Verkleidungsschale: 1 Durch kurze, versetzt angeordnete Lattenstücke, 2 durch Hinterlüftung der mit Abstand befestigten Unterkonstruktion, 3 durch den Abstand zwischen Montagerahmen und Verkleidungsschale, 4 durch eine vertikal angeordnete Konterlattung.

Damit die Unterkonstruktion beim Aufnageln einer Verbretterung zum Beispiel nicht zu stark federt, sollte der Abstand zwischen den Befestigungspunkten an den Latten nur 500 mm bis 600 mm betragen. Der Endabstand des äußeren Befestigungspunktes sollte nicht weniger als 120 mm sein, damit die Latten nicht aufspalten und einfacheres Montieren möglich ist.

Die Verstäbungen und Verbretterungen werden in der Regel mit besonderen Beschlägen wie Profilbrettklammern unsichtbar auf der Unterkonstruktion befestigt. Bei Plattenverkleidungen liegen die Latten parallel zu den Stoßfugen und werden unter diesen angebracht. Sind die Verkleidungsplatten breiter als 800 mm, ist zusätzlich in der Mitte eine Latte vorzusehen, damit die Platten nicht hohl durchschlagen (Bild 3.4-8). Weisen die Verkleidungsplatten Verbindungsfedern auf, kann man auf Latten unter den Stoßfugen verzichten und die Latten quer anbringen. Man wird die Platten dann mittels Nutklötzen oder Aufhängeleisten in die Unterkonstruktion einhängen (Bild 3.4-7). Die Verbindungsfedern sind gegen Verrutschen zu sichern.

Bei Plattenverkleidungen kann die Unterkonstruktion auch aus vorgefertigten Rahmen bestehen. Deren Vorteil liegt darin, dass sich die Rahmen schnell an der Raumwand ausrichten und montieren lassen und die in der Werkstatt schon zugeordneten Verkleidungsplatten auf der Baustelle dann nur noch in die Rahmen eingehängt werden müssen (Bild 3.4-9).

Bei Unterkonstruktionen aus Metall gelten in Bezug auf die Abstände der Tragschienen die gleichen Regeln wie bei der Unterkonstruktion aus Latten. Meistens handelt es sich hierbei um ein Unterkonstruktionssystem, mit dem die Befestigung der Verkleidungsschale erleichtert wird (Bild 3.4-6). In besonderen Fällen, etwa bei feuerbeständigen Wandverkleidungen, können Unterkonstruktionen aus Metall vorgeschrieben sein.

Durch die Dicke der Latten, der Rahmen und Schienen ist ein Luftzwischenraum gegeben, der sich noch um die Dicke der Ausgleichshölzer vergrößern kann. Ausgleichshölzer sind erforderlich, um die Unterkonstruktion auf der meist unebenen Gebäudewand genau auszurichten. Hierfür können auch besondere Justierschrauben (Wü) verwendet werden, mit denen man durch die unterschiedlichen Gewinde in Kopf und Schaft den Abstand der Unterkonstruktion mit dem Schraubendreher einstellen kann. Ist eine bessere Hinterlüftung bei querlaufenden Latten erforderlich, besteht die Lattung aus einer Grundlattung und einer Konterlattung (Bild 3.4-4).

Die Unterkonstruktion wird mit Schrauben in Spreizdübeln aus Kunststoff oder Metall befestigt. Bohren durch die Unterkonstruktion ins Mauerwerk ist möglich. Die Kunststoffdübel mit langem Schaft, sogenannte Rahmendübel, füllen die für den Schraubenschaft zu große Bohrung in der Unterkonstruktion aus. Man kann auch die oben erwähnten Justierschrauben verwenden.

Bild 3.4-3 (Seite 204) Unterkonstruktion aus quer laufender Lattung mit Wand-, Decken- und Fußbodenrandleisten, die an die Gebäudeflächen angepasst werden müssen.

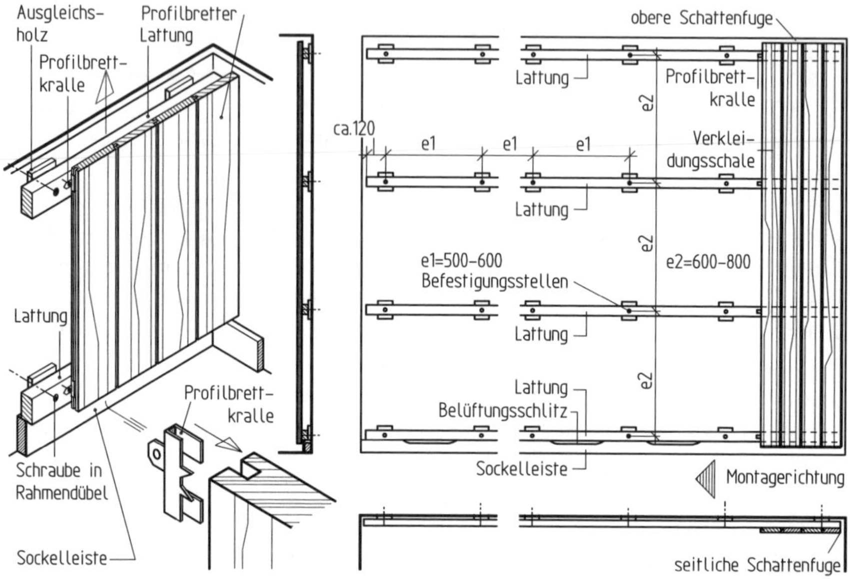

Bild 3.4-2 Unterkonstruktion aus quer laufender Lattung. Die Sockelleiste erhält Lüftungsschlitze. Dadurch ist eine Hinterlüftung der Verkleidungsschale möglich.

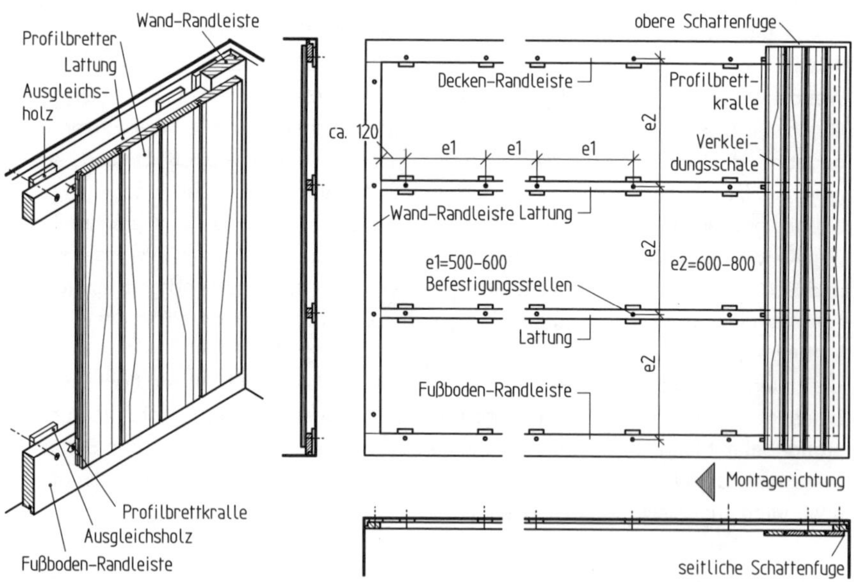

Bild 3.4-3 Siehe Seite 203

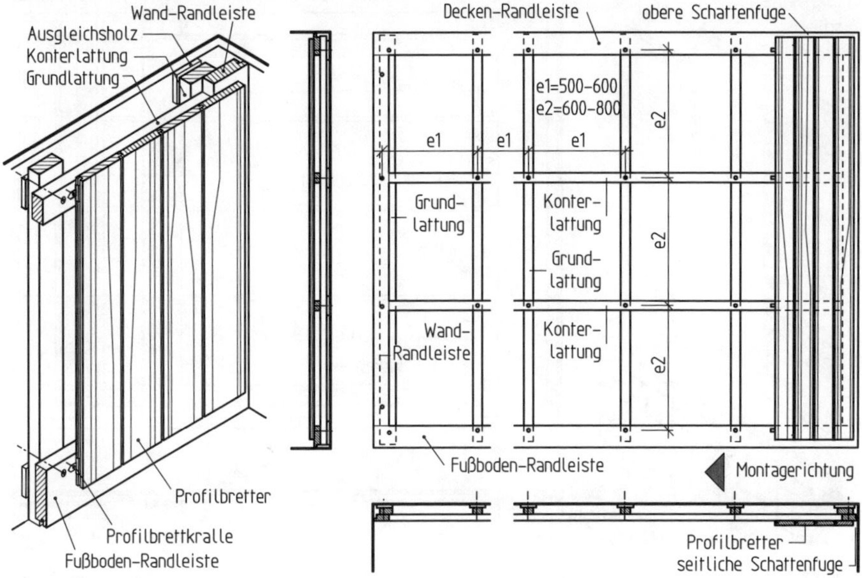

Bild 3.4-4 Unterkonstruktion aus vertikalen Grundlatten und horizontalen Konterlatten. Außerdem werden auf die Grundlatten die Wand-, Decken- und Fußbodenrandleiste montiert.

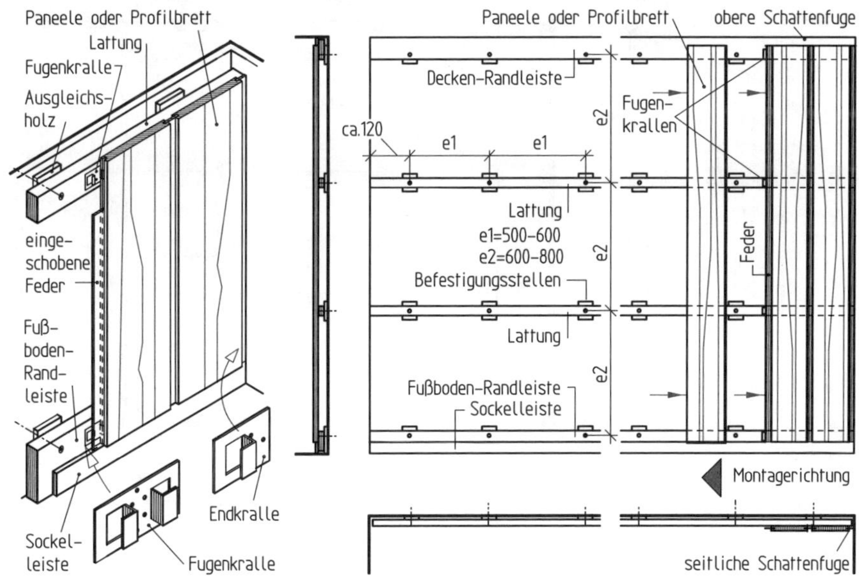

Bild 3.4-5 Unterkonstruktion für Paneel- oder Profilbretter. Sie werden so auf eine am Boden angepasste Sockelleiste gesetzt, dass die losen Federn nach unten nicht herausrutschen.

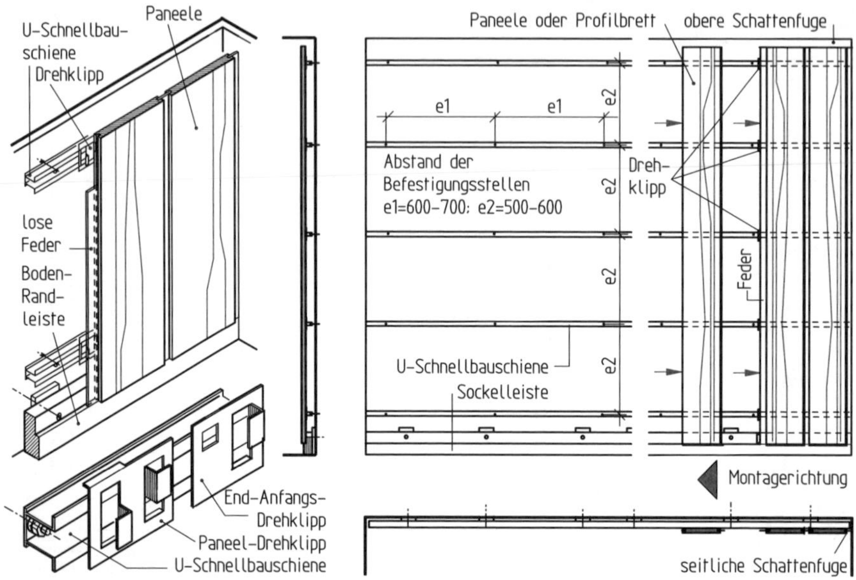

Bild 3.4-6 Unterkonstruktion für Paneel- oder Profilbretter aus Metallschienen. Die Verkleidungsschale wird mit Drehklipps auf den Schnellbauschienen ohne Werkzeug befestigt. Die Bodenleiste ist so ausgefälzt, dass die Paneel- oder Profilbretter unten aufsitzen (Fr).

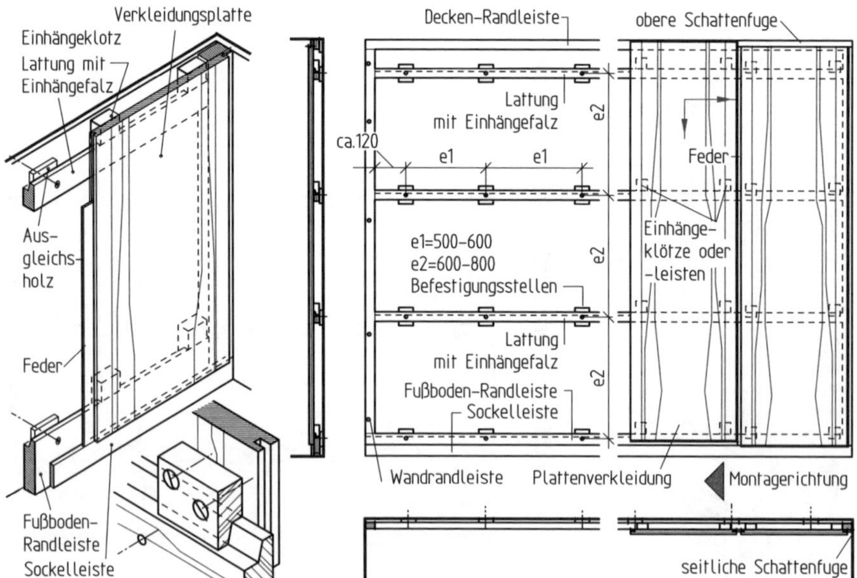

Bild 3.4-7 Unterkonstruktion aus Leisten mit Einhängefalz, in die die Verkleidungsplatten mittels Einhängeklötze oder -leisten eingehängt werden können.

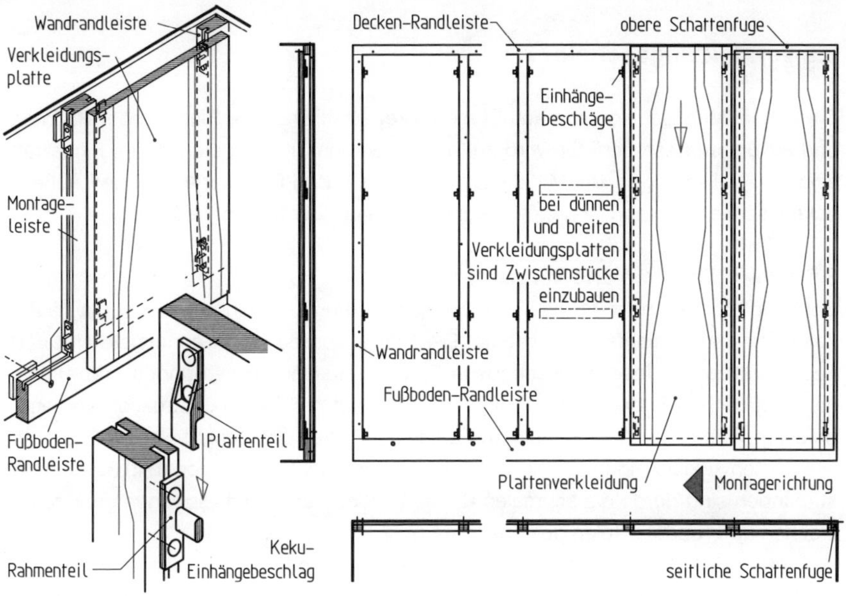

Bild 3.4-8 Unterkonstruktion aus genuteten vertikalen Leisten, an die die Rahmenteile der Einhängebeschläge montiert werden (Hä, He).

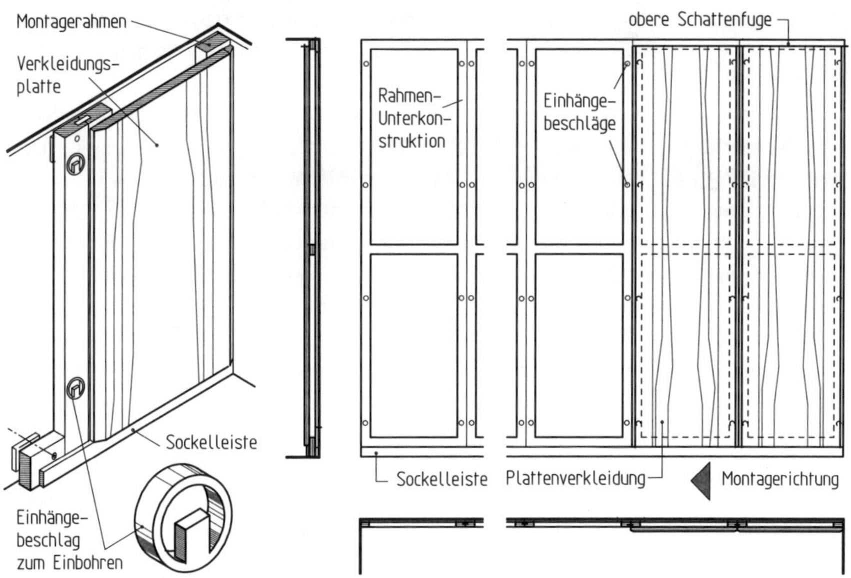

Bild 3.4-9 Unterkonstruktion aus vorgefertigten Montagerahmen mit eingebohrten Einhängebeschlägen. Die Gegenstücke sind rückseitig in den Verkleidungsplatten eingelassen (Tr).

3.5 Verkleidungsschale

Die Verkleidungsschale kann aus Stäben, Brettern, Paneelen, Platten oder Rahmen und Füllungen bestehen. Sie wird auf der Unterkonstruktion befestigt. Im Einzelnen sind die Profilierungen, die Mittelanschlüsse, die Ausbildung der Innen- und Außenecken, sowie die Wand-, Fußboden- und Deckenanschlüsse interessant.

3.5.1 Verstäbungen und Verbretterungen

Bei Verstäbungen besteht die Verkleidungsschale aus einzelnen Stäben, mit häufig tiefen Profilen in dichter Reihenfolge. Die Stäbe werden durch angefräste Nut und Feder oder durch lose eingeschobene Federn miteinander verbunden und mittels handelsüblichen Fugen- oder Profilbrettkrallen auf der Unterkonstruktion verdeckt befestigt. Stäbe können aber auch rückseitig auf Platten geschraubt werden, die dann wie Plattenverkleidungen auf die Unterkonstruktion gehängt werden (Bild 3.5-3). Verstäbungen sind durch die schmalen Profile besonders für Verkleidungen gebogener Flächen und runder Säulen geeignet.

Verbretterungen werden aus einzelnen, aneinander gefügten Profilbrettern aufgebaut. Es sind entweder Nut- und Federbretter oder Profilbretter mit Nuten, die durch lose Federn miteinander verbunden werden. Die Wirkung der Verbretterung wird von Struktur und Farbe des Holzes, von der Profilierung der einzelnen Bretter durch Fasen, Rundungen oder Hohlkehle, der Breite und Ausbildung der Fuge beziehungsweise der Feder und von der Behandlung der Verkleidungsoberflächen bestimmt (Bild 3.4-5).

Verstäbungen und Verbretterungen bestehen in der Regel aus Vollholz. Durch lasierende Oberflächenmaterialien wird die Struktur des Holzes besonders betont. Deckende und geschlossene Anstriche sind zu vermeiden, da diese wie eine Dampfsperre wirken und das Vollholz nicht genügend »atmen« kann. Stäbe und Profilbretter gibt es auch aus Spanplatten, die mit Furnieren oder Kunststoffen ummantelt sind. Breite furnierte oder mit Folie kaschierte Bretter werden auch als Paneele bezeichnet. Die Profile für Verbretterungen sind in der Regel genormt und als Halbfabrikate im Handel (Bild 3.5-4). Für eine interessantere Verkleidungsschale können die Bretter objektbezogen entworfen und gefertigt werden. Es ist auch ein rhythmischer Wechsel von Brettern und Stäben möglich, der die Fläche besonders beleben kann. Verstäbungen werden dagegen meistens objektbezogen gefertigt.

Für die Befestigung von Profilbrettern und Nut- und Federbrettern gibt es im Handel Profilbrett- und Fugenkrallen, die eine unsichtbare Befestigung der Verkleidungsschale mit Nägeln oder Heftklammern ermöglichen. Sie können natürlich auch sichtbar genagelt und geschraubt werden. Dann wird man die Befestigungsstellen mit Zierkappen oder Ziernägeln abdecken; sie sollten in diesem Fall aber gut ausgerichtet sein.

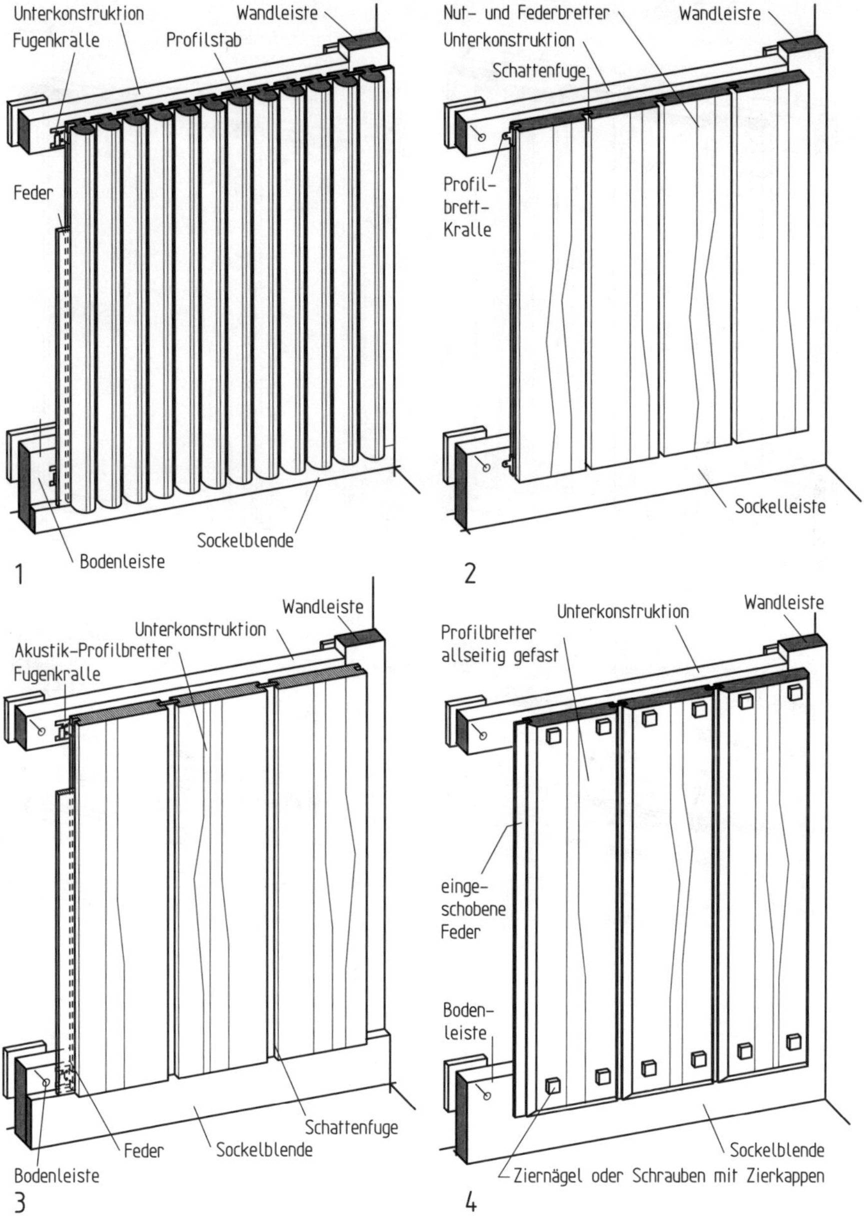

Bild 3.5-1 Verstäbungen und Verbretterungen. 1 Verstäbung, 2 Verbretterung, 3 Verbretterung aus Profilbrettern, 4 Verbretterung mit sichtbar befestigten Profilbrettern.

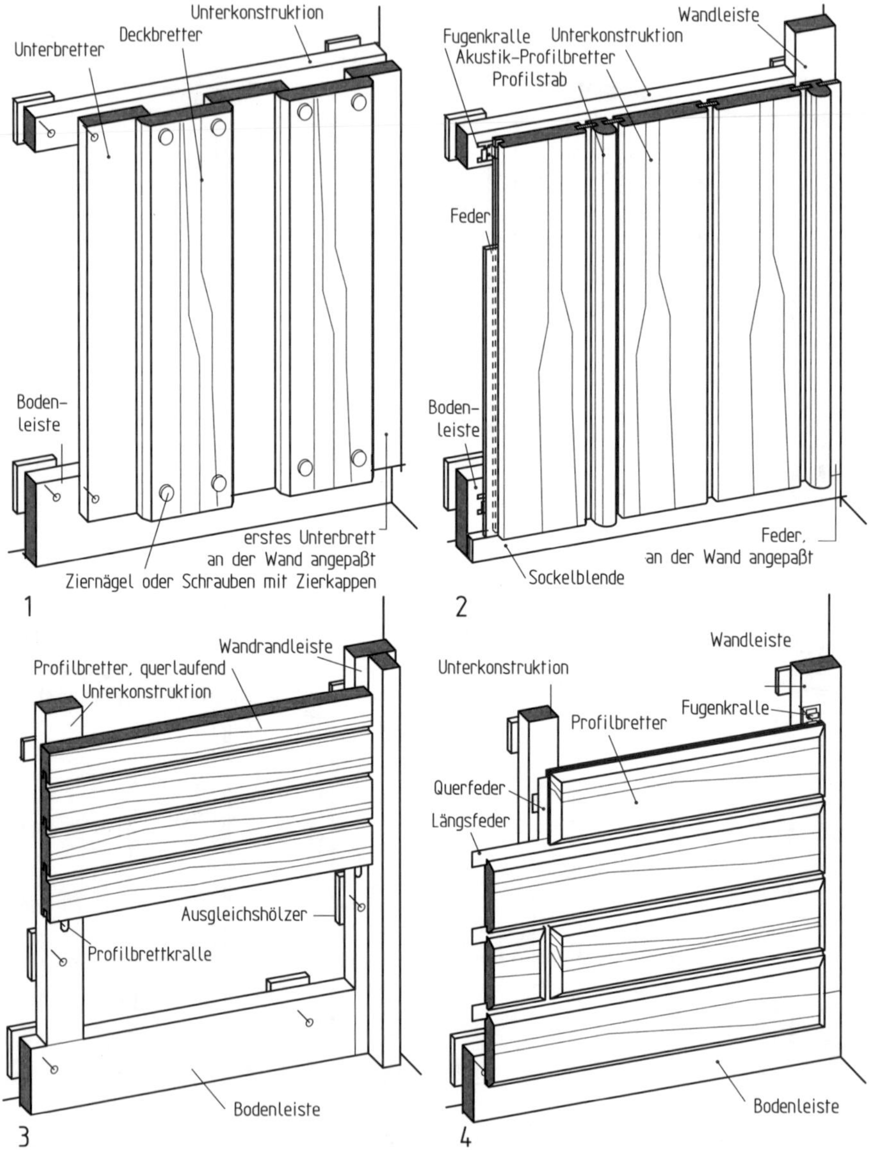

Bild 3.5-2 Verbretterungen. 1 Überluckte Verbretterung, 2 Verbretterung mit Stäben, 3 horizontale Verbretterung, 4 horizontale Verbretterung mit Längsfugen im Schiffsverband.

Bei Verbretterungen in Feuchträumen muss das Befestigungsmaterial aus nichtrostendem Metall bestehen.

3.5.1.1 Konstruktionsdetails

Bei der Konstruktion sind die Mittelanschlüsse, Wandanschlüsse (Bild 3.5-6 und 7), Fußboden- und Deckenanschlüsse interessant (Bild 3.5-12 bis 14). In der Regel sind es Wandrandleisten, Fußboden- oder Deckenleisten, die an Wänden, Fußboden und Decke anzupassen sind. Es können aber auch besondere Deckleisten vorgesehen werden. Die Fuge zwischen den Randleisten oder Deckleisten sollte zweckmäßig im Schatten liegen, teils wird gezielt eine Schattenfuge angeordnet, damit Unregelmäßigkeiten in der Anschlussfuge nicht sichtbar werden.
Die Außen- und Innenecken können auf unterschiedliche Weise ausgebildet werden. An den Außenecken sollte nach Möglichkeit die Brettdicke, die ja vielfach nur 13 mm beträgt, nicht sichtbar sein. Deshalb werden bei den Verbretterungen die Außenecken durch kleine Kanthölzer oder verleimte Holzwinkel verstärkt (Bild 3.5-9 und 10). Besonders schlecht sehen Außenecken von quer verbretterten Wänden aus, wenn man auf die Hirnkanten der Bretter sehen kann. Hier sind unbedingt stärkere Leisten oder Kanthölzer einzubauen (Bild 3.5-11).

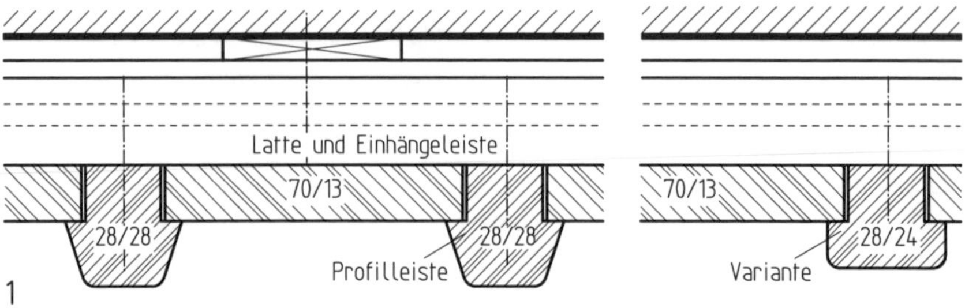
Latte und Einhängeleiste
70/13
28/28
28/28
Profilleiste
70/13
28/24
Variante

1

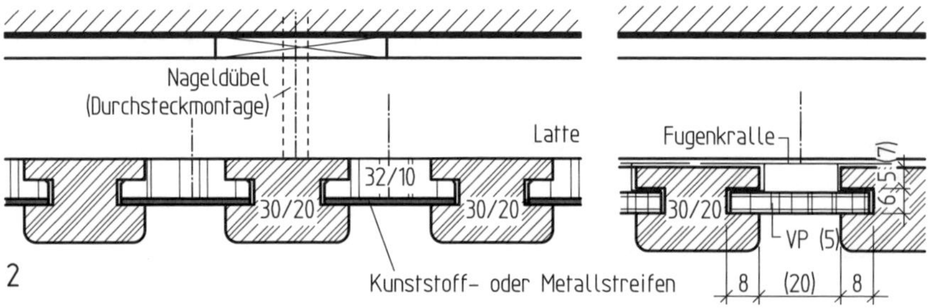
Nageldübel
(Durchsteckmontage)
Latte
32/10
30/20
30/20
Kunststoff- oder Metallstreifen
Fugenkralle
30/20
VP (5)
5
(7)
6
8
(20)
8

2

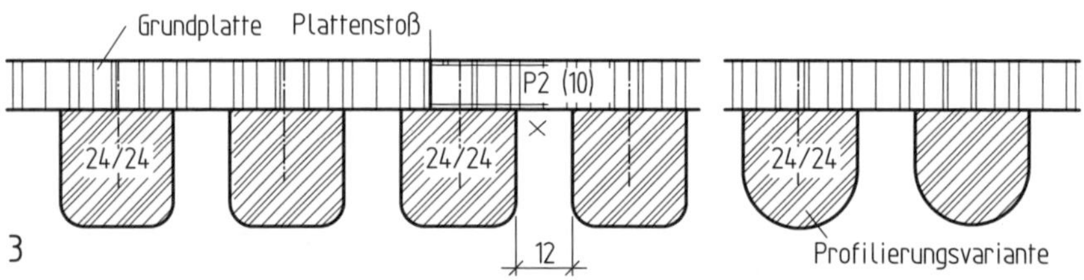
Grundplatte
Plattenstoß
P2 (10)
24/24
24/24
12
24/24
Profilierungsvariante

3

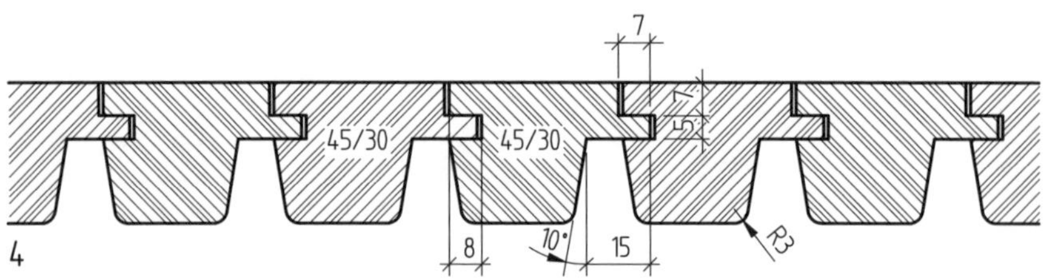
7
7
5
45/30
45/30
8
10°
15
R3

4

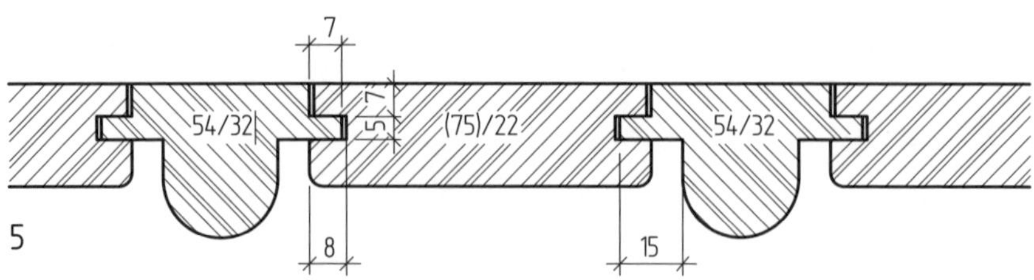
7
7
5
54/32
(75)/22
54/32
8
15

5

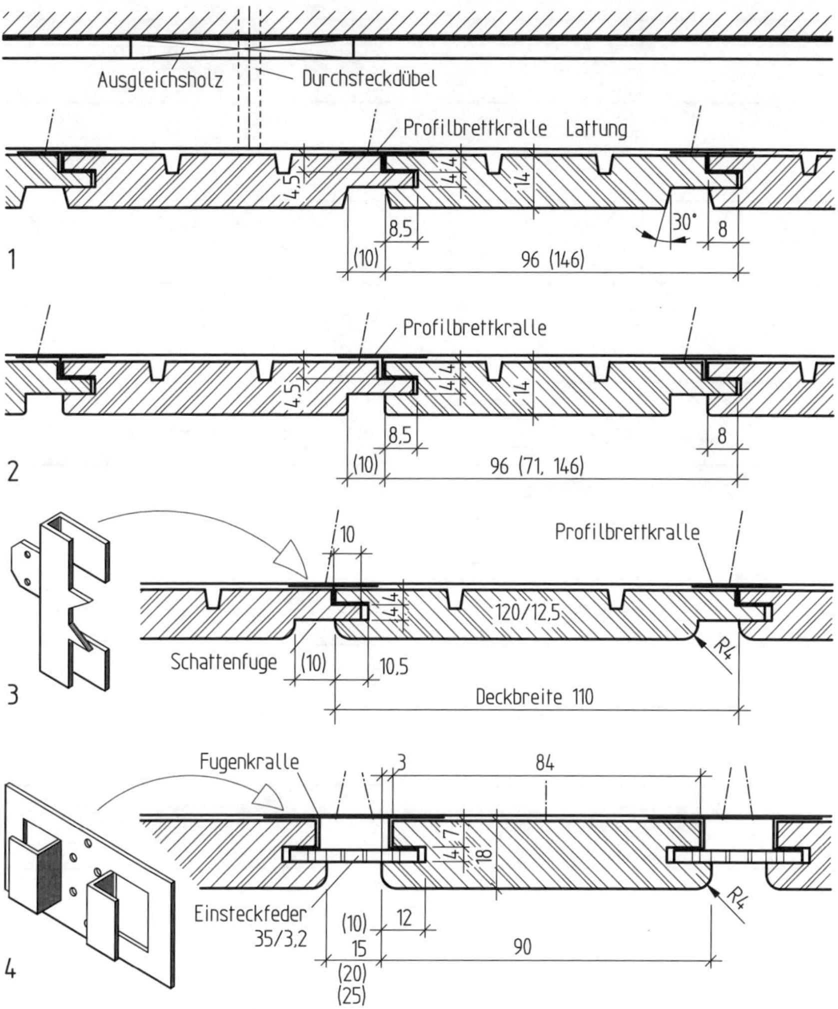

Bild 3.5-4 Verbretterung aus handelsüblichen Profilbrettern. 1 Nut- und Federbretter mit Fuge und Fase, unsichtbar mit Profilbrettkrallen befestigt; 2 Nut- und Federbretter mit Fuge und geraden Kanten, 3 Nut- und Federbretter mit Fuge und gerundeten Kanten, 4 Profilbretter (Akustikbretter) mit losen Federn, unsichtbar mit Fugenkrallen auf der Unterkonstruktion befestigt.

Bild 3.5-3 (Seite 212) Profilarten bei Verstäbungen. 1 Stäbe wechseln mit Brettern, 2 Stäbe mit breiter, betonter Feder, 3 Stäbe von der Rückseite auf eine Platte geschraubt, 4 Stäbe im Nut-Feder-Verband, 5 Stäbe und Bretter im Nut-Feder-Verband.

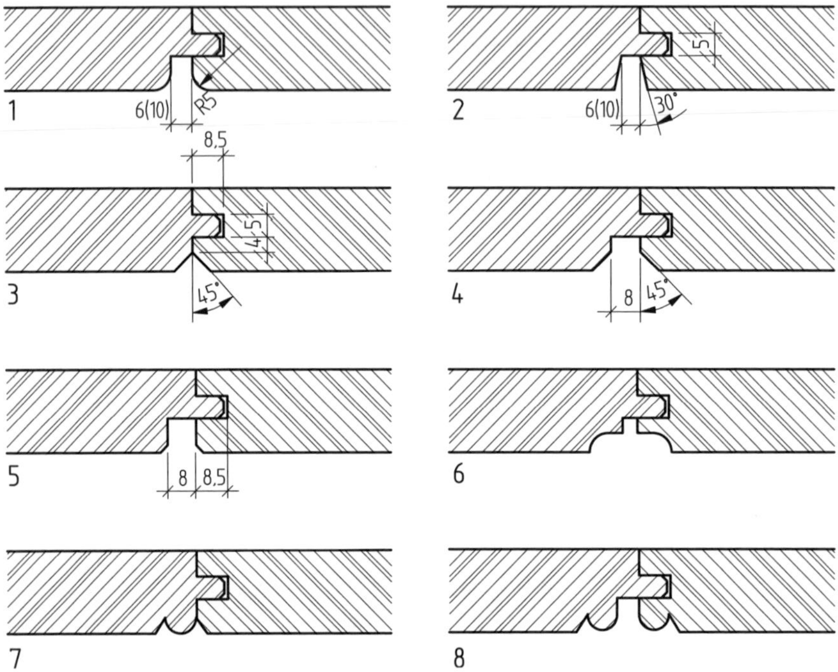

Bild 3.5-5 Fugenausbildungen bei Verbretterungen mit Nut- und Federbrettern.

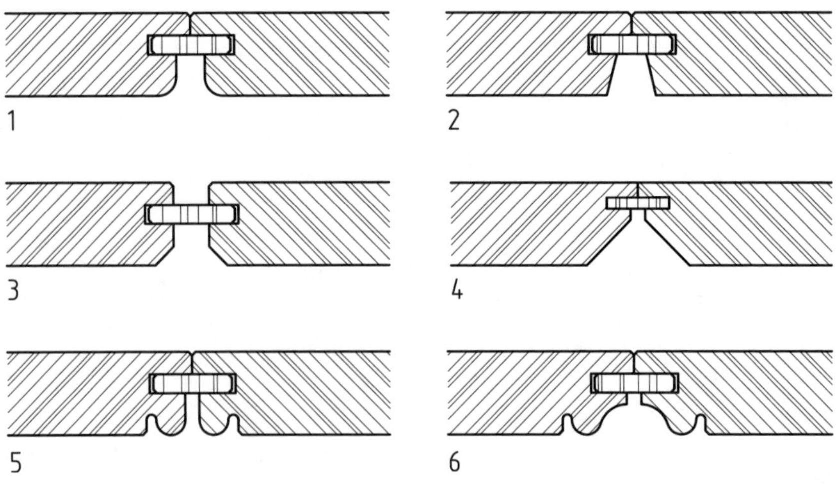

Bild 3.5-6 Fugenausbildungen bei Verbretterungen mit Profilbrettern und loser Feder.

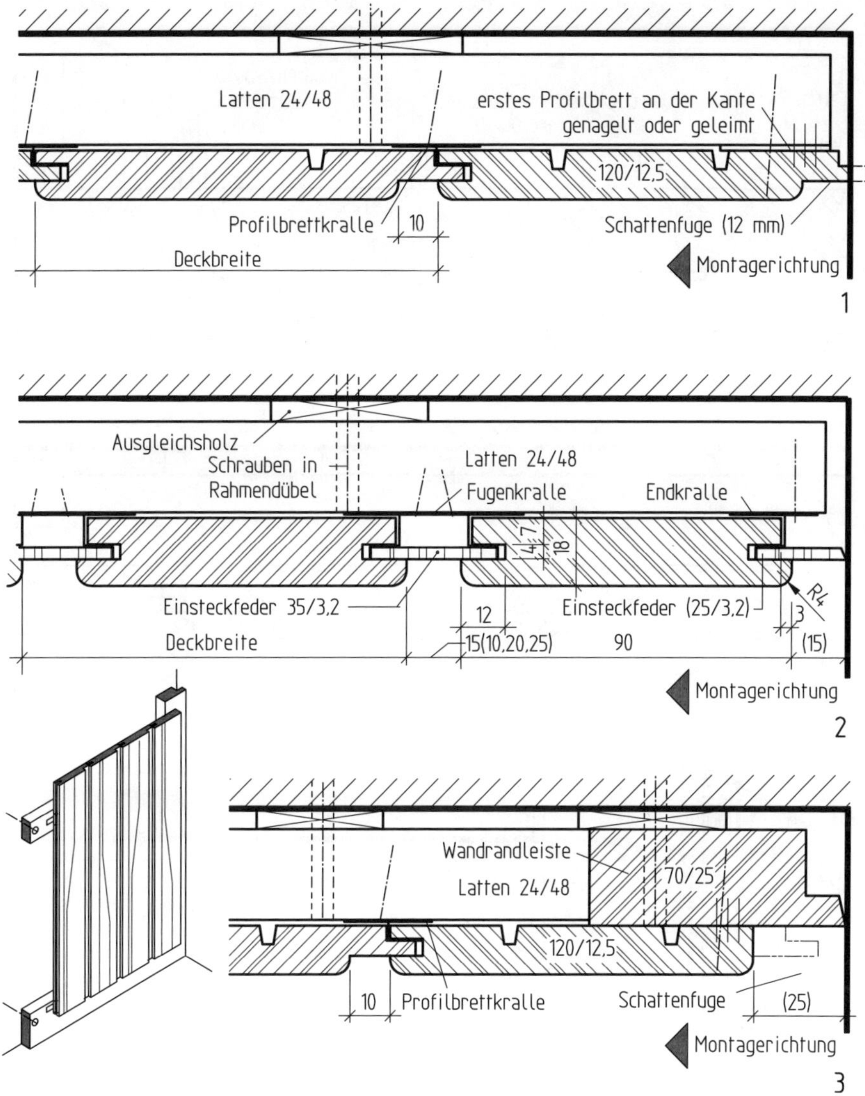

Bild 3.5-7 Wandanschlüsse. 1 Die Feder des Nut- und Federbretts wurde an der Wand angepasst; 2 die lose Feder des ersten Profilbrettes stößt gegen die Wand; 3 die Wandrandleiste ist an der Wand angepasst, vom ersten Brett wurde die Feder abgehobelt, um eine Schattenfuge zu erhalten.

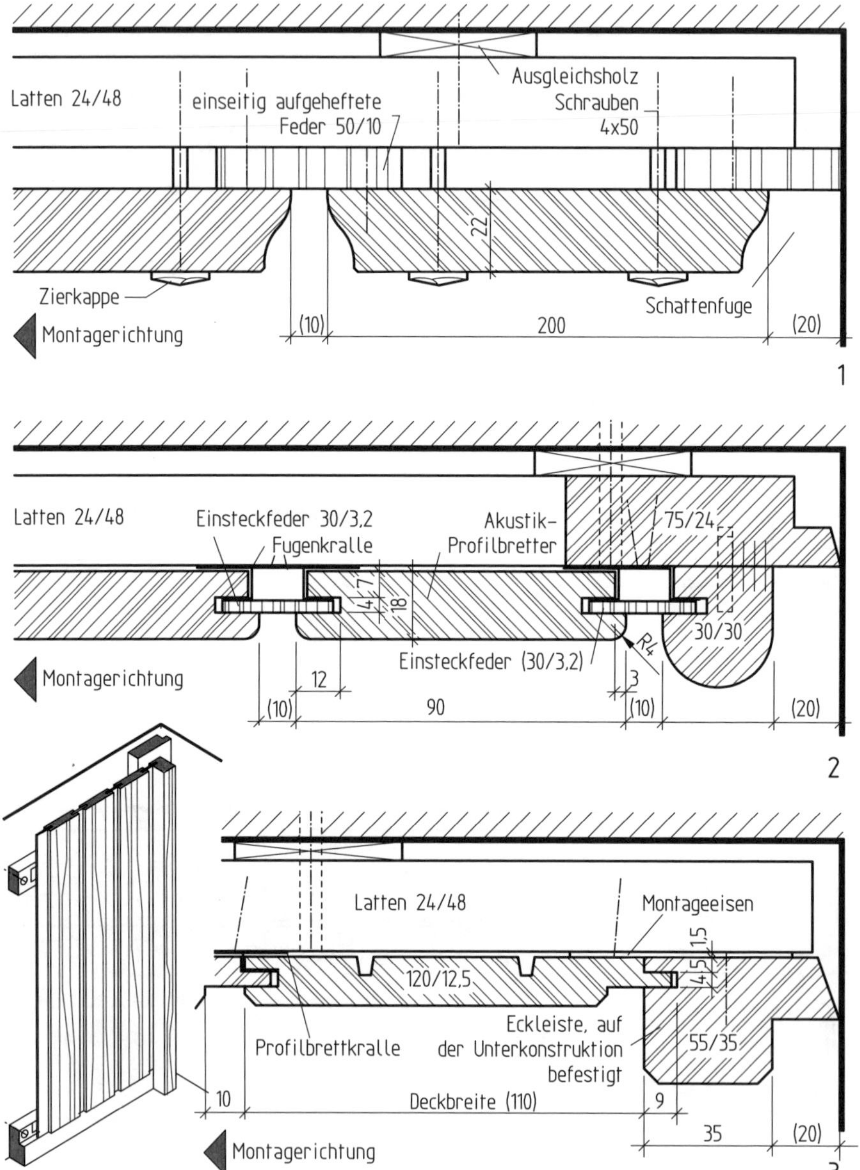

Bild 3.5-8 Wandanschlüsse. 1 Anpassung der Feder, 2 und 3 Anpassung der Abschlussleisten.

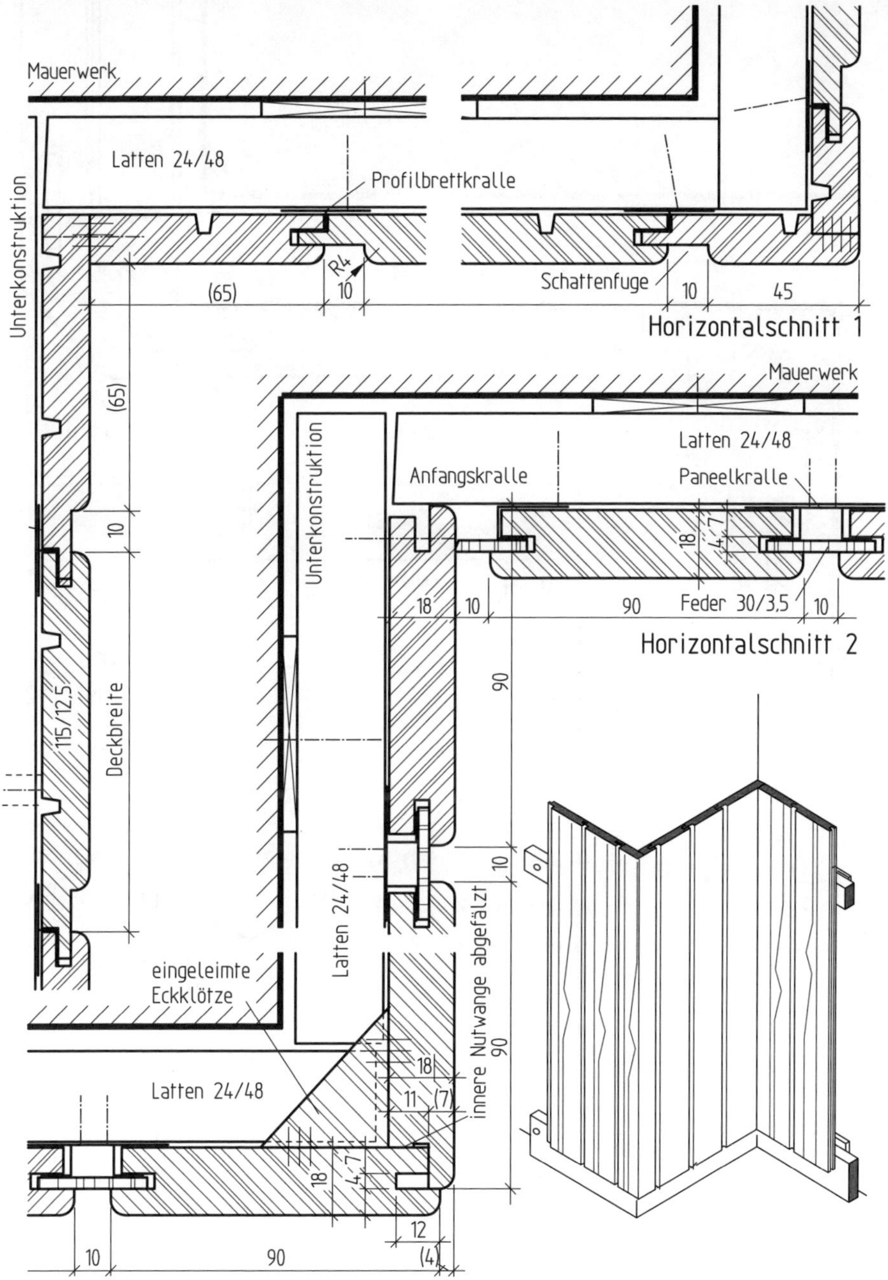

Bild 3.5-9 Ecklösungen. 1 Bei Nut- und Federbrettern, 2 bei Profilbrettern mit loser Feder.

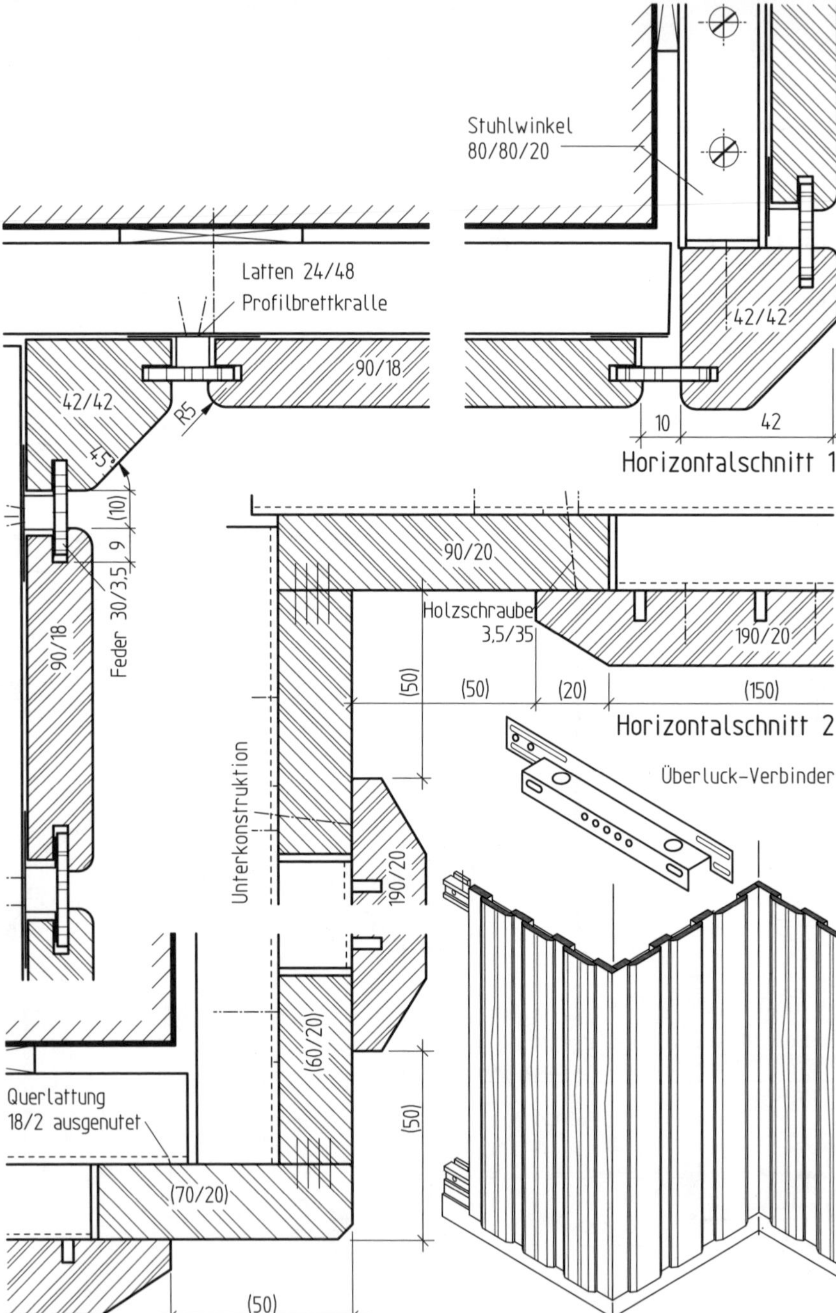

Bild 3.5-10 Ecklösungen. 1 Bei Profilbrettern mit losen Federn und besonderen Eckleisten, 2 bei einer überluckten Verbretterung.

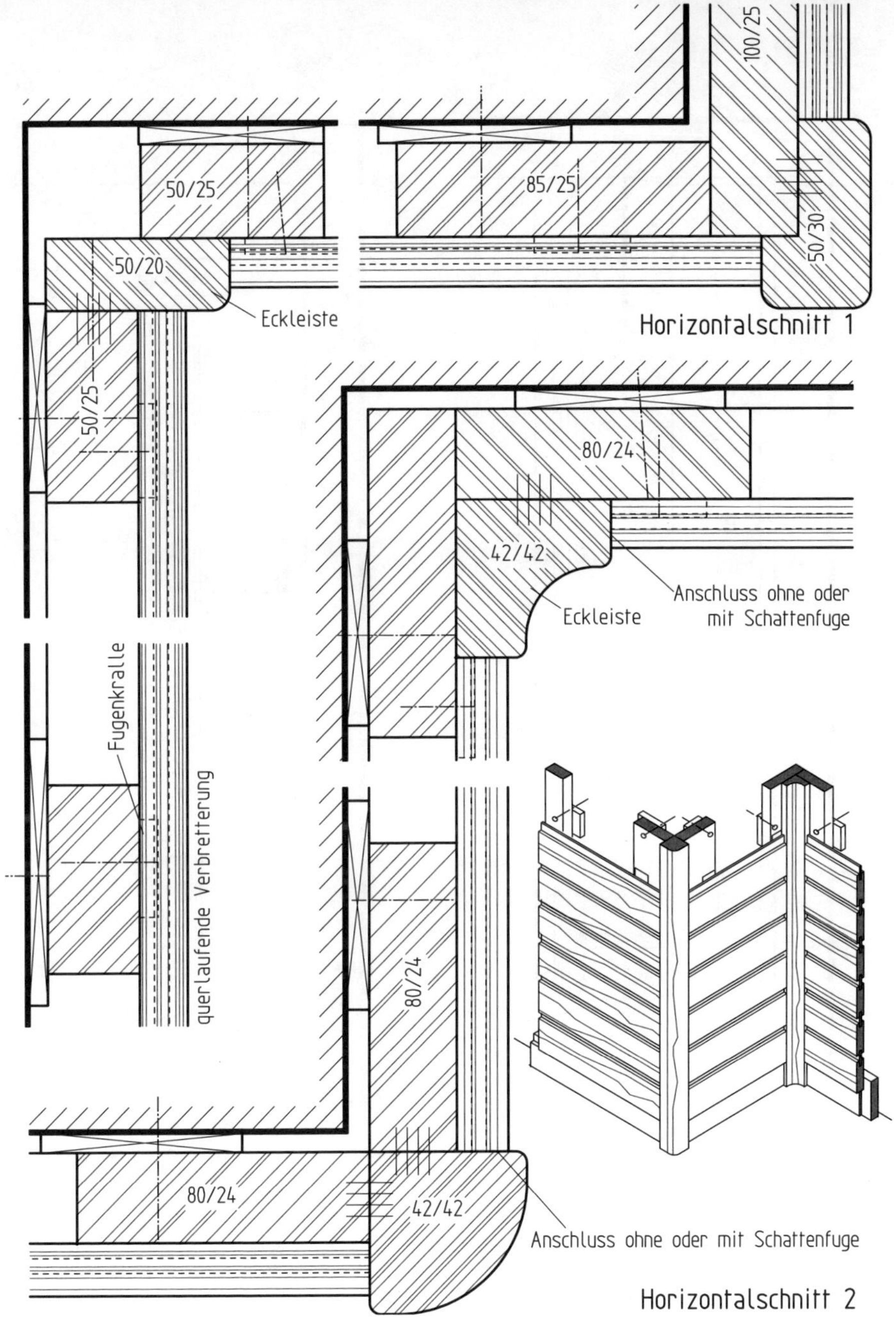

Bild 3.5-11 Ecklösungen bei horizontal verbretterten Wänden mit eingearbeiteten Eckleisten.

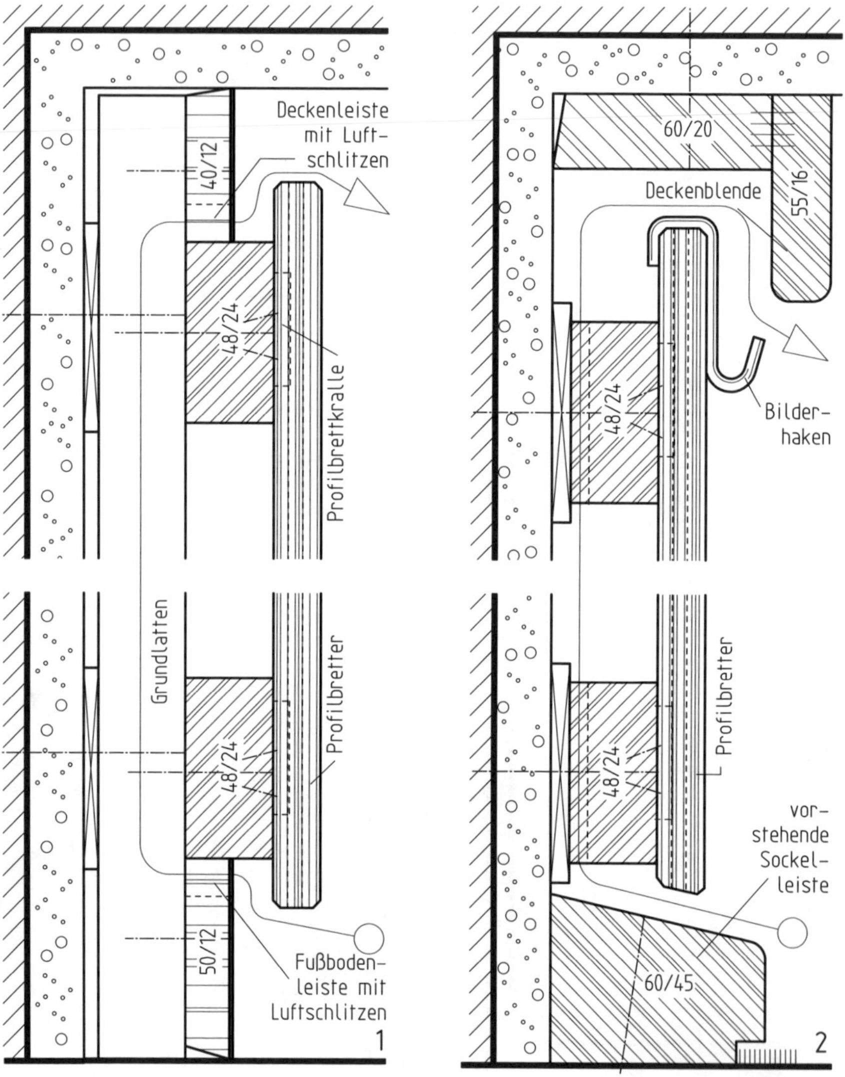

Bild 3.5-12 Vertikalschnitte durch verbretterte Wandverkleidungen. 1 Befestigung der Profilbretter erfolgt auf Konterlatten; eine Hinterlüftung ist durch verdeckt liegende Lüftungsschlitze möglich. 2 Verkleidung mit Bilderhaken und Deckenblende; die vorstehende Sockelleiste kann die Wandverkleidung gegen Verschrammen durch Stühle schützen.

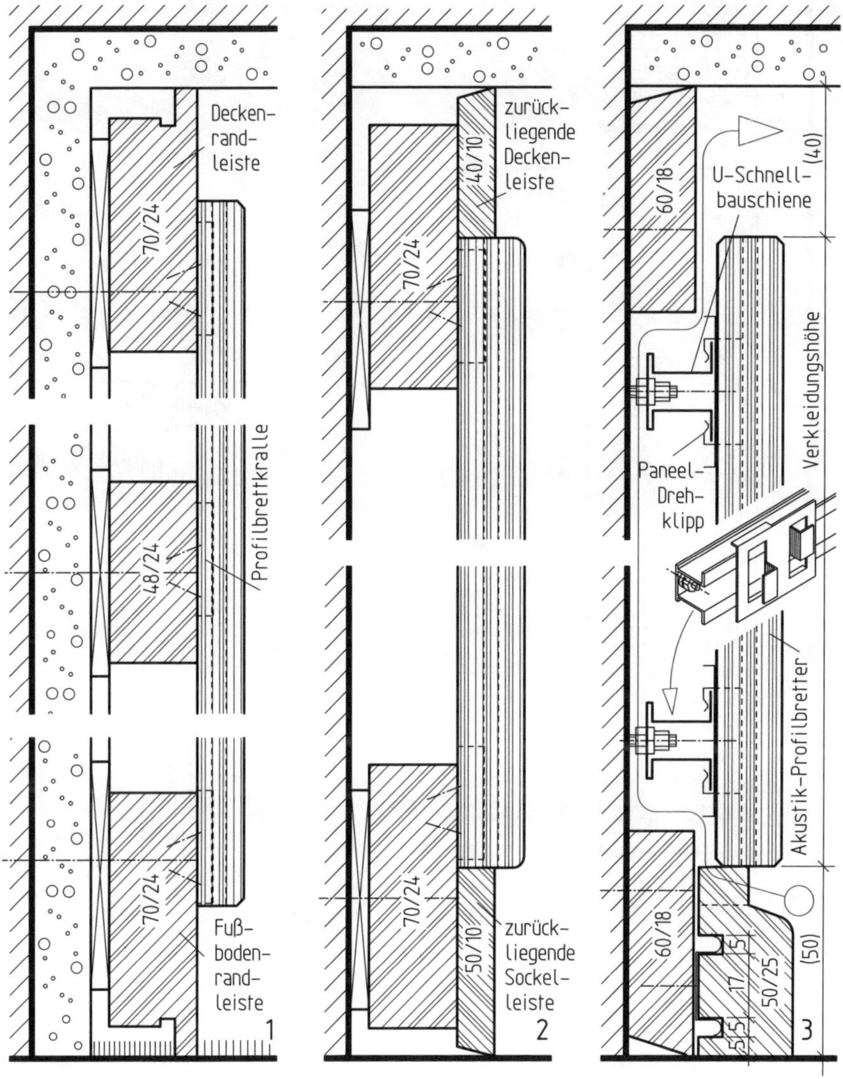

Bild 3.5-13 Vertikalschnitte durch verbretterte Wandverkleidungen. 1 Verkleidungsschale auf Unterkonstruktion mit Randleisten, 2 Verkleidung mit zusätzlichen Deckleisten an Fußboden und Decke, 3 Verbretterung auf Metallschienen (Schnellbauschienen) montiert, die Sockelleiste ist aufgeklippst (Fr).

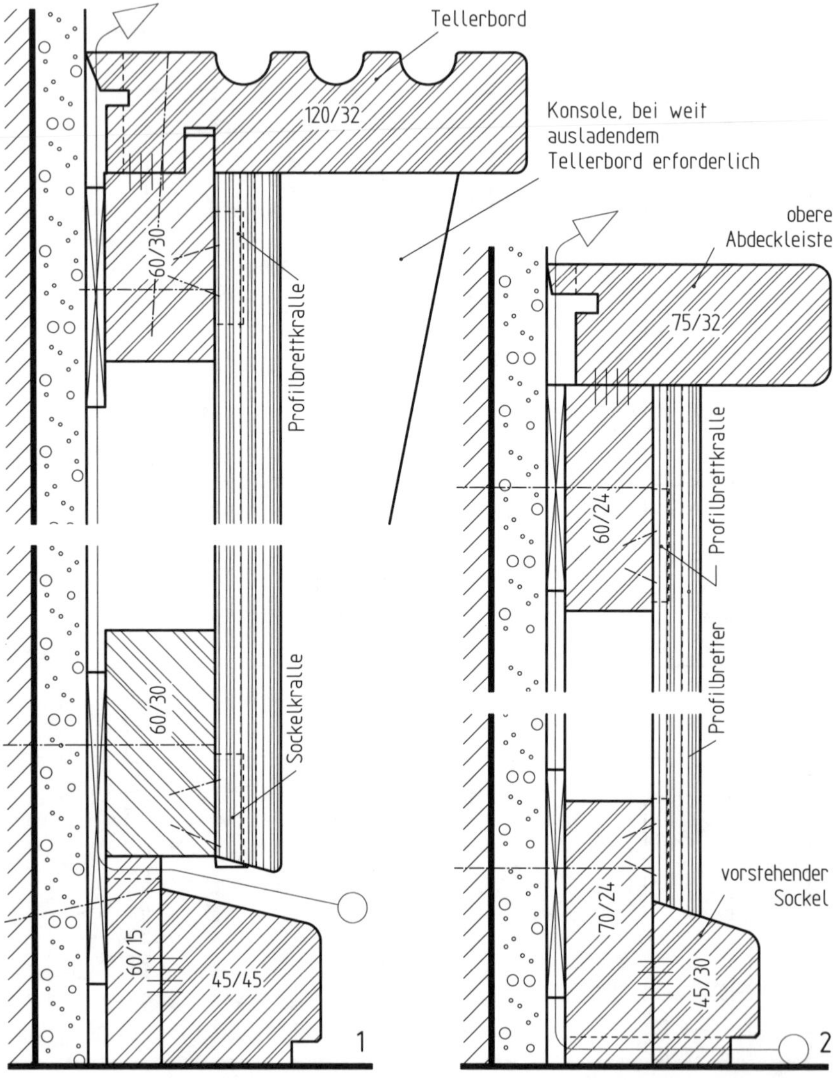

Bild 3.5-14 Vertikalschnitt durch nicht raumhoch verbretterte Wandverkleidungen. 1 Verkleidung mit vorstehender Sockelleiste und aufgesetztem Tellerbord; dies kann bei weiter Ausladung durch Konsolen unterstützt werden. 2 Oberer Abschluss einer zum Beispiel brüstungshohen Verbretterung.

3.5.2 Wandverkleidung aus Rahmen und Füllungen

Flächen aus Rahmen und Füllungen sind ein altes Konstruktionsprinzip. Es wurde in einer Zeit entwickelt, in der man nur mit Massivholz konstruierte und noch keine Plattenwerkstoffe kannte. Diese Wandverkleidungen bestehen aus dem Rahmenwerk und den Füllungen. Die Gliederung von Rahmen und Füllungen bestimmt sehr wesentlich die Architektur der Verkleidungsschale. Die Rahmen bestehen in der Regel auch heute noch aus Vollholz, seltener aus Holzwerkstoffen. Die breiten Füllungen dagegen werden meistens aus furnierten Holzwerkstoffen wie Furnier-, Spanplatte oder Stabsperrholz gefertigt, weil diese in der Breite und Höhe kaum arbeiten, das heißt quellen und schwinden. Die Füllungen können in die Rahmen eingenutet, überschoben oder eingefälzt und verleistet werden. Eingenutete und überschobene Füllungen müssen schon beim Verleimen der Rahmen mit eingebaut werden. In Fälze eingelegte Füllungen werden von Leisten gehalten. Die Verleistung kann von der Rückseite oder von der Sichtseite her erfolgen. Bei einer Verleistung auf der Sichtseite wirken die Leisten architektonisch entscheidend mit. Sie können je nach Größe und Profilierung die Gliederung der Rahmen und Füllungen mehr oder weniger stark betonen (Bild 3.5-17). Bestehen die Füllungen aus Vollholz, müssen sie tiefer, mindestens 10 mm, besser 15 mm tief, eingenutet oder eingefälzt werden, damit die Füllungen beim Schwinden nicht aus der Randeinspannung herausrutschen. Füllungen müssen vor dem Einbau oberflächenbehandelt werden, damit nach dem Schwinden der Füllungen seitlich keine unbehandelten Stellen sichtbar werden. Eingenutete Füllungen und in den Falz gelegte und verleistete Füllungen liegen vertieft im Rahmen. Überschobene Füllungen werden dagegen so eingebaut, dass die Rahmen tiefer liegen als die Füllungen (Bild 3.5-16). Kassettenartige Gliederungen der Verkleidungsfläche sind auch durch imitierte Rahmenverkleidungen zu erreichen. Dies sind furnierte Platten, die durch Randleisten, Aufdoppelungen oder Einfräsungen die Rahmen-und-Füllung-Konstruktion vortäuschen (Bild 3.5-18). Die klassischen Verkleidungen aus Rahmen und Füllungen werden meistens in größeren Elementen in der Werkstatt vorgefertigt und dann auf dem Bau auf die gut ausgerichtete Unterkonstruktion montiert. Die Transportmöglichkeit beeinflusst hier die Größe der Verkleidungselemente. Die imitierten Rahmenverkleidungen lassen sich wie die Plattenverkleidungen auf die Unterkonstruktion montieren.

3.5.2.1 Konstruktionsdetails

Horizontalschnitte durch die Rahmen zeigen Möglichkeiten auf, wie die Füllungen in die Rahmen eingebaut, also eingenutet, eingefälzt und verleistet werden können (Bild 3.5-16 bis 18). Interessant sind bei den Rahmen-und-Füllung-Verkleidungen auch die Wandanschlüsse (Bild 3.5-19 und 20) sowie die Fußboden- und Deckenanschlüsse (Bild 3.5-23). Da diese Verkleidung nicht immer bis zur Decke, sondern bisweilen nur bis zur Brüstungs- oder Türsturzhöhe reicht, sind einige Abschlüsse für solche nicht deckenhohen Wandverkleidungen im Beispiel aufgeführt (Bild 3.5-24).

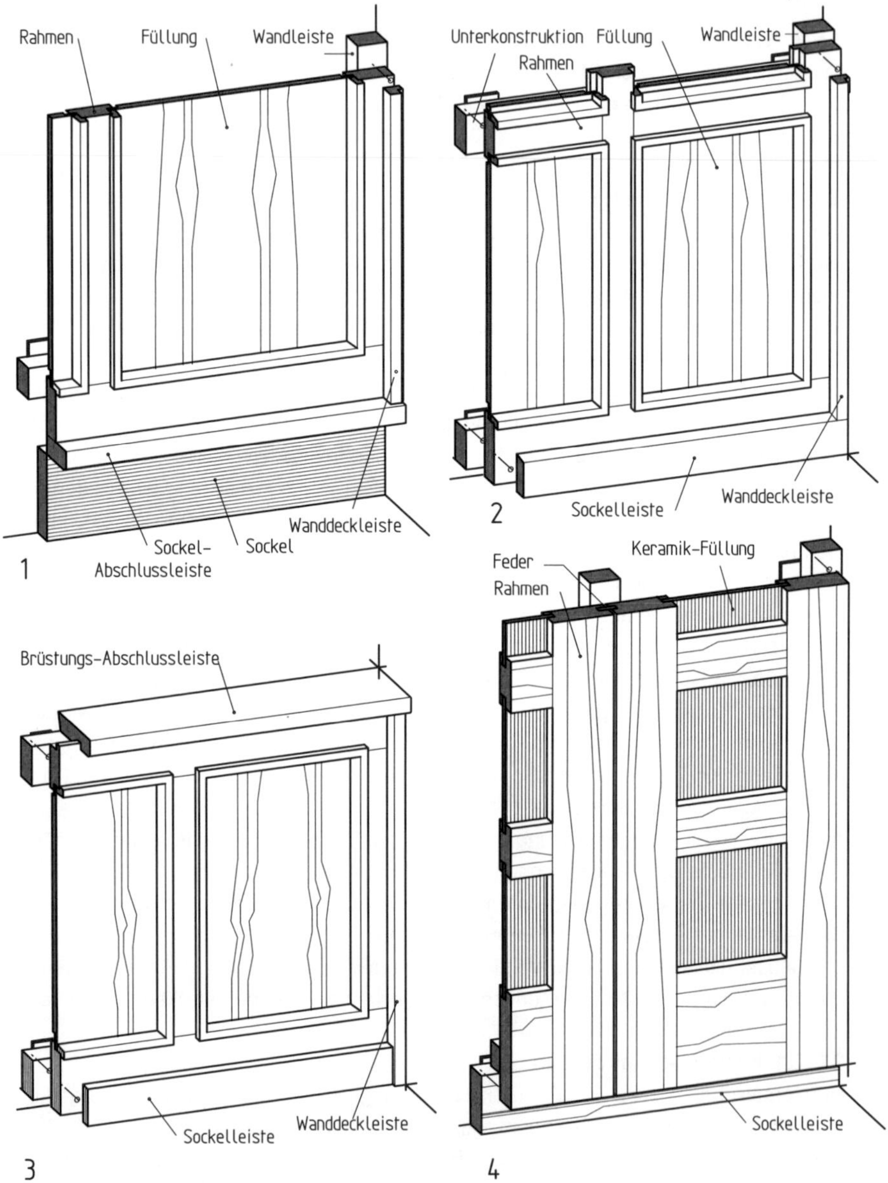

Bild 3.5-15 Verkleidungen aus Rahmen und Füllungen. 1 Mit Fliesen- oder Teppichsockel unter der Sockelabschlussleiste. 2 Die Deckleisten an Wand, Fußboden und Decke sind in gleicher Dicke ausgeführt. 3 Die Wanddeckleiste läuft bis zum Boden durch, die Sockelleiste springt zurück. 4 Verkleidung wird wie eine Plattenverkleidung montiert.

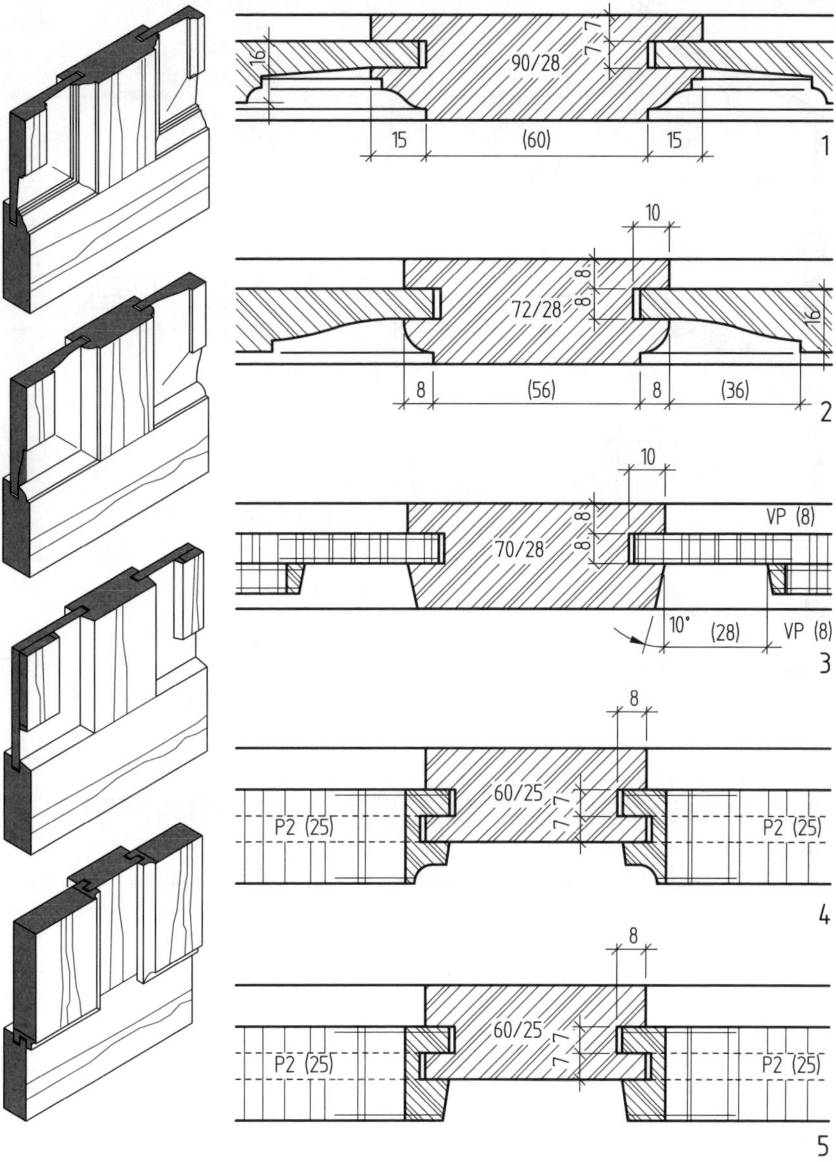

Bild 3.5-16 In Rahmen eingenutete Füllungen. 1 und 2 Vollholzfüllungen mit konterbaren Profilen an den Rahmenkanten, 3 eingenutete Sperrholzfüllung, 4 und 5 überschobene Füllungen.

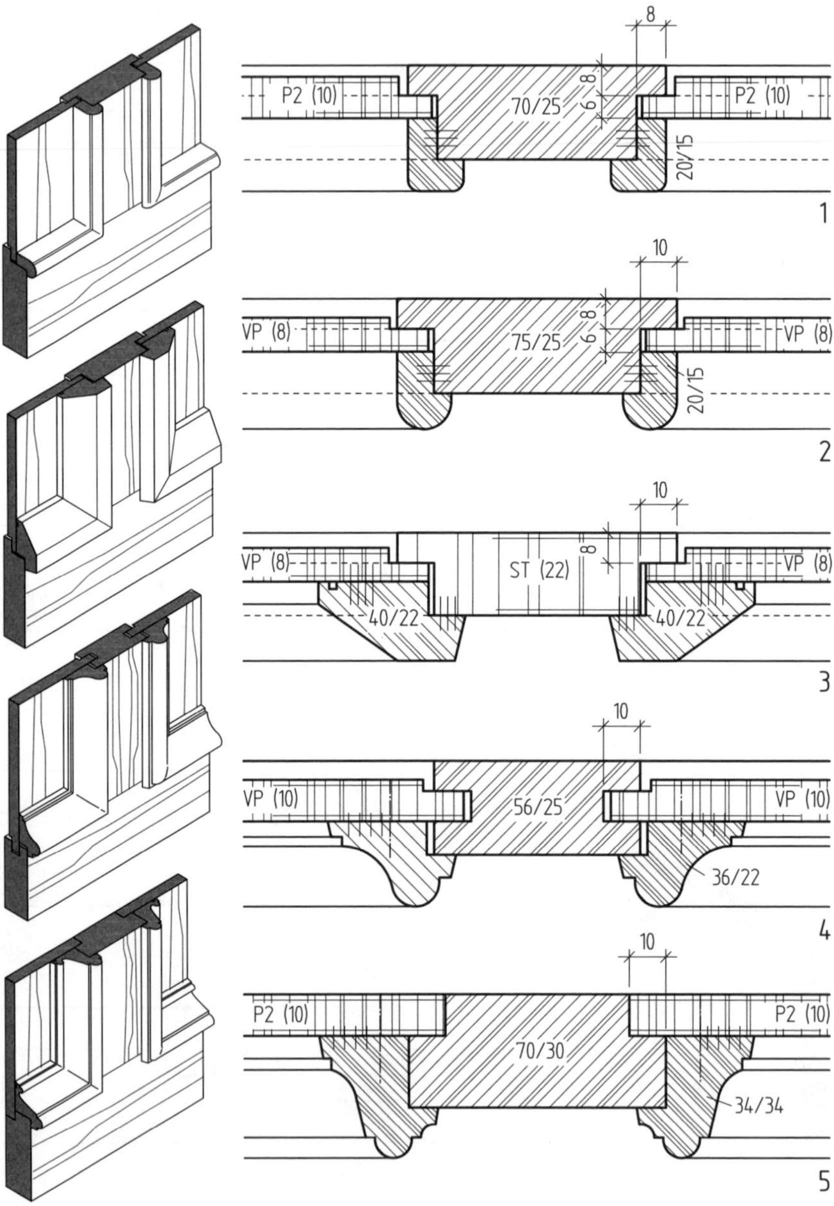

Bild 3.5-17 In Rahmen eingefälzte Füllungen, von der Sichtseite her verleistet (1 bis 3). In Rahmen eingenutete und verleistete Füllungen (4), Sonderkonstruktion (5).

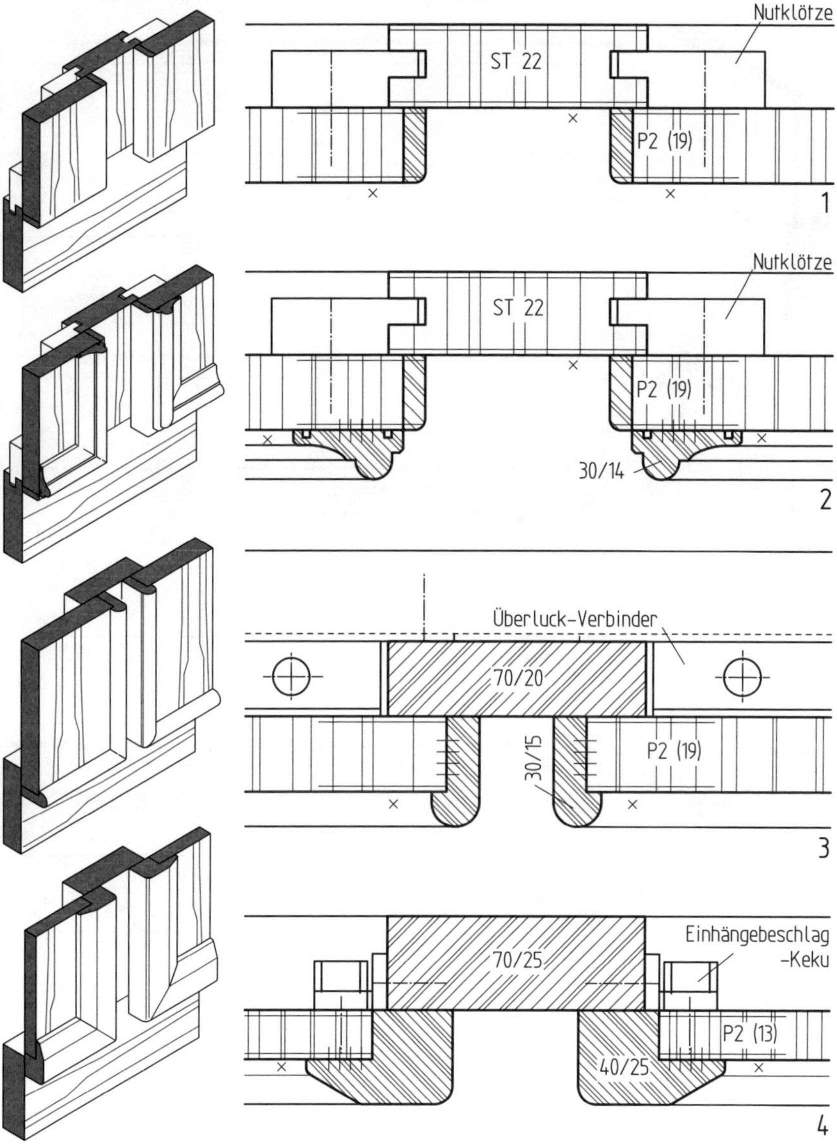

Bild 3.5-18 Imitierte Rahmen und Füllungen. Die Platten werden wie große Verkleidungsplatten auf der Unterkonstruktion montiert. Die Rahmen liegen hier tiefer als die Füllungsflächen.

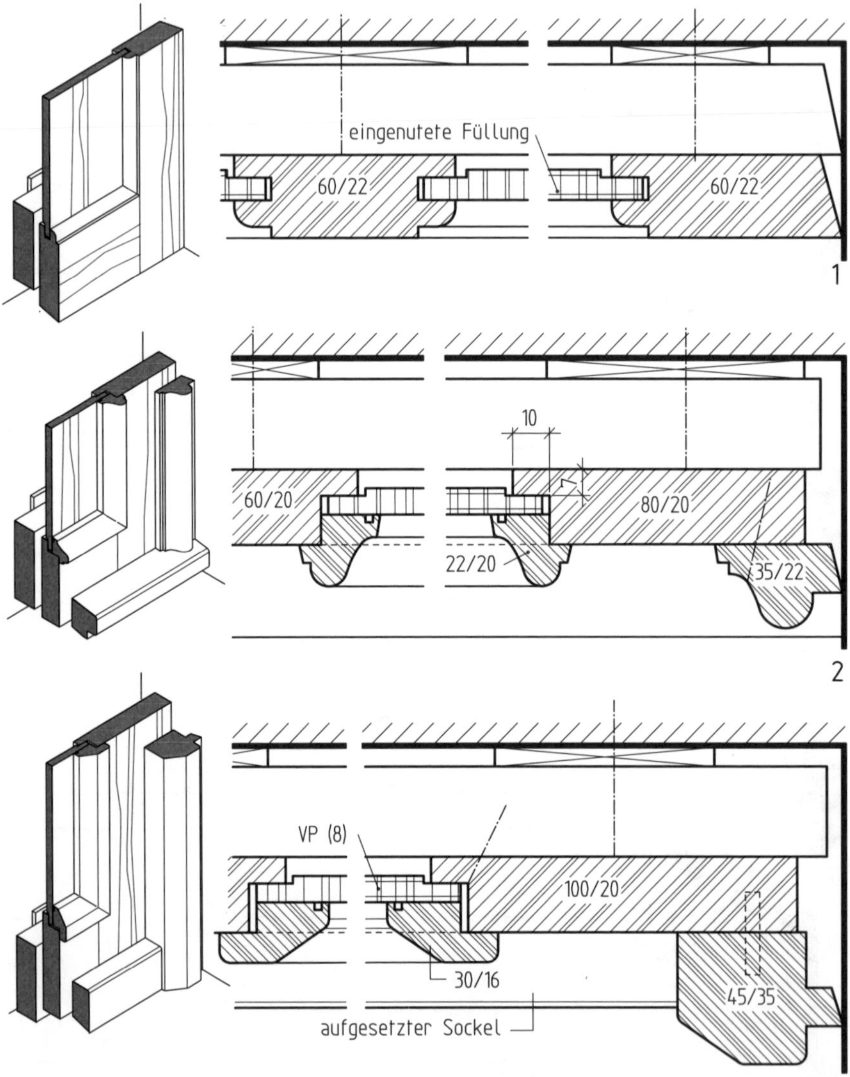

Bild 3.5-19 Wandanschlüsse. 1 Der Rahmen der Verkleidung ist an der Raumwand angepasst. 2 Wandanschluss durch eine Deckleiste; sie stößt gegen die vorstehende Fußleiste. 3 Wandanschluss durch eine Deckleiste, die bis zum Boden durchgeht; die Sockelleiste wird zwischen die Deckleisten eingepasst.

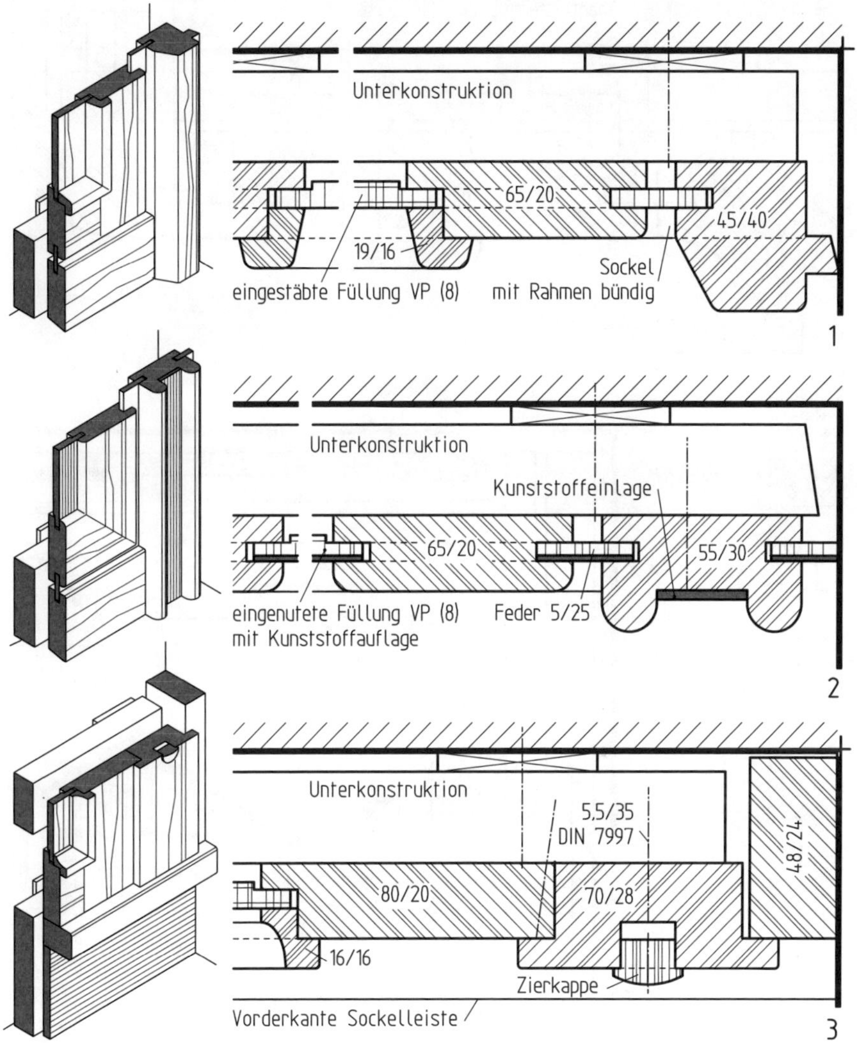

Bild 3.5-20 Wandanschlüsse. 1 Die Wandleiste läuft von der Decke bis zum Fußboden durch und wird am dünneren Sockel überschnitten. 2 Wandleiste mit losen Federn am Rahmen verbunden; eine Feder wird an der Wand angepasst; die Befestigungsstellen der Wandleiste werden durch die eingeleimten Kunststoffstreifen abgedeckt. 3 Eine gesonderte Wandleiste wird an die Wand geschraubt; die Befestigungsstellen werden durch Zierkappen abgedeckt.

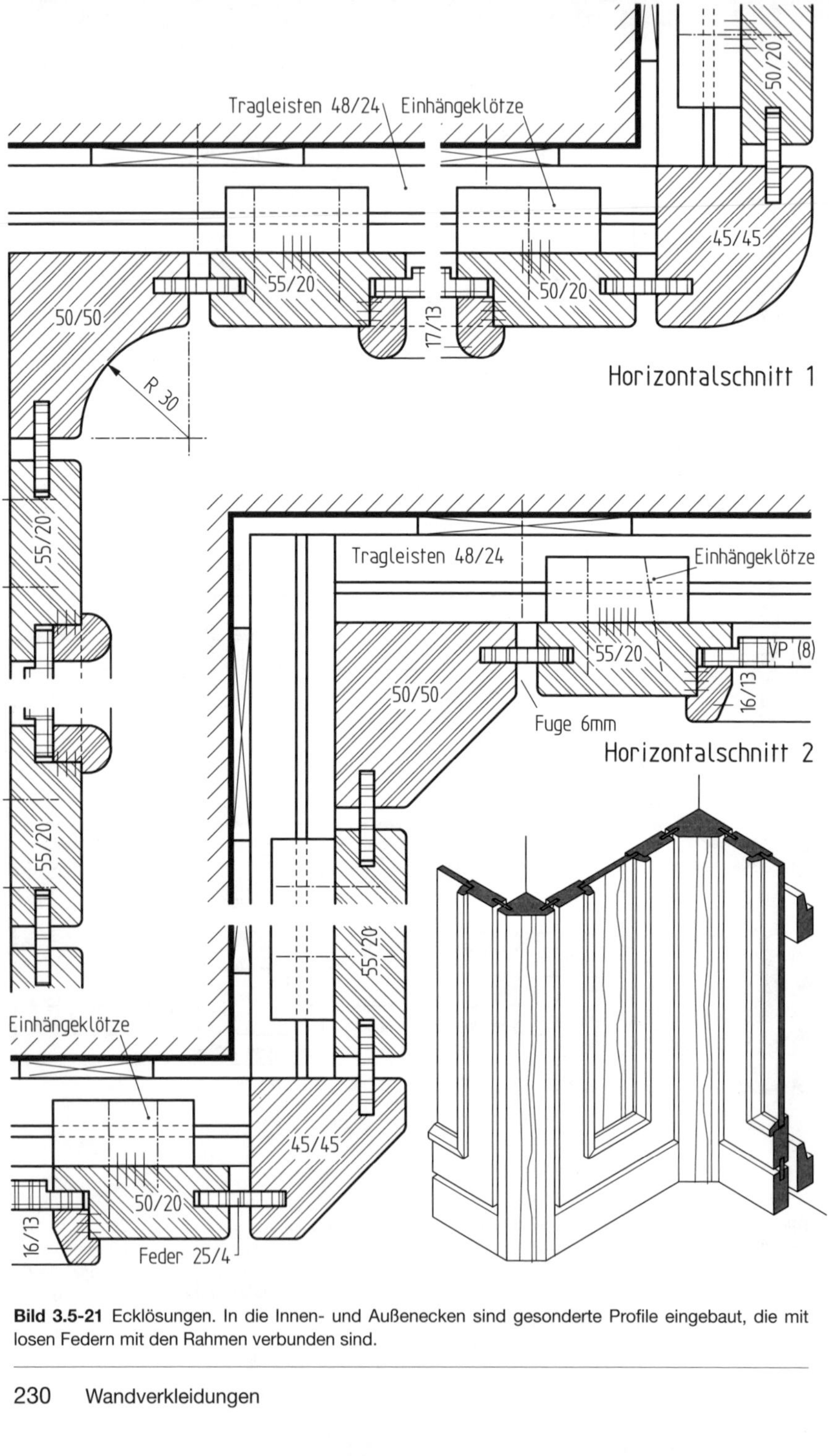

Bild 3.5-21 Ecklösungen. In die Innen- und Außenecken sind gesonderte Profile eingebaut, die mit losen Federn mit den Rahmen verbunden sind.

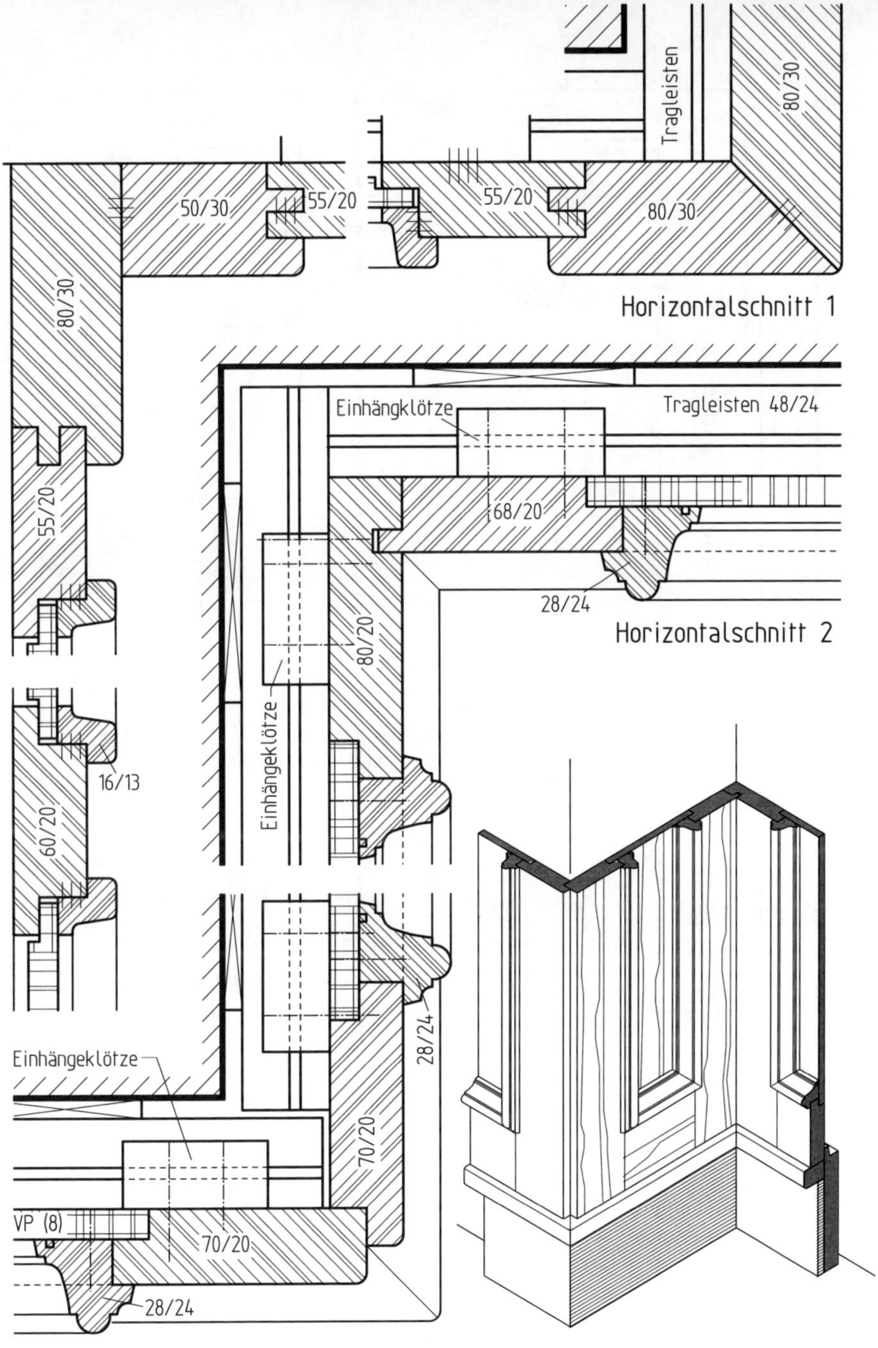

Bild 3.5-22 Ecklösungen. 1 Beispiel mit gesonderten Eckwinkeln, 2 Verbindung der Rahmen in der Innenecke und an der Außenecke.

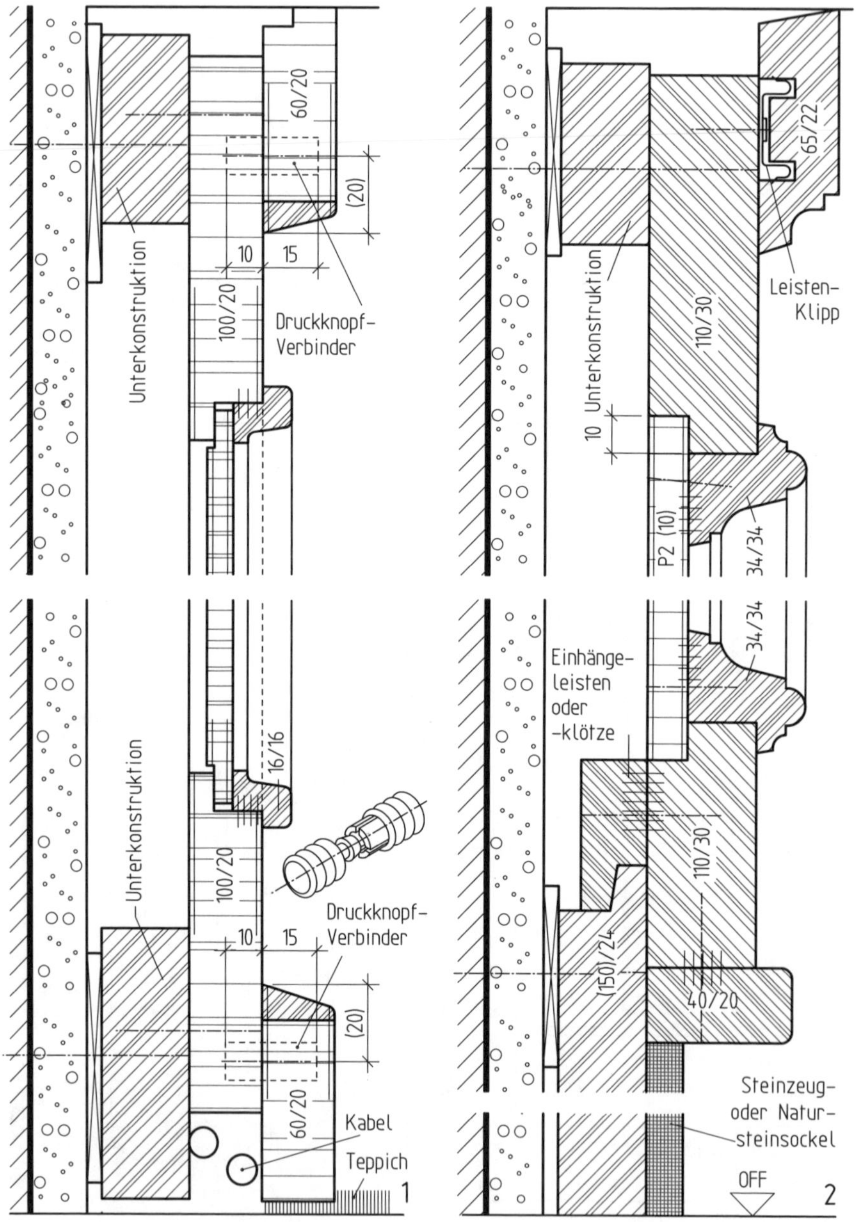

Bild 3.5-23 Vertikalschnitte durch eine Rahmen-und-Füllung-Verkleidung. 1 Mit aufgeklippsten Deckleisten, 2 mit Steinzeugsockel und aufgeklippster Deckleiste an der Decke.

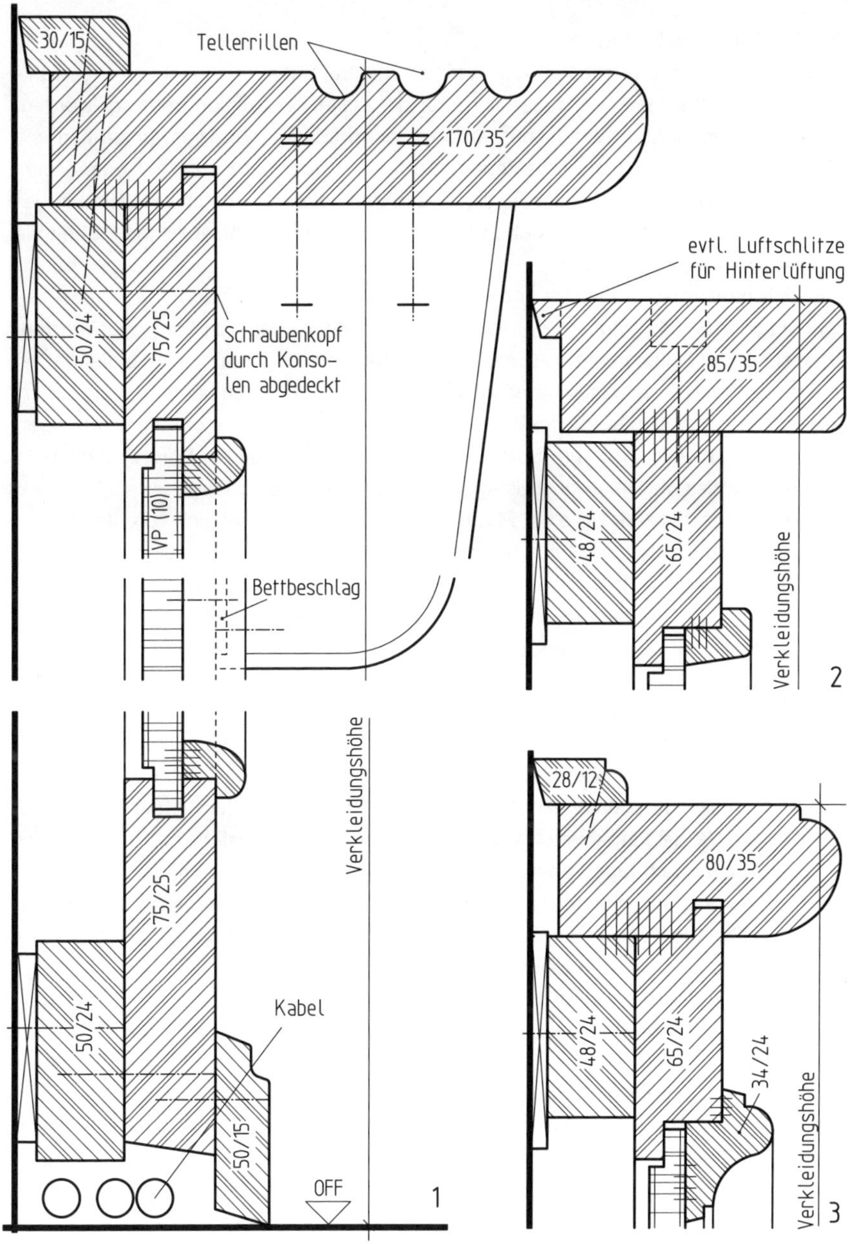

Bild 3.5-24 Vertikalschnitte nicht raumhoher Verkleidungen. 1 Mit Tellerbord, 2 und 3 mit Abschlussleisten.

3.5.3 Plattenverkleidungen

Plattenverkleidungen bestehen aus großformatigen Platten, die in einer frei gewählten Teilung mit Fugen oder fugendicht auf der Unterkonstruktion befestigt werden. Diese großformatigen Platten müssen aus gering arbeitenden Holzwerkstoffen wie Span- oder Sperrholzplatten bestehen, die furniert oder mit Kunststoff oder Metall kaschiert sowie mit Leder oder Textilien bespannt sein können. Ist Brandschutz gefordert, kommen auch zementgebundene Spanplatten oder mineralische Platten als Trägermaterial zur Anwendung.
Die Unterkonstruktion besteht in der Regel aus Latten, die entweder unter den Teilungsfugen oder als Trag- oder Einhängeleisten quer auf der Wand befestigt werden. In besonderen Fällen kommen vorgefertigte Rahmen zum Einsatz, auf die die Platten mit besonderen Beschlägen montiert werden. In solchen Fällen kann man die Unterkonstruktion schon sehr früh im Baufortschritt montieren und die oberflächenfertigen Verkleidungsplatten erst zum Schluss der Bauphase montieren. Wird Brandschutz gefordert, muss die Unterkonstruktion aus Metallprofilen bestehen.
Die gestalterische Wirkung einer Plattenverkleidung wird wesentlich von der Gliederung der Fläche durch die Größe und das Format der Platten, durch die Fugenteilung und die Fugengröße bestimmt. Entscheidend für die Wirkung einer Plattenverkleidung sind außerdem die Ausbildung der Wand-, Decken- und Bodenanschlüsse sowie die Konstruktion der Innen- und Außenecken.

3.5.3.1 Konstruktionsdetails

Neben der Montagemöglichkeit sind für die Konstruktion die Mittenanschlüsse, Wand-, Boden- und Deckenanschlüsse und die Eckausbildungen interessant.
Die Mittenanschlüsse klären die Verbindung zweier benachbarter Platten (Bild 3.5-27 bis 31). Die Verkleidungsplatten können mit einer Verbindungsfeder verbunden oder nur durch eine Sichtfuge voneinander getrennt werden. Außerdem werden hier die Ausbildung der Plattenkanten und die Befestigung auf der Unterkonstruktion gezeigt. Geht die Schattenfuge in der Tiefe bis zur Lattung durch, muss die Sichtfläche der Unterkonstruktion furniert oder entsprechend gefärbt sein.
Die Wandanschlüsse zeigen den Anschluss der Plattenverkleidung an eine Raumwand. Entweder werden besondere Deckleisten vorgesehen, oder die Unterkonstruktion wird an die Raumwand angepasst und die Verkleidungsschale durch eine Schattenfuge von dieser getrennt (einige Beispiele siehe Bild 3.5-27 bis 31).
Die Deckenanschlüsse werden sinngemäß wie die Wandanschlüsse ausgebildet. Bei Bodenanschlüssen kann der Bodenbelag auf dem Sockel fortgeführt werden, oder es werden besondere Sockelleisten eingesetzt, mit denen man einen sauberen Bodenanschluss erreichen kann. Hinter den Sockelleisten könnte man elektrische Lei-

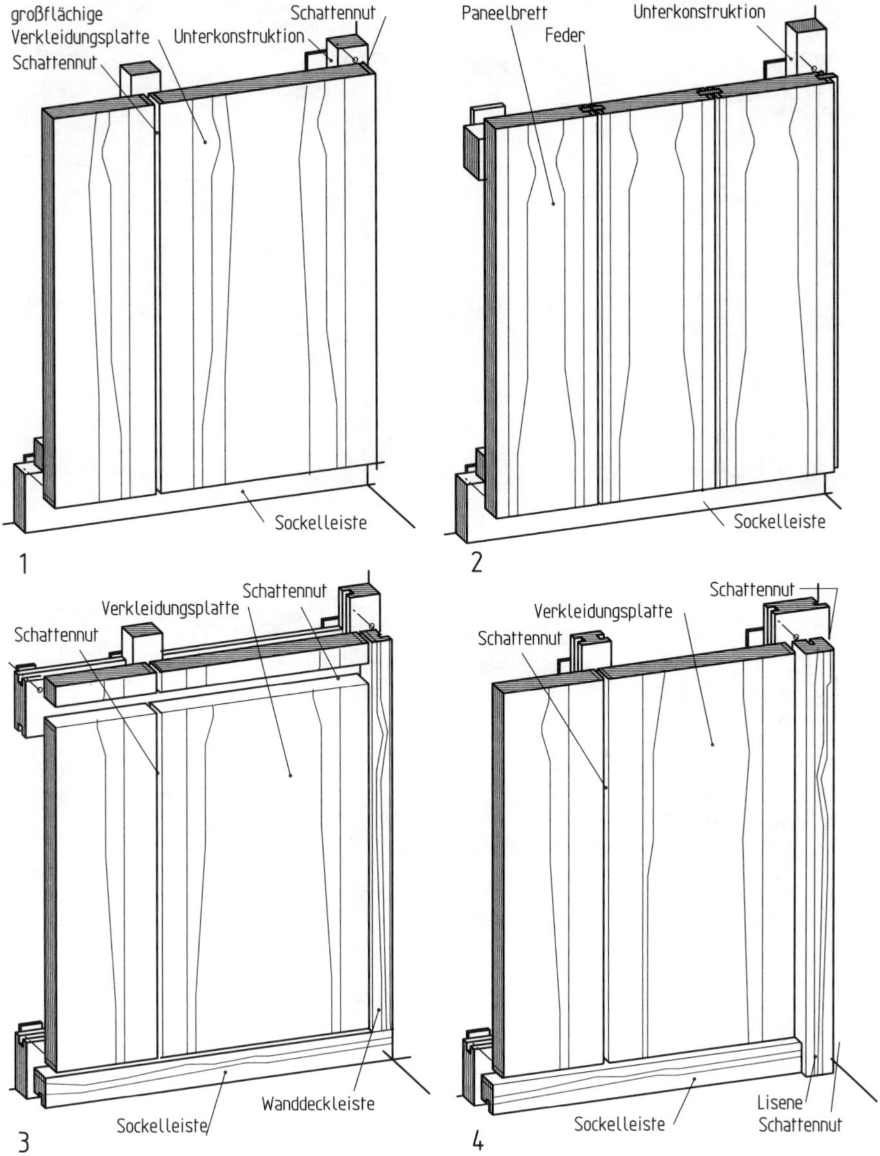

Bild 3.5-25 Plattenverkleidungen. 1 Zurückspringende Sockel und Wandleiste, 2 Paneelbretter, mit loser Feder verbunden, 3 Sockelleiste und Wanddeckleiste bündig und auf gleicher Ebene wie die Verkleidungsplatten, 4 dicke Lisene an der Wand und zurückspringende, flächenbündige Sockelleiste.

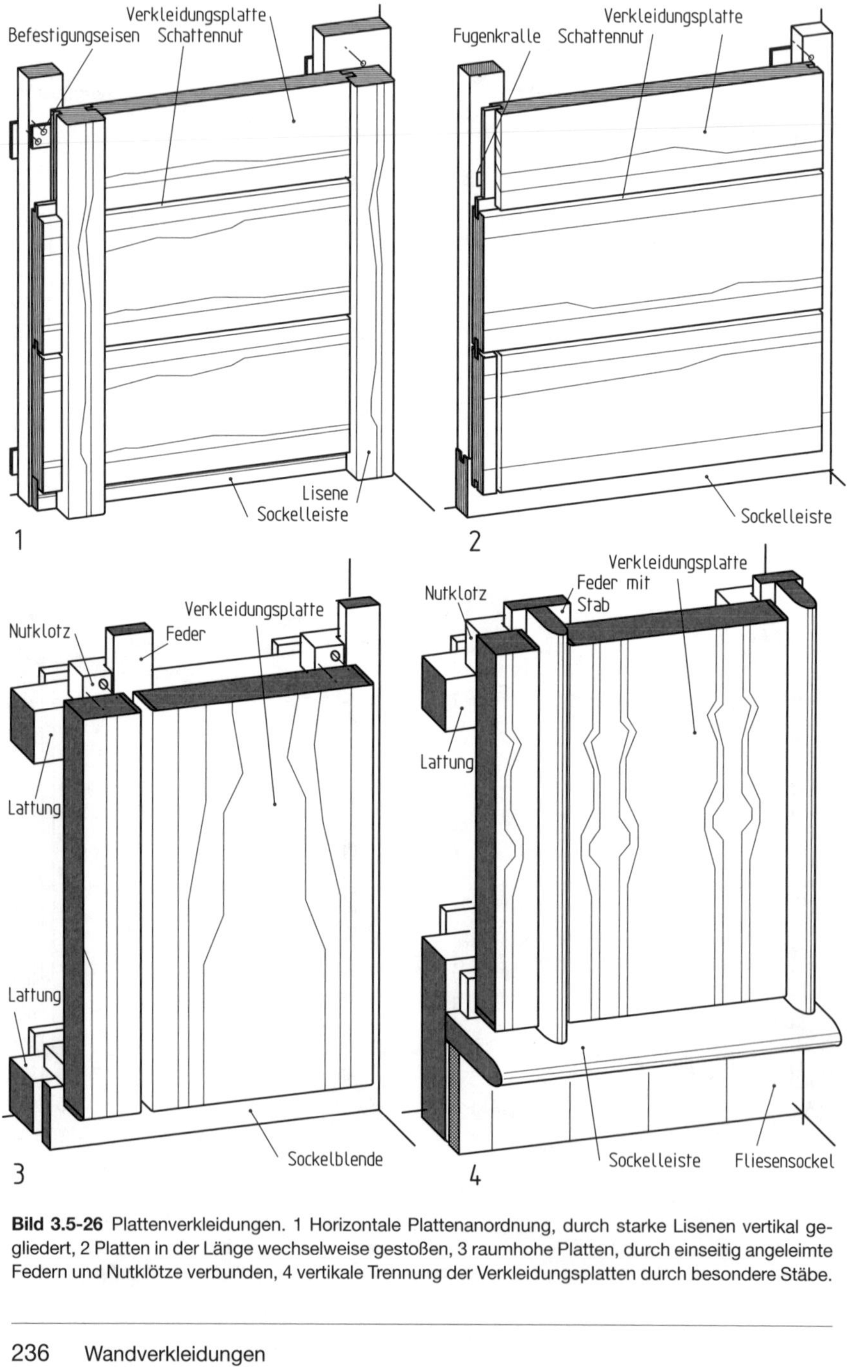

Bild 3.5-26 Plattenverkleidungen. 1 Horizontale Plattenanordnung, durch starke Lisenen vertikal gegliedert, 2 Platten in der Länge wechselweise gestoßen, 3 raumhohe Platten, durch einseitig angeleimte Federn und Nutklötze verbunden, 4 vertikale Trennung der Verkleidungsplatten durch besondere Stäbe.

tungen verstecken. Für eine lösbare Befestigung der Sockelleisten verwendet man Klippbeschläge (Bild 3.5-38 bis 41). Die Wand-, Decken- und Bodenanschlüsse sind aufeinander abzustimmen.

Die Innen- und Außenecken werden passend zum Gliederungsrhythmus und zum Charakter der Verkleidungsschale ausgebildet. Entweder werden die Unterkonstruktionsteile in den Ecken sauber miteinander verbunden, sodass diese die sichtbaren Ecken bilden, oder man fertigt besondere Innen- und Außenecken als Verkleidungsschale, die auf der Unterkonstruktion befestigt werden (Bild 3.5-32 bis 37).

Auch die Anschlüsse an Innentüren oder eingebauten Schränken verlangen eine gute gestalterische und konstruktive Lösung. Im Allgemeinen kann die Türfläche gegenüber der Wandverkleidungsschale zurückliegen oder auch mit dieser bündig sein. Durch Lisenen, Futter oder Bekleidungen können die Türen von der Verkleidungsschale getrennt werden, wenn sie nicht in der Gliederung der Verkleidungsschale aufgehen (Bild 3.5-42 bis 48).

Die Front der Verkleidungsschale kann man bündig mit der Front von in Nischen eingebauten Schränken setzen. Die Schrankfront kann aber auch vorspringen, seltener zurückspringen. Auch an eingebauten Schränken kann man mit markanten Leisten eine optische Trennung zwischen Einbauschrank und Verkleidungsschale erzielen (Bild 3.5-49 bis 51).

3.5.3.2 Verkleidungen mit besonderen Platten

Neben der klassischen Plattenverkleidung sind auch großflächige Verkleidungen mit Acrylwerkstoffplatten oder mit Platten mit stark geprägten Oberflächenstrukturen möglich.

Die Acrylwerkstoffplatten lassen sich nach Erwärmung zwei- oder dreidimensional verformen, sodass alle erdenklichen Formen damit erreicht werden können. Zum Beispiel sind auch vorstehende Konsolen, Auswölbungen, Vertiefungen, Nischen usw. mit dem Material möglich. Die entstehenden Fugen können mit dem gleichen Material, aus denen auch die Platten bestehen, ausgefüllt und dann unsichtbar beigeschliffen werden. Natürlich ist den bewegten Formen die Unterkonstruktion dementsprechend anzupassen, auf die die 6 mm oder 12 mm dicken Platten geklebt werden müssen. Acrylwerkstoffplatten gibt es in weiß und vielen Farben, auch mit Marmor- und Granitstruktur (Kri).

Die Platten mit geprägter Oberfläche bestehen aus 19 mm MDF (mitteldichter Faserplatte) oder aus 3 mm HF (Hartfaserplatte), auf die Sichtbeton-, Bruchstein-, Schiefer- oder Altholzstrukturen sehr naturgetreu aufgebracht worden sind. Die Kanten der Platten mit groben Steinstrukturen fassen gezahnt ineinander, sodass sie von einem echten Fugenverlauf nicht zu unterscheiden sind (IMI).

Bild 3.5-27 (Seite 238) Wand- und Mittenanschlüsse. 1 Durch lose Feder, 2 durch Wandrandleiste, Montage mit Einhängebeschlag (Hä, He sinngem.).

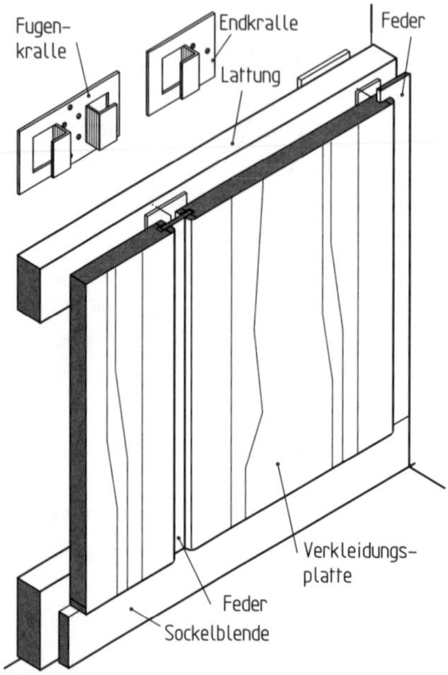
Fugen-
kralle
Endkralle
Lattung
Feder
Verkleidungs-
platte
Feder
Sockelblende

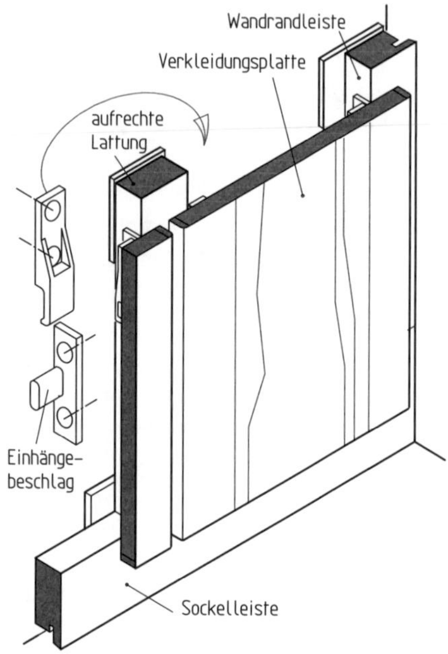
Wandrandleiste
Verkleidungsplatte
aufrechte
Lattung
Einhänge-
beschlag
Sockelleiste

1

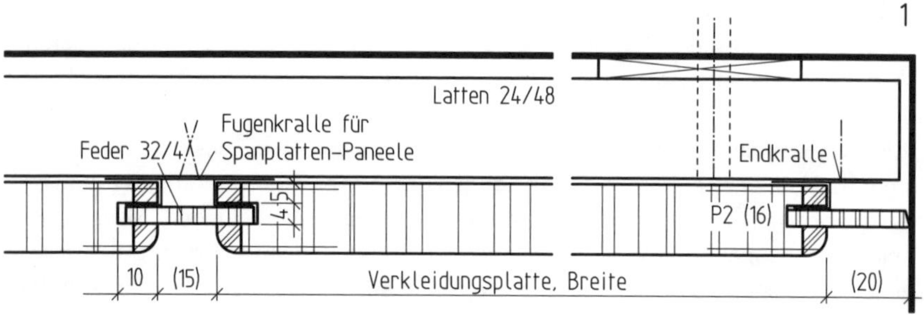
Latten 24/48
Fugenkralle für
Spanplatten-Paneele
Feder 32/4
4,5
4
Endkralle
P2 (16)
10
(15)
Verkleidungsplatte, Breite
(20)

2

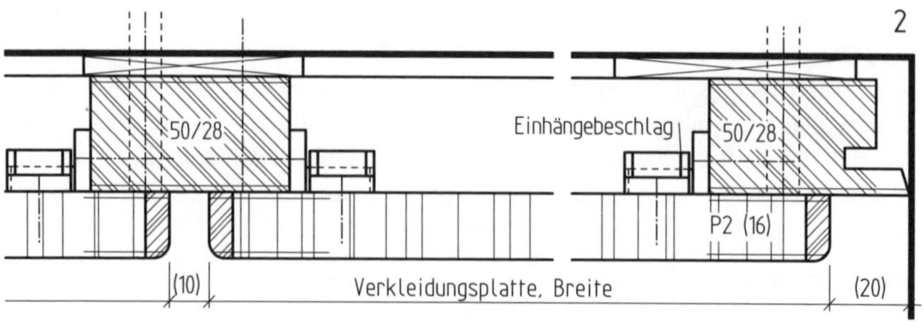
50/28
Einhängebeschlag
50/28
P2 (16)
(10)
Verkleidungsplatte, Breite
(20)

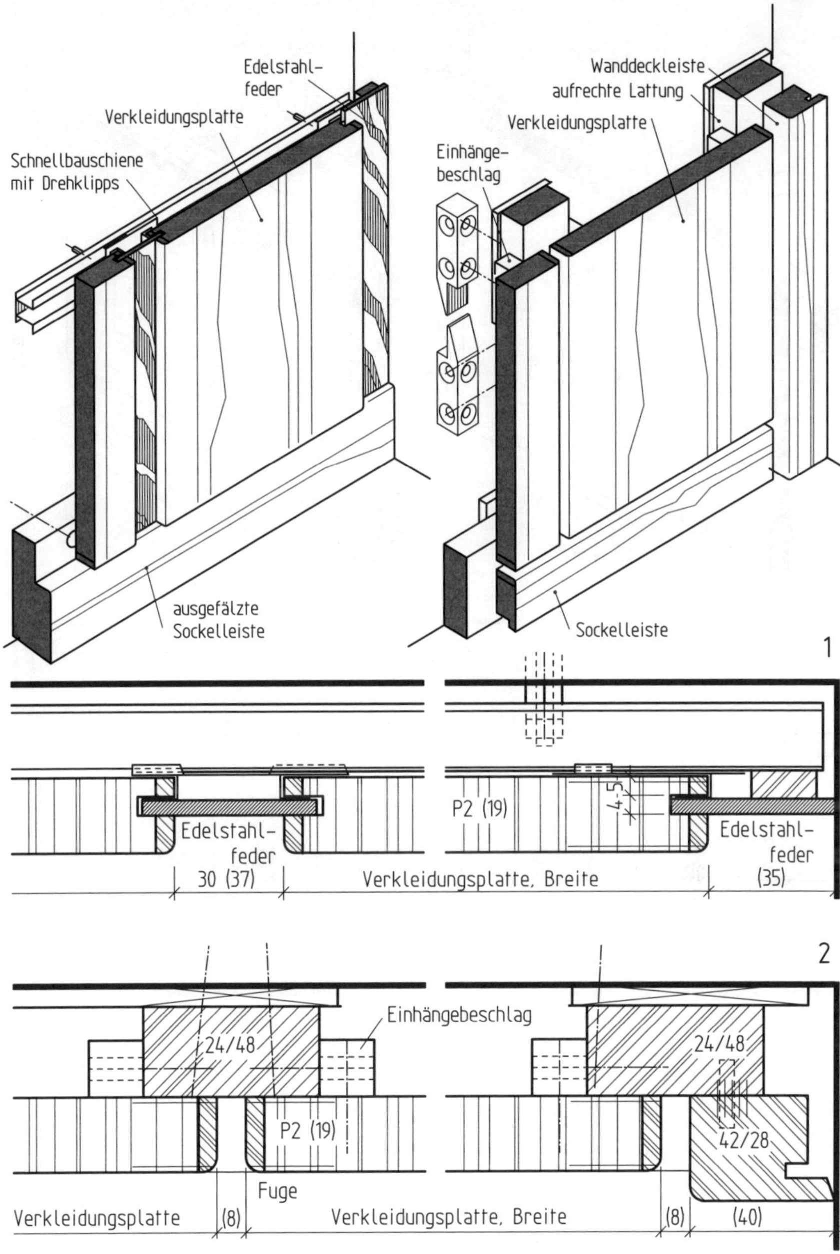

Bild 3.5-28 Wand- und Mittenanschlüsse. 1 Durch Edelstahlfeder, Befestigung auf Schnellbauschienen (Fr), 2 vorstehende Deckleiste an der Wand, Plattenmontage mit Einhängebeschlag (He, Hä sinngem.).

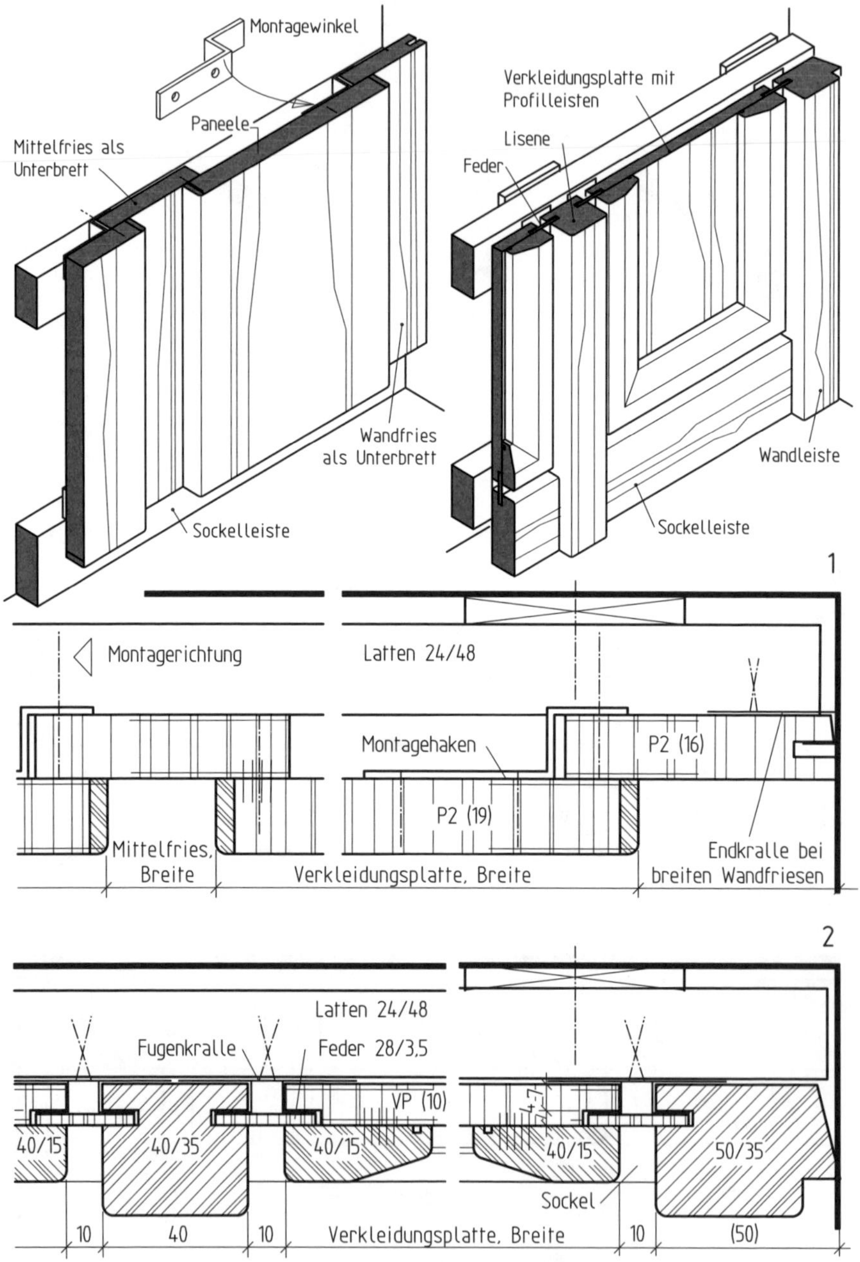

Bild 3.5-29 Wand- und Mittenanschlüsse. 1 Überluckte Verkleidung, 2 mit vorstehenden Lisenen.

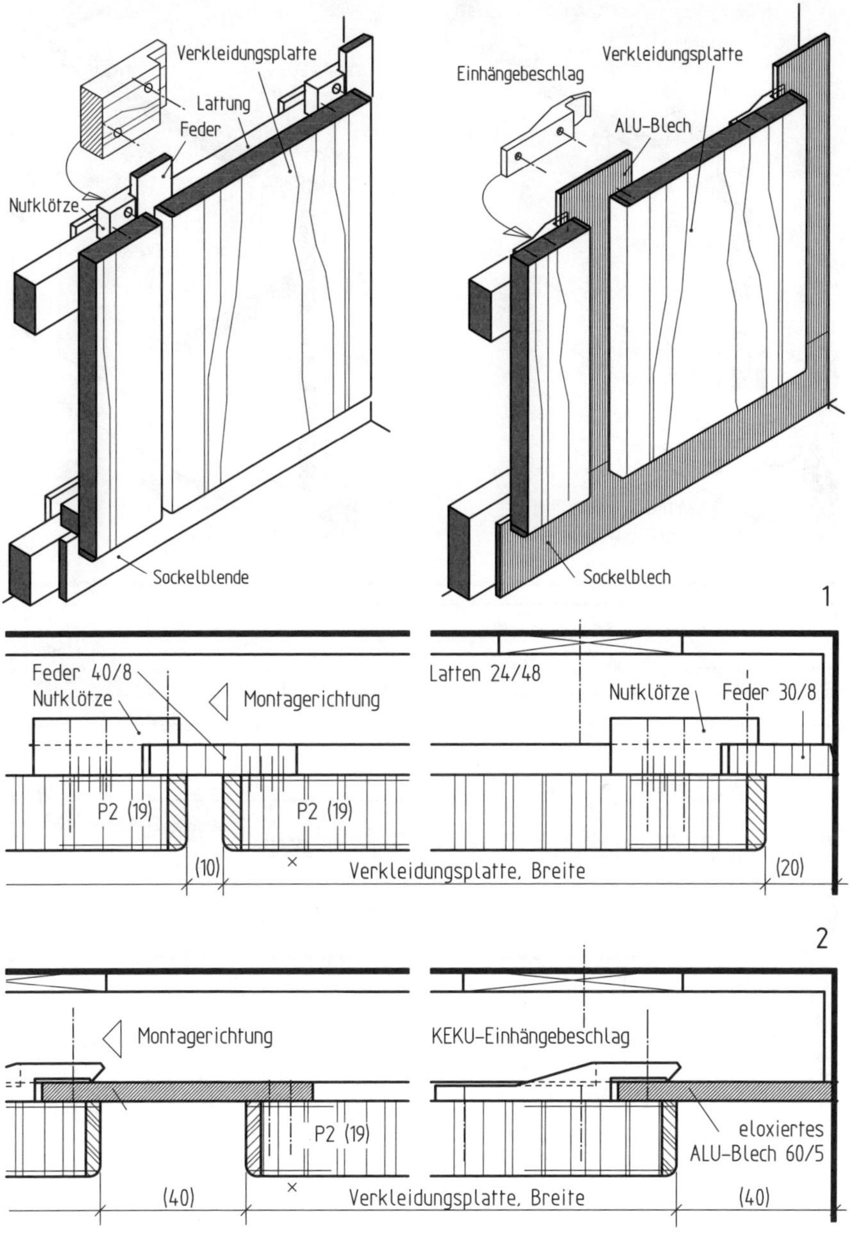

Bild 3.5-30 Wand- und Mittenanschlüsse. 1 Mit einseitig angeleimten Federn und Nutklötzen, 2 mit Metallfedern und Einhängebeschlag (Hä).

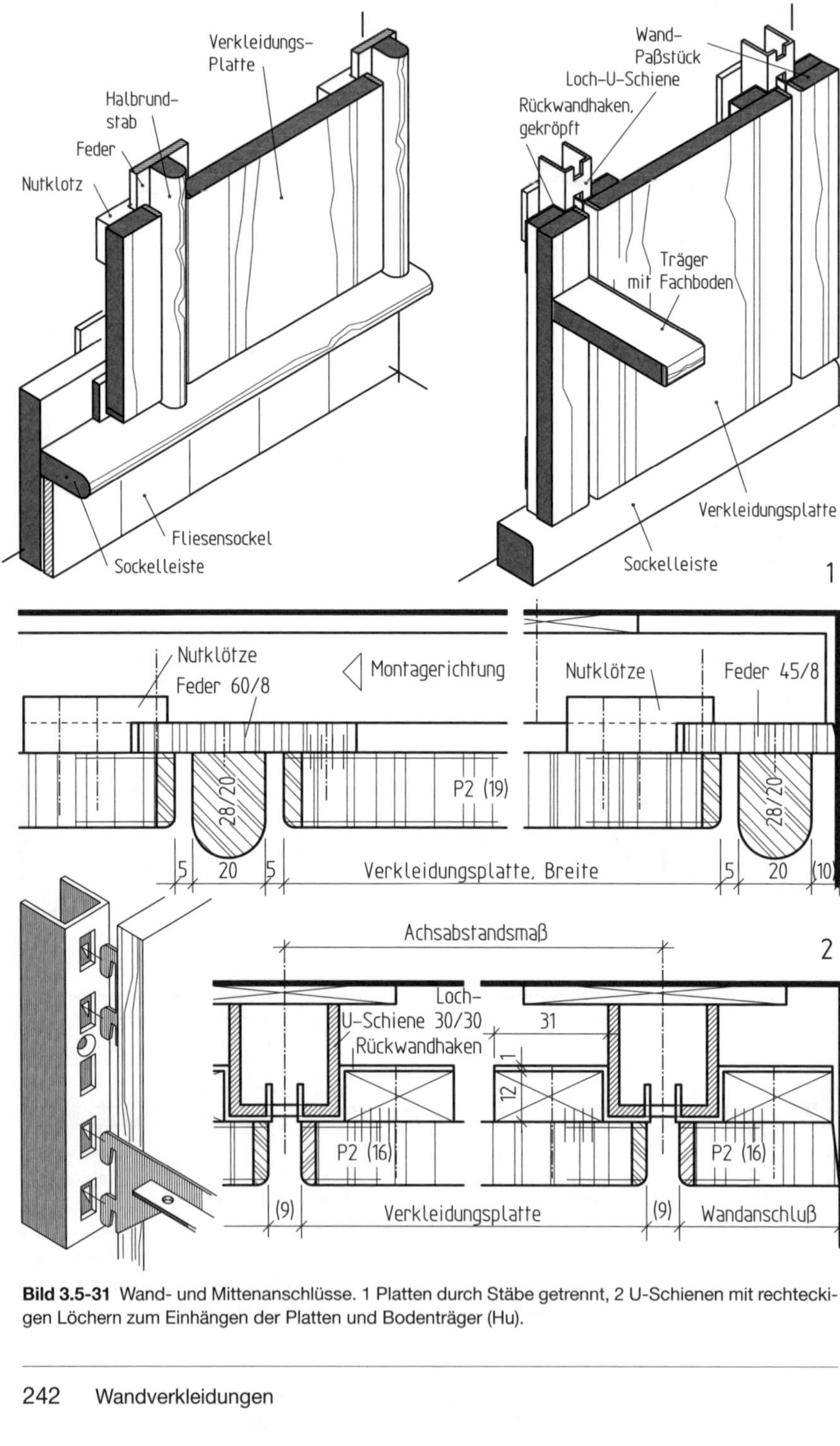

Bild 3.5-31 Wand- und Mittenanschlüsse. 1 Platten durch Stäbe getrennt, 2 U-Schienen mit rechteckigen Löchern zum Einhängen der Platten und Bodenträger (Hu).

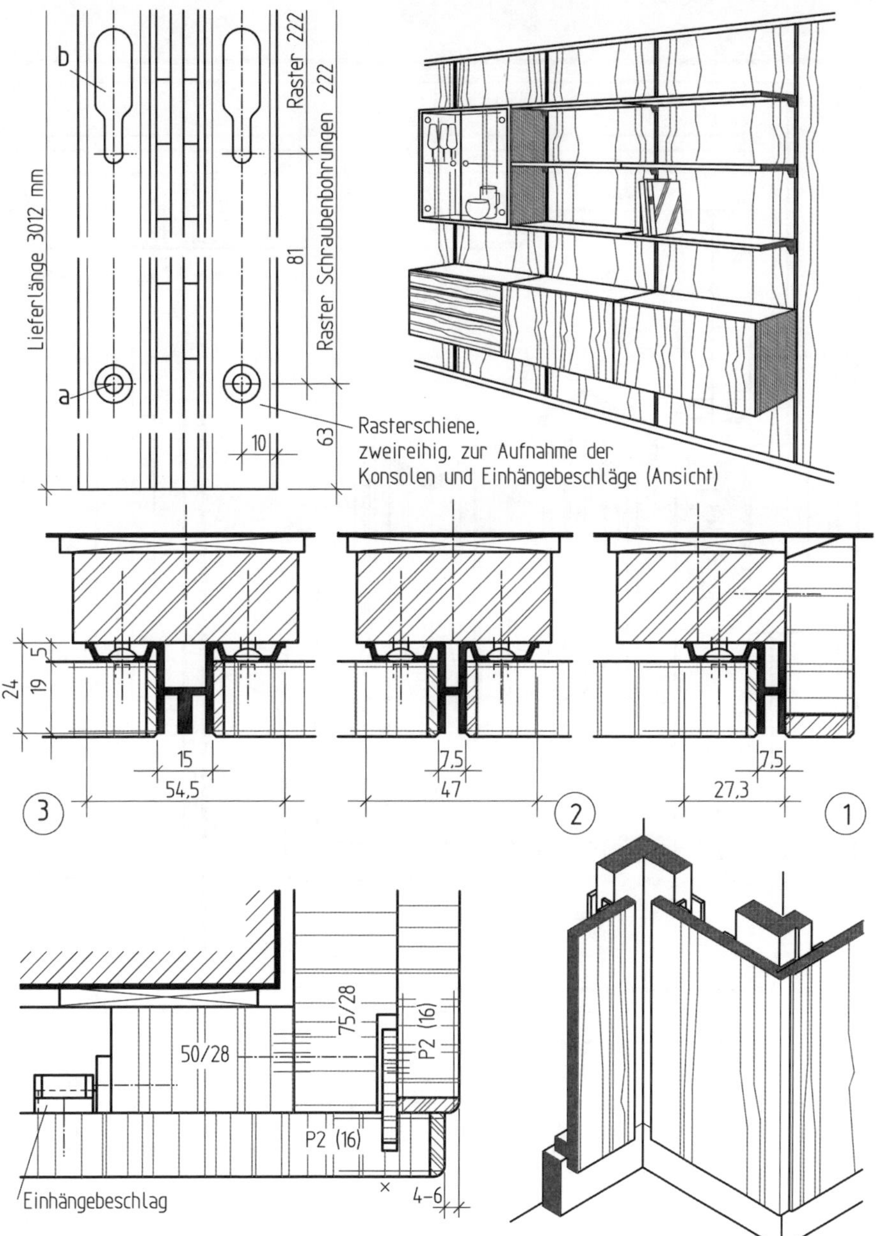

Bild 3.5-32 Plattenverkleidung an Rasterschienen. 1 Eckschiene rechts, 2 einreihige und 3 zweireihige Rasterschiene, Einhängeraster 37 mm (Hä). Unten: Mögliche Eckausbildung bei Plattenverkleidungen.

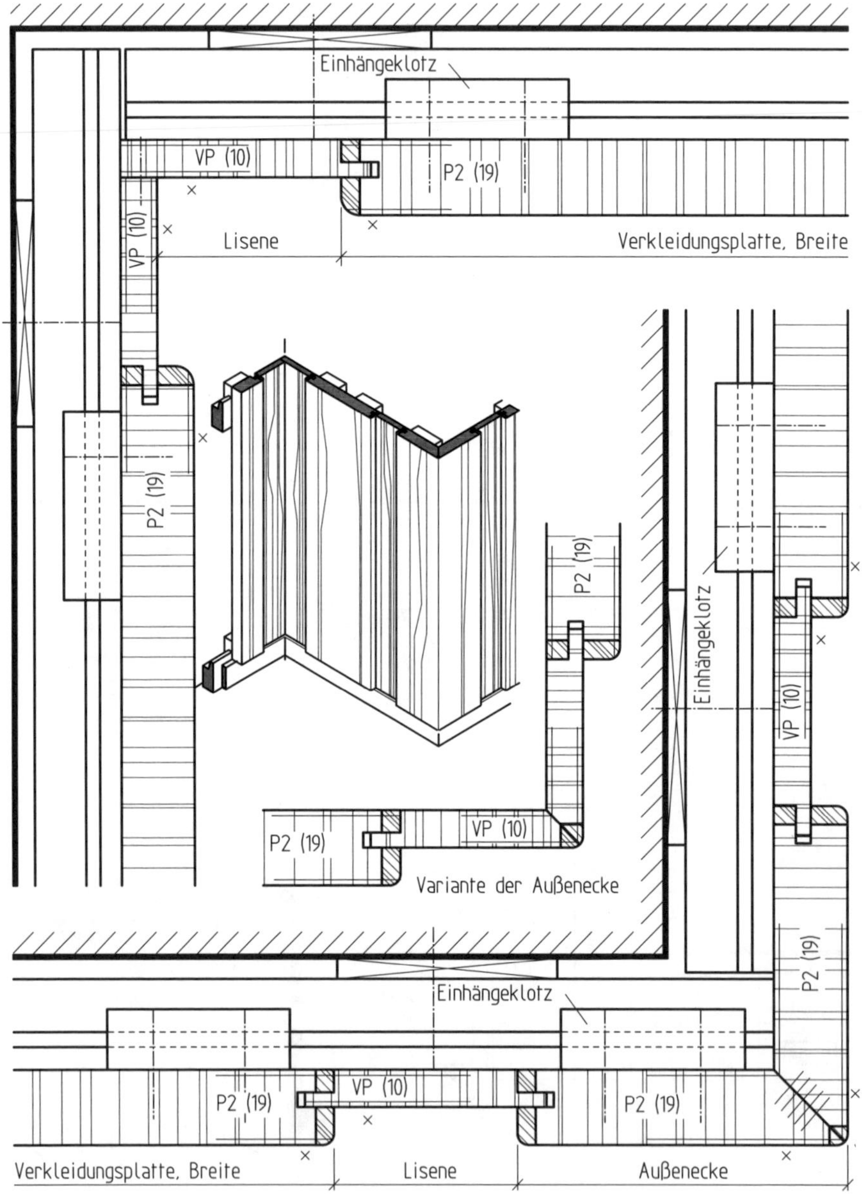

Bild 3.5-33 Ecklösungen für Plattenverkleidungen mit breiten Federn.

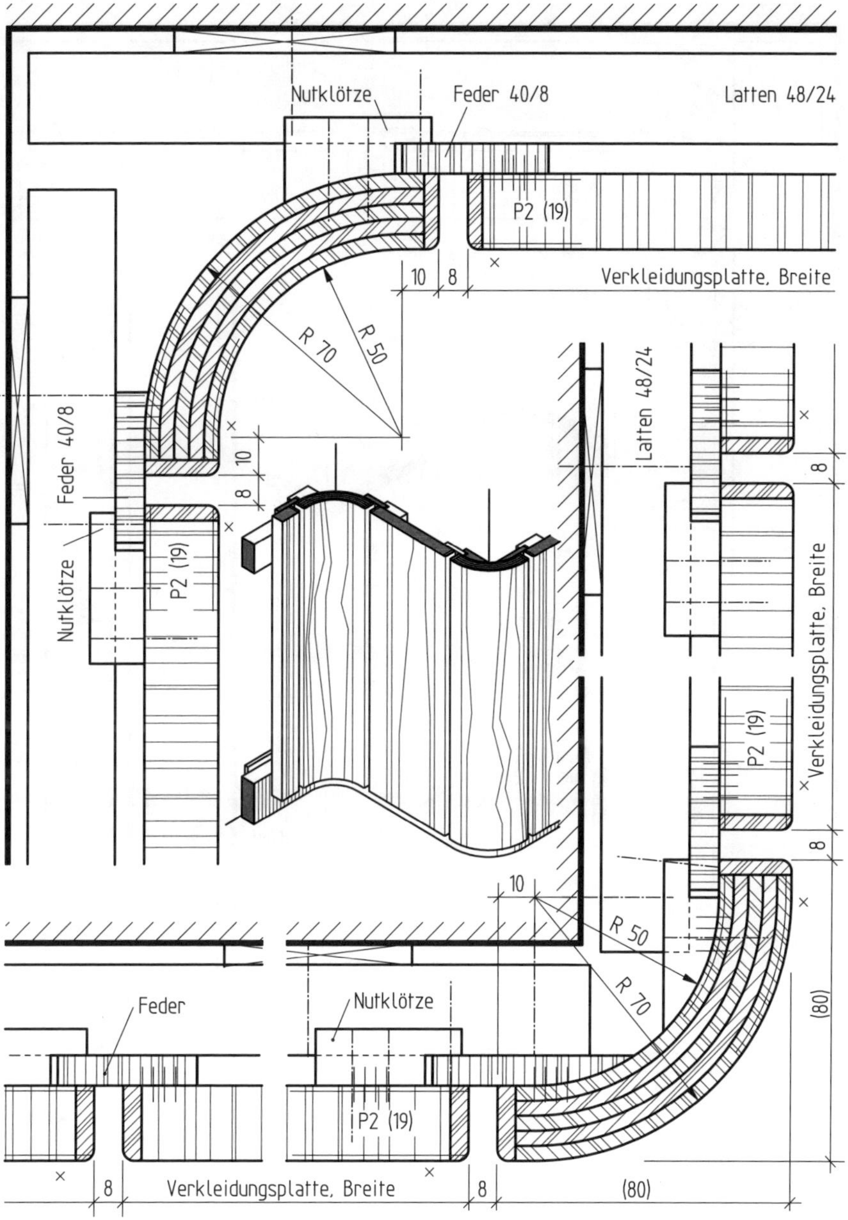

Bild 3.5-34 Ecklösung mit hohler Innen- und runder Außenecke.

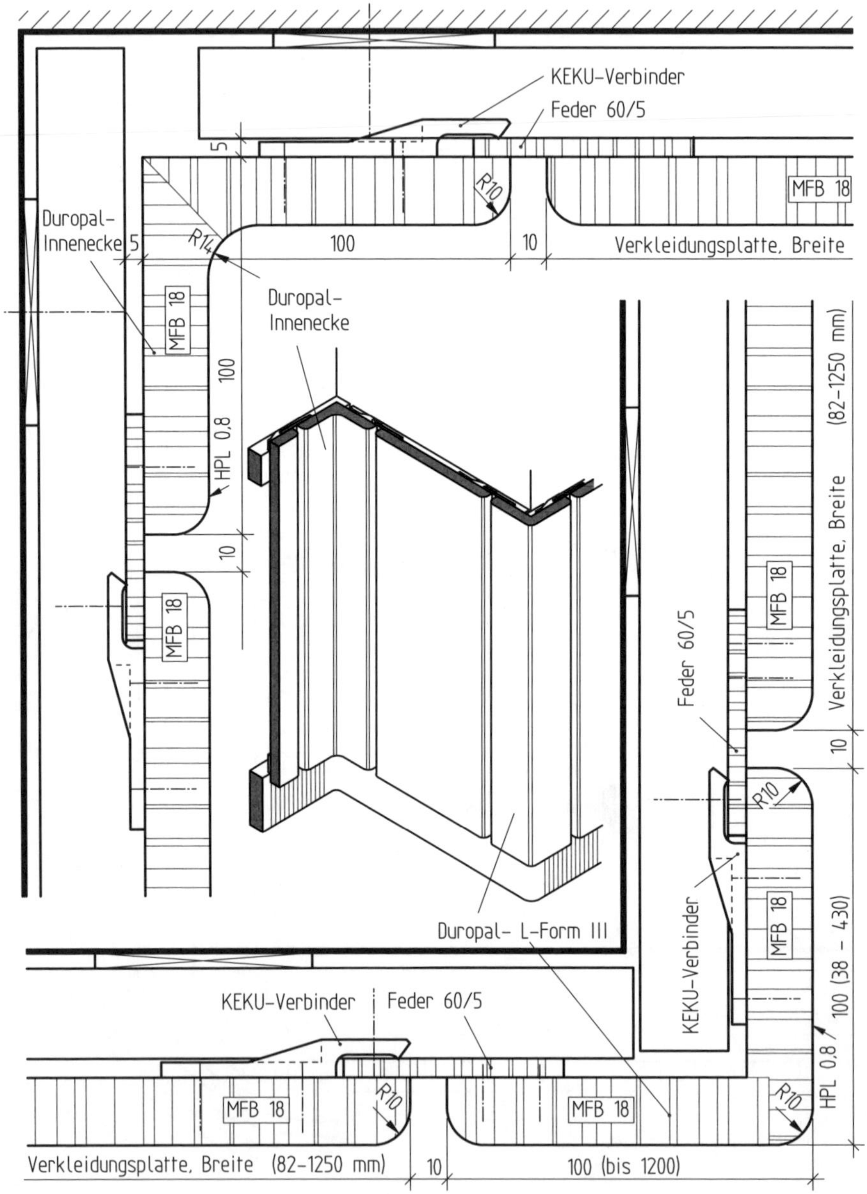

Bild 3.5-35 Ecklösung mit handelsüblichen Innenecken und L-Profilen (Du).

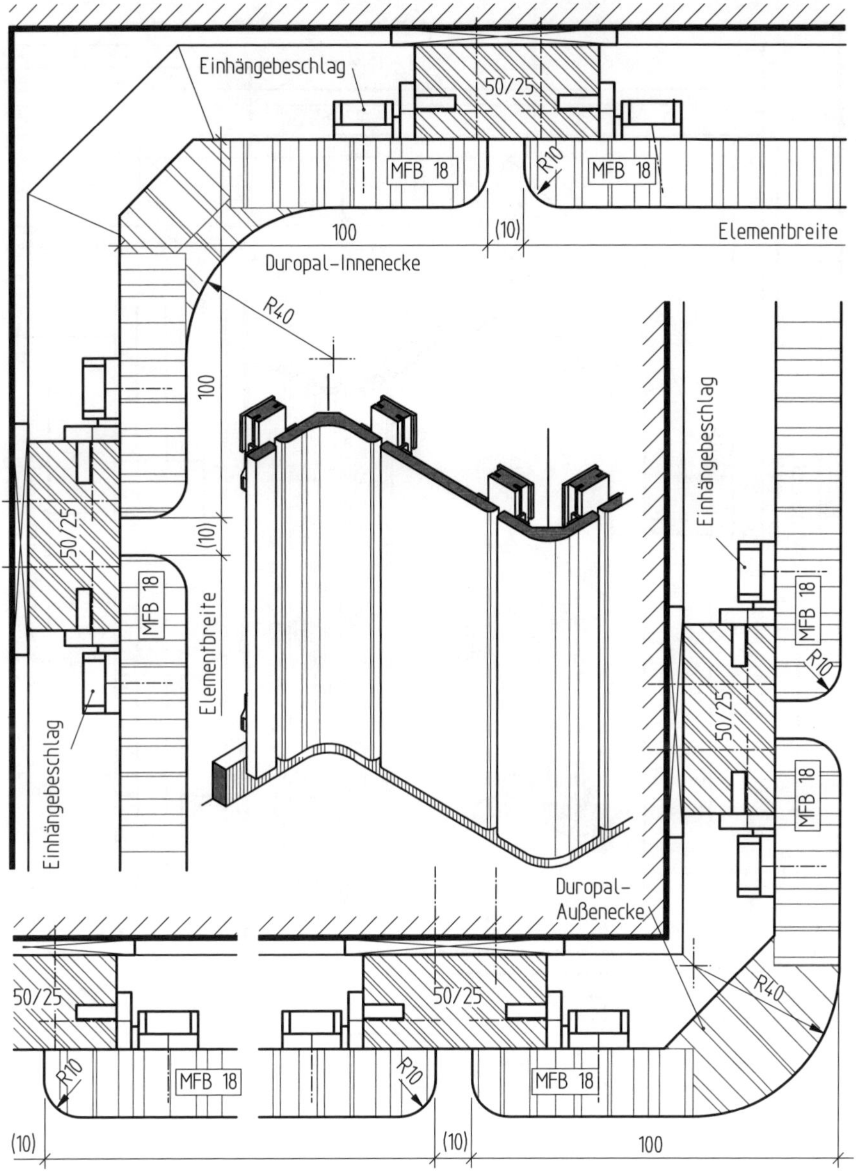

Bild 3.5-36 Ecklösung mit handelsüblichen Innen- und Außenecken (Du).

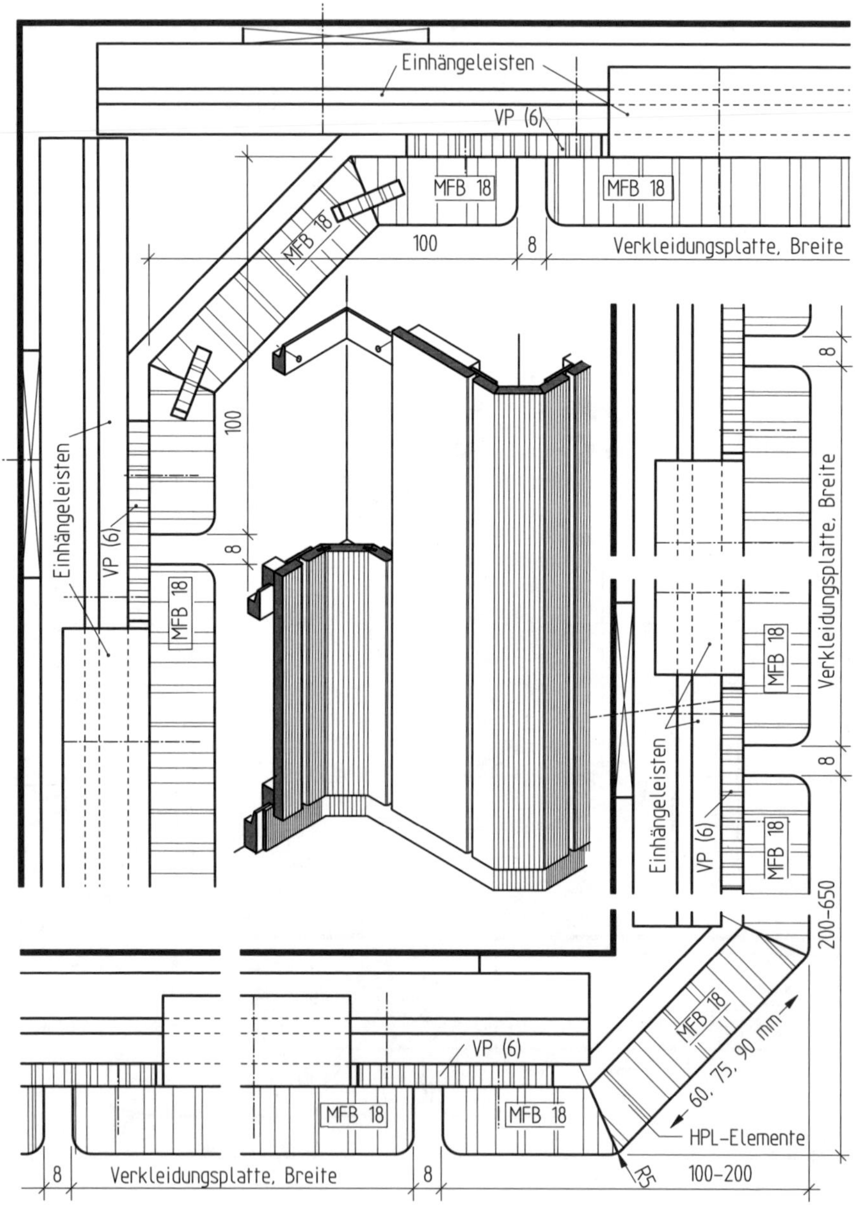

Bild 3.5-37 Ecklösung mit handelsüblichen KF-Profilen und rückseitig an einer Kante aufgeleimten Federn.

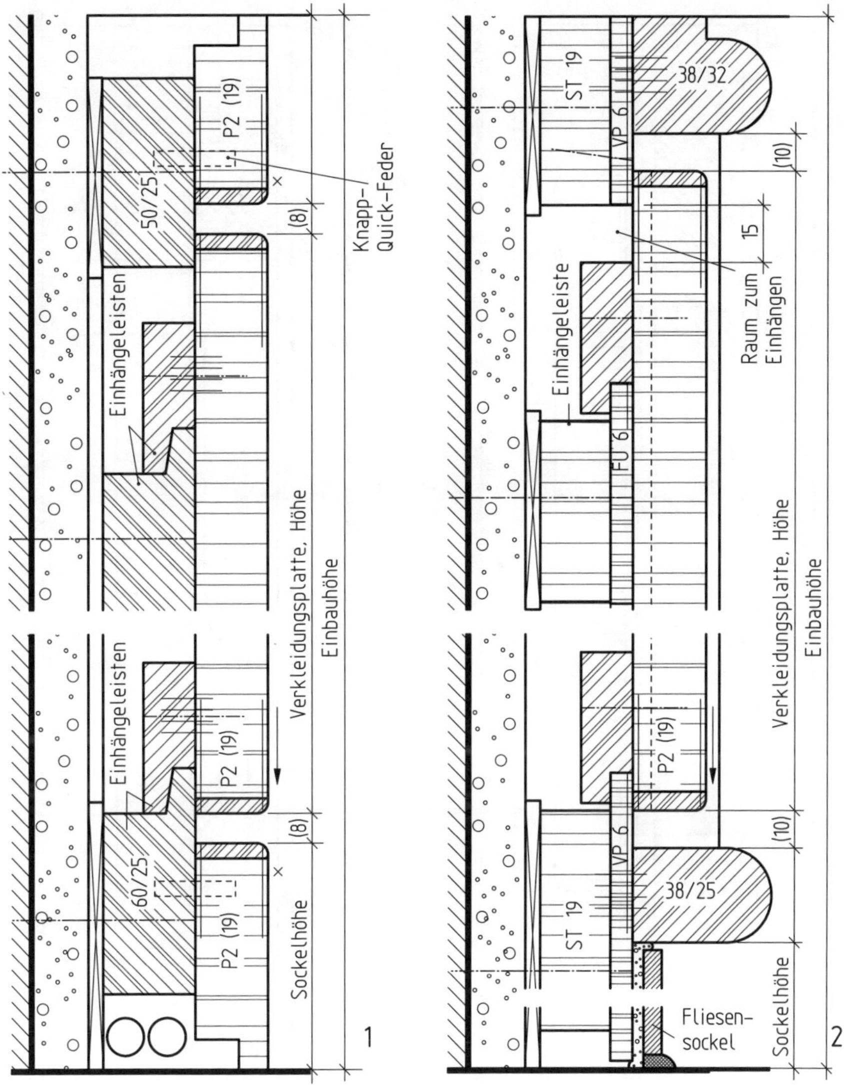

Bild 3.5-38 Vertikalschnitte durch Plattenverkleidungen. 1 Mit aufgesetzter Sockel- und Deckenleiste; 2 mit ausgeprägter Abschlussleiste am Sockel und an der Decke; an der Decke wäre hier auch der Anschluss wie bei 1 möglich.

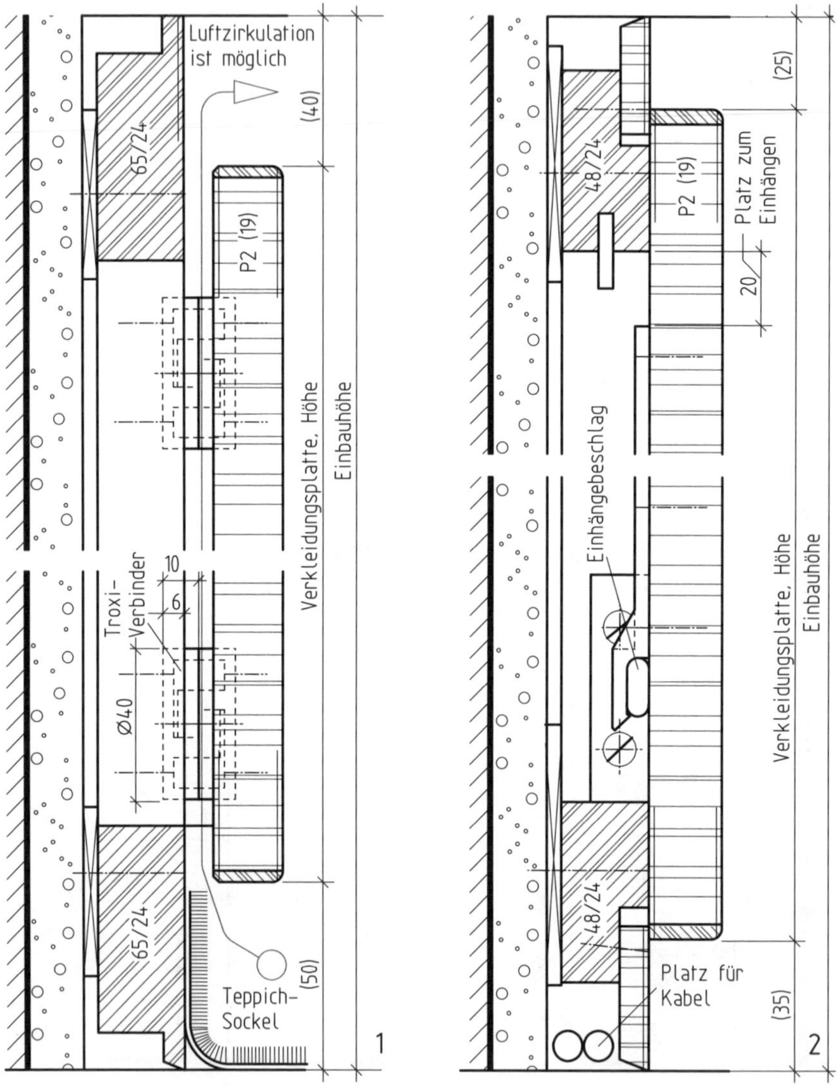

Bild 3.5-39 Vertikalschnitte durch Plattenverkleidungen. 1 Die Vertäfelungsplatte ist mit Abstand auf der Unterkonstruktion befestigt; dadurch ist eine Hinterlüftung der Verkleidung möglich; der Teppich wurde am Sockel hochgeführt. 2 Mit eingefälzten, am Fußboden und an der Decke angepassten Deckleisten.

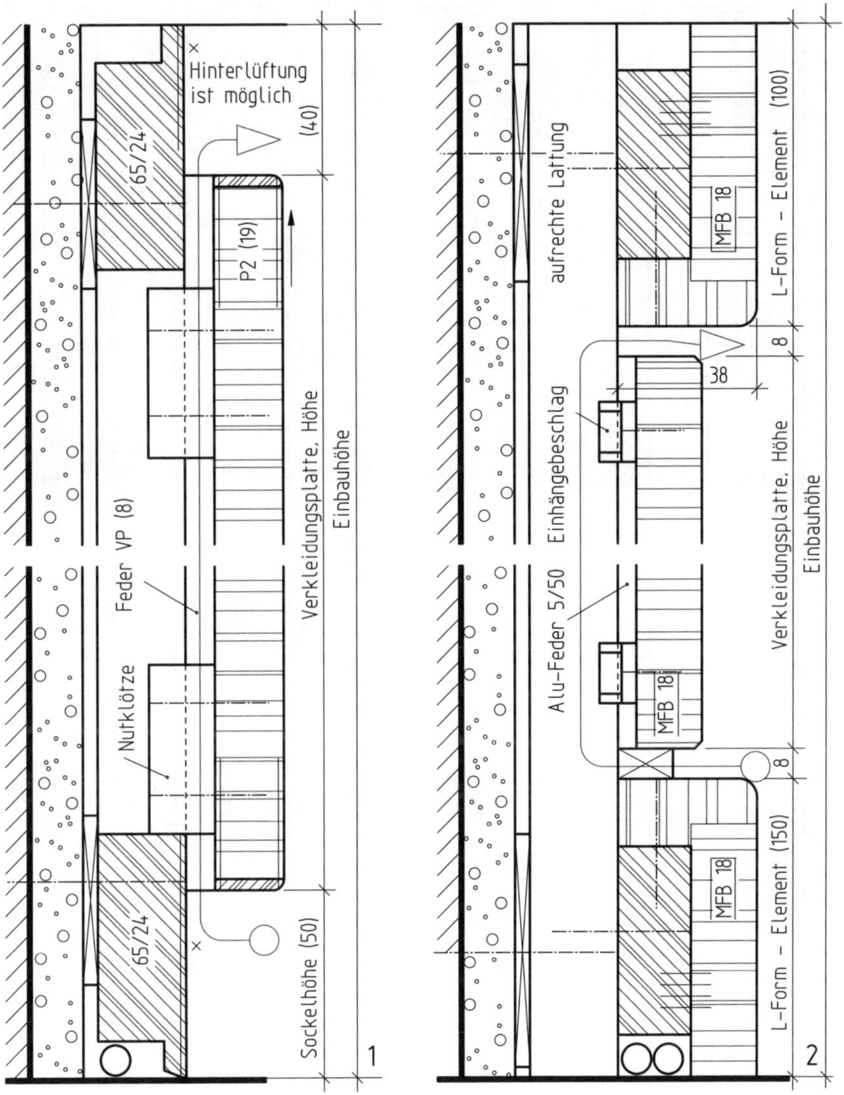

Bild 3.5-40 Vertikalschnitte durch Plattenverkleidungen. 1 Verkleidung mit angepassten Fußboden- und Deckenleisten; durch die 8 mm dicken Federn erhalten die Platten einen Abstand zur Unterkonstruktion, der eine Hinterlüftung der Verkleidungsschale ermöglicht. 2 Vorstehende Decken- und Fußbodenleiste aus L-Form-Elementen.

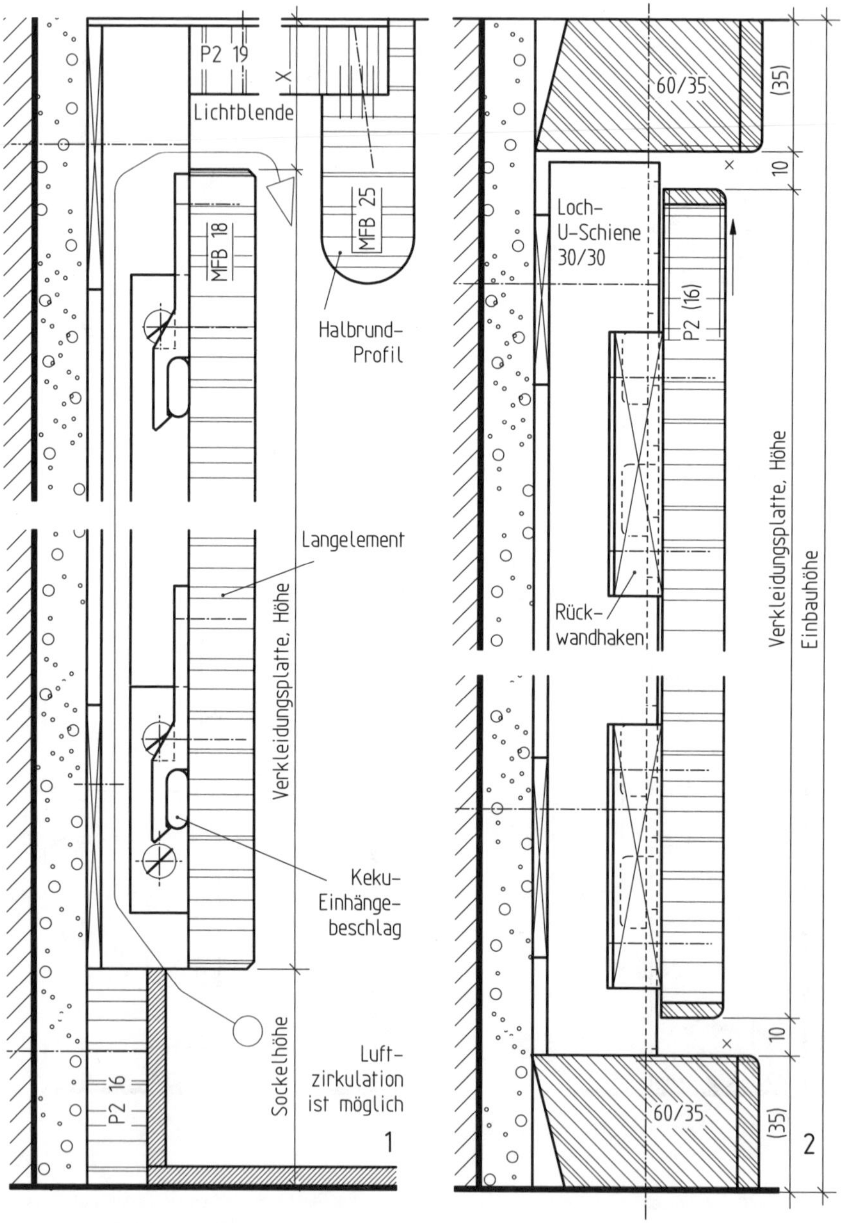

Bild 3.5-41 Vertikalschnitte durch Plattenverkleidungen. 1 Verkleidung mit Fliesensockel und Lichtblende, 2 mit vorstehenden Boden- und Deckenleisten.

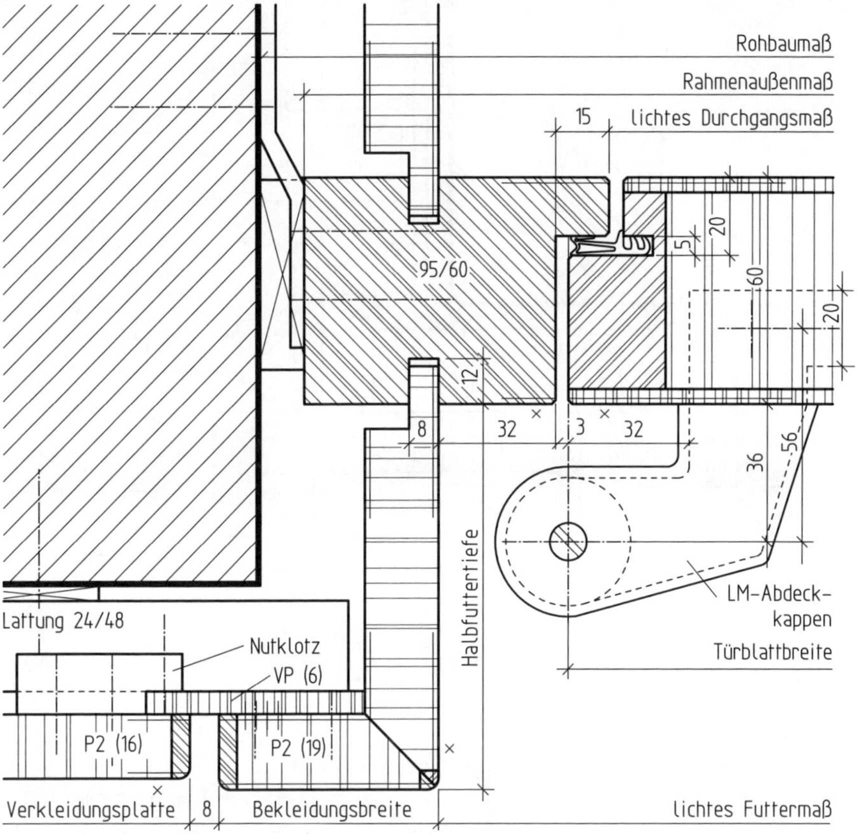

Bild 3.5-42 Anschluss der Wandverkleidung an eine Innentür mit Futter und Bekleidung.

Bild 3.5-43 (Seite 254) Stumpf einschlagende Tür im Blendrahmen; Verkleidungsschale und Tür werden durch eine breite Lisene voneinander getrennt.

Bild 3.5-44 (Seite 254) Doppelt überfälzte Tür. Die Türfläche und die Fläche der Verkleidungsschale liegen auf einer Ebene; die Verkleidung und die Tür sind nur durch eine 6 mm breite Fuge getrennt; das Türband weist besonders gekröpfte Lappen auf, sodass die Rolle auf der Fläche sitzt (Sim).

Bild 3.5-45 (Seite 255) Doppelt überfälzte schalldämmende Tür mit der Verkleidungsfläche auf einer Ebene. Die Fuge zwischen Tür und Verkleidungsplatte muss so groß sein, dass die Rolle des Bandes hier Platz hat. Um die Schallübertragung zwischen Verkleidung und Tür zu vermeiden, ist hier eine Schlauchdichtung eingebaut.

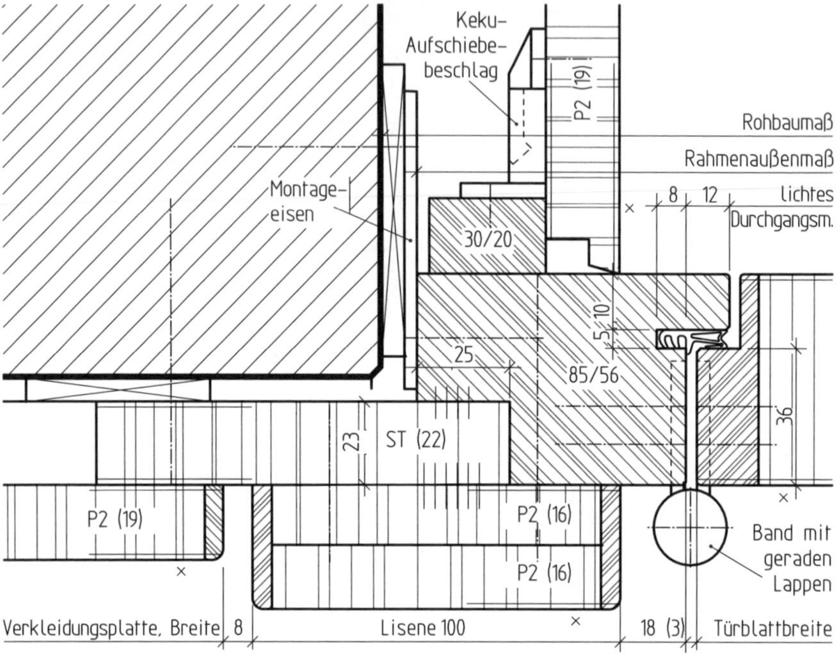

Bild 3.5-43

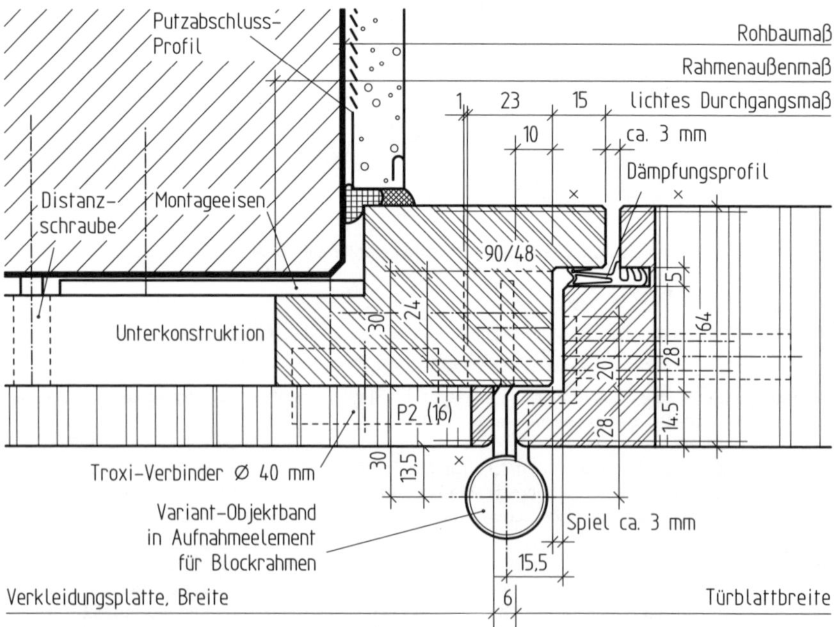

Bild 3.5-44 (siehe Seite 253)

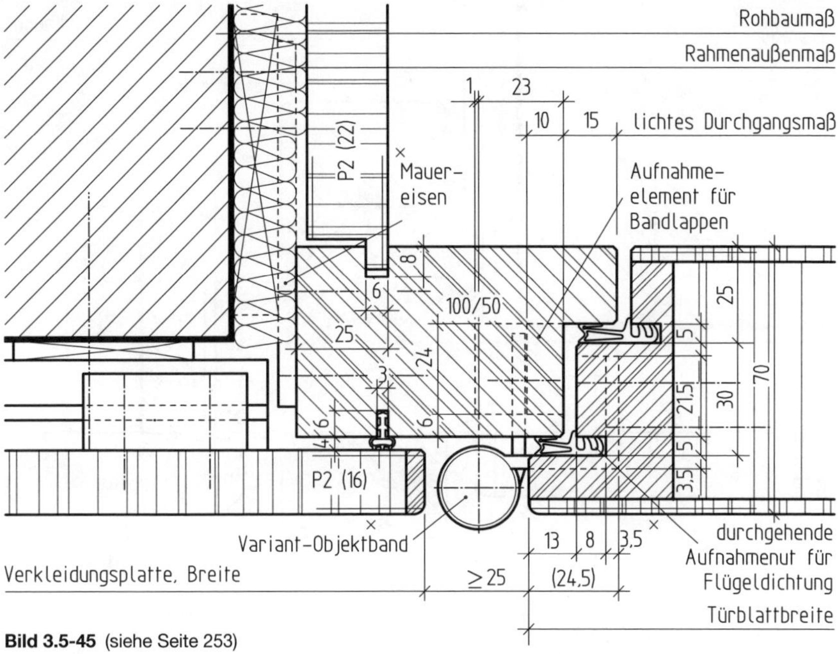

Bild 3.5-45 (siehe Seite 253)

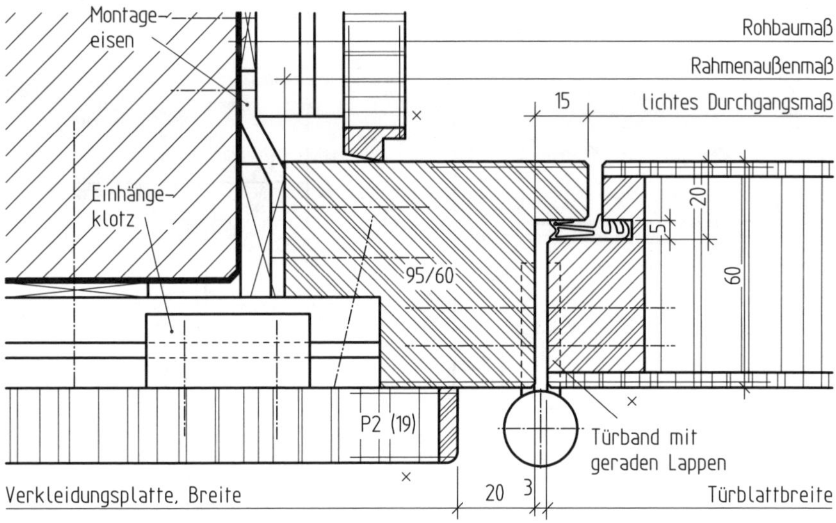

Bild 3.5-46 Die Türfläche springt um die Dicke der Wandverkleidung zurück. Die Tür ist stumpf einliegend angeschlagen.

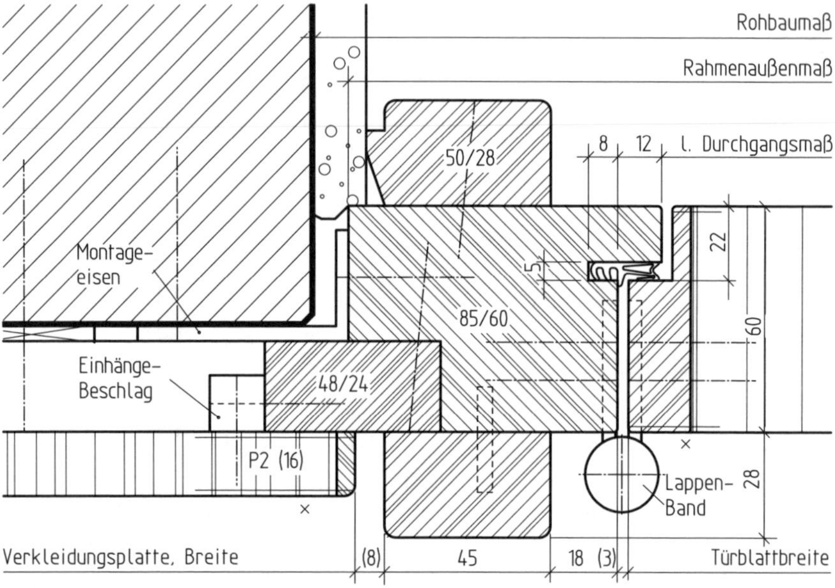

Bild 3.5-47 Stumpf einschlagende Tür mit Wandverkleidung. Durch aufgesetzte Leisten, wird die Tür optisch von der Verkleidung getrennt.

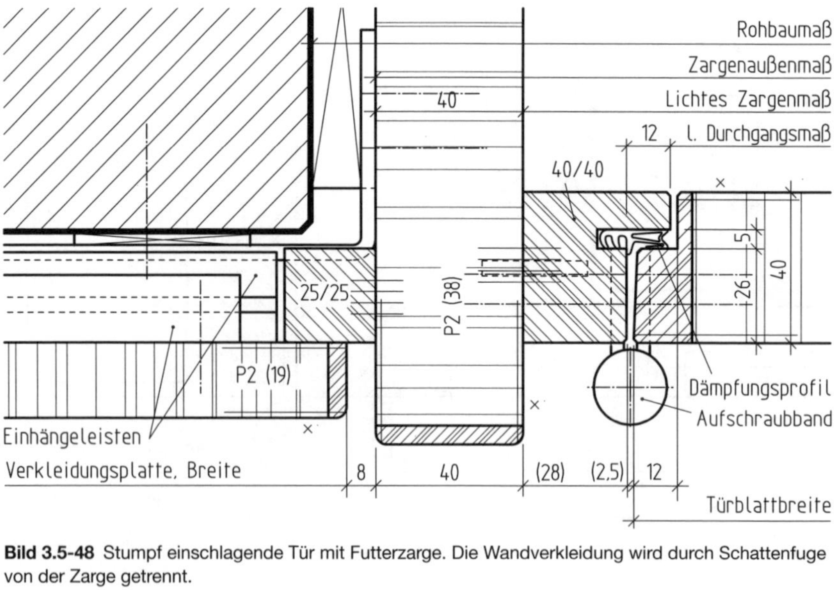

Bild 3.5-48 Stumpf einschlagende Tür mit Futterzarge. Die Wandverkleidung wird durch Schattenfuge von der Zarge getrennt.

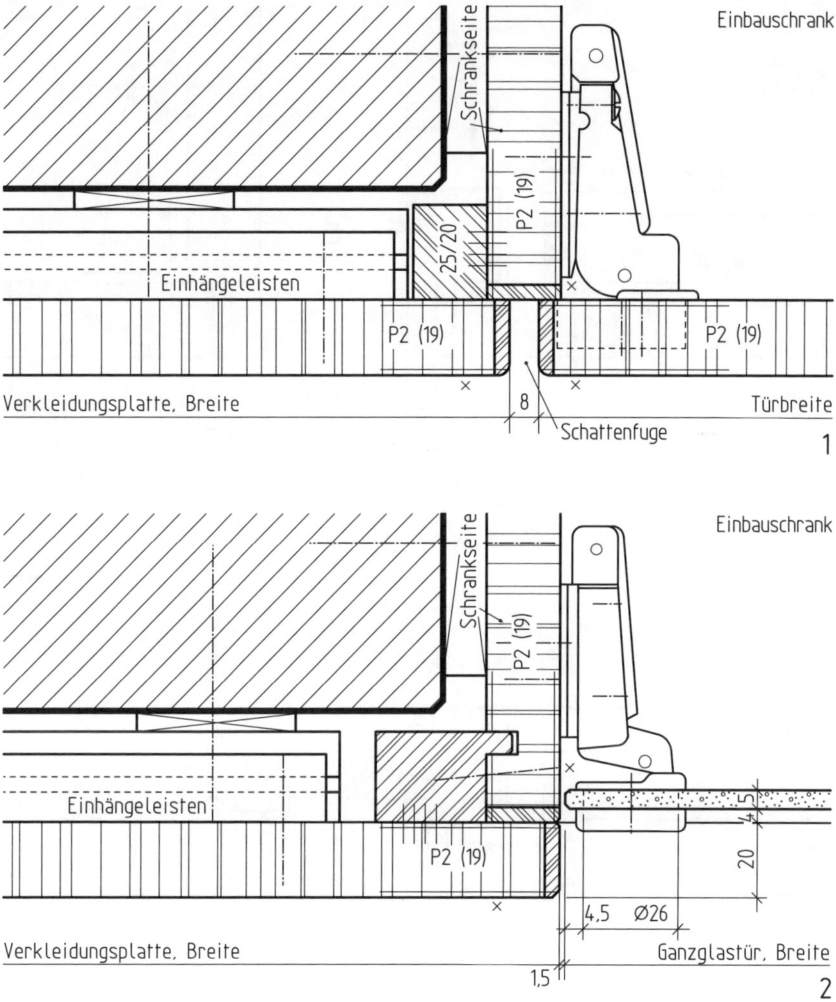

Bild 3.5-49 Anschlüsse der Verkleidung an eingebaute Schränke. 1 Die Verkleidungsschale und Türflächen liegen auf einer Ebene; die Fugenteilung und Fugengröße der Türen entspricht der Teilung der Verkleidungsplatten. 2 Die Verkleidungsplatte greift über die Korpuskante des Einbauschrankes; dieser wird mit stumpf einliegenden Ganzglastüren verschlossen.

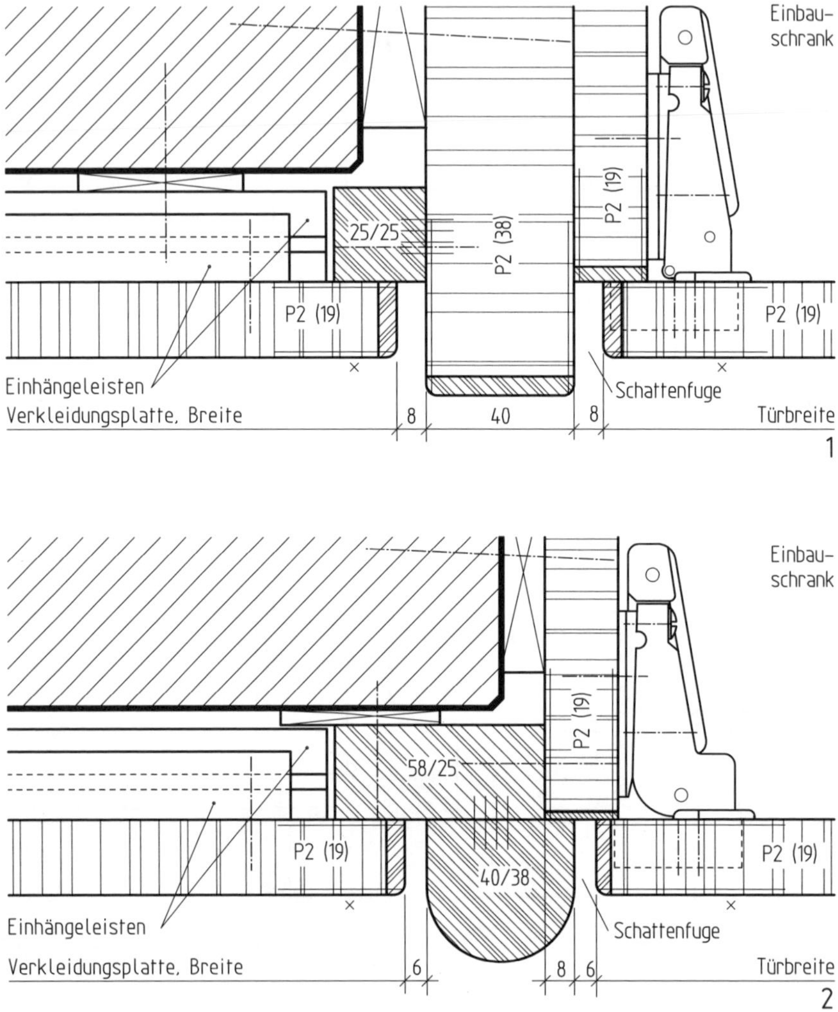

Bild 3.5-50 Eine optische Trennung zwischen Verkleidungsschale und Einbauschrank ist dann angebracht, wenn die Teilung der Verkleidungsschale nicht bei der Türteilung des Einbauschrankes übernommen werden kann. Sie kann durch ein dickes Futter (1) oder durch eine markante Leiste erfolgen (2).

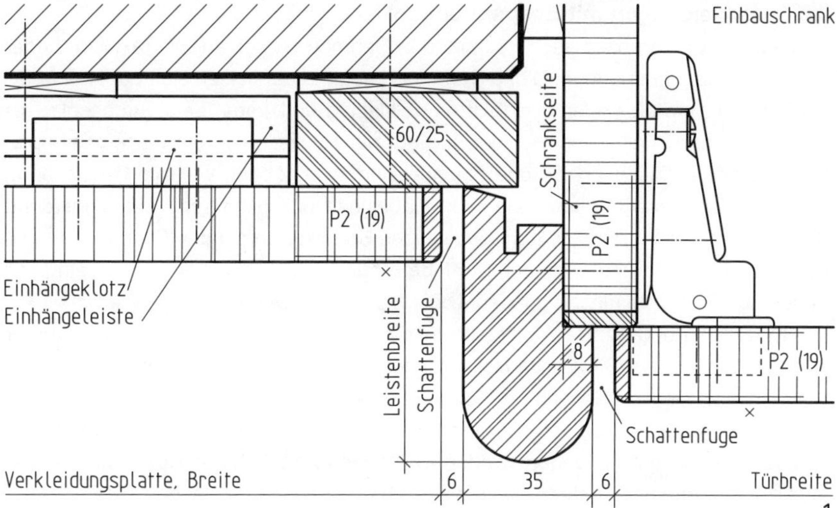

1

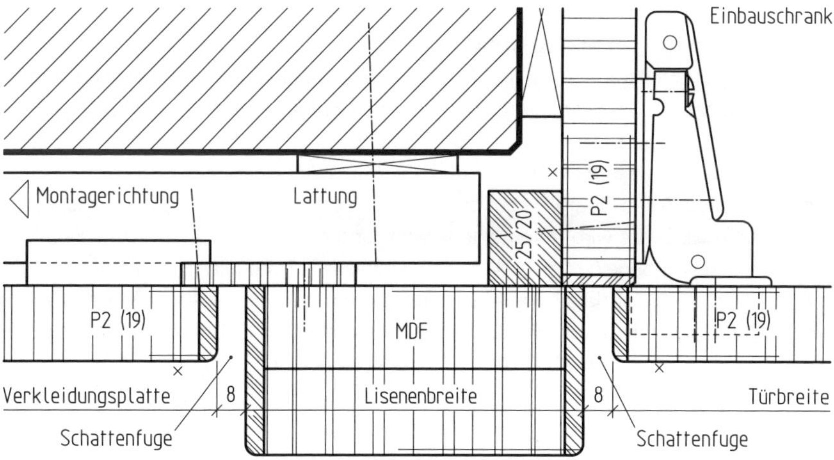

2

Bild 3.5-51 Beispiele einer optischen Trennung von Verkleidungsschale und Einbauschrank. 1 Die Verkleidungsschale liegt gegenüber der Schrankfront zurückgesetzt; der Übergang wird durch eine besondere Leiste gebildet. 2 Eine breite und dicke Lisene betont die Trennung zwischen Schrank und Verkleidung.

3.5.4 Verkleidungen mit Bespannungen

Verkleidungsplatten oder auch Füllungen in Rahmen kann man mit Textilien, Leder oder Ähnlichem bespannen. Dicke Stoffe und auch Leder lassen sich auf Holzwerkstoffe wie Sperrholz- oder Spanplatten vollflächig aufleimen. Leimdurchschlag ist hierbei auf jeden Fall zu vermeiden, und auf der Rückseite ist ein Gegenzugpapier oder -furnier aufzuleimen. Solche Flächen sind zwar robust, weil die Bespannung nicht so leicht einreißen kann, sie wirken aber hart und nicht sehr materialgerecht. Schöner und haptischer sind dagegen weiche Bepolsterungen der Fläche.

Bei einer Bepolsterung wird der Stoff beziehungsweise das Leder über eine mit Schaumstoff belegte Fläche gespannt. Die Materialien werden um die Plattenkanten herumgezogen und auf der Rückseite festgetackert. Die Plattenkanten sind vorher zu runden, damit der Stoff beim Herumziehen um scharfe Kanten nicht brüchig wird oder einreißt. Die so bespannten Flächen können wie die Plattenverkleidungen auf der Unterkonstruktion befestigt werden oder zum besonderen Schutz Randleisten erhalten. Bespannte Füllungen werden in die gefälzten Rahmen gelegt und eingeleistet. Es ist darauf zu achten, dass die mit Stoff bespannten Flächen zur Reparatur oder Erneuerung leicht wieder ausgebaut oder von der Unterkonstruktion zu nehmen sind (Bild 3.5-52).

3.5.5 Verkleidungen mit Spiegeln

Verkleidungsplatten können mit großflächigen Spiegeln belegt werden. Man kann aber auch zwischen die Verkleidungsplatten schmale Spiegelstreifen anordnen. Großflächige Spiegel haben raumerweiternde Wirkung, schmale Spiegelstreifen ergeben reizvolle Lichtreflexe und bieten überraschende Einblicke.

Spiegel bestehen aus Floatglas, auf das rückseitig die reflektierende Silberschicht aufgedampft wird. Diese wird durch eine Kupfer- und eine Grund- und Decklackschicht geschützt. Bei Spiegeln, die gegen Schwitzwasser, Ammoniakdämpfe und gegen Witterungseinflüsse widerstandsfähig sein müssen, wird eine besondere Reflexionsschicht aufgebracht. Durch die Verwendung eingefärbter Gläser können Spiegel in unterschiedlichen Farben wie Bronze, Topas, Grau und so fort hergestellt werden.

Im Handel gibt es Kristallspiegel für normale trockene Räume in verschiedenen Farben, Garantiespiegel für Reithallen oder für an Reithallen grenzende Räume, für Bäder und Nassräume, Sicherheitsspiegel aus Verbundglas, Spionspiegel für einen Durchblick vom dunkleren in den helleren Raum, Antikspiegel mit künstlich erzeugtem Alterungston, sogenannte Slimlinespiegel, das sind raumhohe Spiegelstreifen mit einer Breite von 150, 200, 300, 450 mm und aufrechten Facettenkanten.

Spiegel können mechanisch mit Magneten (FL), Winkelblechen, mit Winkelschienen oder Falzleisten auf dem Untergrund befestigt, auch mit Klebebändern oder Silikon auf ebenen Platten aufgeklebt werden. Für besonders großflächige schwere Spiegel mit einer Dicke bis zu 6 mm ist eine mechanische Befestigung sinnvoll. Bei einer

umlaufenden Einfassung mit Falzleisten oder Winkelschienen müssen die Spiegel unten Luft haben, damit anhaltende Feuchtigkeit, die beim Putzen der Spiegel anfällt, die Spiegelschicht nicht zerstören kann. Deshalb werden die Spiegel unten auf Dreikanthölzchen gestellt, und die unteren Schienen haben zur Belüftung kleine Löcher. Für die Befestigung mit Klebstreifen (3M) und Silikonklebern (KW) sind glatte, saubere Flächen erforderlich. Die Untergründe müssen eben, gut haftend, fettfrei und staubfrei sein. Da sie flächig auf selbsttragende Platten geklebt werden, können auch dünne Spiegel mit einer Dicke von ca. 3 mm verwendet werden. Für die Verwendung von Silikonklebern auf rohen Span- oder Sperrholzplatten sind diese mit Primer vorzustreichen. Die Doppelklebebänder und auch die Silikonraupen sind vertikal anzubringen, damit sie unter der Belastung des Spiegels nicht abrollen, und die Spiegel selbst sind durch Metallplättchen an der Unterkante gegen Abrutschen zu sichern. Die Klebstreifen und Silikonkleber müssen mit der Lack- und Silberschicht des Spiegels verträglich sein (Bild 3.5-53 und 54).
Spiegel sollen so angebracht werden, dass eine Hinterlüftung gewährleistet und eine Reparatur möglich ist, und so, dass sie keinen Temperaturen über 45 °C ausgesetzt sind. Spots und Wärme abgebende Strahlerlampen sind mit ausreichendem Abstand zu montieren.

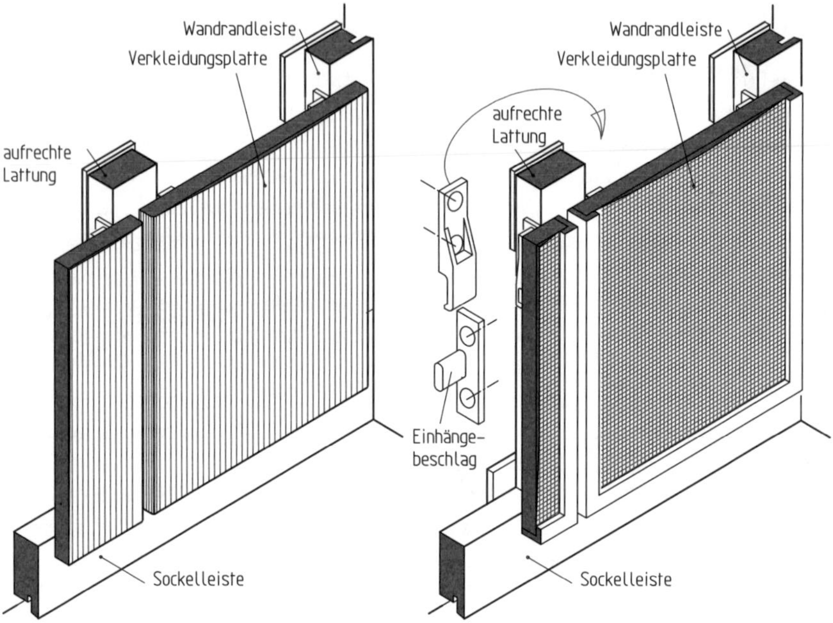
Wandrandleiste
Verkleidungsplatte
aufrechte Lattung
Sockelleiste
Wandrandleiste
Verkleidungsplatte
aufrechte Lattung
Einhänge-beschlag
Sockelleiste

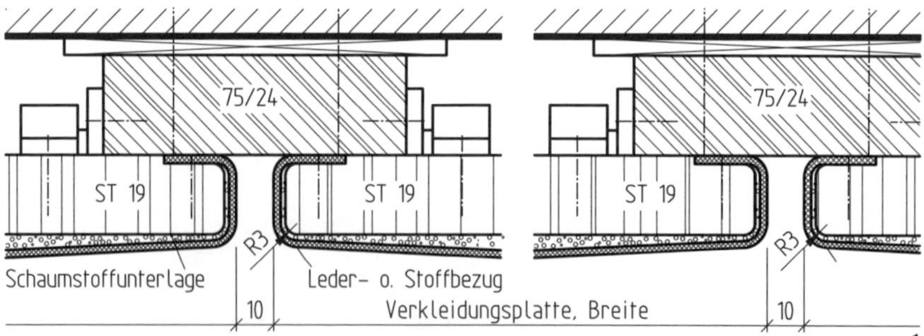
75/24
ST 19
ST 19
R3
Schaumstoffunterlage
Leder- o. Stoffbezug
10
Verkleidungsplatte, Breite
75/24
ST 19
R3
10

1

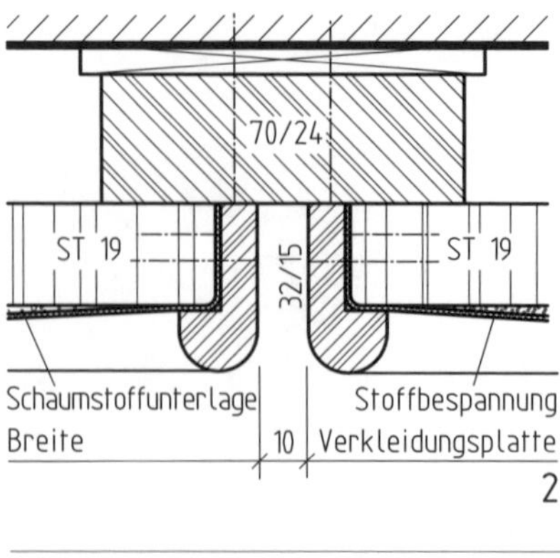
70/24
ST 19
32/15
ST 19
Schaumstoffunterlage
Stoffbespannung
Breite
10
Verkleidungsplatte

2

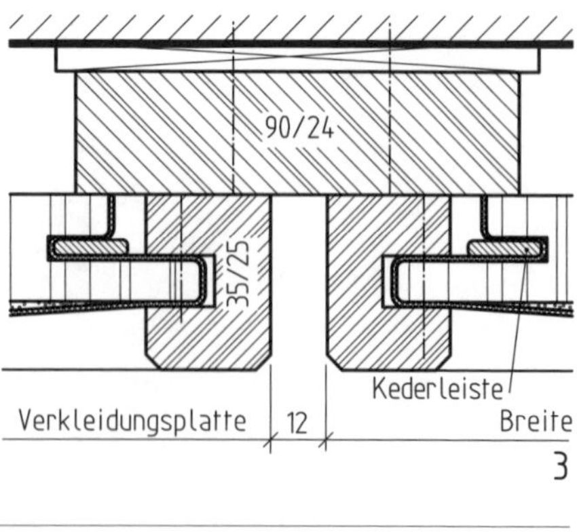
90/24
35/25
Kederleiste
Verkleidungsplatte
12
Breite

3

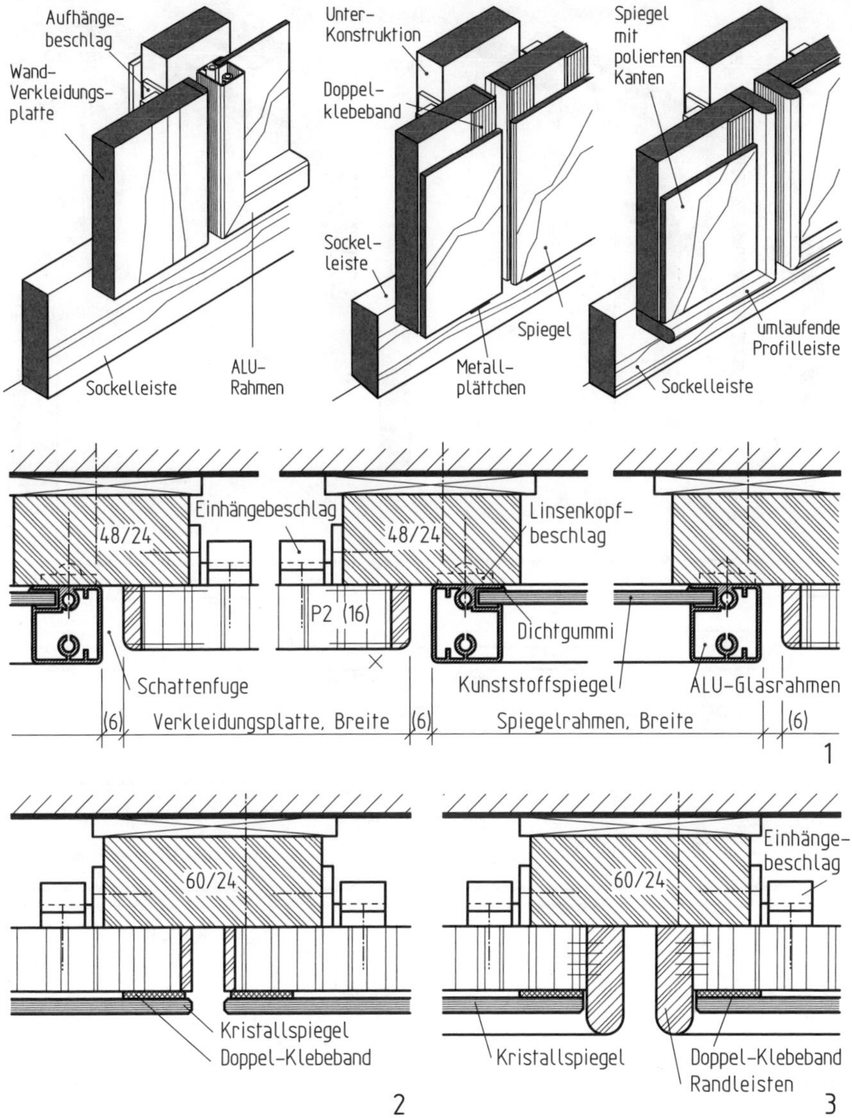

Bild 3.5-53 Verkleidungsplatten mit Spiegeln. 1 Kunststoffspiegel in einem Alu-Rahmen; 2 mit Doppel-Klebeband aufgeklebte Kristallspiegel, gegen Abrutschen an der Unterkante durch Metallplättchen zu sichern; 3 zusätzlicher Kantenschutz durch schmale Randleisten aus Holz.

Bild 3.5-52 (Seite 262) Mit Leder oder Stoff bespannte Platten. 1 Umpolsterte Platten, 2 und 3 durch Leisten geschützte Kanten.

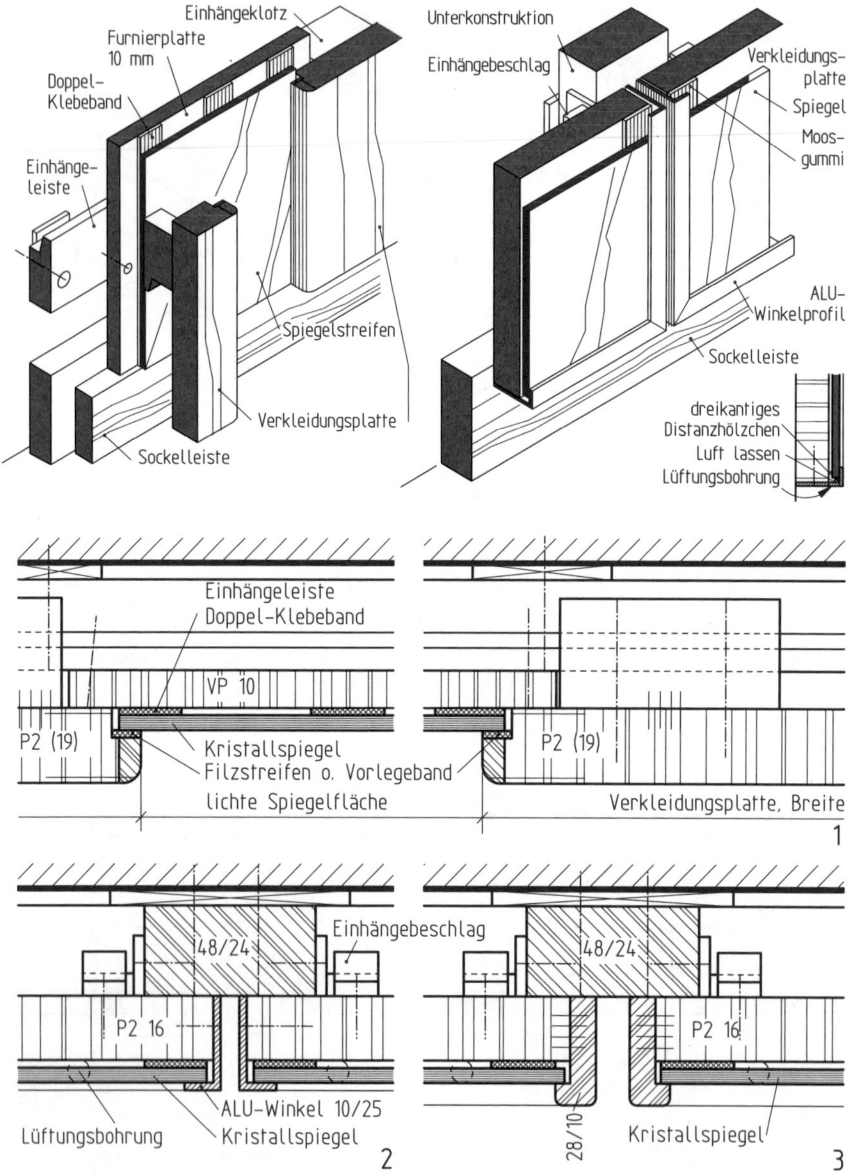

Bild 3.5-54 Einbaumöglichkeiten von Spiegeln. 1 Schmale Spiegelstreifen zwischen Verkleidungsplatten aus Holzwerkstoffen. 2 und 3 Einfassung durch Alu-Winkel oder ausgefälzte Leisten. Damit sich in der unteren Halteleiste keine Feuchtigkeit halten kann, die die aufgedampfte Spiegelschicht zerstört, müssen die Spiegel in der Leiste Luft haben.

3.6 Technische Wandverkleidungen

Zu den technischen Wandverkleidungen gehören ballwurfsichere, wärmedämmende, schalldämmende und feuerhemmende beziehungsweise feuerbeständige Wandverkleidungen.

3.6.1 Ballwurfsichere Wandverkleidung

Ballwurfsichere Wandverkleidungen werden in Sporthallen eingebaut. Es geht hierbei um die Sicherheit der Sportler und die ausreichende Belastbarkeit der Wandverkleidung durch stoßartige, horizontal auftreffende Kräfte, ausgelöst durch Sportler und Sportgerät. Bis zu einer Höhe von 2,00 m über dem Fußboden muss die Verkleidung glatt, splitterfrei und geschlossen sein. Bei der Verwendung von Akustikbrettern sollen in diesem Bereich Federn eingesetzt werden. Der Brettabstand darf zum Schutz der Finger nicht mehr als 15 mm betragen. Um Verletzungen zu vermeiden, dürfen keine Verbindungsmittel vorstehen, müssen die Kanten der Bretter gerundet sein.

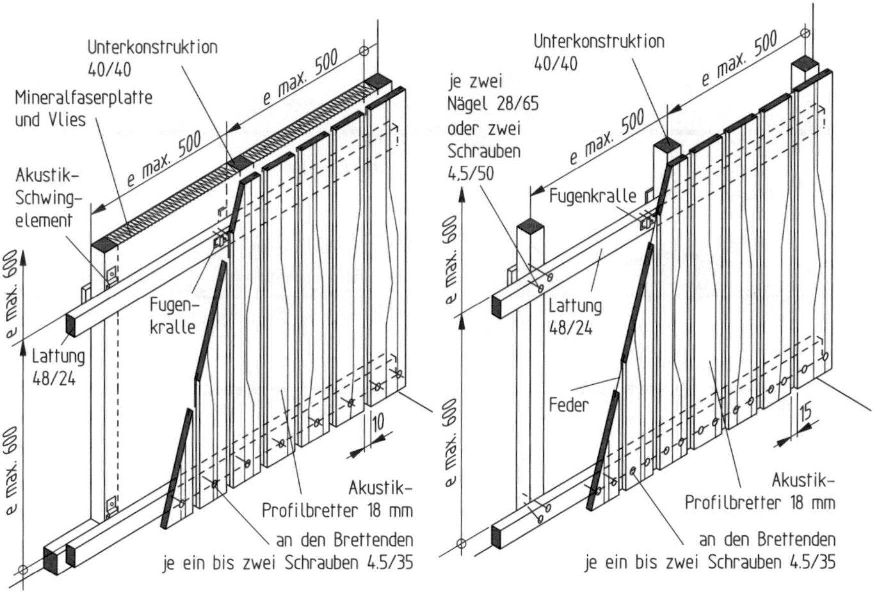

Bild 3.6-1 Ballwurfsichere Wandverkleidungen. Links mit schallschluckender Mineralfaserplatte, rechts ohne; die Bretter sind an den unteren Enden gegen Abrutschen durch Schrauben gesichert.

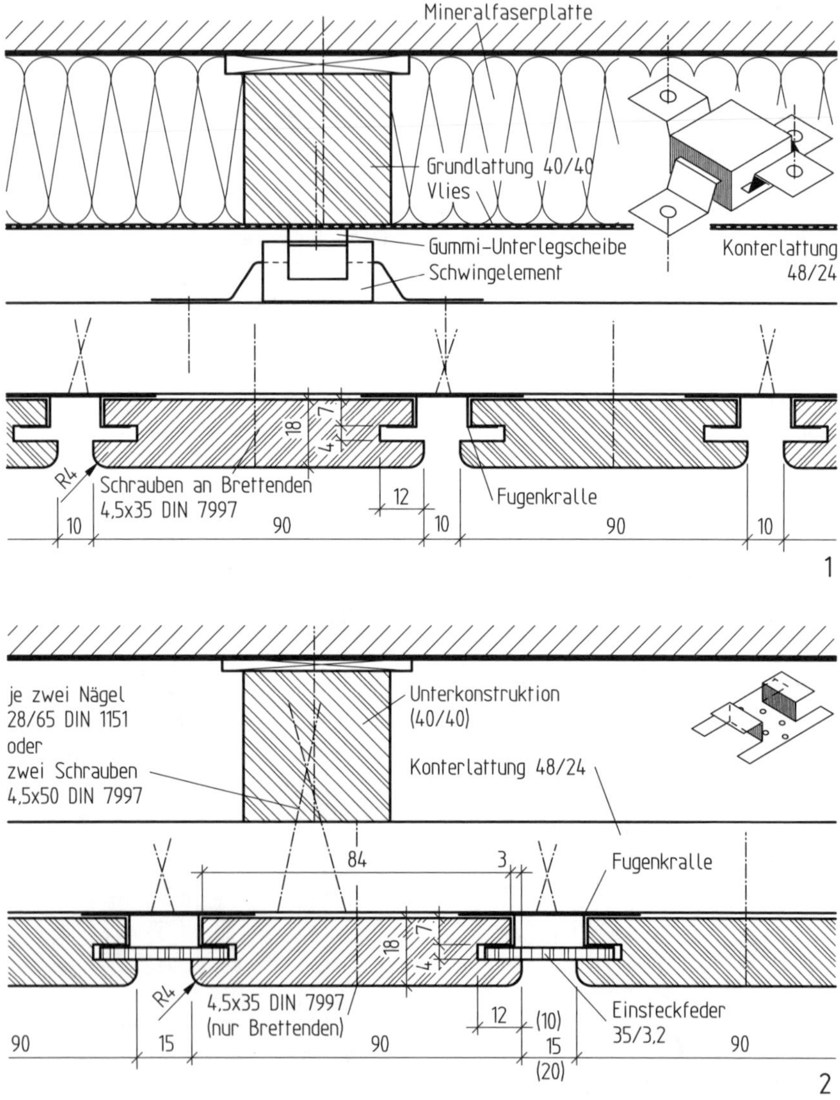

Bild 3.6-2 Details ballwurfsicherer Wandverkleidungen. 1 In schalldämmender Ausführung und unter Verwendung besonderer Schwingelemente (Fr). 2 ohne zusätzliche Schalldämmung; die Fugen sind im unteren Bereich bis auf 2 m Höhe durch Federn zum Fingerschutz zu schließen.

Die Unterkonstruktion wird in der Regel als Konterlattung ausgebildet. Die Grundlattung hat einen Querschnitt von 40/40 mm und bei Verwendung von Konterlatten mit 24/48 mm großen Querschnitten einen Abstand von maximal 500 mm. Der Abstand der Konterlatten hängt von der Dicke der Bretter ab und liegt zwischen 500 mm und 700 mm. Die Latten können auf die Grundlatten mit zwei Drahtstiften 28 × 65 mm (1,5-fache Verankerungslänge) oder mit zwei Schnellbauschrauben 4,5 × 50 mm (einfache Verankerungslänge) befestigt werden. Die Traglatten werden aber auch mit besonderen Schwingelementen auf der Grundlattung befestigt. Diese können in geringem Maß harte Stöße durch Aufprall abfedern. Zur zusätzlichen Schalldämmung kann zwischen die Grundlattung eine Mineralfaserplatte eingebaut werden (Bild 3.6-1 und 2).

3.6.2 Schalldämmende Wandverkleidung

Schon normale Wandverkleidungen können ein verbessertes Schalldämmmaß der Wand ergeben. Jedoch müssen für besondere schalldämmende Konstruktionen folgende Faktoren zusätzlich beachtet werden:

- Zwischen Raumwand und Verkleidungsplatte ist eine schallabsorbierende Mineralfaserplatte oder -matte einzubauen.
- Jegliche Schallbrücken sind auszuschalten.
- Die Verkleidungsschale sollte bei geringer Dicke möglichst schwer sein.

Die Mineralfaserplatten sind lückenlos in die Zwischenräume der Unterkonstruktion einzubauen. Sie können mit einem Rieselvlies abgedeckt werden. Für das Ausschalten der Schallbrücken gilt häufig: Leichter gesagt als getan. Bei Wandverkleidungen handelt es sich meistens um biegeweiche Vorsatzschalen, die an der biegesteifen Raumwand befestigt werden müssen. Wenn die Befestigungspunkte starr sind, oder wenn die Verkleidungsschale gar die Raumwände, Decke oder Fußboden berührt, entstehen Schallbrücken, welche die Schallschwingungen übertragen. Deshalb sind direkte Berührungspunkte der Vorsatzschale mit der Raumwand zu vermeiden. Die Unterkonstruktion ist auf Mineralfaserplattenstreifen zu legen, und zur Befestigung sind besondere Schwingelemente zu verwenden. Aus gleichem Grund dürfen Wandverkleidungen nicht stramm zwischen die Raumwände beziehungsweise zwischen Fußboden und Decke eingebaut werden. An diesen Nahtstellen sind Luftzwischenräume vorzusehen, die entweder mit dauerelastischem Kitt gedichtet werden oder als Schattenfuge offen bleiben.

Als Verkleidungsschale sind schwere Spanplatten geeignet, die in besonderen Fällen rückseitig noch durch Gipskartonplatten beschwert werden können.

Wird eine bessere Schallschluckung verlangt, wird man die Verkleidungsschale stellenweise durch gelochte Platten oder offene Fugen unterbrechen (Bild 3.6-3).

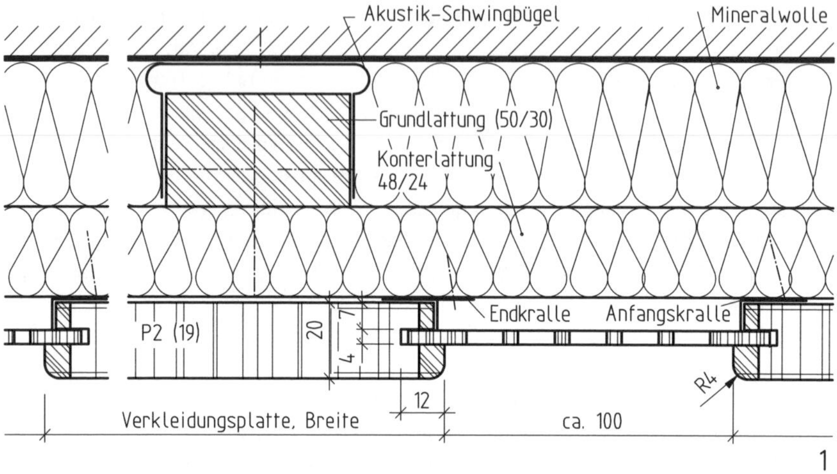

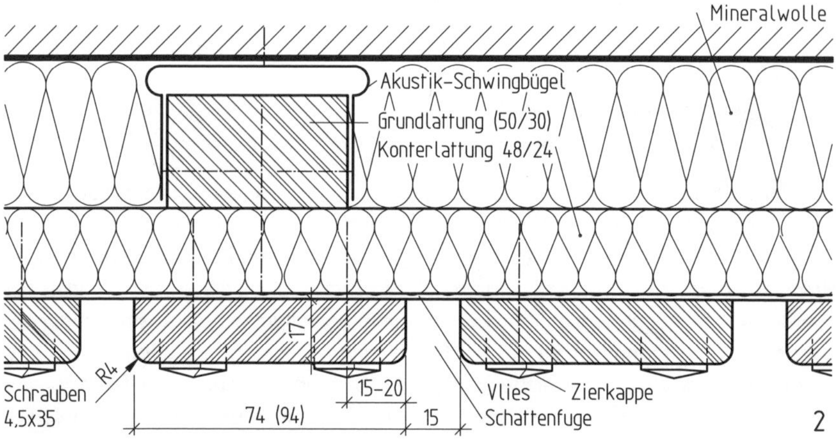

Bild 3.6-3 Beispiele schalldämmender Wandverkleidungen.

3.6.3 Wärmedämmende Wandverkleidung

Außenwände mit unzureichendem Wärmedurchlasswiderstand sind durch warme und feuchte Raumluft einer stärkeren Schwitzwasserbildung ausgesetzt. Solche Wände werden feucht und zeigen in den Ecken Stockflecken. Hier können wärmedämmende Wandverkleidungen Abhilfe schaffen. Durch die wärmedämmende Eigenschaft des Holzes und durch den Luftzwischenraum zwischen Raumwand und Verkleidungsschale weisen normale Wandverkleidungen schon eine gewisse Wärmedämmung auf. Um aber den Wärmedurchlasswiderstand zu erhöhen, erhalten wärmedämmende Wandverkleidungen eine zusätzliche Wärmedämmschicht aus Mineralfaserplatten beziehungsweise -matten oder aus Polystyrolschaum, die zwischen die Lattung eingebaut wird. Ist eine dickere Dämmschicht nötig, kann mit einer Konterlattung gearbeitet werden. Um ein Auskondensieren des Wassers aus der feuchten Raumluft in der Wärmedämmschicht zu vermeiden, ist raumseitig auf die Dämmschicht eine Dampfsperre aus Alu- oder Kunststofffolie aufzulegen. Die Stöße der Dampfsperre und die Anschlüsse an Wänden, Decke und Boden sind dicht zu verkleben. Zusätzlich empfiehlt es sich, die Wandverkleidungsschale zu hinterlüften (Bild 3.6-4).

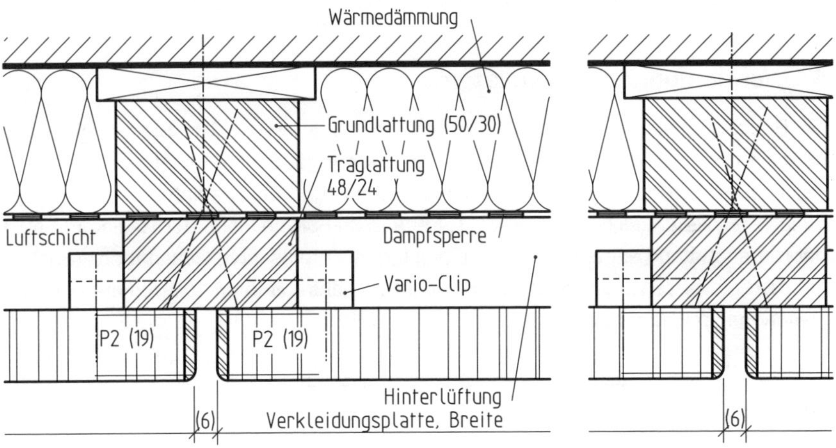

Bild 3.6-4 Beispiel einer wärmedämmenden Wandverkleidung.

4 Heizkörperverkleidungen

Heizkörper haben die Aufgabe, die Raumluft zu erwärmen. Das geschieht in der Hauptsache durch Konvektion und nur zum Teil durch Strahlungswärme. Durch die Konvektion ist die Raumluft ständig in Bewegung, daher dürfen Heizkörperverkleidungen diese Konvektion nicht behindern, sondern sollen sie möglichst unterstützen. So sind je nach Heizkörperart Verkleidungen nicht nur aus architektonischen, sondern auch aus technischen Gründen erforderlich.
Im Wesentlichen sind folgende Heizkörperarten zu unterscheiden: Radiatoren, Konvektoren, Plattenheizkörper und die Radiavektoren, eine Kombination aus Radiator und Konvektor. Da in der Regel nur Konvektoren und von Fall zu Fall auch Radiatoren verkleidet werden, sind nur diese Gegenstand der Betrachtung.

4.1 Verkleidungen für Radiatoren

Bei Radiatoren sind Guss- und Stahlradiatoren zu unterscheiden. Sie bestehen aus einzelnen Rippen, die jeweils an den Naben zur erforderlichen Baulänge zusammengeschraubt werden. Die Abmessungen bei Stahl- und Gussradiatoren sind geringfügig verschieden (siehe Tabelle 4.1-1, Seite 273). Für die Höhe der Radiatoren wird der Nabenabstand angegeben. Die für den Einbau interessante Gesamthöhe (Bauhöhe) beträgt bei den Gussradiatoren 80 mm, bei Stahlradiatoren 100 mm mehr als die Nennhöhe (der Nabenabstand).

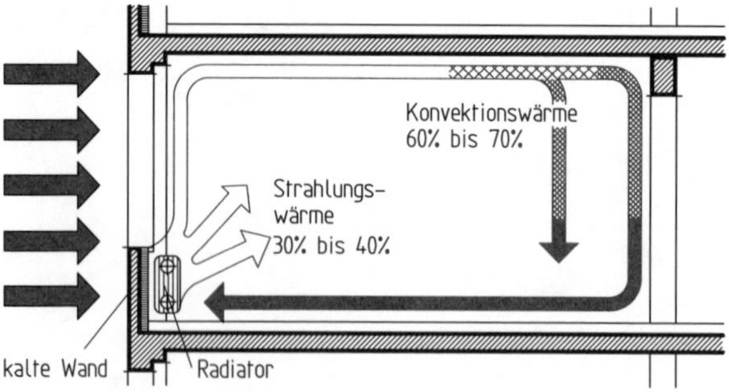

Bild 4.1-1 Heizwirkung von Radiatoren (Schema).

Richtig angeordnete und nicht verkleidete Radiatoren geben etwa 60 % bis 70 % Konvektionswärme und etwa 30 % bis 40 % Strahlungswärme ab. Um eine günstige Heizleistung zu erreichen, sollten Radiatoren in der Nähe der kältesten Stelle im Raum wie unter Fenstern (Bild 4.1-1) oder an kälteren Außenwänden installiert werden. Obwohl Radiatoren frei und sichtbar aufgestellt werden können, wird manchmal aus architektonischen Gründen eine Verkleidung gewünscht, zum Beispiel dann, wenn auch die Raumwände verkleidet sind. Fast alle Heizkörperverkleidungen bringen eine Leistungsminderung mit sich, weil zum einen Strahlungswärme abgeschirmt und zum anderen die Konvektion beeinträchtigt wird. Die Leistung kann bei ungünstiger Konstruktion der Verkleidung bis zu 15 % gemindert, bei günstiger Konstruktion aber sogar verbessert werden.
Heizkörperverkleidungen sind deshalb so zu konstruieren, dass die Heizleistung möglichst voll erhalten bleibt. Vereinfacht gesagt, muss die durch die Verkleidung abgeschirmte Strahlungswärme durch eine verbesserte Konvektion kompensiert werden. So kann eine geschlossene Verkleidungsplatte mit ausreichend groß dimensionierten Lufteintritts- und Luftaustrittsöffnungen die Konvektion des Radiators so gut beeinflussen, dass insgesamt keine Heizleistungsminderung auftritt.
Im Allgemeinen sind folgende Punkte bei der Konstruktion der Heizkörperverkleidungen zu beachten:
Der Abstand der Verkleidungen von den Rippenkanten des Radiators sollte 40 mm betragen. Die Lufteintritts- und Luftaustrittsöffnungen müssen mindestens 2/3 bis ein Ganzes der Radiatorbreite B betragen. Bei sehr breiten Radiatoren genügen 2/3 B, bei 100 mm breiten Radiatoren muss man an das Maß B herangehen. Werden die Öffnungen mit Rosten, Lochblechen, Geflechten oder Leisten abgedeckt, dann müssen die Nettoöffnungen das genannte Maß aufweisen. Geschlossene Verkleidungsplatten begünstigen die Konvektion. Durchbrochene Verkleidungsplatten vermindern durch unklaren Strömungsfluss die Konvektion und bewirken so einen Heizleistungsverlust.

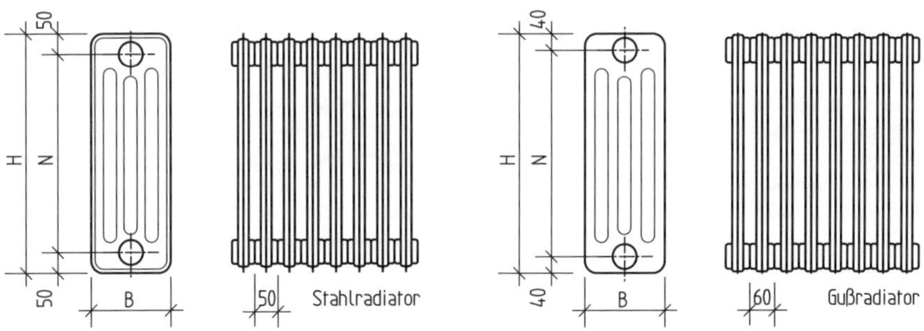

Bild 4.1-2 Benennungen bei Radiatoren (Gliederheizkörpern). H = Bauhöhe, N = Nennmaß oder Nabenabstand, B = Breite der Bauglieder.

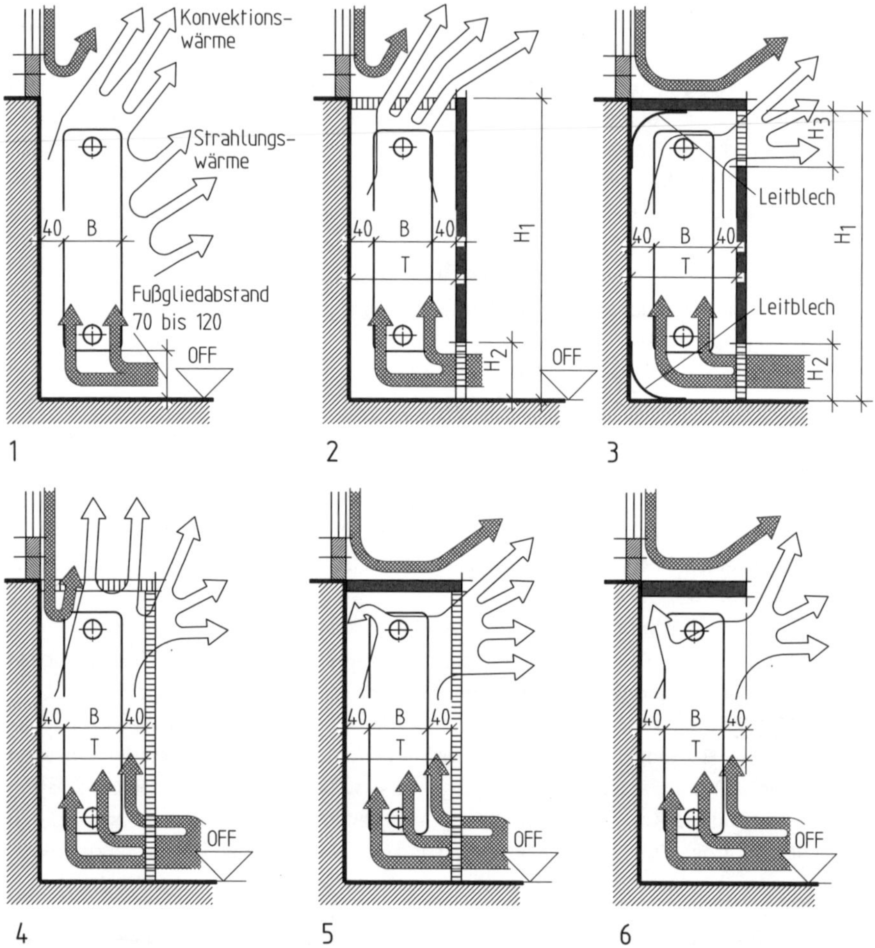

Bild 4.1-3 Verkleidungssysteme und deren Wirkung auf die Heizleistung. 1 Unverkleideter Radiator mit etwa 30 % bis 40 % Strahlungswärme und 60 % bis 70 % Konvektionswärme. 2 Verbesserung der Konvektion; die Strahlungswärme wurde kompensiert, dadurch kein Heizleistungsverlust; die Lufteintrittsöffnung muss 2/3 B bis 1 B betragen. 3 Die Kaltluft wird durch die geschlossene obere Abdeckung weiter in den Raum geführt; die Lufteintrittsöffnung und Luftaustrittsöffnung sind gleich groß; sie sollten netto 2/3 B bis 1 B betragen; die eingebauten Leitbleche verbessern die Konvektion, trotzdem ergibt sich eine Leistungsminderung von 2 % bis 3 %. 4 Die vertikale und horizontale Verkleidungsfläche sind durchbrochen; die Luftströmung ist indifferent; Leistungsminderung von 5 % bis 10 %. 5 Die aufrechte Verkleidung ist durchbrochen und die horizontale Abdeckung geschlossen; die am Fenster abfallende Kaltluft kann weit in den Raum strömen, außerdem fehlt die Schachtwirkung; Heizleistungsminderung von 15 % bis 20 %. 6 Die breite Abdeckplatte über dem Heizkörper ist strömungsungünstig und mindert die Heizleistung um etwa 10 %.

In die Verkleidung eingebaute strömungsgünstige Leitbleche beeinflussen die Heizleistung positiv. Systeme der Heizkörperverkleidung und dadurch zu erwartende Heizleistungsverluste siehe Bild 4.1-3.

Gestalterisch muss die Heizkörperverkleidung zum Charakter des Raumes, zur Inneneinrichtung und gegebenenfalls zur Wandverkleidung passen. Die Verkleidungsplatten müssen abnehmbar konstruiert werden, damit man die Radiatoren von Zeit zu Zeit reinigen und die Ventile zur Veränderung der Heizleistung bedienen kann. Als Verkleidungsplatten eignen sich furnierte oder mit Kunststoff beziehungsweise Metallen beschichtete Sperrholz- oder Spanplatten, Rahmen mit eingesetzten Geflechten aus Holz, Peddigrohr oder Lochblechen. Um einem Verziehen entgegenzuwirken, können furnierte Platten auf der Rückseite mit einer dicken Alu-Folie oder einem Alu-Blech bespannt werden. Horizontale Lüftungsöffnungen sollten mit stabilen Rosten abgedeckt werden, die auch einmal das Gewicht eines Menschen tragen können, der beim Fensterputzen oder Gardinenaufhängen auf der Heizkörperverkleidung steht. Einige Beispiele für Verkleidungen von Radiatoren siehe Bild 4.1-4 bis 12.

Tabelle 4.1-1 Größen der Heizkörperglieder

Gussradiatoren			Stahlradiatoren		
Nabenabstand N mm	Bauhöhe H mm	Breite B mm	Nabenabstand N mm	Bauhöhe H mm	Breite B mm
200	280	250	200	300	250
350	430	160	350	450	160
350	430	220	350	450	220
–	–	–	400	472	72*
500	580	70*	500	572	72*
500	580	110	500	600	110
500	580	160	500	600	160
500	580	220	500	600	220
–	–	–	600	672	72*
900	980	70	900	972	72*
900	980	160	900	1000	110
900	980	220	900	1000	160
			900	1000	220
* Nicht genormte Heizkörpermaße					

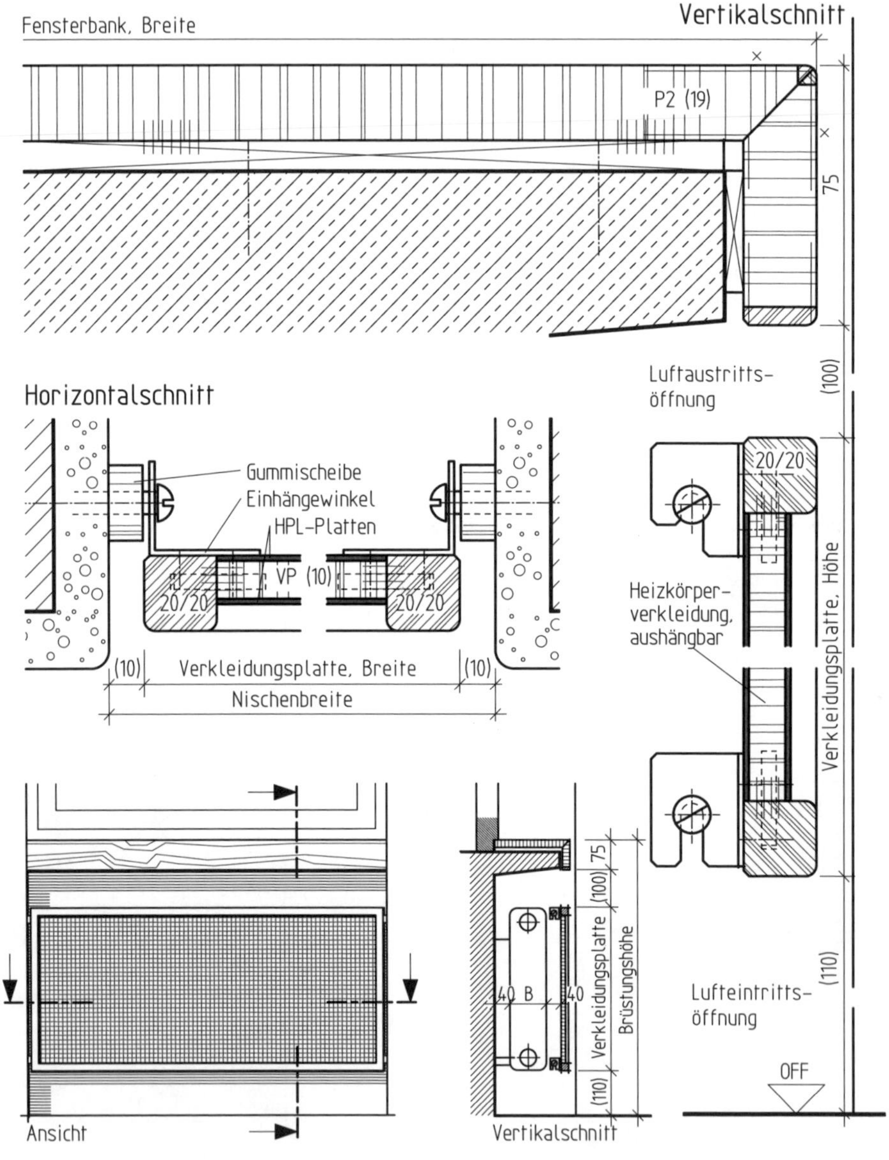

Bild 4.1-4 Eine geschlossene Verkleidungsplatte wird in je zwei Montagewinkel eingehängt, die seitlich an der Nischenlaibung befestigt sind. Die Verkleidungsplatte kann aufgeklappt und auch vollständig ausgehängt werden.

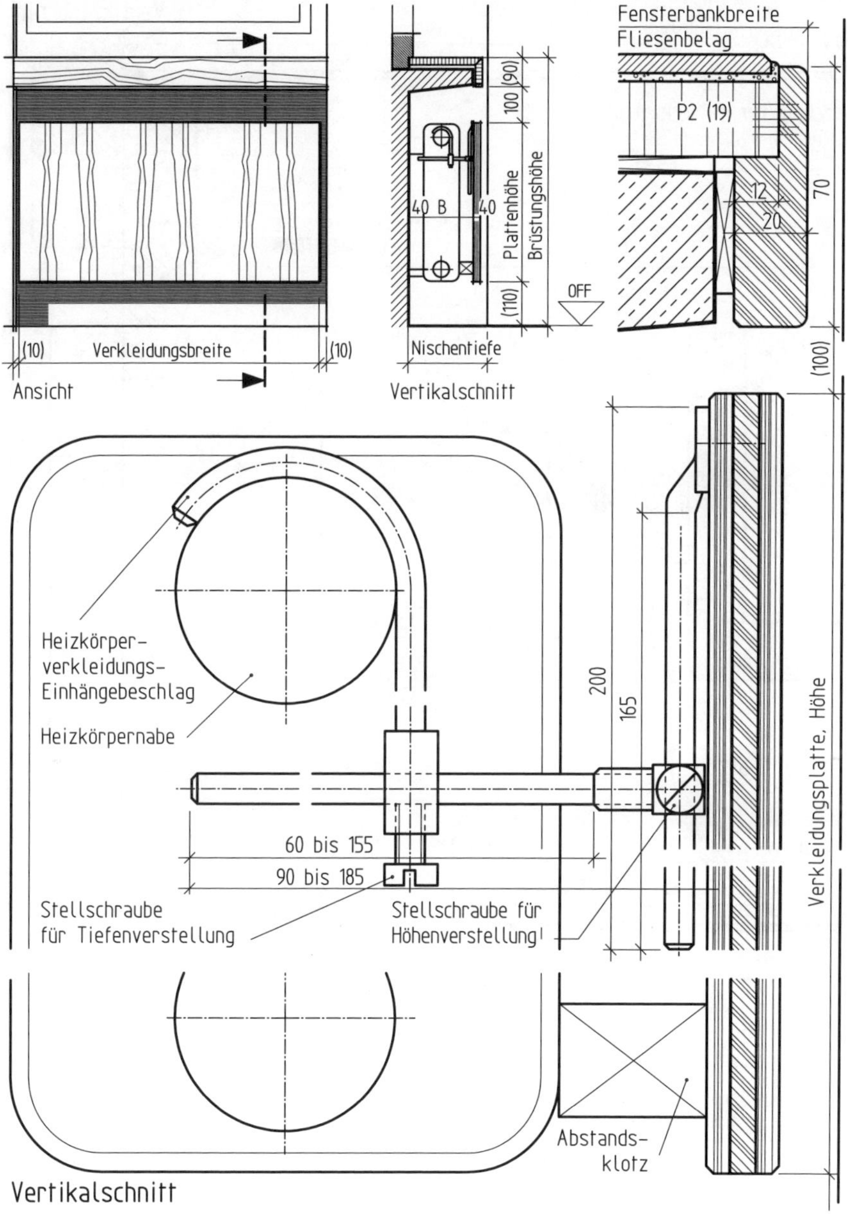

Bild 4.1-5 Eine geschlossene Verkleidungsplatte wird mittels Einhängebeschlag auf die oberen Heizkörpernaben gehängt (Hä).

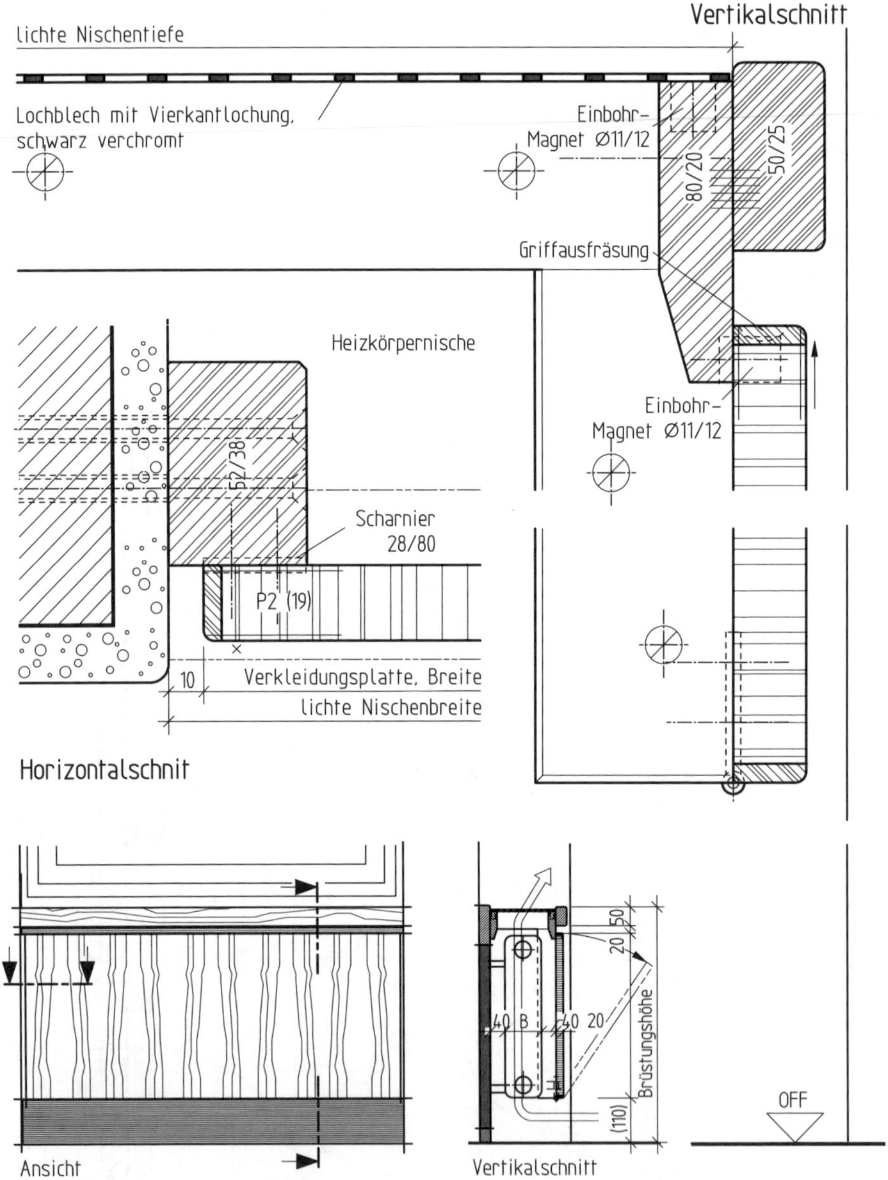

Bild 4.1-6 Geschlossene Heizkörperfront mit oberer Luftaustrittsöffnung. Die Front der Heizkörperverkleidung ist wie eine Klappe angeschlagen und wird oben durch Magnete zugehalten. Die horizontale Luftaustrittsöffnung wird durch ein Lochblech (FSB) abgedeckt.

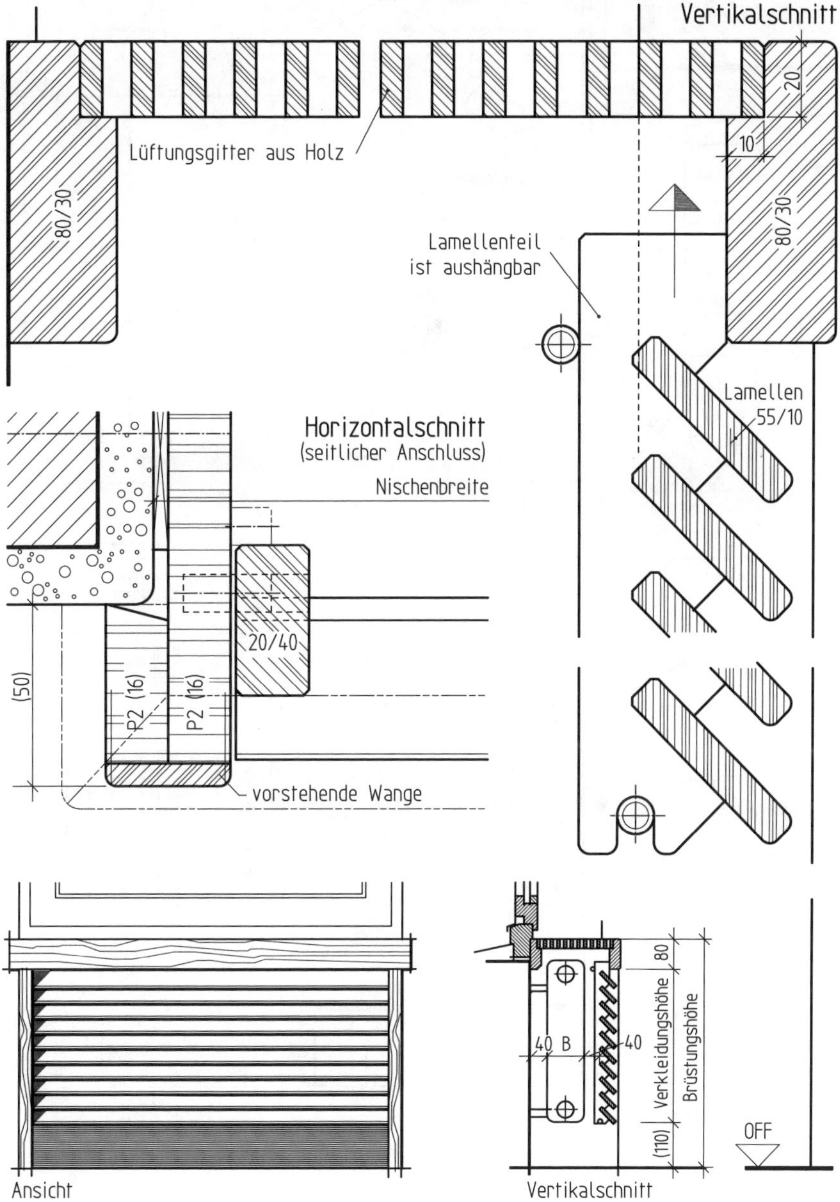

Bild 4.1-7 Vorstehende Heizkörperverkleidung mit jalousieartiger Front. Die Front kann ausgehängt werden. Die obere Luftaustrittsöffnung ist mit einem Rost aus Holzleisten abgedeckt.

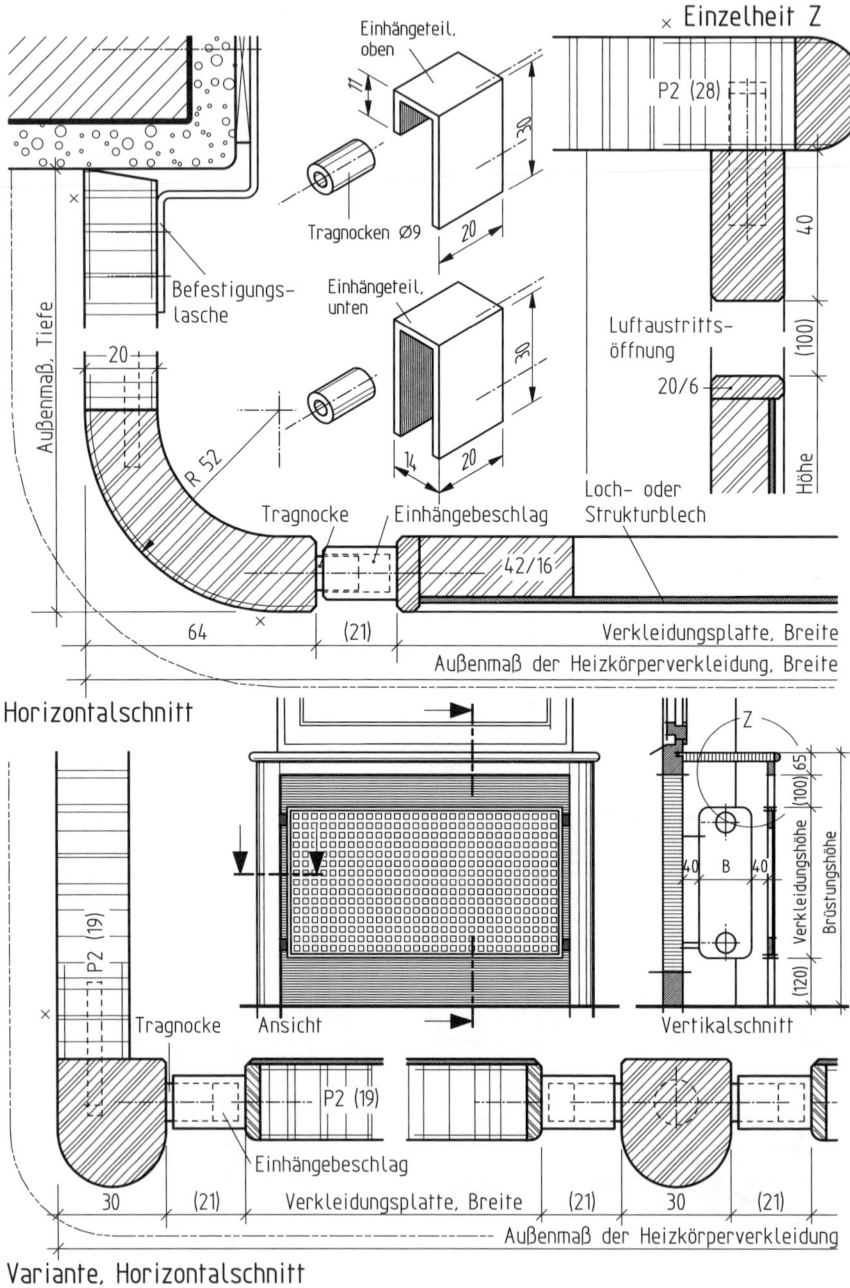

Bild 4.1-8 Vorstehende Heizkörperverkleidung.

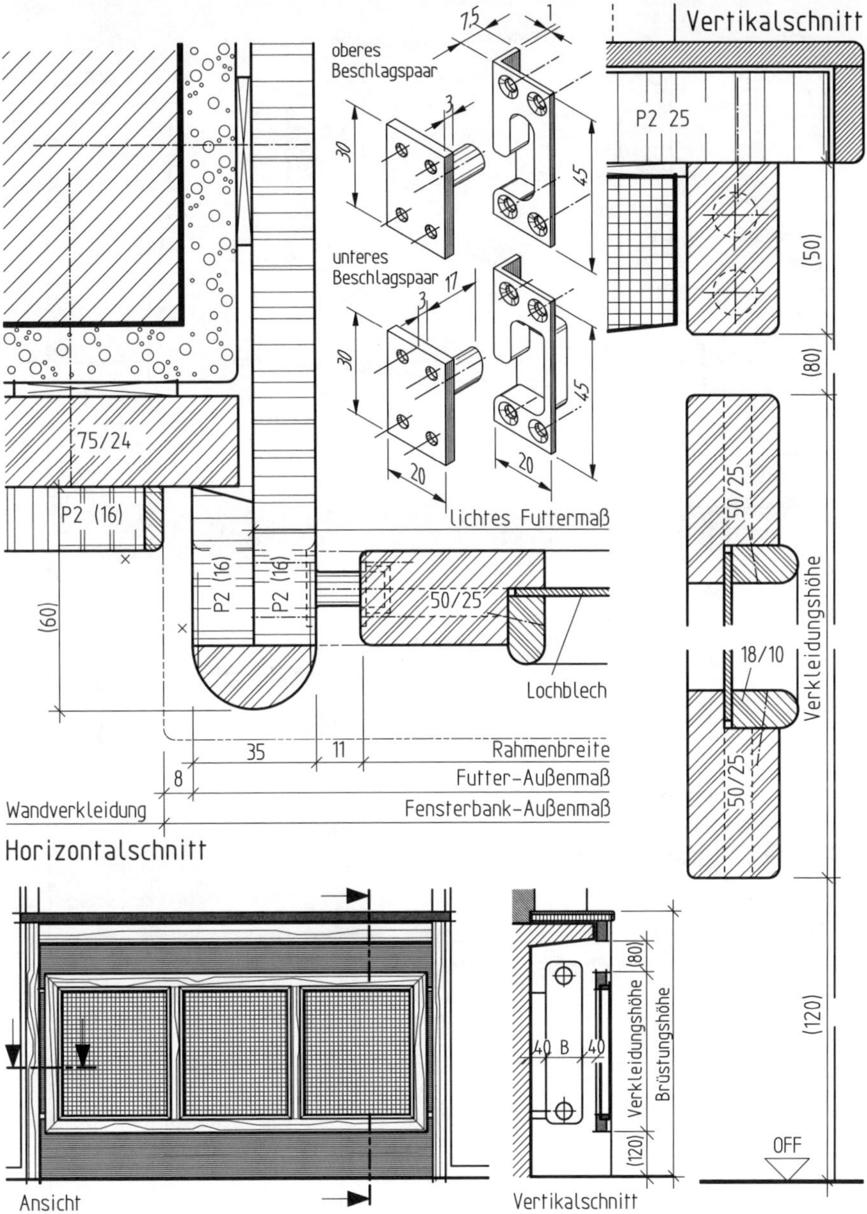

Bild 4.1-9 Vorstehende Heizkörperverkleidung in einer verkleideten Wand. Die Front besteht aus einem Rahmen mit Lochblechfüllungen. Er wird mit besonderen Heizkörperklappenbeschlägen (Pr) angeschlagen, die ein Vorklappen und Aushängen des Rahmens ermöglichen.

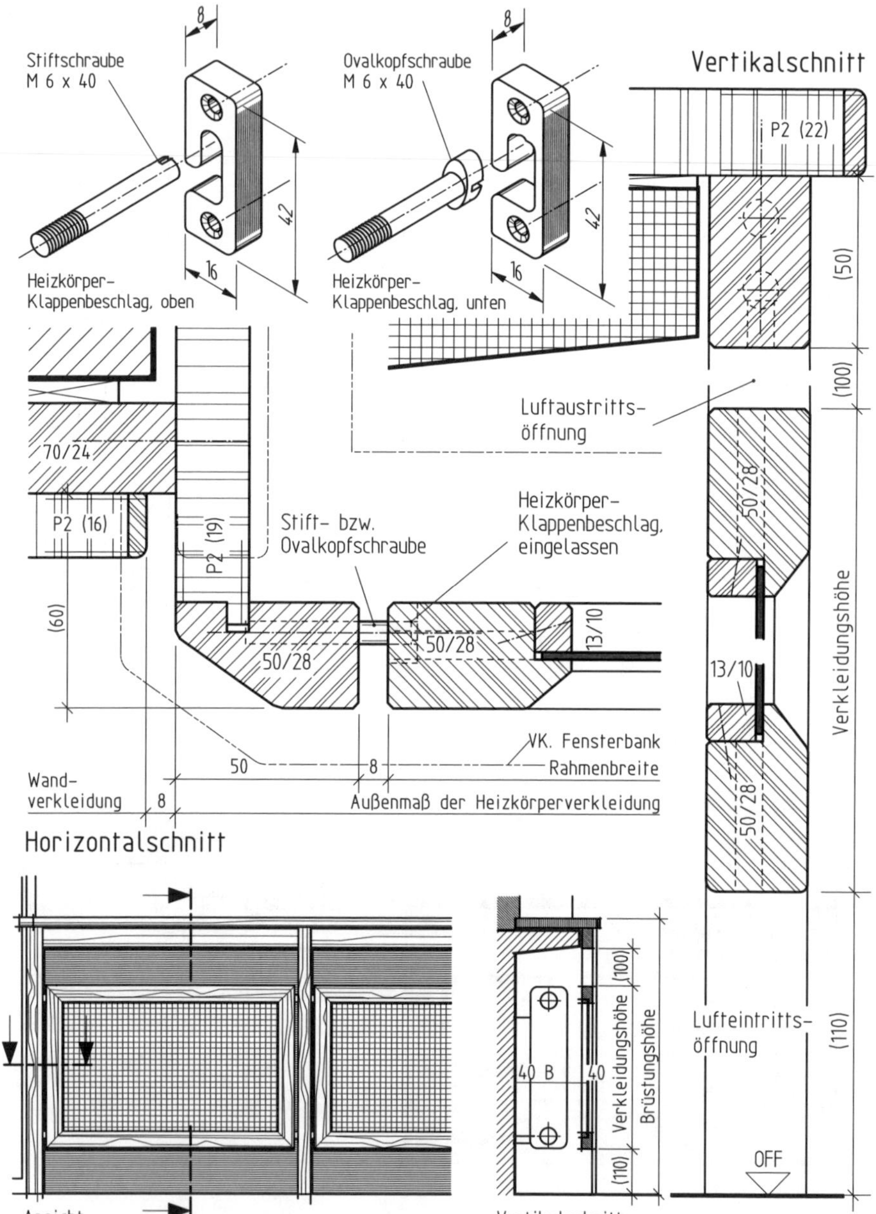

Bild 4.1-10 Vorstehende Heizkörperverkleidung, in einer verkleideten Wand eingebaut. Die Verkleidungsrahmen sind mit besonderen Heizkörperklappenbeschlägen (Pr) angeschlagen.

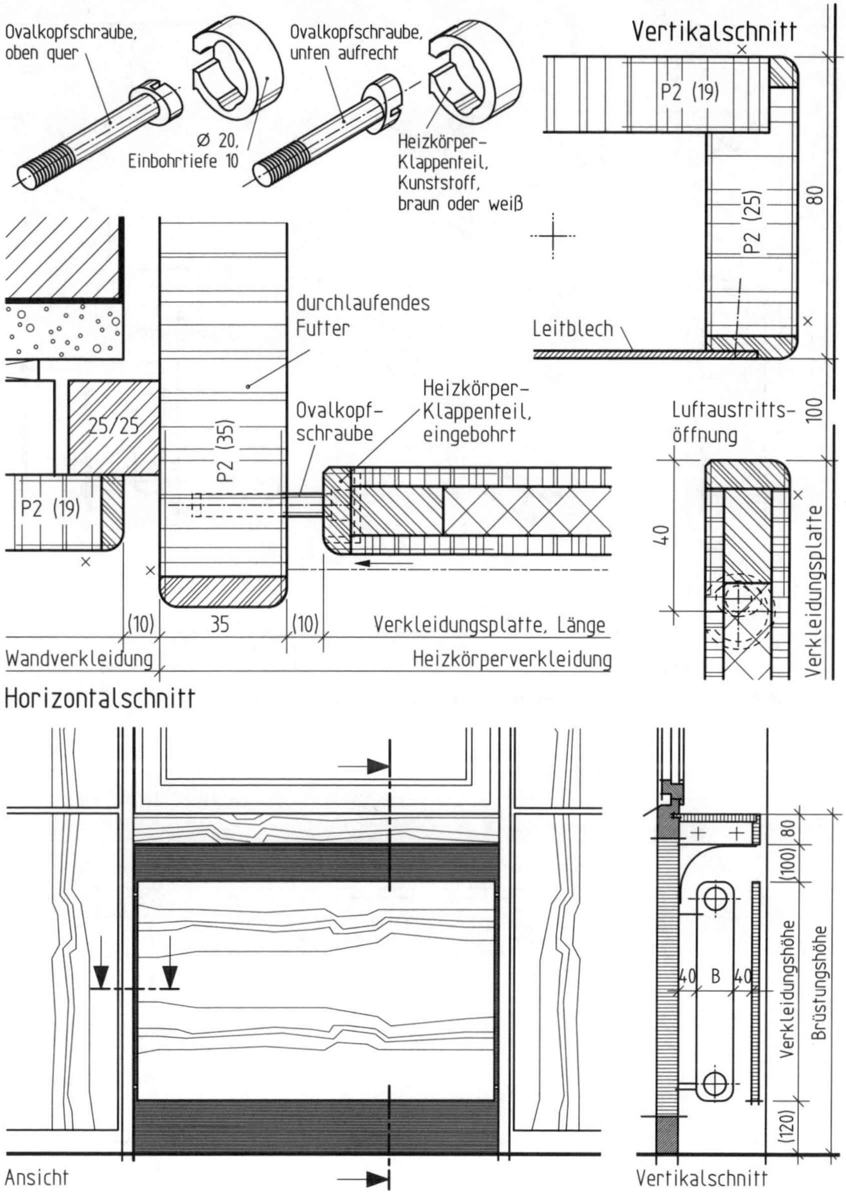

Bild 4.1-11 Ein 35 mm dickes durchlaufendes Futter trennt die Wandverkleidung von der Fenster-Heizkörper-Nische. Die geschlossene Verkleidungsplatte ist mit Heizkörperklappenbeschlägen am Futter angeschlagen (Pr).

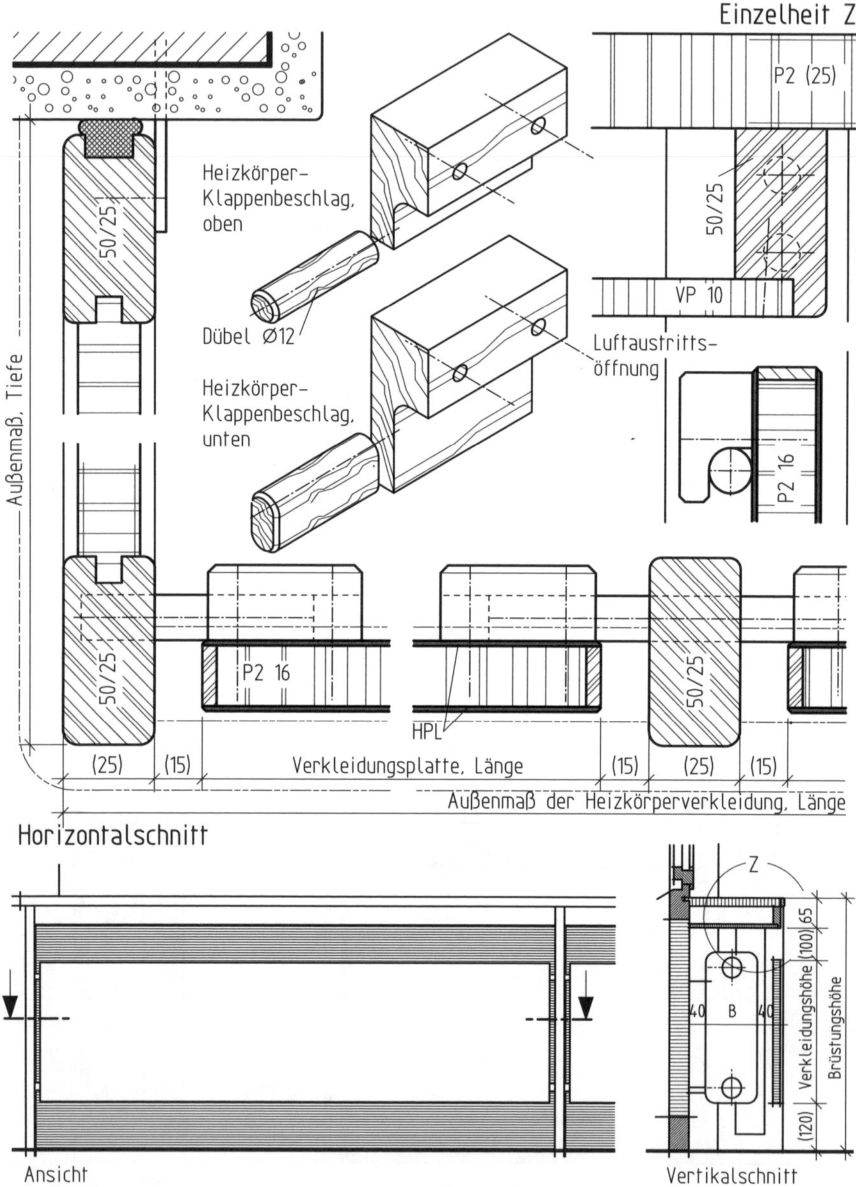

Bild 4.1-12 Vor die Wand gesetzte Heizkörperverkleidung mit geschlossener Frontplatte. Diese wird mit selbstgefertigten Heizkörperklappenbeschlägen zwischen die Seiten eingehängt.

4.2 Verkleidungen für Konvektoren

Konvektoren sind Rippenrohrheizkörper von rechteckigem Querschnitt und einer geringen Bauhöhe (Bild 4.2-3). Sie werden überall dort eingesetzt, wo nur wenig Platz für den Einbau eines Heizkörpers zur Verfügung steht. Während man bei Radiatoren nicht unbedingt eine Verkleidung benötigt, ist sie bei Konvektoren unerlässlich. Die Heizleistung der Konvektoren beruht ausschließlich auf Konvektion, Wärmestrahlung dagegen ist nur minimal vorhanden (Bild 4.2-1).

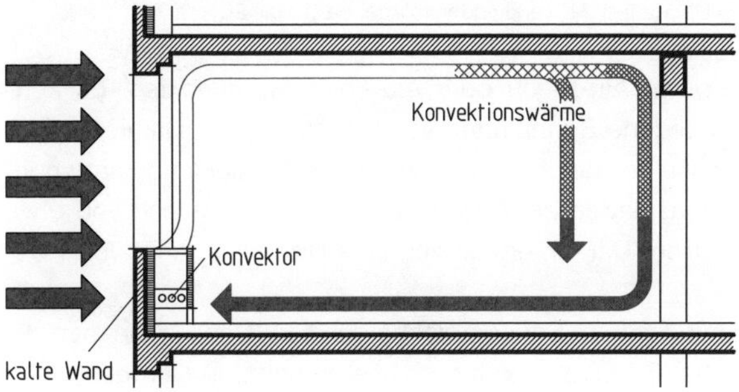

Bild 4.2-1 Heizwirkung von Konvektoren (Schema).

Durch die Verkleidung entsteht ein Schacht, durch den die erwärmte Luft wie in einem Kamin nach oben geführt wird. Je nach Breite des Konvektors (B) und Höhe des Schachtes (H1) ist die Größe der Lufteintrittsöffnung (H2) und der Luftaustrittsöffnung (H3) zu bemessen. Beide Öffnungen sind gleich groß. Im Beispiel (siehe Tabelle 4.2-1) beträgt die Breite des Konvektors (B) 200 mm, die Nischenhöhe (H1) 400 mm. Daraus ergeben sich lichte Öffnungshöhen (H2 und H3) von 100 mm. Bei einem Verschluss der Öffnungen durch Gitter, Lochblech, Roste oder dergleichen darf nur die Netto-Öffnungsfläche angesetzt werden.

Zur Verkleidung der Schachtfront werden ausschließlich geschlossene Flächen aus Platten oder Blechen verwendet. Bestehen diese Platten aus Holzwerkstoffen, sind

Tabelle 4.2-1 Größe der Luftöffnungen H2 und H3 in mm

Konvektorbreite B	Nischenhöhe H1 in mm				
in mm	300	400	500	600	ab 700
50	60	60	60	60	60
100	80	80	80	80	80
150	80	100	100	100	100
200	80	100	120	120	120
250	80	100	120	140	140
300	80	100	120	140	160

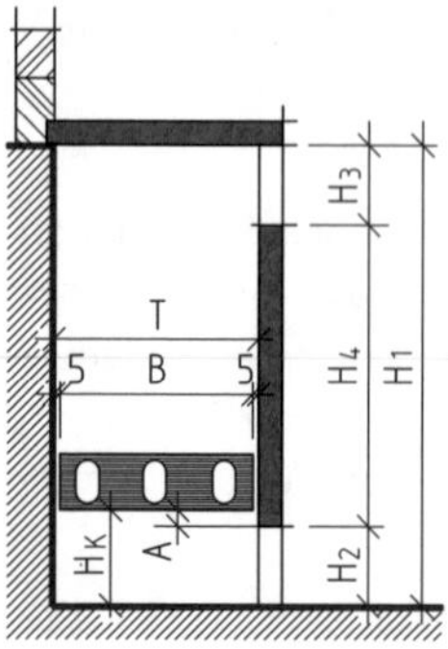

Bild 4.2-2 Begriffe und Einbaumaße bei Konvektoren. B = Konvektorbreite, T = Nischentiefe, H1 = Nischenhöhe, H2 = Höhe der Lufteintrittsöffnung, H3 = Höhe der Luftaustrittsöffnung, H2 und H3 sind gleich groß, H4 = Schachthöhe, Hk = Konvektormontagehöhe, A = Überstand der Verkleidungsplatte, ca. 10 bis 20 mm.

die Rückseiten zweckmäßig mit Alu-Blech oder Alu-Folie zu verkleiden. Es können auch dünne zementgebundene Spanplatten verwendet werden. Damit die Luft zwangsweise durch den Konvektor geführt wird, dürfen die Verkleidungsplatten im Gegensatz zu den Verkleidungsplatten bei Radiatoren nur einen Abstand von etwa 5 mm vom Konvektor aufweisen. Daraus ergibt sich eine Nischentiefe (T) von Konvektorbreite + 10 mm.

Zu den Konvektoren werden passende Schachtbleche geliefert (Gea), in die man die Konvektoren und auch die Verkleidungsblenden montieren kann. In Bürogebäuden können die Verkleidungen mit Kabelkanälen beziehungsweise Installationskanälen kombiniert werden (Bild 4.2-3 und 6).

Einige Möglichkeiten für die Verkleidung von Konvektoren sind in Ansichten und Vertikalschnitten dargestellt (Bild 4.2-4 bis 8).

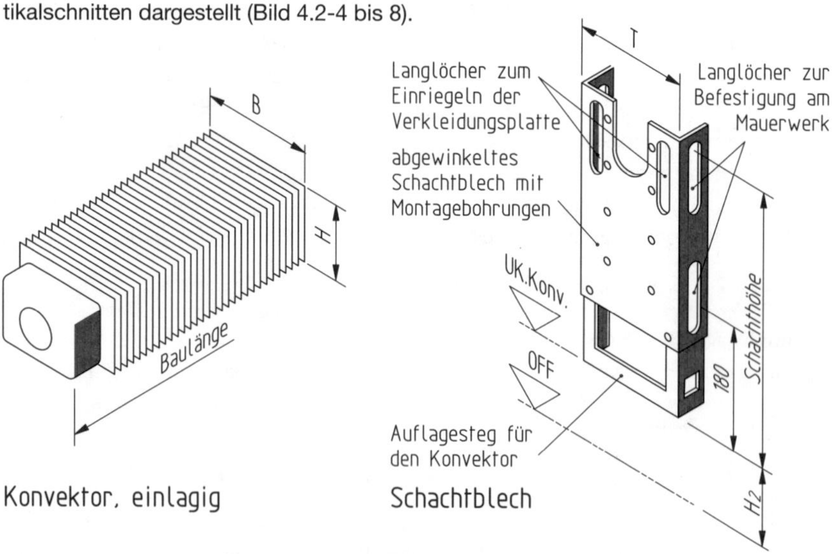

Bild 4.2-3 Konvektor und Schachtblech für die Montage des Konvektors und der Verkleidung. B = Konvektorbreite, H = Konvektorhöhe, H2 = Höhe der Lufteintrittsöffnung.

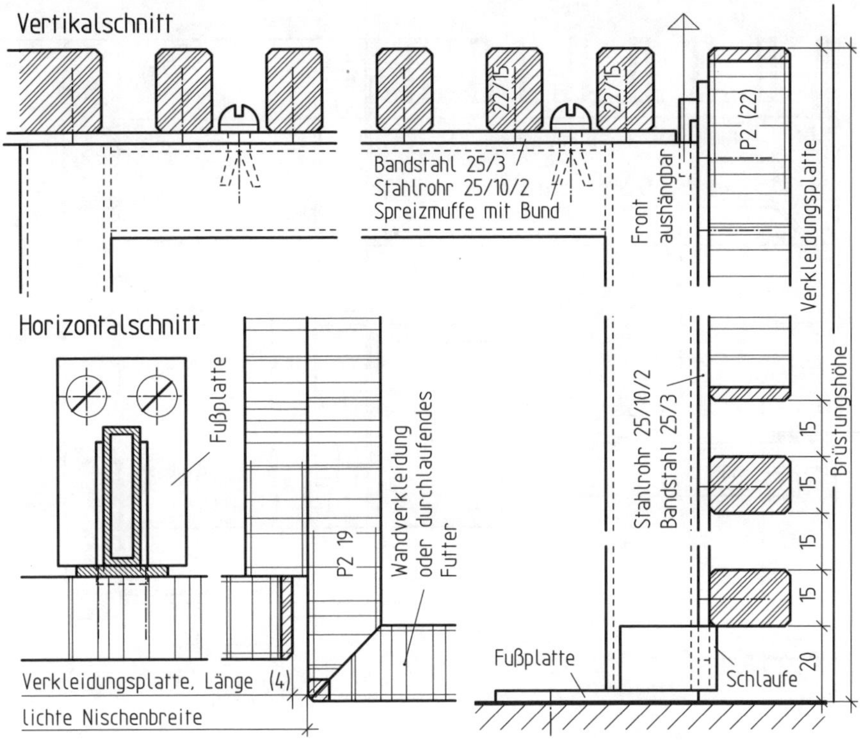

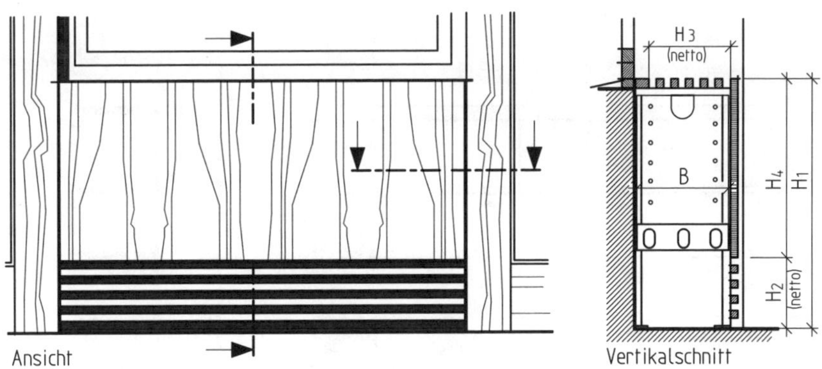

Bild 4.2-4 Konvektorverkleidung mit Schachtblechen und einer Stahlrohrunterkonstruktion. Die Lufteintrittsöffnung und Luftaustrittsöffnung sind durch Leistenroste abgedeckt. Die Nettofläche der Öffnung muss dem angegebenen Tabellenwert entsprechen.

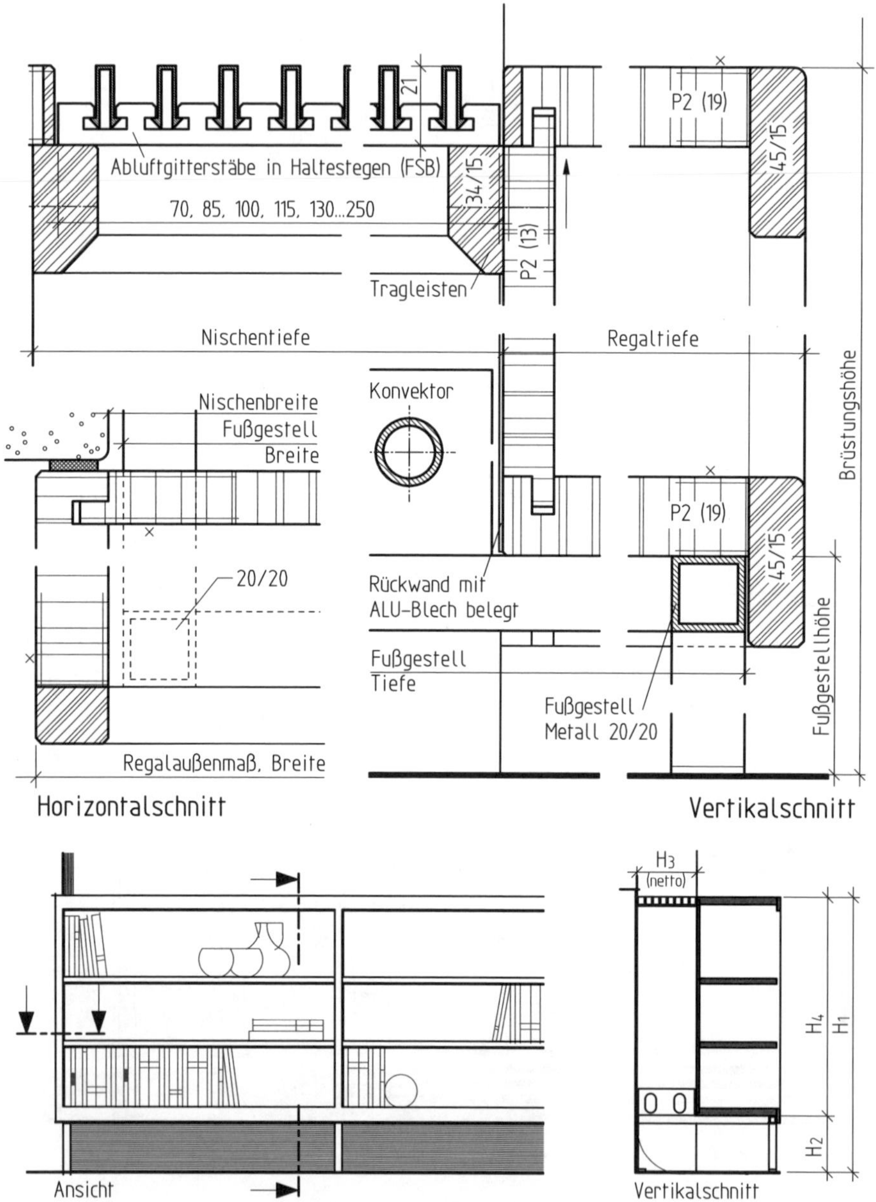

Bild 4.2-5 Der Heizschacht mit dem Konvektor liegt hinter einem Regal. Die Lufteintrittsöffnung befindet sich unter dem Fußgestell des Regals. Die Luftaustrittsöffnung liegt auf der Ebene des Oberbodens und wird durch einen Rost (FSB) abgedeckt.

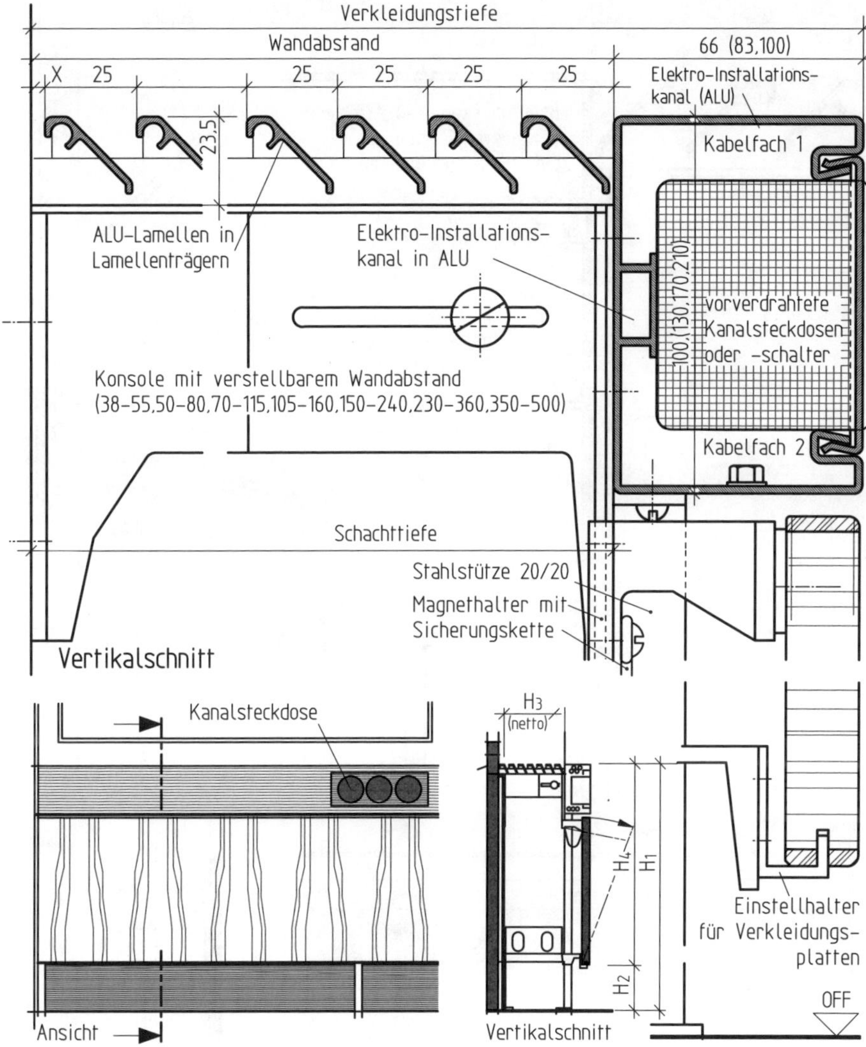

Bild 4.2-6 Konvektorverkleidung für Bürogebäude mit eingebautem Elektroinstallationskanal aus Metallprofilen. Unterkonstruktion, Alu-Lamellen und Lamellenträger sowie der Elektroinstallationskanal sind vorgefertigte Elemente. Sie sind in Stahlblech in RAL-Farben pulverbeschichtet oder in Aluminium natur oder farbig eloxiert im Handel (Th). Die Verkleidungsplatte ist furniert, wird unten im Einstellhalter und oben durch Magnete gehalten.

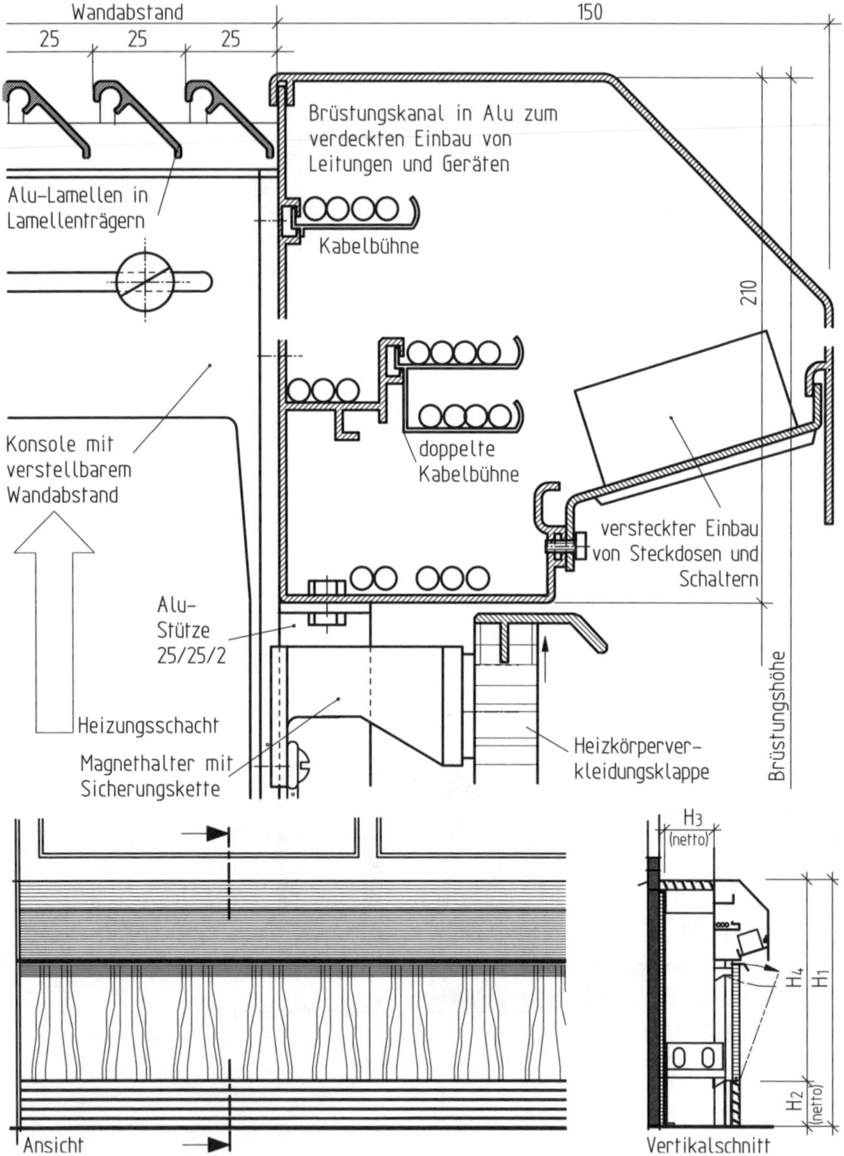

Bild 4.2-7 Konvektorverkleidung für Bürogebäude mit großem Elektroinstallationskanal für verdeckte Montage von Geräten, Leitungen, Steckdosen und Schaltern. Ausführung des Kanals und der Lamellen in Aluminium natur, farbig eloxiert oder einbrennlackiert (Th).

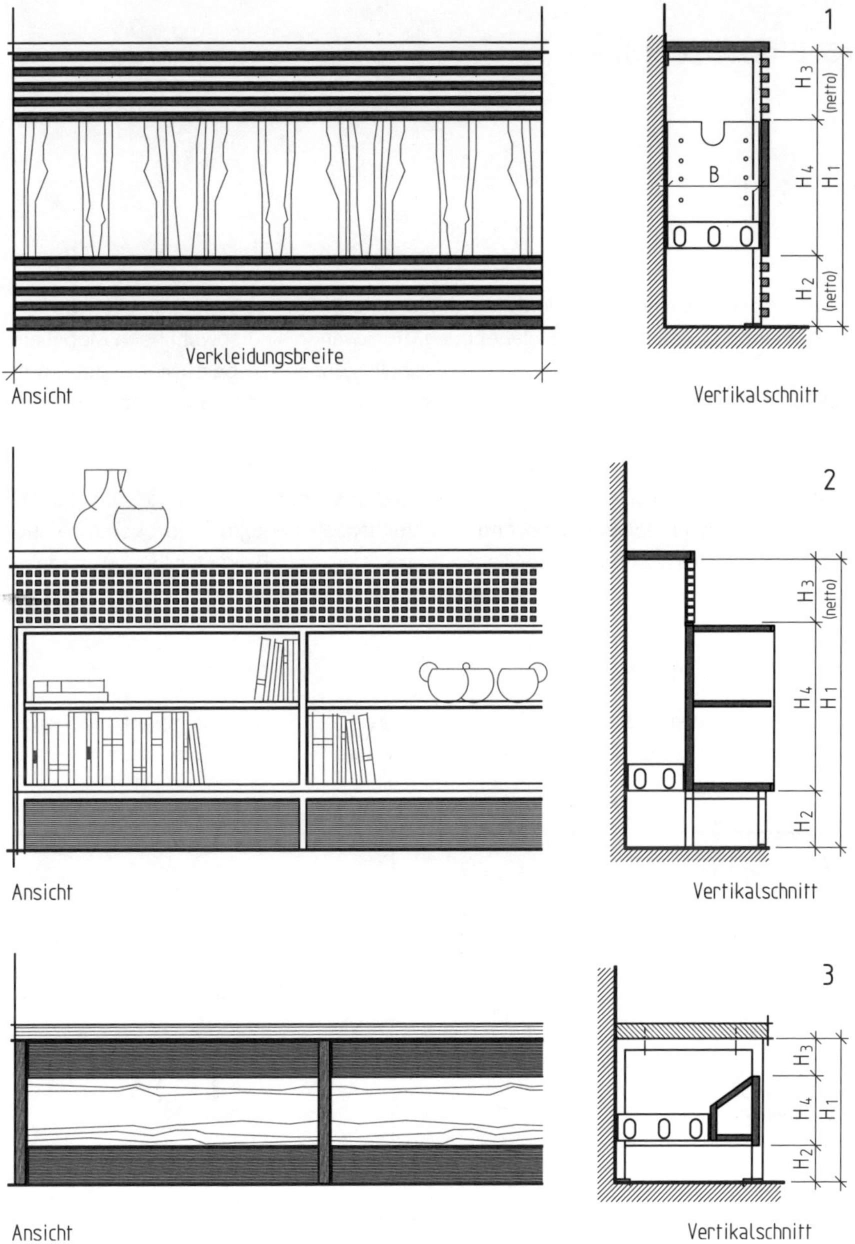

Bild 4.2-8 Weitere Möglichkeiten des Konvektoreinbaus. 1 Mit Luftöffnungen in der Front, 2 Luftaustrittsöffnung über dem Regaloberboden, 3 Einbau unter einer Bank.

5 Einbauschränke

Einbauschränke sind in Gebäude fest eingebaute Schränke. Viele Elemente wie Türen, Klappen, Schubkästen, Einlegeböden, Rückwände sind sowohl beim Möbel als auch beim Einbauschrank vorhanden. Deshalb können die beim Möbel gezeigten Detailpunkte auch hier bei den Einbauschränken sinngemäß übernommen werden (siehe »Handbuch der Konstruktion: Möbel und Einbauschränke«). Aufhängemöglichkeiten für Hängeschränke, Anschlüsse von Arbeitsplatten und freien Seiten an die Wände, Wand- und Deckenanschlüsse, Sockelausbildungen, Montage- und Zerlegungsmöglichkeit der Schränke sind Konstruktionselemente, die hinzukommen und daher in diesem Abschnitt besonders aufgezeigt werden. Einige für Einbauschränke geeignete Schrankfronten und Schrankeinbauten werden beispielhaft aufgeführt.

5.1 Wandschränke

Wandschränke sind Einbauschränke, meist Kastenelemente, die entweder stehend, liegend oder frei aufgehängt eine Wandfläche des Raums gliedern, ohne sie ganz

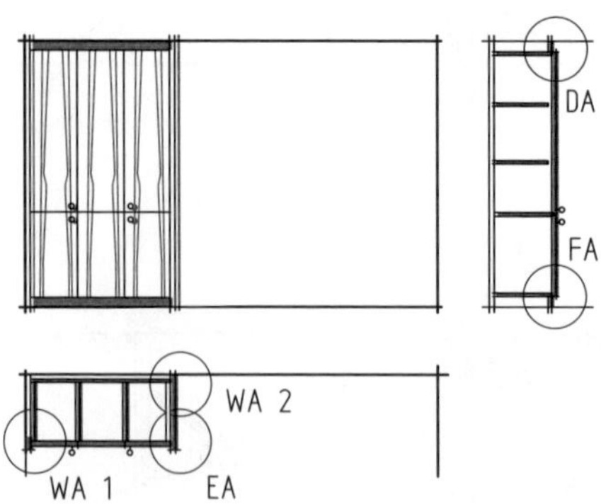

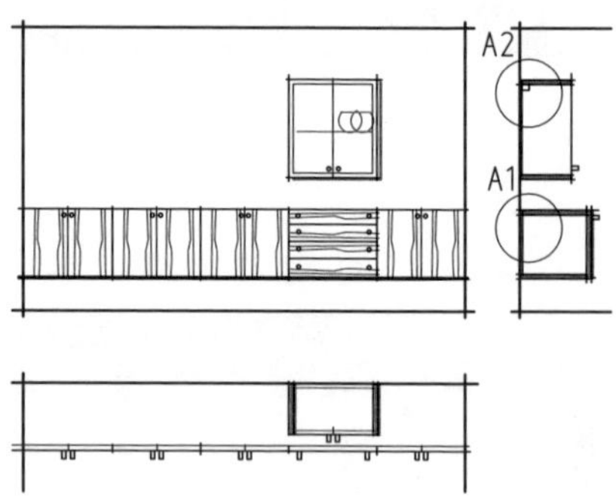

Bild 5.1-1 Wandschrank, vertikal stehend angeordnet. WA1 Wandanschluss an der Seite, WA2 Wandanschluss an der Rückwand, EA Eckausbildung, DA Deckenanschluss und FA Fußbodenanschluss sind im Detail dargestellt.

Bild 5.1-2 Wandschrank, horizontal liegend angeordnet. A1 Aufhängemöglichkeit unter Augenhöhe und A2 über Augenhöhe sind im Detail dargestellt.

zu bedecken (Bild 5.1-1 und 2). Hier sind die Anschlüsse der freien und verdeckten Seiten, der Arbeitsplatten oder Ablageflächen an die Raumwand sowie die Aufhängemöglichkeiten der Schränke besonders zu betrachten.

5.1.1 Wandanschlüsse bei Wandschränken

Bei vertikal stehenden Wandschränken sind die freien Seiten an die Raumwand dicht anzuschließen. An der Rückwand überstehende Seiten können an die Raumwand angepasst werden, oder es werden besondere Passleisten verwendet. Als Abschluss können auch besondere Blendseiten auf die freien Seiten aufgedoppelt werden (Bild 5.1-3).

Die Wandanschlüsse der verdeckten Seiten können wie die Wandanschlüsse bei den Schrankwänden ausgebildet werden. Für Wandschränke besonders geeignete Beispiele sind in Bild 5.1-4 bis 7 dargestellt. Die Konstruktion der Außenecken und der Wandanschlüsse ist jeweils aufeinander abzustimmen (Bild 5.1-8 bis 11). Bei horizontal angeordneten Wandschränken ist die obere Platte beziehungsweise das Blatt des Schrankes dicht an die Raumwand anzupassen, oder es werden besondere Leisten für den Wandanschluss angebracht (Bild 5.1-12). Bei Arbeitsplatten in Küchen bestehen die Abschlussleisten in der Regel aus Kunststoff- oder Aluprofilen (Bild 5.1-13).

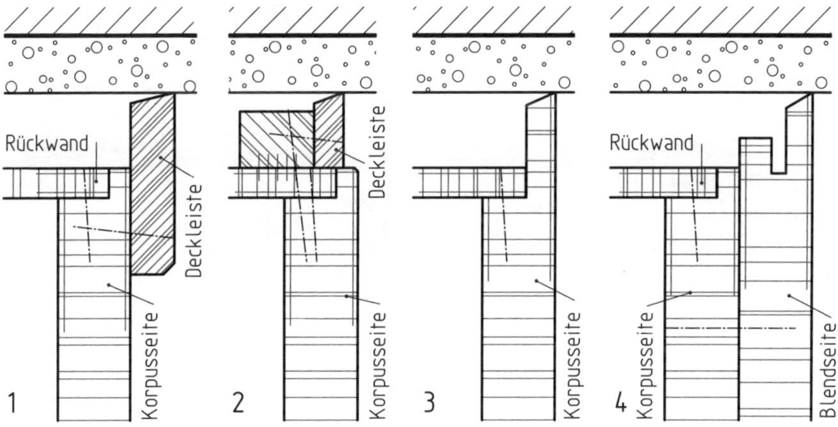

Bild 5.1-3 Anschluss freier Schrankseiten an der rückwärtigen Raumwand. 1 Die Luft zwischen Raumwand und Rückwand wird durch eine aufliegende Leiste und 2 durch eine zurückspringende Leiste abgedeckt. 3 Die Seite ist breiter ausgebildet, als der Schrankkasten tief ist. Der an der Rückwand überstehende Teil der Seite wurde an die Raumwand angepasst. 4 Die aufgedoppelte Blendseite kann an die Raumwand angepasst werden.

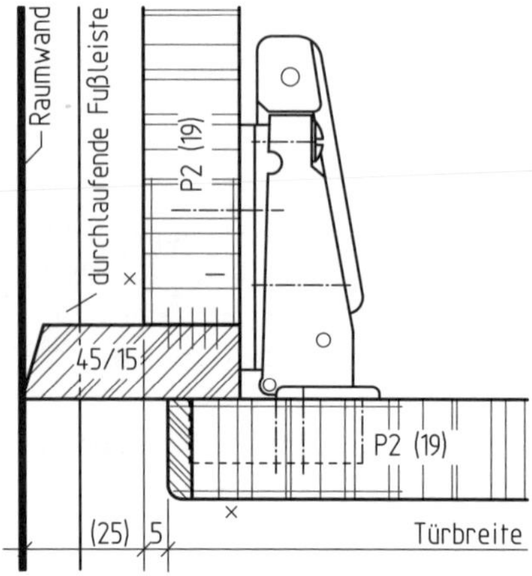

Bild 5.1-4

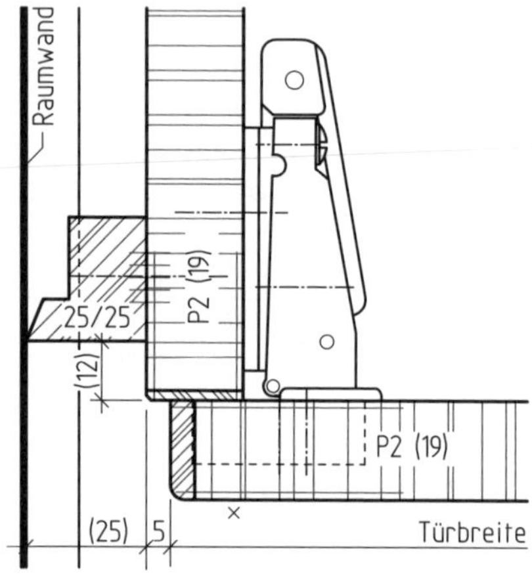

Bild 5.1-5

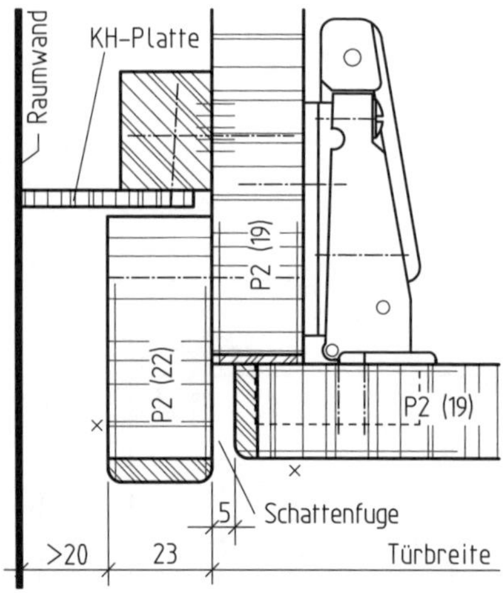

Bild 5.1-6

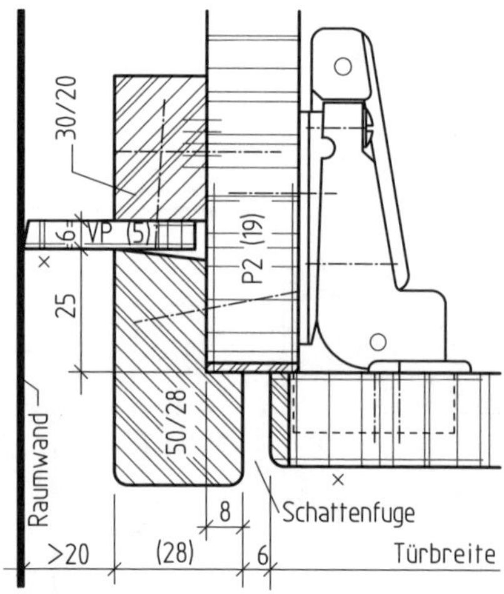

Bild 5.1-7

Bild 5.1-4 Die auf die Schrankseite aufgeleimte Lisene wird an die Raumwand angepasst. Für die durchlaufende Fußleiste wird sie ausgeklinkt.

Bild 5.1-5 Die außen auf die Schrankseite angeleimte Deckleiste muss an die Raumwand angepasst werden.

Bild 5.1-6 Der grob zugeschnittene Hartfaserplattenstreifen wird gegen die Raumwand gedrückt und auf die Leiste genagelt, die in der Werkstatt an die Schrankseite geleimt wurde. Eine kurze Blendseite deckt die Befestigungsstelle ab.

Bild 5.1-7 Ein Wandanschluss wie 5.1-6, jedoch bildet hier den seitlichen Abschluss eine ausgefälzte Leiste, die von innen gegen die Schrankseite geschraubt ist.

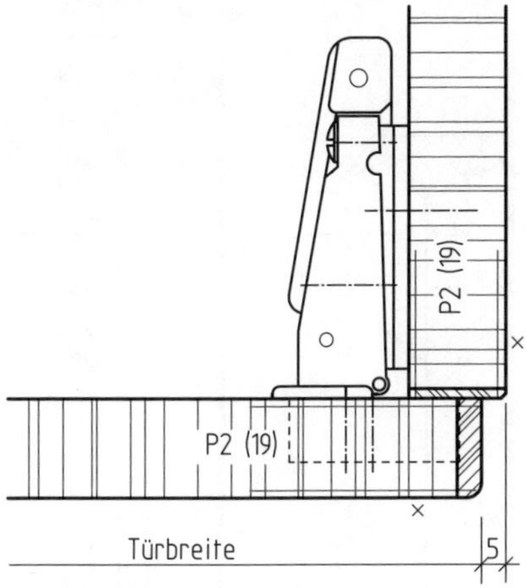

Bild 5.1-8

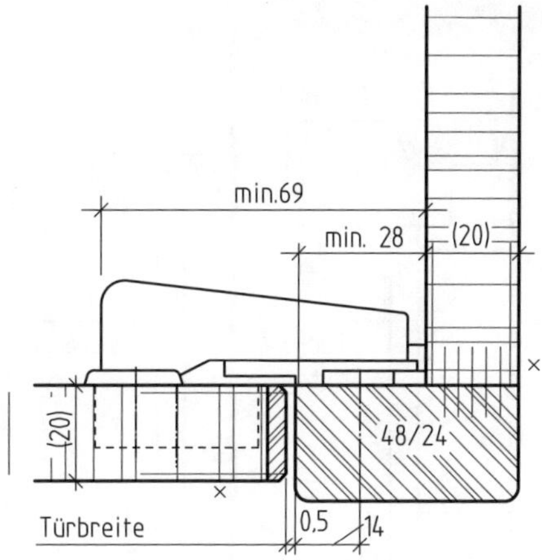

Bild 5.1-9

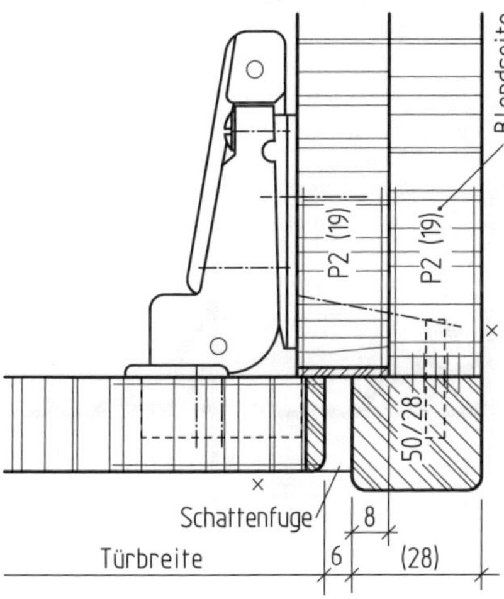

Bild 5.1-10

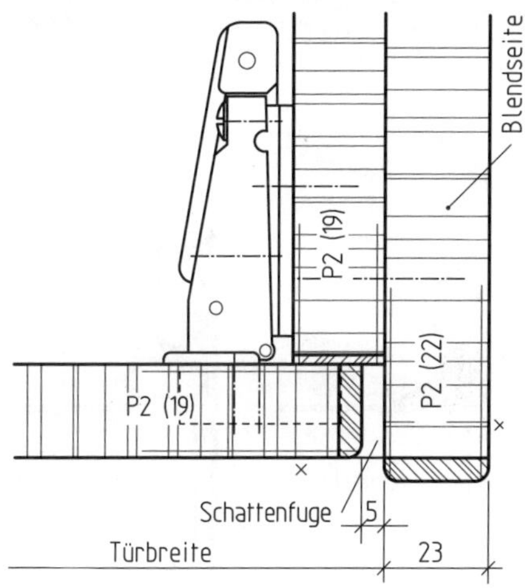

Bild 5.1-11

Bild 5.1-8 Einfache Eckausbildung bei einem Schrank mit stumpf aufschlagenden Türen, passend zu Wandanschluss Bild 5.1-4 und 5.
Bild 5.1-9 Schrank mit aufrechten Lisenen.
Bild 5.1-10 Freie Seite mit einer Blendseite abgedeckt, passend zu Wandanschluss Bild 5.1-7.
Bild 5.1-11 Freie Seite mit Blendseite aufgedoppelt, passend zu Wandanschluss Bild 5.1-6.

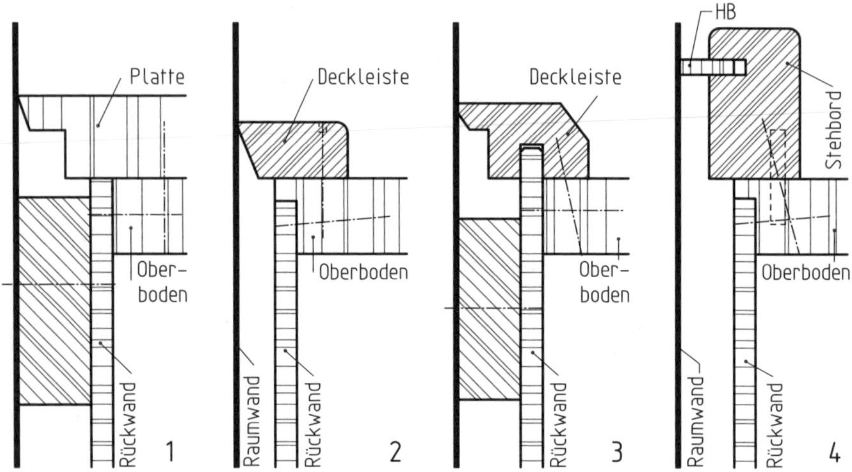

Bild 5.1-12 Wandanschlüsse der Platte unter Augenhöhe. 1 Platte oder Blatt der Anrichte wurde an die Wand angepasst, 2 Anschluss mit aufgenagelter Deckleiste, 3 Deckleiste ist unsichtbar befestigt, 4 Stehbord mit eingenuteter Dichtungsfeder.

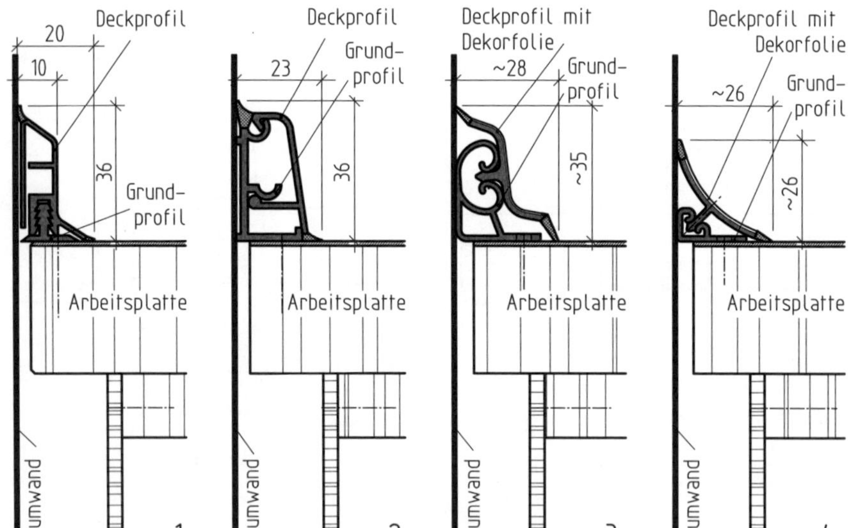

Bild 5.1-13 Wandanschlüsse bei Arbeitsplatten durch besondere Kunststoffprofile in Holz-, Aluminium- oder schlichtem Farbdekor. Die Wandanschlussleisten bestehen aus dem Grundprofil, das auf der Arbeitsplatte befestigt wird, und dem Deckprofil, das in das Grundprofil eingeklippst wird (1 und 2 Ne, 3 und 4 Re).

5.1.2 Aufhängemöglichkeiten

Um unter den Schrankkörpern einen freien Raum zu behalten, werden Wandschränke an den Raumwänden aufgehängt. Bei Oberschränken ist die Aufhängung der Höhe wegen nicht sichtbar. Bei aufgehängten Anrichten zum Beispiel muss eine von oben unsichtbare Aufhängung gewählt werden. Damit die Aufhängevorrichtung aus statischen Gründen vorwiegend vertikal belastet wird, ist es zweckmäßig, dass die Höhe aufgehängter Wandschränke größer ist als ihre Tiefe. Darum wäre es auch falsch, aufgehängte Schränke an der unteren hinteren Kante zu unterstützen. Die verschiedenen Aufhängemöglichkeiten sind im Vertikalschnitt dargestellt (Bild 5.1-14 bis 21).

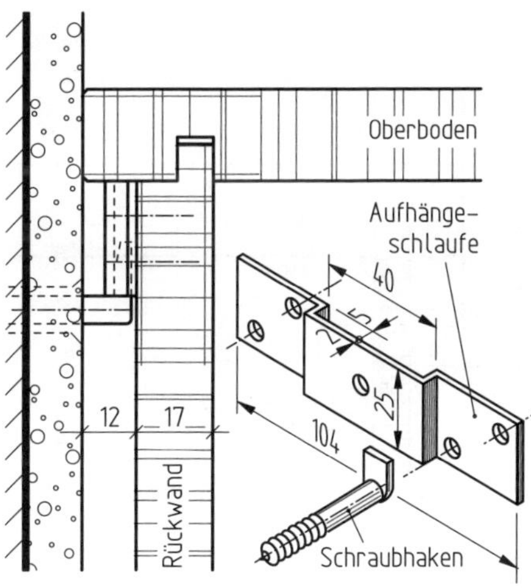

Bild 5.1-14

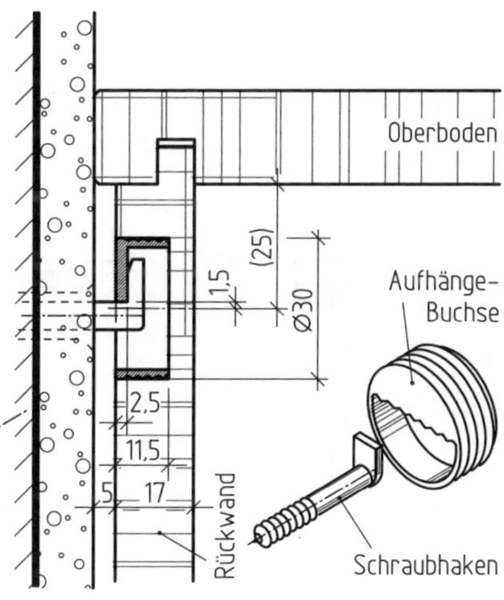

Bild 5.1-15

Bild 5.1-14 Schrankaufhängung durch Schraubhaken und Aufhängeschlaufe (Hä).
Bild 5.1-15 Schrankaufhänger muss in eine dicke Rückwand eingebohrt und eingeleimt werden. Eine geringe Seitentoleranz ist gegeben (Hä, He).

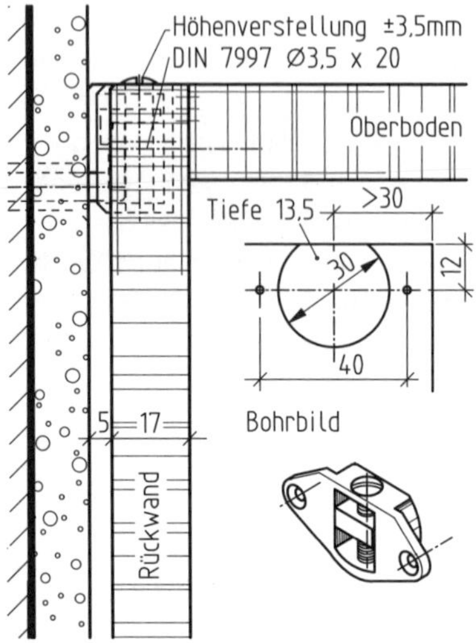

Bild 5.1-16

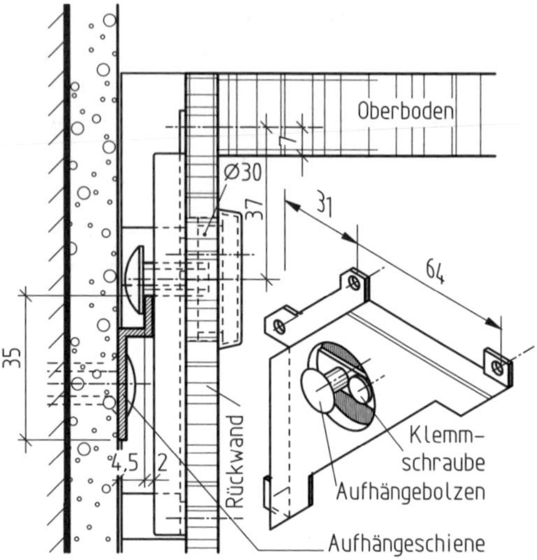

Bild 5.1-17

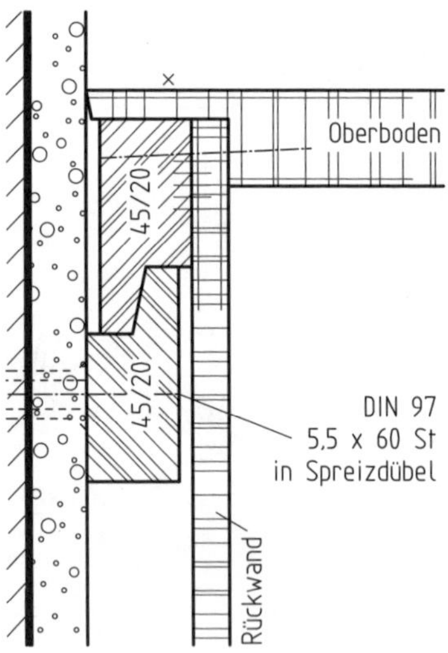

Bild 5.1-18

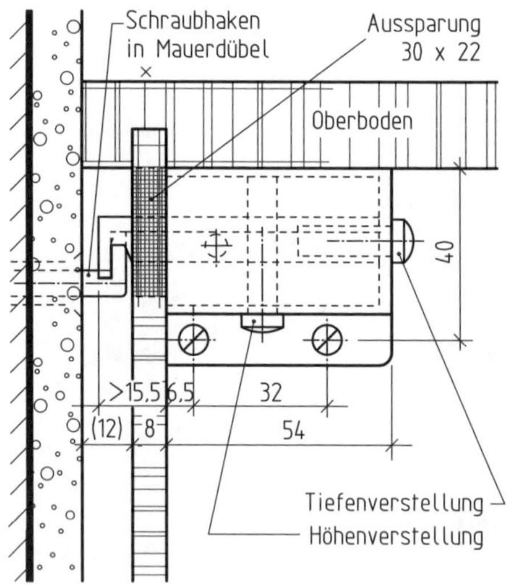

Bild 5.1-19

Bild 5.1-16 (Seite 296) Schrankaufhänger zum Einbohren in eine dicke Rückwand. Höhenverstellung ist durch eine Stellschraube von oben möglich (He).

Bild 5.1-17 Aufhängebeschlag, der seitlich in die Schrankseite eingreift und in eine Bohrung in der Rückwand fasst. Der Aufhängebolzen fasst hinter die Aufhängeschiene, die an die Raumwand zu schrauben ist. Vom Schrankinneren her ist eine Höhenverstellung von 15 mm und eine Tiefenverstellung von 13 mm möglich. Die Stell- und Klemmschrauben werden durch eine Abdeckkappe abgedeckt. Tragfähigkeit je Beschlag 80 kg (He).

Bild 5.1-18 Aufhängung durch ineinandergreifende Nutleisten. Die Aufhängung ist von oben unsichtbar.

Bild 5.1-19 Schrankaufhänger zum Anschrauben mit 12 mm Höhenverstellmöglichkeit, 14 mm Tiefenverstellmöglichkeit und 12 mm Seitenverstellmöglichkeit; Tragfähigkeit 65 kg. Die Aufhängung fasst entweder in Schraubhaken oder in eine Aufhängeschiene (Hä, He).

Bild 5.1-21 (Seite 298 oben) Schrankaufhänger für serienmäßig hergestellte Hängeschränke. Drei Tragzapfen des Beschlags fassen in die Schrankseiten; der Schrankaufhänger wird im Oberboden lediglich durch Schrauben gesichert. Die Versteilschrauben sind durch kleine Bohrungen in der Rückwand zu erreichen. Höhen- und Tiefenverstellung 18 mm. Die Aufhängehaken des Beschlags sind für Aufhängeschienen oder Schraubhaken geeignet (He, Hä sinngem.).

Bild 5.1-22 (Seite 298 unten) Verkleidung der Wand zwischen Arbeitsplatte und Oberschränken. 1 Mit Opakglas, 2 mit kunststoffbeschichteter Spanplatte in Alu-Profilen (Hä).

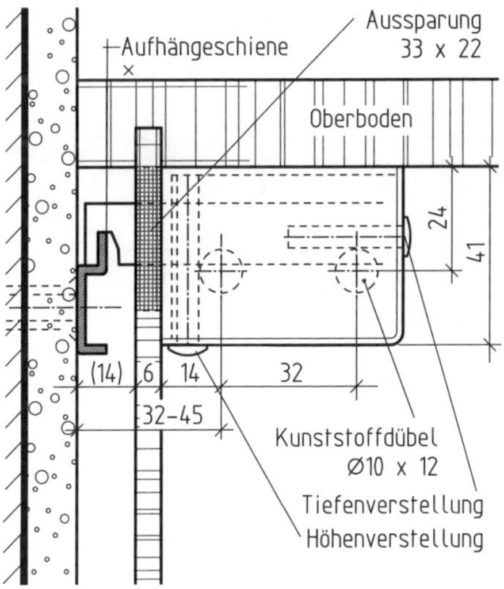

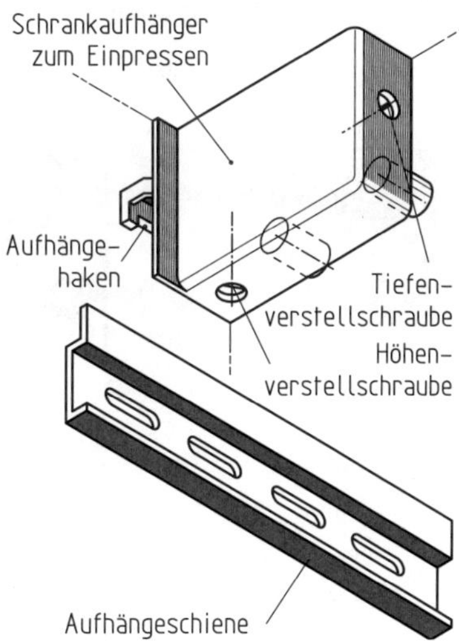

Bild 5.1-20 Schrankaufhänger wie 5.1-19, jedoch mit Kunststoffdübel zum Einpressen in die Schrankseite (Hä).

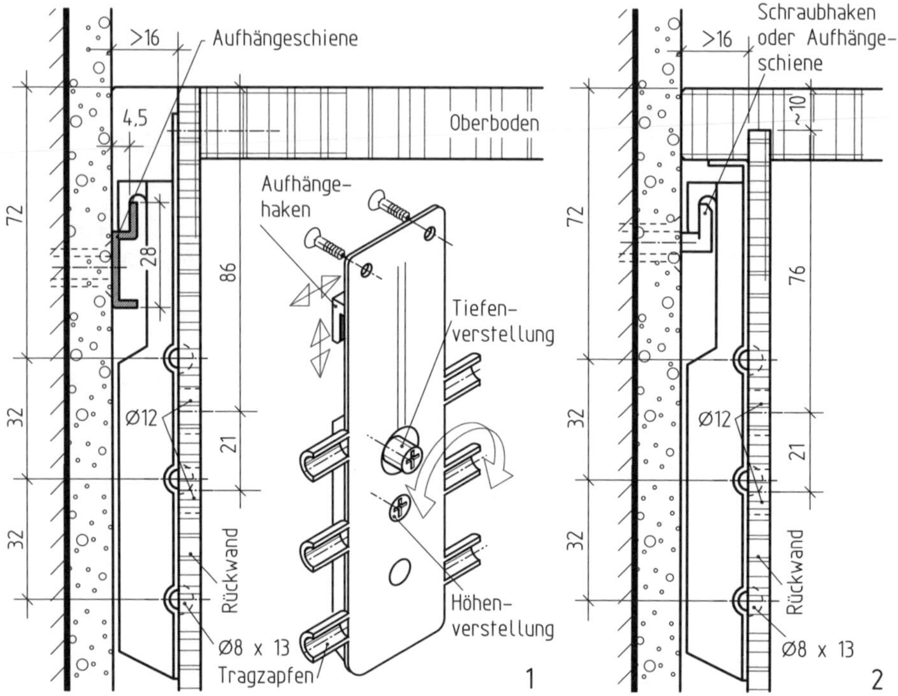

Bild 5.1-21 (siehe Seite 297)

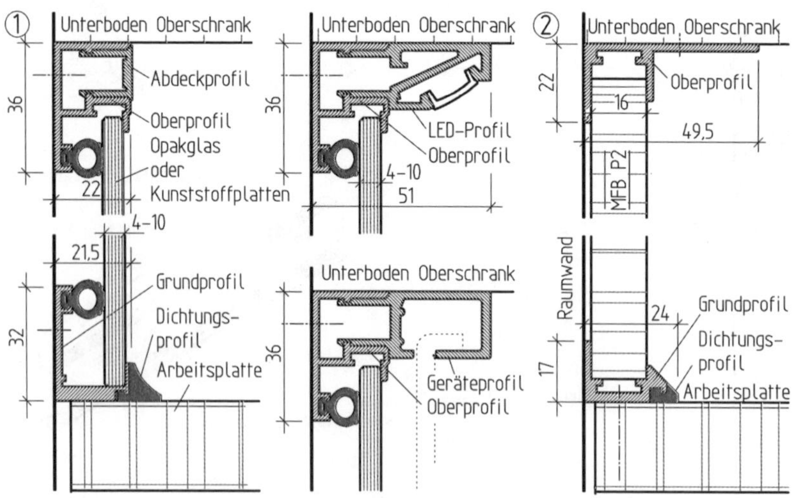

Bild 5.1-22 (siehe Seite 297)

5.2 Schrankwände

Schrankwände füllen eine den Raum begrenzende Fläche voll aus. Der Schrankraum kann bis zur Decke hin genutzt werden, sodass auf verhältnismäßig geringer Grundfläche sehr viel unterzubringen ist. Durch die Anschlüsse an die seitlichen Wände verbleiben keine Restflächen, tote Winkel oder Staubecken. Schrankwände können vor eine vorhandene Wand oder in eine Nische eingebaut werden oder selbst an die Stelle einer nichttragenden Trennwand treten. In diesem Fall darf die Schalldämmung nicht vernachlässigt werden.

Raumteiler, die zwei Räume nur teilweise voneinander separieren, können mehr oder weniger transparent ausgebildet werden und von beiden Seiten zugänglich sein. Sie bieten sich bei Trennungen zwischen Küche und Essraum oder zwischen Ess- und Wohnraum an.

In Schrankwände können Durchgangstüren eingebaut sein. Sie sind gestalterisch entweder in die Schrankfront einzubeziehen oder klar und bewusst von dieser zu trennen. Konstruktiv muss eine stabile Lage und Verankerung des Türrahmens erreicht werden.

Die Unterteilung der Schrankfront lässt sich gestalterisch nutzen, zum Beispiel die Teilungslinien der Türfugen, vielleicht der Wechsel von Türen mit Schubkästen oder offenen Fächern. So sind schlichte oder lebhafte Schrankfronten, markant vertikal oder horizontal gegliederte Schrankfronten zu unterscheiden (Bild 5.2-1 bis 4).

Bild 5.2-1 (Seite 300) Gestaltung der Schrankfronten. 1 Schrankwand mit in ganzer Höhe durchgehenden Türen; schlichte Wirkung. Die Türen müssen mit Schub- oder Drehstangenschlössern dreifach verriegelt werden. 2 Schrankfront in rhythmischer Gliederung, im Beispiel durch den Wechsel von Spiegel und Holztür. 3 Schrank mit vertikal gegliederter Front. 4 Durch die Schubkastengliederung wirkt diese Schrankfront eher horizontal gestreckt. 5 Schrankfront mit großformatigen Schiebetüren. 6 Schrankfront mit Schiebetüren in horizontaler Gliederung, bewirkt eine horizontale Ausdehnungstendenz. 7 Schranktüren mit Glas-, Korbgeflecht- oder Textilfüllungen. 8 Schrankfront mit betonten quer laufenden Elementen.

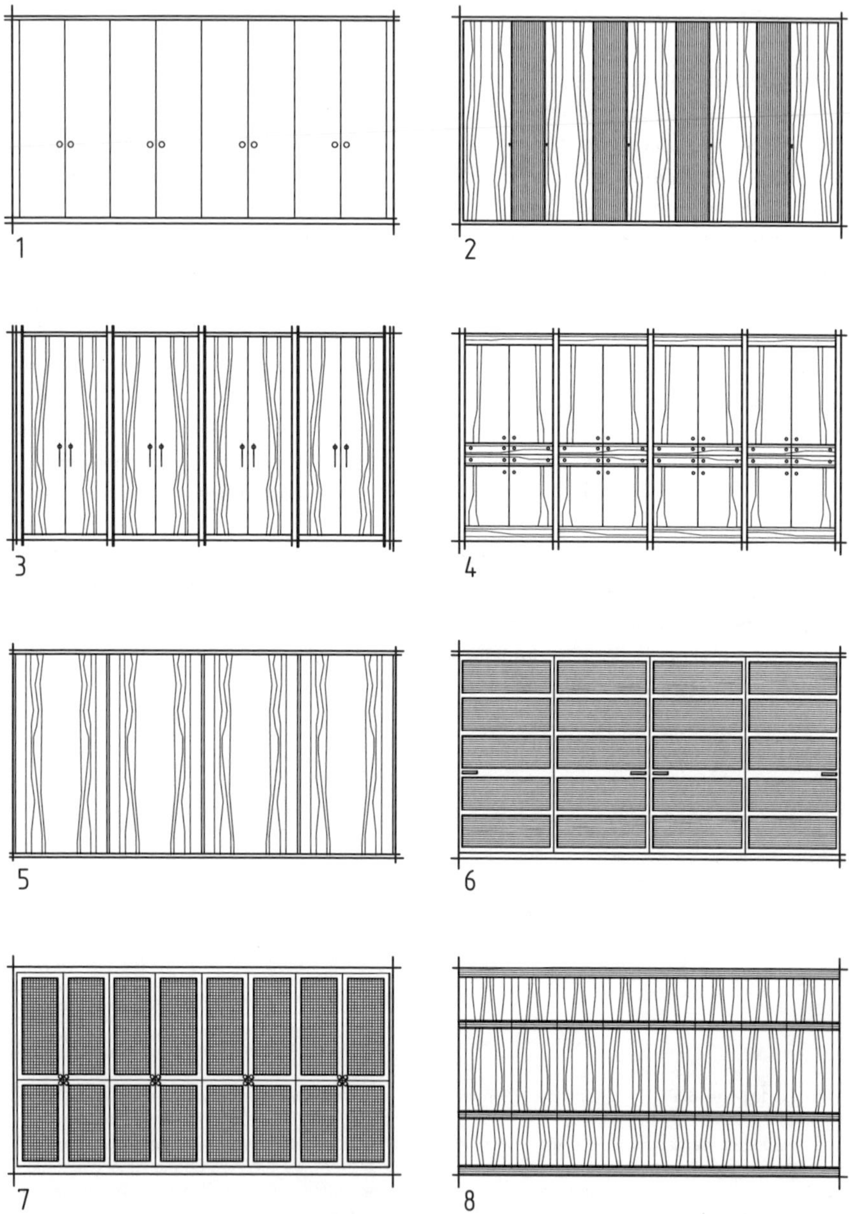

Bild 5.2-1 Siehe Seite 299

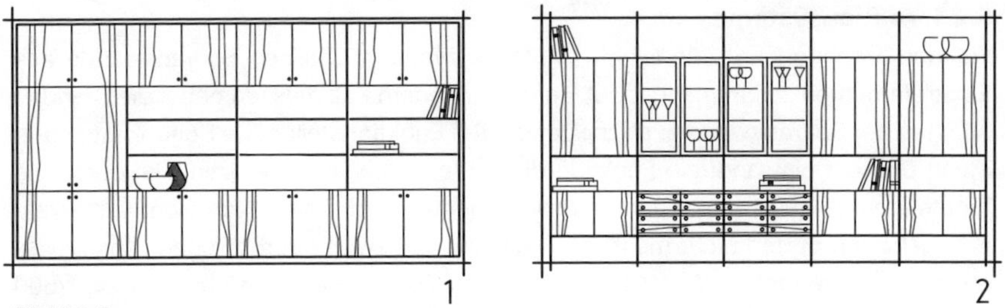

Bild 5.2-2

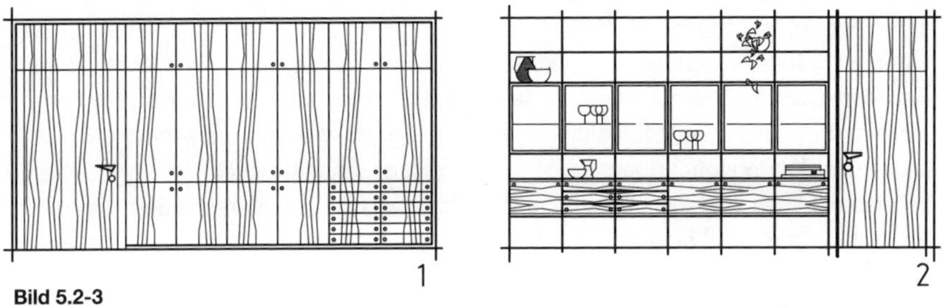

Bild 5.2-3

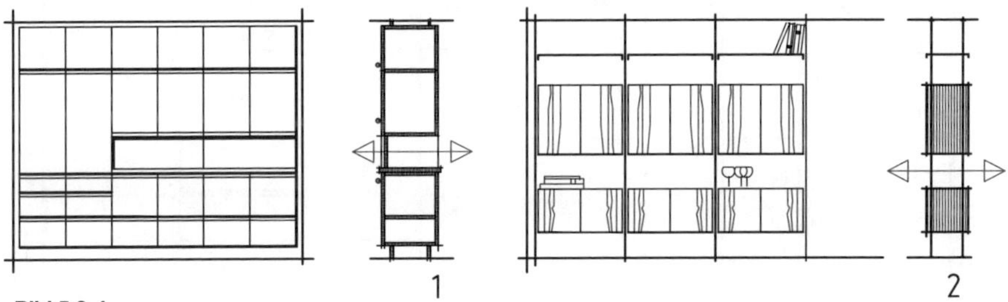

Bild 5.2-4

Bild 5.2-2 Schrankwände mit aufgelockerten Fronten. 1 Durch offene Fächer, 2 durch in Tragseiten eingehängte Schrankelemente.
Bild 5.2-3 Schrankwände mit Zimmertüren. 1 Zimmertür ist in Schrankfront integriert; 2 Zimmertür ist gestalterisch von der Schrankfront abgesetzt.
Bild 5.2-4 Raumteiler. 1 Zwischen Küche und Essraum mit Durchreiche, 2 transparent mit eingehängten Kastenelementen und Fachböden.

5.2.1 Aufbausysteme

Für den Transport und die leichte, einfache Montage müssen Schrankwände aus Einzelelementen zusammengebaut werden. In jedem Fall müssen dabei die Standsicherheit der Schrankwand auch bei geöffneten Funktionsteilen wie Schubkästen und Türen und die einwandfreie Funktion dieser Teile gewährleistet sein. Die durch die Frontelemente gebildeten Fugen müssen fluchten und dürfen sich nicht versetzen. Einlegeböden dürfen nicht mehr als 1/250 der Stützweite durchbiegen, Konstruktionsböden, unter denen sich Schubkästen oder Türen befinden, nicht mehr als 1/300 der Stützweite. Rückwände müssen aus mindestens 6 mm dickem Furniersperrholz oder 8 mm dicker Spanplatte bestehen und sicher gegen Belastung vom Schrankinneren her befestigt sein.

Einbauschränke vor Außenwänden oder in Nassräumen müssen einen Abstand zum Baukörper von >25 mm aufweisen, damit eine ausreichende Hinterlüftung sichergestellt ist. Ein Luftaustausch funktioniert aber nur dann, wenn in Decken- und Bodenanschluss Lüftungsöffnungen von >25 cm^2/m vorgesehen sind.

Im Wesentlichen sind fünf verschiedene Aufbausysteme zu unterscheiden, die hier in Ansichten dargestellt sind (Bild 5.2-5 bis 9).

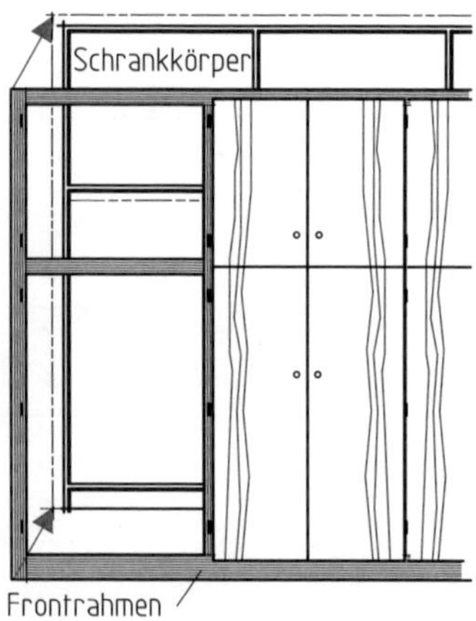

Bild 5.2-5

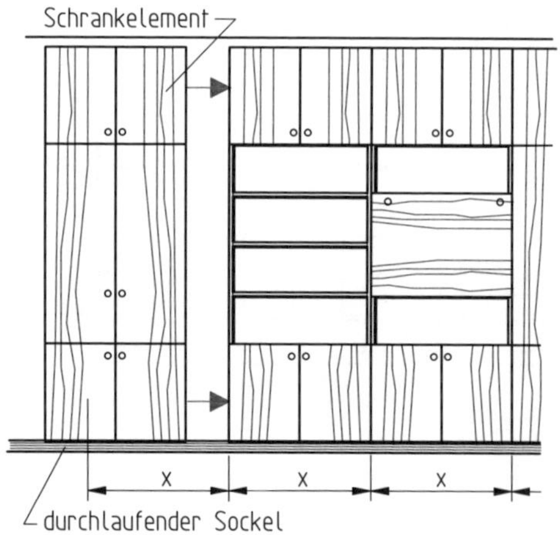

Bild 5.2-6

Bild 5.2-5 Der Schrankkörper wird gesondert aufgestellt. Er kann in einfacher Ausführung, sogar ohne Rückwand, hergestellt werden. Vor diesen Schrankkörper wird ein Frontrahmen mit den angeschlagenen Türen oder eine raumhohe Schiebetürfront gesetzt.

Bild 5.2-6 Die Schrankwand wird aus hohen Schrankelementen zusammengestellt, die auf einen ausgerichteten Sockel gesetzt werden. Abschließend sind die Wand- und Deckenanschlüsse zu montieren. Achtung! Die Diagonale der Schrankseite muss kleiner als die Raumhöhe sein. Der Transport muss möglich sein.

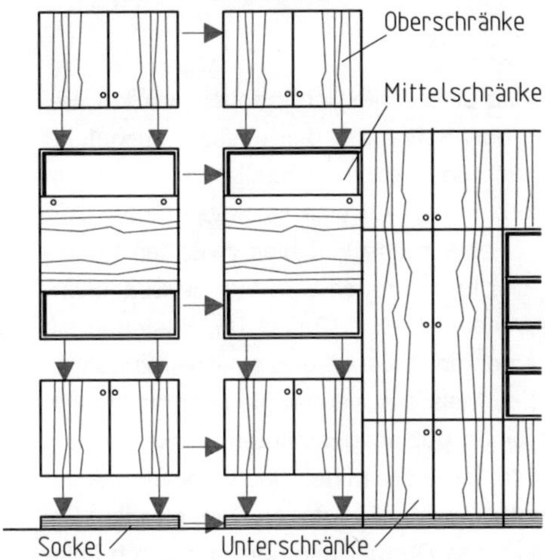

Bild 5.2-7

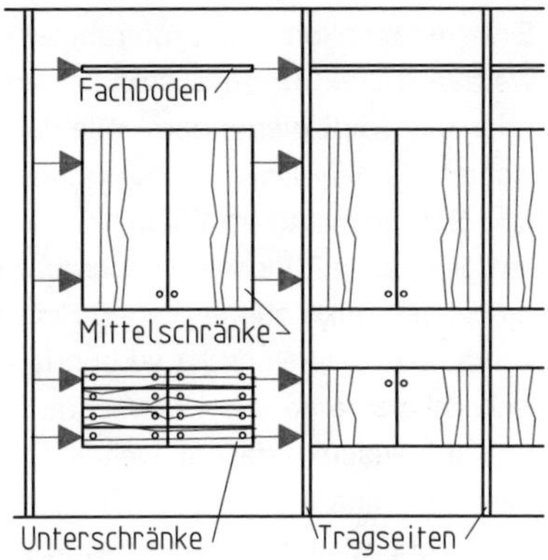

Bild 5.2-8

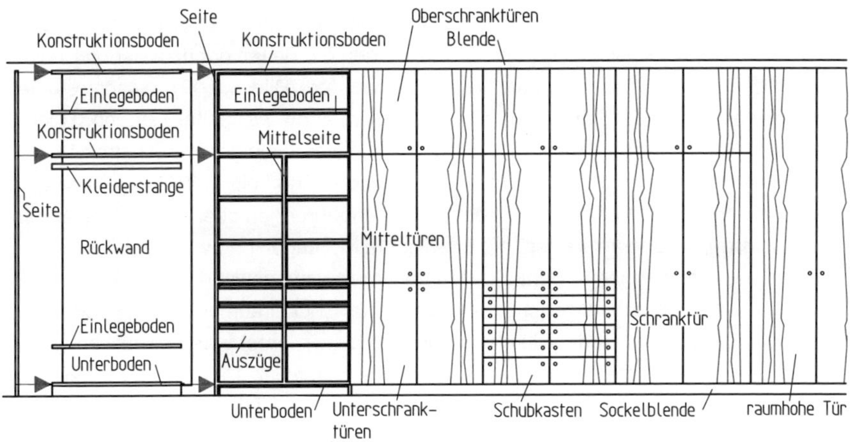

Bild 5.2-9

Bild 5.2-7 Aufbau einer Schrankwand aus einzelnen Kastenelementen, die miteinander verschraubt werden. Es sind Doppelseiten und zum Teil auch Doppelböden erforderlich. Einfache Montage und flexible Gestaltung sind hier gegeben.
Bild 5.2-8 Aufbau einer Schrankwand aus Kastenelementen und Fachböden, die in Seiten oder Gestelle eingehängt werden. Die Schrankwand hat keine Rückwand.
Bild 5.2-9 Eine aus Einzelteilen zusammengesetzte Schrankwand. Solche Konstruktionen sind durch besondere Schrankverbinder und durch das System 32 möglich. Vorteil: Sehr flexible Gestaltungsmöglichkeit der Wand; Doppelseiten sind nicht erforderlich. Nachteil: Aufwendige Montage.

5.2.1.1 Schrankmontage

Je nach Aufbausystem können die Schränke unterschiedlich montiert werden. Bei Einbauschränken mit Frontrahmen kann der Schrankkörper einfach ausgeführt werden. Seiten und Konstruktionsböden werden zusammengedübelt und verleimt oder mit Trapezverbindern miteinander verbunden. Auf eine Rückwand kann verzichtet werden. Dann ist der Schrankkörper aber durch Verkeilen zwischen Raum- und Schrankwand im Winkel zu sichern. Der Frontrahmen wird auf die Seitenkanten gesetzt, mit diesen verschraubt oder verleimt (B 5.2-10 und 11). Bestehen die Einbauschränke aus einzelnen Schrankelementen, müssen diese mit Verbindungsschrauben untereinander verbunden werden. Meistens werden die fertig verleimten Schrankelemente wie Unterschränke auf einen gut ausgerichteten Sockel gestellt und auf diesem befestigt, weitere Schrankelemente wie Mittel- und Oberschrank auf diese montiert (Bild 5.2-12). Bei diesem Aufbausystem entstehen Doppelseiten. Bei durchgehenden Schrankelementen können diese Doppelseiten optisch durch Leisten voneinander getrennt werden (Bild 5.2-14 bis 16).
Bei durchgehenden Seiten werden fest verleimte Schrankelemente zwischen die Seiten gehängt oder mit diesen verschraubt. Dadurch und durch die mit Verbindungsbeschlägen fest mit den Seiten verbundenen Konstruktionsböden erhält dieses Aufbausystem die Winkelsteifigkeit. Außerdem können die Seiten noch zwischen Decke und Boden durch Spannelemente verspannt werden (Bild 5.2-17). Geschlossene Schrankwände werden häufig aus einzelnen Elementen wie Seiten, Böden, Rückwand und Schrankfront aufgebaut. Die Korpusteile werden in der Regel mittels Dübel und Verbinder wie Trapez- oder Exzenterbeschläge ohne Leim miteinander verbunden (Bild 5.2-18 bis 21). Die Seiten können Reihenbohrungen oder Lochschienen mit einer 32 mm-Lochung aufweisen, die eine leichte Montage von Zwischenböden, Einlegeböden, Türscharnieren, Schubkastenführungen usw. gewährleisten. Sie werden entweder auf einen gut ausgerichteten Sockel oder Sockelrahmen montiert, oder die Seiten laufen bis zum Boden durch, sodass sie ausgerichtet werden müssen. Zum Ausrichten dienen untergelegte Keile und Höhenversteller. Das gesamte Gewicht der Schrankwand sollte aber nicht ausschließlich auf den Tellern der Höhenversteller ruhen. Diese drücken sich je nach Belastung unterschiedlich in den Bodenbelag ein, sodass nach gewisser Zeit das Ausrichten, das ja für die Schrankfront wichtig ist, nicht mehr stimmt. Unter dem Gewicht der Schränke wird auch die Trittschalldämmung unter dem Estrich mit der Zeit nachgeben. Deshalb ist ein Verkeilen der Schrankwände zwischen Decke und Boden sinnlos. Die Rückwände in Schrankwänden müssen beim Montieren mit eingesetzt werden. Entweder werden sie in Nuten der sie umschließenden Seiten und Böden gesetzt oder mit besonderen Rückwandverbindern an diesen befestigt **(Bild 5.2-17, 30 und 31)**.

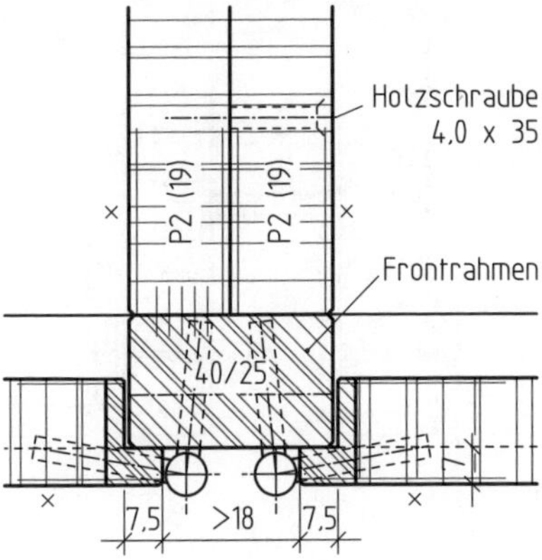

Bild 5.2-10

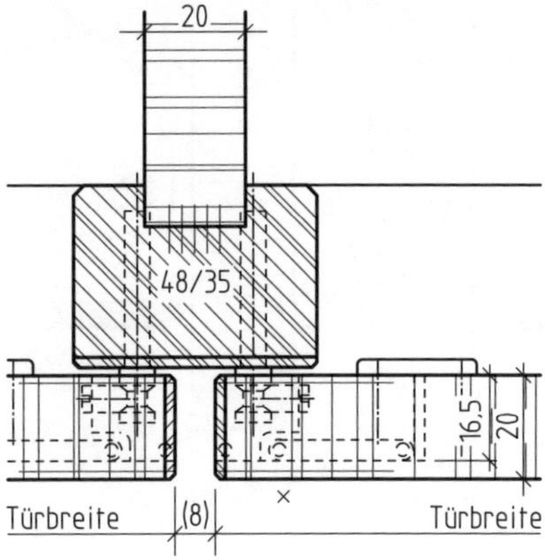

Bild 5.2-11

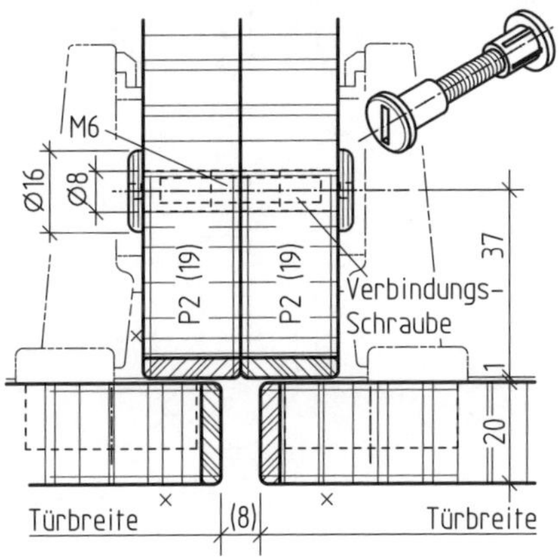

Bild 5.2-12

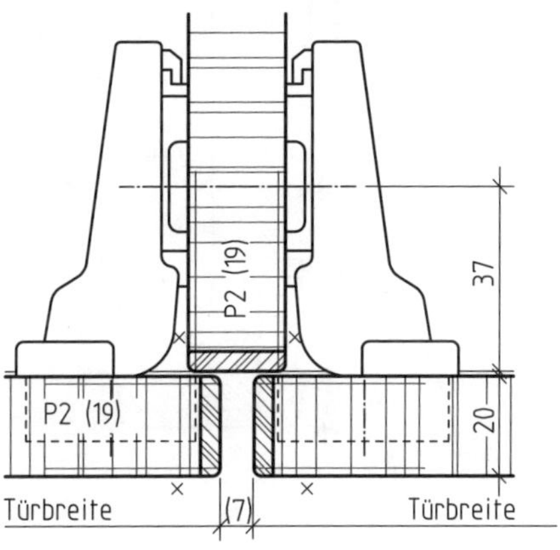

Bild 5.2-13

Bild 5.2-10 Mittelanschluss bei einem Einbauschrank mit Frontrahmen, überfälzten Türen und Doppelseiten.
Bild 5.2-11 Mittelanschluss bei einem Einbauschrank mit Frontrahmen, stumpf aufschlagenden Türen und einfacher Mittelseite.
Bild 5.2-12 Mittelanschluss bei einem Einbauschrank aus Kastenelementen mit stumpf aufschlagenden Türen. Die Elemente werden mittels Verbindungsschraube miteinander verbunden.
Bild 5.2-13 Anschlag stumpf aufschlagender Türen an einer Mittelseite.

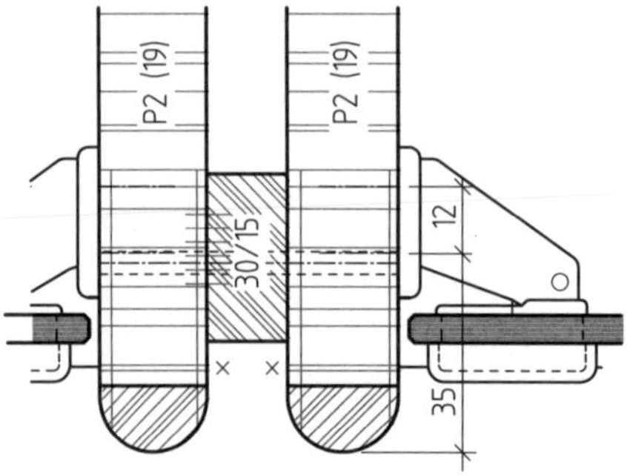

Bild 5.2-14

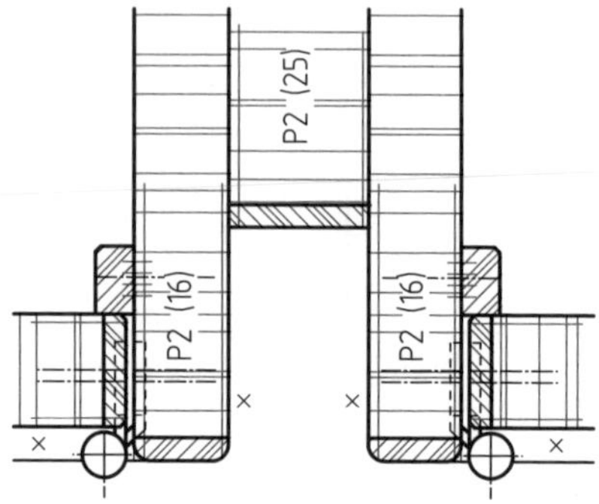

Bild 5.2-15

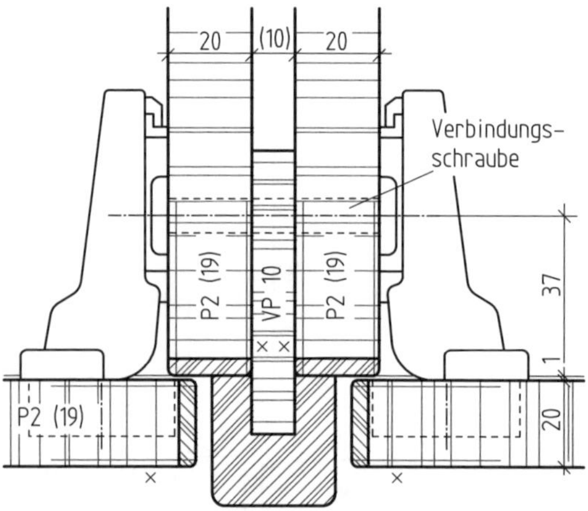

Bild 5.2-16

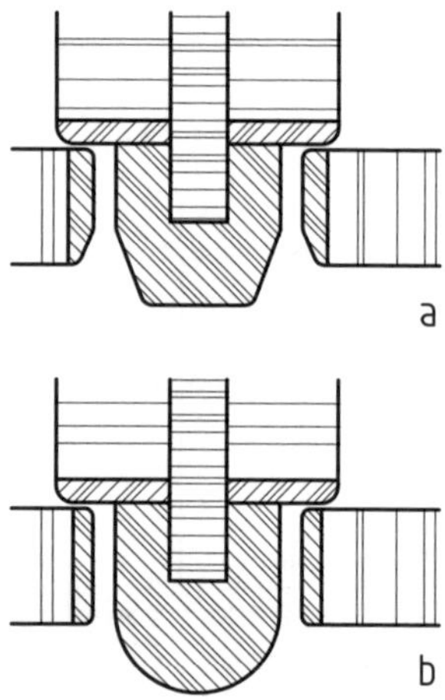

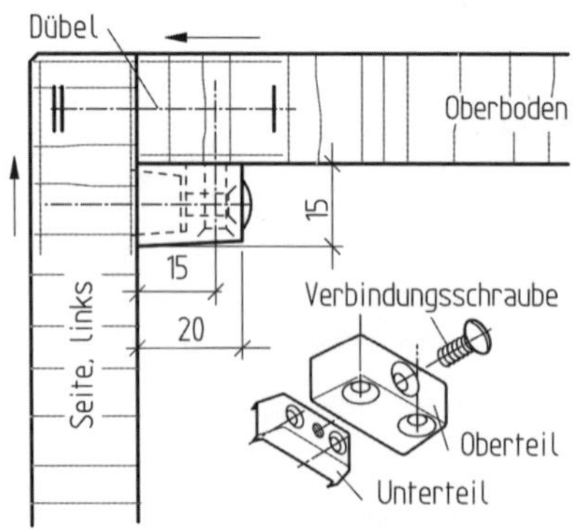

Bild 5.2-17

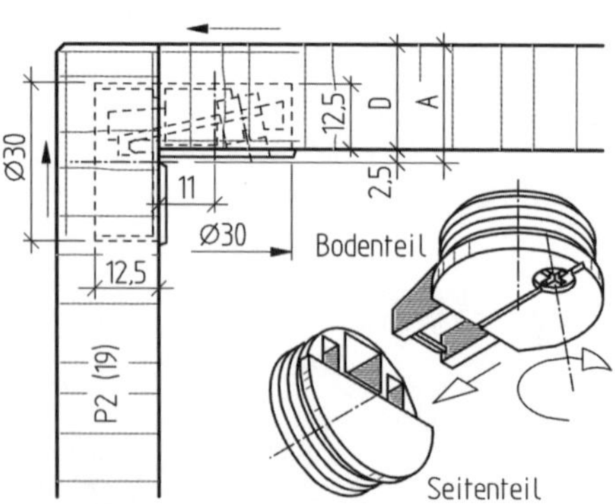

Bild 5.2-18

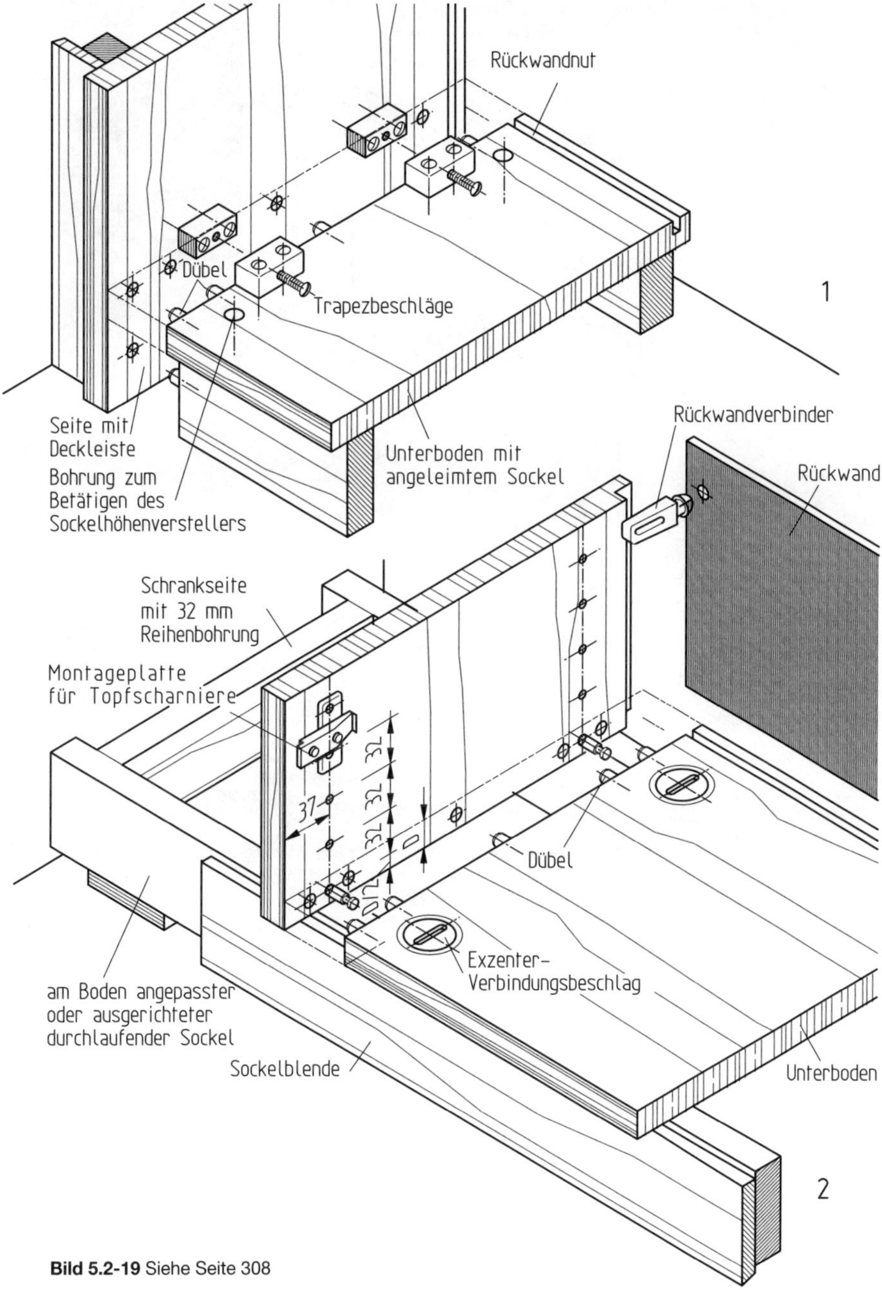

Bild 5.2-19 Siehe Seite 308

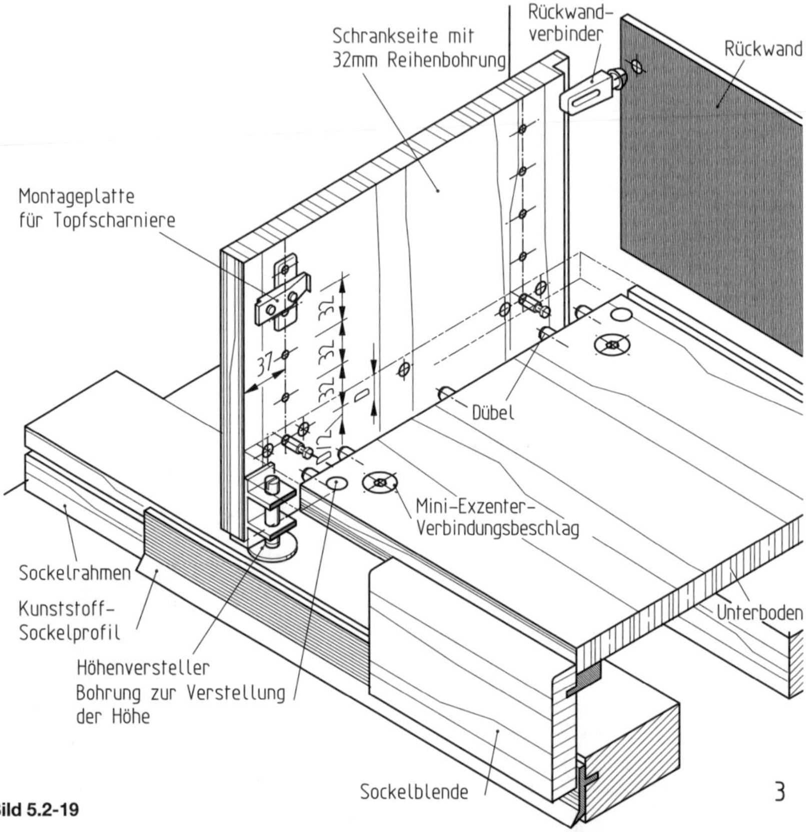

Bild 5.2-19

Bild 5.2-19 (Seite 307 und 308) Lösbare Eckverbindungen für die Montage von Schrankwänden. 1 Durchlaufende Seiten; die Konstruktionsböden sind durch Dübel und Trapezbeschläge mit den Seiten verbunden, die Rückwand wird eingenutet. 2 Auf dem durchlaufenden Sockel wird die Schrankwand montiert; System 32; die Konstruktionsböden sind mit den Seiten durch Dübel und Exzenterbeschläge miteinander verbunden, die Rückwand wird durch Rückwandverbinder befestigt. 3 Montage auf einen durchlaufenden Sockelrahmen.

(siehe Seite 306)

Bild 5.2-14 Mittelanschluss bei Kastenelementen mit profilierten Kanten.

Bild 5.2-15 Mittelanschluss bei Kastenelementen an Tragseiten.

Bild 5.2-16 Mittelanschluss bei Schrankelementen, wenn die Trennung besonders betont werden soll.

Bild 5.2-17 Trapezverbinder zum Anschrauben an Schrankseite und Boden (Hä, He).

Bild 5.2-18 Einbohrbarer Verbindungsbeschlag, rastet beim Zusammenstecken ein und kann dann mit einem Schraubendreher nachgespannt werden (He).

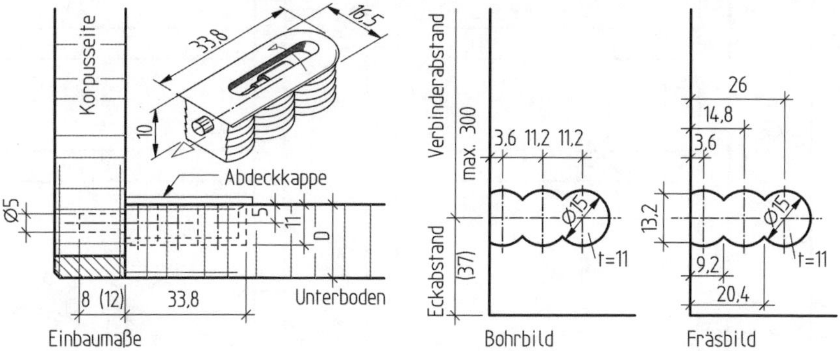

Bild 5.2-20 Verbindungsbeschlag zum Einfräsen oder Einbohren, besonders für das sogenannte Nestingverfahren an CNC-Maschinen geeignet (Cabineo, La).

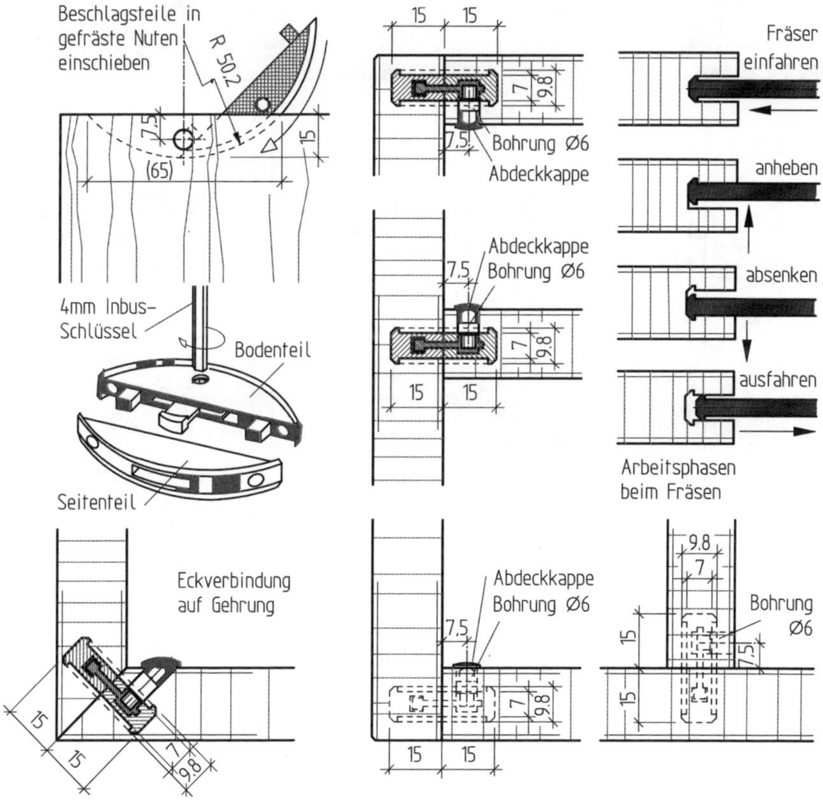

Bild 5.2-21 Eckverbindungen mit zweiteiligen Formfedern, die in besonders gefrästen Nuten eingeschoben werden können. Die Beschlagsteile sind bis auf eine kleine Bohrung in der Fläche unsichtbar (Clamex, La).

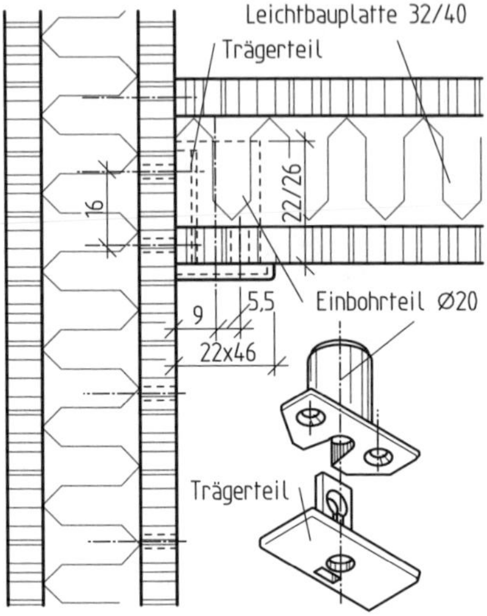

Bild 5.2-22

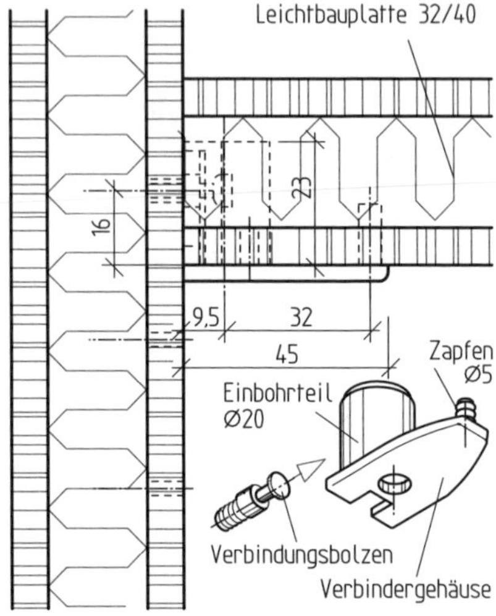

Bild 5.2-23

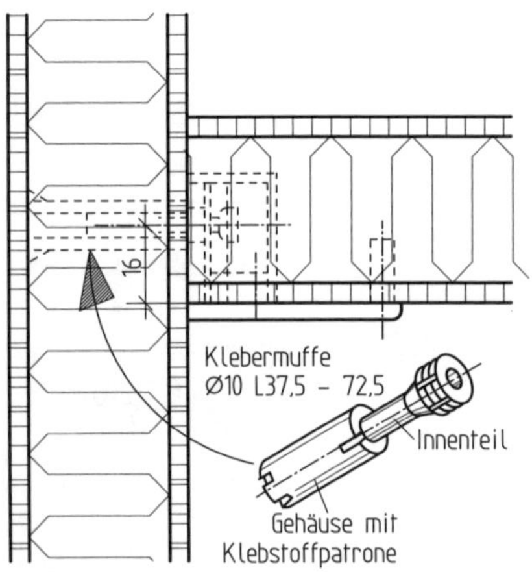

Bild 5.2-24

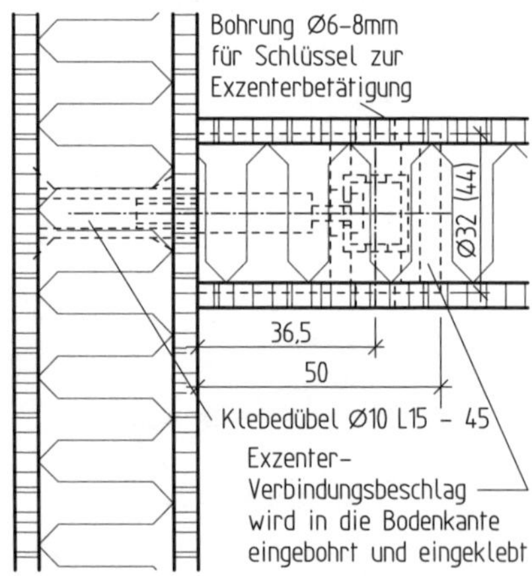

Bild 5.2-25

Bild 5.2-22 Verbindungsbeschlag für Hohlraumplatten mit dicken Decklagen. Das Trägerteil des Beschlags kann mit speziellen Schrauben direkt an der Plattenfläche befestigt werden. Das Einbohrteil wird von unten in die Bodenkante eingebohrt und hier festgeschraubt (He).
Bild 5.2-23 Verbindungsbeschlag mit eingebautem Exzentergehäuse und einem Sicherungszapfen (Hä).
Bild 5.2-24 Bei Hohlraumplatten mit dünnen Deckschichten wird eine Klebermuffe eingebohrt und eingeklebt, an der der Exzenterbolzen sicher befestigt werden kann. Die Klebermuffe verfügt über ein Gehäuse mit einer Klebstoffpatrone, die beim Montieren den Klebstoff freigibt (He).
Bild 5.2-25 Der Klebedübel, je nach Plattendicke 15 mm bis 45 mm lang, wird in die Decklage eingebohrt und durch Injektion mit Klebstoff im Plattenhohlraum befestigt. Das Exzentergehäuse liegt in einem Kunststoffteil, das in die Plattenkante eingebohrt und durch Klebstoffinjektion verklebt wird. Nur die kleinen Bedienungsbohrungen sind in der Plattenfläche sichtbar (He).

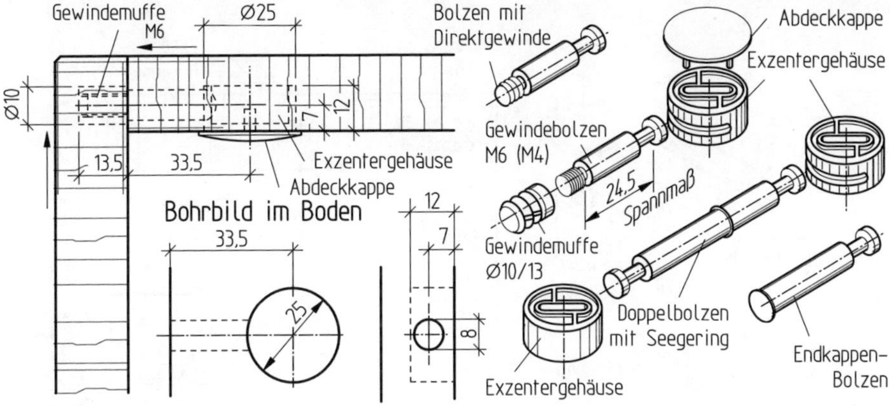

Bild 5.2-26 Verbindungsbeschlag bestehend aus Exzentergehäuse und Verbindungsbolzen für 32 mm Reihenbohrungen. Die Exzentergehäuse werden in die Konstruktionsböden eingebohrt, die Verbindungsbolzen entweder direkt in die Reihenbohrung eingeschraubt oder in Spreizmuffen, die in die Bohrungen gesetzt werden (Hä, He).

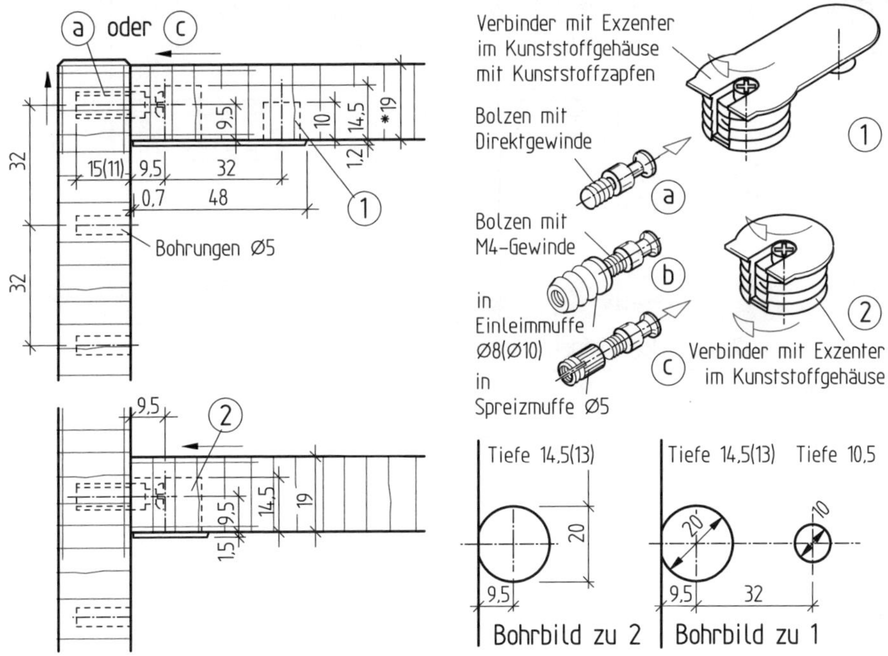

Bild 5.2-27 Verbindungsbeschlag mit Exzentergehäusen und Verbindungsbolzen für das System 32, sinngemäß wie oben in Bild 5.2-26, jedoch laufen die Exzenter in Kunststoffgehäusen und lassen sich dadurch leichter anspannen (Hä, He).

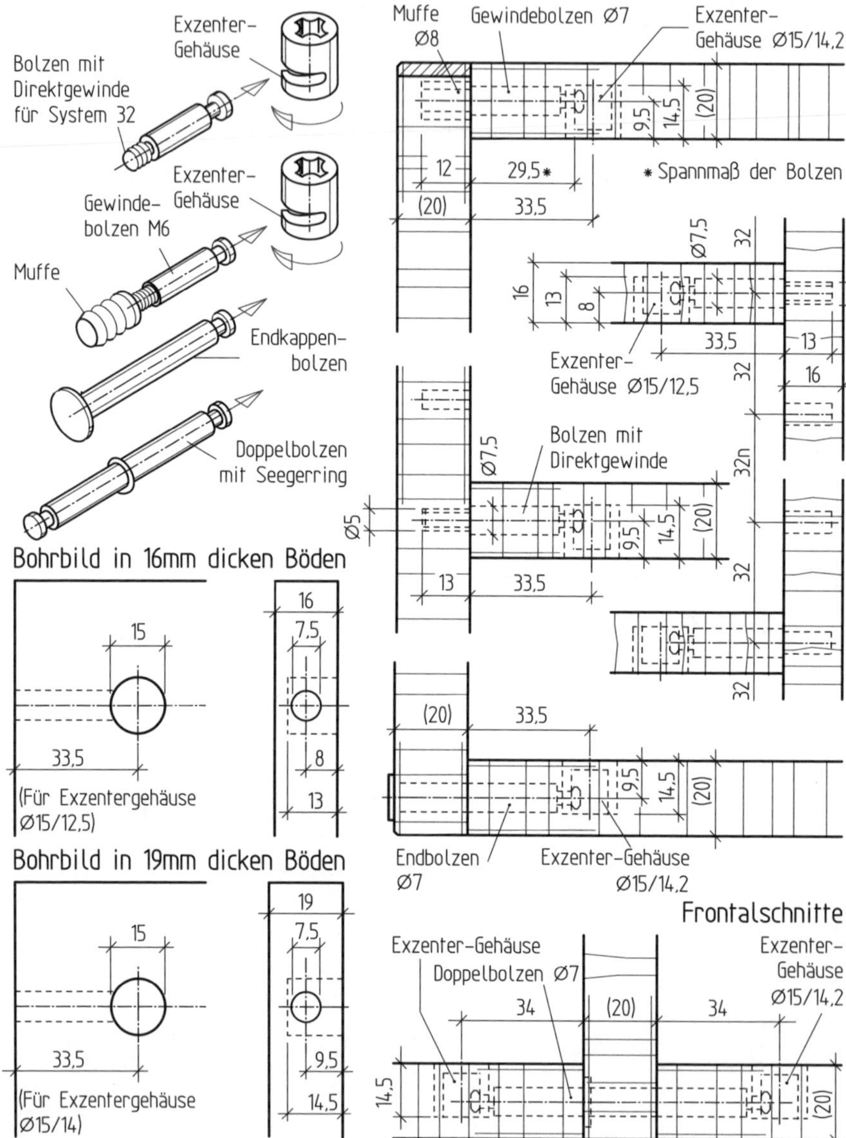

Bild 5.2-28 Verbindungsbeschlag mit besonders kleinem Exzentergehäusen, Funktion sonst sinngemäß wie die Schrankverbinder in Bild 5.2-27 (Hä, He, Gr).

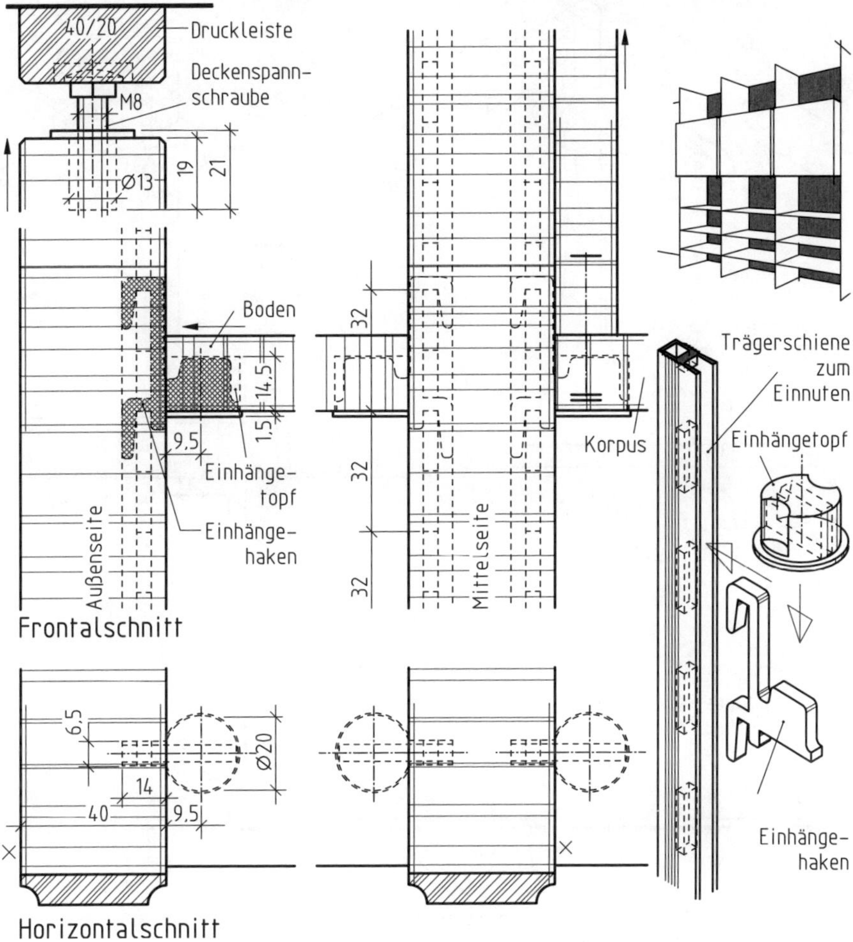

Bild 5.2-29 Zwischen Decke und Fußboden gespannte Seiten (Wangen) mit eingenuteten Trägerschienen für die Verbindungsbeschläge (Hä, He, Ne).

(Seite 314)

Bild 5.2-30 Rückwandverbinder aus Kunststoff zum Einklippsen in die Rückwand und zum Anschrauben in die vorgesehene Systembohrung in der Seite. Sie erlauben eine Befestigung der Rückwand von der Schrankinnenseite her (Hä, He und Hu sinngem.).

Bild 5.2-31 Rückwandverbinder aus Metall zum Anschrauben an Seite und Rückwand, für das System 32 geeignet (He).

Bild 5.2-32 Abstand der Holzteile am Rauchrohr (Kamin). Hier sind die geltenden Bestimmungen der Landesbauordnung (LBO) und Feuerungsverordnung (FeuVO) zu beachten.

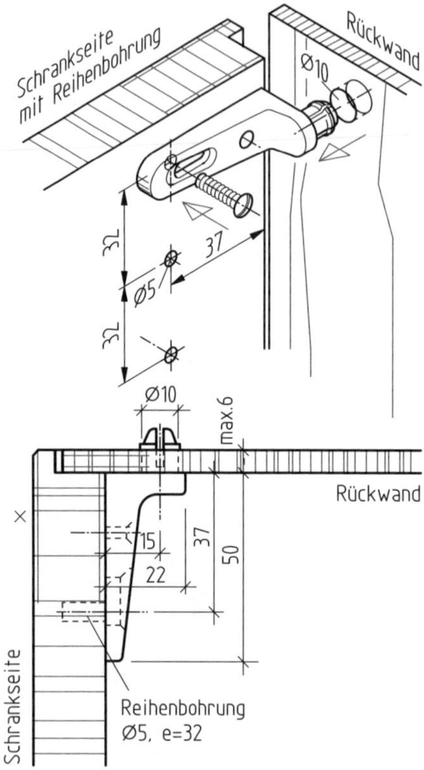

Bild 5.2-30

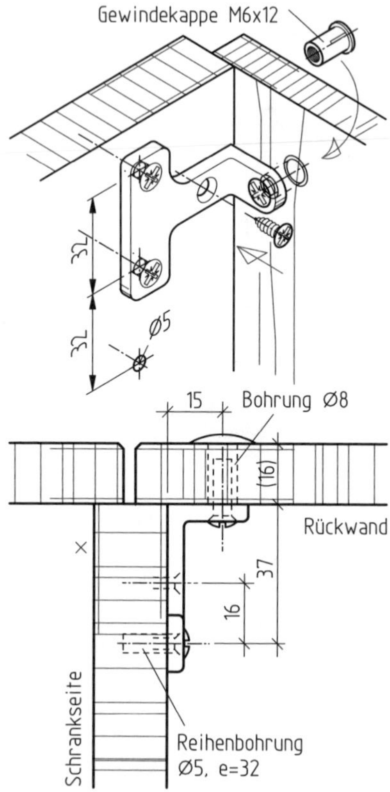

Bild 5.2-31

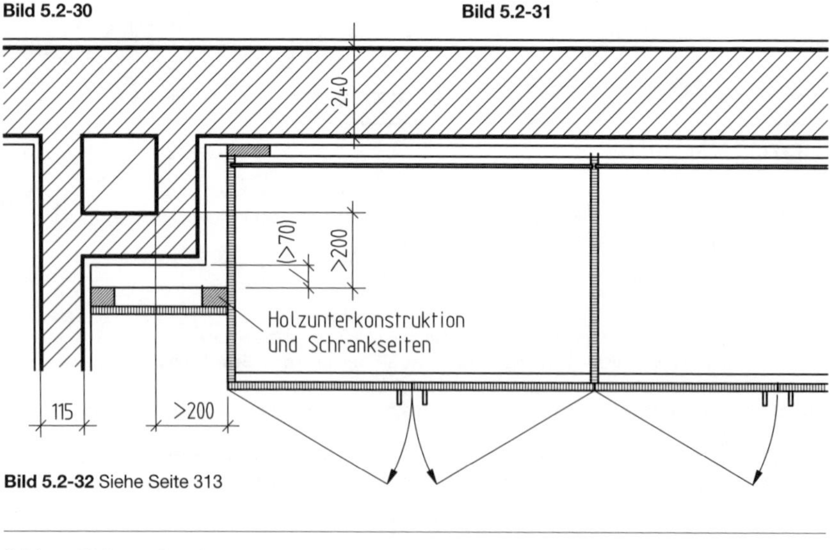

Bild 5.2-32 Siehe Seite 313

5.2.1.2 Wandanschlüsse

Schrankwände dürfen weder mit ihrer Rückwand noch mit ihren Seiten dicht an die Raumwände heranreichen. Es muss hier ein Luftzwischenraum von mindestens 25 mm verbleiben. Werden die Schränke an Außenwände gesetzt, müssen gemauerte Wände unbedingt verputzt werden. Bei Schrankwänden an Außenwänden oder feuchten Innenwänden muss hinter dem Schrank ein Luftaustausch stattfinden können.

Befindet sich in der Raumwand ein Schornstein, muss der Abstand zu brennbaren Stoffen gemäß LBO FeuVO mindestens 50 mm betragen. Heute werden Schornsteine in der Regel aus speziellen Formsteinen gemauert. Sind die Rauchrohre mit nichtbrennbaren Dämmstoffen wie Gasbeton ummantelt, genügt ein Abstand zu den Holzteilen von 20 mm. Bei nicht verkleideten Ofenrohren ist ein Abstand zu Holzteilen von mindestens 200 mm einzuhalten. Bei nicht eindeutigen Ausführungen empfiehlt es sich schon bei der Planung den jeweils zuständigen Schornsteinfegermeister zu konsultieren (Bild 5.2-32).

Die Zwischenräume zwischen Raumwand und Schrankwand werden durch Wandanschlüsse abgedeckt. Sie müssen auf die Gestaltung der Schrankfront abgestimmt sein und außerdem die Anschlüsse an der Decke und am Boden, eventuell auch den Anschluss der Fußleisten berücksichtigen. Einige Beispiele von Wandanschlüssen sind im Horizontalschnitt dargestellt (Bild 5.2-33 bis 56).

5.2.1.3 Deckenanschlüsse

Deckenanschlüsse haben die gleiche Aufgabe wie Wandanschlüsse, sie sollen den Einbauschrank an die Decke des Raums dicht anschließen. Schrankwände an Außenwänden oder feuchten Innenwänden müssen an ihrer Rückwand entlüftet werden. Deshalb sind im Deckenanschluss (selbstverständlich auch im Fußbodenanschluss) Lüftungsschlitze für eine Luftzirkulation vorzusehen. Ein Luftaustausch der Luft zwischen Schrankrückwand und Raumwand ist nur möglich, wenn ausreichend große Lüftungsöffnungen von ca. 25 cm^2/m in den Boden- und Deckenanschlüssen vorgesehen werden. Die hinter den Schrank geführte warme Raumluft darf aber an einer kalten Raumwand nicht auskondensieren. Sie ist im Extremfall besonders zu dämmen, damit die Taupunkttemperatur, in der Regel von 10 ° bis 13 °C, hier nicht unterschritten wird. Auch die hinter der Schrankwand offen liegenden Wasserleitungen sind besonders zu dämmen. Beim nicht Beachten dieser bauphysikalischen Zusammenhänge kann es zur Schimmelbildung und den damit verbundenen Materialzersetzungen und unangenehmen Gerüchen kommen.

Bei einem seitlich und oben um die Schrankwand umlaufenden Abschluss können Wand- und Deckenanschluss in ähnlicher Form konstruiert werden. Die Deckenanschlüsse sind im Vertikalschnitt dargestellt (Bild 5.2-57 bis 71).

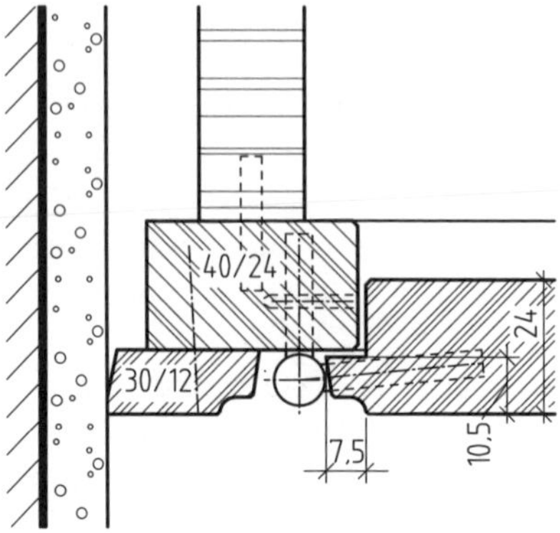

Bild 5.2-33

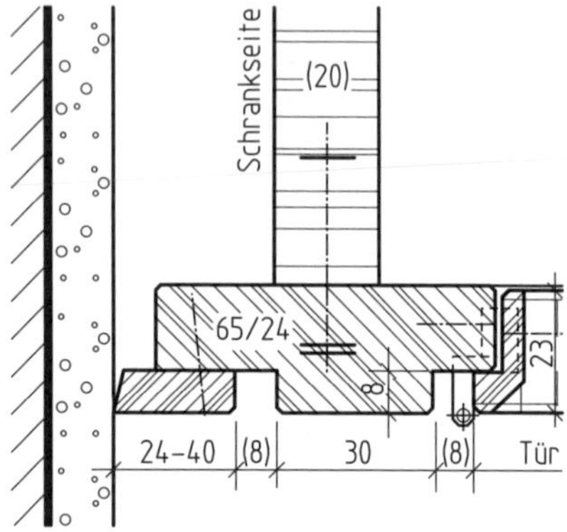

Bild 5.2-34

Bild 5.2-33 Wandanschluss bei Einbauschränken mit Frontrahmen durch eine aufgesetzte Deckleiste.
Bild 5.2-34 Der Frontrahmen ist für die Aufnahme der überfälzten Türen und der Deckleiste ausgefälzt. Dadurch ergeben sich doppelte Schattenfugen.

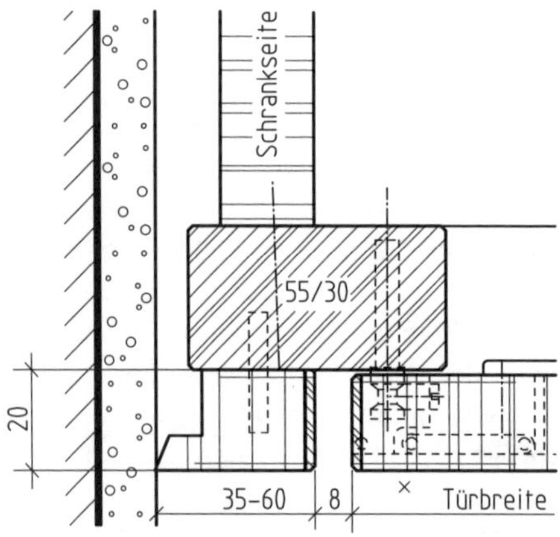

Bild 5.2-35

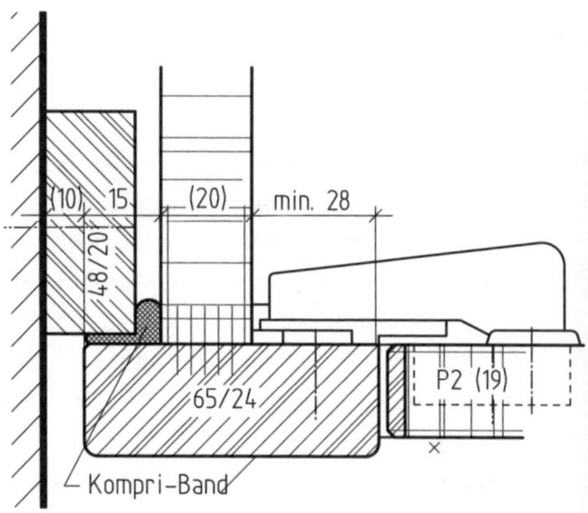

Bild 5.2-36

Bild 5.2-35 Wandanschluss bei Einbauschränken mit Frontrahmen und stumpf aufschlagenden Türen. Die Deckleiste ist so dick wie die Türen.
Bild 5.2-36 Der außen überstehende Frontrahmen schlägt gegen eine an der Raumwand befestigte Latte. Durch Einbau eines Kompribandes kann der Wandanschluss besonders gedichtet werden.

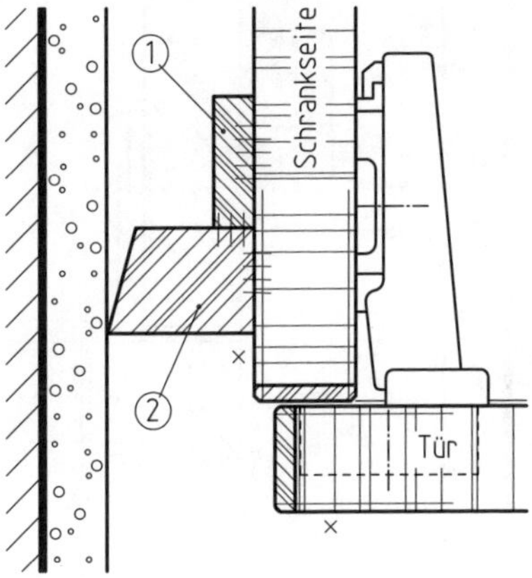

Bild 5.2-37

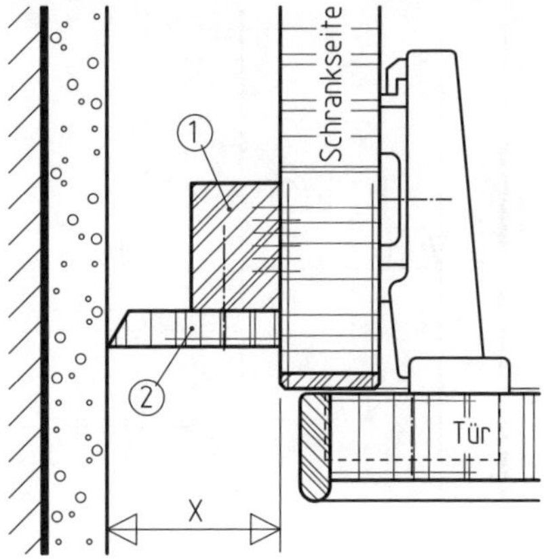

Bild 5.2-38

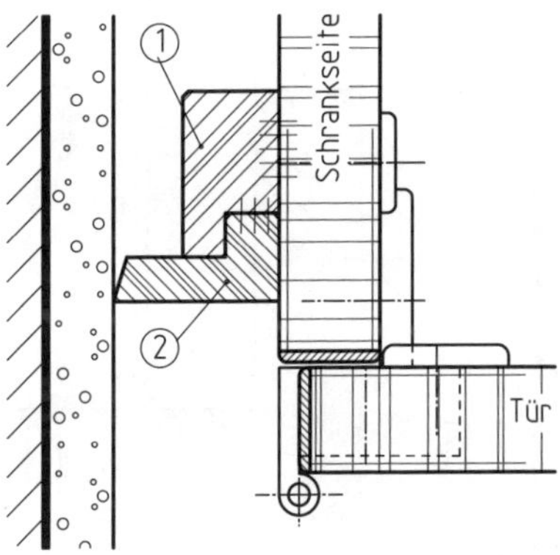

Bild 5.2-39

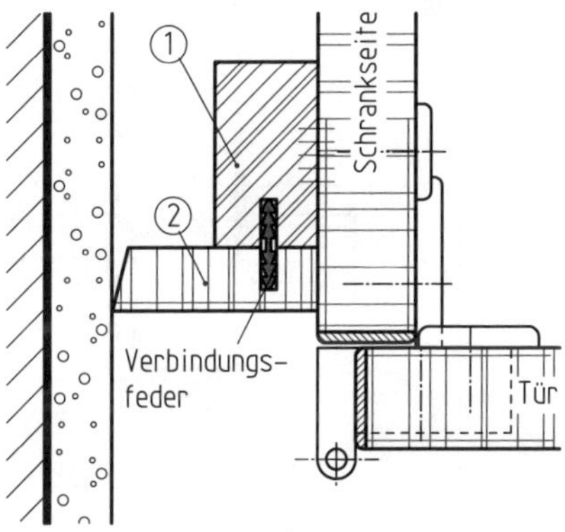

Bild 5.2-40

Bild 5.2-37 Wandanschluss durch eine eingeschobene Passleiste (2). Damit diese in der Tiefe arretiert wird, ist auf die Außenseite in der Werkstatt eine kleine Leiste (1) geheftet worden.
Bild 5.2-38 Wandanschluss durch eine eingepasste Leiste (2) aus Furniersperrholz, die auf eine an der Außenseite angebrachte Grundleiste (1) geheftet wird. Das Maß »x« muss so groß sein, dass man die Leisten bequem mit dem Hammer oder der Heftpistole aufheften kann.
Bild 5.2-39 Wandanschluss ohne sichtbare Befestigung. Die Grundleiste (1) ist ausgefälzt und wird vor dem Schrankeinbau auf der Außenseite befestigt. Die Wandanschlussleiste (2) ist so ausgefälzt, dass sie in die entstandene Nut der Grundleiste passt.
Bild 5.2-40 Grundleiste (1) und Wandanschlussleiste (2) sind so genutet, dass sie eine Verbindungsfeder (Ne) aufnehmen können. Nach dem Anpassen der Wandanschlussleiste wird diese auf die Verbindungsfeder gesteckt.

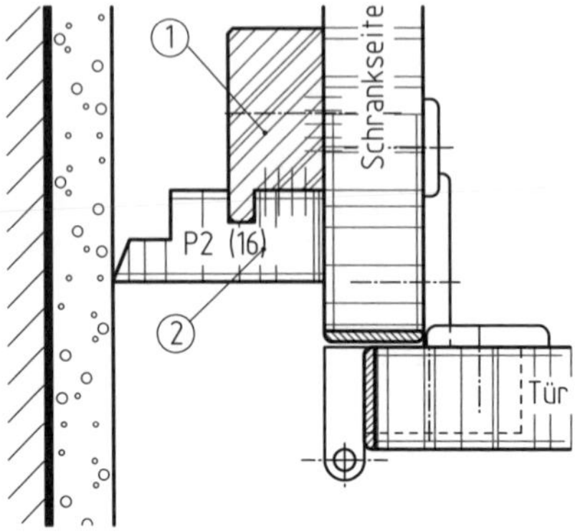

Bild 5.2-41

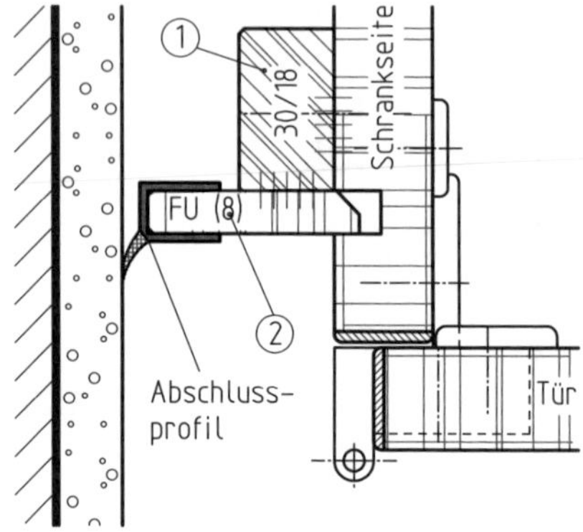

Bild 5.2-42

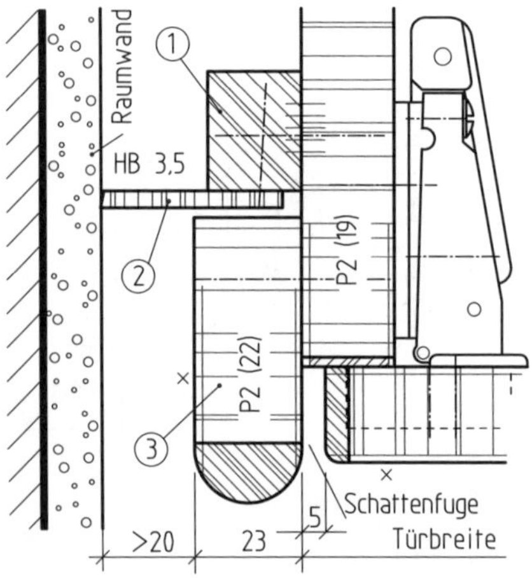

Bild 5.2-43

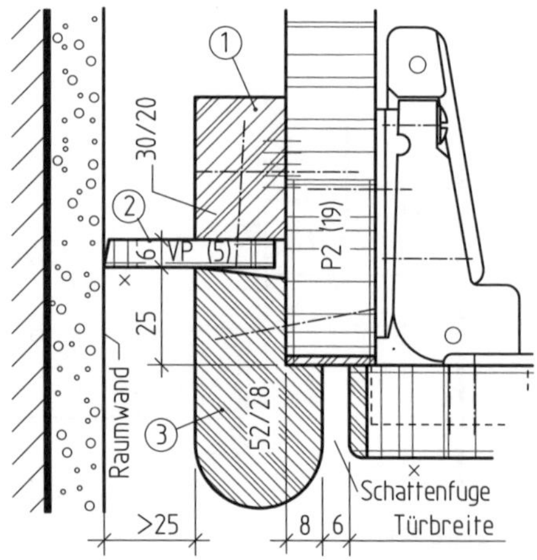

Bild 5.2-44

Bild 5.2-41 Wandanschluss ohne sichtbare Befestigung. Die Grundleiste (1) wird vor der Schrankmontage auf der Außenseite befestigt. Die Passleiste (2) ist genutet und kann nach dem Anpassen mit der Grundleiste zusammengefügt werden.
Bild 5.2-42 Durch das Kunststoffprofil auf der Wandanschlussleiste (2) kann ein kleinliches Anpassen entfallen. Die Wandanschlussleiste wird mit Leim auf die Grundleiste (1) gedrückt.
Bild 5.2-43 Wandanschluss mit seitlichem Abschlussprofil. Die Passleiste (2) aus dünner Hartfaserplatte wird an der Wand angepasst und auf die Grundleiste (1) geheftet. Ungenauigkeiten deckt die lösbar mit der Schrankseite verbundene profilierte Lisene (3) ab.
Bild 5.2-44 Wandanschluss wie 5.2-43, jedoch ist die Lisene (3) ausgefälzt. Dadurch können die gleichen Topfscharniere wie an den Mittelseiten verwendet werden.

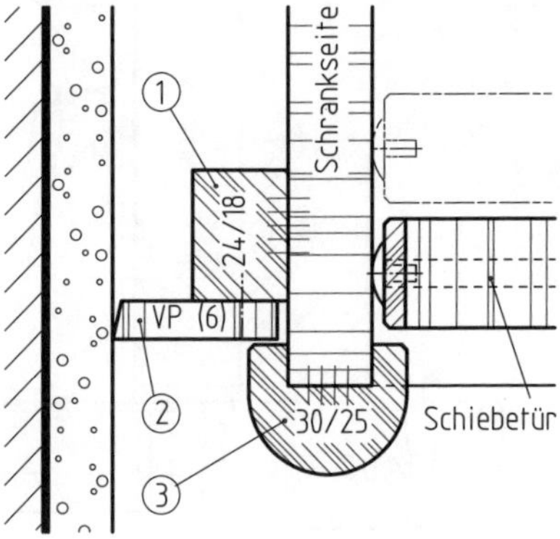

Bild 5.2-45

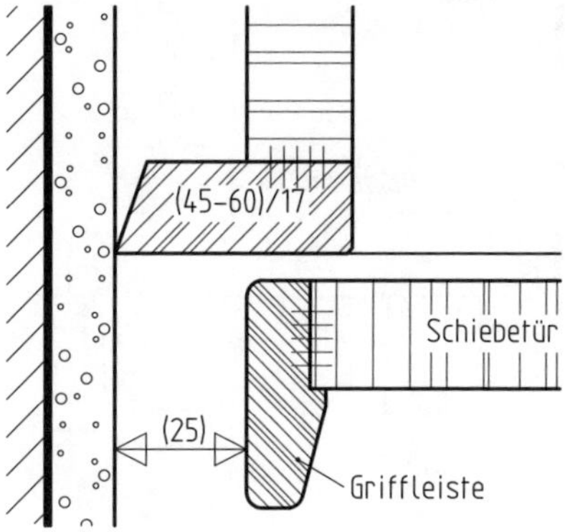

Bild 5.2-46

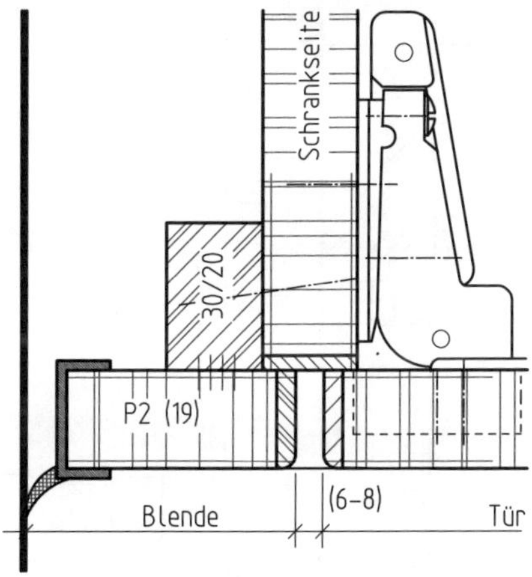

Bild 5.2-47

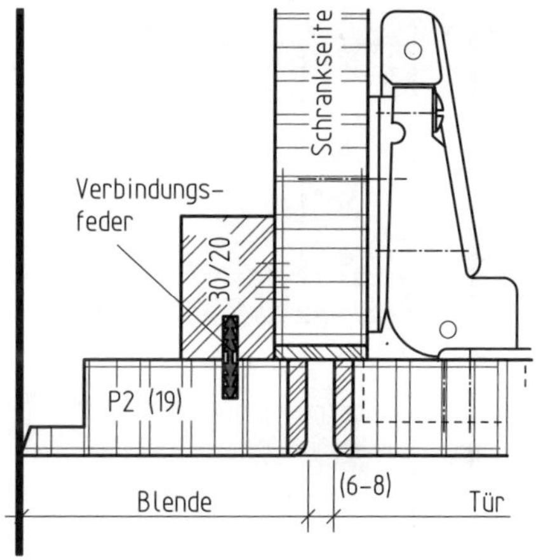

Bild 5.2-48

Bild 5.2-45 Wandanschluss bei Schrankwänden mit im Korpus laufenden Schiebetüren. Die Passleiste (2) wird auf die Grundleiste (1) geheftet. Das auf die Seite aufgeleimte Profil (3) deckt auf beiden Seiten die Fugen ab.

Bild 5.2-46 Wandanschluss bei Schrankwänden mit vor dem Korpus laufenden Schiebetüren. Die Schiebetür muss so abgestoppt werden, dass die Seitenkante der Tür noch einen Abstand von 25 mm zur Wand hat. Quetschgefahr für Finger!

Bild 5.2-47 Wandanschluss, der mit den Türen bündig ist. Das Wandanschlussprofil ist schon in der Werkstatt vorgefertigt worden, es wird am Bau nur noch grob zugeschnitten und von der Innenseite des Schrankes her festgeschraubt. Das auf die Außenkante der Deckleiste geschobene Kunststoffprofil kann Differenzen ausgleichen.

Bild 5.2-48 Die Wandanschlussleiste hat die gleiche Dicke wie die stumpf aufschlagenden Türen. Sie muss an der Wand angepasst werden.

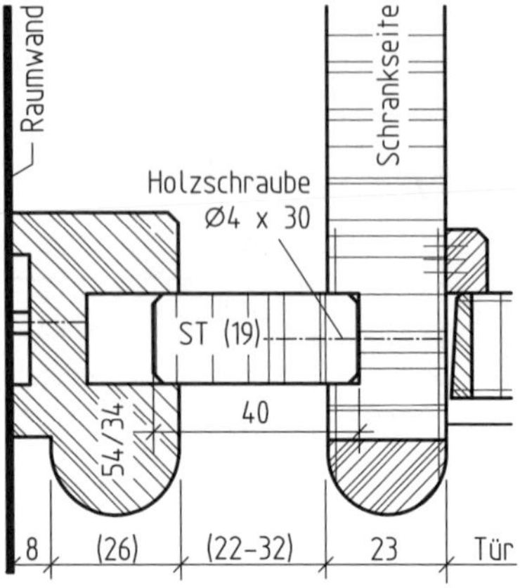

Bild 5.2-49

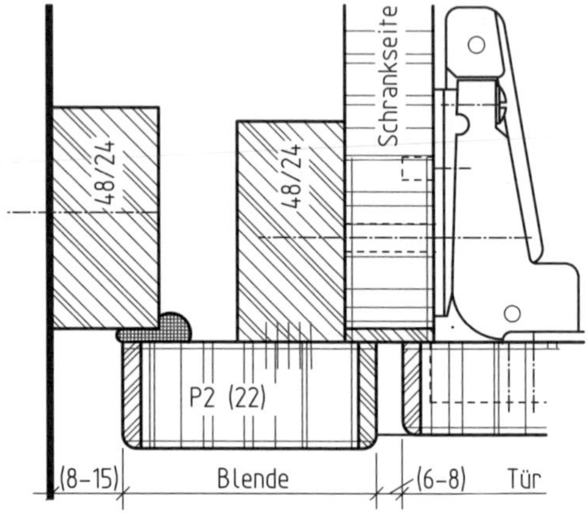

Bild 5.2-50

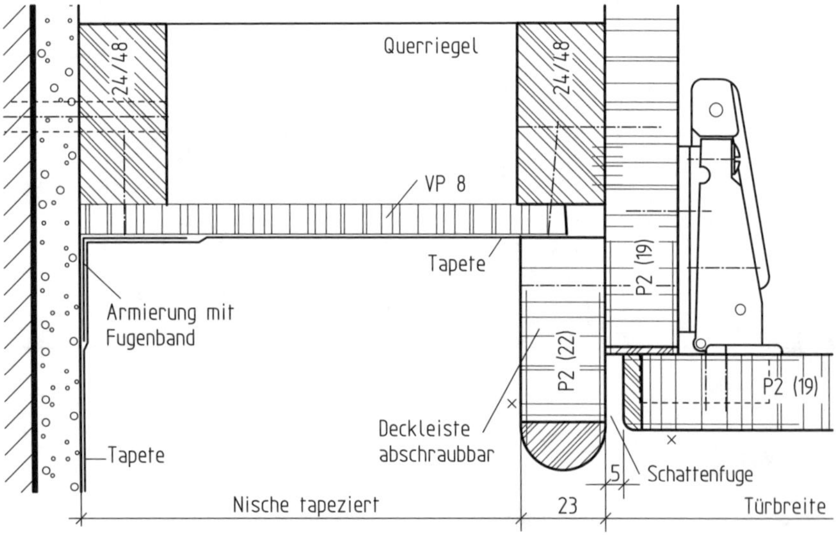

Bild 5.2-51

Bild 5.2-49 Wandanschluss mit breitem Schattenfries. Die genutete Wandleiste wird am Mauerwerk befestigt, die Passleiste tief in die Nut eingesteckt, dann wird der Schrank dazwischen eingebaut. Mit Schrauben wird die Passleiste an die Schrankseite herangezogen.
Bild 5.2-50 Die Wandanschlussleiste kann schon in der Werkstatt vorgefertigt werden. Die Schrankwand wird so weit eingeschoben, bis die Passleiste an der an der Raumwand ins Lot gesetzten Latte arretiert. Eine zusätzliche Dichtung kann hier durch Kompristreifen erfolgen.
Bild 5.2-51 Tapezierbarer Wandanschluss. Der Übergang vom Putz zum Holz ist durch ein Fugenband armiert. Eine Deckleiste wird von innen gegen die Schrankseite geschraubt.

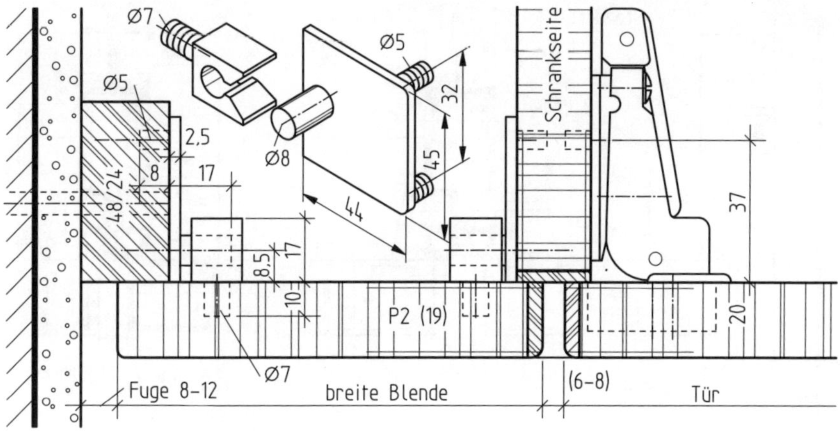

Bild 5.2-52

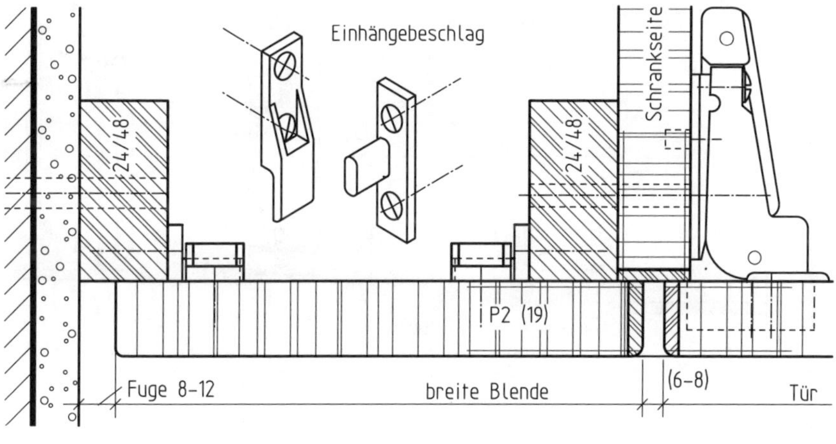

Bild 5.2-53

Bild 5.2-52 Breite Wandanschlussblende, die mittels Blendenträger auf die Wandleiste und Schrankseite aufgeklippst wird (Hä).
Bild 5.2-53 Eine breite Wandanschlussblende wird mittels Einhängebeschlag auf die Unterkonstruktion gehängt. Wichtig ist, dass die Blende bei diesem Beschlag oben ca. 20 mm Luft zum Ein- und Aushängen hat (Hä).

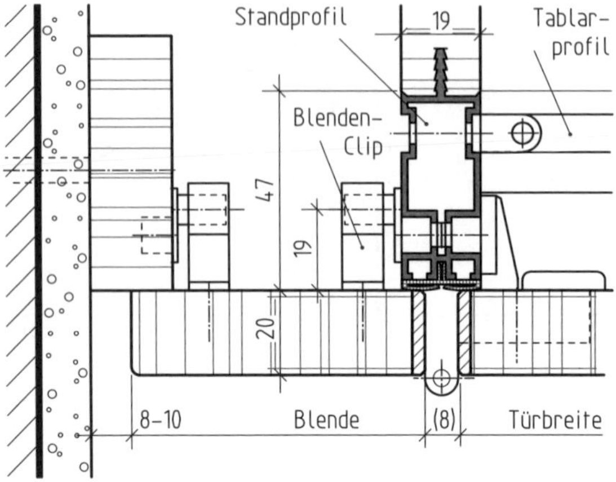

Bild 5.2-54

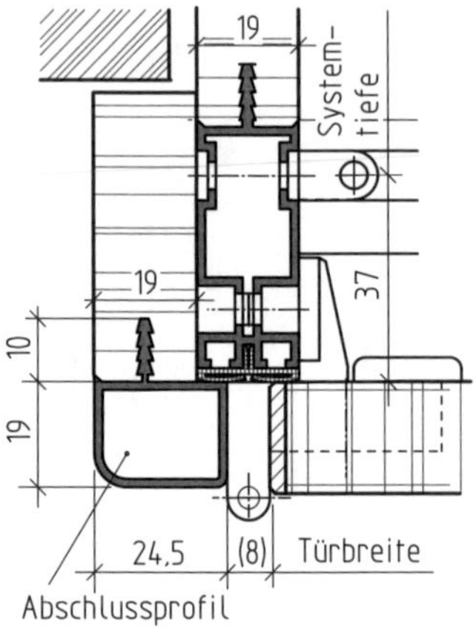

Bild 5.2-55

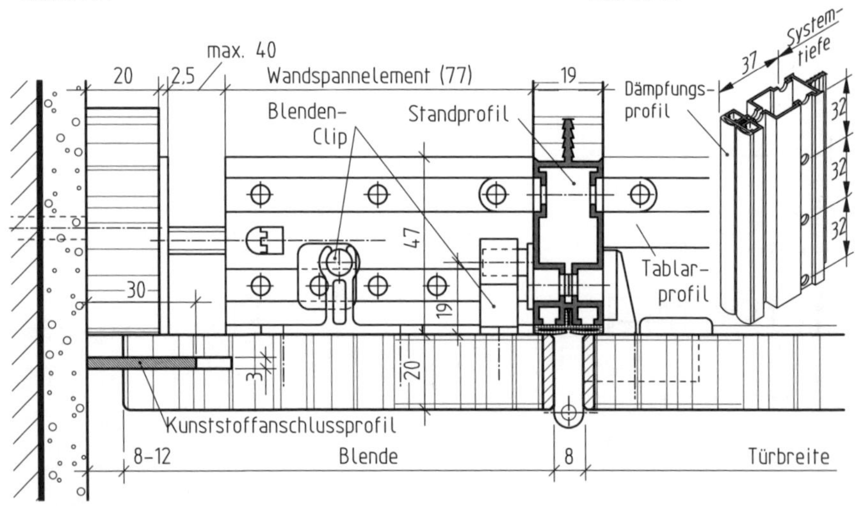

Bild 5.2-56

Bild 5.2-54 Wandanschluss bei der Verwendung von Alu-Schrankbauprofilen. In den Systembohrungen und an der Wandleiste lassen sich Blendenhalter befestigen, auf die die Wandanschlussblende geklippst wird (Hä, He sinngem.).

Bild 5.2-55 Wandanschluss mit tiefer Schattenfuge bei der Verwendung von Alu-Schrankbauprofilen. Die Lisene mit einem Alu-Abschlussprofil deckt das Standprofil seitlich ab. Sie wird durch die Systembohrungen von innen befestigt (Hä, He).

Bild 5.2-56 Breiter Wandanschluss bei der Verwendung von Alu-Schrankbauprofilen. Seitlich ist an dem Standprofil ein. Wandspannelement mit den Blendenklipps befestigt. Die Schattenfuge wird durch ein besonderes Kunststoffanschlussprofil gedichtet (Hä, He).

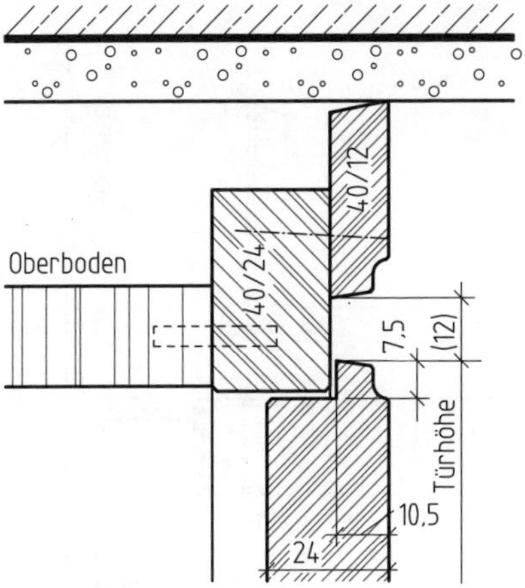

Bild 5.2-57

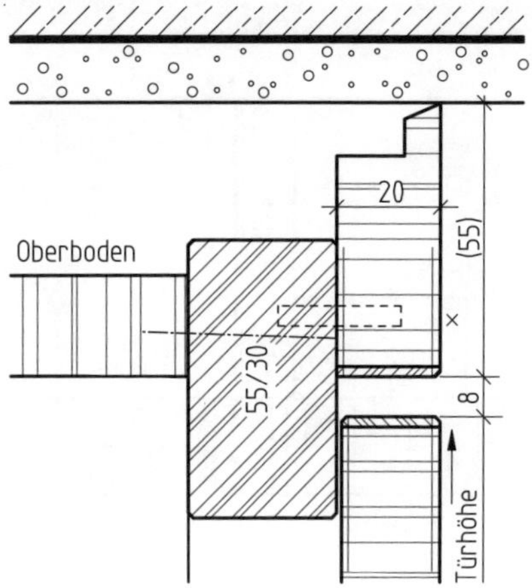

Bild 5.2-58

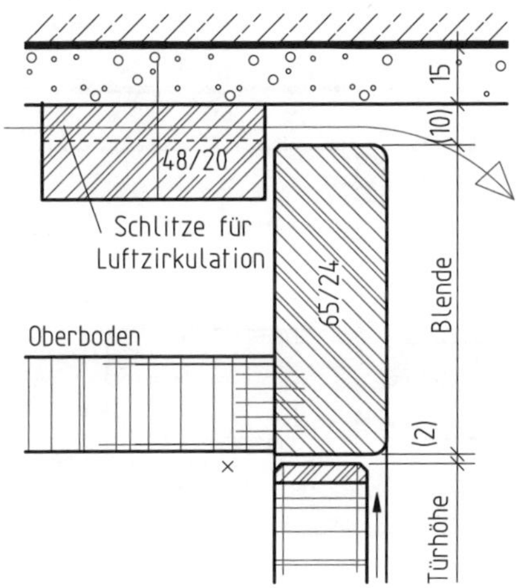

Bild 5.2-59

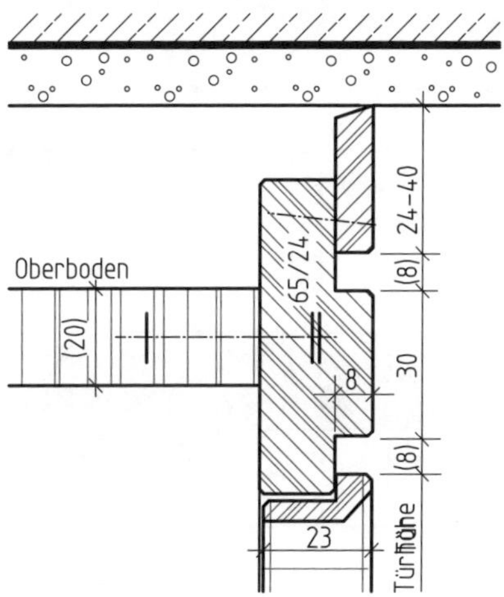

Bild 5.2-60

Bild 5.2-57 Deckenanschluss bei Schrankwänden mit Frontrahmen, zu Wandanschluss Bild 5.2-33 passend.
Bild 5.2-58 Deckenanschluss bei Schrankwänden mit Frontrahmen, zu Wandanschluss Bild 5.2-35 passend.
Bild 5.2-59 Deckenanschluss bei Einbauschränken mit Frontrahmen, zu Wandanschluss Bild 5.2-36 passend.
Bild 5.2-60 Schrankwand mit Frontrahmen. Deckenanschluss passt zu Wandanschluss Bild 5.2-34.

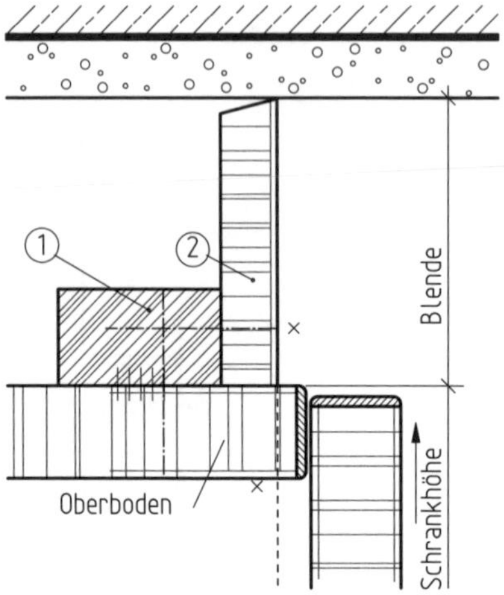

Bild 5.2-61

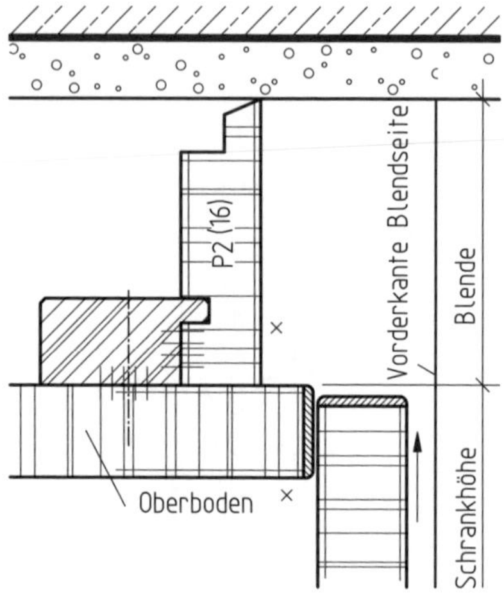

Bild 5.2-62

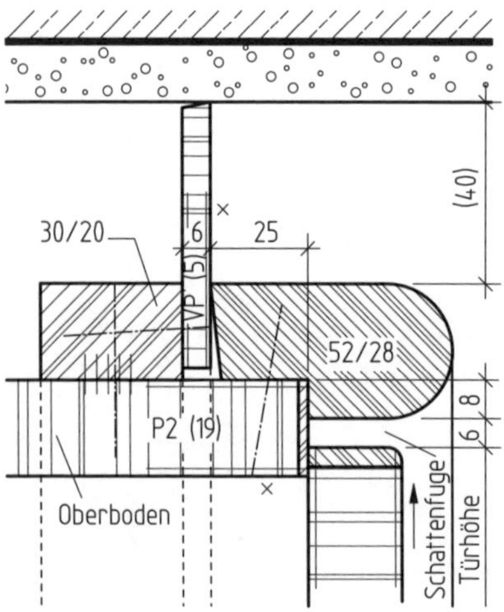

Bild 5.2-63

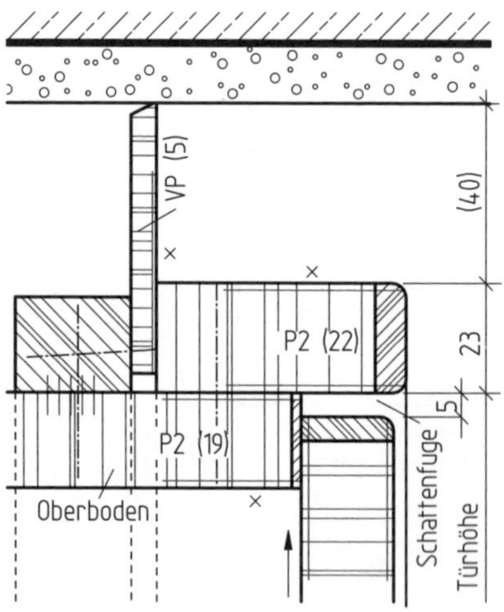

Bild 5.2-64

Bild 5.2-61 Zurückspringender Deckenanschluss. Auf dem Oberboden wurde eine Grundleiste (1) montiert, gegen die auf dem Bau die Deckenblende (2) genagelt werden kann.
Bild 5.2-62 Zurückspringender Deckenanschluss. Die Grundleiste weist eine angefräste Feder auf, auf die die passend genutete Blende geschoben werden kann (siehe Bild 5.2-41).
Bild 5.2-63 Ein zurückspringender Deckenanschluss, der durch ein an den Außenseiten und am Oberboden umlaufendes Profil gebildet wird (siehe Bild 5.2-44).
Bild 5.2-64 Deckenanschluss wie 5.2-63, jedoch mit furnierter Lisene.

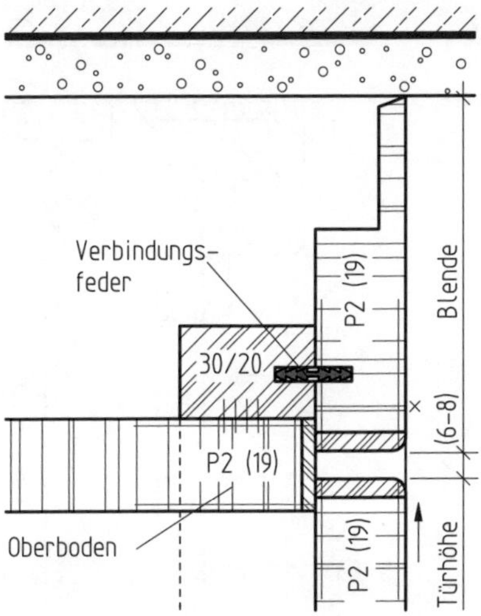

Bild 5.2-65 Siehe Seite 326

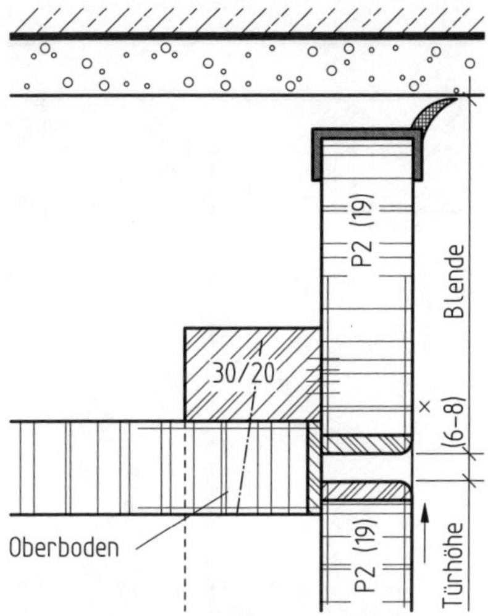

Bild 5.2-66 Siehe Seite 326

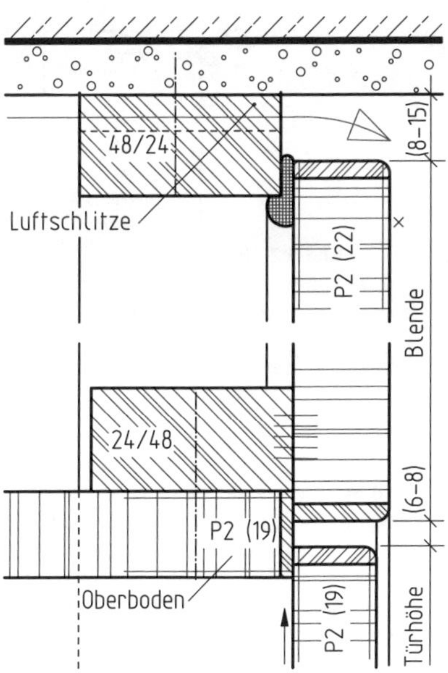

Bild 5.2-67 Siehe Seite 326

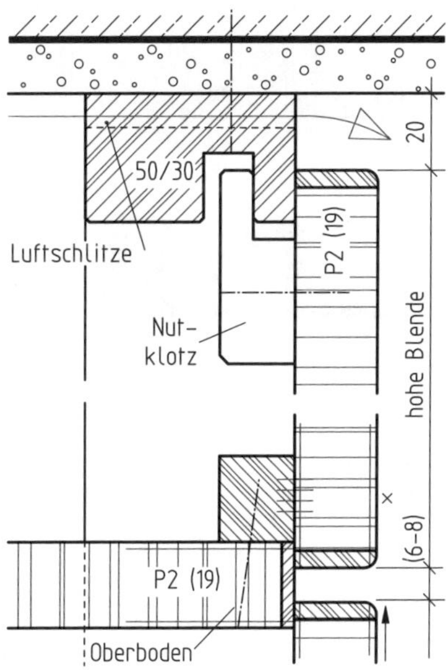

Bild 5.2-68 Siehe Seite 326

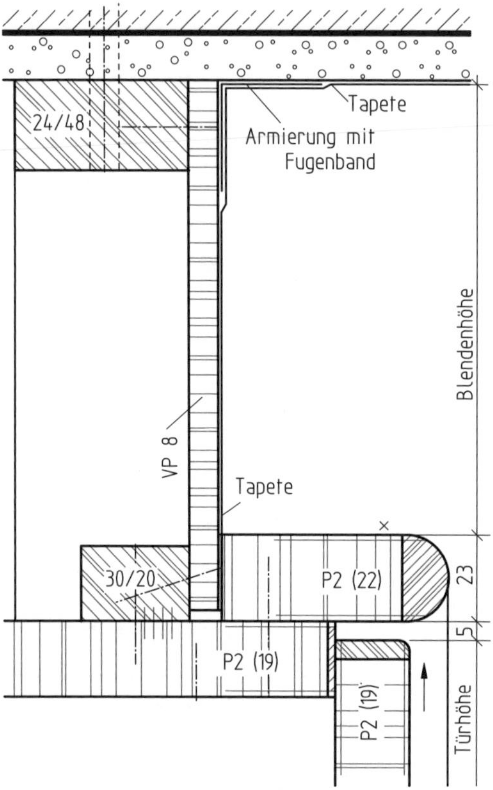

Bild 5.2-69

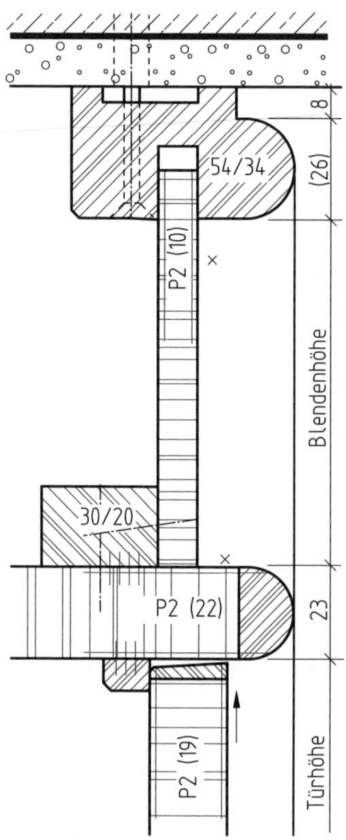

Bild 5.2-70

Bild 5.2-69 Deckenanschluss mit tapezierter oder gestrichener Schürze, zu Wandanschluss Bild 5.2-51 passend.
Bild 5.2-70 Deckenanschluss mit breitem Schattenfries. Die Kanten der Schrankböden und -seiten sind profiliert, die Türen stumpf einschlagend.

(Seite 325)
Bild 5.2-65 Deckenanschluss, der mit den Türen in einer Ebene liegt (siehe Wandanschluss Bild 5.2-40).
Bild 5.2-66 Deckenanschluss, der mit der Schrankfront in einer Ebene liegt. Das Kunststoffabschlussprofil muss auf Gehrung herumgeführt werden, wenn auch der Wandanschluss so konstruiert wird (siehe Bild 5.2-47).
Bild 5.2-67 Deckenanschluss mit hoher Blende. Die Blende ist dicker und steht gegenüber der Front vor. Die Latte an der Decke ist für eine Luftzirkulation stellenweise ausgeklinkt (passend zu Wandanschluss Bild 5.2-50).
Bild 5.2-68 Deckenanschluss mit sehr hoher Blende, auch Schürze genannt. Sie wird mit Nutklötzen in eine an der Decke befestigte Leiste geschoben und durch den Oberboden von innen mit dem Schrank verschraubt. In der Deckenleiste sind Lüftungsschlitze angeordnet, die durch die Schattenfuge zwischen Decke und Oberkante Schürze kaum sichtbar sind.

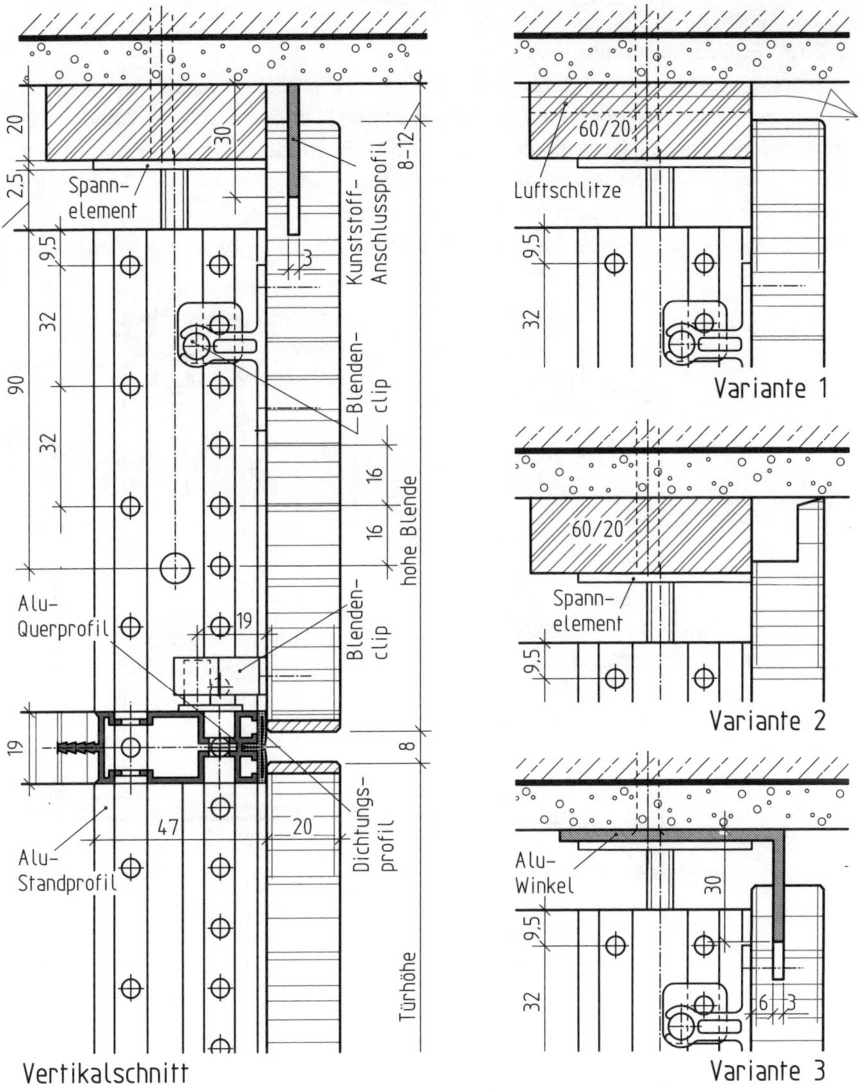

Bild 5.2-71 Deckenanschlüsse bei der Verwendung von Alu-Schrankbauprofilen. Die Standprofile werden in der Regel gegen die Decke verspannt. Die Blenden können auf die Profile aufgeklippst werden. Siehe auch Bild 5.2-56 und 72 (Hä, He, Fe).

5.2.1.4 Fußbodenanschlüsse

Schrankwände können auf Sockel gestellt werden. Die Sockel müssen vorher durch Unterlegen von Keilen oder durch Anpassen an den Fußboden genau in Waage ausgerichtet sein. Bei Einbauschränken mit bis zum Fußboden durchlaufenden Seiten werden Sockelblenden verwendet, die zurückspringend zwischen die Seiten oder stumpf auf die Seiten gesetzt werden können. Hierfür gibt es Sockelschnäpper, die auch wieder ein Lösen des Sockels ermöglichen. Um die Einbauschränke gut aus-

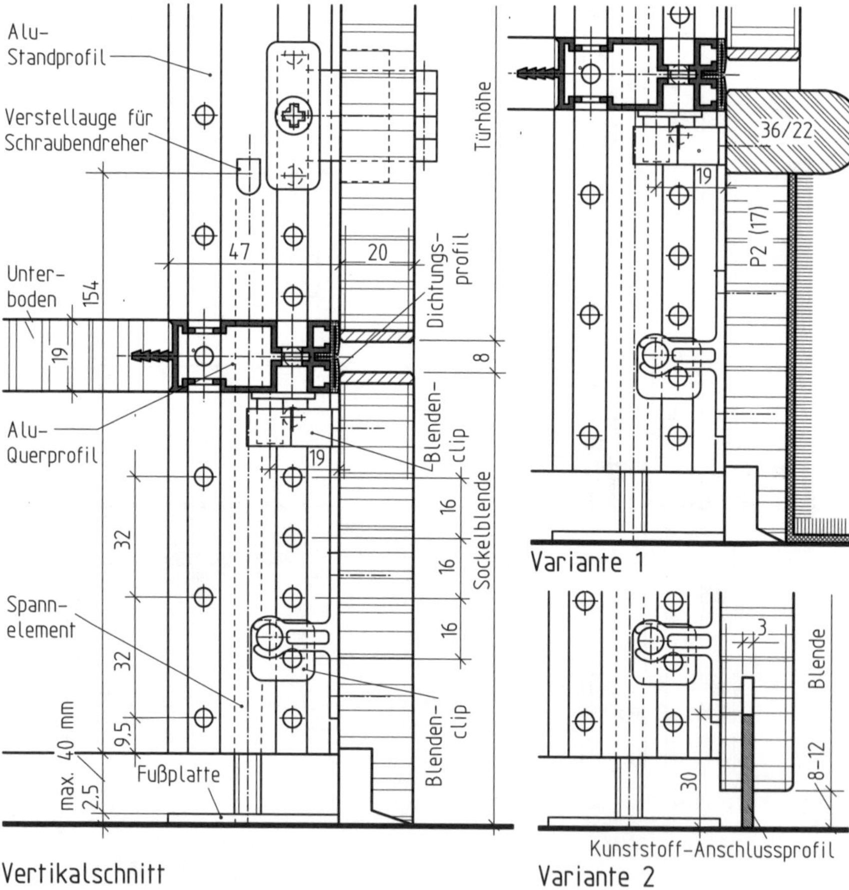

Bild 5.2-72 Sockelausbildungen bei Schränken, die aus Alu-Schrankbauprofilen hergestellt wurden. Das Spannelement kann in den Profilen vormontiert mitgeliefert werden. Die Höhenverstellung geschieht durch einen Schraubendreher am Verstellauge. Die Sockelblenden werden auf die Front aufgeklippst. Siehe auch Bild 5.2-56 und 71 (Hä, He, Fe).

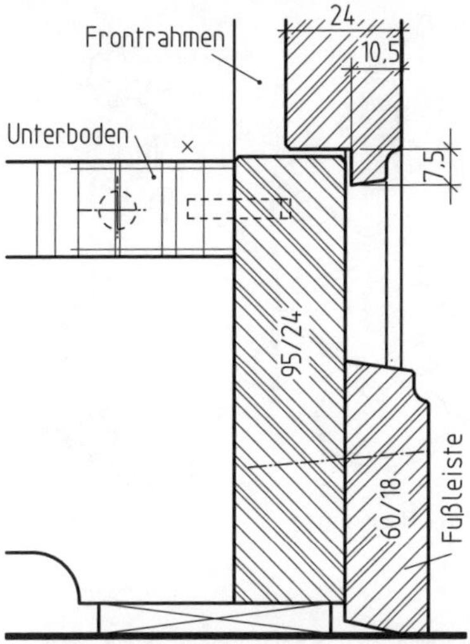

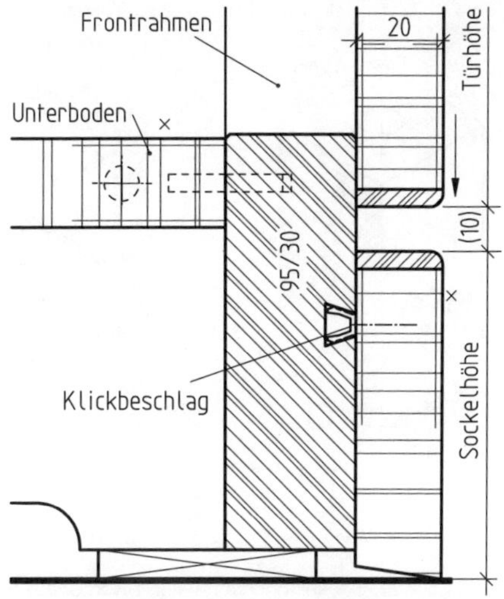

Bild 5.2-73 Fußbodenanschluss bei einem Einbauschrank mit Frontrahmen und überfälzten Türen, passend zu Wandanschluss Bild 5.2-33.

Bild 5.2-74 Fußbodenanschluss bei einem Einbauschrank mit Frontrahmen. Die Sockelblende ist so dick wie die Türen und wird auf den Rahmen aufgeklippst (Kn).

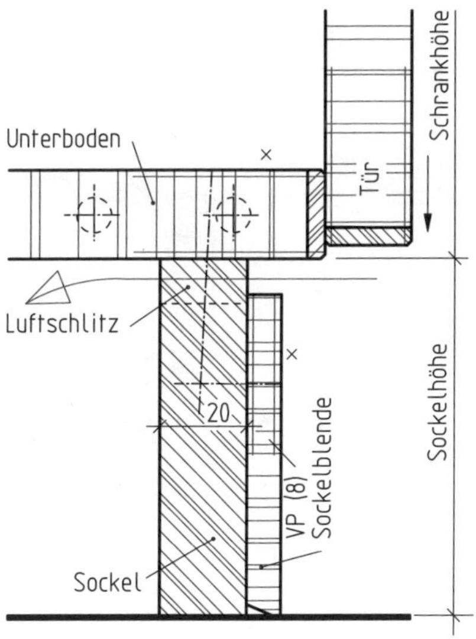

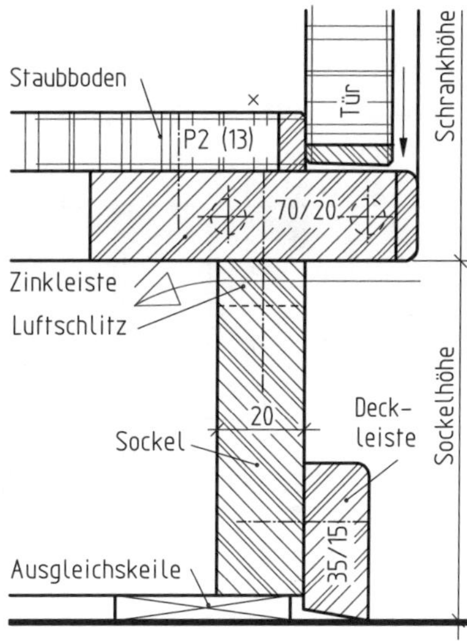

Bild 5.2-75 Umlaufender Sockel wird ausgerichtet und am Boden angepasst. Die Sichtfläche wird durch eine furnierte Blende verkleidet.

Bild 5.2-76 Umlaufender. Sockel wird, bevor der Staubboden eingelegt ist, durch Keile unterlegt und ausgerichtet. Die Luft unter dem Sockel wird durch eine Fußleiste verdeckt.

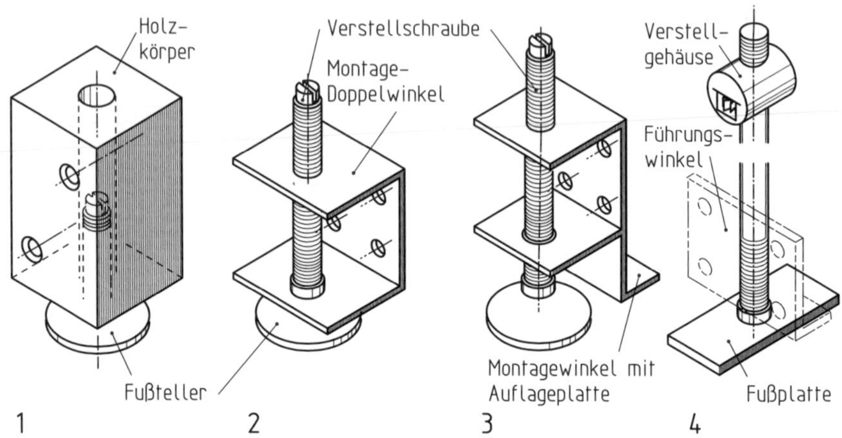

Bild 5.2-77 Sockelhöhenversteller. 1 Körper aus Holz zum Anleimen und Anschrauben an die Schrankseiten; innen befindet sich eine Einschlagmutter mit Gewindestange (Hä); Sockelhöhenversteller aus Stahl. 2 Zum Anschrauben an die Seite (Hä, Gi), 3 zum Anschrauben und Einnuten, Tragkraft 130 kg (Hä, Gi), und 4 zum Einnuten in die Schrankseiten, mit zierlichem Verstellgehäuse (Hä).

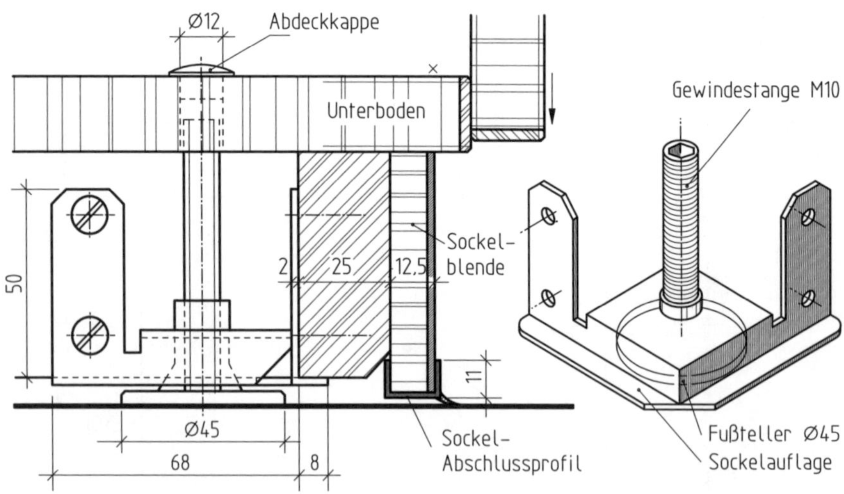

Bild 5.2-78 Höhenversteller mit Sockelauflage, Tragkraft 150 kg (Gi). Vor den Sockel wird eine mit HPL-Platten beschichtete Blende mit einem Sockelabschlussprofil gesetzt; dies verhindert, dass Feuchtigkeit in die Plattenkante einziehen kann, und gleicht geringe Unebenheiten aus (Hat, Ne, Re).

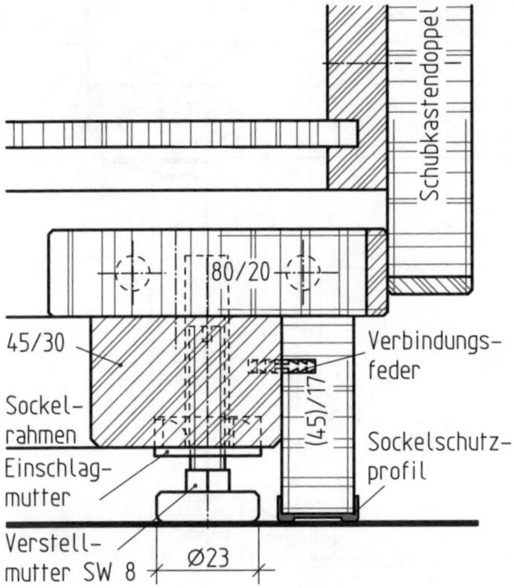

Bild 5.2-79 Siehe Seite 332

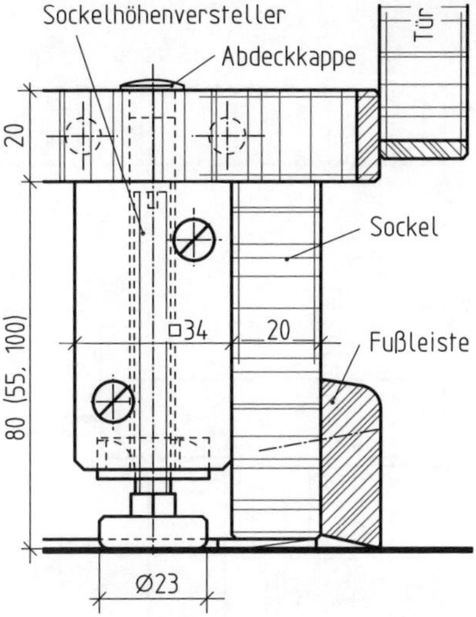

Bild 5.2-80 Siehe Seite 332

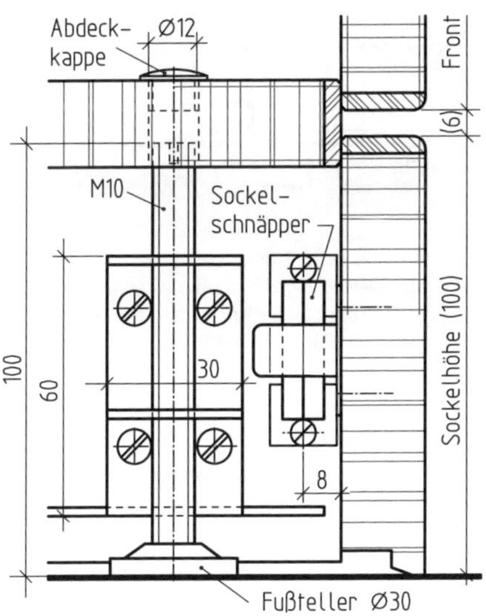

Bild 5.2-81 Siehe Seite 332

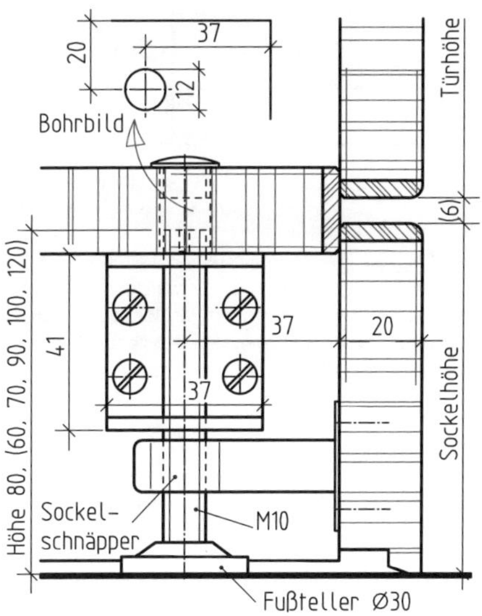

Bild 5.2-82 Siehe Seite 332

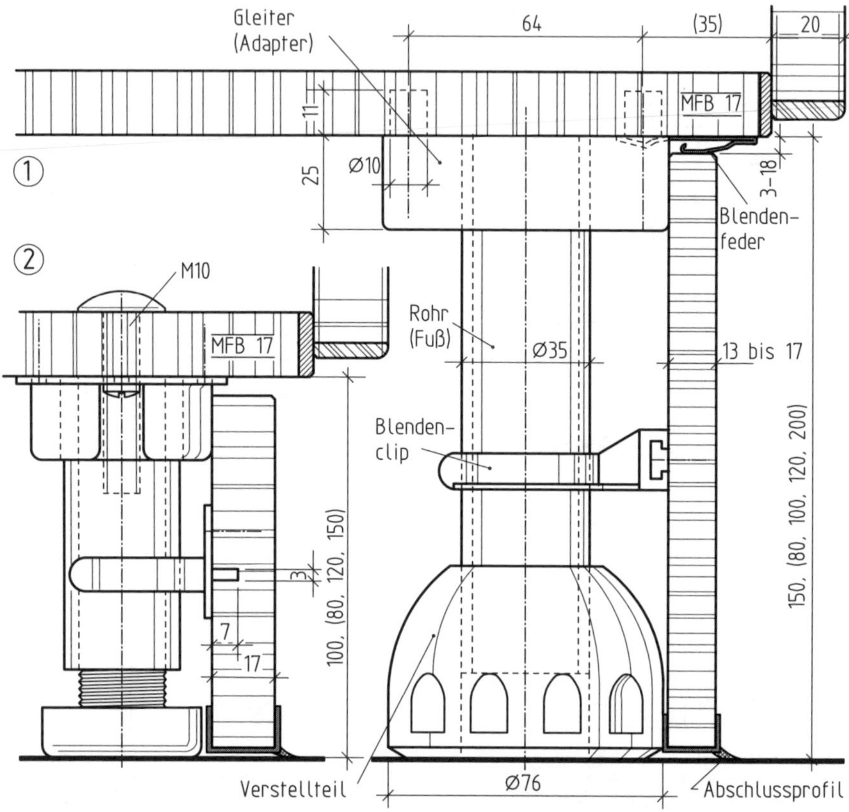

Bild 5.2-83 Die Sockelhöhenverstellfüße aus Kunststoff sind besonders für Küchenschränke oder Badezimmermöbel geeignet. Sie werden am Unterboden befestigt, weisen ein Höhenverstellteil auf und ermöglichen ein Aufklippsen der Sockelblenden. Das Abschlussprofil schützt die Kante der Sockelblende vor anfallender Nässe. Verstelltoleranz in der Höhe ca. –10/+18 mm. Für sichtbare Füße gibt es auch zierlichere und formschönere Verstellteile (Hä, He, Re).

(Seite 331)
Bild 5.2-79 Höhenversteller ist im Sockelrahmen eingebaut. Die Höhenverstellung erfolgt mit einem Schraubenschlüssel SW 8. Die Sockelblende wird mit einer Verbindungsfeder mit dem Sockelrahmen verbunden (Hä).
Bild 5.2-80 Höhenversteller mit Holzkörper. Die Bohrung im Unterboden, die zur Verstellung der Gewindestange dient, kann durch eine Abdeckkappe verschlossen werden.
Bild 5.2-81 Sockelhöhenversteller, die an den Schrankseiten befestigt und hier mit einer Auflage eingenutet sind. Tragkraft 130 kg. Die Sockelblende ist mittels Sockelschnäpper auf die Seiten geklippst (Hä, Gi).
Bild 5.2-82 Sockelhöhenversteller wie 5.2-81, jedoch ohne Auflagewinkel. Der Sockelschnäpper greift über die Gewindestange (Hä, Gi).

richten zu können, sind verschiedene Höhenversteller im Handel, die durch Gewindeschrauben ein genaues Justieren ermöglichen. Bei großen Schrankwänden empfiehlt sich zusätzliches Unterlegen der Seiten beziehungsweise des Sockels mit Keilen, damit nicht das ganze Gewicht des Schrankes auf den Stellschrauben ruht. Außerdem kann bei hoher Belastung der Boden unter den Fußtellern der Höhenversteller durch Zusammendrücken des Fußbodenbelags oder der Trittschalldämmung nachgeben. Höhenversteller sollten bei kompakten Schrankwänden immer an oder unter dem tragenden Element wie Seitenteil oder Sockelrahmen angebracht werden und nicht unter dem Unterboden. Um die Luftzirkulation hinter der Rückenwand zu ermöglichen, können in den Sockel oder die Sockelblende Luftschlitze (≥ 25 cm²/m) eingebaut werden. Einige Fußbodenanschlüsse sind im Vertikalschnitt dargestellt (Bild 5.2-72 bis 83).

5.2.2 Schrankeinbauten und Schrankfronten

In die Schrankwände werden Einlegeböden und Innenschubkästen eingebaut, die bei einer Reihenbohrung oder bei der Verwendung von Lochschienen in der Höhe variabel eingesetzt werden können. Die Bohrungen haben in der Regel einen Durchmesser von 5 mm, in die die Bodenträger passen oder in die man Schraubmuffen einsetzen kann (Bild 5.2-84).
Schubkästen können aus Holz, Kunststoff oder Metall bestehen. Ihre Vorderstücke oder -doppel sind in der Regel wie die Türen furniert oder beschichtet. Sie lockern durch die quer verlaufenden Teilungslinien die Schrankfront gestalterisch auf. Hängende Klappen, Schiebetüren, Auszüge und Schubkästen können durch elektrisch betriebene Beschläge automatisch öffnen und schließen und benötigen so keine Griffe (Seite 338 und 354). Die Kästen oder Zargen laufen auf Führungsleisten oder auf Metalleinfach- beziehungsweise -vollauszügen. Auch diese können in dem Reihenbohrsystem befestigt werden (Bild 5.2-85 bis 90).
Für Raumteiler gibt es Schubkastenführungen, die ein Ausziehen der Schubkästen nach beiden Räumen hin erlauben. Das Vorderstück ist jeweils an der Metallführung befestigt, der Kasten liegt lose auf der Führung auf. Durch Herausziehen des Vorderstücks nach einer Seite wird der Kasten angehoben und mit der Führung mitgenommen (Bild 5.2-90).
Innenschubkästen sitzen hinter den Türen. Es können vierseitige Innenschubladen, Schubkästen mit niedrigem Griffstück, sogenannte englische Züge, Tablettauszüge oder auch Drahtkörbe sein. Wichtig ist, dass die Innenschubkästen bei 90° geöffneter Tür auch herauszuziehen sind und nicht gegen die Türkante stoßen. Vielfach müssen deshalb die Seiten aufgedoppelt werden (Bild 5.2-92 und 93).
Als abschließende Front werden für Schrankwände meistens stumpf aufschlagende Türen, Schiebetüren, Rollläden, bei den Oberschränken auch sogenannte hängende Klappen verwendet. Einige Beispiele sind in Bild 5.2-94 bis 108 dargestellt.

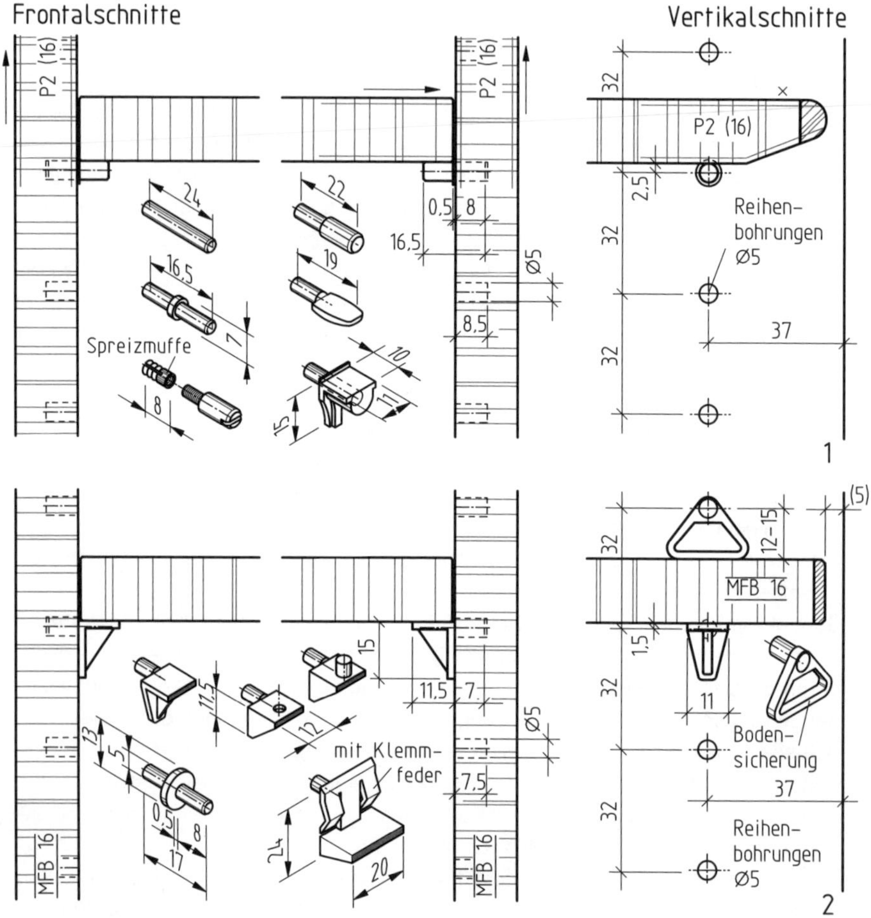

Bild 5.2-84 Bodenträger für das Reihenbohrsystem 32. 1 Bodenträger aus Stahl und 2 aus Kunststoff (Hä, He, Gi, Ku).

Bild 5.2-85 (Seite 335) Schubkastenkonstruktionen. 1 Gezinkte Eckverbindungen, 2 und 3 gedübelte Eckverbindungen, 4 gefederte Ecken, 5 dreiteiliger Kunststoffschubkasten, 6 vierteiliger Kunststoffschubkasten.

Bild 5.2-86 (Seite 336) In Leisten geführte Schubkästen aus Holz mit aufschlagendem Schubkastendoppel.

Bild 5.2-87 (Seite 337) Holzschubkästen mit stumpf aufschlagendem Doppel, mittels mechanischen Teilauszügen geführt. Die Schubkästen werden nur durch einen Kupplungsbeschlag mit dem Auszug verbunden.

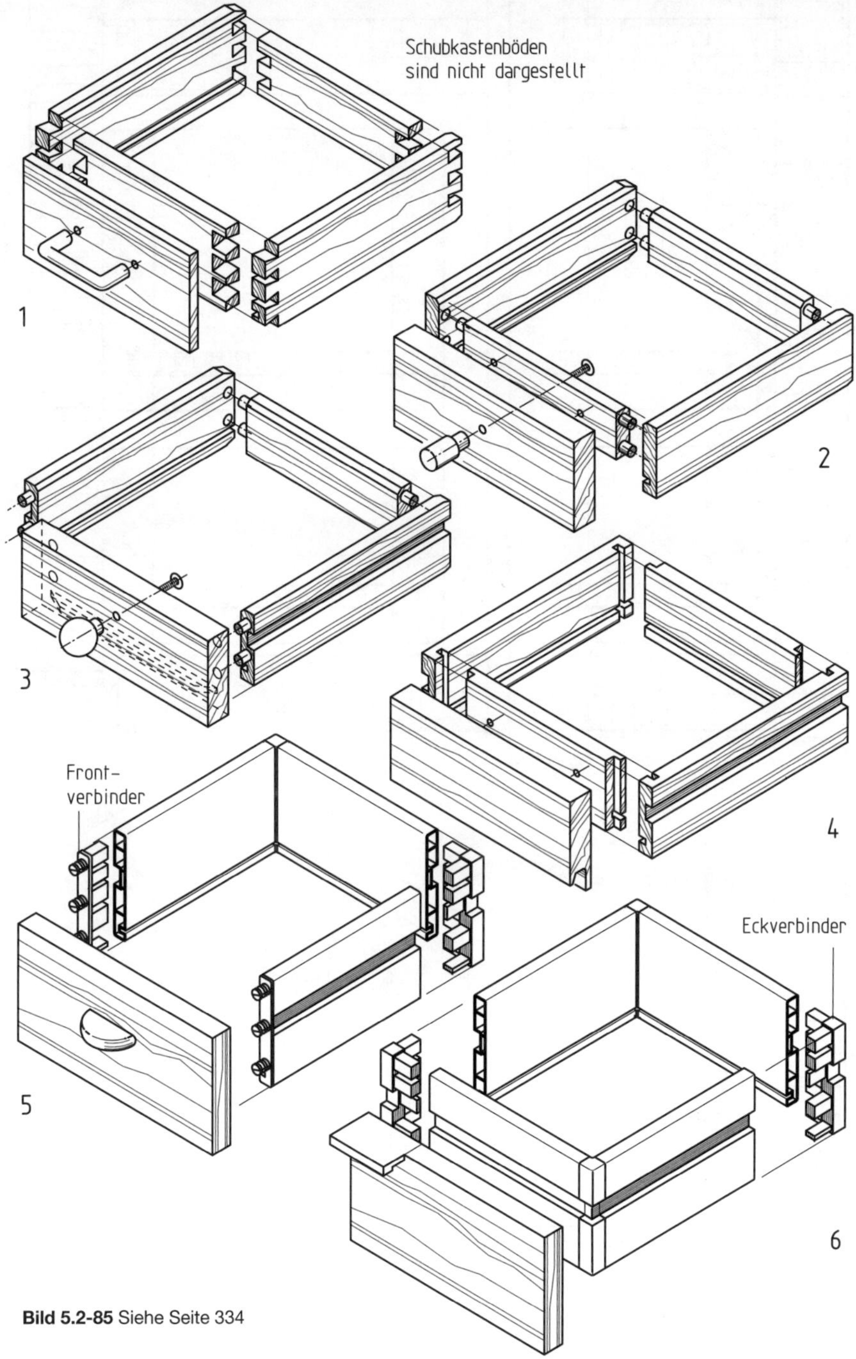

Bild 5.2-85 Siehe Seite 334

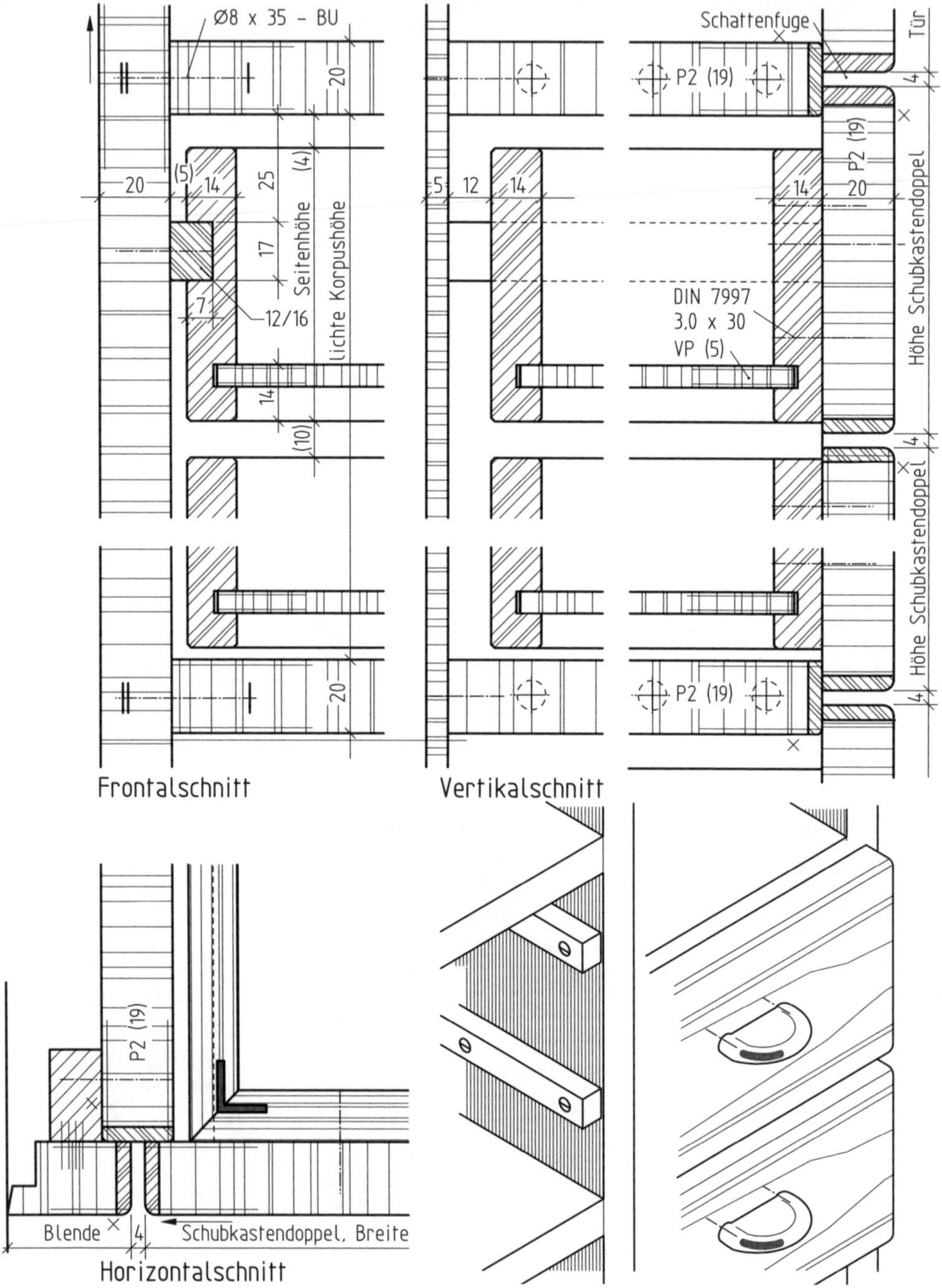

Bild 5.2-86 Siehe Seite 334

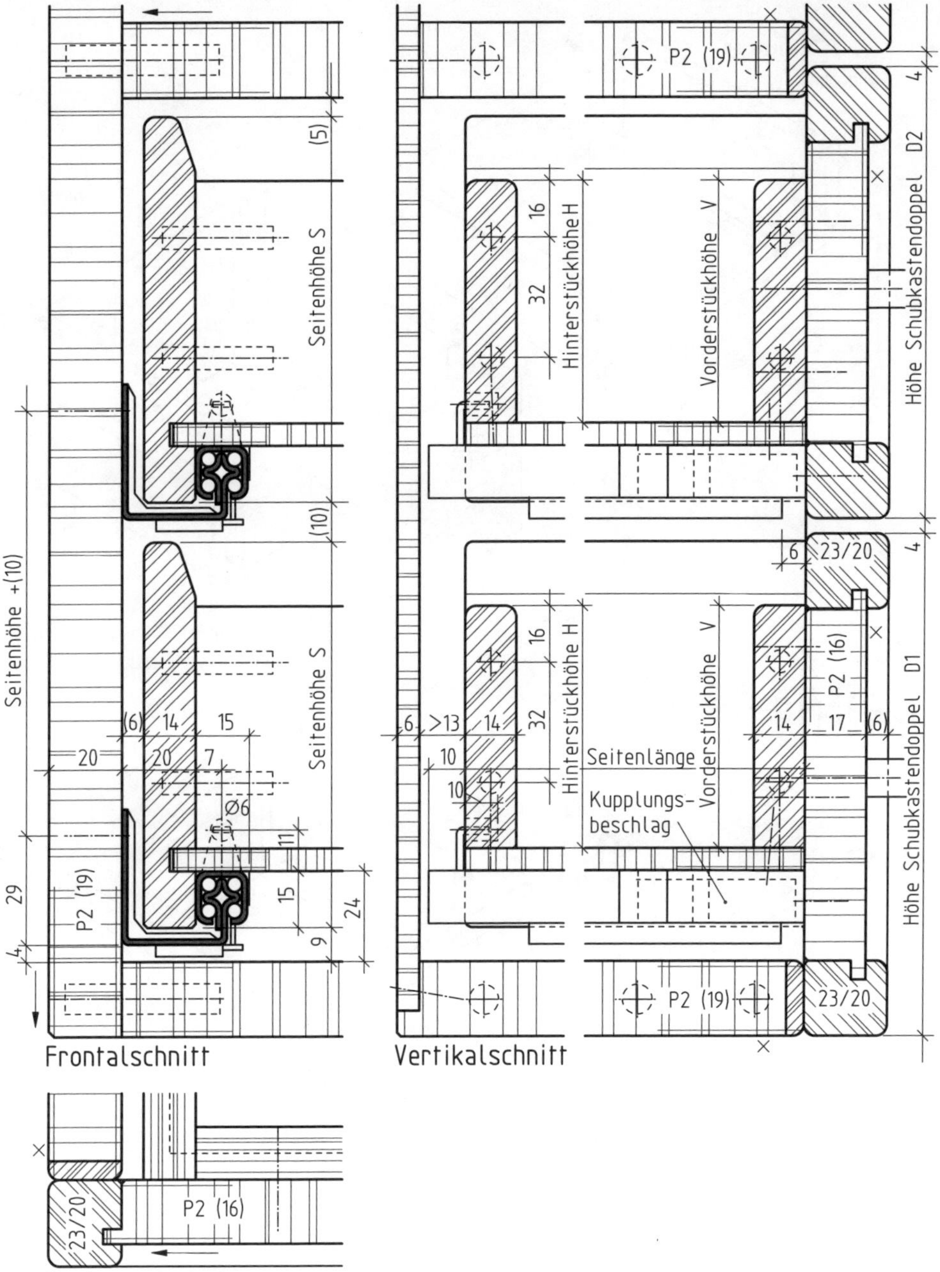

Bild 5.2-87 Siehe Seite 334

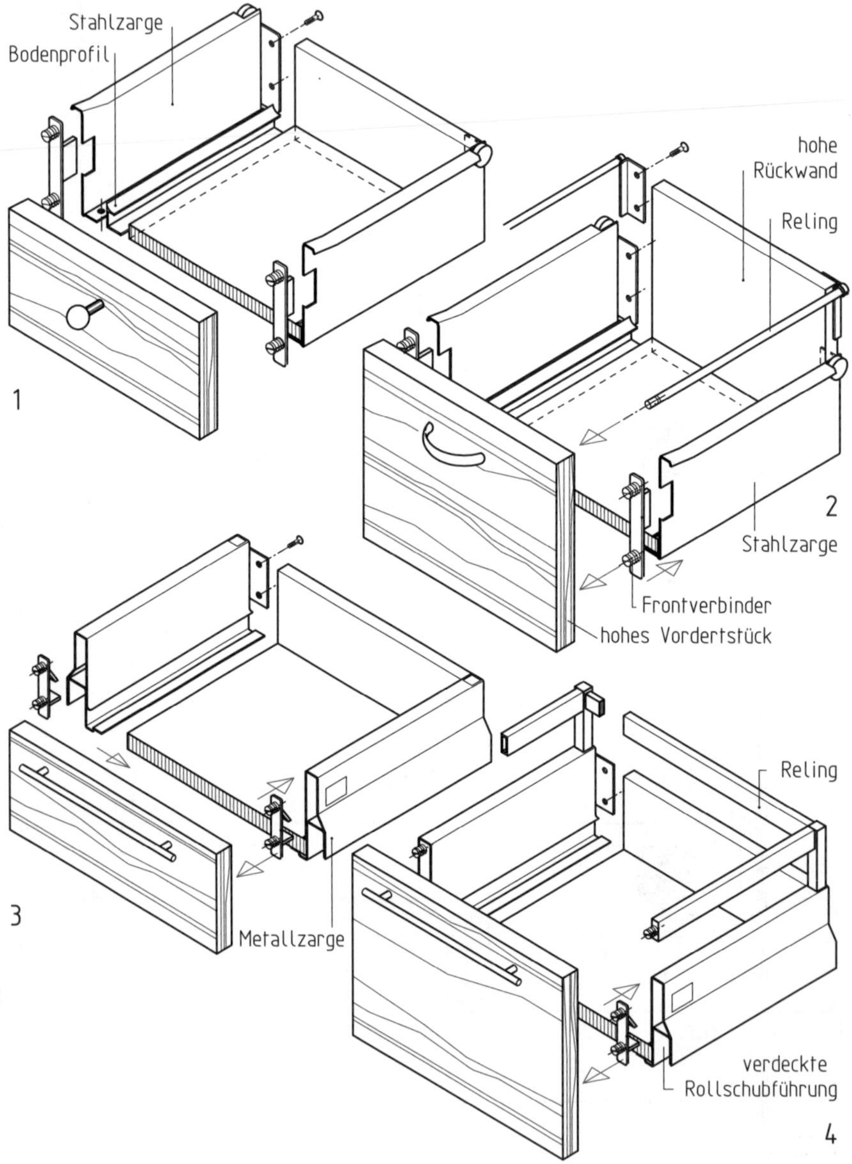

Bild 5.2-88 Siehe Seite 339

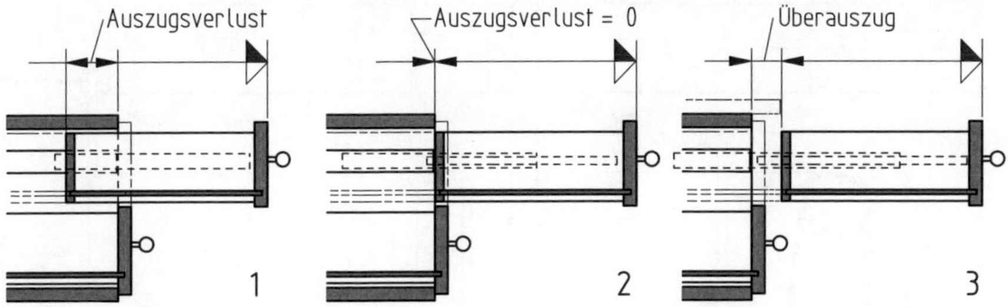

Bild 5.2-88a System mechanischer Führungen. 1 Teilauszug mit Auszugsverlust, sodass man nicht bis in den hinteren Teil des Schubkastens sehen kann, 2 Vollauszug ohne Auszugsverlust und 3 Vollauszug mit Überauszug.

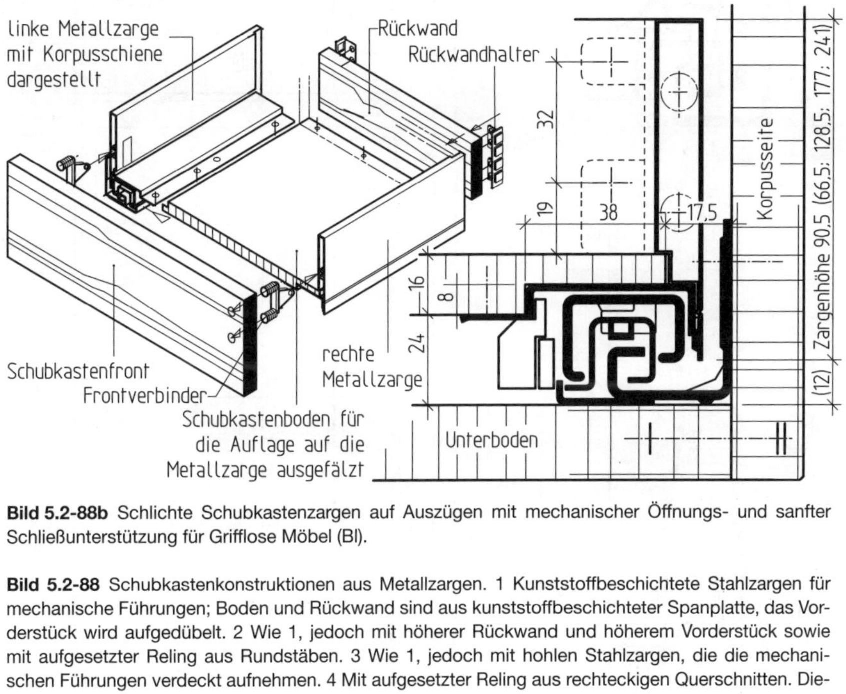

Bild 5.2-88b Schlichte Schubkastenzargen auf Auszügen mit mechanischer Öffnungs- und sanfter Schließunterstützung für Grifflose Möbel (Bl).

Bild 5.2-88 Schubkastenkonstruktionen aus Metallzargen. 1 Kunststoffbeschichtete Stahlzargen für mechanische Führungen; Boden und Rückwand sind aus kunststoffbeschichteter Spanplatte, das Vorderstück wird aufgedübelt. 2 Wie 1, jedoch mit höherer Rückwand und höherem Vorderstück sowie mit aufgesetzter Reling aus Rundstäben. 3 Wie 1, jedoch mit hohlen Stahlzargen, die die mechanischen Führungen verdeckt aufnehmen. 4 Mit aufgesetzter Reling aus rechteckigen Querschnitten. Diese Schubkästen können alle möglichen Einteilungen erhalten, für Hängeregistraturen, Disketten usw. besonders ausgestattet werden (Bl, Gr, Hä, He).

Bild 5.2-89 (Seite 340) Schubkasten mit Metallzargen laufen auf verdeckten Vollauszügen. Der untere Kasten ist höher und seitlich mit einer Reling versehen (Bl).
Bild 5.2-90 (Seite 341) Schubkasten auf Rollenführungen, die ein zweiseitiges Ausziehen des Kastens ermöglichen. Die stumpf auf die Korpuskanten schlagenden Doppel sind am Beschlag befestigt und nehmen jeweils den Kasten zur bedienenden Seite mit. Teilauszug, Länge für 510 mm bis 600 mm Korpustiefen, Tragkraft 12 kg, Auszugslänge 400 mm (Hä, He).

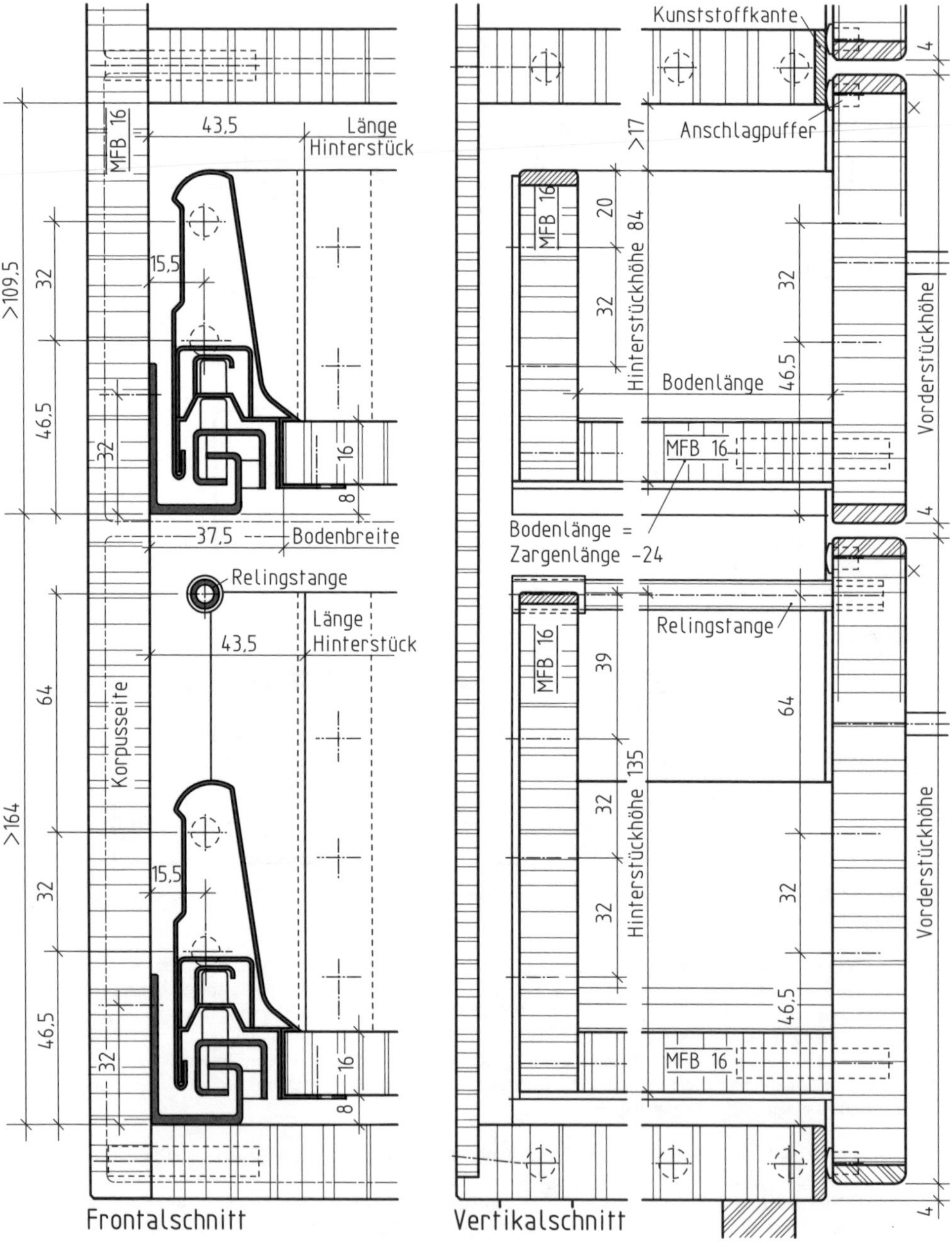

Bild 5.2-89 Siehe Seite 339

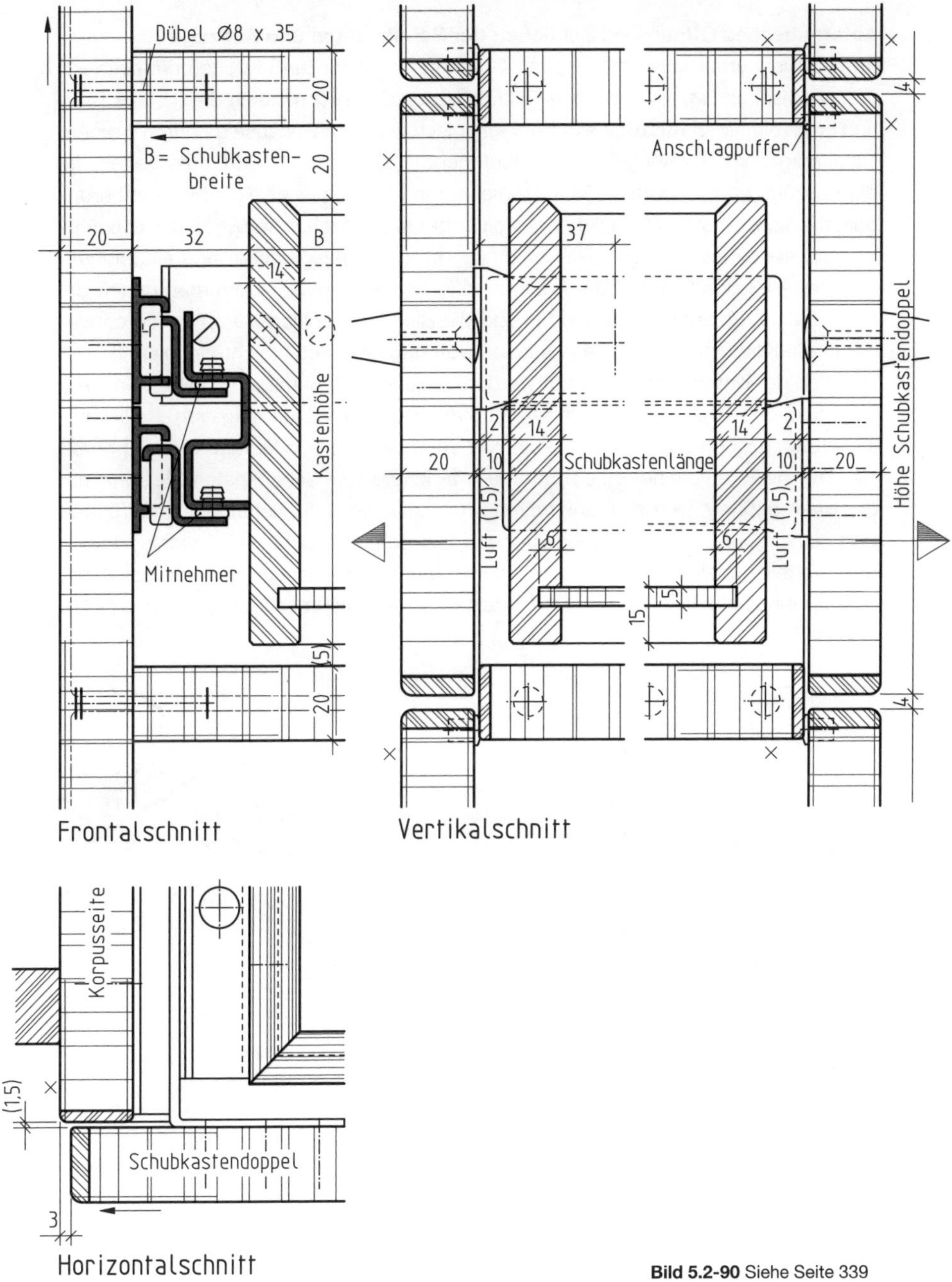

Bild 5.2-90 Siehe Seite 339

Automatisches Öffnen und Schließen der Schubkästen und Auszüge

An Möbeln werden aus ästhetischen Gründen, an Labor- und Küchenmöbeln auch aus praktischen Gründen grifflose Fronten bevorzugt. Hier müssen die Schubkästen und großvolumigen Auszüge elektromechanisch aus dem Gehäuse gefahren werden. Dafür sorgen vor der Rückwand auf Montageprofilen befestigte Antriebseinheiten, die die Auszüge oder Schubkästen vorschieben und mechanische Schubkastenführungen, die sie wieder sanft einziehen. Es gibt aber auch mechanische Schubkastenführungen, die mittels Antriebswelle beidseitig synchron ausgefahren und eingefahren werden. Ausgelöst werden die Antriebe durch einen Impuls, indem man gegen die Front drückt. Verantwortlich hierfür sind die Blendenanschlagsdämpfer, die entweder in die Korpuskante in eine passende Bohrung eingesetzt (nicht eingeleimt) oder innen an der Korpusseite befestigt werden. Natürlich können auch andere Sensoren eingebaut werden, die auf Berühren, Klopfen oder Funkwellen reagieren. Kollisionssicherungen sind vorgesehen, die ein Klemmen der Finger oder eine Störung durch klemmende Teile verhindern. Bei Stromausfall können die Schubkasten wie sonst mit der Hand geöffnet werden (dann wären aber Griffe sinnvoll). Schubkastenführungen und die Antriebe, in der Regel bestehend aus dem Netzgerät mit Anschlusskabel, dem Verteiler, den Antriebseinheiten sowie den erforderlichen Verbindungskabeln, müssen eine Einheit bilden und sind aufeinander abzustimmen (Schema Bild 5.2-91).

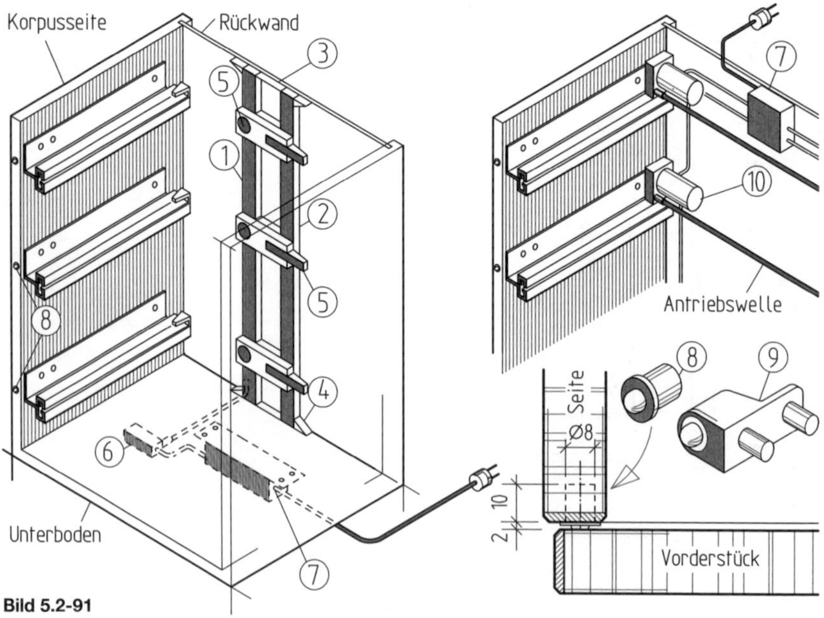

Bild 5.2-91

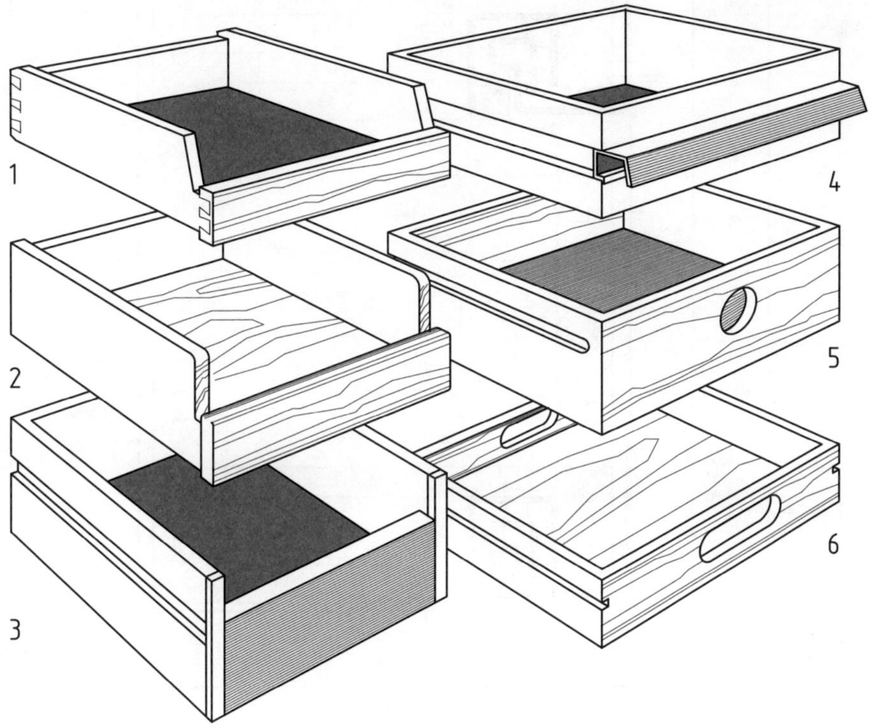

Bild 5.2-92 Innenschubkasten. 1 und 2 englische Züge aus Holz, 3 aus Kunststoffprofilen, 4 und 5 Innenschubkästen, 6 Tablettauszug.

Bild 5.2-93 (Seite 344) Englische Züge aus Massivholz, gedübelt, werden auf Vollauszügen geführt. Der Kasten wird auf die Laufbeschläge aufgeschoben, bis er in die Kupplungsbeschläge einrastet, die am Vorderstück unter dem Schubkastenboden befestigt sind (Bl, Gr, Hä, He). Durch den Anschlag der Türen mit Topfscharnieren wird für die Montage eine Blindseite erforderlich.

Bild 5.2-91 (Seite 342) Elemente der Elektrifizierung der Auszüge, hier zum Einbau an der Rückwand. 1 Montageprofil rechts, 2 Montageprofil links, 3 Profilaufnahme oben, 4 Profilaufnahme unten mit Anschlusskabel, 5 Antriebseinheit mit Programmierknopf, 6 Verteiler mit mehreren Anschlussbuchsen, 7 Netzteil mit Anschlusskabel, 8 Blendenanschlagsdämpfer zum Einbohren in die Korpuskante und 9 zur Befestigung in die Korpusseite (He, Bl). 10 Synchronführung durch Antriebswelle (Gr).

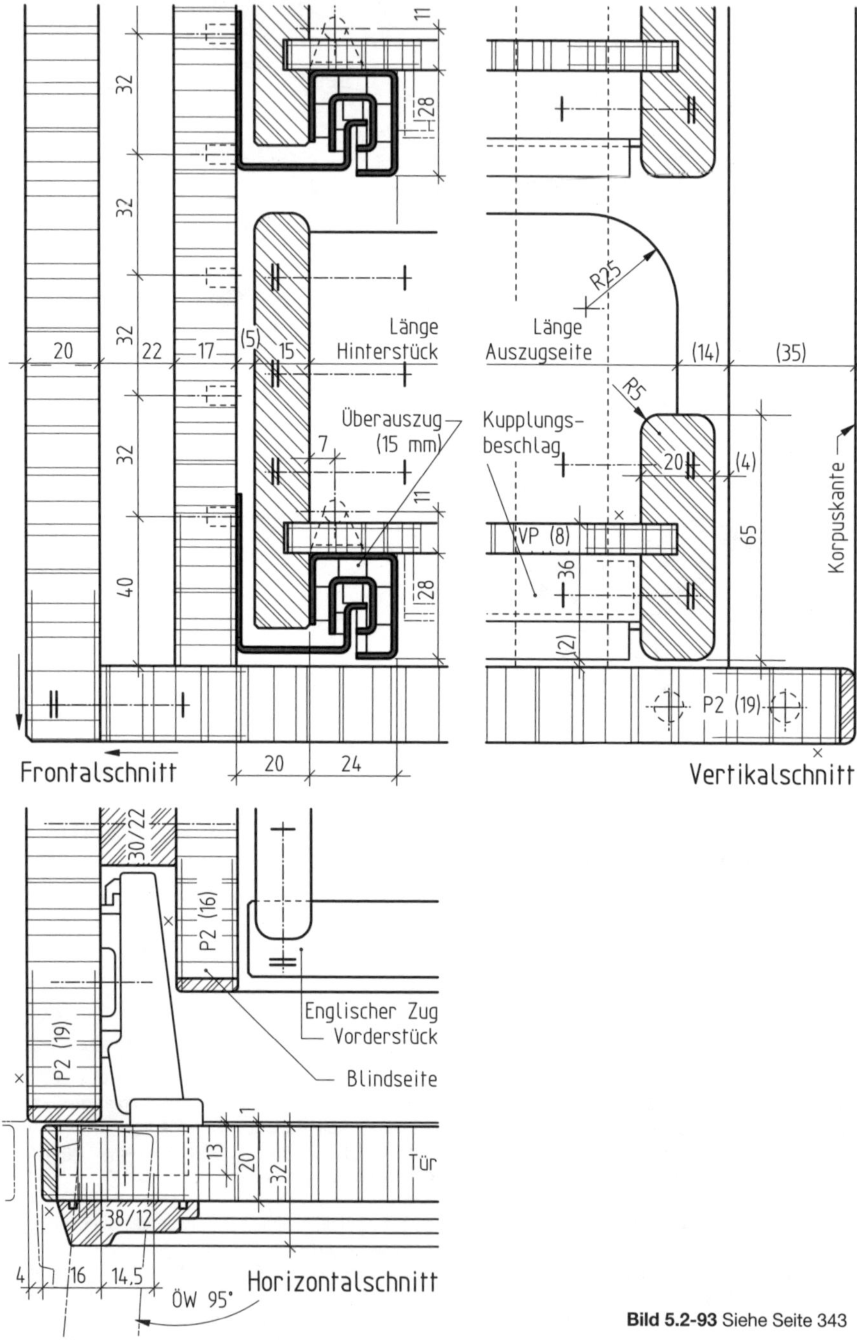

Bild 5.2-93 Siehe Seite 343

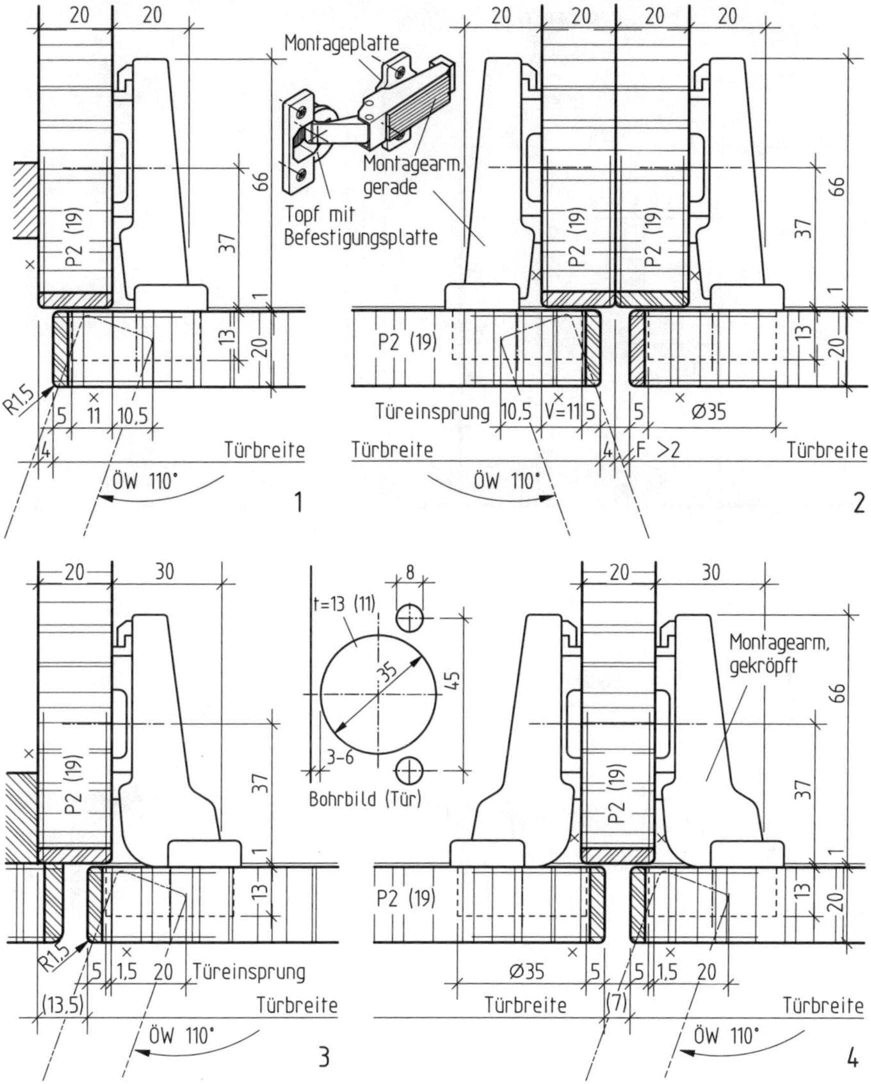

Bild 5.2-94 Stumpf aufschlagende Türen mit Topfscharnieren angeschlagen. 1 und 2 Eckanschläge mit geraden Topfscharnieren, 16 mm Türauflage. 3 Eckanschlag mit gekröpften Topfscharnieren, 6,5 mm Türauflage; die Wandanschlussleiste kann hier auf die Außenseite fassen. 4 Doppelanschlag an einer 20 mm dicken Seite mit gekröpften Topfscharnieren (Bl, Gr, Hä, He, Pr sinngem.).

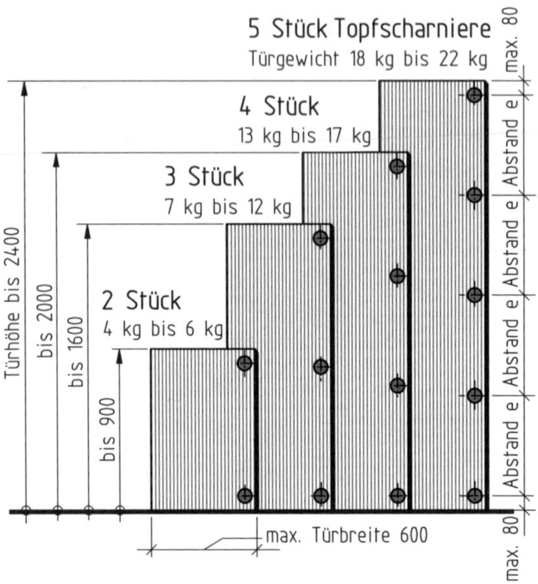

Bild 5.2-95 Anzahl der Scharniere an Drehtüren.

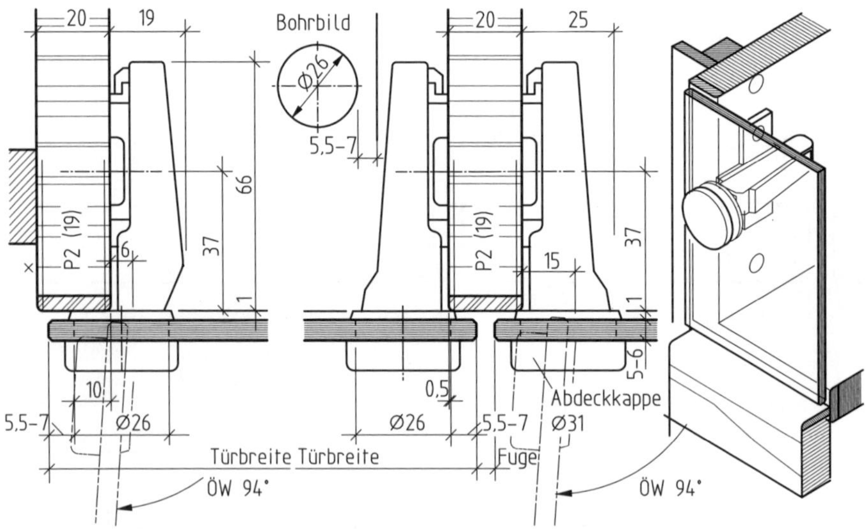

Bild 5.2-96 Aufschlagende Ganzglastüren, mit Topfscharnieren angeschlagen. Links: Eckanschlag, rechts: Doppelanschlag an einer Mittelwand mit gekröpften Topfscharnieren (Bl).

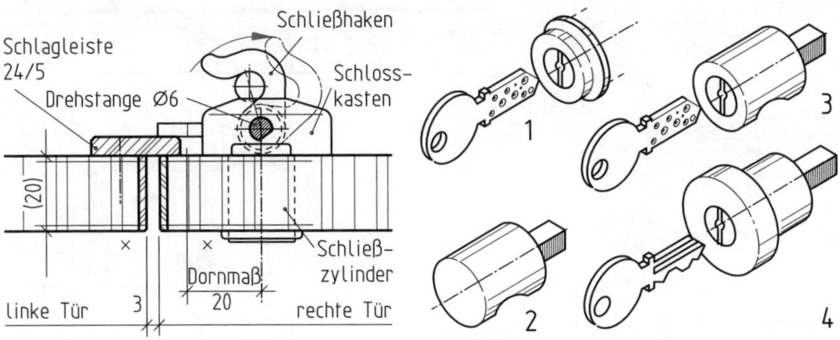

Bild 5.2-97 Zum Verschließen hoher Drehtüren eignen sich am besten Drehstangenschlösser mit dreifacher Verriegelung. Die Schlösser können mit Schließzylinder (1), mit Drehknauf (2) oder mit verschließbaren Drehgriffen (3 und 4) ausgestattet sein. Sie können in eine Schließanlage integriert werden (Hä, He, Hu, Ju, Si).

Bild 5.2-98 (Seite 348) Einbauschrank mit schweren, im Korpus laufenden Schiebetüren verschlossen. Das Laufwerk weist eine extrem niedrige Bauhöhe auf, es kann auf verschiedene Türdicken von 20 bis 30 mm umgerüstet und für Türgewichte bis zu 70 kg ausgestattet werden.
Bild 5.2-99 (Seite 349) Vor dem Korpus laufende, stehend geführte Schiebetüren. Die Schiebetürbeschläge sind für Türdicken von 20 bis 27 mm sowie für Türgewichte von 20 kg, 35 kg sowie 60 kg ausgelegt. Die Laufwerke weisen ein Exzentergehäuse auf, das eine Verstellung der Schiebetüren in der Höhe von +4 mm und −2 mm zulässt. Die Schiebetüren lassen sich ein-und aushängen, indem man die federnd gelagerten Führungsrollen aus der Führungsschiene hebt (Ek, HA, Hä).
Bild 5.2-100 (Seite 350) Vor dem Korpus laufende, hängende Schiebetüren. Der Beschlag ist geeignet für hohe Schiebetüren bis 26 mm Dicke und für ein Gewicht von 50 kg. Die leicht laufenden Türen sind in den Endstellungen abzustoppen und gegen Auflaufen durch Türmitnehmer zu sichern (Hu, HA, Hä, He sinngem.).
Bild 5.2-101 (Seite 351) Schrankschiebetürbeschlag für oben in und unten vor dem Korpus laufende schwere Schiebetüren bis 75 kg Gewicht. Das Laufwerk wird mittels Gewindeschrauben in Quermutterbolzen an der Oberkante der Schiebetüren befestigt. Die Laufschiene wird unter dem Oberboden montiert, die Führungsschiene unter dem Unterboden am Sockel. Zur Montage der Türen ist sowohl oben als auch unten genügend Platz zu lassen. Die Griffprofilleisten und Verstärkungsprofilleisten bestehen aus Leichtmetall und wirken einem Verziehen der hohen Türen entgegen (He).
Bild 5.2-102 (Seite 352) Frontbündige Schiebetüren. Der aufwendige Beschlag rückt zum Öffnen eine Schiebetür unter 35° vor die am Korpus laufende Schiebetür, sodass nun bei beiden Schiebetüren wie bei Vorfrontschiebetüren verfahren werden kann. Der Beschlag ist für Türgewichte bis 50 kg und Türdicken bis 28 mm geeignet (Hä).
Bild 5.2-103 (Seite 353) Vor den Böden laufende Faltschiebetüren, im Beispiel mit sichtbarer Schrankseite. Die Türflügel sind nicht mit den Seiten verbunden und können paketweise, zu mehreren Flügelpaaren verbunden, frei vor den Böden verschoben werden. Der Beschlag ist für bis zu 2400 mm hohe, 550 mm breite und 40 kg schwere Türen geeignet (HA, Hä).

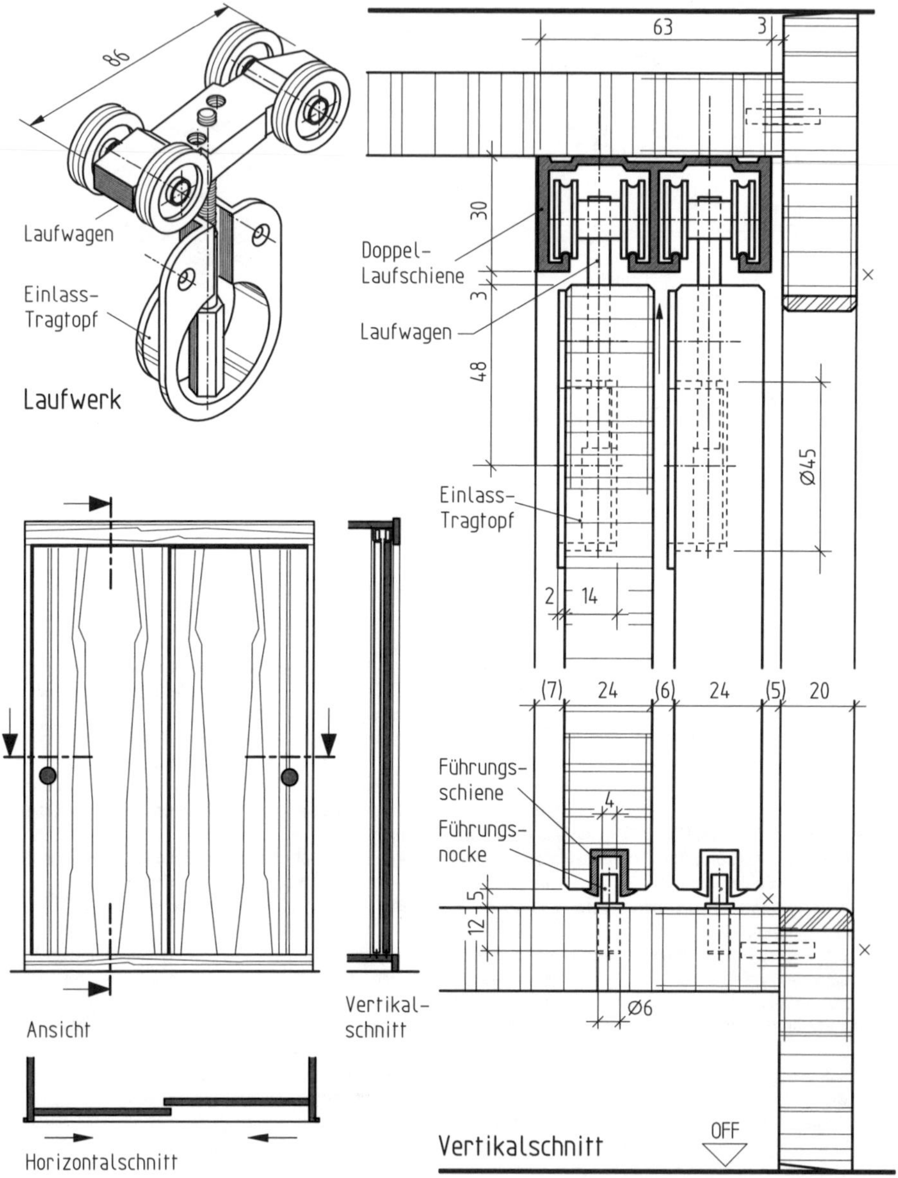

Bild 5.2-98 Im Korpus laufende Schiebetüren (siehe Seite 347).

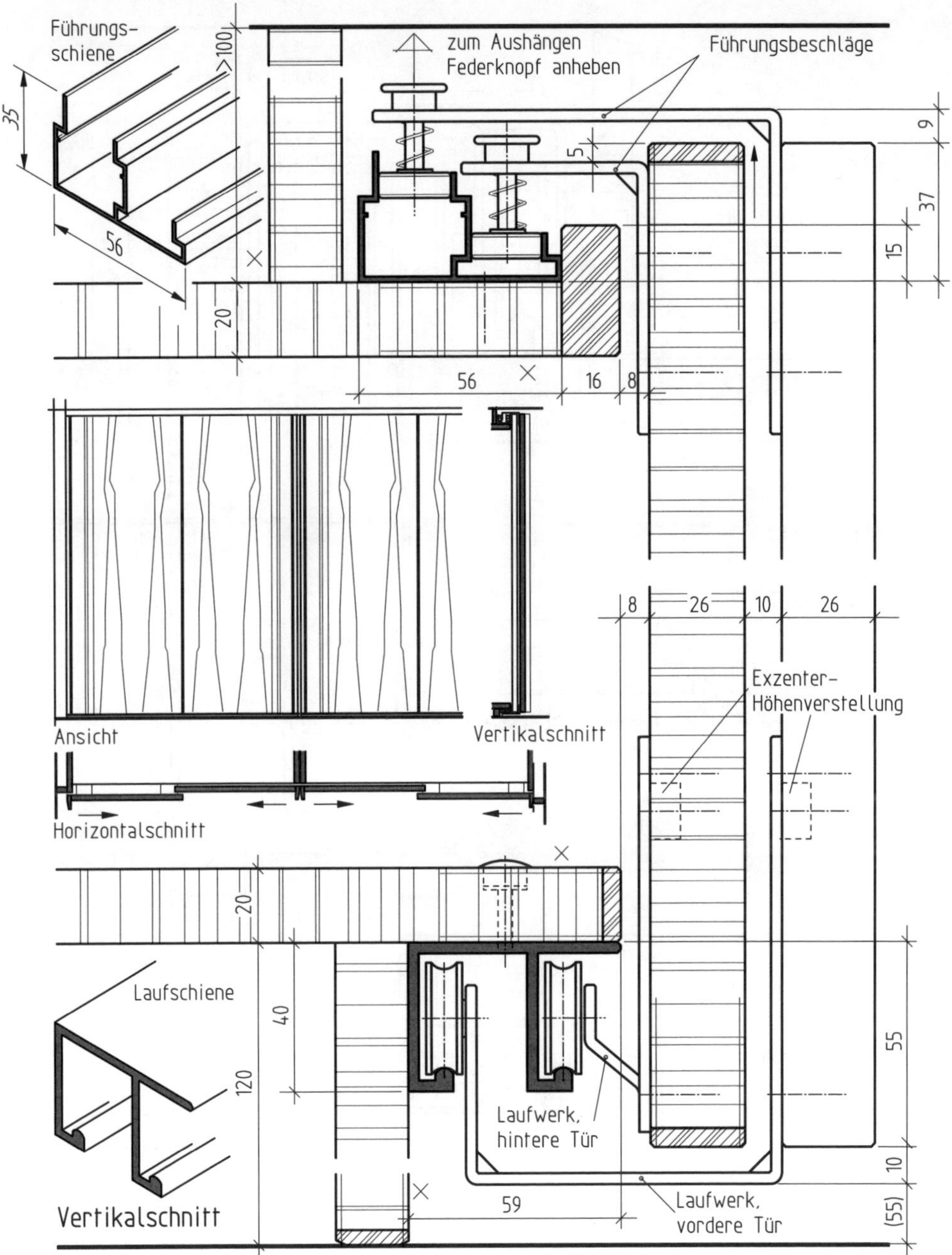

Bild 5.2-99 Vor dem Korpus laufende Schiebetüren (siehe Seite 347).

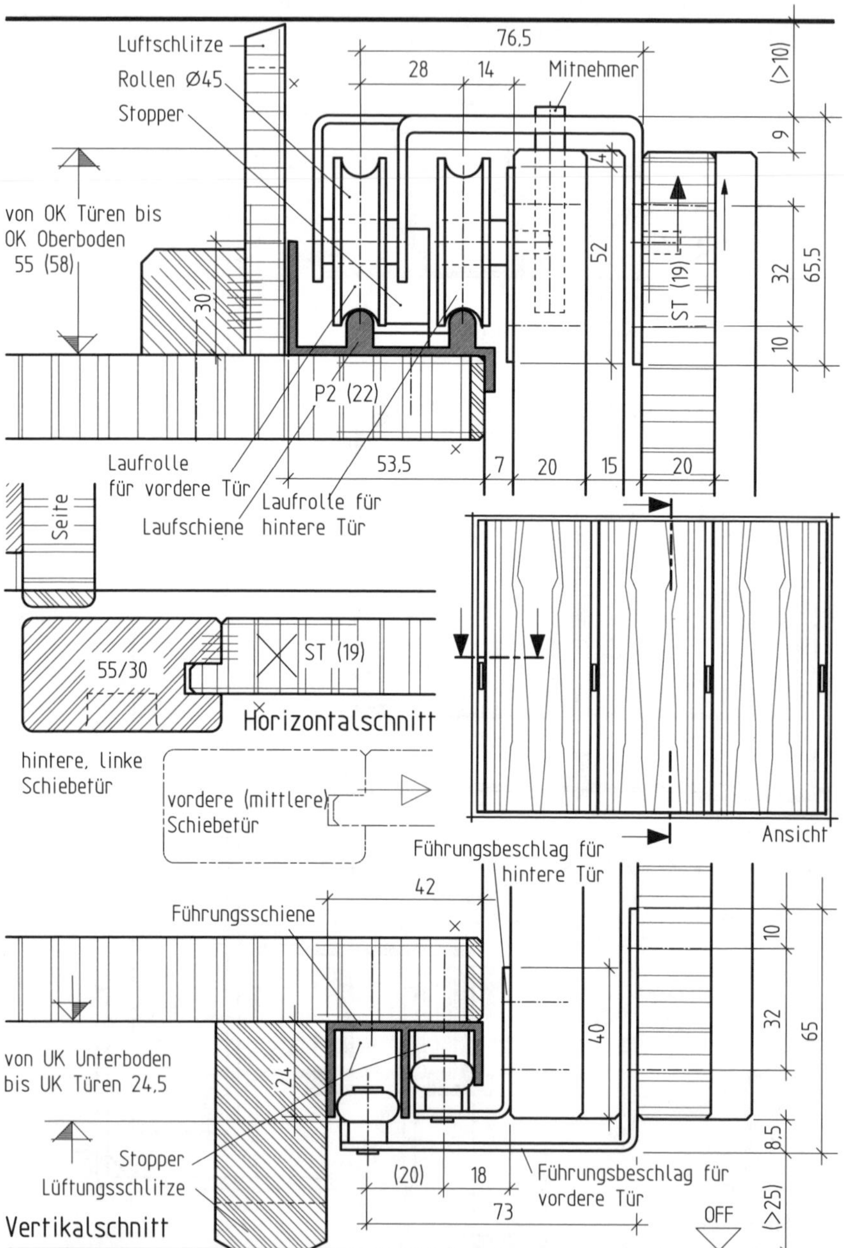

Bild 5.2-100 Siehe Seite 347

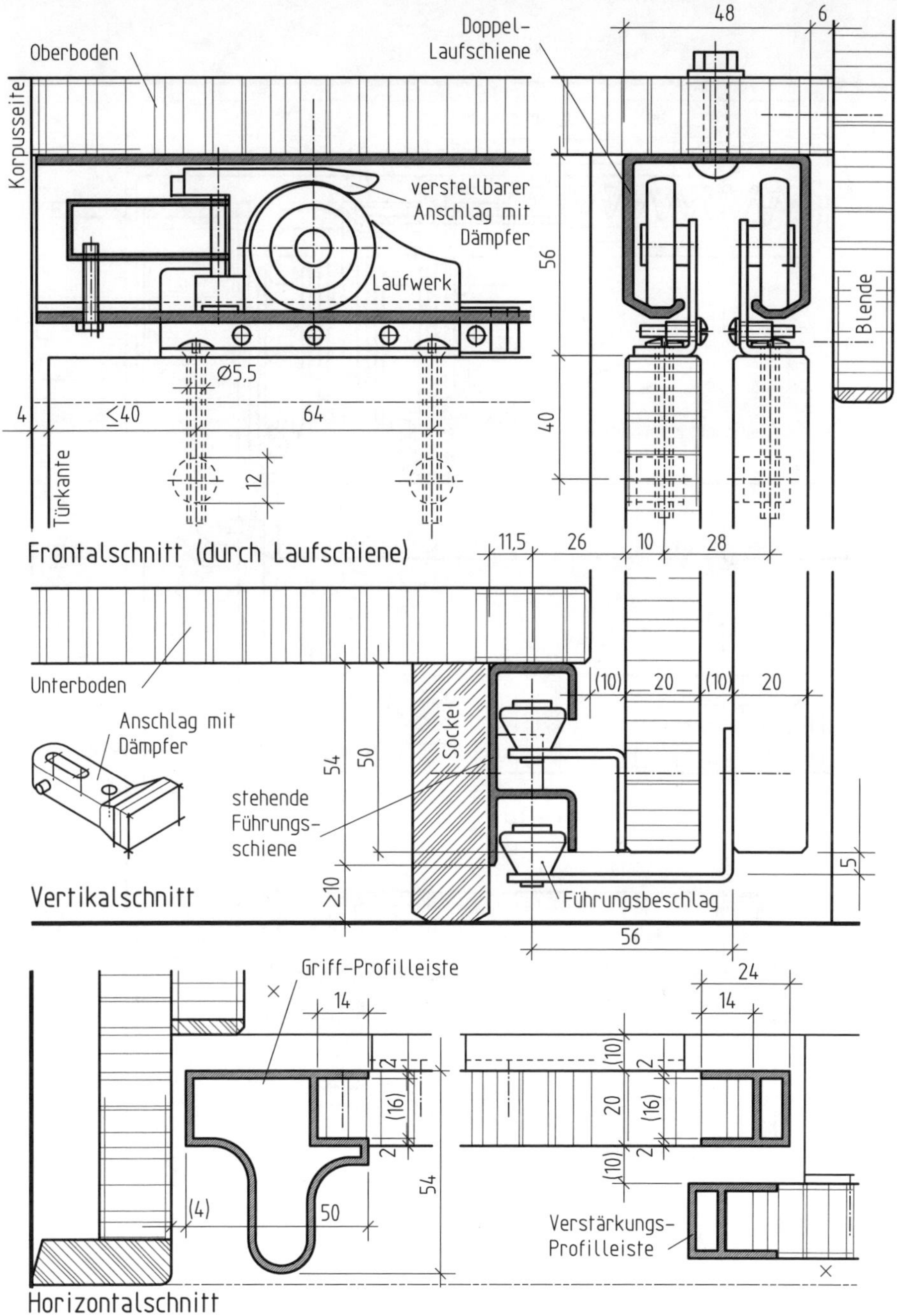

Bild 5.2-101 Siehe Seite 347

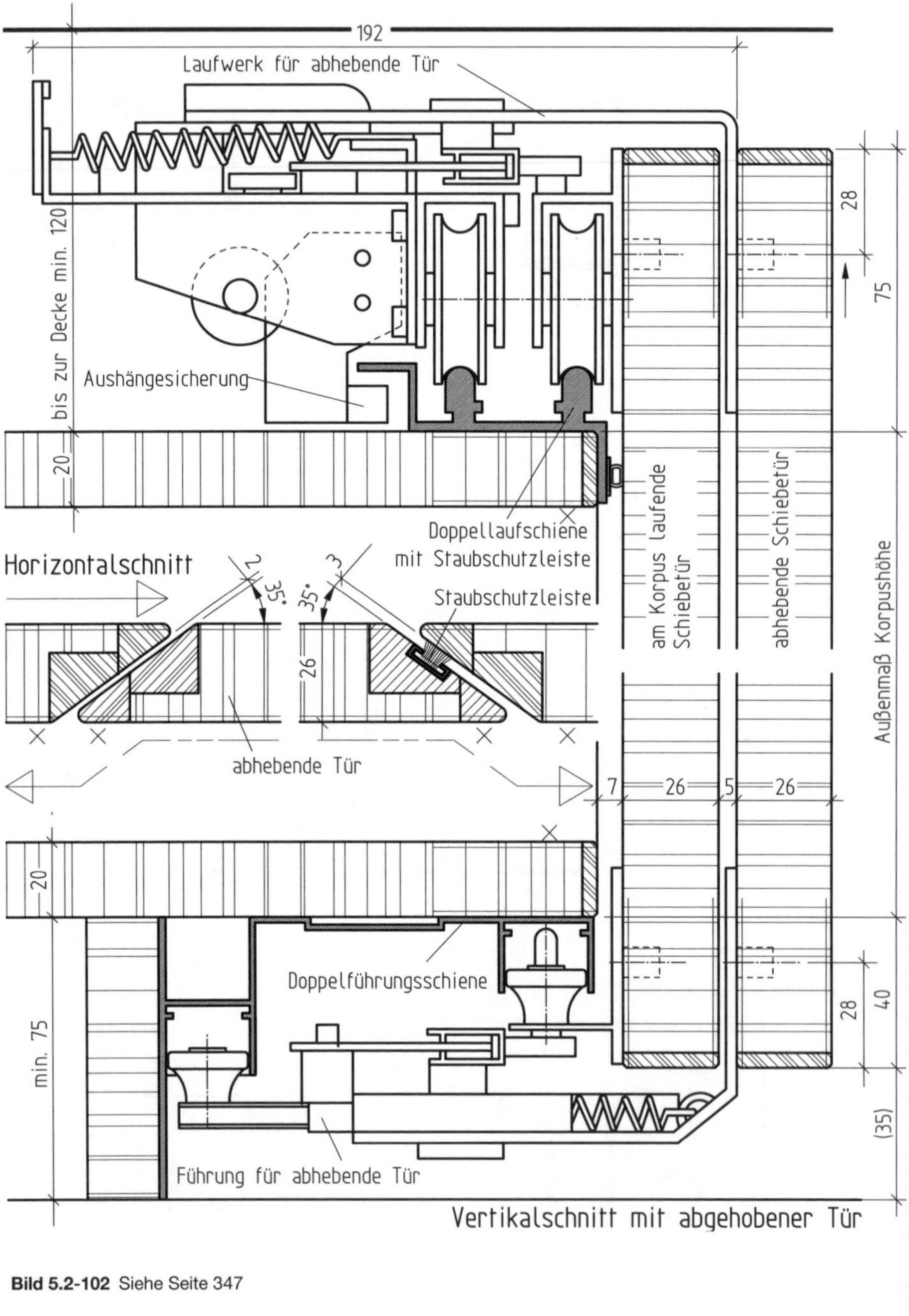

Bild 5.2-102 Siehe Seite 347

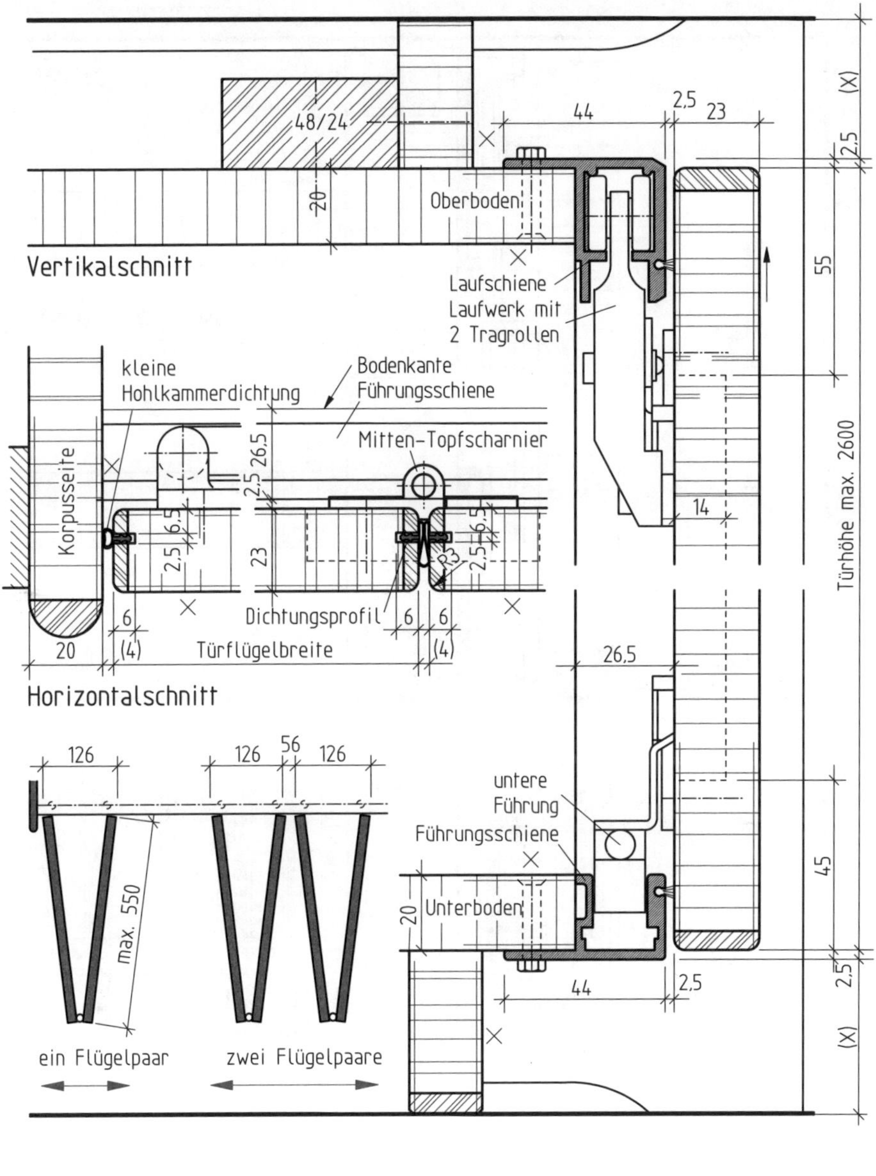

Bild 5.2-103 Siehe Seite 347

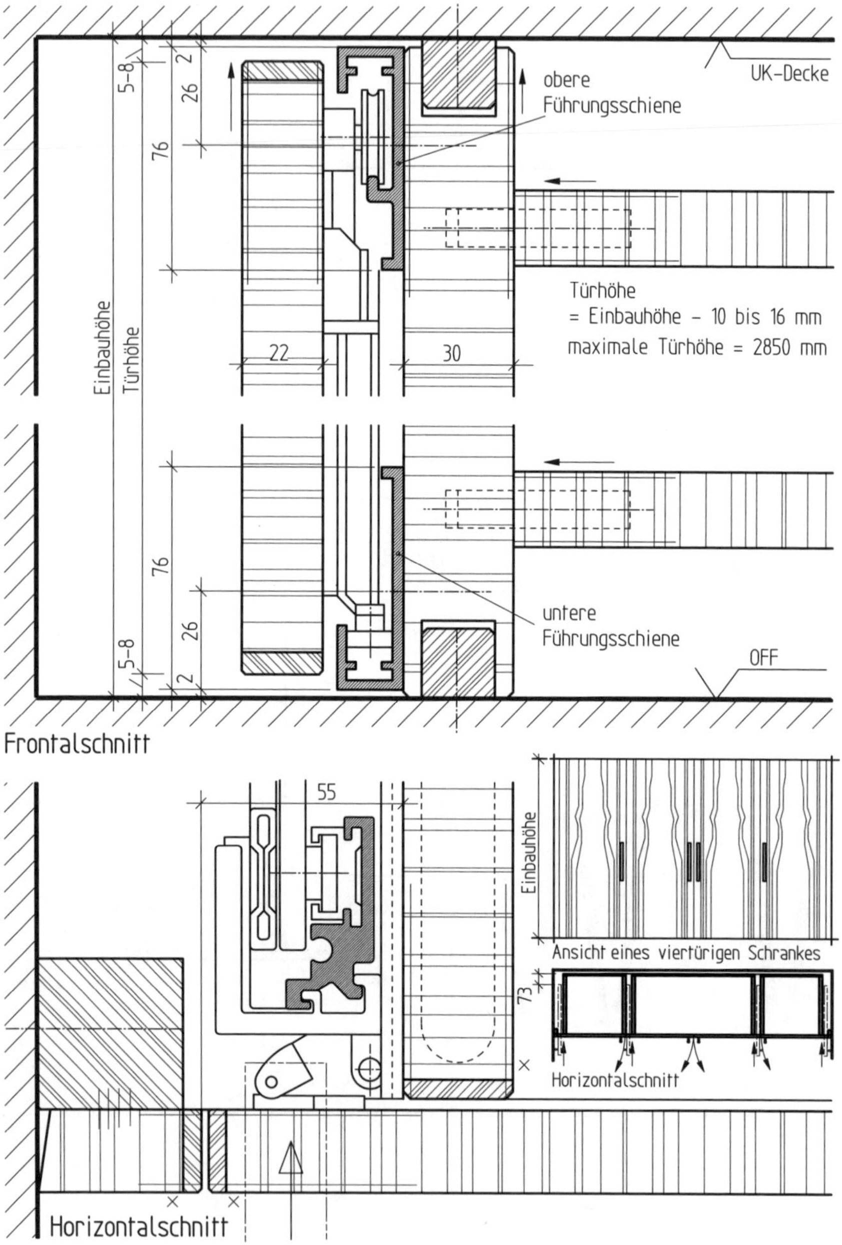

Bild 5.2-104 Siehe Seite 355

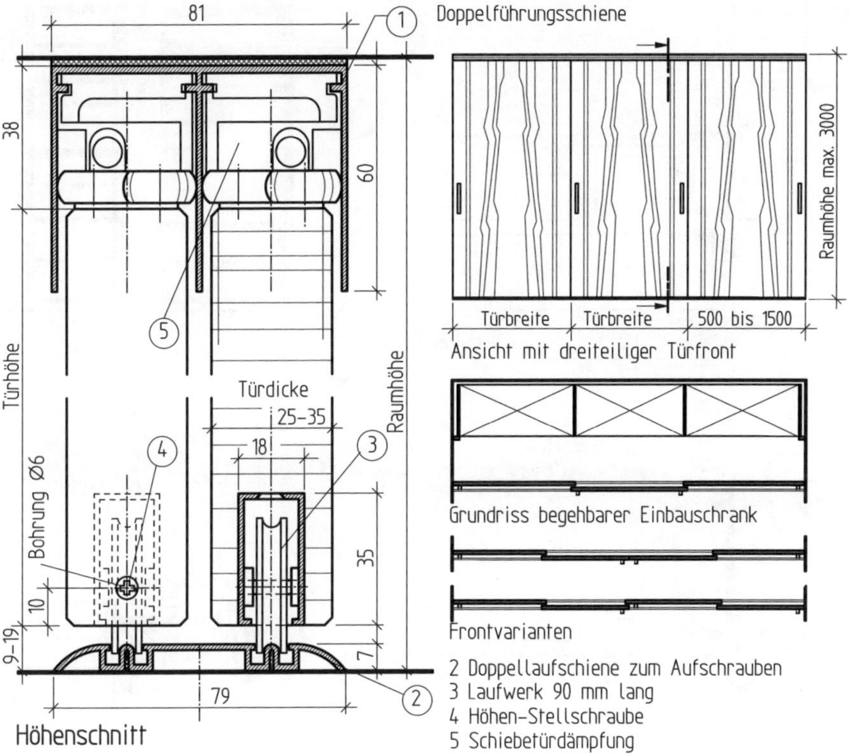

Bild 5.2-105

Bild 5.2-105 Raumhohe Schiebetüren können unabhängig vom Schrankkorpus vor die Einbauschränke montiert werden. Sie eignen sich auch als Abschluss für begehbare Schränke. Je nach Bedarf bzw. Anzahl der Schiebetüren sind einläufige oder zweiläufige Lauf- und Führungsschienen zu wählen. Laufschienen gibt es zum bündigen Einlassen in den Boden oder Aufschrauben bzw. Aufkleben auf den Fertigboden. Die Laufrollen in den Laufwerken sind in der Höhe von –5 bis +10 mm verstellbar. Die Führungsschienen werden unter den Sturz oder an die Raumdecke geschraubt. Der Einbau von Schiebetürdämpfungen ist in den Führungsschienen möglich und auch zu empfehlen (Hä, Ek).

Bild 5.2-104 (Seite 354) Drehschiebetürbeschlag für raumhohe Türen aus Holzwerkstoffplatten oder Glas bis zum Türgewicht von 50 kg und einer maximalen Höhe von 2850 mm. Die Türen werden aufgedreht und dann in Taschen der Zwischenwände eingeschoben. Die Beschlagteile werden auf den Zwischenwänden montiert. Justierungen können von vorne ausgeführt werden. Bei der Auswahl der Griffe ist zu beachten, dass diese die Funktion der benachbarten Drehschiebetür nicht behindern (HA).

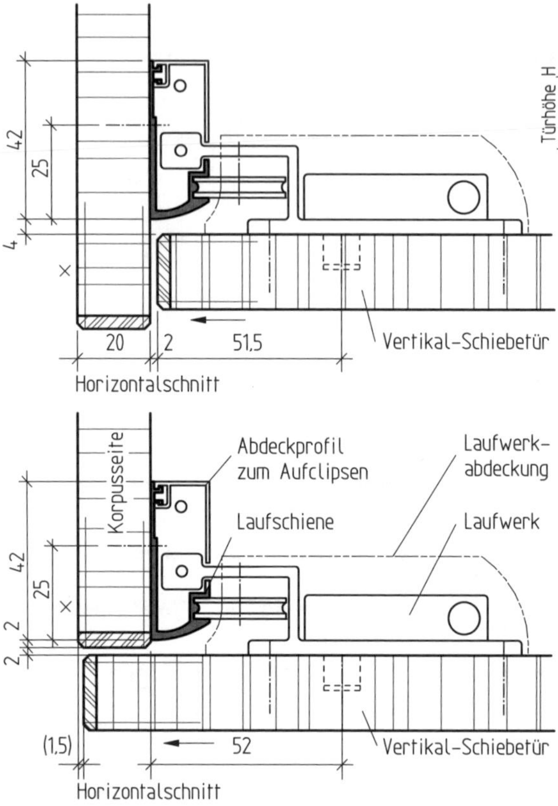

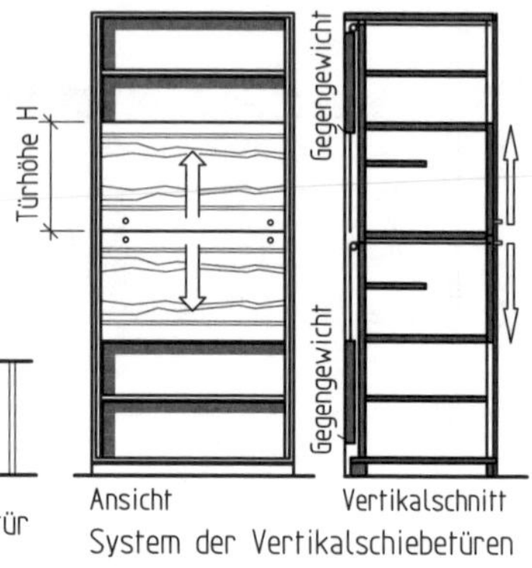

Bild 5.2-106

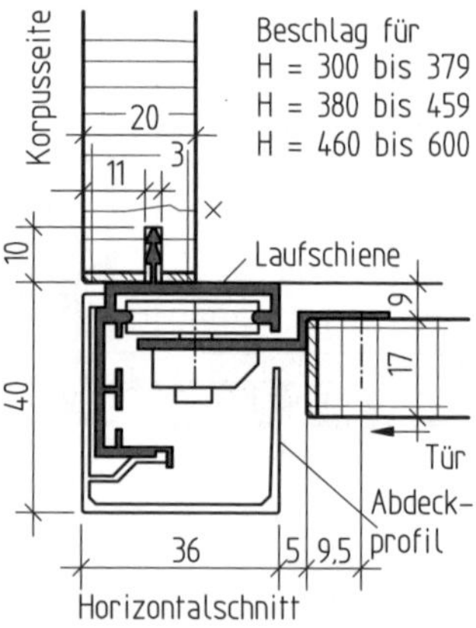

Bild 5.2-107

Bild 5.2-106 Vertikalschiebetüren, oben Beschlag für im Korpus und unten für vor dem Korpus geführte Frontflächen. Die Laufschienen werden innen an die Korpusseiten geschraubt. Bei zwei synchron öffnenden und schließenden Schiebetüren müssen beide Türen das gleiche Gewicht haben. Bei einer einfachen Schiebetür ist ein entsprechendes Gegengewicht einzubauen. Dies kann in der vorderen Beschlagschiene oder hinter der Rückwand geführt werden. Durch das abgestimmte Gegengewicht bleiben die Vertikalschiebetüren in jeder Höhe stehen (Ek, Hä, He sinngem.).
Bild 5.2-107 Vertikalschiebetürbeschlag, der auf die Korpuskanten eines Einbauschrankes montiert werden kann (Hä, He sinngem.).

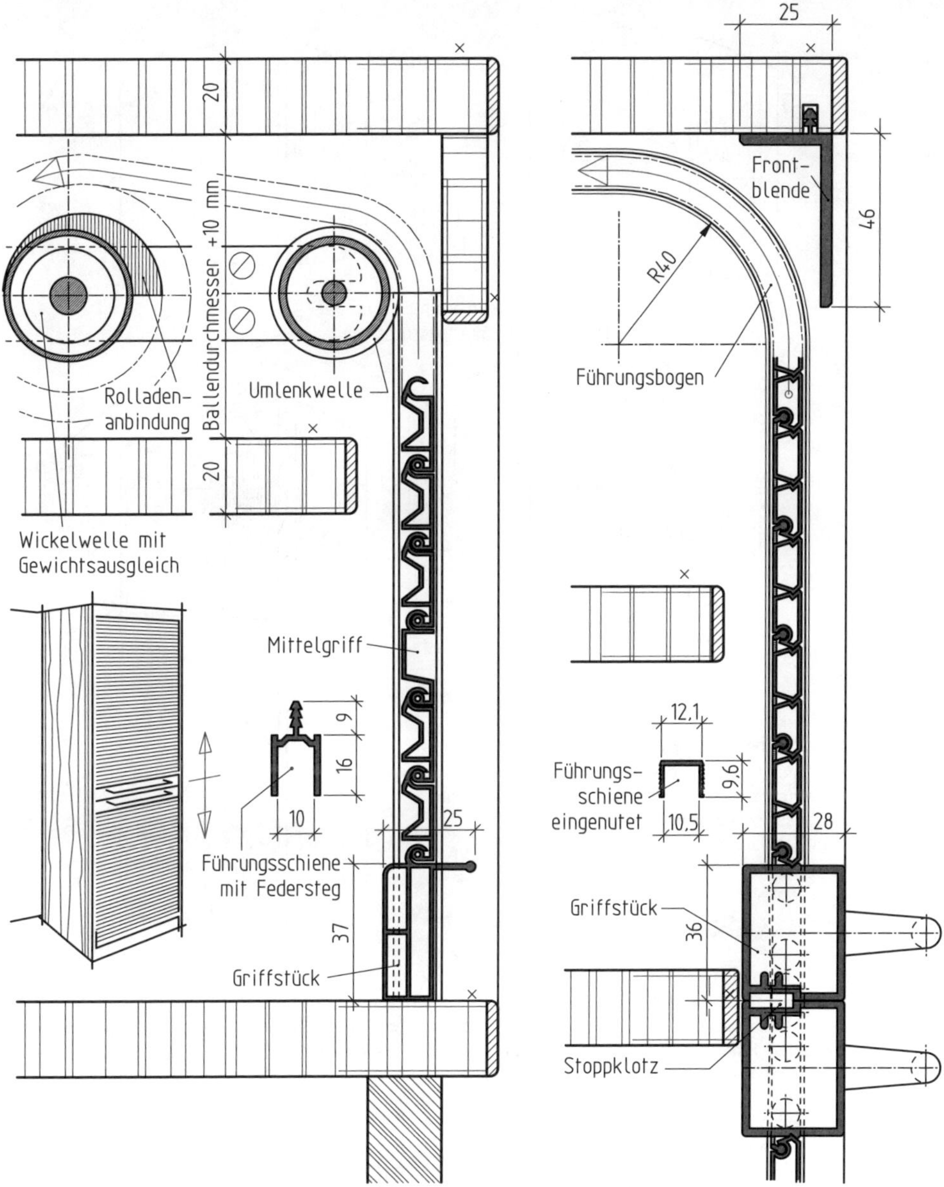

Bild 5.2-108 Verschluss der Schrankwände durch Rollladen aus Kunststoff oder Leichtmetall. Die Führungsschienen sind auf die Seiten aufgesetzt. Der Rollladen läuft über eine Umlenkwelle zur Wickelwelle, in die eine Torsionsfeder eingebaut ist, die gleichzeitig als Gewichtsausgleich dient. In sehr hohe Rollläden können Mittelgriffe eingesetzt werden (Hä, Ht, Ne, Re, Schü sinngem.).

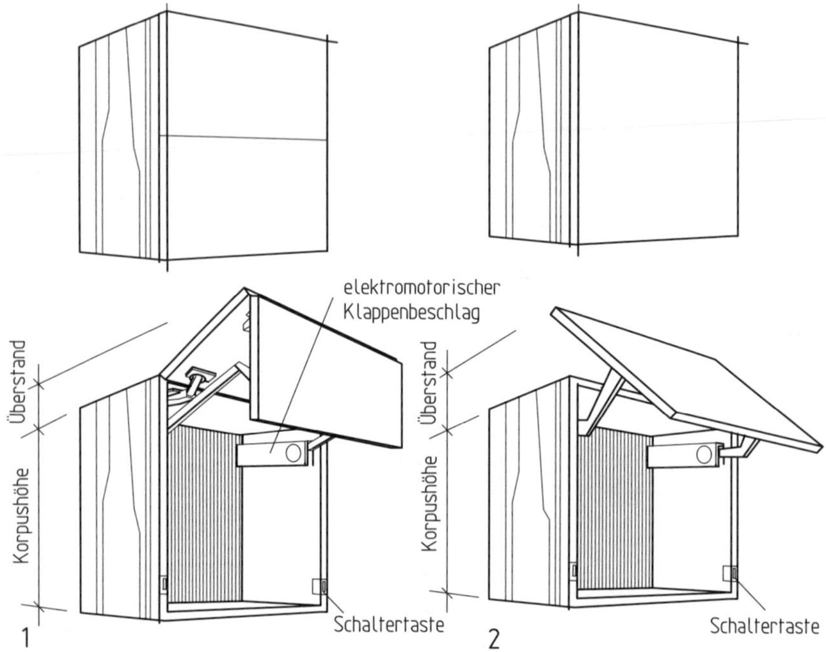

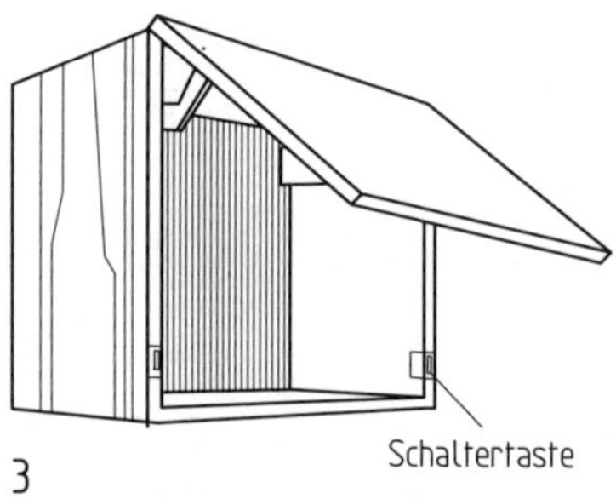

Bild 5.2-109 Klappensysteme. Die Klappen können nur durch Druck auf die Front elektromotorisch geöffnet und durch Berühren einer Schaltertaste wieder geschlossen werden. 1 Hochfaltklappe, 2 Hochschwenkklappe.

Bild 5.2-110 (Seite 359) Horizontalschnitt durch einen Oberschrank, der mit einer grifflosen Faltklappe verschlossen ist. Sie ist am Oberboden mit 120°-Topfscharnieren ohne Federzuhaltung angeschlagen, der untere Klappenteil an den oberen mittels Topfzwischenscharnier. Der eigentliche Klappenbeschlag wird oben an die Innenflächen der Korpusseiten geschraubt, von dem jeweils ein Gelenkhebel bis zum unteren Klappenteil führt. Mindestens auf einer Seite, nur bei sehr breiten und schweren Klappen sitzt auf beiden Seiten auf dem Klappenbeschlag eine Antriebseinheit, die den Klappenbeschlag bewegt. Durch Druck auf die Front werden die beidseitig eingelassenen Schaltertasten betätigt und die Klappe faltet nach oben. Durch nochmaligen Druck auf eine Schaltertaste schließt die Klappe wieder. Die Kommunikation zwischen Schalter und Antriebseinheit erfolgt drahtlos über Funk. Die Antriebseinheit für die Betätigung des Beschlags benötigt 24 V Gleichspannung, die ein Netzgerät liefert. Je nach Korpushöhe und Klappengewicht sind die Antriebsstärken für die Beschläge auszuwählen sowie die Höhenlage der Beschlagsbohrung und die Größe des Überstandes der geöffneten Klappe über dem Oberboden zu bestimmen (Bl, Gr).

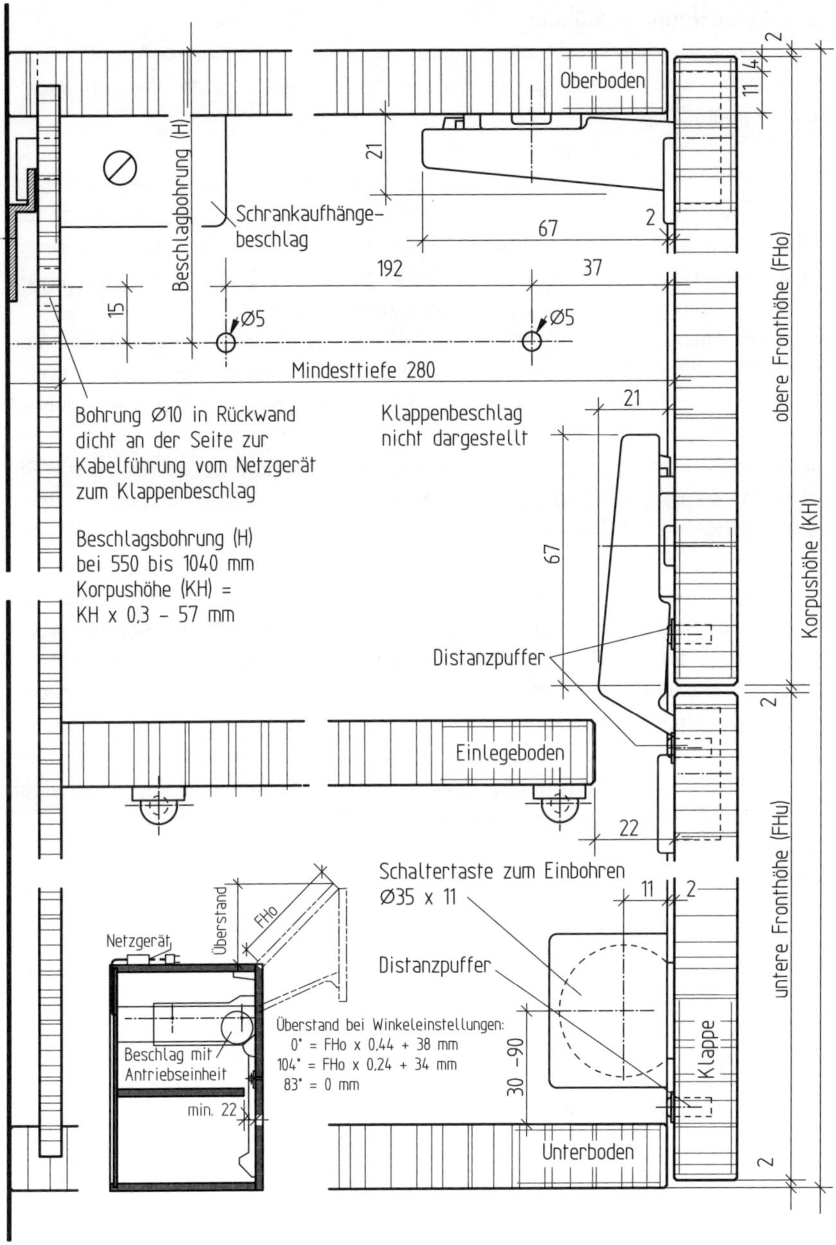

Bild 5.2-110 Horizontalschnitt durch einen Oberschrank mit einer grifflosen Faltklappe (siehe Seite 358)

5.2.3 Beleuchtung in Möbeln

Zum Beleuchten der Möbel stehen verschiedene Leuchtmittel zur Verfügung. Im Wesentlichen sind es die Niedervolt-Halogenlampen, die Leuchtstofflampen und die LED-Lampen.

Halogenlicht wirkt wie natürliches Licht. Es überzeugt durch seine starke Helligkeit und lässt die in Vitrinen ausgestellten Gegenstände in Farbe und Glanz besonders brillant zur Geltung kommen. Halogenlicht wird außerdem für die Ausleuchtung größerer Flächen, zum Beispiel über Arbeitsplatten und vor Möbelfronten, bis hin zur Raumbeleuchtung eingesetzt. Die Halogenlampen sind dimmbar.

Niedervolt-Halogenlampen benötigen nur 12 Volt Wechselspannung. Ein Transformator muss daher vorgeschaltet werden, der die Netzspannung von 230/240 Volt auf die benötigte Spannung heruntertransformiert. Standardisierte Steckverbindungen vereinfachen die Installation.

Die Halogenlampen gibt es mit 10 Watt bis 50 Watt Leistung. Sie sind in der Regel innen verspiegelt. Sie können in vielfältig gestaltete Leuchten eingebaut, oder in flacher Bauweise in Einlegeböden oder Korpusflächen eingebohrt werden. Einbauleuchten haben einen Durchmesser von ca. 60 mm und müssen je nach Wattleistung 17 mm bis 35 mm tief eingebohrt werden. Durch die Wärmeentwicklung der Leuchten könnten aber die Böden oberhalb der Leuchte rissig werden oder sich verfärben. Deshalb empfiehlt sich der zusätzliche Einbau einer Thermodose. Die Lampen erzeugen auch Strahlungswärme, deshalb muss der vorgeschriebene Abstand zu brennbaren Gegenständen unbedingt eingehalten werden. Es gibt Sicherheitsleuchten mit Abschaltautomatik, die dann ausschalten, wenn der Sicherheitsabstand zwischen Leuchte und Gegenstand (wie zum Beispiel über einer offen stehen gebliebene Tür) von 30 mm unterschritten wird (B 5.2-111).

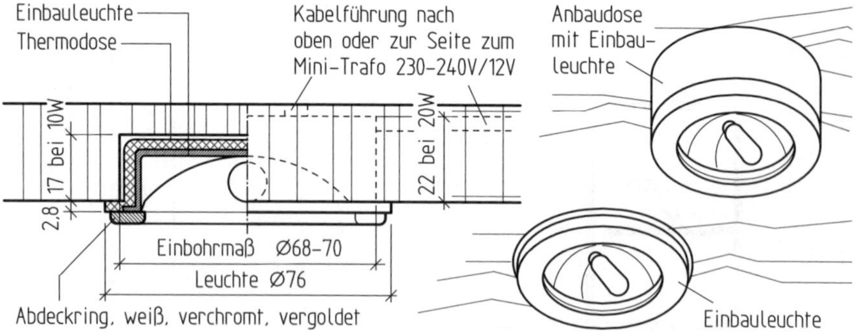

Bild 5.2-111 Halogeneinbauleuchten, im eingebauten Zustand mit Thermodose und rechts oben in eine Aufbaudose gesetzt (Hä, He, Her).

Leuchtstofflampen ergeben ein breit strahlendes, gleichmäßiges Licht, je nach Leuchtmittelwahl von kaltweißer oder warmweißer Lichtfarbe. Sie benötigen wenig Energie und sind besonders langlebig. Leuchtstofflampen benötigen ein elektronisches Vorschaltgerät, damit sie flackerfrei starten. Sie sind aber nicht dimmbar. Leuchtstofflampen sind in der Regel röhrenförmig, haben einen Durchmesser von ca. 20 mm und die Längen 600 mm (14 W), 900 mm (21 W) und 1200 mm (28 W). Es gibt auch Miniröhren von nur 4 mm Durchmesser. Während normale Leuchtstofflampen meistens in kastenförmige Leuchten oder in Leuchtprofile mit Glasblenden eingebaut werden, können Miniröhren an Bodenkanten, in Kleiderstangen, in Auszügen usw. installiert werden und so die Schrankinnenräume ausleuchten. Die Leuchtstofflampen selbst werden auch bei langer Brenndauer nur mäßig warm (B 5.2-112).

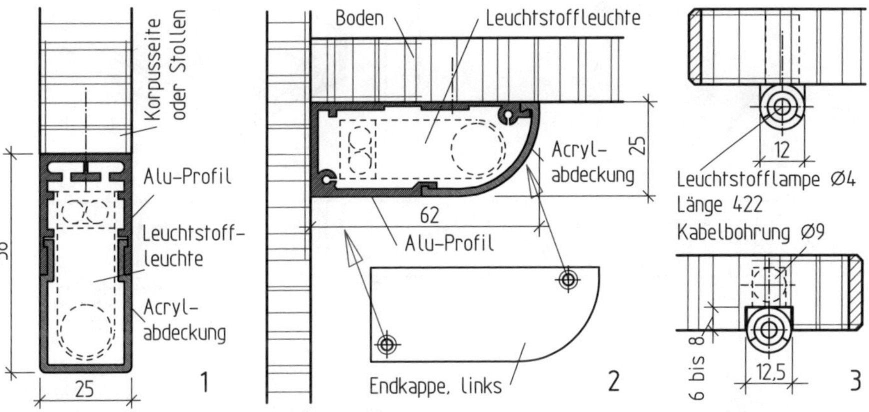

Bild 5.2-112 Beispiele von Leuchtstoffleuchten. 1 Lichtschiene auf einer Korpuskante, 2 Arbeitsplatzleuchte unter Oberschränken, 3 Minileuchtstoffröhren unter Fachböden (Hä, He).

LED-Leuchten zeichnen sich durch geringen Stromverbrauch bei größerer Lichtausbeute und langer Lebensdauer aus. Die einzelnen LED-Lämpchen haben nur geringe Abmessungen, sind relativ stoß- und vibrationsfest. Sie lassen sich deshalb und auch wegen der geringen Wärmeentwicklung gut in Möbeln und Einbauschränken einbauen. Die LED-Lämpchen können zu LED-Lichtbändern hintereinander gereiht, zu Gruppen in LED-Leuchten zusammengefasst oder auch einzeln wahlfrei angeordnet werden. Sie können in sehr schmale Alu-Schienen eingesetzt, so in die Möbelflächen oder -kanten eingenutet, in Kleiderstangen eingelassen oder hinter Glasböden angeordnet werden, um deren Kanten zu beleuchten. Gruppenmäßig angeordnete LEDs bilden entweder kreisförmige, quadratische oder rechteckige Lichtfelder, die in LED-Leuchten als Einbau- oder Aufbauleuchten zusammengefasst werden. Die Lichtfarbe der LED-Leuchten ist normal kaltweiß, warmweiß oder auch blau. LED-Leuchten sind dimmbar. Durch das Zusammenspiel von roten, gelben und blauen Lichtdioden kann jede erdenkliche Farbe vom warmen Rot über leuchtendes Orange bis zum kühlen Blau erzielt werden. LED-Leuchten benötigen in der Regel eine Betriebsspannung von 12 V oder 24 V, sodass ein Vorschaltgerät (Trafo) erforderlich ist (B 5.2-113).

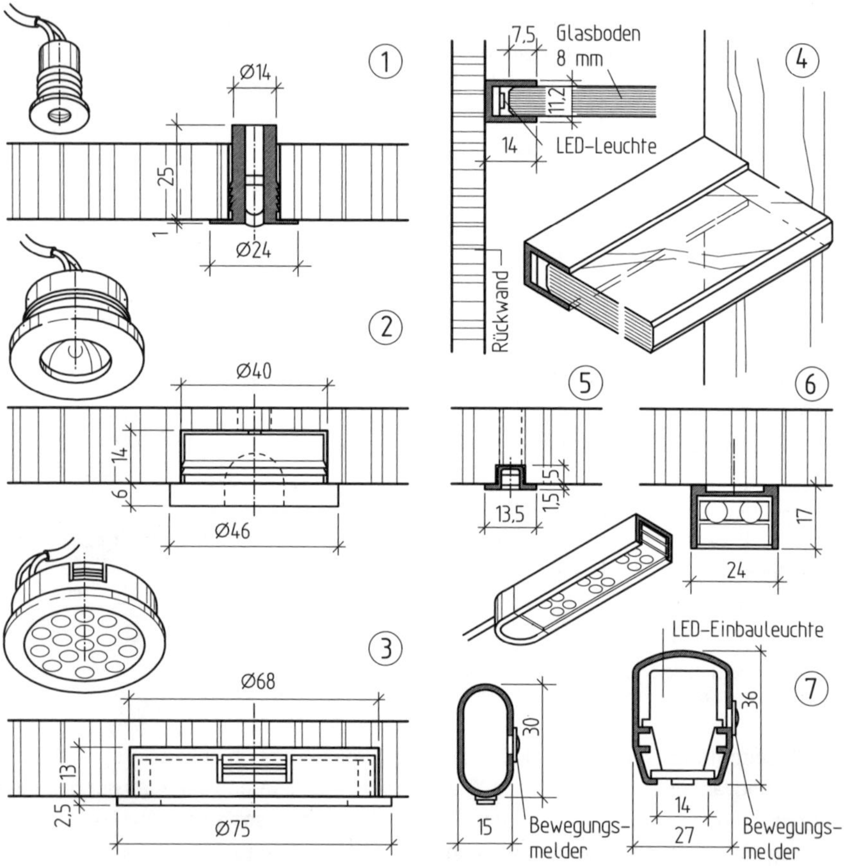

Bild 5.2-113 Beispiele von LED-Leuchten. 1 Kleine Punktbeleuchtung, 2 und 3 mit LEDs bestückte Einbohrleuchten, 4 Leuchtband hinter Glasböden, 5 eingenutetes Leuchtband, 6 Langfeldleuchte zum Aufschrauben, 7 LED-Leuchten in Kleiderstangen (Hä, He, Her).

Zum Ein- und Ausschalten der Leuchten stehen normale Schalter wie Wippschalter, Taster, Fußschalter usw. zur Verfügung. Eleganter sind aber die Berührungsschalter, berührungslose Schalter, Funkschalter und Türkontaktschalter.

6 Deckenverkleidungen

Decken in Räumen können aus ästhetischen und aus technischen Gründen verkleidet werden. Hierfür verwendet man Vollholzbretter, Platten aus Holzwerkstoffen, Platten aus Mineralfasern, Gips, Metall und Kunststoff oder Schienen aus Kunststoff beziehungsweise Metall. Aus ästhetischen Gründen werden Deckenverkleidungen vorgesehen, damit die Räume niedriger, behaglicher oder wertvoller wirken. Aus technischen Gründen werden Deckenverkleidungen eingebaut, um die Raumhöhe zu verringern, um Installationsleitungen, Klimakanäle, Beton- und Stahlunterzüge zu verdecken, die Schalldämmung beziehungsweise die Raumakustik zu verbessern oder den Wärmedurchlasswiderstand der Decke zu erhöhen.
Jede Deckenverkleidung besteht aus der Unterkonstruktion und der Deckenschale, auch Decklage genannt. Ist die Unterkonstruktion direkt am tragenden Bauteil, wie zum Beispiel an der Betondecke, verankert, spricht man von einer direkten Deckenverkleidung oder kurz von einer **Deckenbekleidung**. Ist die Unterkonstruktion mit der Deckenschale vom tragenden Bauteil abgehängt, nennt man sie abgehängte Deckenverkleidungen oder kurz **Unterdecken**.
Leichte Deckenbekleidungen und Unterdecken sind in der DIN 18168 genormt. Es sind Deckenverkleidungen, die einschließlich Decklage beziehungsweise Deckenschale, Einbauten und Unterkonstruktion eine Eigenlast von 0,5 kN/m^2 (Gewicht von 50 kg/m^2) nicht überschreiten. Sie haben im Wesentlichen selbst keine Tragfähigkeit, sondern sind an tragenden Bauteilen befestigt. Sie dürfen auch nicht betreten werden. Für schwerere Decken und spezielle Deckenbekleidungen und Unterdecken, die nicht in diese Norm fallen, sind besondere Konstruktionen und auch statische Berechnungen erforderlich.

6.1 Architektonische Wirkung

Deckenverkleidungen verändern den Raumeindruck. Die Dimensionen der Räume werden betont. Räume mit verkleideten Decken wirken vielfach wertvoller, aber auch niedriger. Besteht die Decklage der Deckenbekleidungen und Unterdecken aus Holz oder furnierten Holzwerkstoffen, erscheinen die Räume in der Regel wärmer und behaglicher. Verkleidungsschalen aus Metall oder weißem Kunststoff wirken dagegen nüchtern und sachlich. Durch schlichte, helle Decklagen erscheint der Raum weiter

und größer. Stark gegliederte und dunkle Verkleidungsflächen vermitteln einen gedrückten und verkleinernden Eindruck. Werden Verbretterungen angebracht, sollten die Fugen parallel zur Fensterfront verlaufen, um mit den Sichtfugen eine plastische Wirkung zu erzielen. Bei sehr großen Räumen kann man zwischen den Wänden und der Deckenverkleidung einen Abstand lassen, durch den ein umlaufender Fries entsteht. Der breite Fries kann die bis zur Decke durchlaufenden Lisenen oder Mauervorsprünge aufnehmen, ohne die Gliederung der Decke zu zerstören. Führen Säulen oder Pfeiler in die Decke, ist bei der Gliederung der Deckenschale hierauf Rücksicht zu nehmen. Kassettenrahmen oder Gliederungsfugen dürfen durch Säulen und Pfeiler nicht zerschnitten werden. Werden Decke und Wände verkleidet, sind die Fugenteilungen der Decken- und der Wandverkleidung aufeinander abzustimmen. Ist das nicht möglich, sollte die Wandverkleidung von der Deckenverkleidung durch einen Fries oder ein Gesims getrennt werden.
In Decken muss in der Regel eine Raumbeleuchtung eingebaut werden. Der Sitz der Einbau- oder Aufbauleuchten ist bei der Deckenverkleidung besonders zu planen. Allgemein ist zu beachten, dass Leuchten nicht direkt auf die Verkleidungsfläche strahlen, da sonst die kleinsten Unebenheiten in der Decke sichtbar werden und sie sich selbst, besonders in blanken Decken, unangenehm spiegeln.

6.2 Unterkonstruktion

Die Unterkonstruktion ist der tragende Teil der Deckenverkleidung. Mangelhafte Qualität der Unterkonstruktionen und zu große Stützweiten der Befestigungspunkte wirken sich nachteilig auf die Stabilität der Verkleidung und die Ebenheit der Decklage aus. Nicht ausreichend befestigte Unterkonstruktionen können ein Herabstürzen von Deckenteilen oder der gesamten Deckenverkleidung auslösen. Selbst beim Versagen eines Befestigungspunkts darf keine Kettenreaktion erfolgen, die die gesamte Deckenverkleidung zum Einsturz bringt. Schwere Beleuchtungskörper, Lüftungsklappen, Vorhangschienen usw. sind gesondert am Baukörper zu befestigen. Die Unterkonstruktion ist in der Ebene gut auszurichten. Schlecht ausgerichtete Unterkonstruktionen und zu große Stützabstände bewirken unebene Deckenflächen.

6.2.1 Unterkonstruktion für Deckenbekleidungen

Die Unterkonstruktion für Deckenbekleidungen wird direkt an der Gebäudedecke befestigt. Sie kann aus Holz oder Metall bestehen. Gemäß DIN 18168, leichte Deckenbekleidungen und Unterdecken, ist sie so zu bemessen, dass sie höchstens 1/500 der Stützweite, zum Beispiel des Abstands der Befestigungspunkte, jedoch insgesamt nicht mehr als 4 mm durchbiegt.
Die Unterkonstruktion aus Holz für Deckenbekleidungen besteht entweder aus einer Grundlattung, die gleichzeitig Traglattung ist, oder aus einer Grundlattung mit einer

quer hierzu angeordneten Traglattung (Konterlattung). Der Querschnitt der Grundlattung und auch der Traglattung muss mindestens 24 × 48 mm betragen. Wird eine Konterlattung angewendet, beträgt der Querschnitt der Grundlattung in der Regel 40 × 60 mm und der Traglattung 24 × 48 mm. Die Querschnitte beider Latten können auch 30 × 50 mm betragen. Die Kreuzungspunkte werden durch eine Schraube verbunden. Die Verankerungslänge der Schraube muss mindestens 5-fachen Schraubenschaftdurchmesser, darf jedoch nicht weniger als 24 mm betragen. Das Holz für Unterkonstruktionen muss mindestens der Güteklasse II nach DIN 4074, Teil 1, entsprechen, scharfkantig sein und darf eine Holzfeuchte von höchstens 20 % aufweisen. Es ist aber zu bedenken, dass sich der Feuchtegehalt des Holzes in zentralbeheizten Räumen auf etwa 6 % bis 10 % einpendelt und dann mit erheblichem Holzschwund zu rechnen ist.

Die Verankerung der Unterkonstruktion für Deckenbekleidungen an den tragenden Bauteilen erfolgt in der Regel durch Schrauben in Dübel. Es dürfen nur Dübel verwendet werden, die eine bauaufsichtliche Zulassung haben. Dies gilt besonders in Bezug auf den Brandschutz für Decken in öffentlichen Gebäuden. Die Verankerung an einbetonierten Holzlatten ist generell nicht zulässig. Die Befestigung der Unterkonstruktion an tragenden Bauteilen mit Setzbolzen scheidet gewöhnlich aus, da jeder Setzbolzen auf festen Sitz zu prüfen ist, die Decken darüber nicht begangen werden dürfen und zahlreiche weitere Vorschriften zu beachten sind.

Die Abstände der Verankerungsstellen in Richtung der Lattung hängen im Wesentlichen vom Querschnitt der verwendeten Lattung ab, die Abstände der Traglattung von der Dicke der Profilbretter beziehungsweise vom Gewicht der Decklage (siehe Bild 6.2-1 bis 5).

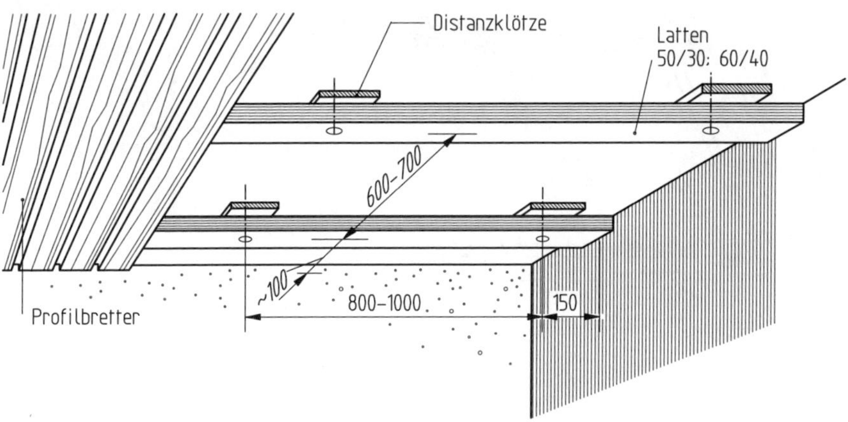

Bild 6.2-1 Unterkonstruktion für eine Deckenbekleidung. Die Decklage besteht aus Profilbrettern, die auf einer einfachen Lattung befestigt werden. Der Abstand der Lattung richtet sich nach der Dicke der Profilbretter. An den Wänden wird eine schmale Schattenfuge eingehalten.

Für Nut- und Federbretter beziehungsweise -platten gibt es für die Unterkonstruktion Profilschienen aus verzinktem Stahl, die druckknopfartig auf ausgerichteten Schraubenköpfen befestigt werden. Die Schrauben werden in Dübel eingedreht und vorjustiert und können durch Langschlitze in der Metallschiene bei Bedarf nachjustiert werden. Die Schienen sind 2,60 m lang und können durch Längsverbinder in den Schienenstößen miteinander verbunden werden. Die Abstände der Schienen untereinander betragen ca. 600 mm. Auf diese Schienen können mit besonderen Klammern profilierte Bretter oder Platten aufgeklippst werden (Bild 6.2-5).

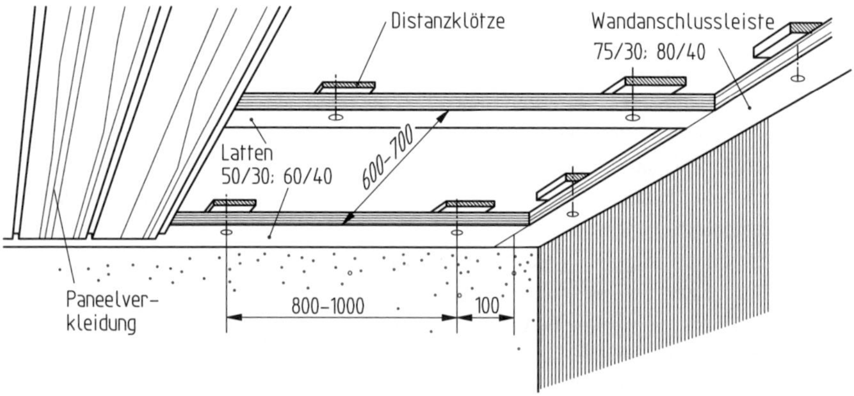

Bild 6.2-2 Einfache Lattung für eine Paneelverkleidung mit umlaufender Wandanschlussleiste, die an den Wänden anzupassen ist.

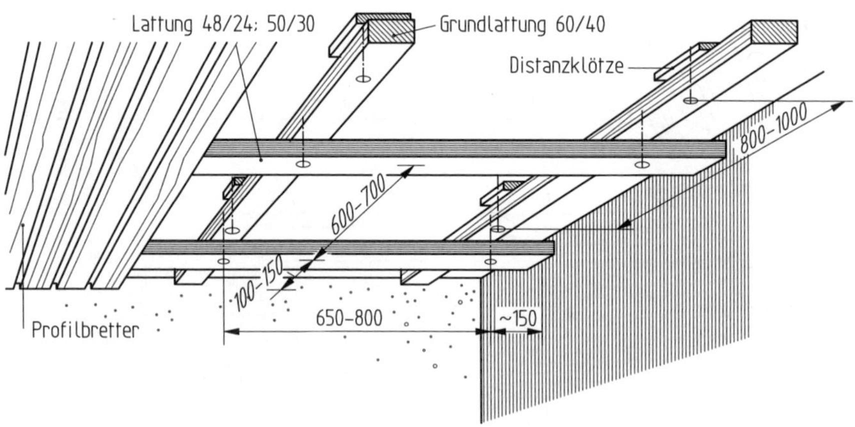

Bild 6.2-3 Unterkonstruktion für eine Deckenbekleidung, bestehend aus einer Grundlattung und einer Traglattung (Konterlattung). Dadurch entsteht ein größerer Luftraum zwischen Bauteil und Decklage.

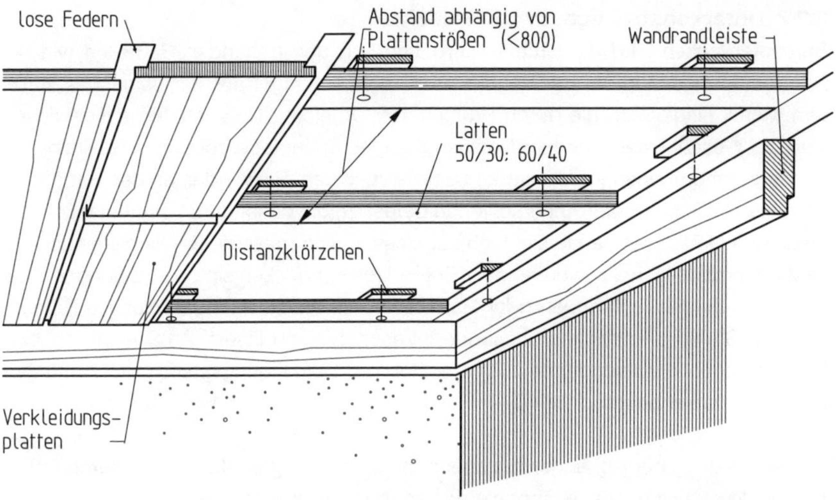

Bild 6.2-4 Einfache Lattung für eine Plattenverkleidung mit Wandanschluss- und Wandrandleiste. Der Abstand der Latten ist auf die Plattendimensionen abzustimmen.

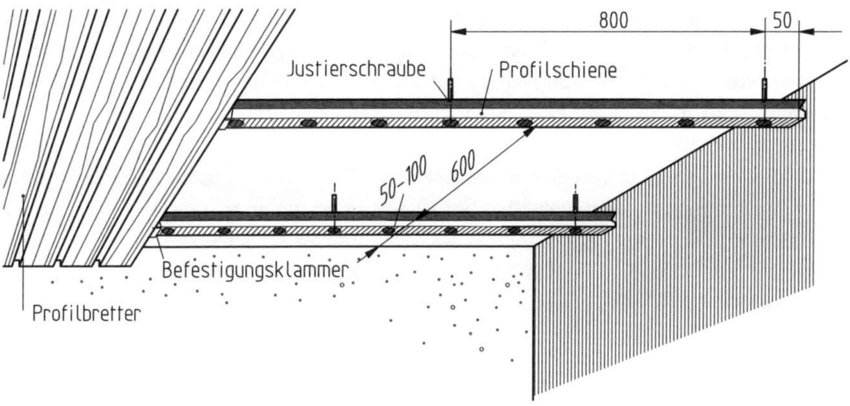

Bild 6.2-5 Unterkonstruktion aus Metallprofilschienen. Sie werden auf die Justierschrauben aufgeklippst. Die Decklage wird mit Klammern auf den Schienen befestigt (Os).

6.2.2 Unterkonstruktion für Unterdecken

Bei Unterdecken wird die Unterkonstruktion von den tragenden Bauteilen wie die Rohdecke abgehängt. In der Regel werden hier Abhänger aus korrosionsgeschütztem Metall eingesetzt, die durch Prüfzeugnis für leichte Unterdecken ausgewiesen sind. Im Wesentlichen sind hier Noniusabhänger, Spannfederabhänger, Schlitzbandabhänger und überlange Schrauben zu unterscheiden. Sie werden an den tragenden Bauteilen in Dübeln oder Ankerschienen befestigt, die besonders beim Einsatz in öffentlichen Gebäuden bauaufsichtlich zugelassen sein müssen. Bei Hohlsteindecken sind besondere Dübel zu verwenden. Bei Holzbalkendecken sind die Abhänger ohne Probleme mit Holzschrauben oder Hakenschrauben zu befestigen. Für die Befestigung an Stahlprofile kommen besondere Laschen zum Einsatz. An Spannbetonbalken und auch Stahlbetonunterzügen sollten die Befestigungsstellen der Abhänger mit dem Statiker besprochen werden, damit die Betonüberdeckung der Stahlbewehrung nicht abplatzt.

Die Befestigung der Abhänger hat aber stets so zu erfolgen, dass diese durch Anheben der Decke nicht ausgehängt werden können. Die Abhänger tragen die Unterkonstruktion aus korrosionsgeschützten Metallschienen oder aus Holz. Die Unterkonstruktion aus Holz besteht aus der Grundlattung, auf der quer zu ihr die Traglattung befestigt ist. Die Traglattung trägt die Decklage (Deckenschale). Die Latten werden im Kreuzungspunkt durch Nagelung oder durch Schrauben miteinander verbunden. Bei einer Nagelung sind pro Befestigungsstelle zwei Nägel schwalbenschwanzförmig einzutreiben. Die Verankerungslänge beträgt das 1,5-Fache. Wird zum Beispiel eine 24 mm dicke Traglatte auf einer Grundlatte befestigt, beträgt die Nagellänge (24 mm + 36 mm) 60 mm.

Bei der Verwendung von Schrauben ist für jeden Kreuzungspunkt eine Schraube vorgeschrieben mit einer einfachen Verankerungslänge von mindestens 24 mm oder 5-fachem Schraubenschaftdurchmesser. Wird zum Beispiel eine 24 mm dicke Traglatte auf einer Grundlatte befestigt, beträgt die Schraubenlänge (24 mm + 24 mm) ca. 50 mm (Bild 6.2-6 und 7).

(Seite 369)

Bild 6.2-6 Unterkonstruktion für Unterdecken mit Noniusabhängern abgehängt. Diese werden wechselseitig oben an Montagelatten und unten an Grundlatten befestigt (Fr, Pro).

Bild 6.2-7 Unterkonstruktion für Unterdecken (abgehängte Deckenverkleidung). Die Spannfederabhänger (Pro) werden wechselseitig an den Grundlatten, die Traglatten in den Kreuzungspunkten mit einer Schraube unter der Grundlattung befestigt.

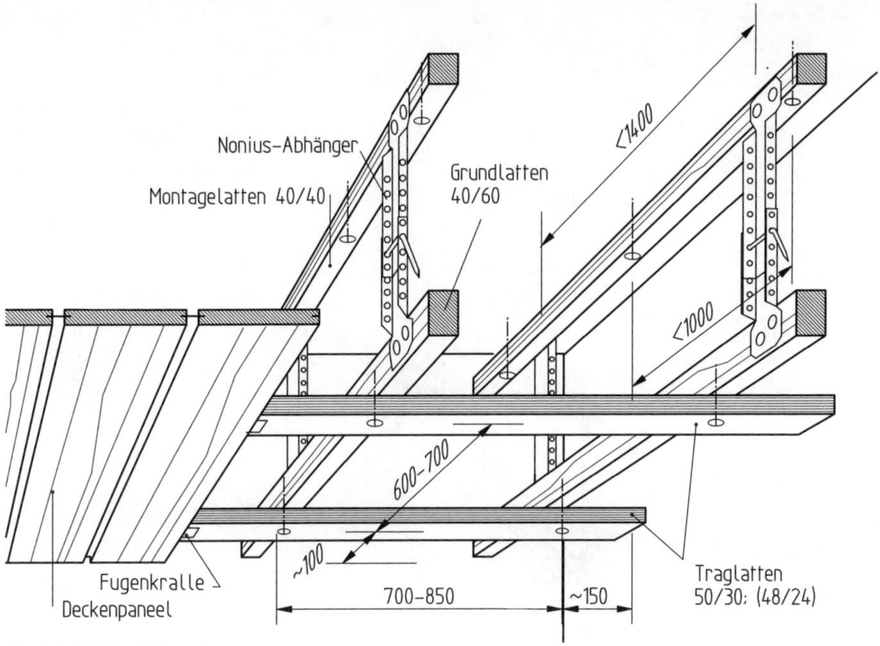

Bild 6.2-6 Siehe Seite 368

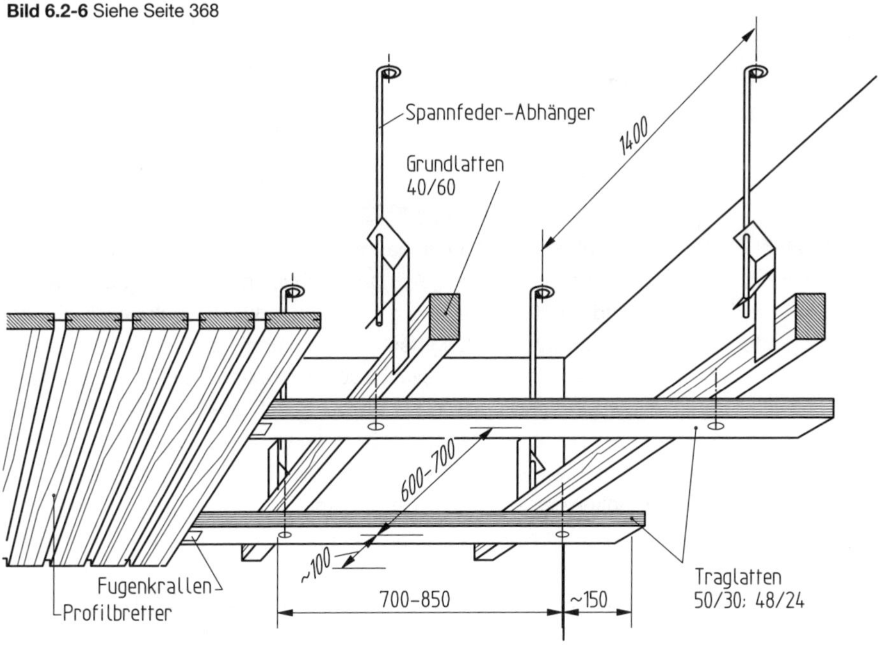

Bild 6.2-7 Siehe Seite 368

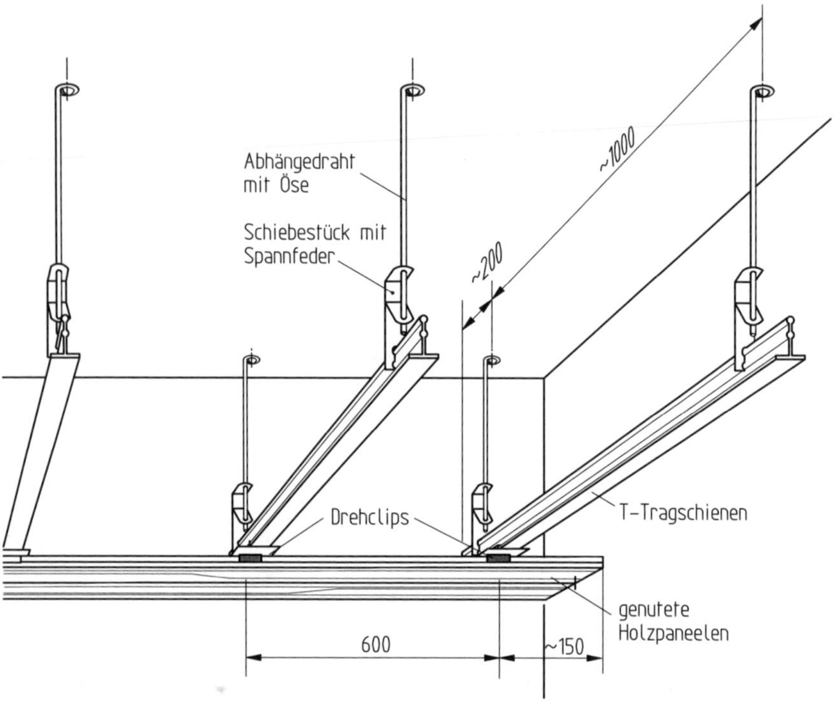

Bild 6.2-8 Unterkonstruktion mit Spannfederabhänger und Tragschienen aus Metall. Die Profilbretter werden mit Drehklipps befestigt (Fr, Pro).

Besteht die Unterkonstruktion aus Metall, handelt es sich in der Regel um geprüfte Systeme, die durch Zusammenstecken leicht und schnell montiert werden können. Die Metallschienen sind für die Aufnahme der Decklage wie Gipsplatten, Gipskartonplatten, Mineralfaserplatten, Metallgitter oder -platten besonders vorbereitet. Die Abstände der Abhänger sind vom Gewicht der Decke und dem Querschnitt der Grundlattung oder dem Widerstandsmoment der Tragschienen abhängig. Die Verformung der Unterkonstruktion von 1/500 der Stützweite, aber insgesamt höchstens 4 mm, darf in keinem Fall überschritten werden. Für leichte Unterdecken ist jedoch mindestens eine Verankerungsstelle je 1,5 m^2 Deckenfläche anzuordnen (Bild 6.2-8, 10 und 11). Seltener werden Abhänger aus Holz gefertigt. Sie müssen dann einen Querschnitt von 10 cm^2 aufweisen und mindestens 20 mm dick sein. Eine sichere Befestigung durch Nägel oder Schrauben muss möglich sein. Die Spaltgefahr ist zu beachten. Für den vorbeugenden Holzschutz für Unterkonstruktionen aus Holz gilt DIN 68800, Teil 1 bis Teil 3.

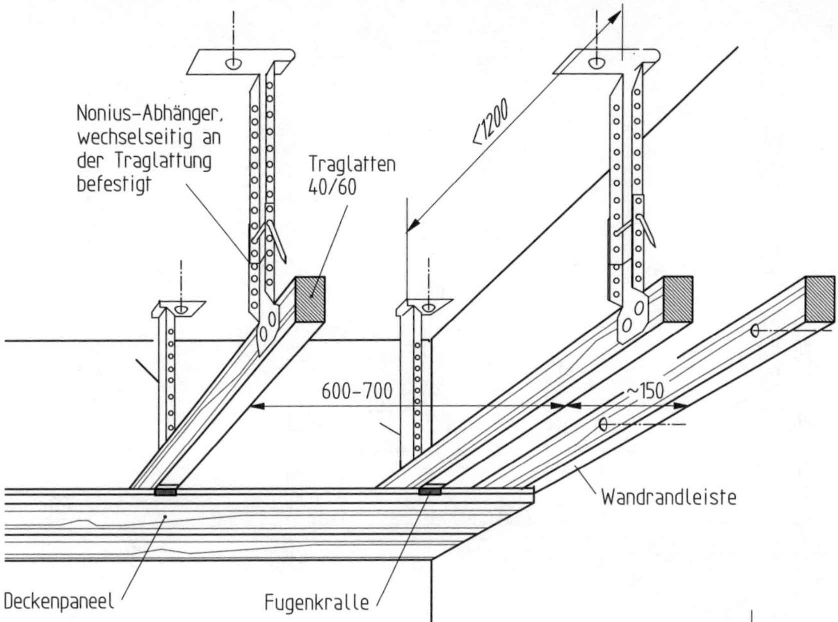

Bild 6.2-9 Siehe Seite 372

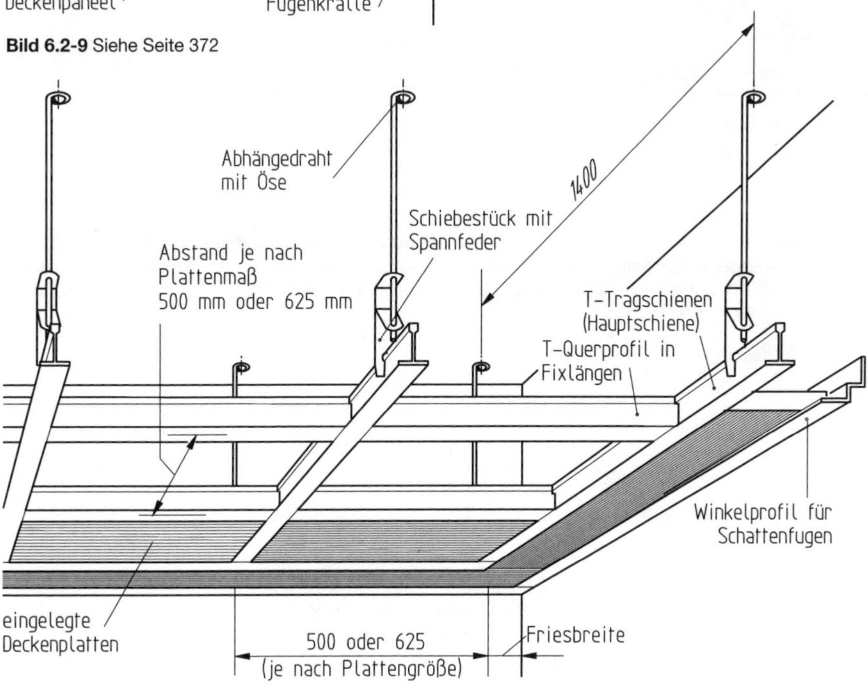

Bild 6.2-10 Siehe Seite 372

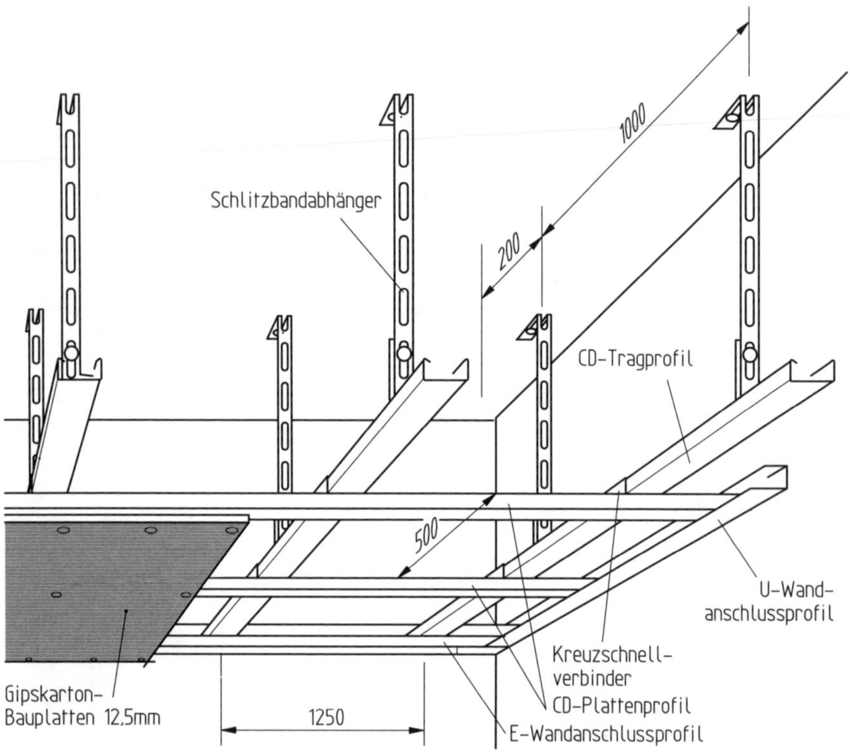

Bild 6.2-11 Unterkonstruktion aus Tragprofilen aus verzinktem Blech. Zum Abhängen wurden Schlitzbandabhänger mit Profilträgern verwendet. Für die Kreuzungspunkte verwendet man Kreuzschnellverbinder. Die Decklage, hier Gipskartonbauplatten, wird mit Blechschneidschrauben an den Tragprofilen befestigt (Fr, Kna, Pro).

Bild 6.2-9 (Seite 371) Einfache Unterkonstruktion, mit Noniusabhängern abgehängt. Die Grundlatten sind gleichzeitig auch die Traglatten, deshalb ist ein geringerer Abstand der Latten erforderlich (Fr, Pro).
Bild 6.2-10 (Seite 371) Unterkonstruktion aus T-Tragschienen aus verzinktem Blech, die mit Spannfederabhängem von der Decke abgehängt sind. An der Wand ist ein Winkelprofil für Schattenfugen befestigt. Diese Unterkonstruktion wird für Deckensysteme aus Mineralfaserplatten und Gipsplatten verwendet (Kna, Pro).

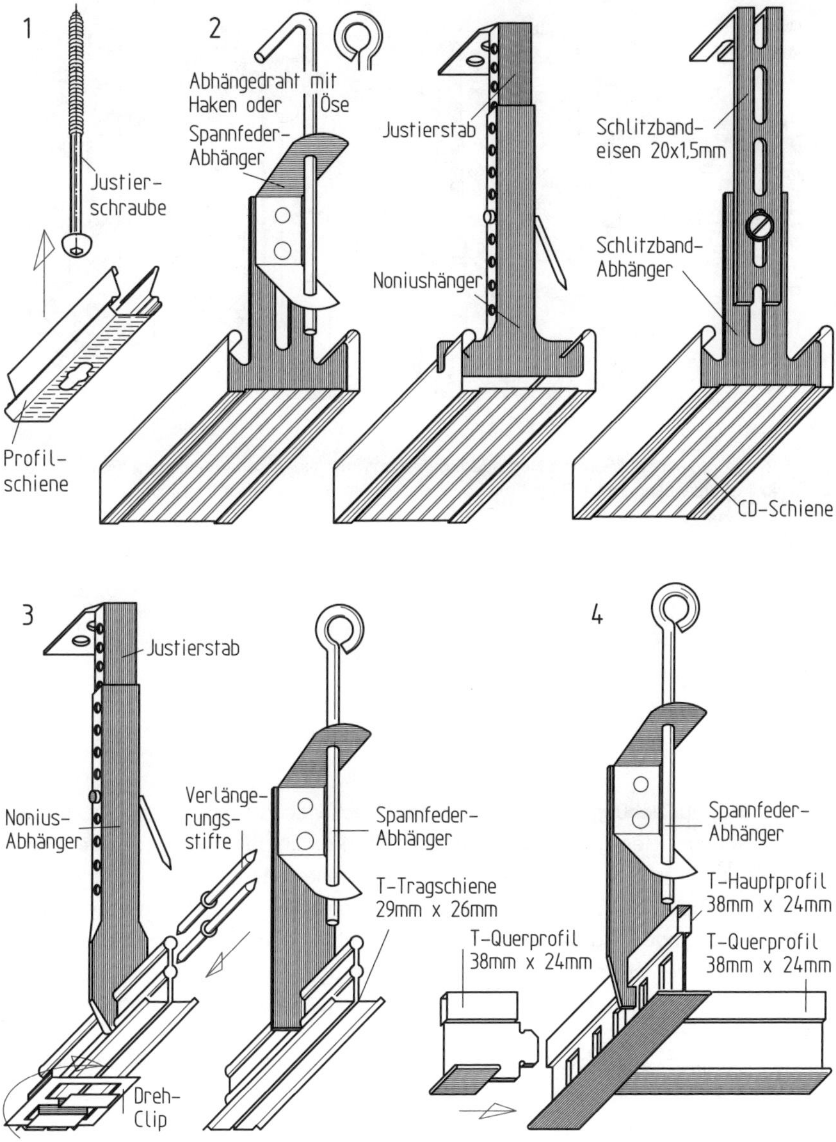

Bild 6.2-12 Unterkonstruktionssysteme mit Tragschienen aus Metall. 1 Profilschiene, die auf eine Justierschraube geklippst wird (Os); 2 sogenannte CD-Tragschienen aus verzinktem Blech mit Spannfeder-, Nonius- und Schlitzbandabhänger (Fr, Kna, Pro); 3 und 4 T-Trageschienen (Pro).

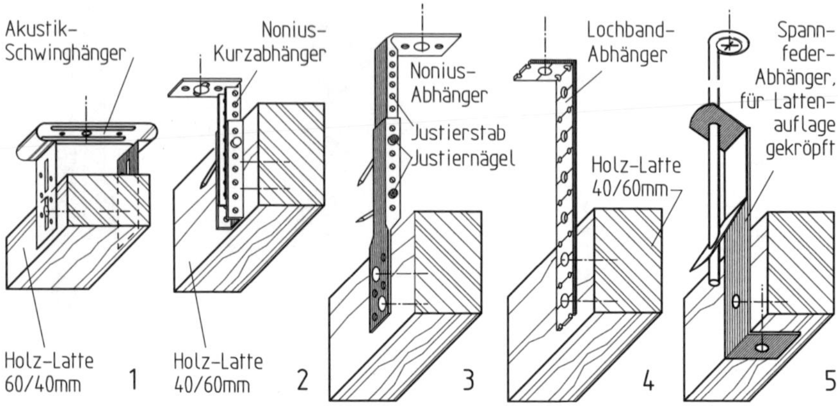

Bild 6.2-13 Unterkonstruktion aus Holzlatten, befestigt 1 mit Akustikschwinghängern (Fr, Pro), 2 und 3 mit Noniuskurzabhängern (Fr, Pro), 4 mit Lochbändern (Bi), 5 mit Spannfederabhänger (Kna, Pro).

Die Decklage beziehungsweise die sichtbare Deckenschale muss sicher an der Unterkonstruktion befestigt werden können. Sie darf durch den Winddruck oder Windsog, der durch geöffnete Türen und Fenster entstehen kann, nicht herunterfallen. In Turnhallen ist der Druck unter die Decke, der durch Ballwurf entstehen kann, bei der Wahl der Abhänger und der Befestigung der Unterkonstruktion und Deckenschale besonders zu berücksichtigen. Schwere Beleuchtungskörper, Lüftungsklappen usw. sind in der Unterkonstruktion auszuwechseln und gesondert an dem tragenden Bauteil zu verankern.

Werden leichte Trennwände an den leichten Deckenbekleidungen oder Unterdecken befestigt, müssen die aus den Trennwänden resultierenden Kräfte durch geeignete Konstruktionen aufgenommen werden, zum Beispiel durch direktes Ableiten der Kräfte auf Festpunkte. Diese Maßnahmen wie auch die Verankerung der Unterdecken und Deckenbekleidung, besonders wenn Schallschutz, Brandschutz oder Wärmeschutz gefordert werden, sind bei der Planung des Bauwerks zu berücksichtigen und in den Bauvorlagen anzugeben.

6.3 Balkendecken

Balkendecken weisen vorstehende Balken oder balkenförmige Verkleidungen auf. Die Felder zwischen den Balken können verputzt oder mit Brettern, furnierten oder kaschierten Platten oder Ähnlichem verkleidet werden. Bei echten Balkendecken tragen die Holzbalken die Deckenkonstruktion und die zu erwartenden Verkehrslasten. Zur Verschönerung können die Balken zusätzlich mit Brettern verkleidet werden. Scheinbalken sollen echte Balken vortäuschen. Sie werden aus Brettern oder furnierten Plattenwerkstoffen balkenförmig zusammengefügt und sind innen meistens hohl. Scheinbalken aus Massivholzbrettern sehen besonders echt aus. Die Oberflächen können, wenn gewünscht, rustikal geschroppt werden. Auch Scheinbalken sollten so angebracht und ausgebildet werden, dass sie wie echte tragende Balken aussehen. Darum sind Längsstöße in den Brettern und Verleistungen der Decken- und Wandanschlüsse zu vermeiden. Scheinbalken müssen auch wie echte tragende Balken in Richtung der kleinsten Spannweite des Raums laufen (Bild 6.3-1 bis 3).

Bild 6.3-1 (Seite 376) Balkendecke aus Scheinbalken, die direkt unter der verputzten Decke befestigt sind. Die Sichtflächen der Balken sind geschroppt. Bei der Variante bestehen die Felder aus Gipskartonplatten.

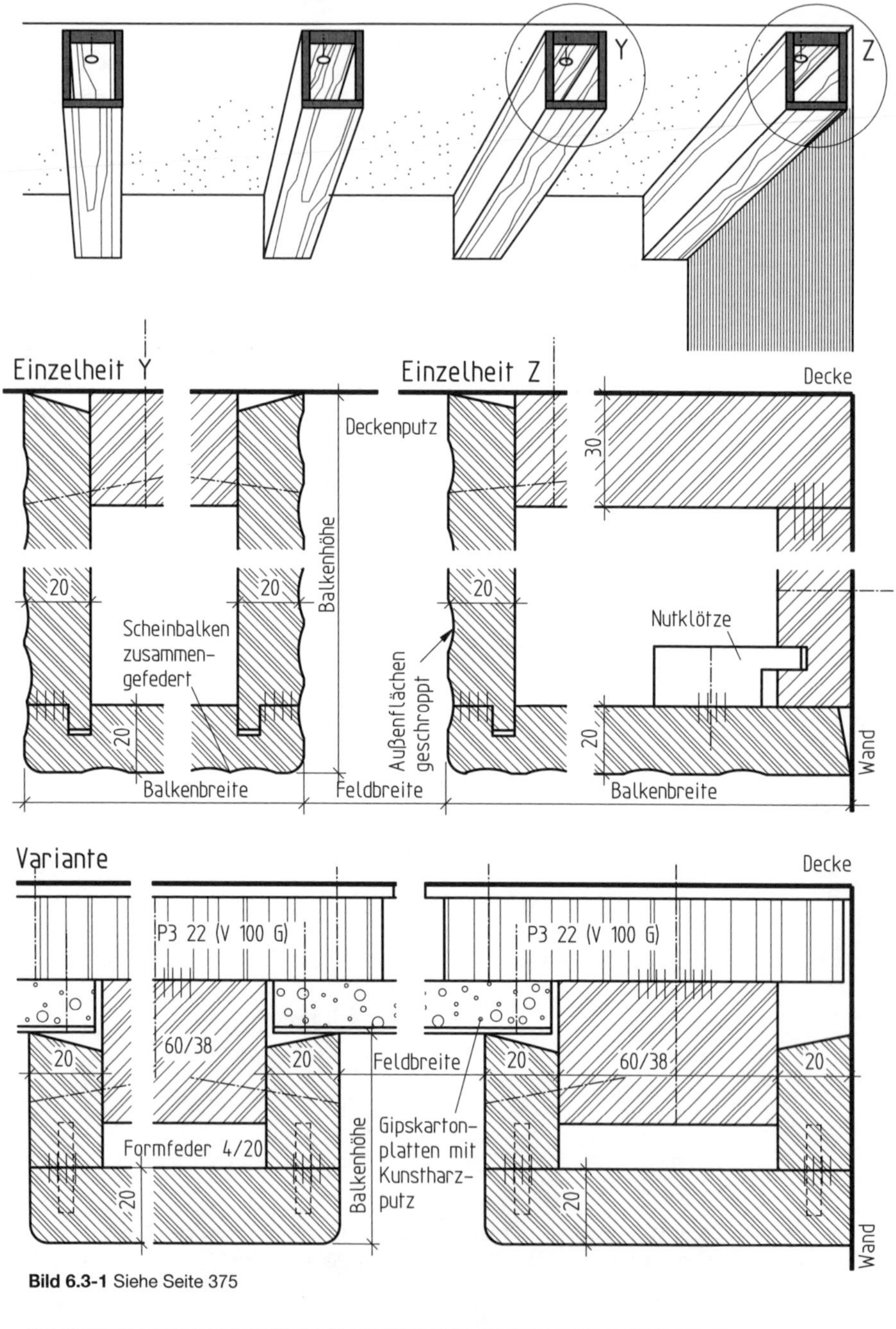

Bild 6.3-1 Siehe Seite 375

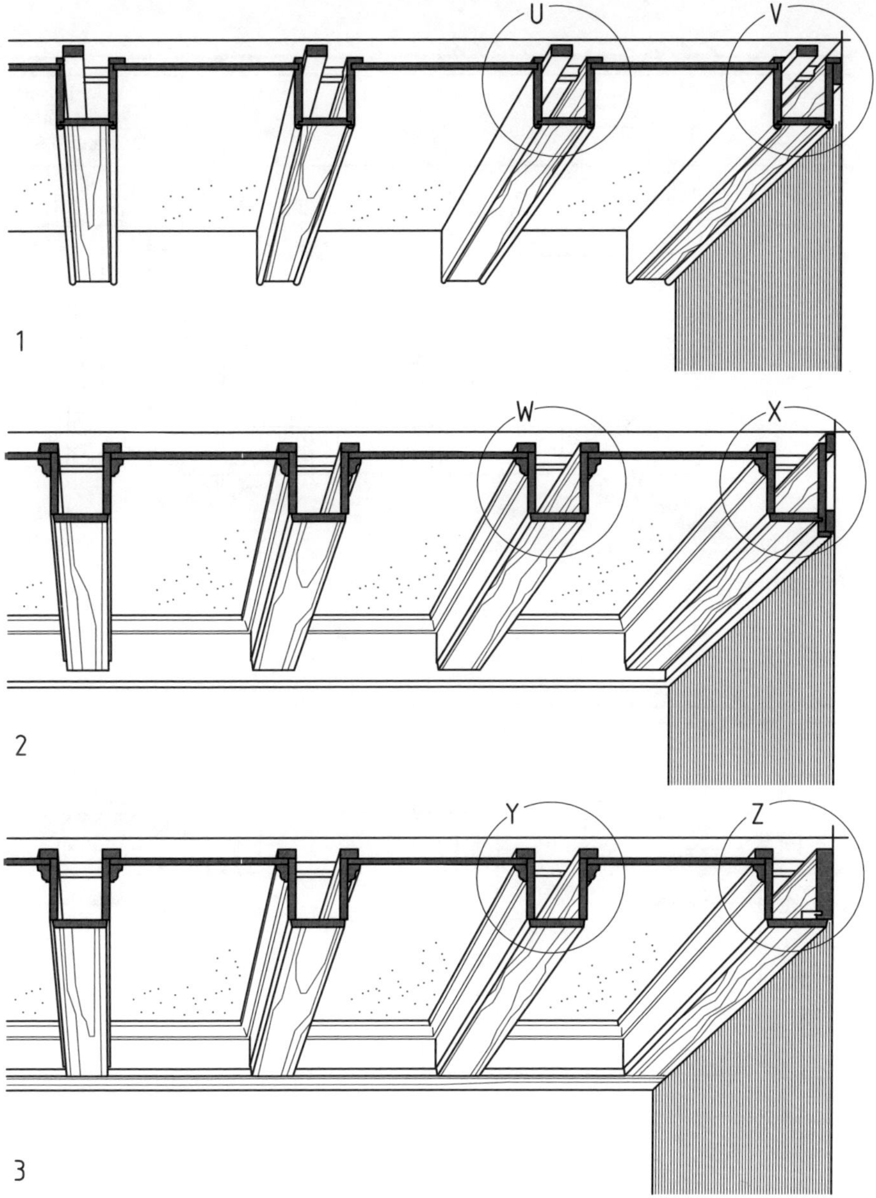

Bild 6.3-2 Balkendecken aus Scheinbalken. 1 Scheinbalken mit vorstehenden Kanten; die Felder zwischen den Balken sind furniert, können aber auch kaschiert sein. 2 Balkendecke mit umlaufendem Fries; die Felder sind mit Stoff oder Leder bespannt und eingeleistet. 3 Balkendecke mit umlaufendem Randbalken; die Felder bestehen aus furnierten Spanplatten.

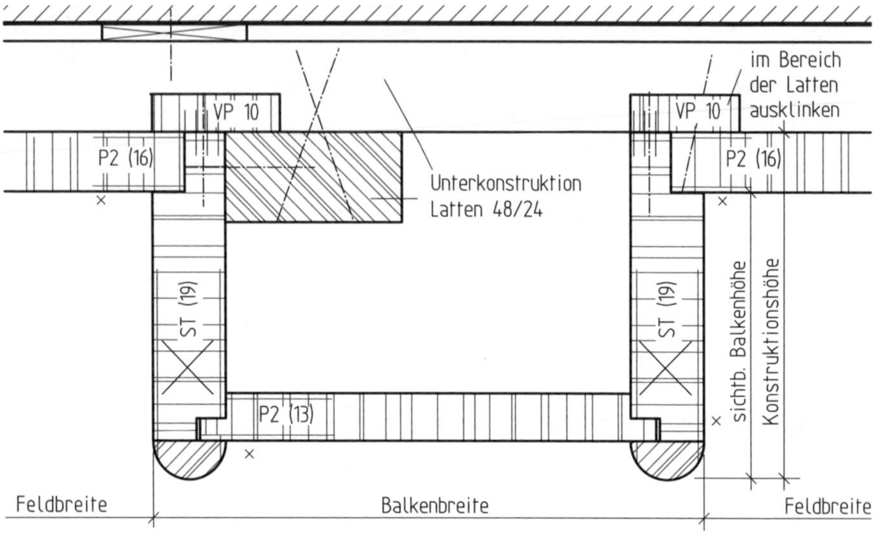

Einzelheit U

Variante

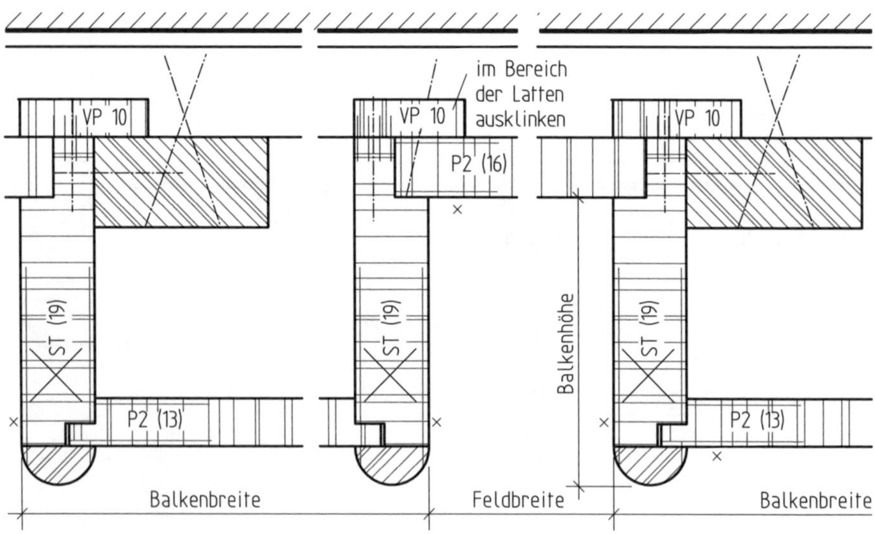

Details zu **Bild 6.3-2**.

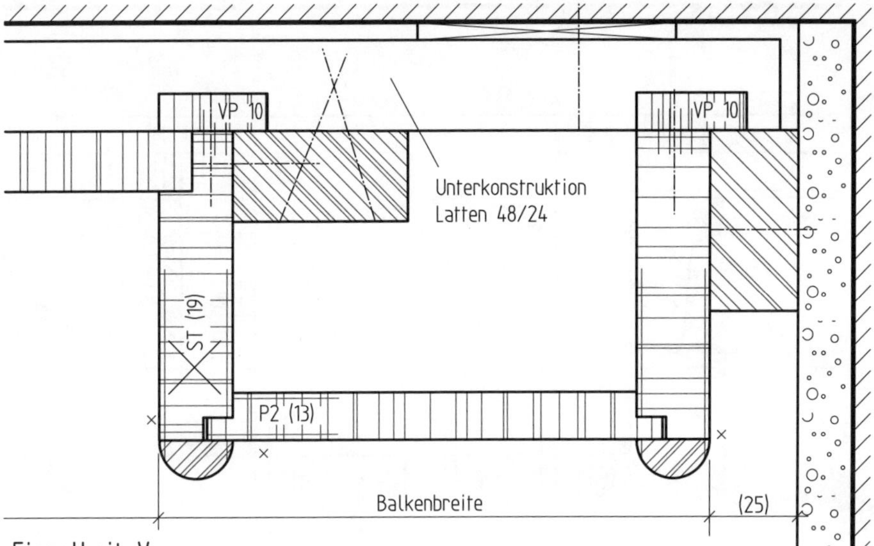

Einzelheit V

Variante

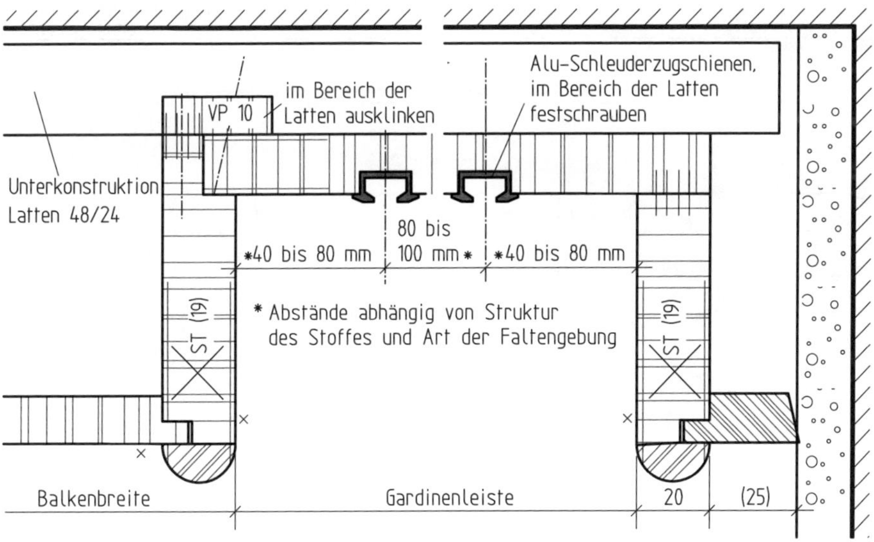

Details zu **Bild 6.3-2**.

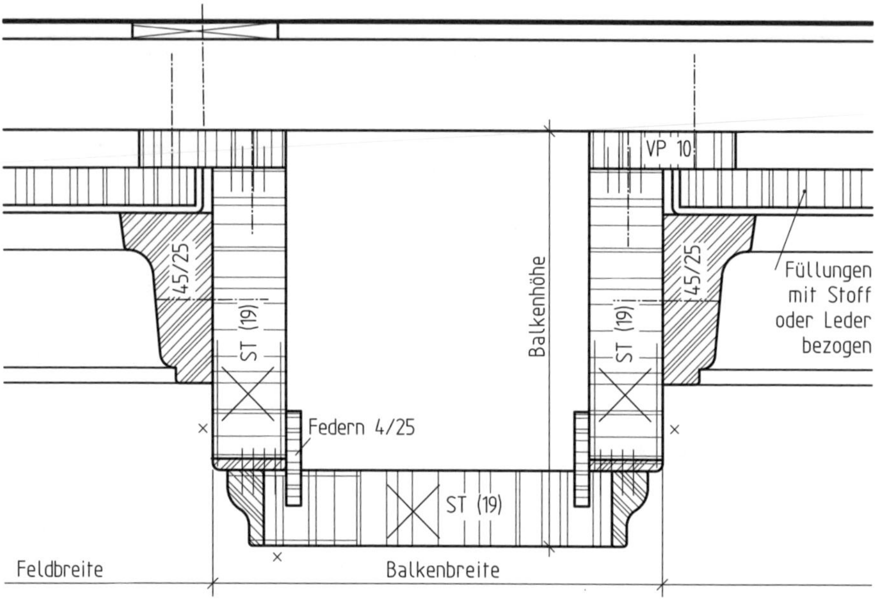

Einzelheit W

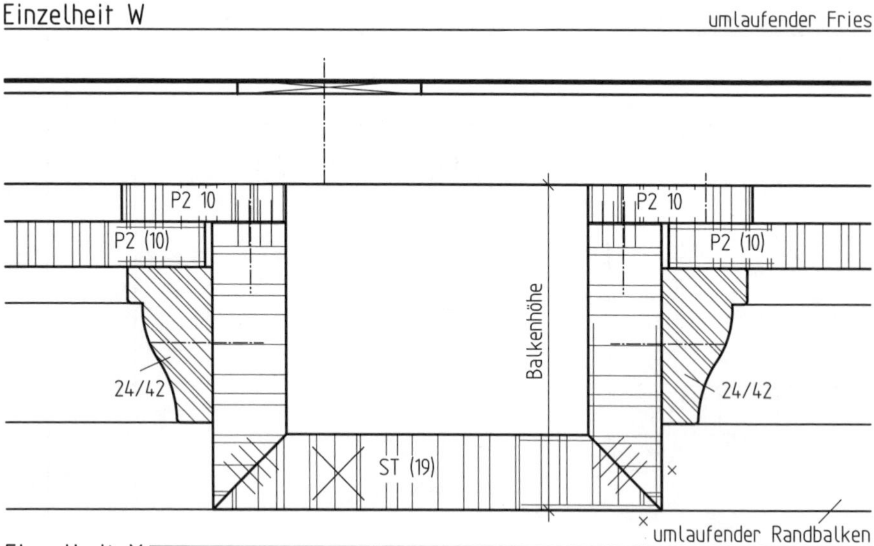

Einzelheit Y

Details zu **Bild 6.3-2**.

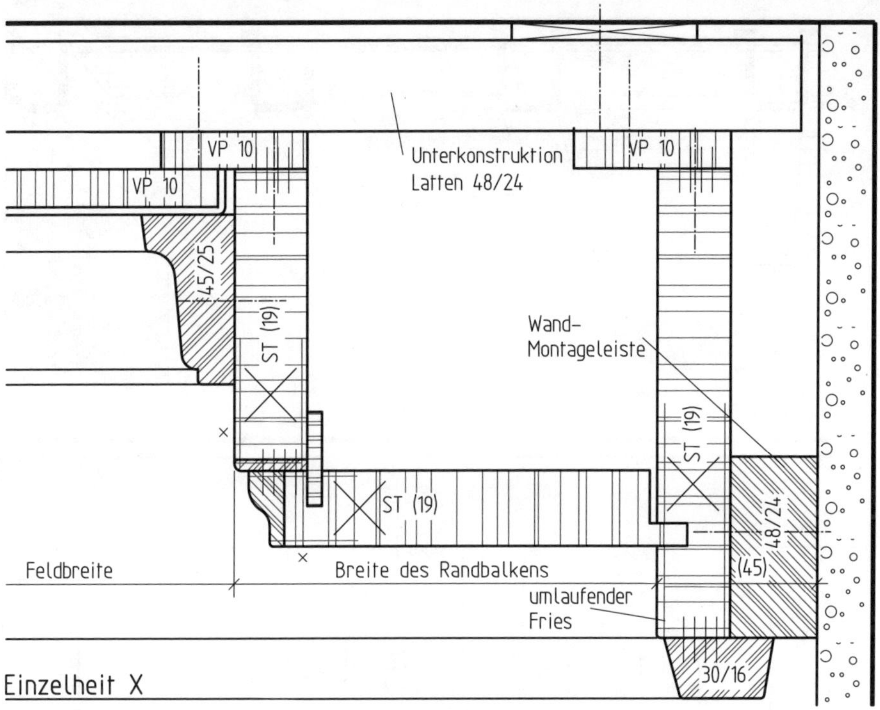

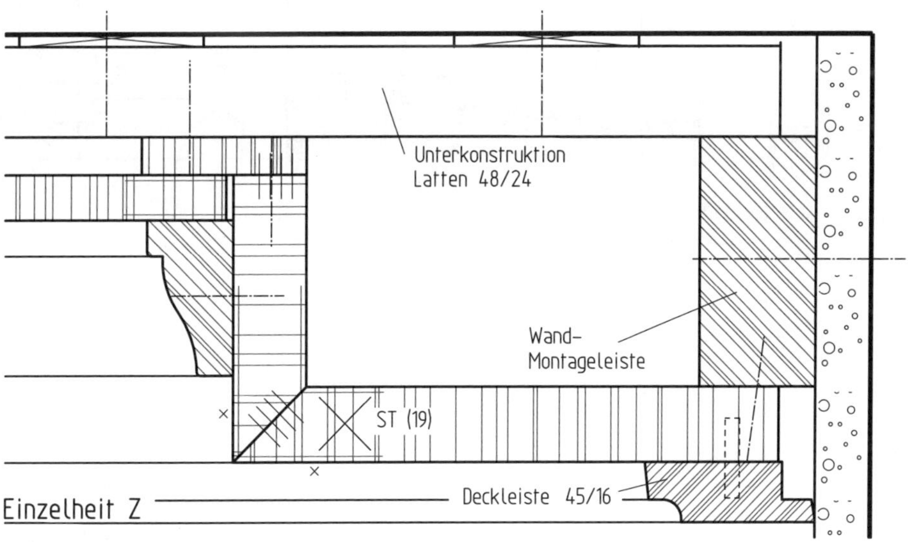

Details zu **Bild 6.3-2**.

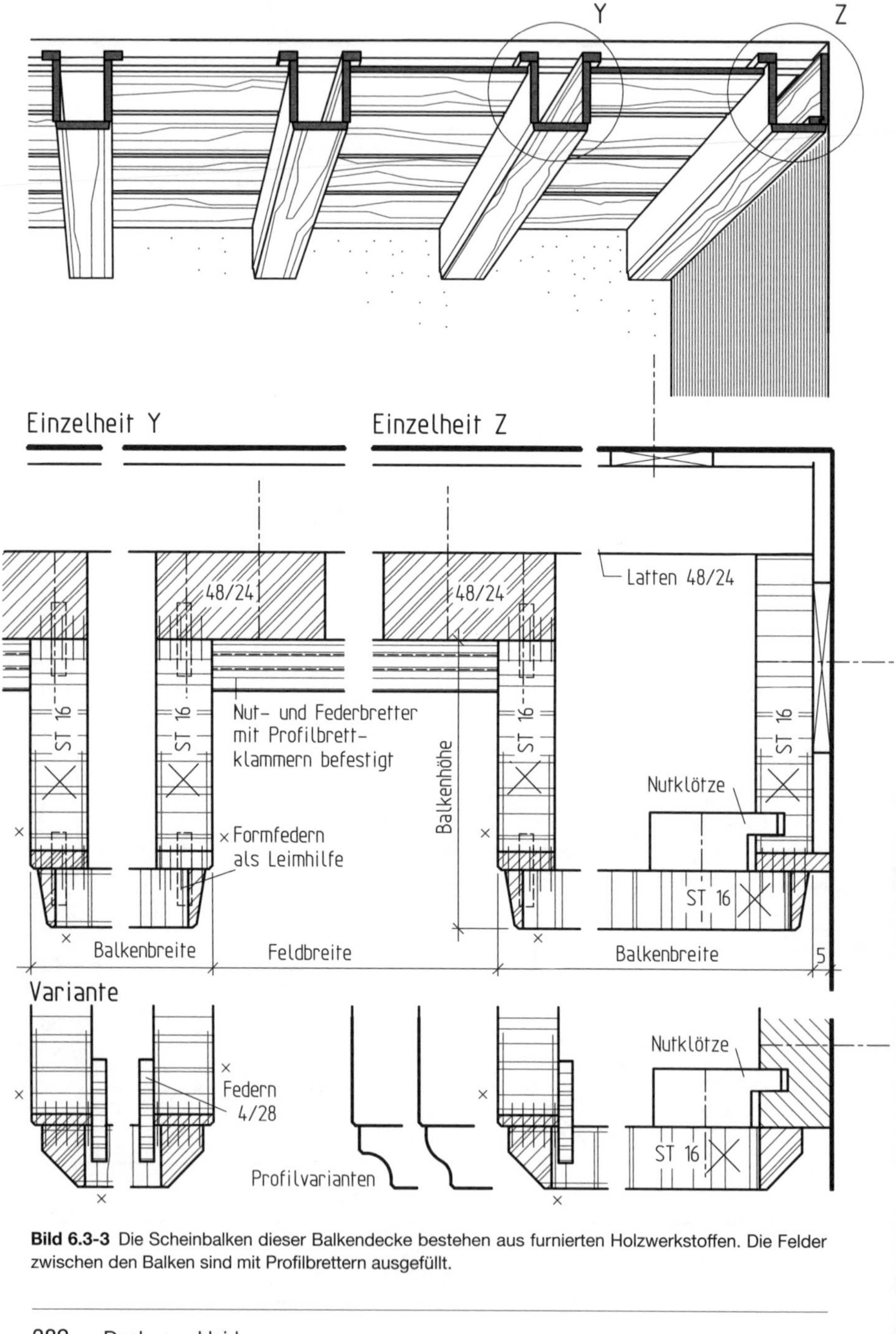

Bild 6.3-3 Die Scheinbalken dieser Balkendecke bestehen aus furnierten Holzwerkstoffen. Die Felder zwischen den Balken sind mit Profilbrettern ausgefüllt.

6.4 Bretterdecken

Bei Bretterdecken werden die Decklagen der Deckenbekleidungen und Unterdecken aus einzelnen Brettern hergestellt. Die Bretter können mit Abstand zueinander verlegt oder mit loser Feder, gespundet, überfälzt, überschoben, überluckt und überstülpt miteinander verbunden werden. Die einzelnen Bretter bestehen meistens aus Vollholz, breitere Bretter auch aus Holzwerkstoffen, die mit Furnieren oder Folien ummantelt sind.

Die Bretter kann man in der Regel vorgefertigt und oberflächenbehandelt im Handel beziehen. Für breitere und ausdrucksvollere Bretterdecken wird man die Bretter besonders anfertigen müssen. Die einzelnen Bretter lassen sich je nach Profilierung mit den hierauf abgestimmten Profilbrettklammern oder Fugenkrallen an der Unterkonstruktion unsichtbar befestigen. Für schwerere Konstruktionen setzt man besser Nutklötze oder Nutleisten zur unsichtbaren Befestigung der Bretter ein. Bei sichtbarer Befestigung werden Ziernägel oder Schrauben mit Zierkappen verwendet. Für Metallunterkonstruktionen gibt es aufeinander abgestimmte Montagesysteme. Hier werden die einzelnen Bretter zum Beispiel mit Dreh- oder Aufsteckklipps an den Schienen befestigt.

Schlichte Verbretterungen können aus handelsüblichen einfachen Profilbrettern hergestellt werden. Hier laufen die Fugen in der Regel parallel zur kürzeren Raumachse. Durch Wechseln der Brettbreiten, durch Fugenbetonungen, durch Wechsel der Brettrichtungen, durch diagonale Anordnung der Bretter usw. kann man die Bretterdecken auch interessanter gestalten.

Der Anschluss an den Wänden kann durch Schattenfugen, Friese oder Leisten gelöst werden. Schattenfugen lassen sich mit besonderen Schattenfugensägen nach dem Verlegen der Bretter parallel zur Wand einschneiden. Bei feineren Arbeiten wird man Abschlüsse durch Wandrandleisten oder Friese wählen.

Bei Decklagen aus Massivholz muss die Holzfeuchte auf das Klima am Verwendungsort eingestellt werden. Sie beträgt in Innenräumen 8 % bis 10 %. Zu feuchte Profilbretter können durch das Nachtrocknen aus den Nuten rutschen, zu trockene können sich, besonders bei Verwendung im feuchten Bereich, durch Quellen hochstellen (Bild 6.4-1 und 2).

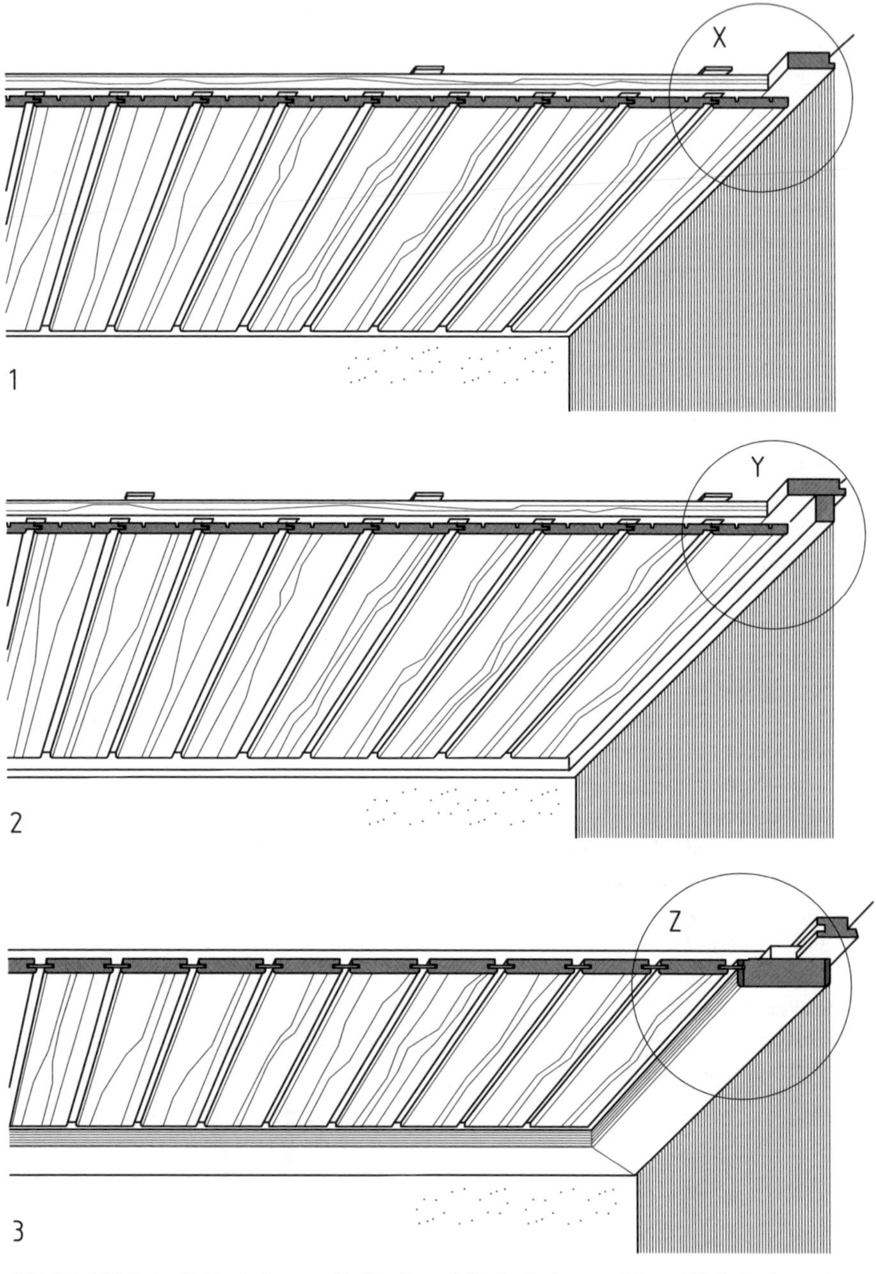

Bild 6.4-1 Einfache Bretterdecken aus Profilbrettern. 1 Bretterdecke aus Nut- und Federbrettern mit Wandrandleiste, 2 mit umlaufender Wandrandleiste und hohem Fries; 3 Bretterdecke aus Akustikprofilbrettern mit loser Feder, umlaufender Wandanschlussleiste und breitem Fries.

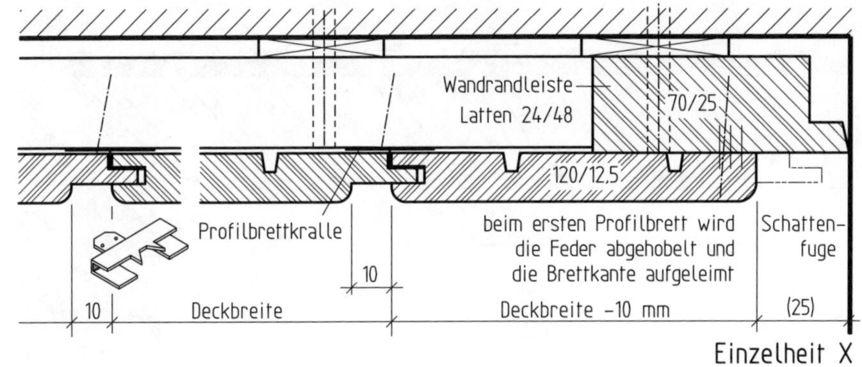

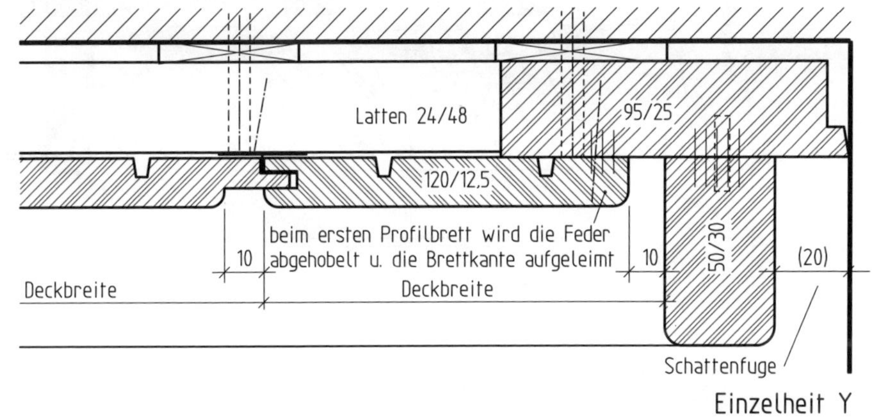

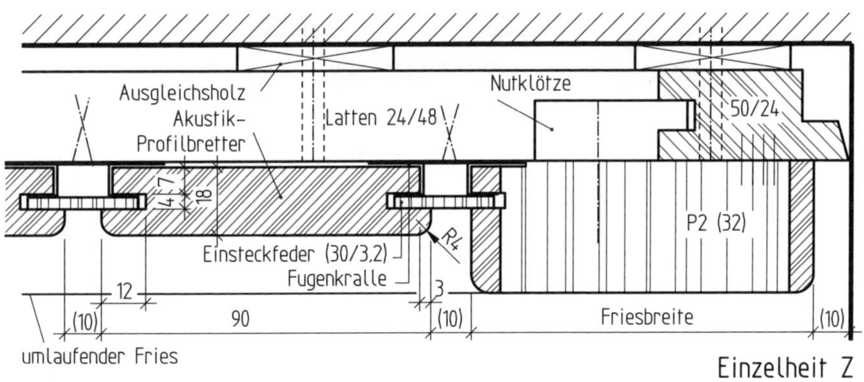

Details zu **Bild 6.4-1**.

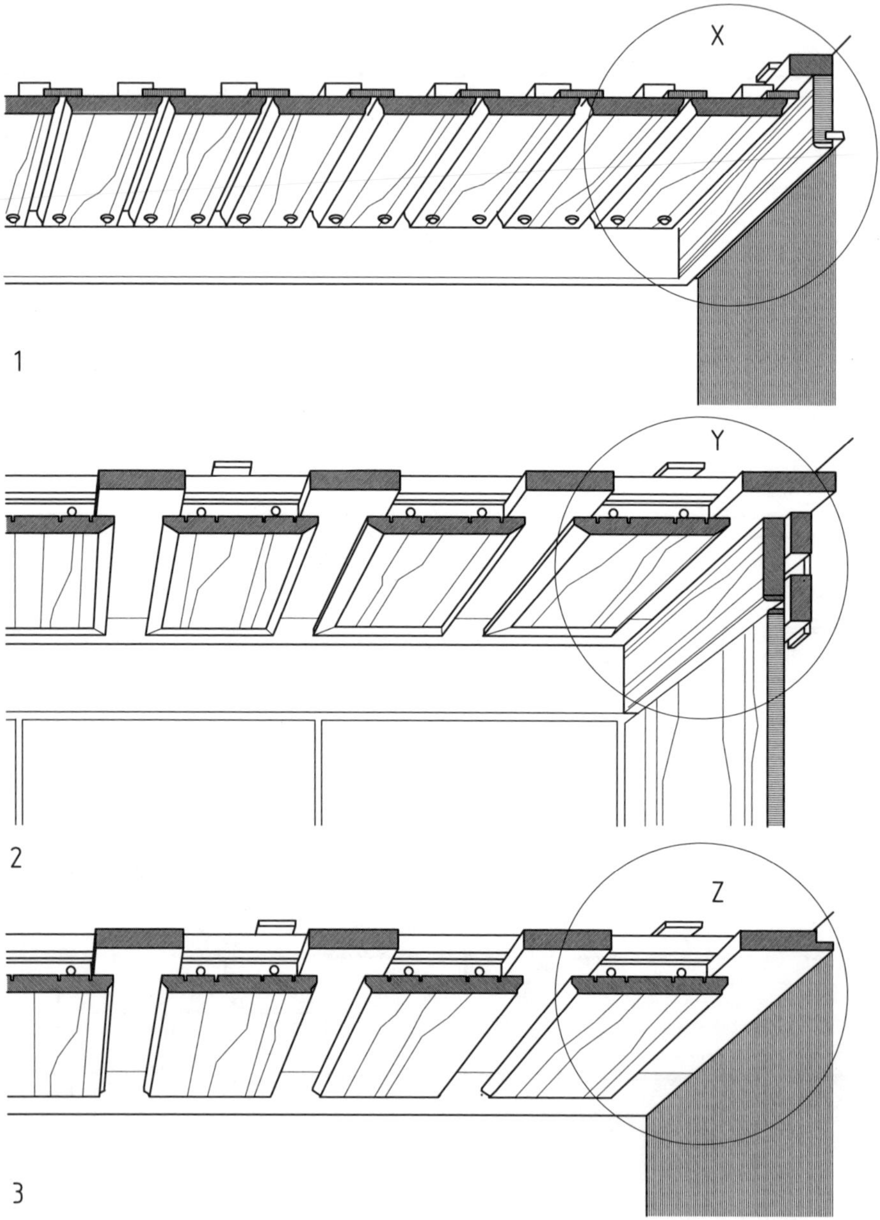

Bild 6.4-2 Bretterdecken aus besonders gefertigten Brettern. 1 Aus furnierten und an den Kanten profilierten Brettern, unsichtbar oder sichtbar auf der Unterkonstruktion befestigt. 2 und 3 Überluckte Verbretterung, mit besonderen Überluckbeschlägen auf der Unterkonstruktion montiert (Fr).

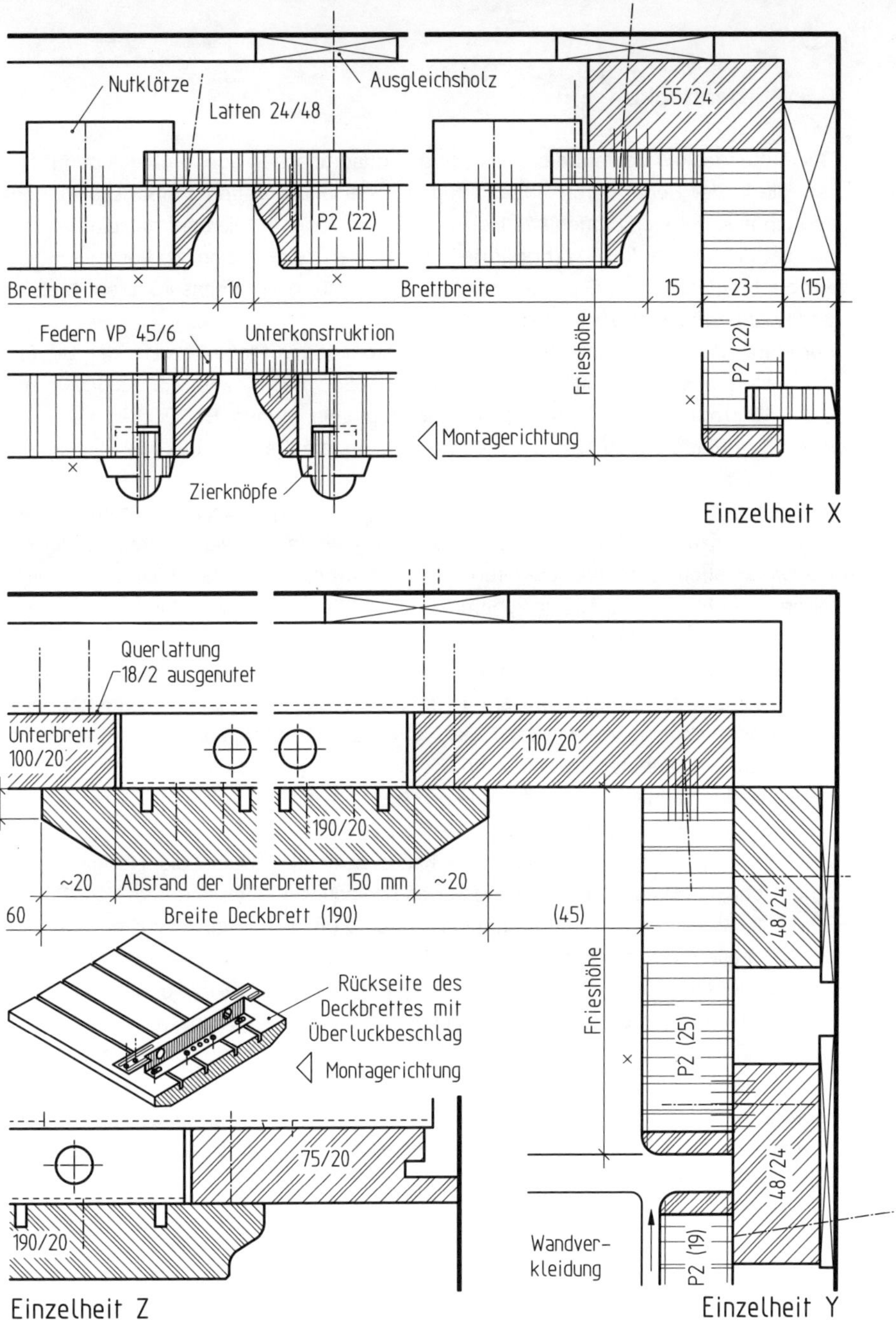

Details zu **Bild 6.4-2.**

6.5 Plattendecken

Bei Plattendecken besteht die Decklage aus quadratischen oder rechteckigen Platten, die in der Regel durch Schattenfugen voneinander getrennt sind. Die Platten können aus Holzwerkstoffen wie Holzspan-, Stab- oder Furniersperrholzplatten bestehen, die furniert, kaschiert oder deckend lackiert sein können. Es kommen auch andere Materialien wie Gipsplatten, Gipskartonplatten, Mineralfaserplatten, Metall- und Kunststoffplatten zur Anwendung.

Für Plattendecken ist eine Vielzahl von montagefertigen Platten im Handel, die für die Rastermaße 500 × 500 mm, 600 × 600 mm, 625 × 625 mm oder 500 × 1000 mm, 600 × 1200 mm und 625 × 1250 mm vorgefertigt sein können. Bei Deckensystemen sind diese Platten noch auf die Unterkonstruktion, die meistens aus Metallschienen besteht, abgestimmt.

In kleineren Räumen können lange großformatige Platten parallel zur kleineren Achse über die ganze Raumbreite laufen. Diese Platten werden vorwiegend aus furnierten Holzwerkstoffen hergestellt. Die Grenze für die Plattenlänge bildet häufig die Furnierlänge, obwohl auch nahezu unsichtbare Längsstöße des Furniers durch Keilschnittverbindungen möglich sind.

Die Befestigungen der Platten, ob als Unterdecken oder Deckenbekleidungen, sollten unsichtbar sein. Mit Fugenklammern, Nutklötzen, Metallplättchen, Schnäppern und Sonderbeschlägen kann man die Platten auf der Unterkonstruktion verdeckt montieren. Ein sauberer Anschluss an der Wand wird je nach gewünschter Wirkung mit schmaler Schattenfuge, mit breitem Fries oder markantem Friesrahmen beziehungsweise einer Wandleiste erreicht.

Die Gliederung der Plattendecke, die Farbe beziehungsweise die Helligkeit der Oberfläche, die Breite der Friese und Fugen beeinflussen unter anderem den Raumeindruck. So wirken helle großformatige Platten großzügig, dunkle schwer und drückend. Breite Friese an den Wänden verkleinern den Deckenspiegel und somit auch optisch die Raumfläche. Die Gliederung der Decke kann neutral und unabhängig sein oder die Gliederung des Raums aufnehmen. Sind auch die Wände verkleidet, sollte man die Gliederung der Decke mit den Teilungslinien der Wände abstimmen. Ist das nicht möglich, sind die Deckenfläche und Wandfläche durch einen Fries oder ein Gesims zu trennen. Laufen Säulen oder Pfeiler in die Decke, muss dies bei der Gliederung der Decke berücksichtigt werden, damit die Platten nicht ausgeklinkt werden müssen (Bild 6.5-1 bis 3).

6.6 Kassettendecken

Bei Kassettendecken besteht die Decklage der Deckenbekleidungen und Unterdecken aus quadratischen, rechteckigen oder vieleckigen, vertieft angeordneten Feldern. Diese werden Kassetten genannt. Die Kassettenbegrenzung wird durch Leisten, Rahmen, Zargen oder Scheinbalken gebildet. Die Kassettenfelder können aus furnierten Holzwerkstoffen oder Massivholz bestehen, aber auch farbig behandelt oder mit Folien oder Textilien kaschiert werden. Kombinationen wie Kassettenrahmen aus Holz mit farbigen, beschichteten oder bespannten Füllungen sind möglich. Natürlich können auch die Rahmen farbig und die Kassettenböden in Holz sein. Sogenannte falsche Kassetten lassen sich aus Rahmen und Füllungen herstellen. Tiefe Kassetten werden dagegen aus hochgestellten Leisten oder Zargen mit Füllungen gebildet. Kassetten mit balkenartigen Begrenzungen bestehen aus sich kreuzenden Scheinbalken, zwischen die Füllungen eingelegt sind. Die Konstruktionsdetails ähneln denen der Balkendecken. Sehr schwere und tiefe Kassetten werden häufig wie Kästen gebaut und an der Decke befestigt oder auf die Unterkonstruktion montiert. Bei der Montage schwerer Kassetten ist auf eine ausreichend dimensionierte und sicher montierte Unterkonstruktion zu achten.

Mit Kassettendecken wird eine betont plastische Wirkung der Decke erzielt. Solche Decken wirken schwer und lassen die Räume in der Regel niedriger erscheinen. Kassettendecken werden meistens in größeren und hohen Räumen, zum Beispiel in Gaststätten, eingebaut. Mauervorsprünge und in die Decke führende Säulen und Pfeiler sind bei der Einteilung der Kassettenfelder zu berücksichtigen. Die Kassetten müssen vollständig erhalten bleiben und dürfen durch solche Bauteile nicht angeschnitten werden (Bild 6.6-1 bis 6).

6.7 Deckensonderformen

Die Gestaltungsformen von Deckenbekleidungen und Unterdecken sind nahezu unbegrenzt, und es gibt viele besondere Formen, die nicht in die bisher genannten klassischen Gruppen einzuordnen sind. So können die Decken aus senkrecht gestellten Brettlamellen, aus Lagenholzformteilen, aus Formholzringen, aus HPL-beschichteten Formelementen, aus vorgefertigten Mineralfaser-, Kunststoff- oder Metallplatten und anderem hergestellt werden. Die sogenannten Schürzendecken bestehen aus senkrecht und parallel zueinander gestellten Platten, Wabendecken aus sich kreuzenden, senkrecht stehenden Platten. Durch besondere Plattenzuschnitte oder durch Plattenfaltungen lassen sich ausdrucksvolle plastische Deckenformen gestalten, zum Beispiel mit Pyramiden, Pyramidenstümpfen, Kegeln sogenannte Körperdecken. In Systemdecken, die auf das Trennwandraster abgestimmt sind, können sogenannte Bandrasterstreifen eingebaut werden (Bild 6.7-1 bis 3).

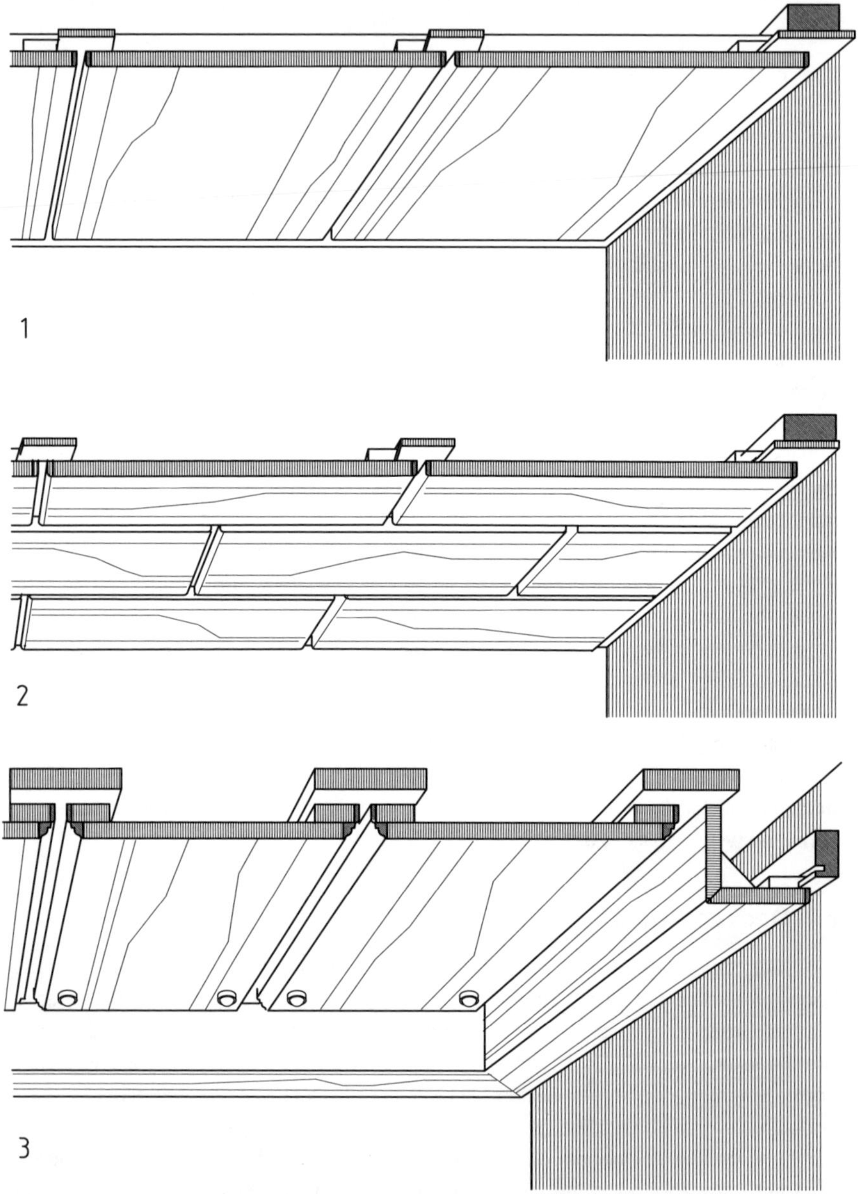

Bild 6.5-1 Plattendecken. 1 Großformatige, raumlange Platten; die Randleisten werden an den Wänden angepasst; die Platten haben rückseitig aufgeleimte Furnierplattenstreifen, die an der Unterkonstruktion befestigt und auf die die Nutklötze geschoben werden. 2 Kleinformatige Platten mit versetzten Fugen; die Abstände der Unterkonstruktion sind auf die Plattenstöße abgestimmt. 3 Plattendecke mit umlaufendem Fries; die Platten sind sichtbar befestigt.

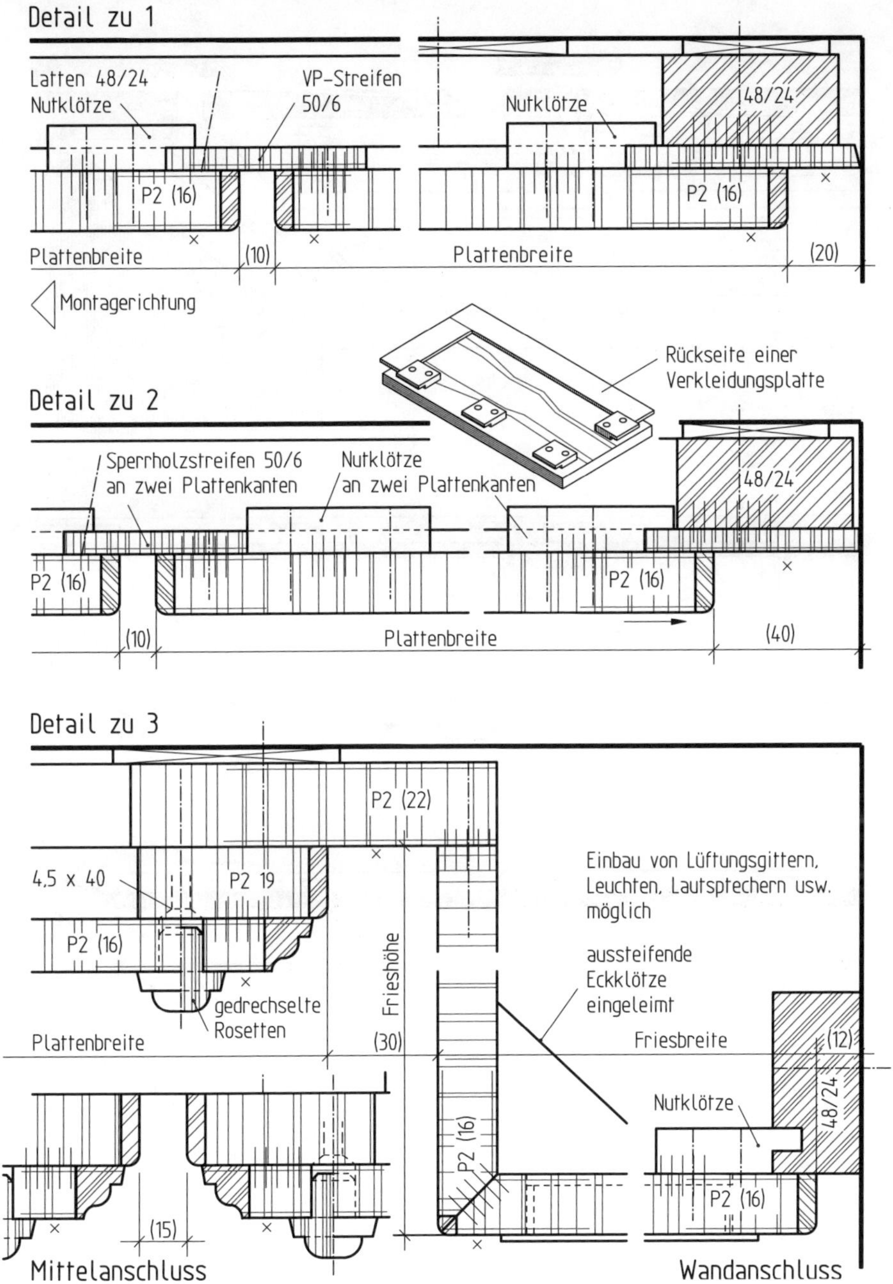

Details zu **Bild 6.5-1.**

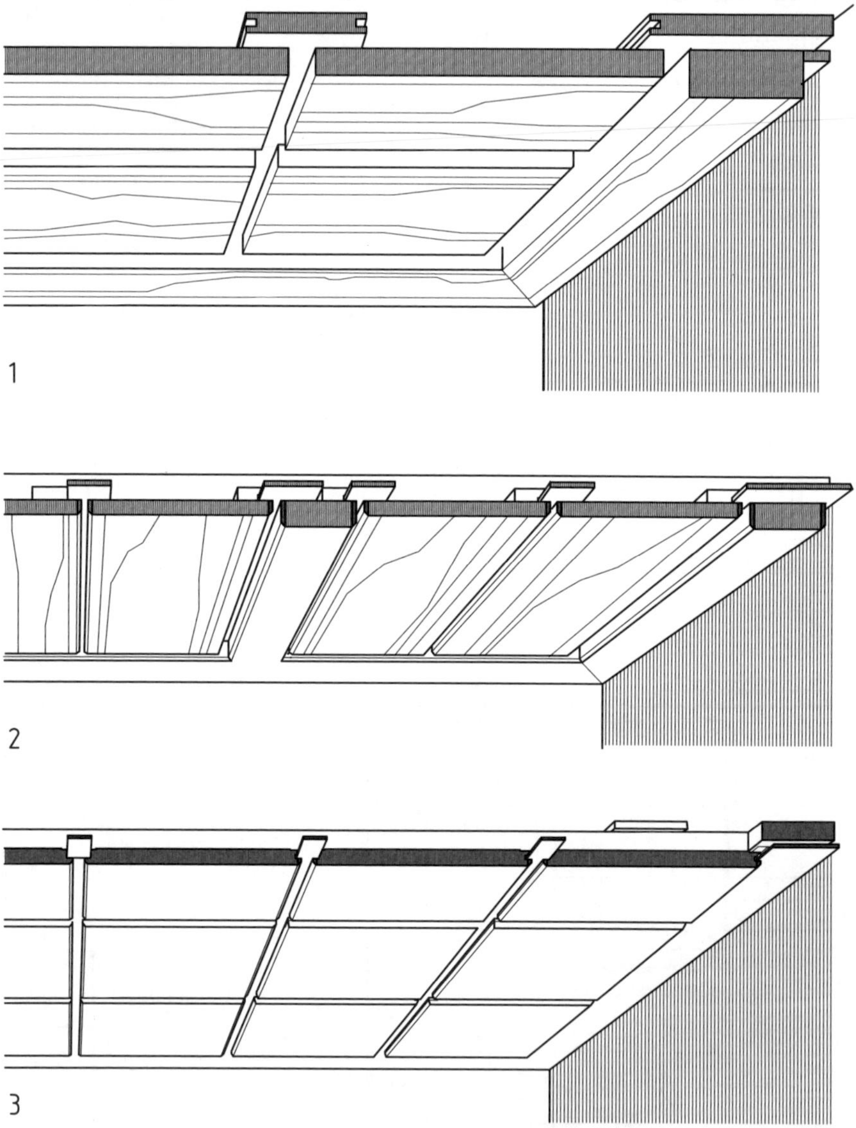

Bild 6.5-2 Plattendecken. 1 Platten werden auf aufwendige Unterkonstruktion aufgeklippst, der breite Fries an der Unterkonstruktion befestigt, die Schattenfuge an der Wand durch dünne Deckleiste abgedichtet. 2 Platten werden durch Rahmenfriese gefasst. 3 Quadratische Deckenplatten werden mit losen Federn verlegt und mit Fugenkrallen an der Unterkonstruktion befestigt.

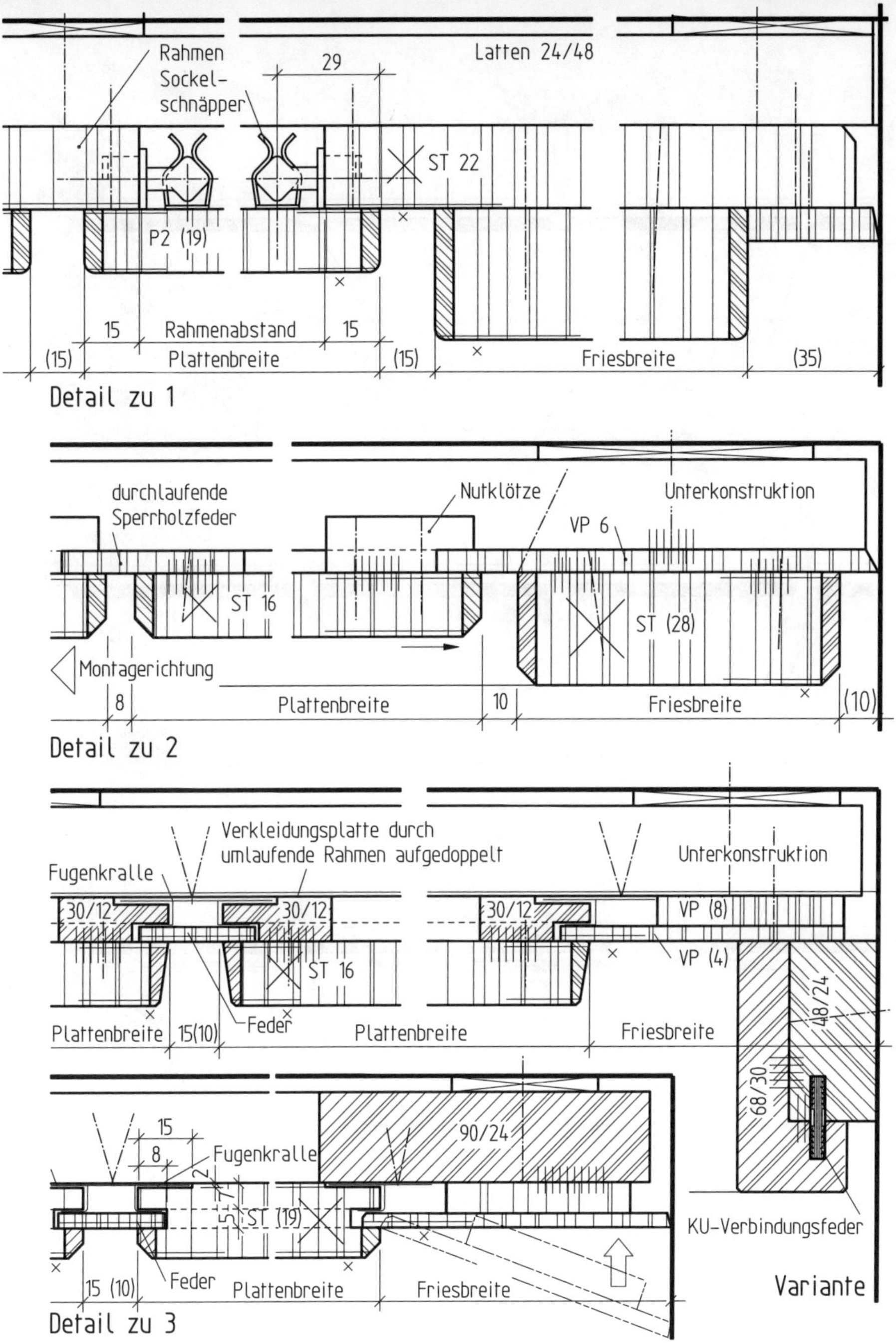

Details zu **Bild 6.5-2.**

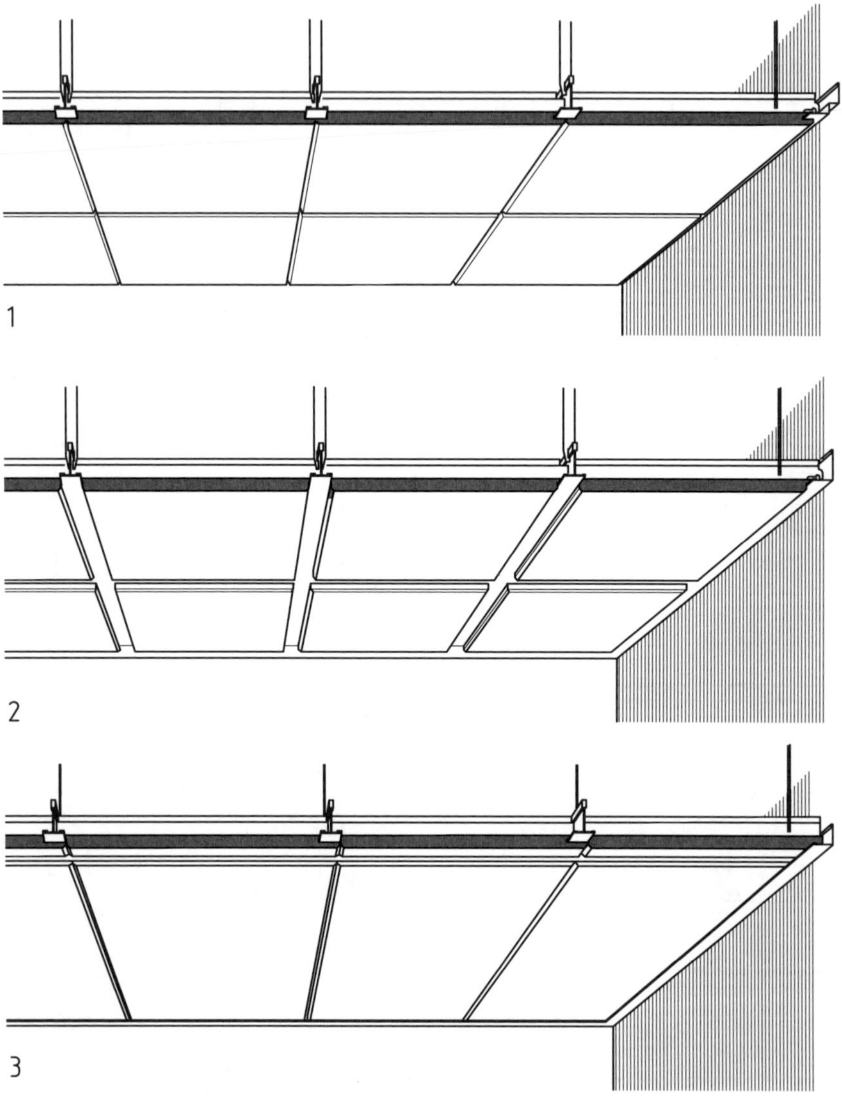

Bild 6.5-3 Plattendecken aus Mineralfaserplatten an vorgefertigten Metallunterkonstruktionen. 1 Quadratische Platten mit gefasten und genuteten Kanten, Wandwinkelprofil mit Schattenfuge. 2 Quadratische Platten mit abgefälzten und gefasten Kanten; das Tragprofil bleibt sichtbar. 3 Rechteckige Platten mit überfälzten, gefasten Kanten.

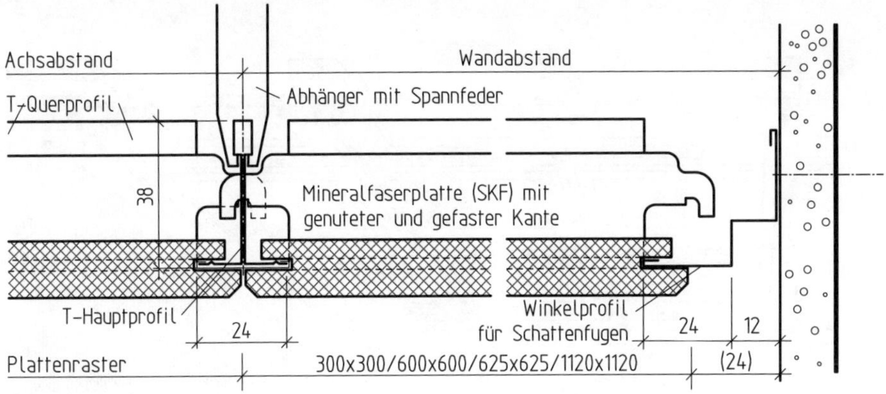

Detail zu 1

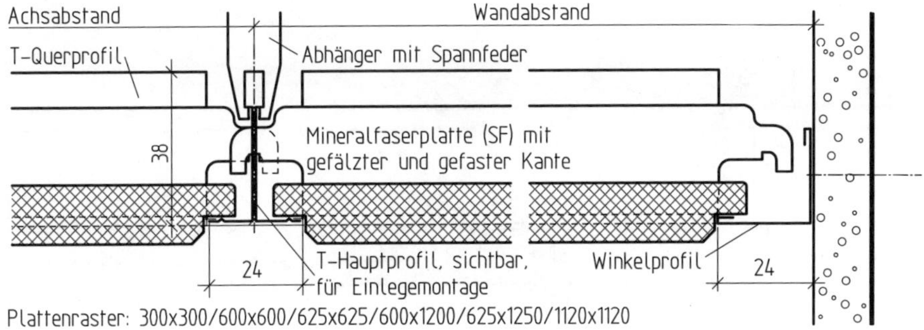

Detail zu 2

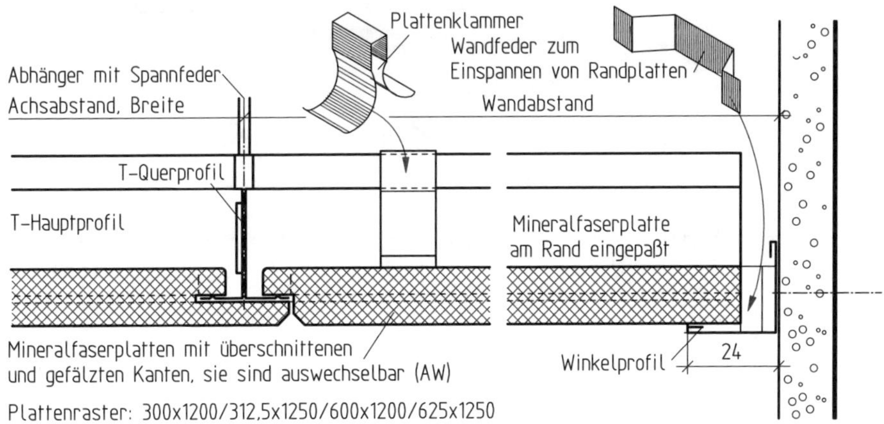

Detail zu 3

Details zu **Bild 6.5-3.**

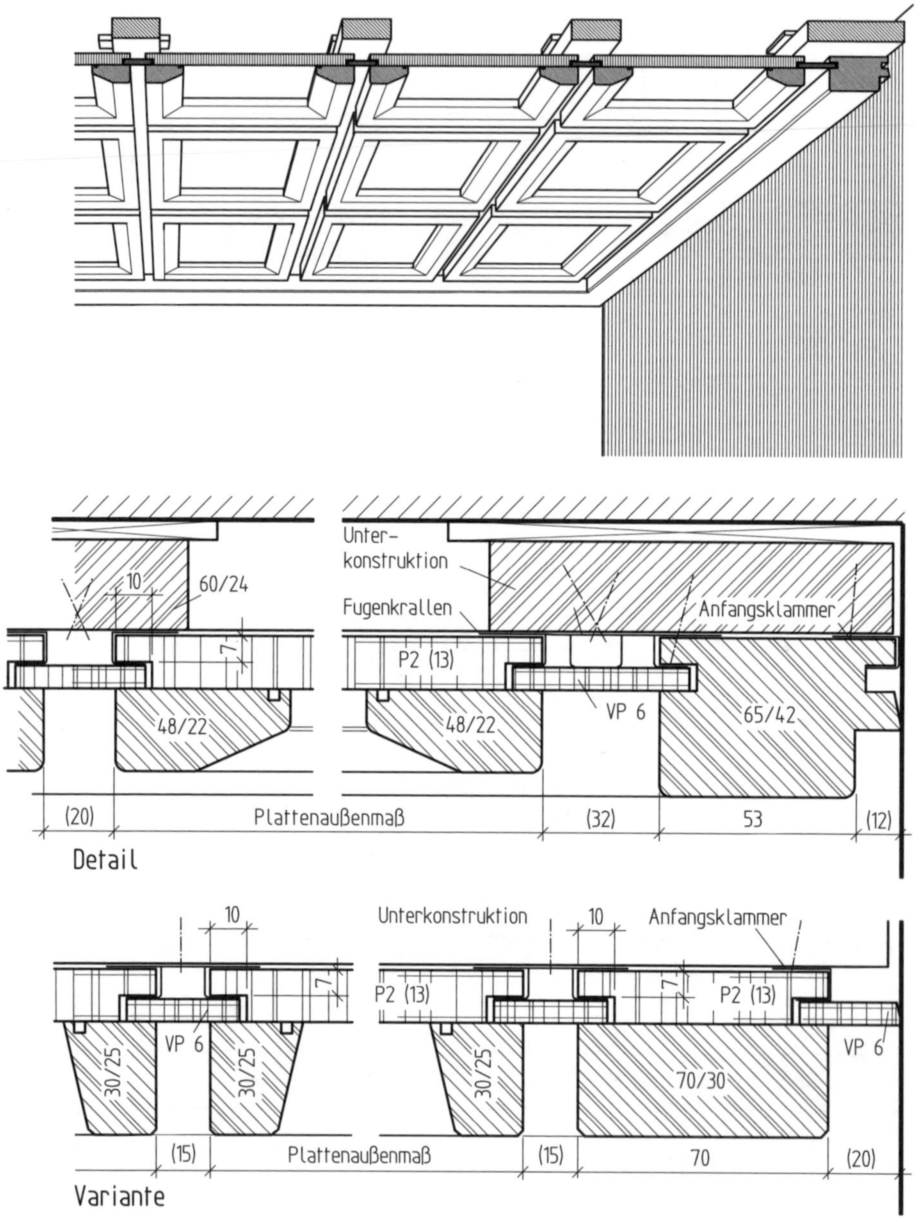

Bild 6.6-1 Die Kassetten bestehen aus Platten mit umlaufenden Rahmen. Sie werden wie Plattenverkleidungen mit eingeschobenen Federn verlegt.

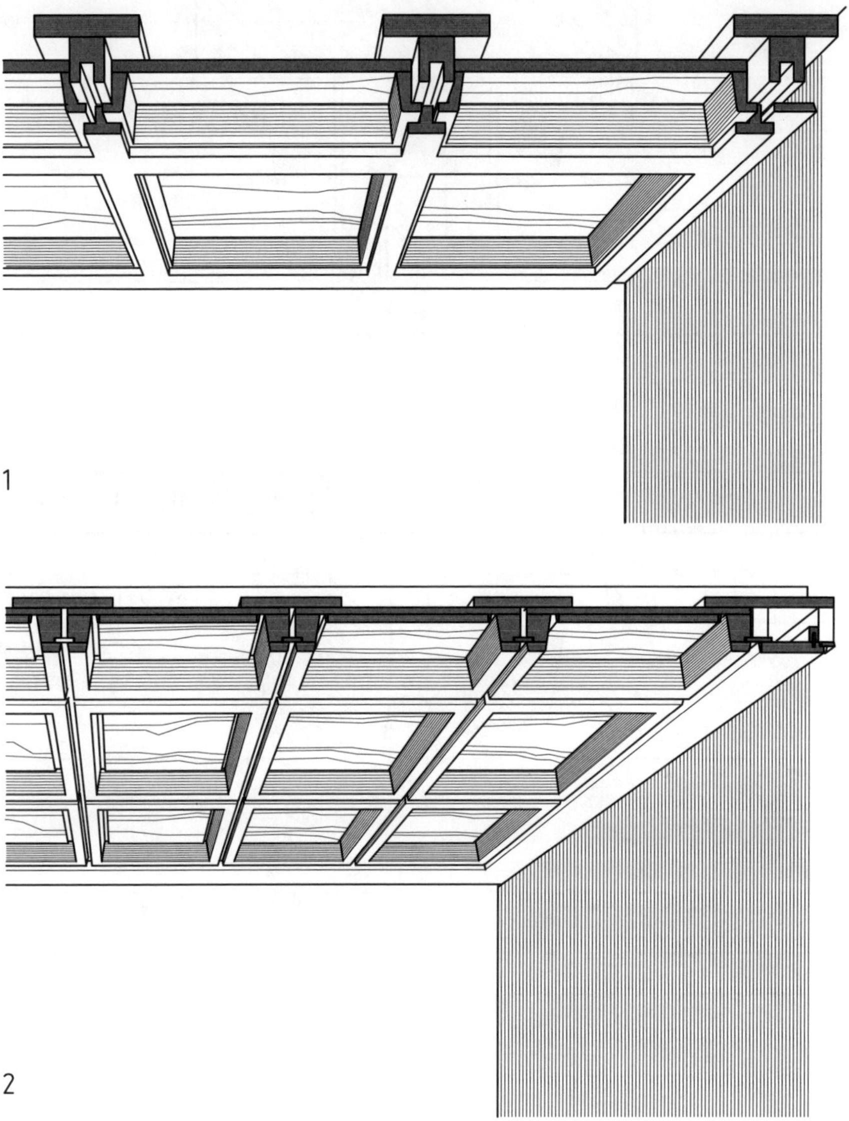

Bild 6.6-2 Kassettendecken. 1 Die T-förmige Unterkonstruktion ist so exakt zu montieren, dass man an ihr die Kassettenkästen befestigen kann; anschließend wird die T-förmige Leiste in die Nuten eingeleimt. 2 Die Kassetten werden auf die Unterkonstruktion geschraubt; sie sind untereinander mit losen Federn verbunden; die Befestigungsstellen werden durch eine mittels Verbindungsdübel aufgesetzte Füllung abgedeckt, bei der Variante durch bauseits eingeleimte Leisten.

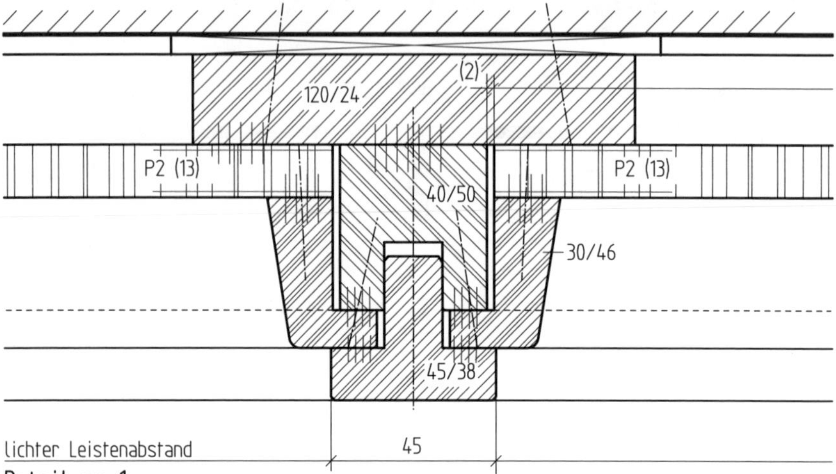

Detail zu 1

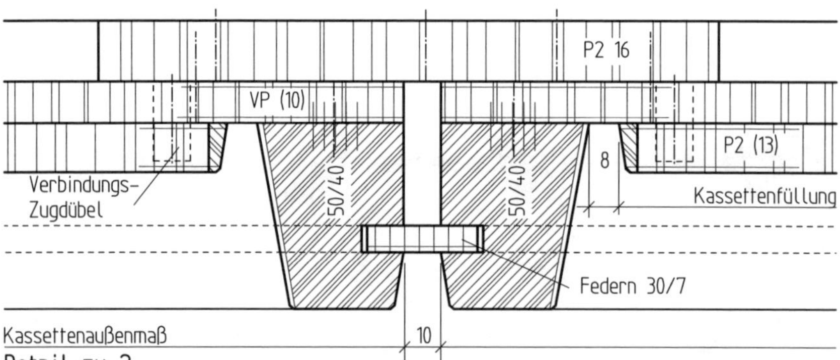

Detail zu 2

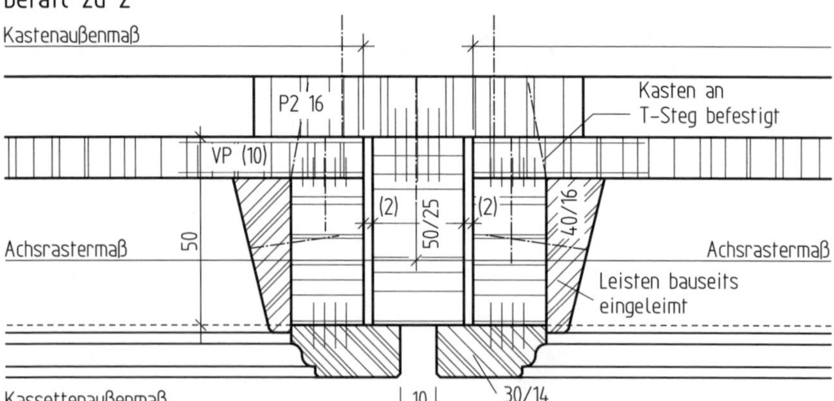

Variante zu 2

Details zu **Bild 6.6-2.**

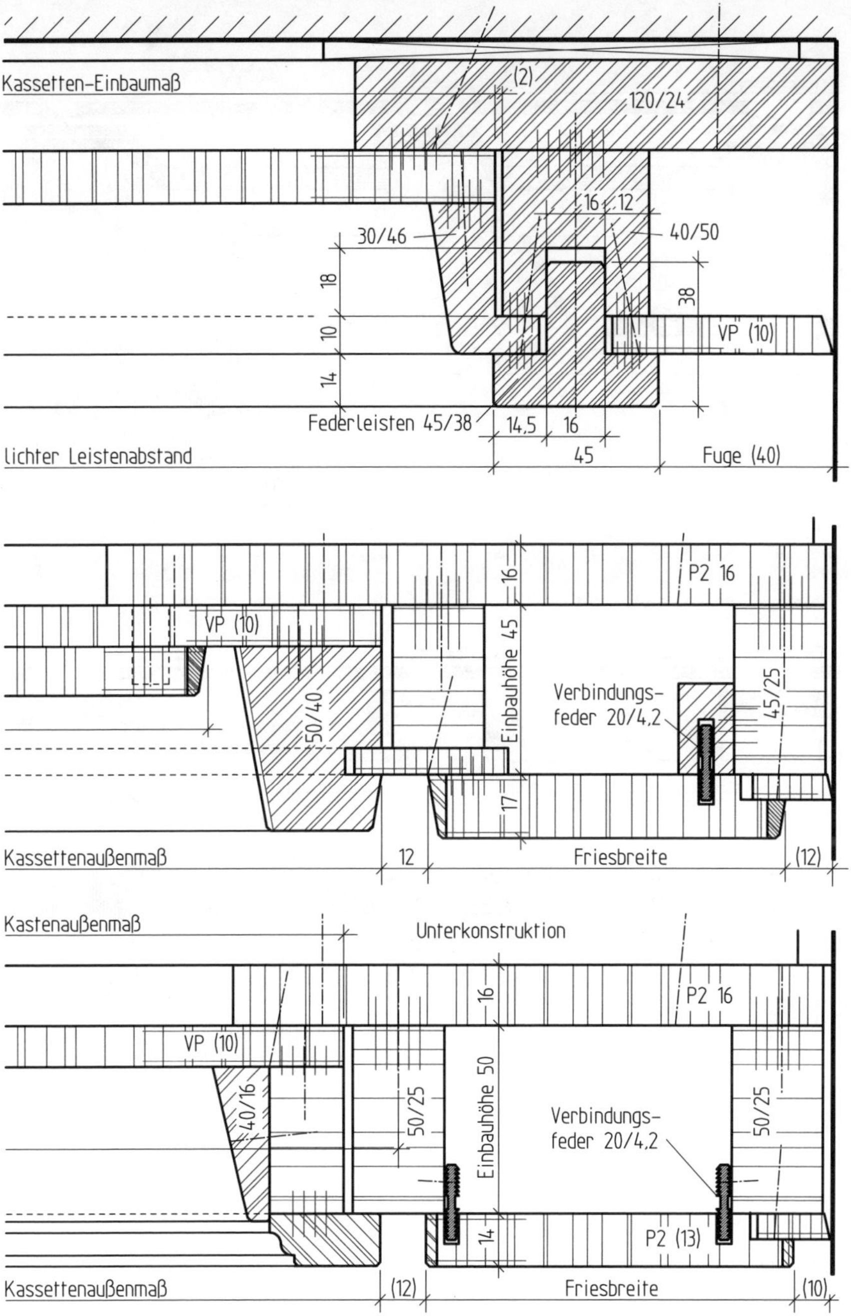

Details zu **Bild 6.6-2.**

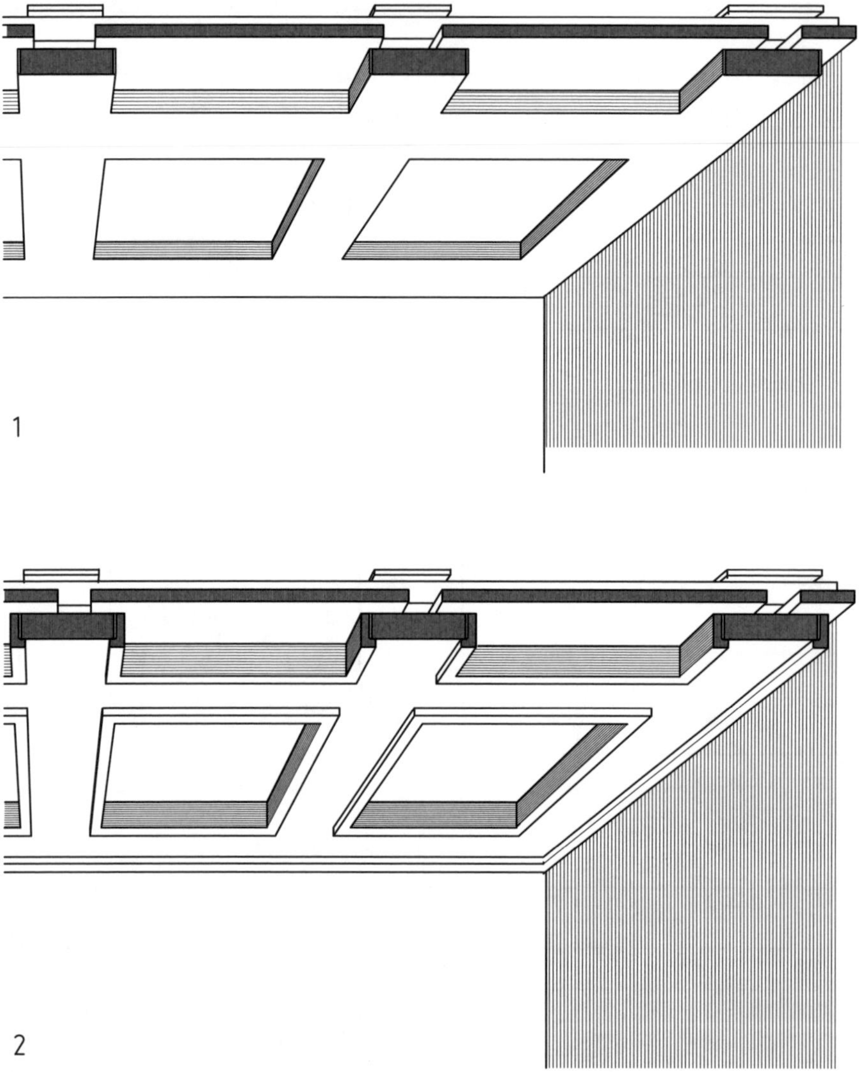

Bild 6.6-3 Kassettendecken. 1 Die Kassettenfelder und Wandfriese werden ausgerichtet montiert, sodass darauf die breiten Rahmen mittels Nutklötzen, in der Variante mittels Winkel, aufgeschoben werden können. 2 Der Rahmen kann an den Kanten verdeckt auf die Unterkonstruktion genagelt werden; die Befestigungsstellen werden durch Leisten abgedeckt.

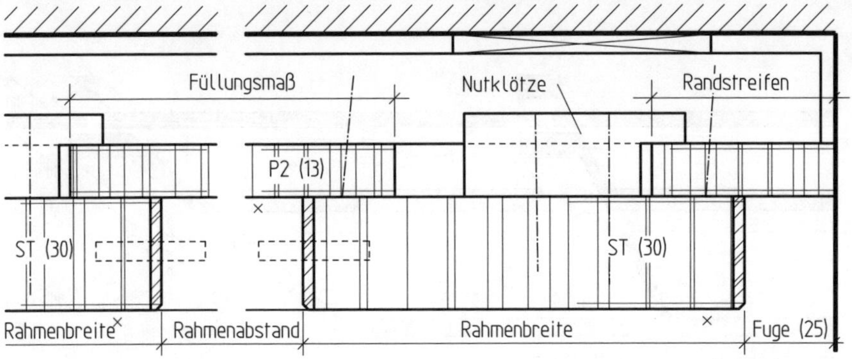

Detail zu 1

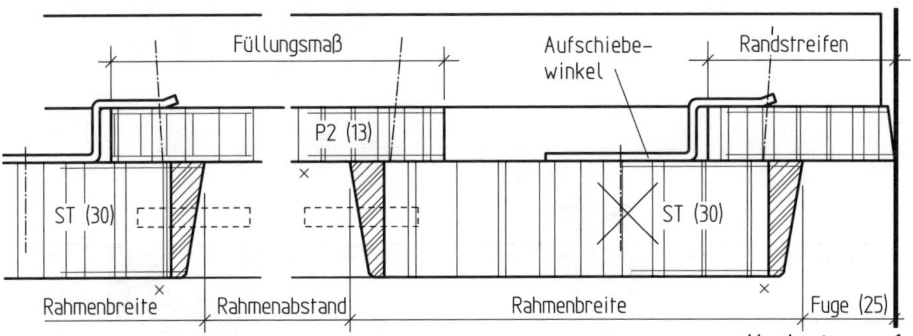

Variante zu 1

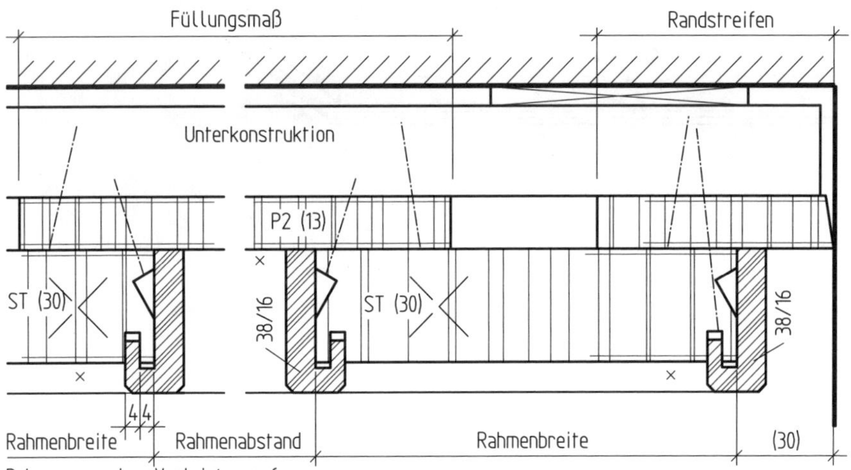

Rahmen vor dem Verleisten auf der Unterkonstruktion befestigt

Detail zu 2

Details zu **Bild 6.6-3.**

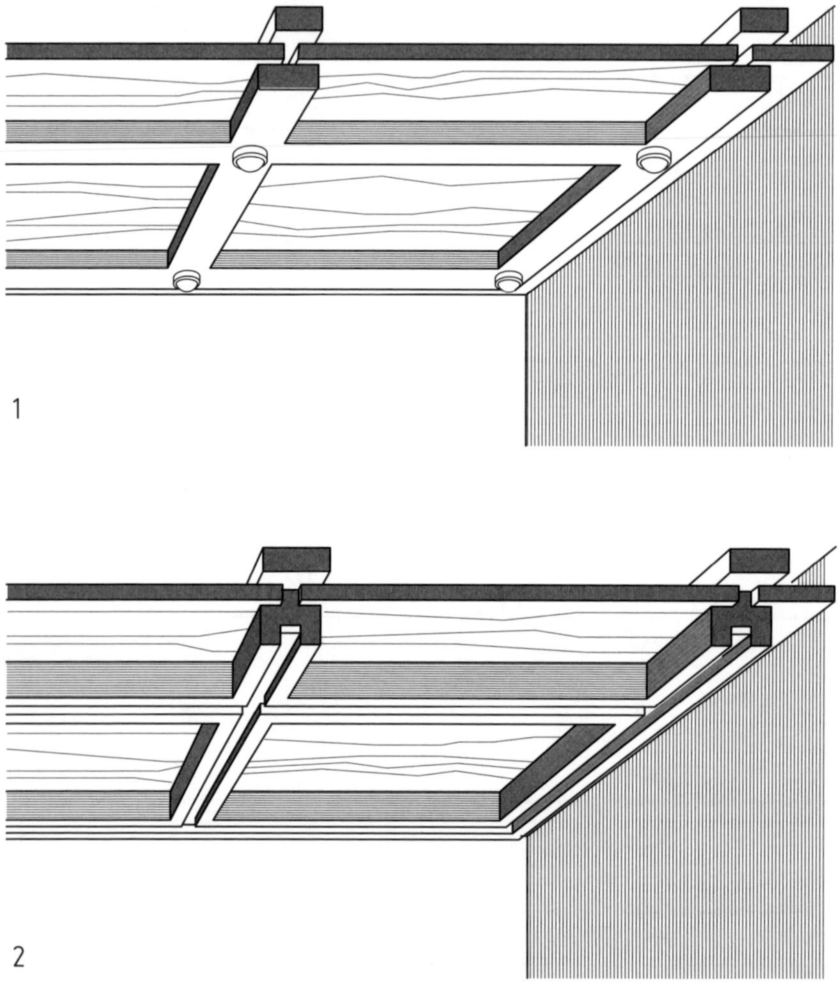

Bild 6.6-4 Kassettendecken. 1 Wandfries und Kassettenfelder bestehen aus furnierten Spanplatten, die auf der Unterkonstruktion befestigt werden; der Rahmen wird sichtbar in den Kreuzungspunkten mit der Unterkonstruktion verschraubt, die Befestigungsstellen mit Zierstöpseln abgedeckt. 2 Kassettenaufbau sinngemäß wie bei 1, die Leisten werden jedoch in den Nuten befestigt, die Befestigungsstellen durch Kederleisten, die in die Nuten eingeleimt werden, abgedeckt.

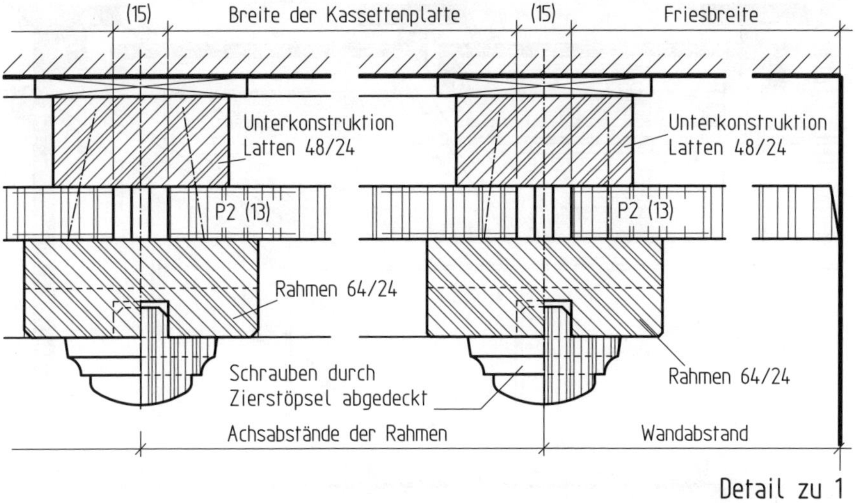

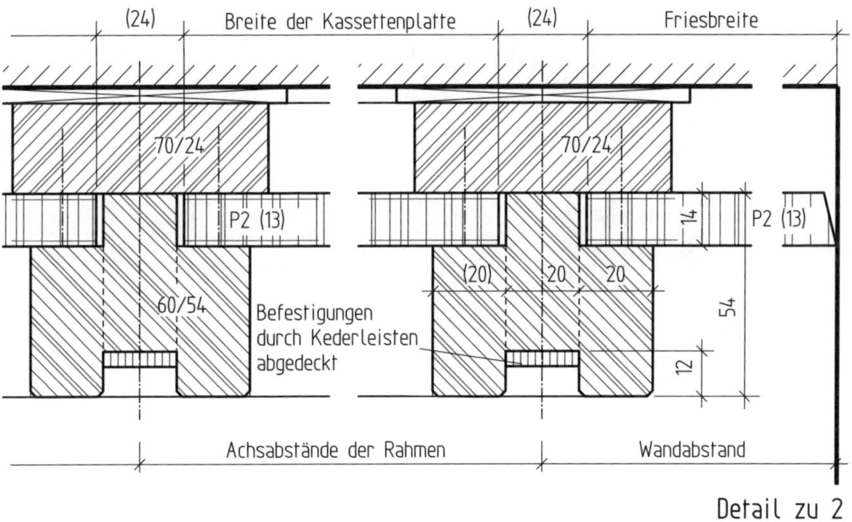

Details zu **Bild 6.6-4**.

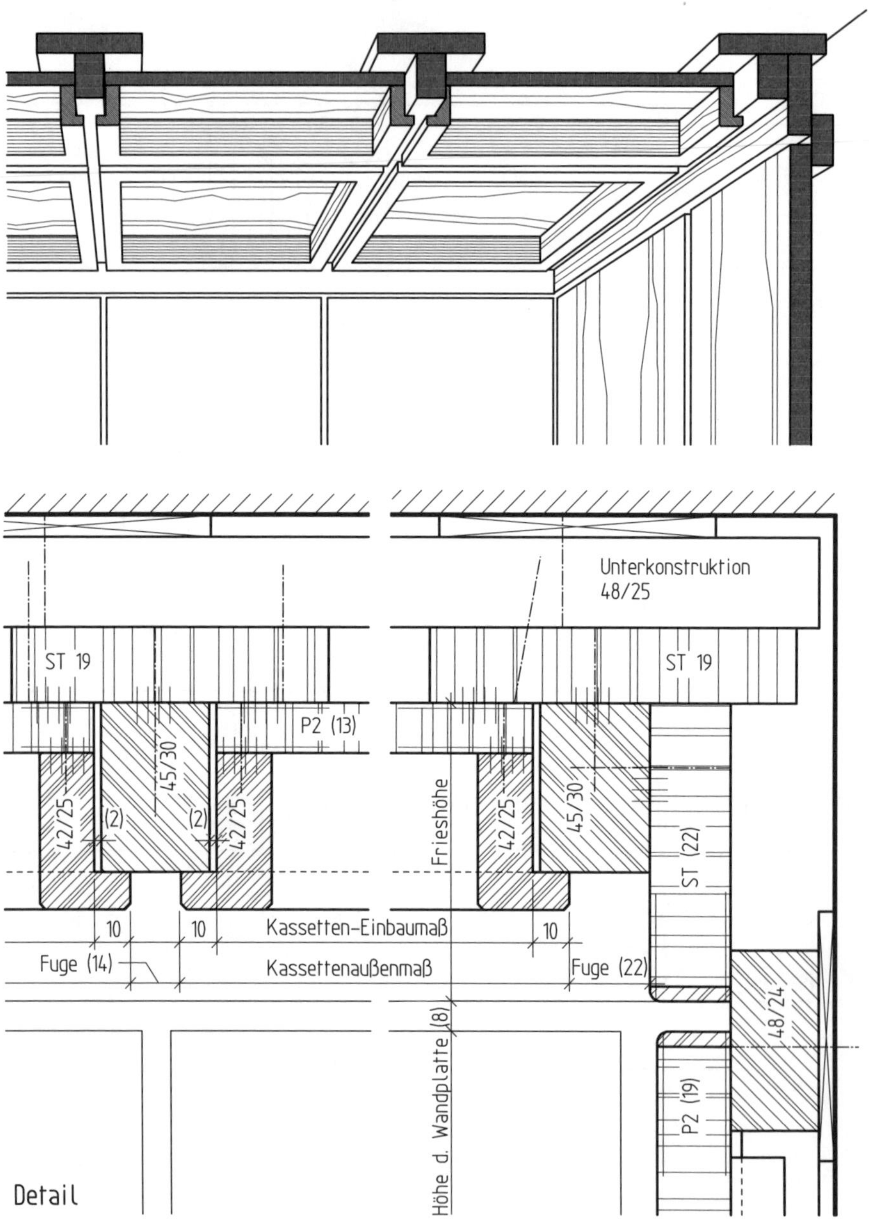

Bild 6.6-5 Kassettendecke besteht aus einer T-förmigen Unterkonstruktion, in die die tiefen Kassettenkästen eingeleimt werden.

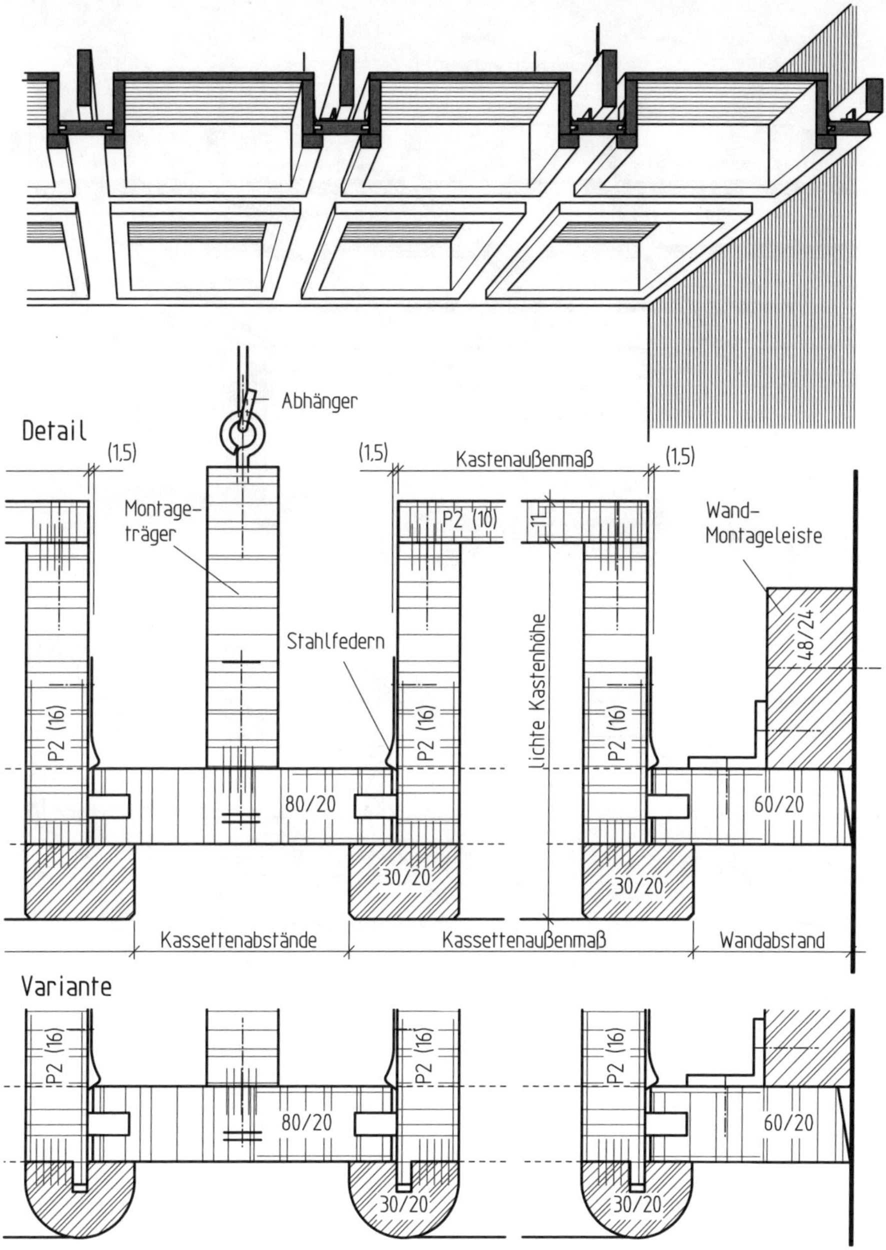

Bild 6.6-6 Die abgehängte, T-förmige Unterkonstruktion wird in den Kreuzungspunkten verleimt. Die Kassettenkästen werden in die Felder eingeschoben.

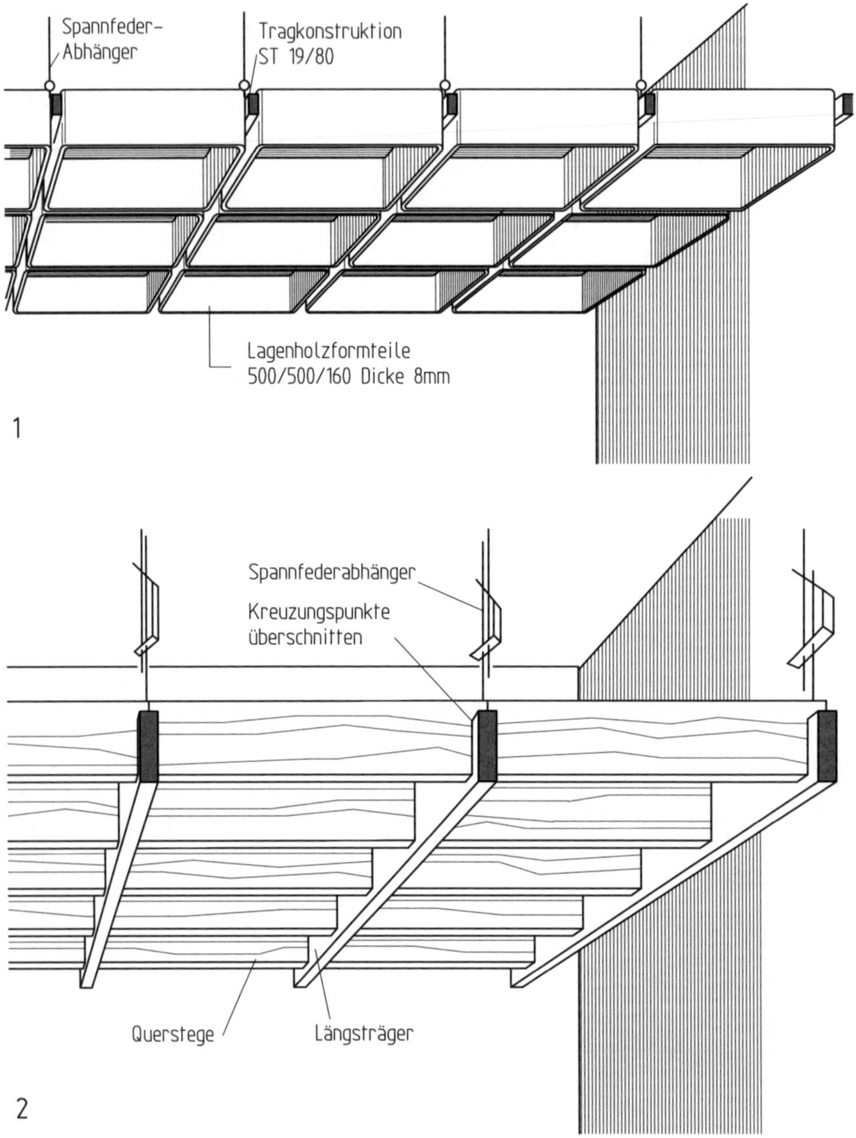

Bild 6.7-1 Deckensonderformen. 1 Wabendecke aus Lagenholzformelementen, die miteinander verbunden sind. 2 Lamellendecke aus Längsträgern und Querlamellen, die in den Kreuzungspunkten überschnitten sind.

1

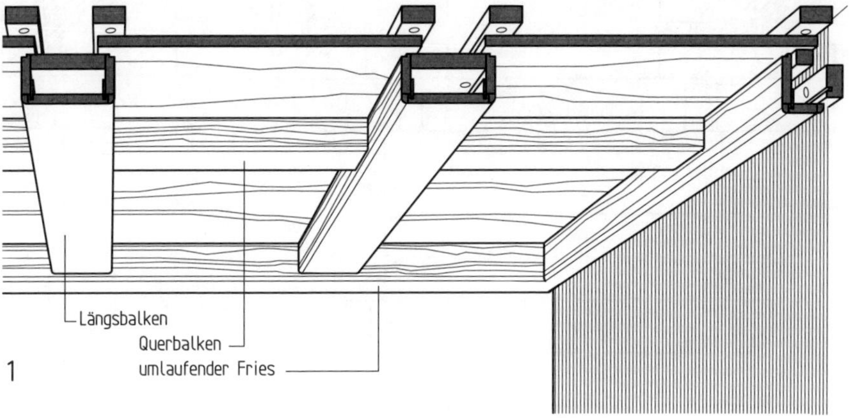

2

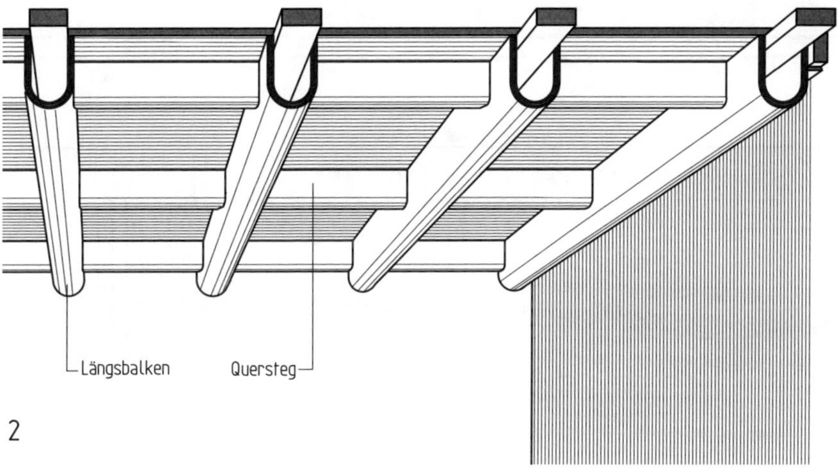

Bild 6.7-2 Deckensonderformen. 1 Die Deckenschale besteht aus Längsbalken und Querbalken; die Befestigungsstellen der Längsbalken am Montagebrett werden durch die Querbalken abgedeckt; die Querbalken werden unsichtbar montiert, indem sie auf Montageleisten geklemmt werden. 2 Deckenschale aus abgerundeten Längs- und Querbalken; Letztere werden unsichtbar mit Verbindungsdübel auf den Plattenfeldern befestigt.

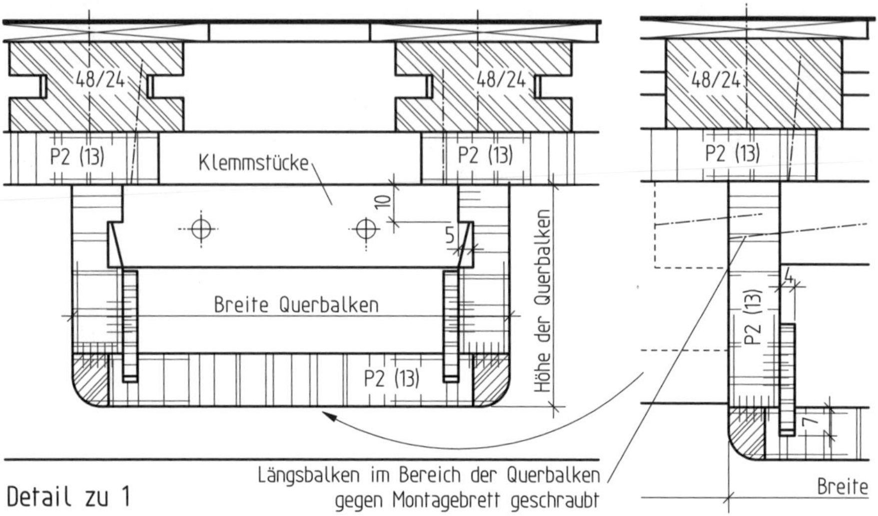

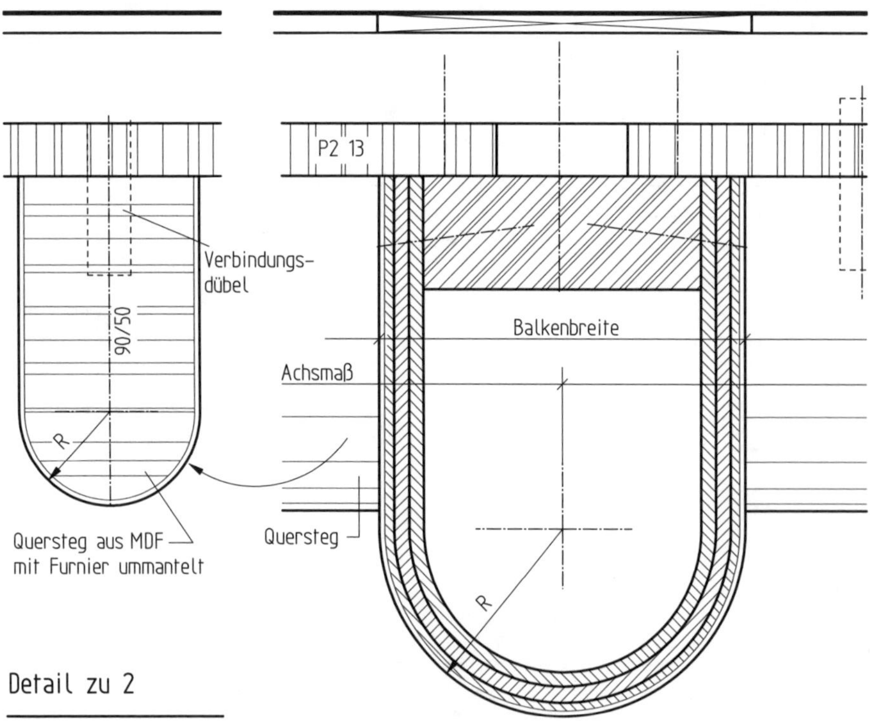

Details zu **Bild 6.7-2.**

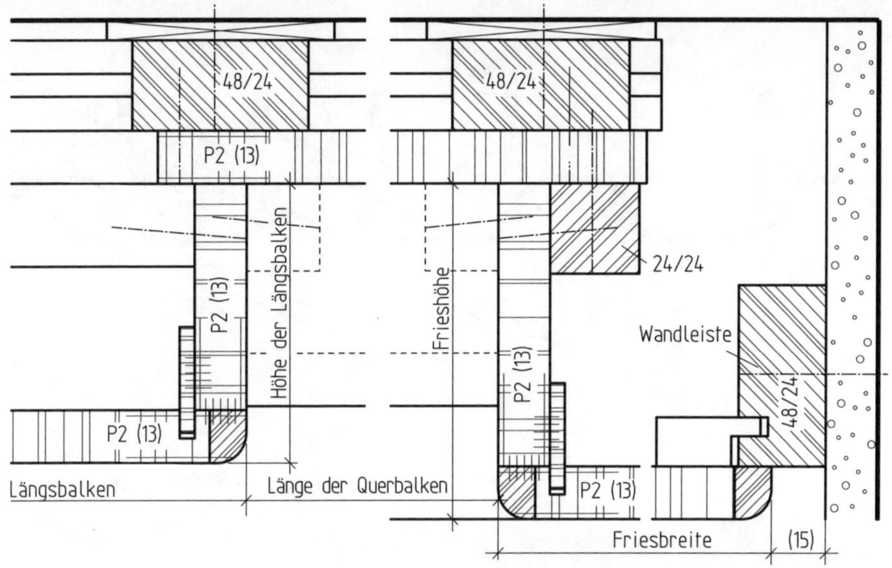

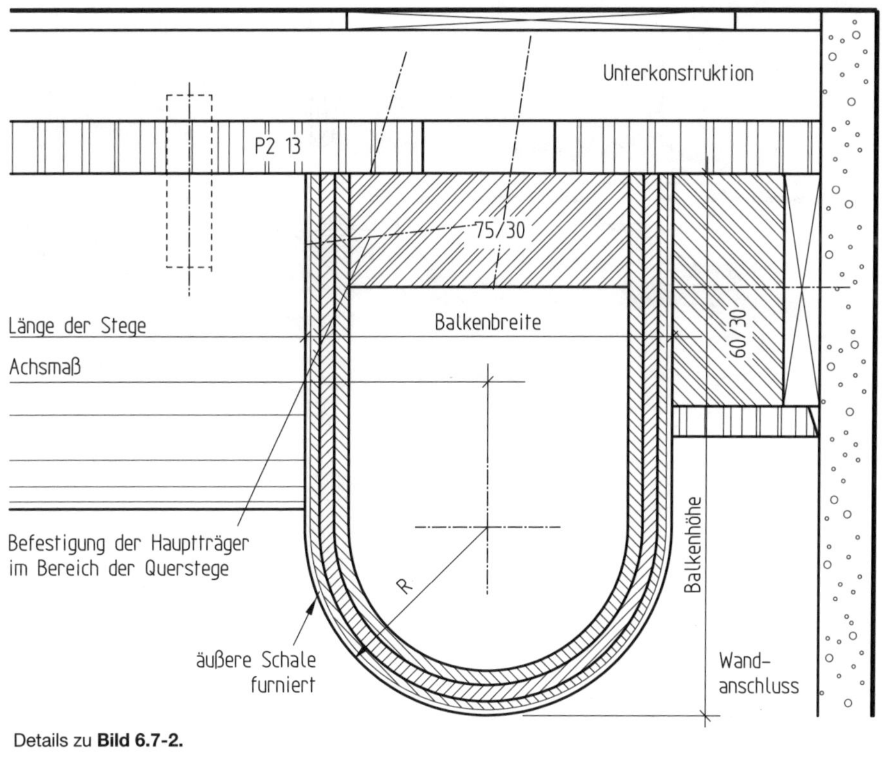

Details zu **Bild 6.7-2.**

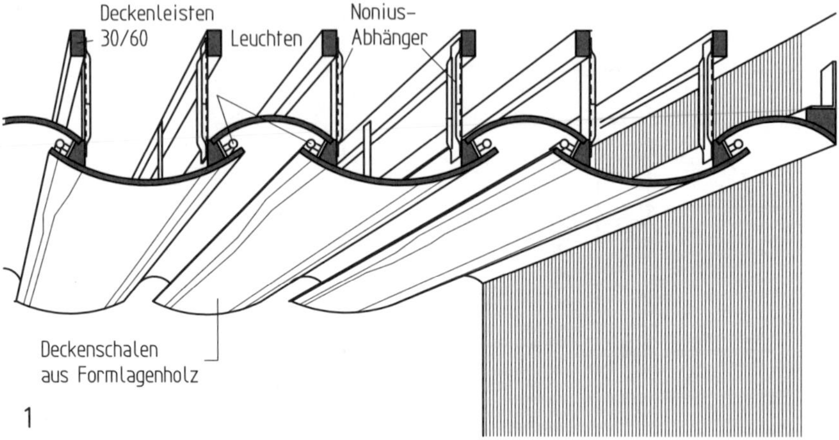

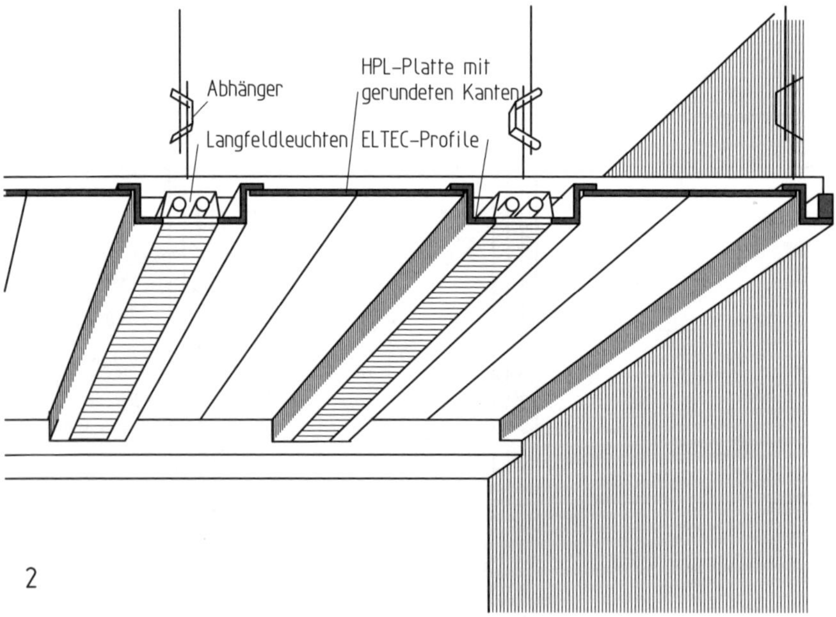

Bild 6.7-3 Deckensonderformen. 1 Schalendecke aus Formlagenholz. 2 Lichtdecke aus kunststoffbeschichteten Spanplattenelementen (El).

6.8 Technische Deckenverkleidungen

Lüftungsdecken, Akustikdecken beziehungsweise Schallschluckdecken und Brandschutzdecken werden unter dem Begriff »technische Deckenverkleidungen« zusammengefasst.

6.8.1 Lüftungsdecken

Lüftungsdecken sind Unterdecken, die eine Belüftung beziehungsweise Klimatisierung des Raums über Öffnungen in der Deckenschale oder im umlaufenden Gesims ermöglichen. Der Luftaustausch kann über spezielle Downlights mit Kanalanschluss, über Lüftungsgitter und Ausblasprofile oder einfach über die offene Deckenschale zum Beispiel einer Rasterdecke erfolgen. Für die Luftzu- und -abführung sind Kanäle oder Rohre im Deckenhohlraum installiert, versteckt durch die Deckenschale. Die Raumluftgeschwindigkeit und Luftverteilung ist so zu bemessen, dass keine Zugluft im Raum entsteht und eine vollständige und gleichmäßige Belüftung erreicht wird. Die Raumluftströmung muss außerdem nahezu geräuschfrei erfolgen. Die Berechnung der Luftverteilung und des Klimas unter Berücksichtigung der Kühllast für die Beleuchtung, der Führung des Rohrnetzes sowie die Bestimmung der Größe, der Anordnung und Anzahl der Durchlassöffnungen ist Aufgabe der Klimatechniker. Deshalb ist es unerlässlich, Lüftungsdecken nur in Zusammenarbeit mit dem Klimatechniker zu planen (Bild 6.8-1 bis 3).

6.8.2 Akustik- oder Schallschutzdecken

Akustikdecken oder Schallschutzdecken werden in Räume eingebaut, in denen die Lärmentwicklung hoch oder gutes Hören gefordert ist, wie zum Beispiel in Konzert- und Hörsälen. Das Maß der Schallschluckung wird auf die Schallvorgänge in einem lauten Raum bezogen, zum Beispiel einem Raum mit glatten, schallreflektierenden Wänden. Schallschutzdecken haben die Aufgabe, die Schallreflexion so weit wie möglich auszuschalten und die auf die Fläche treffenden Schallwellen zu schlucken. Man unterscheidet bei der Schallschluckung Resonanzschallschlucker und poröse Schallschlucker, die für die Schallschluckung entweder im Tiefton- oder im Hochtonbereich eingesetzt werden. Die Resonanzschallschlucker haben biegeweiche Schalen, zum Beispiel Holzwerkstoffplatten, dünner als 16 mm, die die auftretende Schallenergie in Bewegungsenergie umwandeln. Poröse Schallschlucker absorbieren die auftretende Schallenergie und wandeln diese in Wärmeenergie um.

Bild 6.8-1 (Seite 412) Lüftungsdecken. 1 Rasterdecke und 2 Wabendecke aus vorgefertigten Mineralfaserplatten. Bei punktuell eingebauten Luftauslässen der Klimaanlage können die übrigen Felder der Decke oben mit schlichten Mineralfaserplatten abgedeckt werden (Kna).

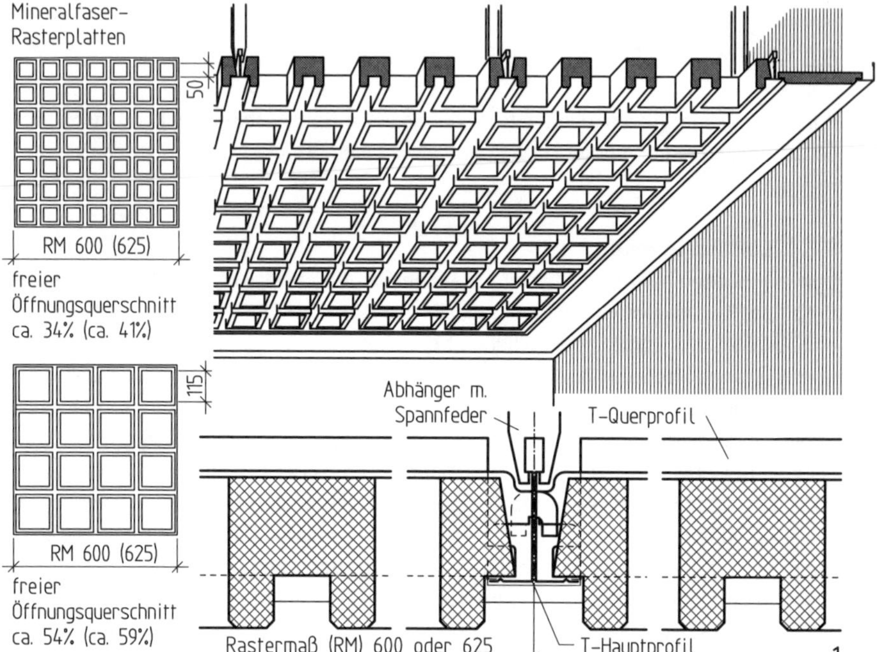

1

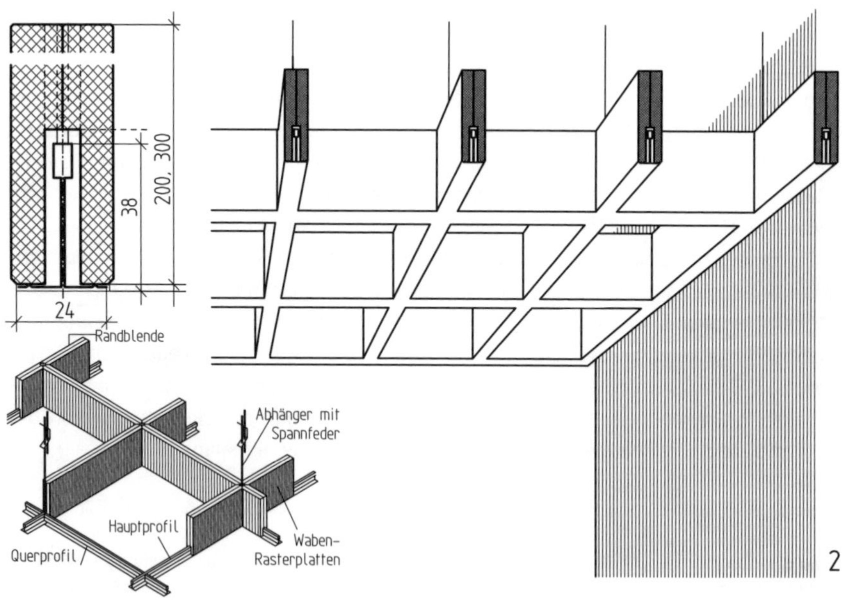

2

Bild 6.8-1 Siehe Seite 411

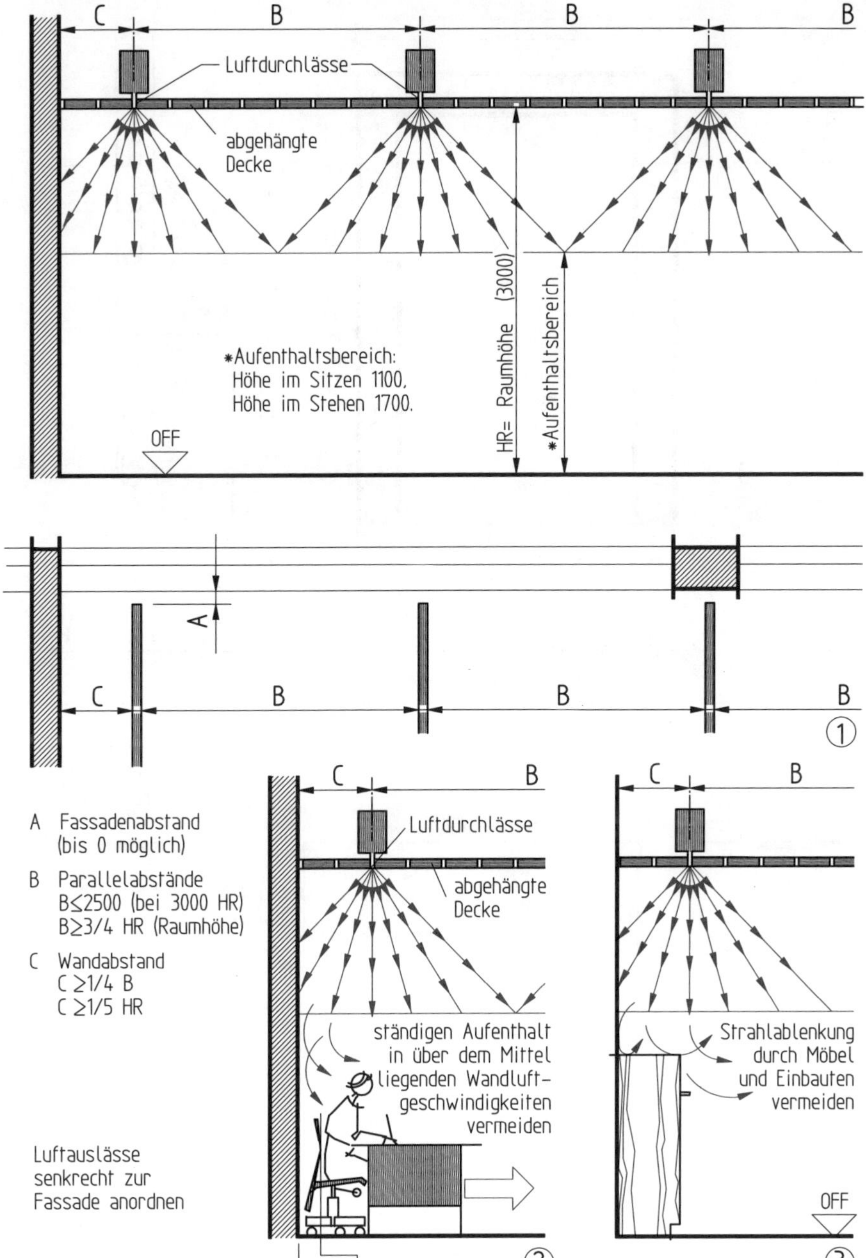

Bild 6.8-2 Siehe Seite 414

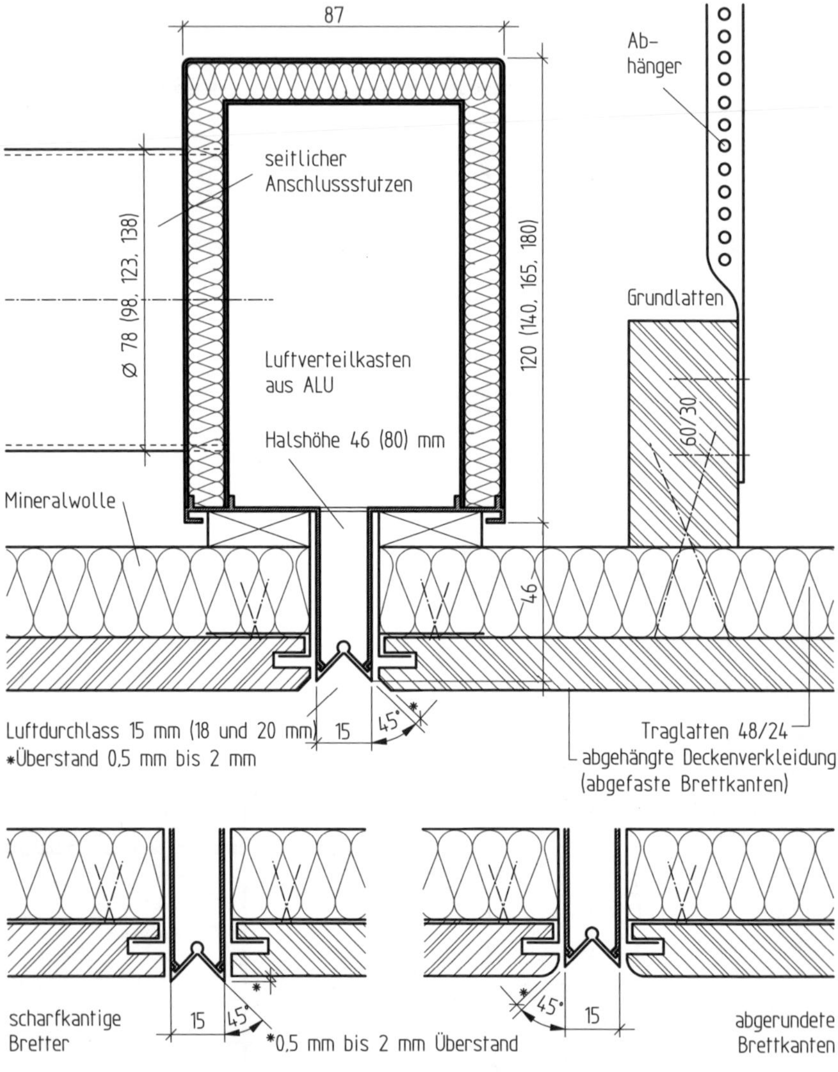

Bild 6.8-3 Einbau der Luftschienen in einer Bretterdecke. Auf ausreichenden Überstand der Luftdurchlässe ist zu achten (Ki).

Bild 6.8-2 (Seite 413) Einige Grundregeln zur Anordnung von Luftverteilungskästen. 1 Abstände der Luftschienen von der Wand und untereinander. Ungünstige Luftstrahlablenkung 2 direkt an der Wand und 3 durch horizontale Flächen (Ki).

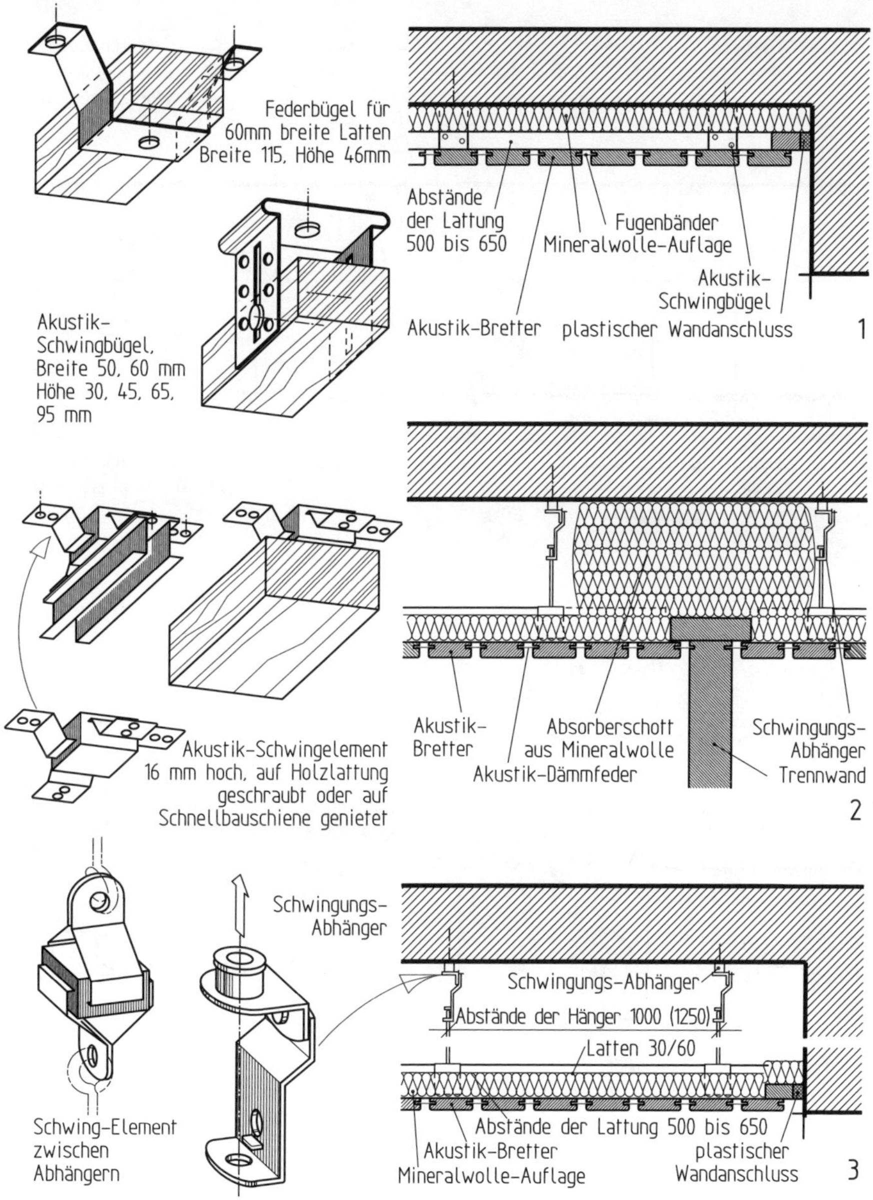

Bild 6.8-4 Schallschluckdecken. 1 Deckenbekleidung mit Mineralwolle-Auflage. Die Latten sind mit Feder- oder Akustikschwingbügel zu befestigen, der Rand mit plastischem Kitt zu dichten. 2 Anordnung von Absorberschotts aus Mineralwolle über Trennwänden. 3 Unterdecke aus Akustikbrettern mit Mineralwolle-Auflage an Schwingungsabhängern (Fr, Kna, Pro).

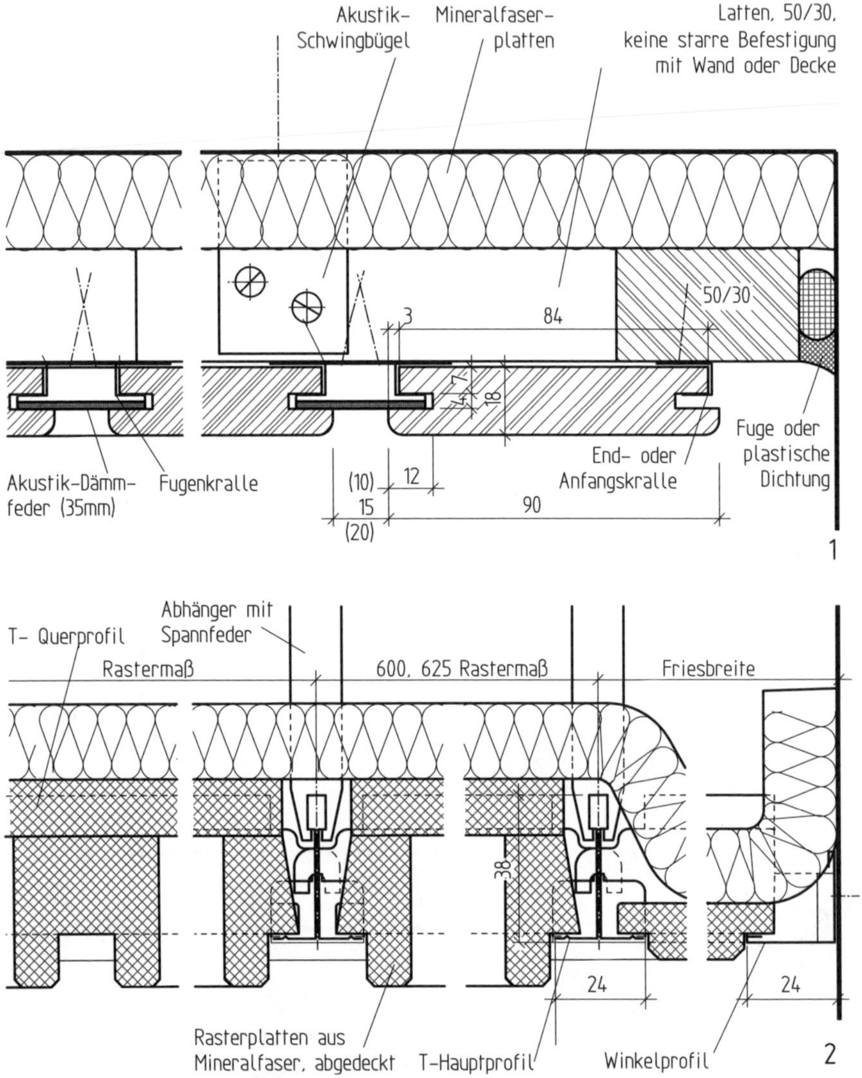

Bild 6.8-5 Schallschluckdecken. 1 Deckenbekleidung aus Akustikbrettern. In die Nuten wurden flexible Federn aus Filz eingezogen, die Unterkonstruktion ist mit Akustikschwingbügeln befestigt, die Fuge an der Wand mit plastischem Kitt gedichtet (Fr, Pro). 2 Unterdecke aus Mineralfaserrasterplatten, die mit Mineralfaserplatten, und Mineralfaserwolle abgedeckt sind (Kna).

Für poröse Schallschlucker muss die Verkleidungsschale unterbrochen sein und mit porösen Schallschluckmaterialien hinterlegt werden. Als Verkleidungsschale sind zum Beispiel gelochte Platten, Metallgitter oder -schienen, Rasterplatten aus Mineralfaser oder Wabendecken aus Mineralfaserplatten geeignet. Damit die porösen Stoffe über der durchbrochenen Verkleidungsschale nicht durchrieseln, ist unter das poröse Schallschluckmaterial ein Rieselvlies zu legen.
Bei der Schallschluckung wirkt der Luftraum über der Deckenschale mit. Daher weisen abgehängte Unterdecken in der Regel eine bessere Schallschluckung auf als direkte Deckenbekleidungen. Damit die Schallschwingungen sich nicht auf die angrenzenden Bauteile übertragen können, sind für Unterdecken Schwingungsabhänger oder für die Befestigung der Unterkonstruktion für Deckenbekleidungen Federbügel oder Schwingelemente einzusetzen. Am Rand darf die Deckenschale oder Unterkonstruktion nicht direkt an die Gebäudewand stoßen. Die Anschlussfuge kann durch einen Moosgummistreifen und plastischen Kitt gedichtet werden. Um den Schalldurchgang von einem Raum in den nächsten zu unterbinden, sind in den Luftraum über den Trennwänden sogenannte Absorberschotts einzubauen (Bild 6.8-4 und 5).

6.8.3 Brandschutzdecken

Brandschutzdecken müssen je nach bauaufsichtlichen Anforderungen aus nichtbrennbaren Baustoffen (Baustoffklasse A), mindestens aber aus schwerentflammbaren Baustoffen (Baustoffklasse B1) bestehen. Es sind die Feuerwiderstandsklassen F30, F60, F90, F120, F180 zu unterscheiden, die jeweils die Feuerwiderstandsdauer in Minuten angeben. Zum Beispiel bedeutet die Feuerwiderstandsklasse F60-A, dass das Bauteil dann feuerbeständig ist, wenn es im Brandfall 60 Minuten dem Feuer stand hält und aus nichtbrennbaren Teilen besteht. Feuerwiderstandsklasse F60-AB besagt, dass das Bauteil feuerbeständig ist, aber in wesentlichen Teilen aus nichtbrennbaren Stoffen besteht; wesentliche Teile sind zum Beispiel tragende Teile und bei Decken auch die Deckenschale.
Werden für öffentliche Gebäude besondere Brandschutzdecken gefordert, kommen eigentlich nur Unterkonstruktionen aus Metall und Deckenschalen aus nichtbrennbaren Stoffen wie Mineralfaserplatten, Gipskartonplatten oder gar Promatect-Platten in Frage. Bei Unterdecken wird der Brandschutz in der Regel auch von oben gefordert. Bei großen Deckenflächen oder Unterdecken über mehrere Räume sind über der Decklage durch Abschottungen Brandabschnitte zu bilden. Die Deckenanschlüsse zu Wänden müssen rauchdicht sein. Die Dübel für die Decken- oder Abhängerbefestigung müssen die bauaufsichtliche Zulassung besitzen.

6.8.4 Ballwurfsichere Deckenverkleidungen

Bei ballwurfsicheren Decken dürfen die Decklagen durch auftreffende Bälle nicht zerstört und die Unterkonstruktion nicht ausgehängt werden können. Als Decklage sind Platten aus Spanplatten und Paneelen aus Spanplatten oder Massivholz geeignet. Neben der ballwurfsicheren Funktion werden in Großturnhallen häufig auch Anforderungen an den Brandschutz gestellt, sodass Spanplatten der Brandklasse A2 und Unterkonstruktionen aus Metall verwendet werden müssen. Außerdem können Schallschutz und Belüftungsmöglichkeit gefordert sein. Zur Befestigung der Decklage aus Platten und Paneelen eignen sich am besten Schienen oder Schienenstücke, sogenannte Hutprofile, die mit Blechtreibschrauben an den CD-Tragschienen der Unterkonstruktion befestigt werden. Platten werden dann nur durch die Hutprofilschienen gehalten, Spanplattenpaneele durch Hutprofilschienenstücke, die in die Nuten der Paneele fassen (Bild 6.8-6).

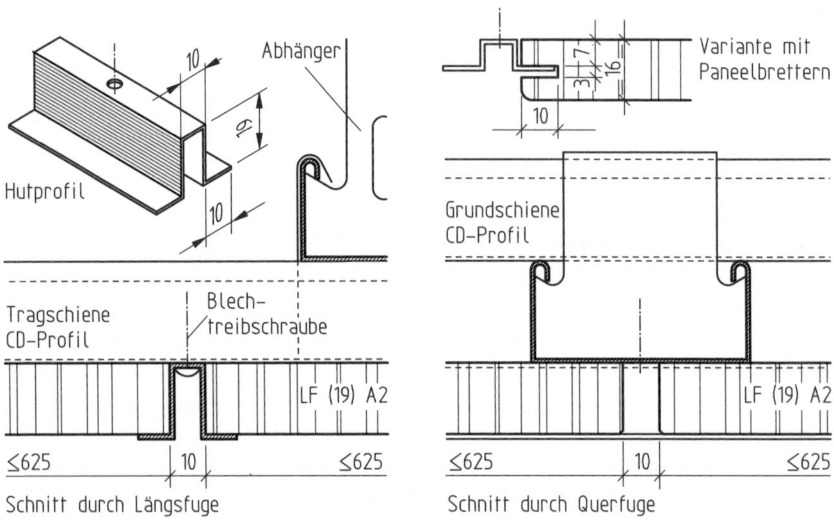

Bild 6.8-6 Ballwurfsichere Deckenverkleidung. Unterkonstruktion aus Metallprofilen, Decklage aus Spanplatten der Brandklasse A2 wird mit Hutprofilschienen befestigt. Variante: Bei Verwendung von furnierten Spanplattenpaneelen müssen die Nuten mindestens 10 mm tief und die tragenden Nutwangen mindestens 7 mm dick sein.

6.9 Einbauzubehör für Decken

Bei der Planung und Ausführung von Deckenbekleidungen und Unterdecken müssen in der Regel im Voraus etliche Einbauten berücksichtigt werden. Dies können Gardinen- und Vorhangschienen, Führungsschienen für Vertikaljalousien, Laufschienen für Faltschiebetüren und Schiebewände sowie Bilderschienen und Einbauleuchten sein.
Vorhangschienen sind so einzubauen, dass sich die Gardinen und Vorhänge auch im unteren Bereich gut entfalten können. Der Abstand der Laufschiene von der Wand sollte mindestens 100 mm betragen. Sind im unteren Bereich vorstehende Bauteile wie Fensterbänke oder Heizkörper vorhanden, muss der Abstand entsprechend erhöht werden. Wird mit der Vorhangschiene zusammen eine Beleuchtung, zum Beispiel eine kalt bleibende Leuchtstoffröhre eingebaut, wird diese in der Regel vor dem Vorhang angebracht, um diesen zu beleuchten.
Für Streifenvorhänge sind mindestens 20 mm Abstand zu den vertikalen Wandflächen oder einer Blende vorzusehen (Bild 6.9-1 bis 3).
Werden Bilderschienen gefordert, können diese verdeckt in der Decke oder im Wandfries eingebaut werden. Damit die Bilder plan auf der Wandfläche liegen, dürfen die Bilderschienen keinen Abstand von der Wand haben (Bild 6.9-4).
Einbau- oder Aufbauleuchten in oder an der Decke sollen den Raum gut ausleuchten, dürfen nicht blenden oder sich in der Verkleidungsfläche spiegeln. Sie sind so in der Deckenschale zu platzieren, dass sie die Gliederung der Decke nicht stören. Schwere Beleuchtungskörper dürfen nicht an der Deckenschale befestigt werden, sondern müssen gesondert von der Gebäudedecke abgehängt werden. Bei der Verwendung von Wärme entwickelnden Lampen wie Reflektorlampen ist ein Sicherheitsabstand zu brennbaren Stoffen von 500 bis 800 mm, bei Parabolreflektorlampen mit 300 Watt Leistung sogar bis 1400 mm einzuhalten. In die Decke eingebaute Leuchten und Transformatoren benötigen einen Luftraum. Sie dürfen nicht direkt durch Dämmmaterial abgedeckt werden (Bild 6.9-5 bis 12).
Auch die Gitter für Luftauslässe und Lautsprecher sind in der Decke oder im Wandfries zu planen und gut zu platzieren.

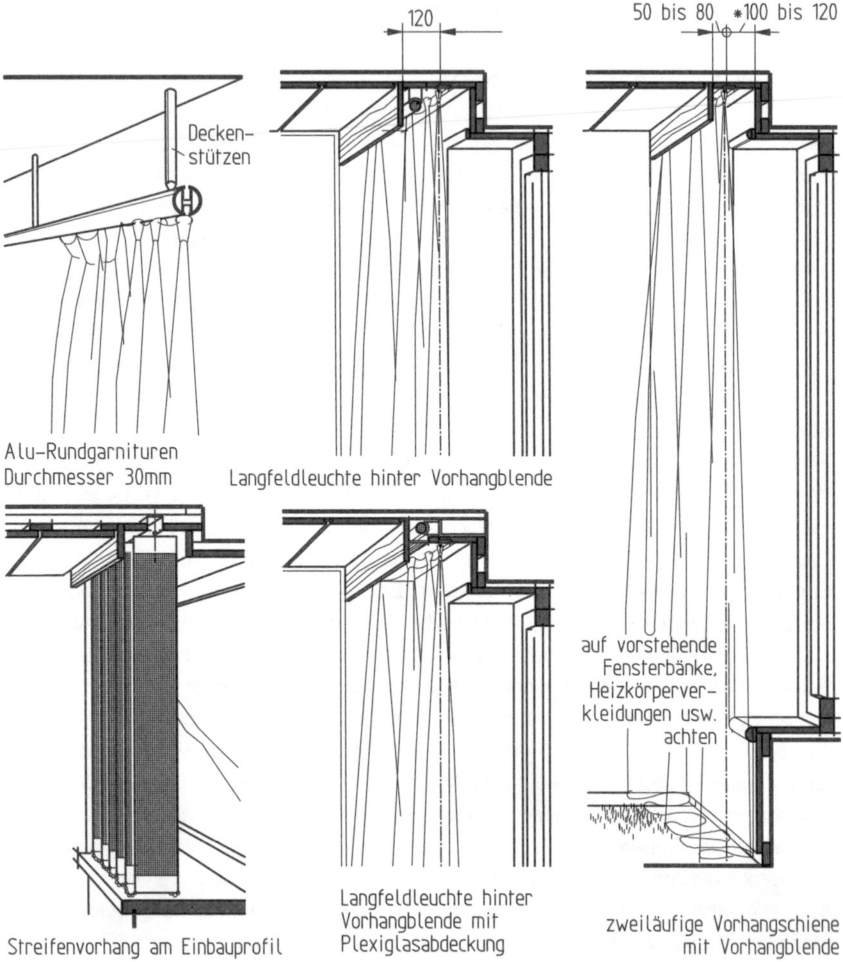

Bild 6.9-1 Eingebaute Vorhang- oder Gardinenschienen, ohne und mit Beleuchtung sowie Streifenvorhänge.

Bild 6.9-2 (Seite 421) Detail der Gardinenbretter. 1 Mit aufgesetzter mehrläufiger Alu-Vorhangschiene und Vorhangblende, 2 mit eingelassener zweiläufiger Alu-Vorhangschiene ohne Blende, 3 mit aufgesetzter Vorhangschiene, Leuchte und Lichtblende (MHZ, SG).

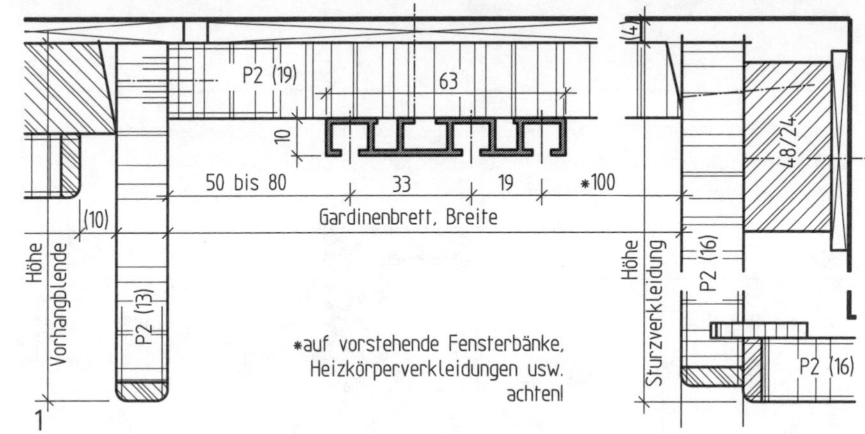
P2 (19)
63
10
50 bis 80
33
19
*100
(4)
48/24
Gardinenbrett, Breite
(10)
Höhe Vorhangblende
P2 (13)
Höhe Sturzverkleidung
P2 (16)
P2 (16)
*auf vorstehende Fensterbänke, Heizkörperverkleidungen usw. achten!

1

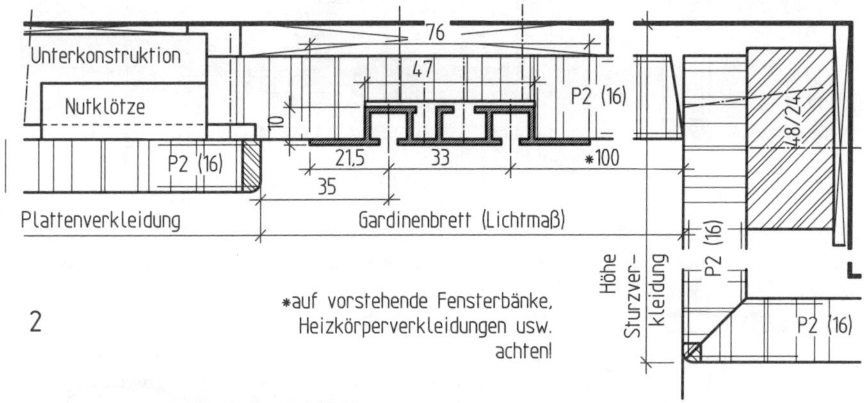
76
Unterkonstruktion
47
Nutklötze
10
P2 (16)
48/24
21,5
33
*100
P2 (16)
35
Plattenverkleidung
Gardinenbrett (Lichtmaß)
P2 (16)
Höhe Sturzverkleidung
P2 (16)
*auf vorstehende Fensterbänke, Heizkörperverkleidungen usw. achten!

2

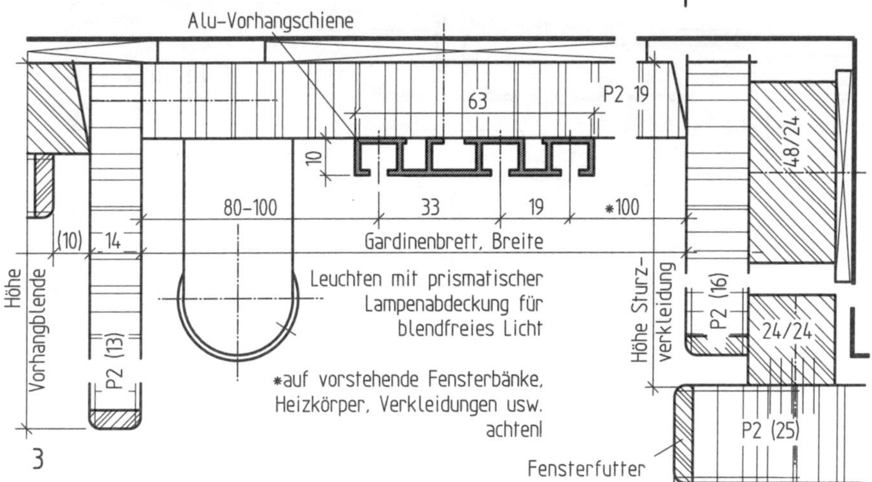
Alu-Vorhangschiene
63
P2 19
10
48/24
80–100
33
19
*100
(10)
14
Gardinenbrett, Breite
Höhe Vorhangblende
Leuchten mit prismatischer Lampenabdeckung für blendfreies Licht
Höhe Sturzverkleidung
P2 (16)
24/24
P2 (13)
*auf vorstehende Fensterbänke, Heizkörper, Verkleidungen usw. achten!
P2 (25)
Fensterfutter

3

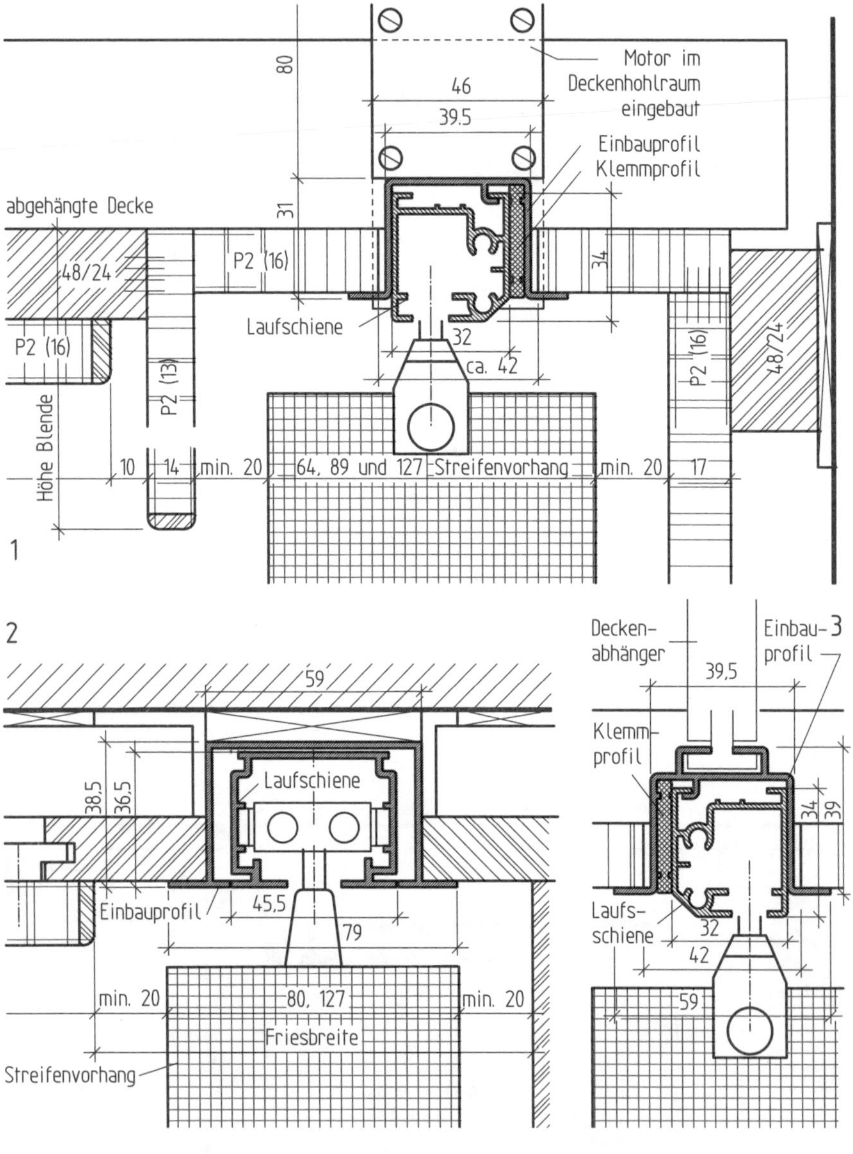

Bild 6.9-3 Einbau von Streifenvorhängen. 1 Eingebaute Streifenvorhangschiene einschließlich Motor mit Vorhangblende; 2 Streifenvorhangschiene ist in ein Einbauprofil eingesetzt; 3 eine vom Bauteil abgehängte Streifenvorhangschiene (MHZ, SG).

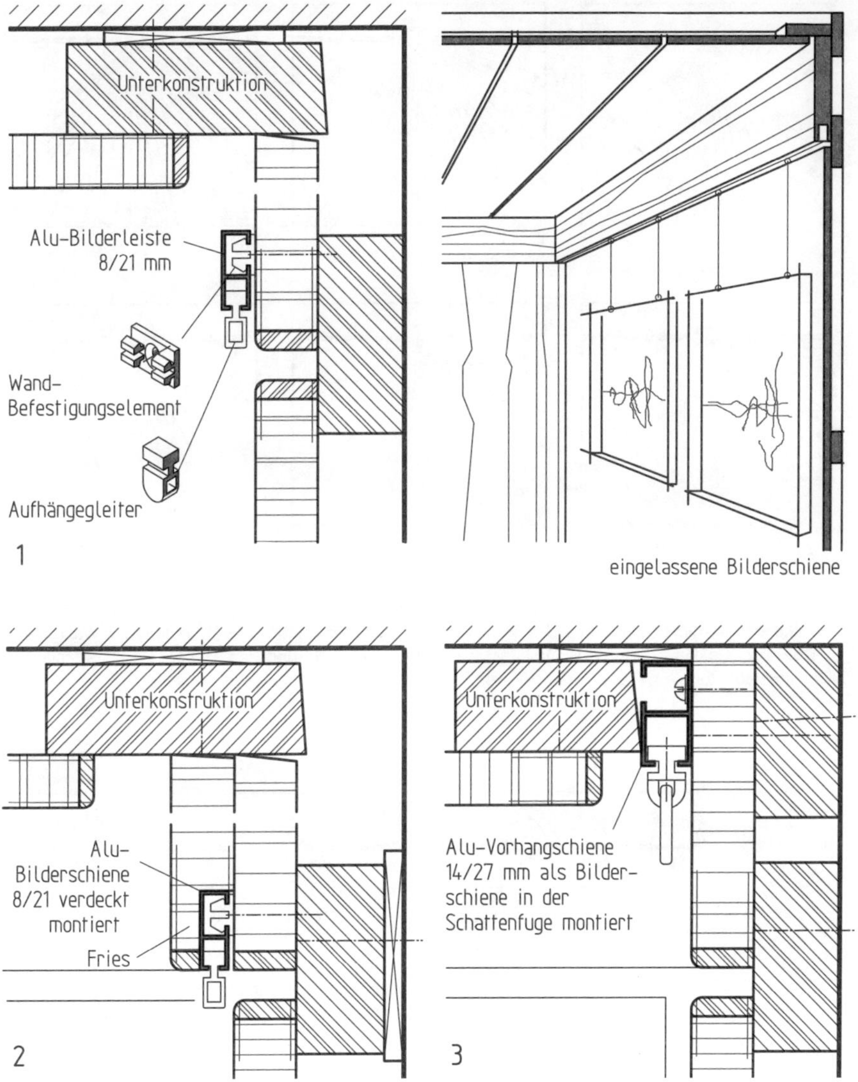

Bild 6.9-4 Einbau von Bilderschienen. 1 Sichtbare Montage auf dem Wandfries, 2 verdeckte Montage im Wandfries, 3 in der Anschlussfuge zwischen Decke und Wand (MHZ).

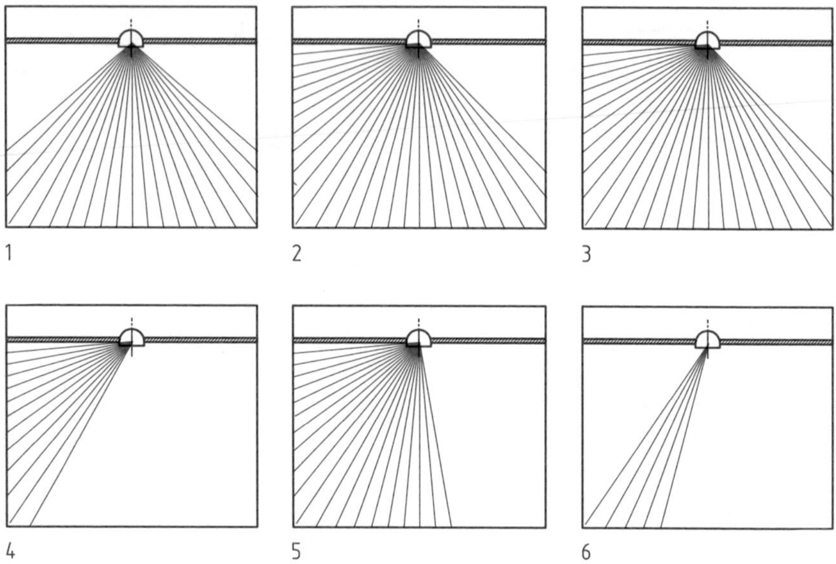

Bild 6.9-5 Einbauleuchten als Downlights mit unterschiedlichen Reflektoren. 1 Mit symmetrischer Lichtkegelform mit verschieden großen Abblendwinkeln, 2 Kombination aus Downlight und Wandfluter, 3 Downlight-Eckfluter, 4 reiner Wandfluter, 5 Richtfluter für Wand-und Raumzonen, 6 Richtstrahler für Objektbeleuchtung (Er).

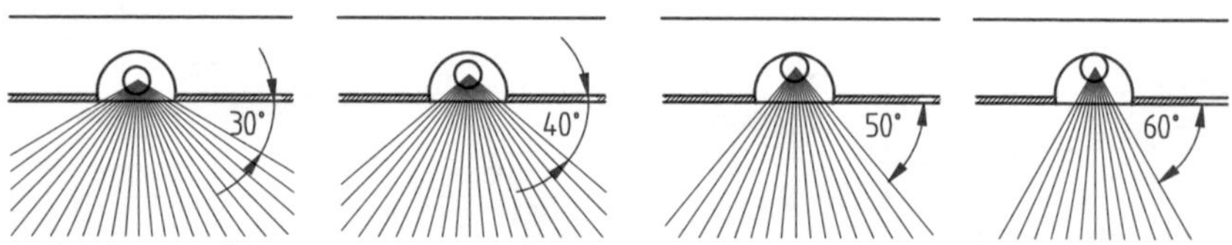

Bild 6.9-6 Durch Reflektoren können bei Downlights Abblendwinkel von 30°, 40°, 50° und 60° erreicht werden.

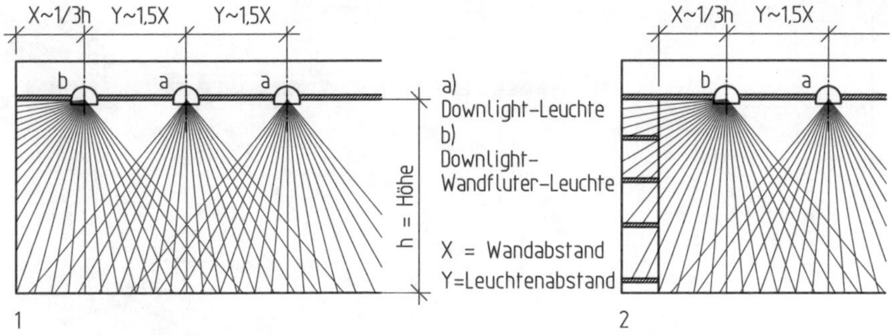

Bild 6.9-7 Ermittlung der Abstände von 1 Downlight-Wandfluter von der Wand und Downlight-Leuchten untereinander, 2 bei raumhohen Regalen (Er).

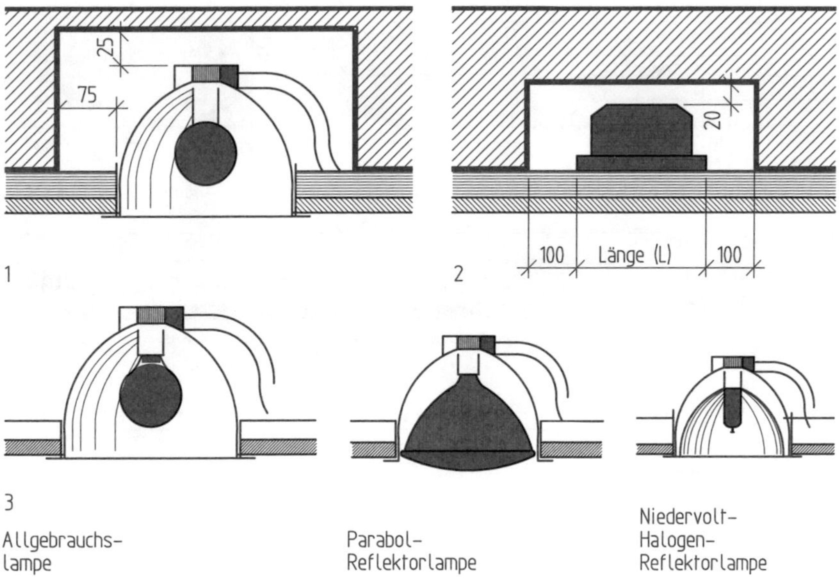

Bild 6.9-8 Leuchtenarten und allgemeine Einbaurichtlinien. 1 Beim Einbau von Leuchten und 2 von Trafos muss ein Luftraum vorgesehen werden, der auch nicht mit Dämmmaterial geschlossen werden darf. 3 Verschiedene Lampenarten in Downlights.

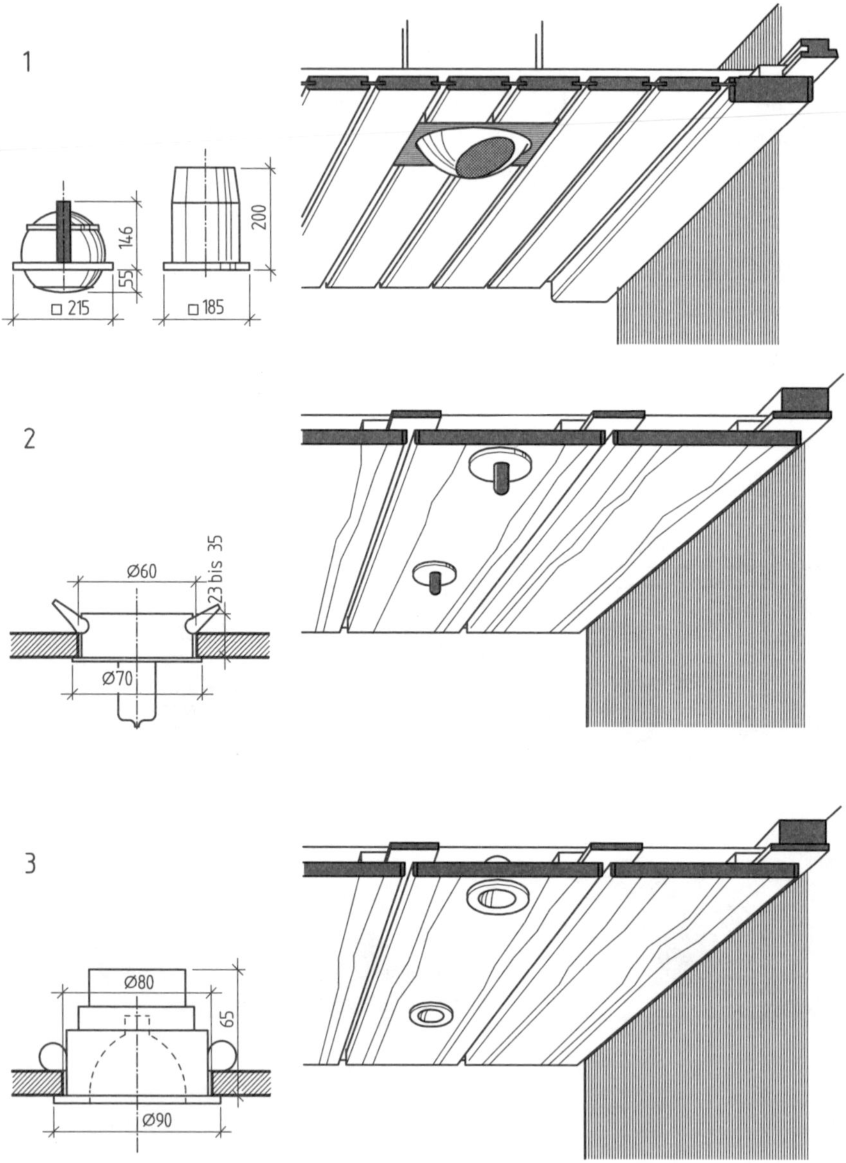

Bild 6.9-9 Einbauleuchten. 1 Schwenkbare Downlights für PAR-Lampen (Sta), 2 freistrahlende Niedervolt-Halogenlampen, 3 Einbauleuchten mit Reflektor für Niedervolt-Halogenlampen, für LEDs sinngemäß (Er, Hac, Her).

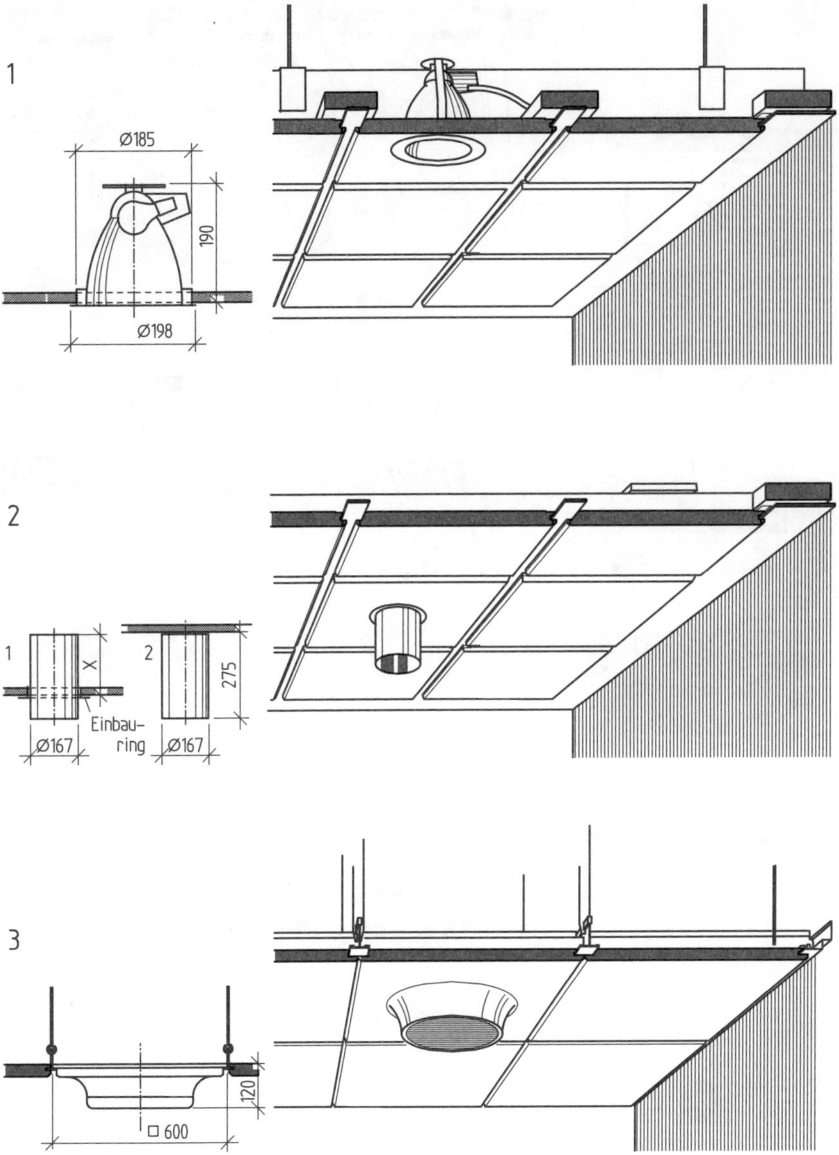

Bild 6.9-10 Deckenleuchten. 1 Downlights für Allgebrauchslampen, Durchmesser 170 mm, 198 mm, 226 mm und 254 mm (Er). 2 Einbauleuchte und Aufbauleuchte; das Maß X ist variabel (Sta). 3 Einbauleuchte im Plattenformat (Sta).

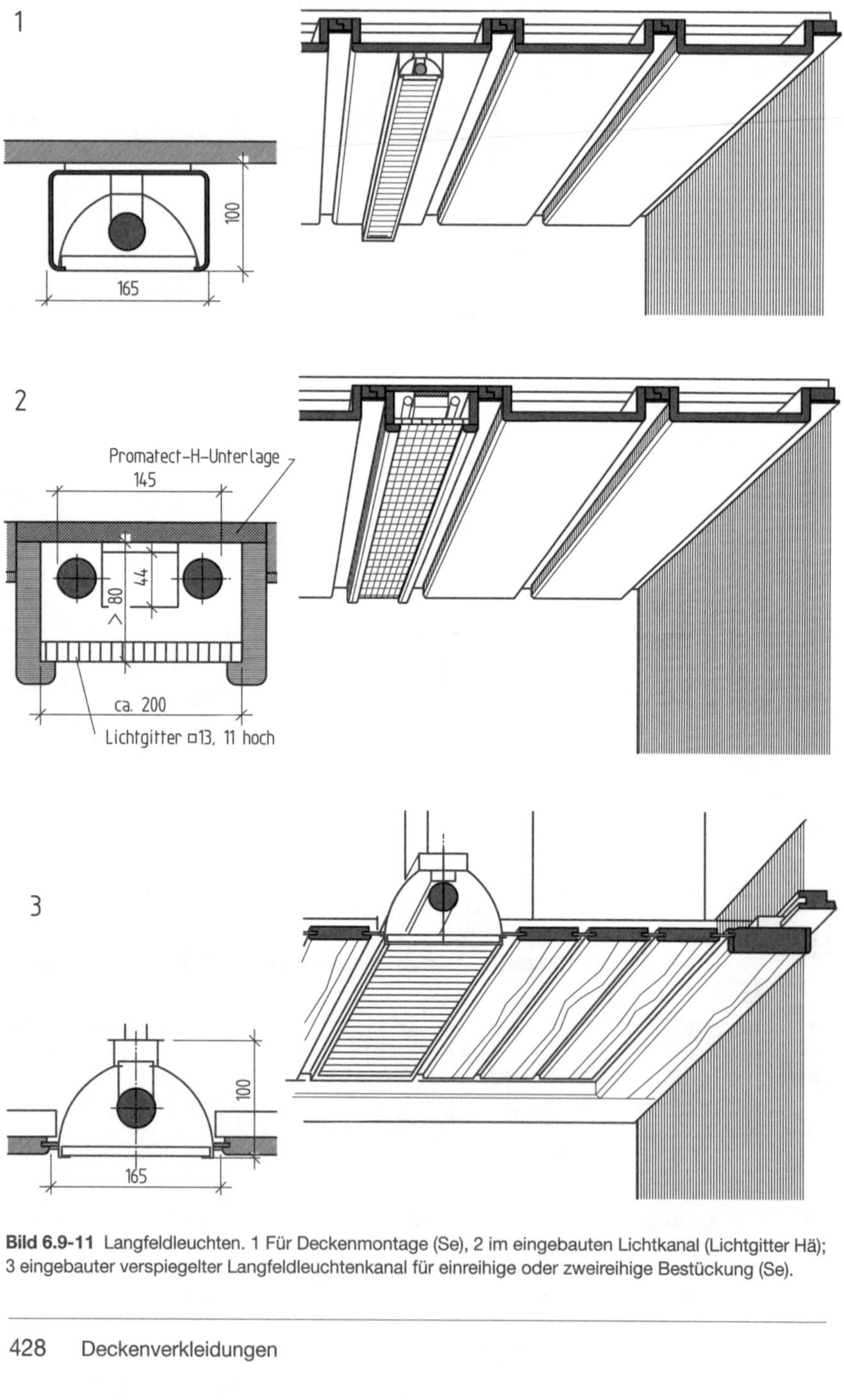

Bild 6.9-11 Langfeldleuchten. 1 Für Deckenmontage (Se), 2 im eingebauten Lichtkanal (Lichtgitter Hä); 3 eingebauter verspiegelter Langfeldleuchtenkanal für einreihige oder zweireihige Bestückung (Se).

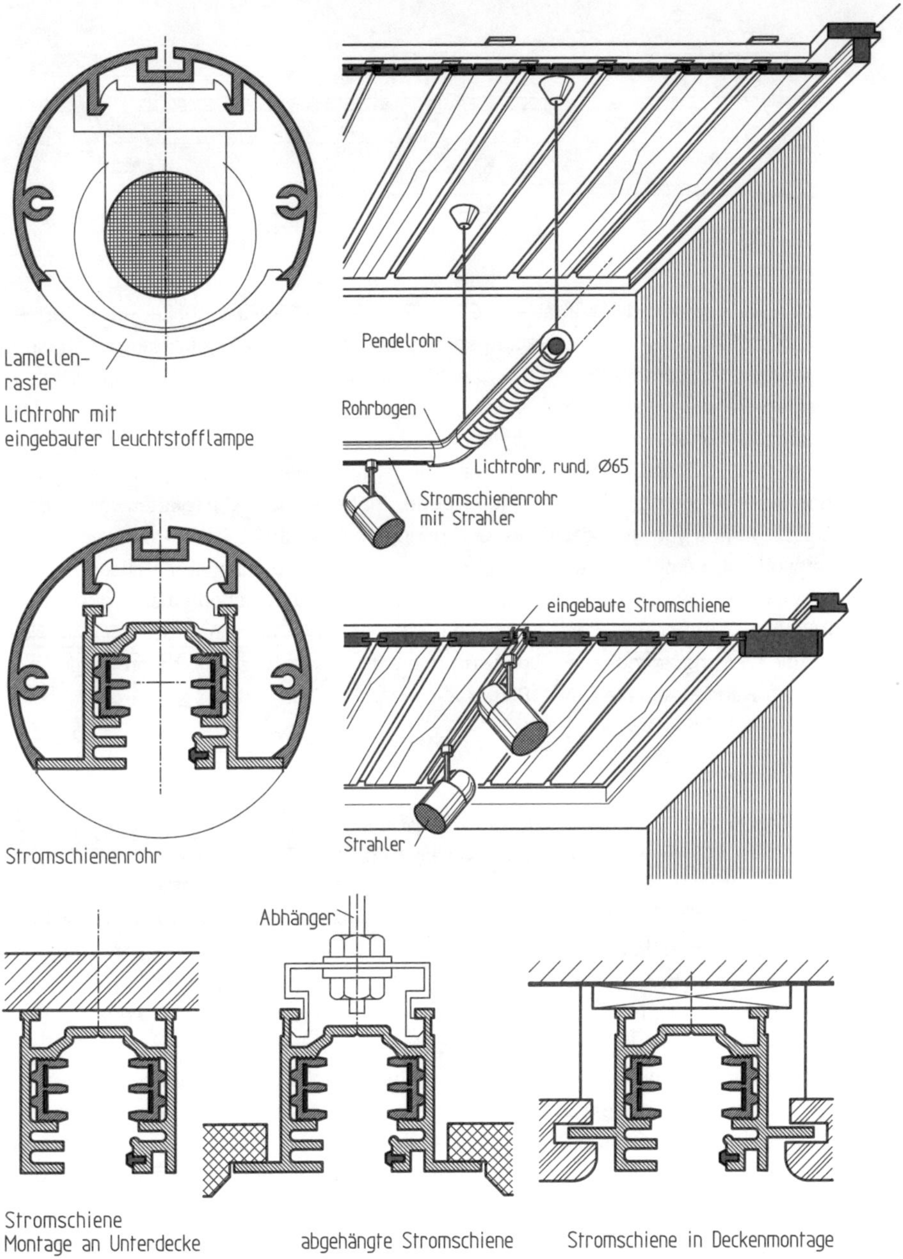

Bild 6.9-12 Lichtrohr- und Stromschienensystem (Er, Sta).

7 Trennwände

Trennwände haben die Aufgabe, größere Räume in kleinere Einheiten zu unterteilen. In großen Büro- und Verwaltungsgebäuden wird in der Regel zudem noch eine veränderbare Raumgliederung gewünscht. Hierfür sind besonders die vorgefertigten leichten Trennwandelemente aus Holz und Holzwerkstoffen, gegebenenfalls mit Unterkonstruktionen aus Metall geeignet.

In der DIN 4103 sind »leichte Trennwände« genormt. Hierunter fallen nicht tragende Innenwände, wie zum Beispiel Steinwände, Plattenwände, Gipsplattenwände und Gerippewände von geringer Dicke und geringem Gewicht. Leichte Trennwände haben keine wesentlichen Lasten zu tragen und auch keine sonstigen statischen Aufgaben wie Gebäudeaussteifung zu übernehmen. Ihre Standsicherheit erhalten leichte Trennwände in der Regel erst durch eine Befestigung an die angrenzenden Bauteile. Für die hier angesprochenen Trennwände aus Holz und Holzwerkstoffen wie für die Elementwände kann die DIN 4103 nur in einigen Punkten gelten.

7.1 Bauarten der Trennwände

Beschränkt man sich auf leichte Trennwände aus Holz und Holzwerkstoffen, auch die aus einem Ständerwerk aus Metall, lassen sich nach den verschiedenen Bauarten folgende Gruppen bilden:

Unter Berücksichtigung der Konstruktion sind Gerippewände, Elementwände und Raumtrenner zu unterscheiden.

Gerippewände bestehen im Wesentlichen aus einem Gerüst, das einseitig, meistens aber beidseitig mit Platten oder Brettern beplankt ist. Gerippewände werden meistens für den Verwendungsort speziell angefertigt und dort fest eingebaut.

Elementwände sind aus serienmäßig vorgefertigten Wandelementen zusammengebaute Trennwände, die einfach zu demontieren sind, ja sogar versetzbar sein können.

Raumtrenner sind Schränke oder Regale, mit denen man Räume abteilt. Es können aber auch einfache Sprossen- oder Lamellenkonstruktionen sein, die eine transparente Raumeinteilung bilden.

Gerippewände und Elementwände können je nach technischer Bauweise für erhöh-. ten Schallschutz und beziehungsweise oder für erhöhten Brandschutz ausgestattet werden.

7.2 Bauliche Anforderungen

Obwohl die leichten Trennwände nicht tragende Wände sind, müssen sie doch gewissen Belastungen im Gebäude standhalten. Die auftretenden Kräfte sind bei der Bemessung der Ständerquerschnitte oder -profile sowie bei der Konstruktion der Randeinspannung an Wand und Decke zu berücksichtigen. Horizontale Kräfte treten durch das Anlehnen an die Wand, durch Gedränge von Menschen oder durch die Befestigung von Hängeschränken oder Waschbecken auf. Vertikale Kräfte entstehen durch den Einspanndruck der Trennwandelemente und durch die unter Belastung durchbiegenden Decken. Die Deckendurchbiegung kann besonders bei Decken mit großer Spannweite erheblich sein, sodass fest eingespannte Trennwände unter der Deckenbelastung ausbeulen können. Um Schäden an den leichten Trennwänden zu vermeiden, sollten besonders die Elementwände nicht vertikal starr eingespannt werden, sondern im Deckenanschluss so ausgebildet sein, dass ein teleskopartiges Tolerieren der Deckenschwankungen gewährleistet ist. Bei verspannten Pfosten kann ein vertikal wirkender Spanndruck mit 800 N angenommen werden. Die Horizontalkräfte in Geländer- beziehungsweise Holmenhöhe werden mit 500 N/m und in Räumen mit größeren Menschenansammlungen mit 1000 N/m in den Normen angegeben. Die Durchbiegung darf unter horizontaler Belastung und vertikalem Spanndruck 1/500 der Wandhöhe nicht überschreiten. Unter anderem müssen die Trennwände den Beanspruchungen durch Schlag und Stoß standhalten, die durch umfallende Gegenstände oder stolpernde Menschen auftreten können. Die Standsicherheit und auch die Festigkeit gegen Schlag und Stoß wird bei Elementwänden durch Belastungsversuche bewiesen. Versetzbare Trennwände sollten ein geringes Gewicht aufweisen, damit sie leicht zu transportieren und zu montieren sind. Die Gewichtsminderung geht aber auf Kosten der schalldämmenden Qualität der Wand, sodass bei Forderung nach besserem Schallschutz ein höheres Flächengewicht der Trennwand nicht zu umgehen ist. Ein hohes Eigengewicht der Trennwand lässt sich als Streckenlast durch Unterzüge abfangen. Jedoch wären hierfür Berechnung und Ausführung zu umständlich und nicht zweckmäßig. Deshalb wird für unbelastete leichte Trennwände bei der statischen Berechnung der Decke ein Zuschlag zu den Verkehrslasten angesetzt. Ist die Decke bereits für eine Verkehrslast von 5 kN/m^2 und mehr ausgelegt, kann man auf einen Zuschlag für leichte Trennwände verzichten.
Beim Einbau der leichten Trennwände sind die Installationen für elektrischen Strom und Wasser zu berücksichtigen. Die elektrischen Leitungen können verdeckt horizontal im Fußboden- oder Deckenanschlussprofil und vertikal in den Hohlräumen der Trennwandelemente oder in besonderen Aussparungen der Federleisten geführt werden. Die Befestigung der Kabel erfolgt durch Schellen. Steckdosen, Schalter und Verteilerdosen können in die Beplankung eingelassen werden. Hierfür sind besondere Hohlwanddosen vorzusehen (Bild 7.4-17).

Problematisch kann das Verlegen von Wasserinstallationen in leichten Trennwänden sein. Die Stellen für die Wasserentnahme müssen vorher exakt eingeplant werden, damit auch eine gute Abwasserbeseitigung möglich ist. Die Größe der Hohlräume zwischen den Verkleidungsplatten der Trennwände ist entscheidend dafür, ob die Leitungen verdeckt verlegt werden können oder nicht. Waschbecken müssen nicht unbedingt freitragend an leichten Trennwänden aufgehängt werden. Um die Horizontalkräfte in der Wand zu verringern, sollte man Waschbecken mit einem Unterbau versehen.

7.3 Gerippewände

Gerippewände sind leichte Trennwände (DIN 4103) aus einem Gerüst aus Kanthölzern oder Metallständern, auf die einseitig, meistens aber beidseitig Holzwerkstoffplatten, Gipskartonplatten, Holzzementplatten oder Bretter aufgenagelt, aufgeschraubt oder aufgeklemmt werden. Es werden auf Grund der statischen und stoßartigen Belastung Trennwände für zwei Anwendungsbereiche unterschieden.
Anwendungsbereich I: In Räumen mit geringen Menschenansammlungen, zum Beispiel in Wohnungen.
Anwendungsbereich II: In Räumen mit großer Menschenansammlung, zum Beispiel in Versammlungsräumen, Schulen, Fluren.

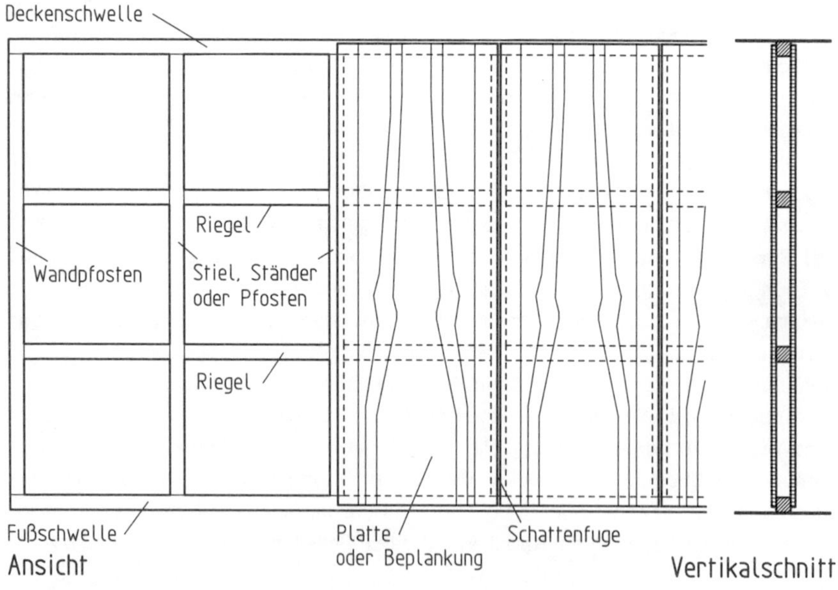

Bild 7.3-1 Aufbau und Teile einer Gerippewand.

Gerippewände werden nicht serienmäßig vorgefertigt, sondern sind in der Regel Einzelanfertigungen. Das Gerüst der Gerippewände besteht aus den vertikalen Stielen, den horizontalen Fuß- und Deckenschwellen und den Riegeln. Die Stiele sollten bei 4 m hohen Trennwänden 100 mm dick und bei 3,50 m Höhe 80 mm dick sein. Um ein Verformen der Wand zu vermeiden, dürfen die Stiele das Maß 60 mm nicht unterschreiten. Die Breite der Stiele beträgt 40 mm, wenn die Beplankung eng genug auf den Stielen (Nagelabstände) befestigt wird, um ein seitliches Ausbeulen der Riegel zu verhindern. Der Abstand der Riegel voneinander beträgt 1250/2 oder 1250/3 also ca. 625 mm oder 400 mm. Nach diesen Abständen ist die Dicke der Beplankung zu bemessen, bei Spanplatten 10 mm beziehungsweise 8 mm, besser aber 16 mm beziehungsweise 13 mm (Tabelle 7.3-1).

Tabelle 7.3-1 Erforderliche Ständermaße in Abhängigkeit von der Raumhöhe und den Stielabständen

Anwendungsbereich	Trennwandhöhe mm	Stielabstand 400 mm Beplankung 13 mm		Stielabstand 625 mm Beplankung 16 mm	
		Ständer b/d in mm	Nagelabstände mm	Ständer b/d in mm	Nagelabstände mm
I	2500	60/40	100	60/40	70
z. B.	3250	60/40	100	80/40	100
Wohnbereich	3750	80/40	100	80/40	100
	4000	100/40	100	100/40	100
II	2500	80/40	100	80/40	100
z. B.	3250	80/40	100	80/40	70
Versamm-	3500	80/40	100	80/40	60
lungsräume	4000	100/40	100	100/40	100

Mit den Schwellen und den Wandpfosten wird die Trennwand an Decke, Fußboden und Wänden befestigt. Die Fußschwelle hat die Aufgabe, den Druck aus den Stielen beziehungsweise Ständern auf den Fußboden zu übertragen. Das Ständerwerk kann einfach oder doppelt aufgestellt werden. Es wird mit Platten so beplankt, dass die vertikalen Plattenfugen möglichst mittig auf den Stielen liegen. Die Fugen bei Platten aus Holzwerkstoffen können stumpf gegeneinander stoßen, durch Schattenfuge oder Fase getrennt, mit Federn verbunden oder mit Kunststoffprofilen ausgefüllt werden. Gipskartonplatten werden meistens in den Fugen mit Fugenfüllern verspachtelt (Bild 7.3-1 und 2).

Bild 7.3-2 (Seite 434) Verglaste Trennwand mit schmalen Holzprofilen. Die Unterkonstruktion besteht aus Stahl; die schmalen Holzprofile werden auf die Stahlprofile aufgeschoben (Str).

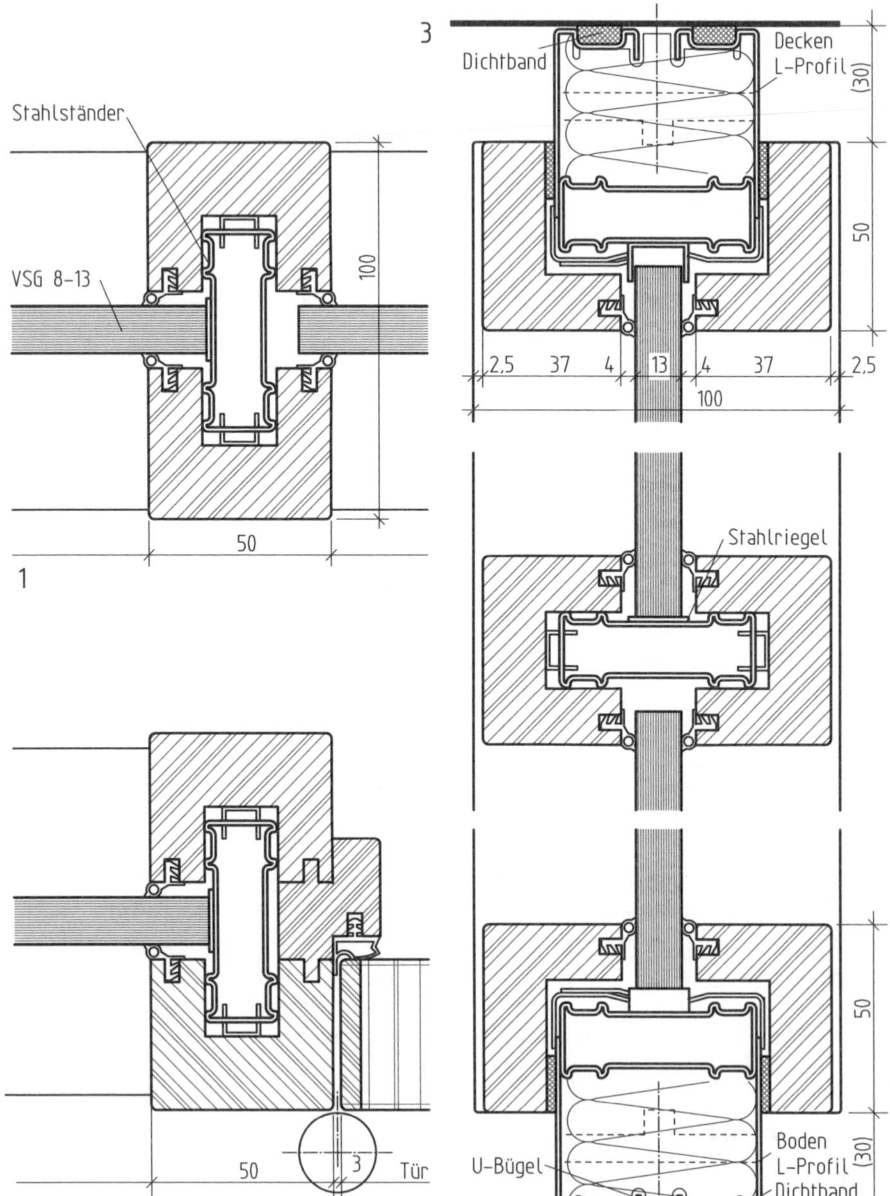

Bild 7.3-2 Siehe Seite 433

7.4 Elementwände

Elementwände bestehen aus einzelnen Elementen, die serienmäßig vorgefertigt sind und auf dem Bau zu den Trennwänden zusammengefügt werden müssen. Aus diesem Grund muss bei der Konstruktion auf einfache Montage und Demontage sowie aus Gründen des Transports auf ein geringes Gewicht Rücksicht genommen werden. Die Wand-, Decken- und Fußbodenanschlüsse müssen gute Anpassung an die jeweiligen Bauteile gewährleisten. Die selbsttragenden Plattenelemente wird man lotrecht in die ausgerichteten Deckenschwellen führen, in die hierzu parallel verlaufenden Fußschwellen setzen und dann gegeneinander schieben. Die vertikalen Plattenstöße können durch Nut-und-Feder-Systeme, durch Federleisten oder -pfosten, geschlossen werden.

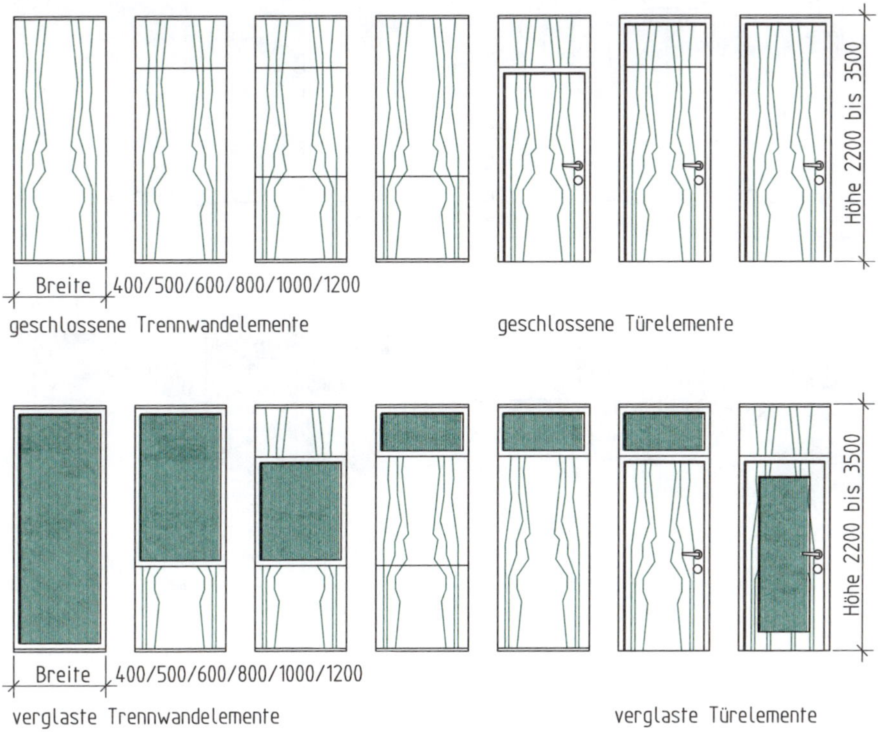

Bild 7.4-1 Beispiele von Trennwandelementen, aus denen sich die Trennwände zusammenbauen lassen.

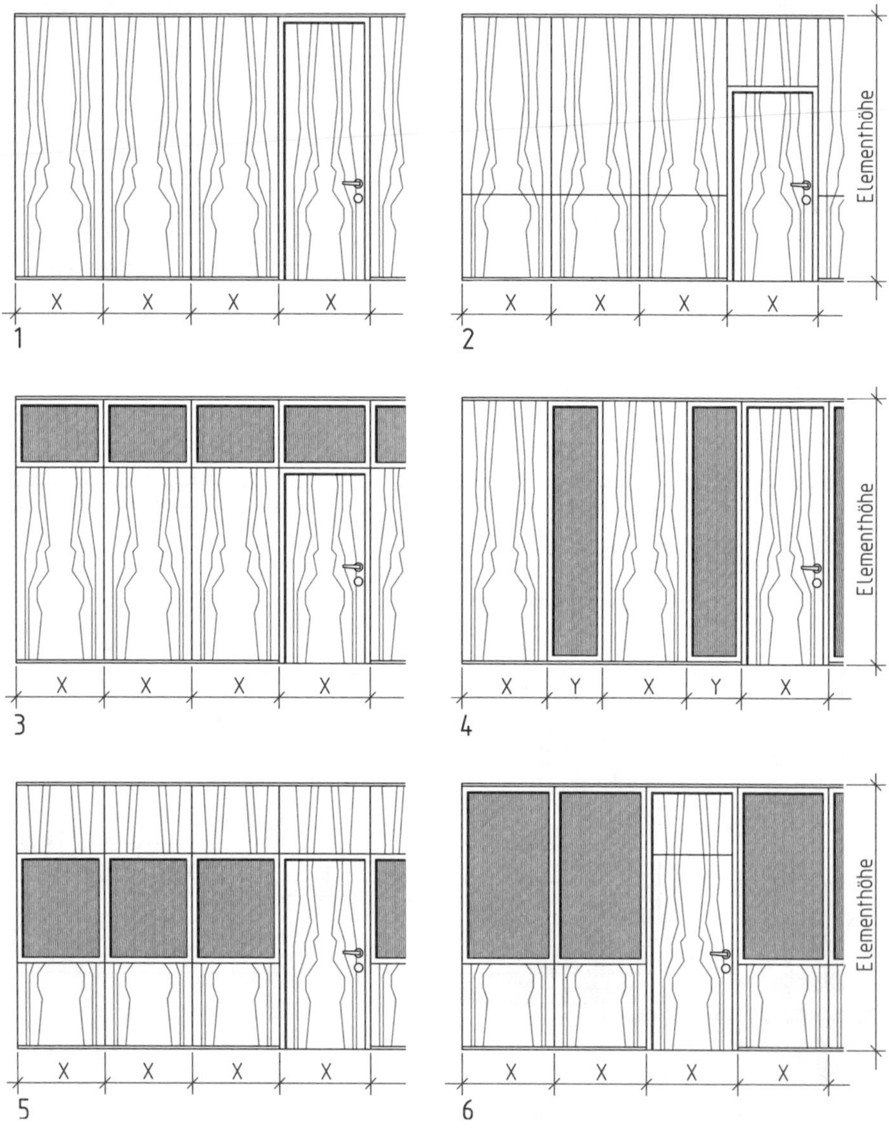

Bild 7.4-2 Beispiele einiger Elementwände im Achsrastersystem (Fe, Str, Hol).

Wegen des häufig geforderten Brandschutzes haben sich die Unterkonstruktionen aus Metall immer mehr durchgesetzt. Hier kann sich der Innenausbauer aus einer reichen Palette von Tragsystemen wie Ständer, Wand-, Fußboden- und Deckenschienen bedienen, die einfach zu montieren, wenn nötig auch wieder zu demontieren sind und je nach Ausführung die Anforderungen an den Brand- und Schallschutz erfüllen. Die Beplankung wird auf die Metallständer geklippst oder in vorgesehene Lochungen eingehängt. Elemente mit Türen und Elemente mit Verglasungen können je nach Bedarf montiert werden. Ein wesentlicher Vorteil der Trennwandsysteme aus Metall ist die Verwendung von zierlichen Rahmenprofilen bei Verglasungen (Bild 7.4-20). Teilweise sind sogar Verglasungen ohne sichtbare Rahmen und Ganzglastrennwände möglich (Bild 7.4-21 und Bild 7.7-1).

Bei der Planung von Trennwänden aus Elementen wird man sich für eine Maßordnung und ein Rastersystem entscheiden müssen, wenn eine serienmäßige Vorfertigung und sinnvolle Montage der Elemente sowie Versetzbarkeit der Trennwände gegeben sein soll. Für ein Maßsystem steht uns die Maßordnung im Hochbau zur Verfügung, die auf ein Vielfaches von 125 mm aufgebaut ist. Es sind aber Bestrebungen im Gange, das oktametrische Maßsystem durch ein dekadisches abzulösen, das das Grundmaß 100 mm kennt. Somit wird man Elementbreiten von 500, 625, 750, 875, 1000, 1125 und 1250 mm antreffen oder zum anderen Elementbreiten, die auf die Großmodule 3M (300, 600, 900 und 1200 mm) oder 6M (600, 1200 mm) aufbauen. In der Praxis haben sich die Vorzugsraster 600, 800, 1000, 1200 und 1250 mm für die Elementbreiten durchgesetzt, für die Elementhöhen die Maße 2750, 3000, 3250 und 3500 mm. Diese Systeme erlauben aber auch Elementhöhen von 5000 mm.

Die Unterschiede im Rastersystem liegen im Achsraster und Bandraster. Beim Achsrastersystem liegt die Rasterlinie in der Mitte der Trennwand. Hier überschneiden sich die einzelnen Wandelemente bei den Kreuzungspunkten und den Eckausbildungen um eine halbe Elementdicke, sodass bei einem quadratischen Grundraster verschiedene Elementbreiten erforderlich sind. Ein Bandraster ist aus Flächenstreifen aufgebaut. Die Breite des Bandrasters entspricht der Dicke der verwendeten Trennwandelemente plus Fuge zwischen den Platten. Dadurch können immer gleich breite Plattenelemente verwendet werden. Allerdings müssen zwischen den Plattenelementen Pfosten vorgesehen werden, sodass hier Doppelfugen auftreten. Diese Rastersysteme gelten auch für Einbauschränke und werden häufig in der Decke fortgesetzt. Somit ist ein Versetzen der Wände zu jeder Zeit und problemlos möglich (Bild 7.4-5 und 6).

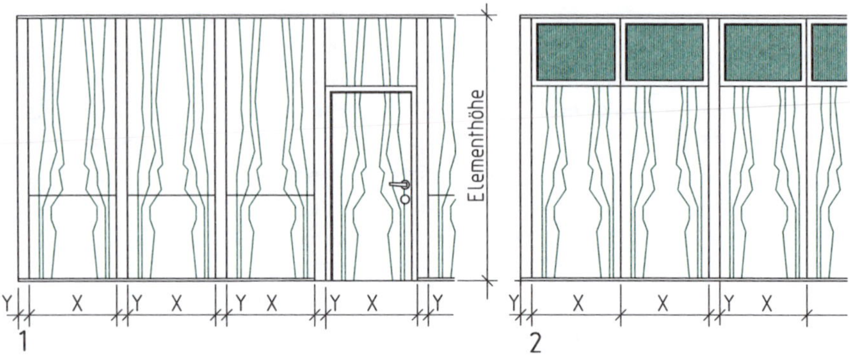

Bild 7.4-3 Elementwände im Bandrastersystem. 1 Band zwischen jedem Element, 2 Band zwischen jedem zweiten Element (Fe, Str, Hol).

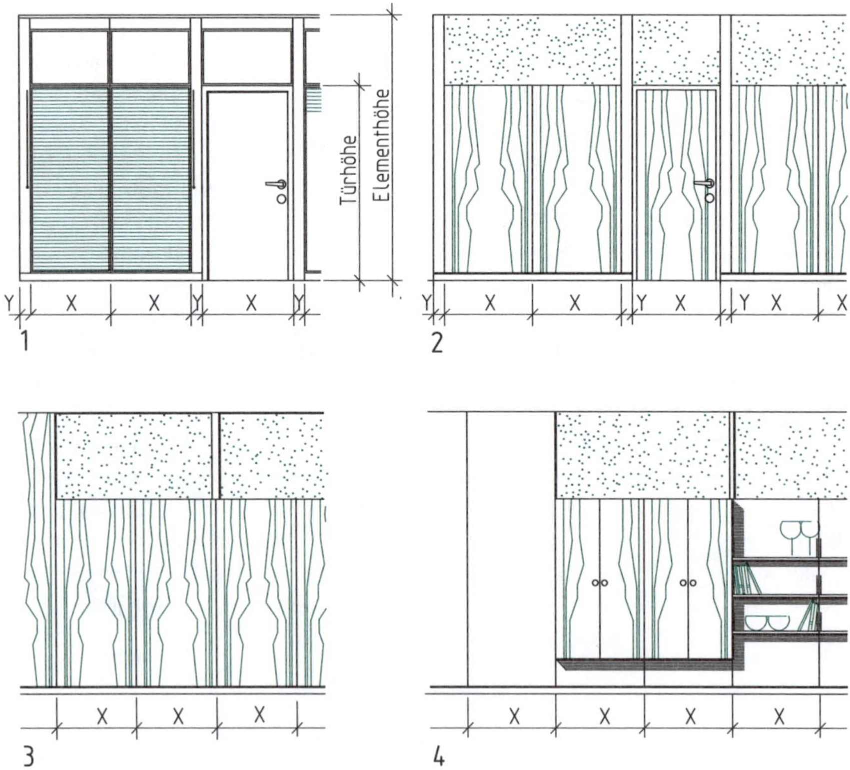

Bild 7.4-4 Siehe Seite 439

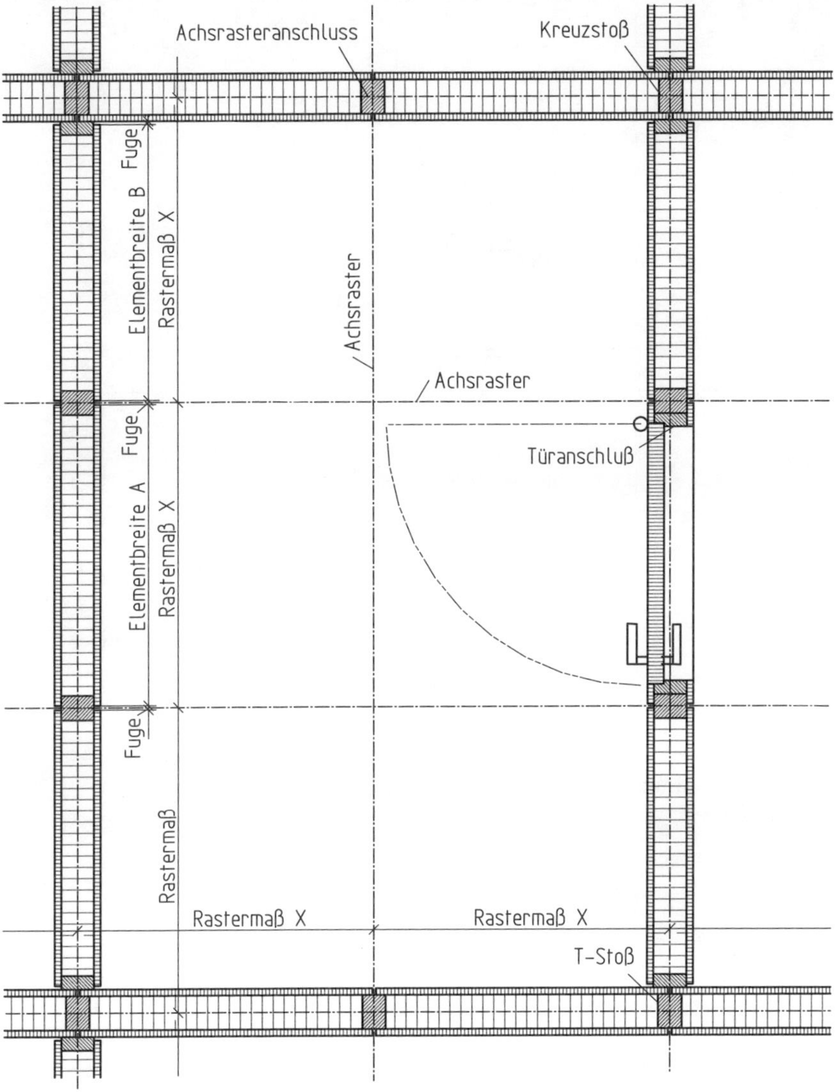

Bild 7.4-5 Achsrastersystem. Das Element B ist um halbe Trennwanddicke schmaler als das Element A.

Bild 7.4-4 (Seite 438) Besondere Elementwände. 1 Verglaste Trennwand mit Jalousien zwischen den Scheiben. 2 Trennwand mit rahmenloser Oberlichtverglasung, sie geht über zwei Elemente. 3 Trennwand im Achsrastersystem, rahmenlose Verglasung der Oberlichter. 4 Trennwand mit eingehängten Schränken und Tablaren (Fe, Str, Hol).

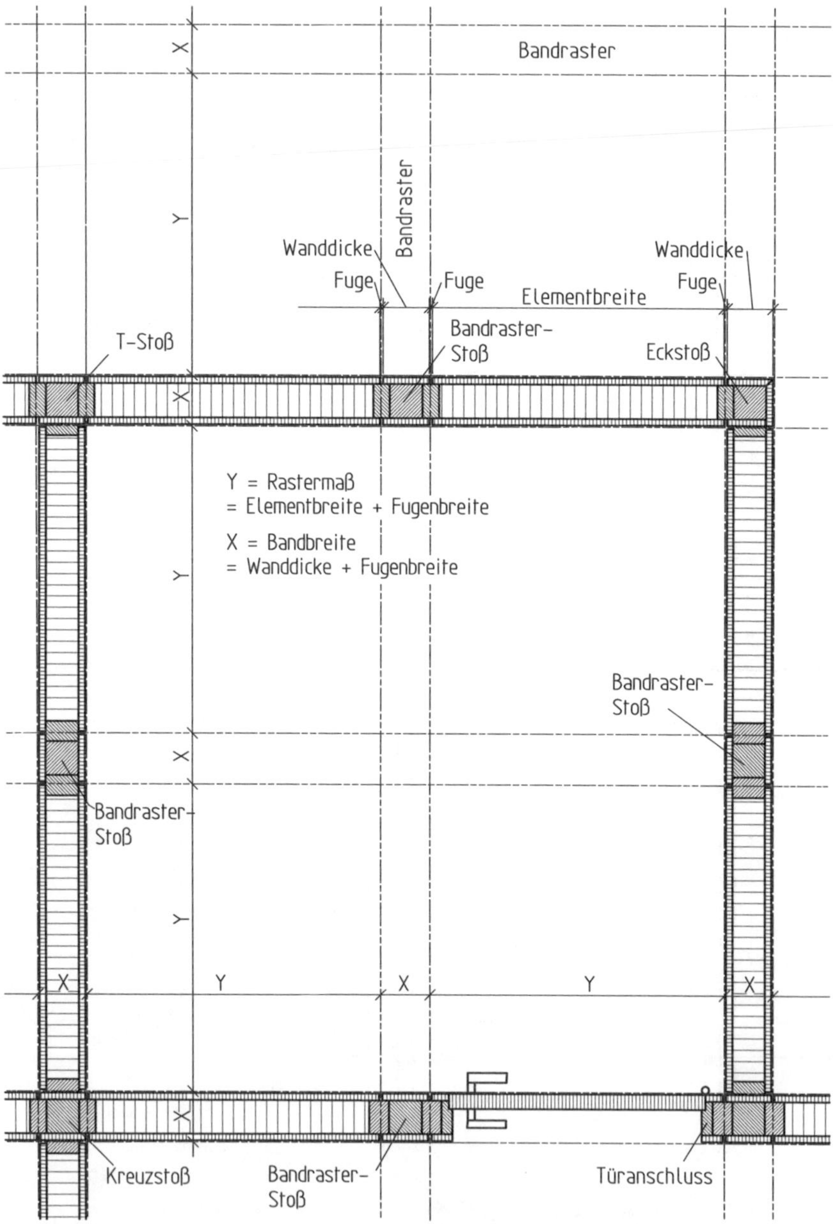

Bild 7.4-6 Bandrastersystem. Die Bandbreite beträgt Trennwanddicke plus 1 Fugenbreite. Die Elemente der Trennwand sind alle gleich breit.

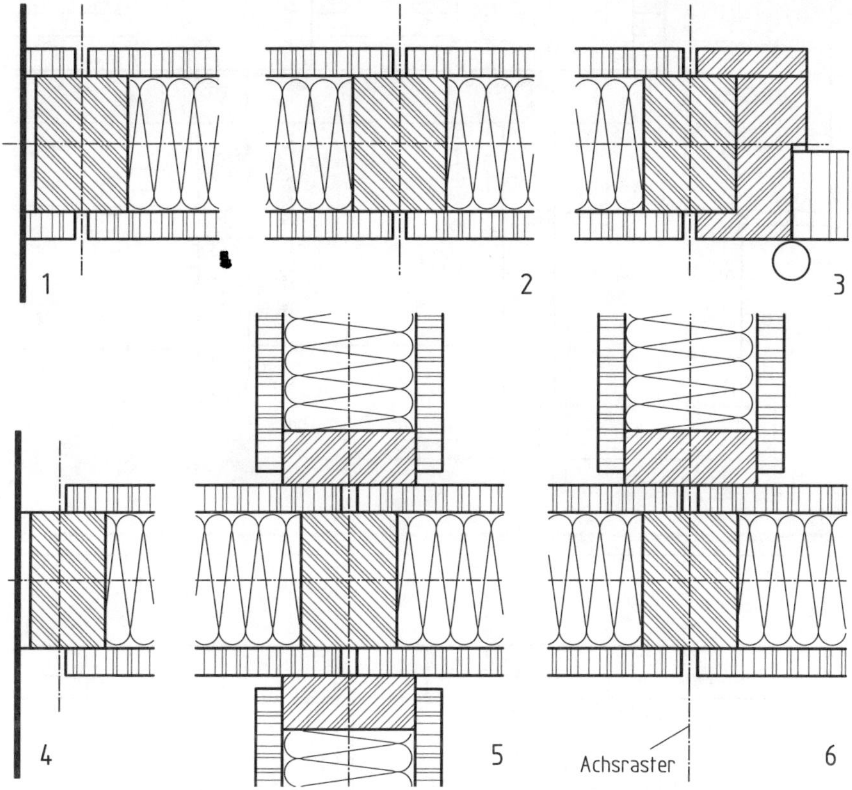

Bild 7.4-7 Anschlüsse bei Trennwänden nach dem Achsrastersystem. 1 Wandanschluss mit Leisten, 2 Achsrasteranschluss, 3 Türanschluss, 4 Wandanschluss ohne Deckleisten, 5 Kreuzstoß, 6 T-Stoß.

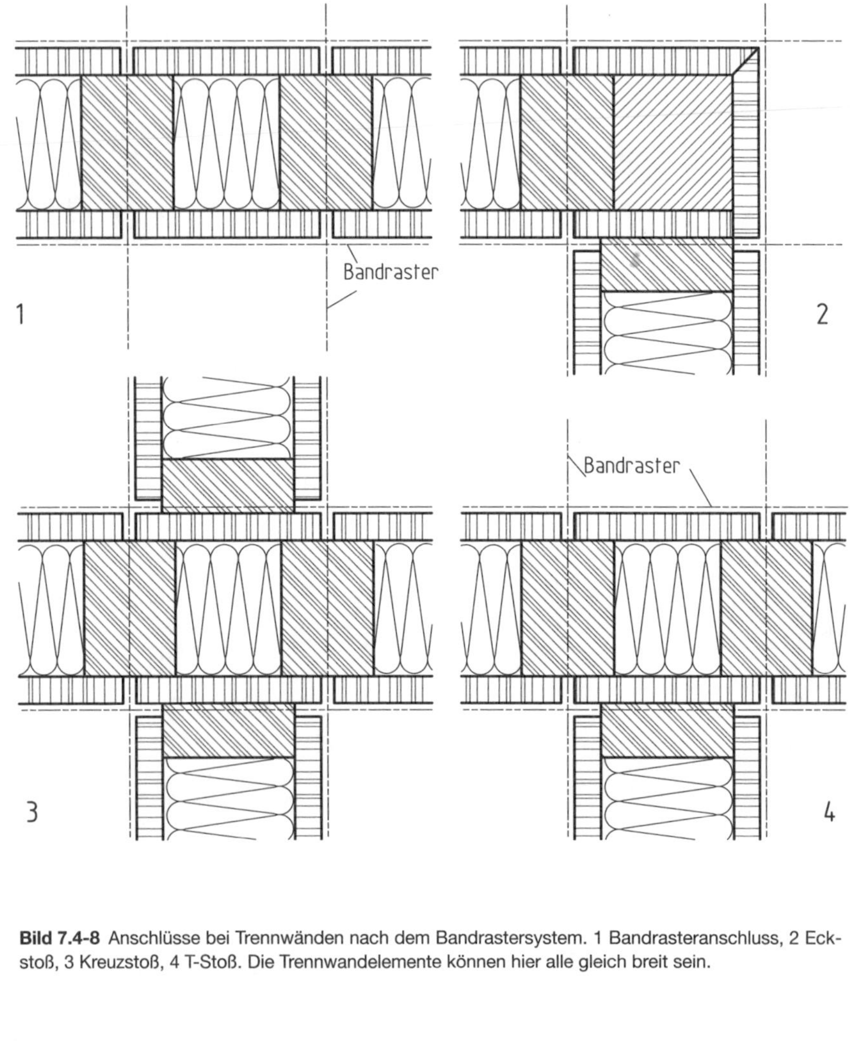

Bild 7.4-8 Anschlüsse bei Trennwänden nach dem Bandrastersystem. 1 Bandrasteranschluss, 2 Eckstoß, 3 Kreuzstoß, 4 T-Stoß. Die Trennwandelemente können hier alle gleich breit sein.

7.4.1 Vertikale und horizontale Anschlüsse

Trennwände schließen an den Raumwänden, am Fußboden, an der Decke oder auch an Fensterwänden an. Die Trennwandanschlüsse müssen bei Elementwänden besonders sorgfältig ausgeführt werden.

Der Fußbodenanschluss hat in der Hauptsache vertikale Kräfte und einen Teil der horizontalen Kräfte aufzunehmen. Bei Elementwänden bestehen die vertikalen Kräfte fast ausschließlich aus dem Wandgewicht (30–52 kg/m²). Die horizontalen Kräfte resultieren aus der Schlag- und Stoßbeanspruchung bei Menschenansammlungen und den besonderen Ein- und Anbauten wie Hängeschränken und Durchgangstüren. Deshalb werden die Trennwände unten auf Schwellen oder Profilschienen gesetzt, die mit dem Boden verschraubt sind. In der Regel nehmen die Schwellen auch den Druck aus den Stellschrauben auf, mit denen die Plattenelemente ausgerichtet werden. Zum Boden hin wird die Fuge durch ein PE-Schaumklebeband gedichtet. Ist erhöhter Schallschutz gefordert, darf der Fußbodenbelag nicht durchlaufen, bei sehr hoher Anforderung an den Schallschutz ist auch der Estrich unter den Trennwänden zu trennen (Bild 7.4-9).

Der Deckenanschluss hat ausschließlich horizontale Kräfte aufzunehmen, sodass die Wandelemente nur in der horizontalen Lage gehalten werden müssen. Die Deckenschwellen oder Deckenprofile werden an der Gebäudedecke mit Schrauben befestigt und durch Schaumklebebänder gedichtet. Bei Decken mit großer Spannweite kann die Durchbiegung der Decke größere Ausmaße annehmen. In diesem Fall ist der Deckenanschluss so zu konstruieren, dass die Bewegungen der Decke ohne Schaden für die Trennwand aufgefangen werden können. Als Deckenanschluss haben sich besonders die U-förmigen, teleskopartigen Anschlüsse bewährt. Schwieriger wird der Deckenanschluss, wenn Unterdecken vorgesehen sind. Die Trennwände können dann nur bis zur abgehängten Decke reichen, oder sie werden durch Blindkonstruktionen bis an die Rohdecke durchgeführt. Bei der ersten Lösung sind die Trennwände durch V-förmige Verstrebungen von der Raumdecke her ausreichend zu stabilisieren. Die zweite Lösung bringt dann Schwierigkeiten, wenn im Deckenhohlraum viele Installationsleitungen und Klimakanäle durchlaufen, die bei einer im Deckenhohlraum durchlaufenden Trennwand alle ausgeklinkt werden müssen. Außerdem lassen sich hier die Trennwände schlechter versetzen (Bild 7.4-10).

Die Wandanschlüsse haben bei Elementwänden, die ja ausschließlich vertikal gespannt sind, nur geringe Kräfte aufzunehmen. Ihre Hauptaufgabe ist es, einen schalltechnisch dichten und optisch schönen Anschluss an der Wand zu gewährleisten. Meistens werden die Wandanschlüsse ähnlich wie die Deckenanschlüsse ausgeführt.

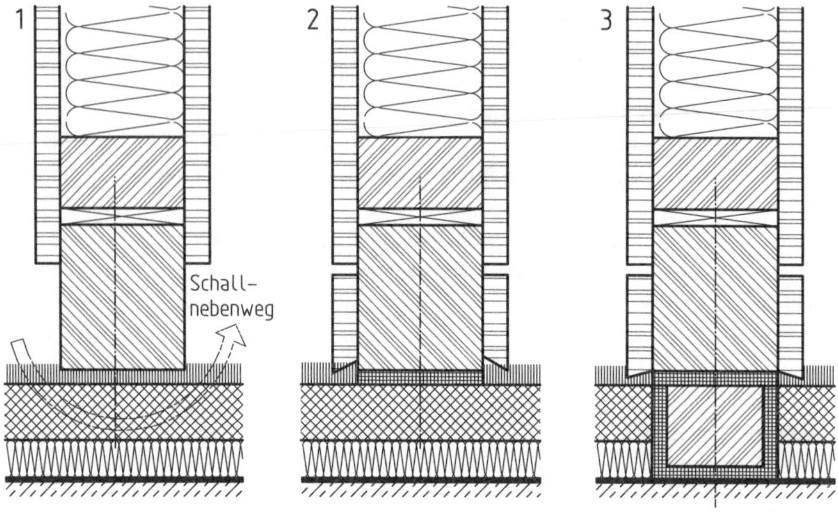

Bild 7.4-9 Fußbodenanschlüsse. 1 Bei versetzbaren Trennwänden mit geringer Schalldämmung. 2 Bei Trennwänden mit höherer Schalldämmung; der Fußbodenbelag ist unterbrochen. 3 Bei Trennwänden mit sehr hoher Schalldämmung ist auch der Estrich unterbrochen.

Besonders problematisch sind die Trennwandanschlüsse an den Fensterwänden. Oft sind die senkrechten Fensterrahmen so schmal, dass hier nur dünne Materialien anstoßen können. Der Zwischenraum von Trennwandkante zu Fensterrahmen ist dann nur mit besonders angefertigten Passstücken möglich, die bei schalldämmenden Trennwänden aus schwerem Material bestehen müssen. Ausführungen von Elementwänden siehe Bild 7.4-11 bis 22.

Bild 7.4-10 (Seite 445) Deckenanschlüsse. 1 Befestigung an der Rohdecke; 2 Befestigung an der Rohdecke und Abschottung im Deckenhohlraum bei abgehängten Decken; 3 Trennwandelement reicht bis zur Unterdecke, der Deckenhohlraum ist durch ein Blindelement abgeschottet; 4 Trennwandelemente reichen bis zur Unterdecke, die Aussteifung erfolgt durch V-förmige Verstrebungen; 5 Trennwand mit versetzten Unterdeckenhöhen.

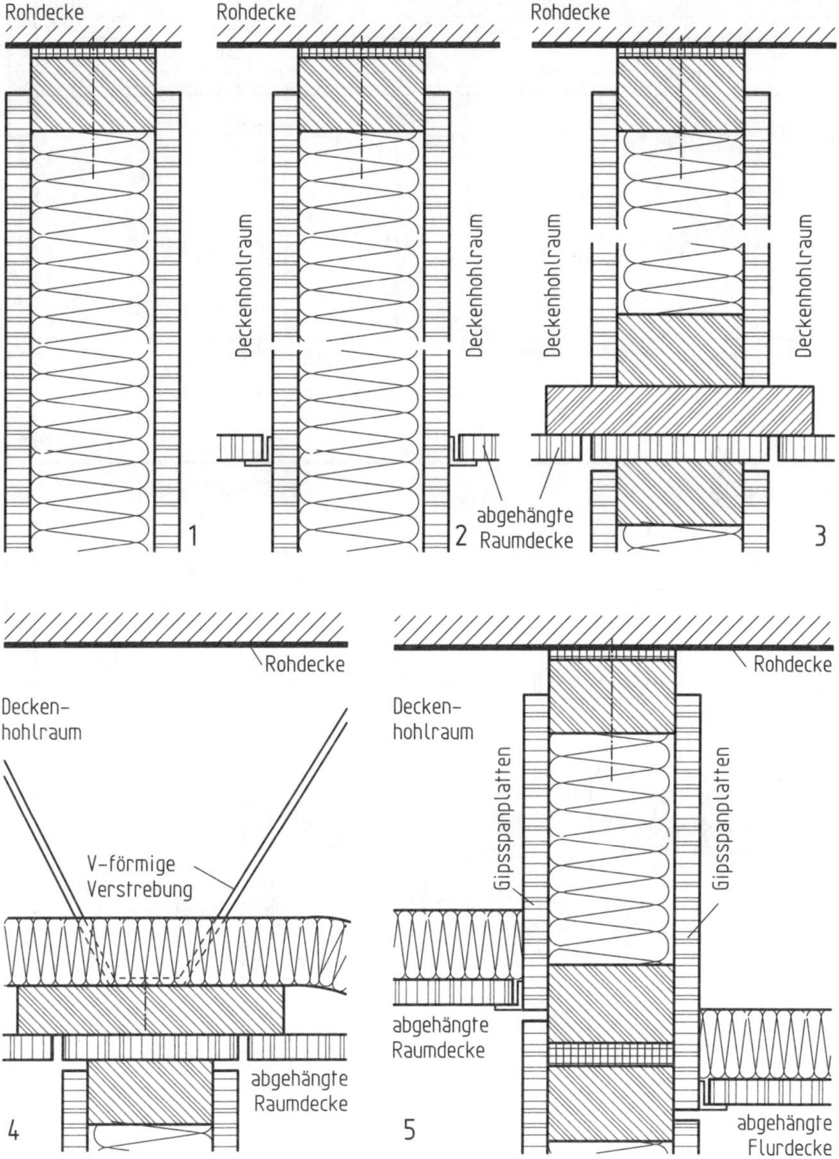

Bild 7.4-10 Deckenanschlüsse (siehe Seite 444)

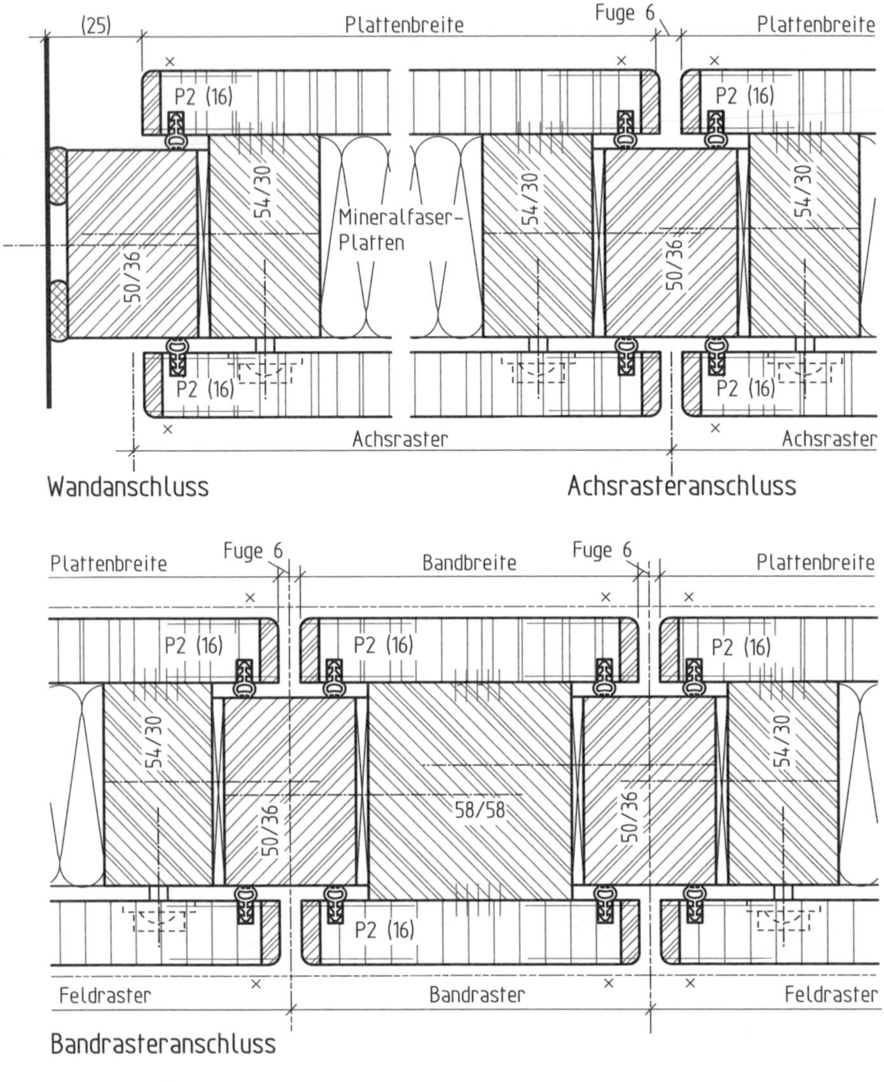

Bild 7.4-11 Elementwand in Holzständerbauweise (Horizontalschnitte), Kreuzstoß und T-Stoß siehe Seite 447.

Kreuzstoß

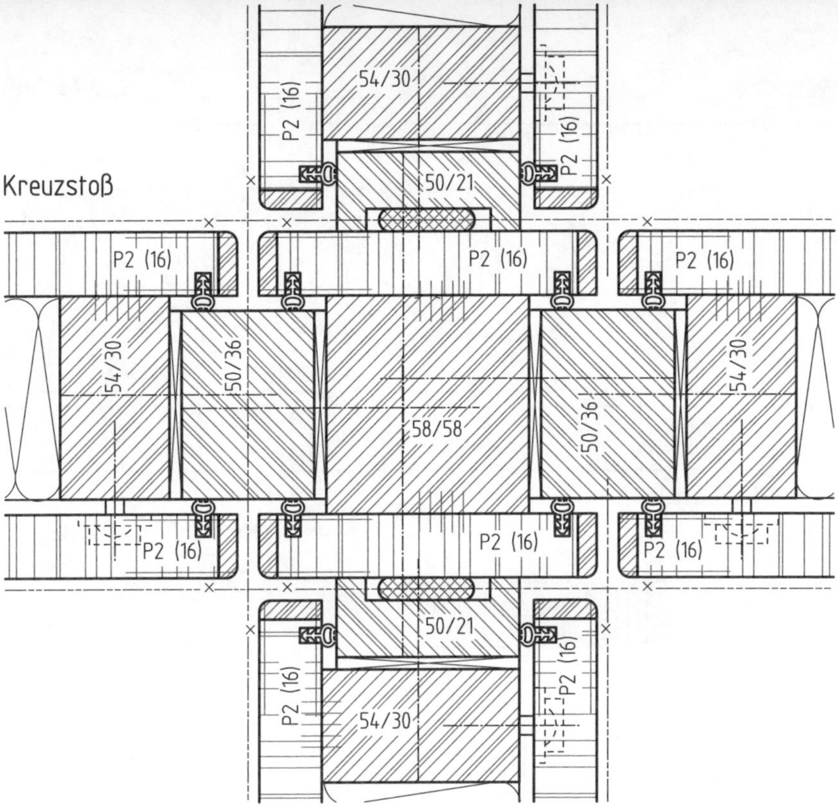

T-Stoß

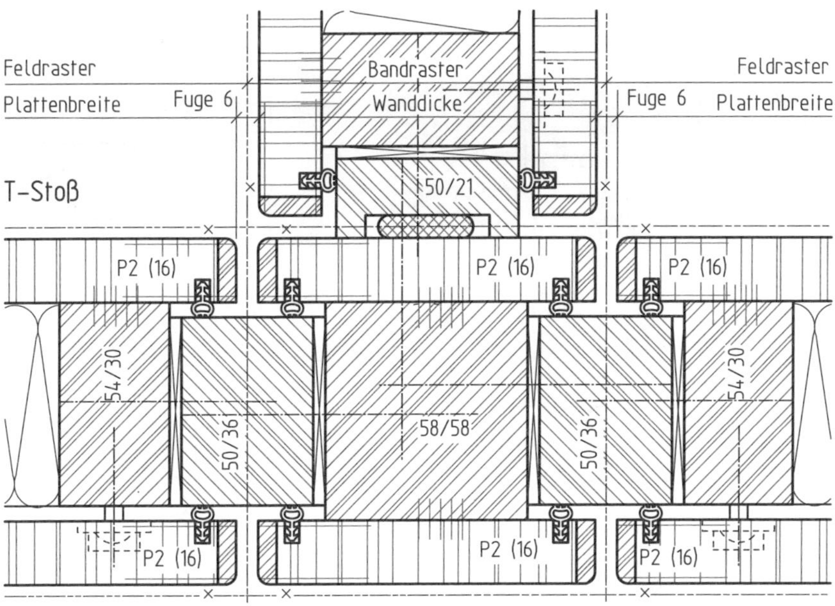

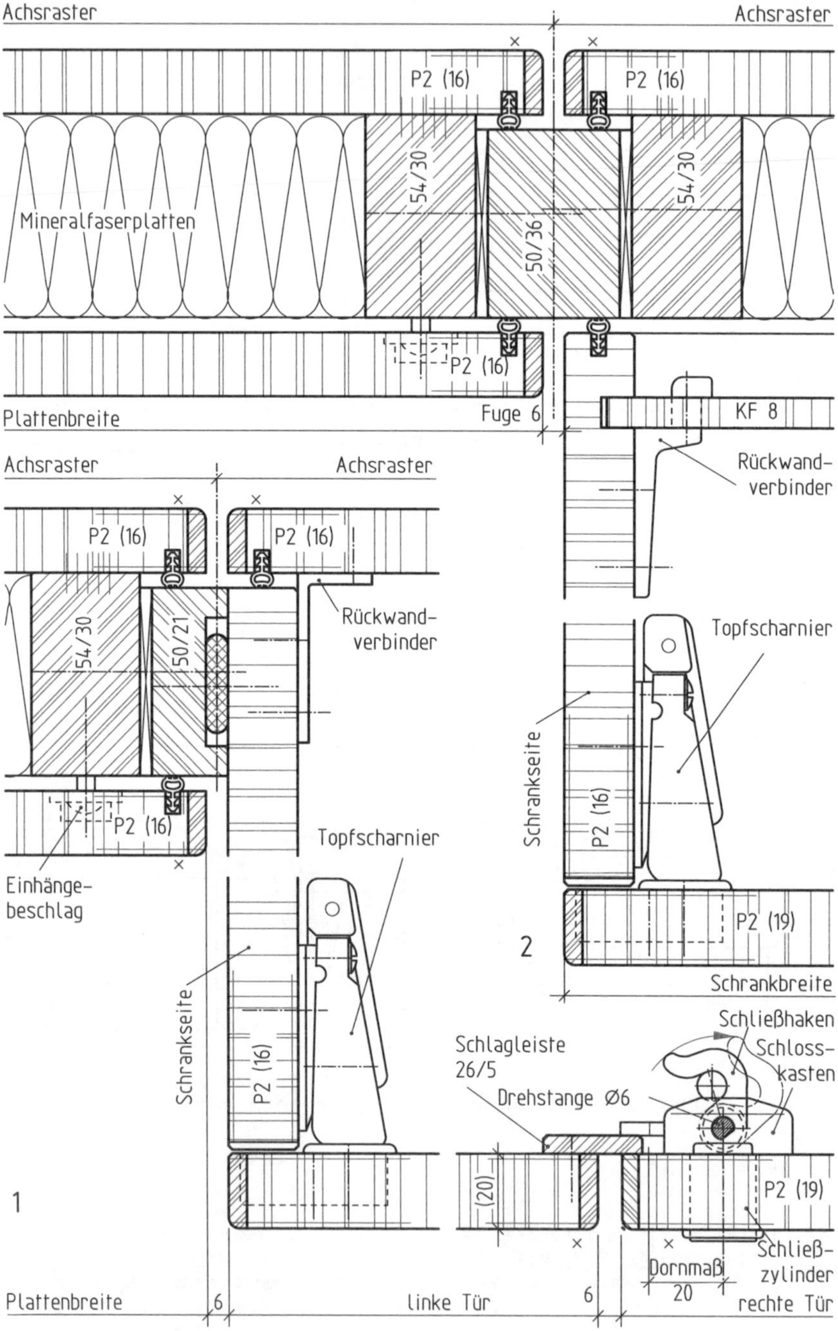
Achsraster
Achsraster
P2 (16)
P2 (16)
Mineralfaserplatten
54/30
50/36
54/30
P2 (16)
Fuge 6
KF 8
Plattenbreite
Rückwand-
verbinder
Achsraster
Achsraster
P2 (16)
P2 (16)
54/30
50/21
Rückwand-
verbinder
Topfscharnier
Schrankseite
P2 (16)
P2 (19)
2
Schrankbreite
P2 (16)
Einhänge-
beschlag
Topfscharnier
Schrankseite
P2 (16)
1
Schließhaken
Schlagleiste
26/5
Schloss-
kasten
Drehstange Ø6
(20)
P2 (19)
Schließ-
zylinder
Dornmaß
20
Plattenbreite
6
linke Tür
6
rechte Tür

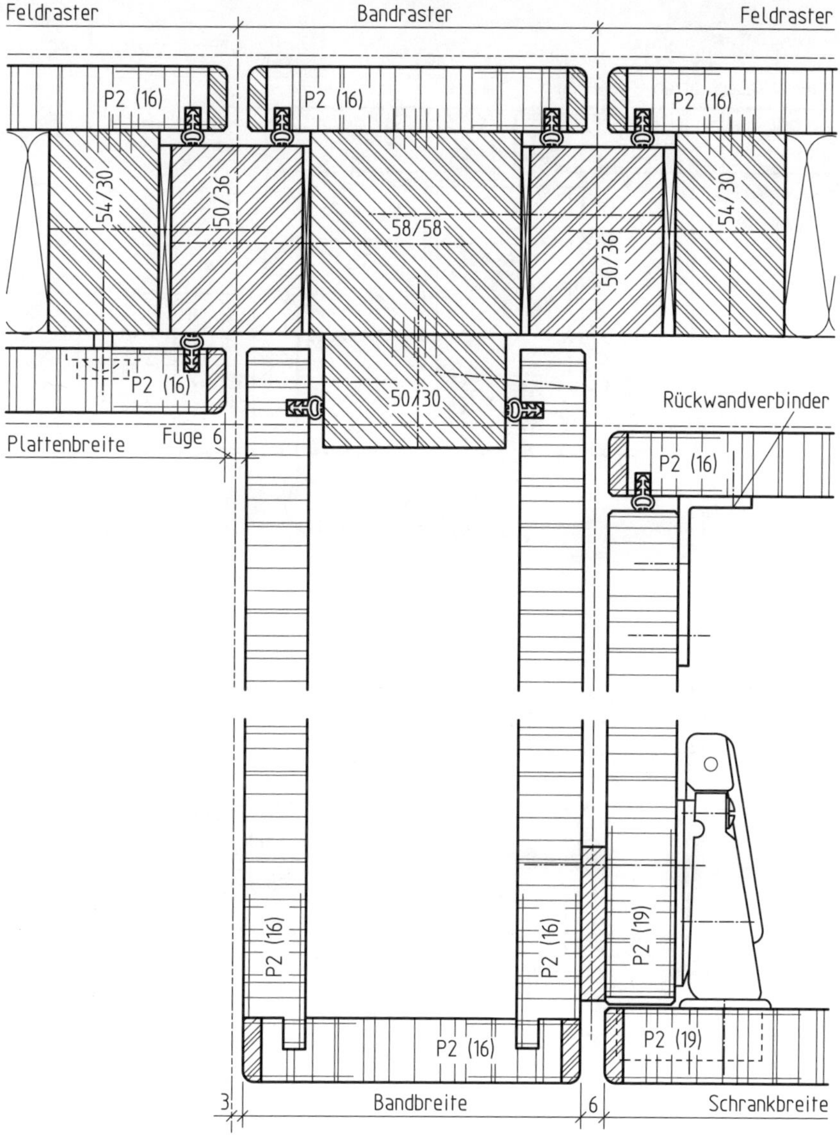

Bild 7.4-13 Der Schrank ist zwischen Bandrasterwangen eingebaut. Schrankbreite und Elementbreite sind identisch (Horizontalschnitt).

Bild 7.4-12 (Seite 448) Trennwand mit angebauten Schränken. 1 Die äußere Beplankung bildet die Rückwand des Schrankes. 2 Statt der inneren Beplankung wurde der Schrank eingebaut (Horizontalschnitte).

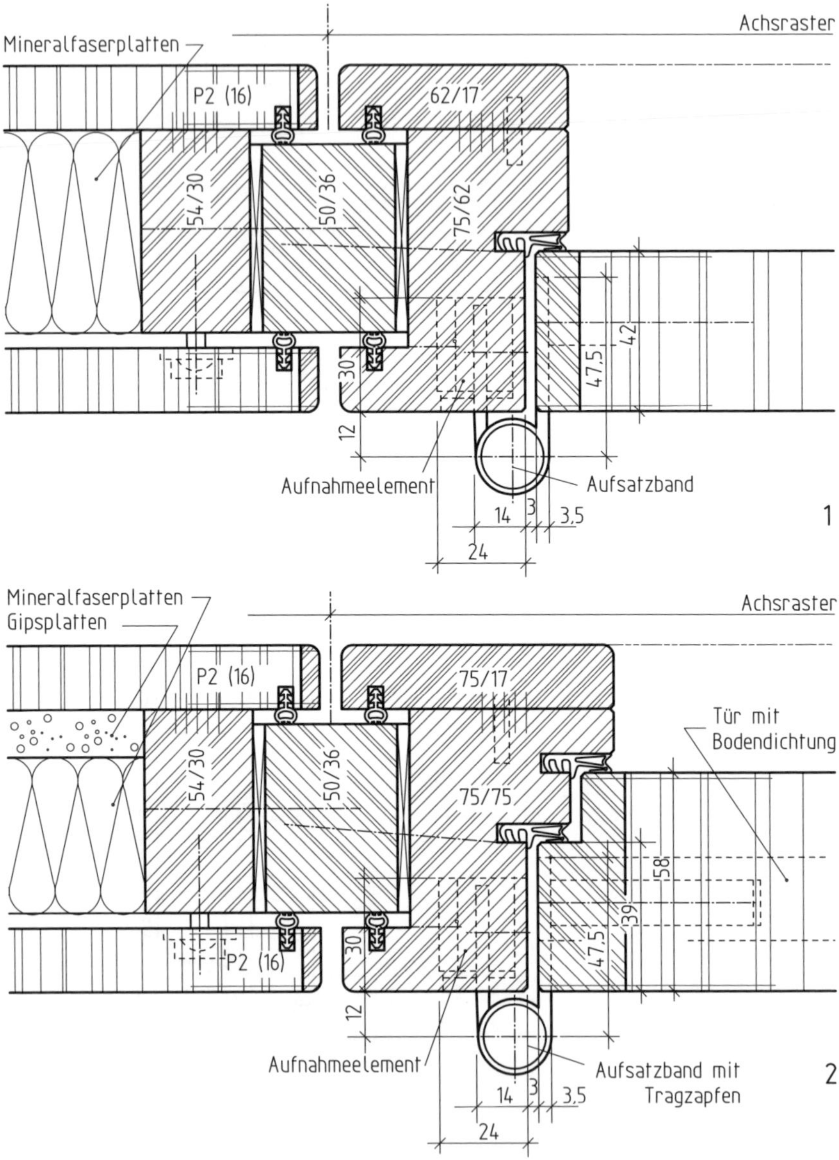

Bild 7.4-14 Türanschlüsse. 1 Normale Tür, stumpf einschlagend, 2 schalldämmende Trennwand mit schalldämmendem Türblatt.

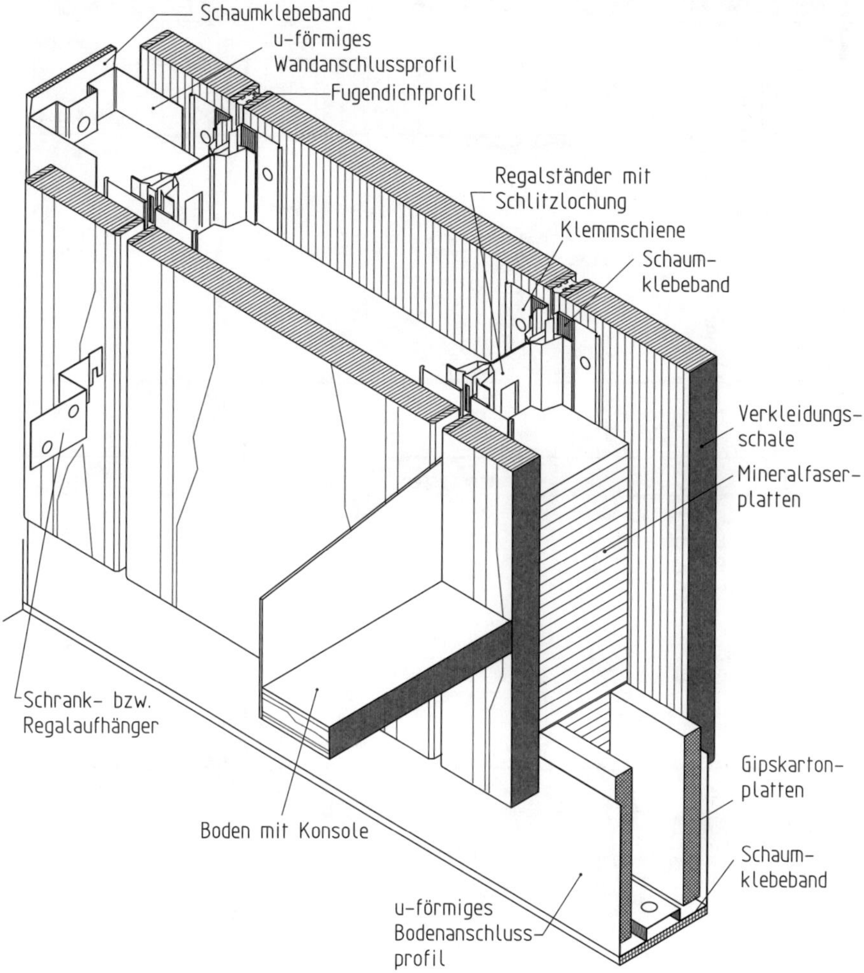

Bild 7.4-15 Trennwandsystem mit einer Unterkonstruktion aus Metall (Fe, Str und Hol sinngem.).

Bild 7.4-16 (Seite 452) Trennwand mit Metallunterkonstruktion. Die Beplankung wird von vorn auf die Metallständer geklippst (Fe).
Bild 7.4-17 (Seite 454) Türanschlüsse. 1 Tür mit Metallzarge, 2 Tür mit Holzzarge, im Bandriegel sind Schalter und Steckdosen untergebracht (Fe).

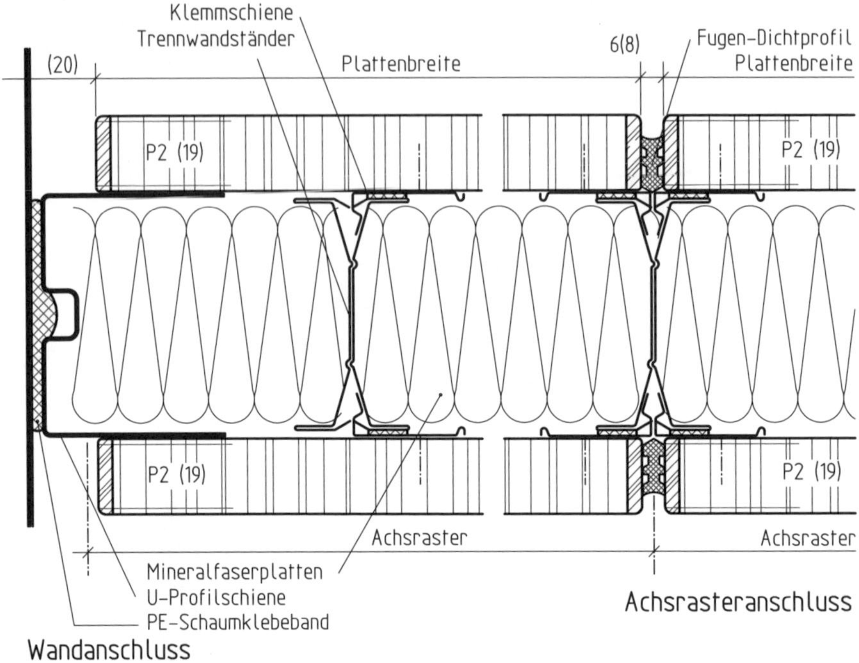

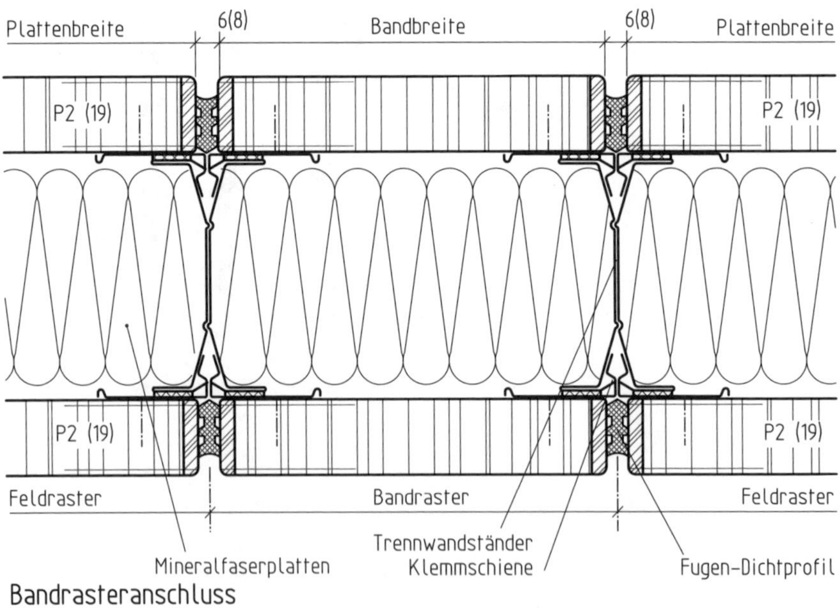

Bild 7.4-16 Siehe Seite 453

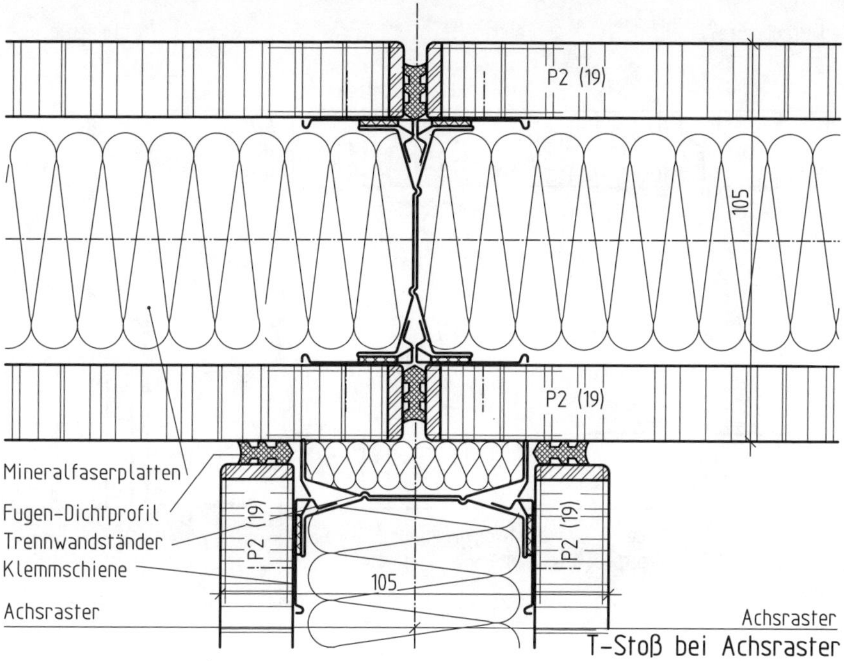

T-Stoß bei Achsraster

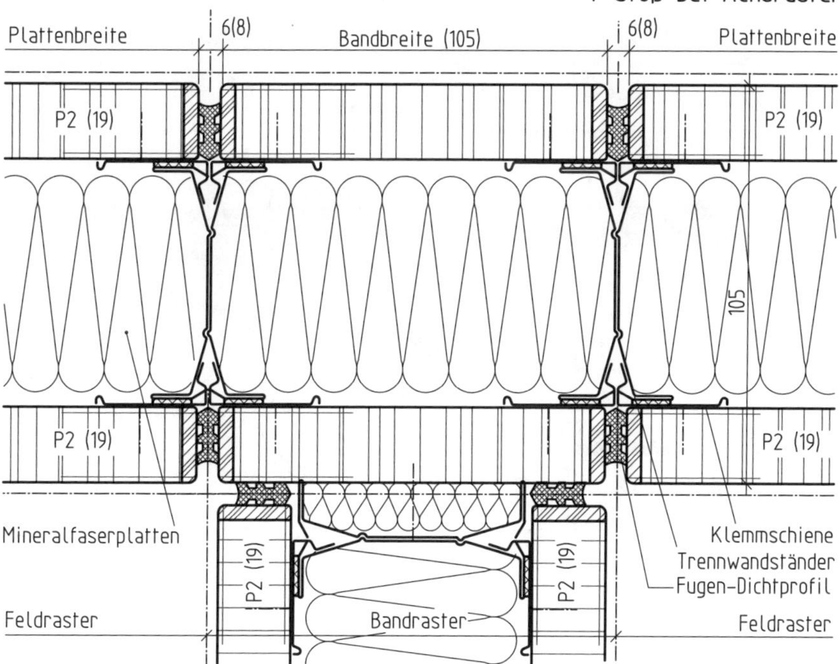

T-Stoß bei Bandraster

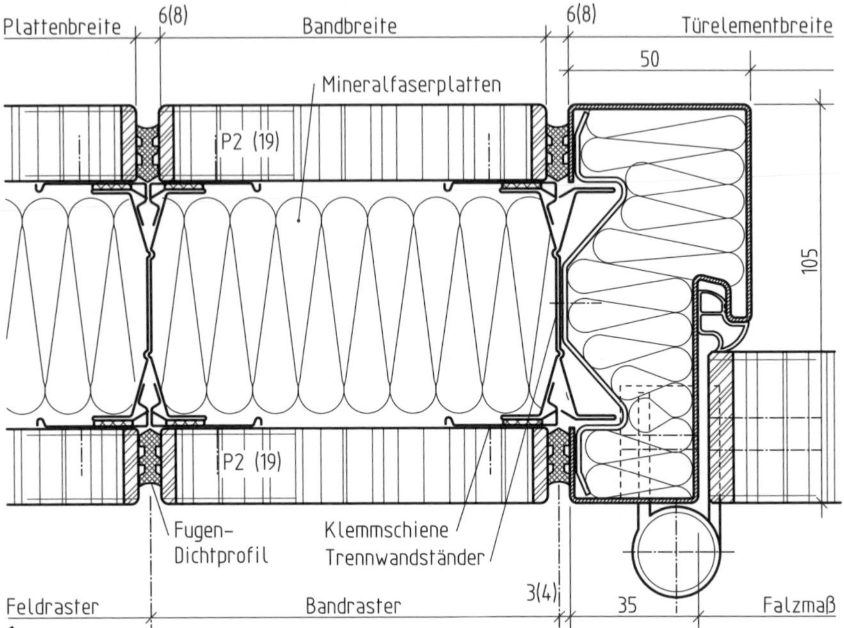

1

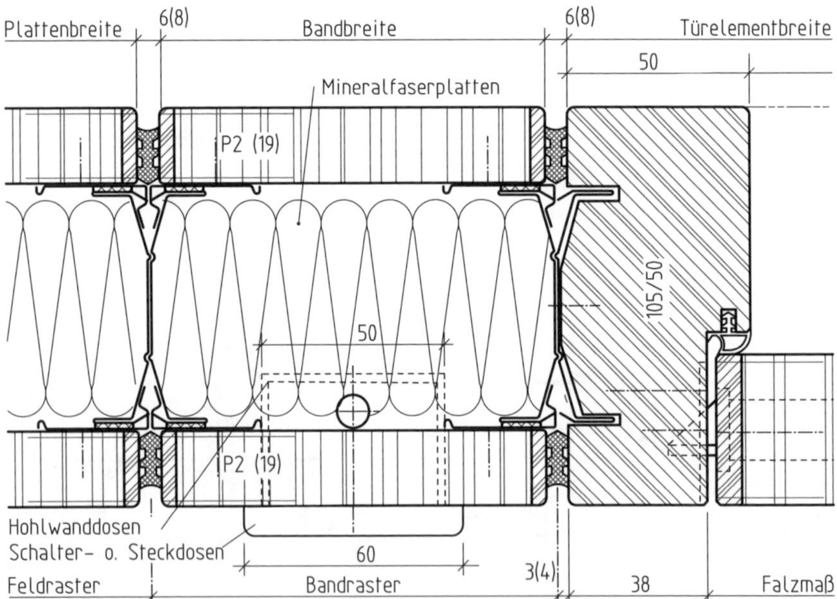

2

Bild 7.4-17 Siehe Seite 451

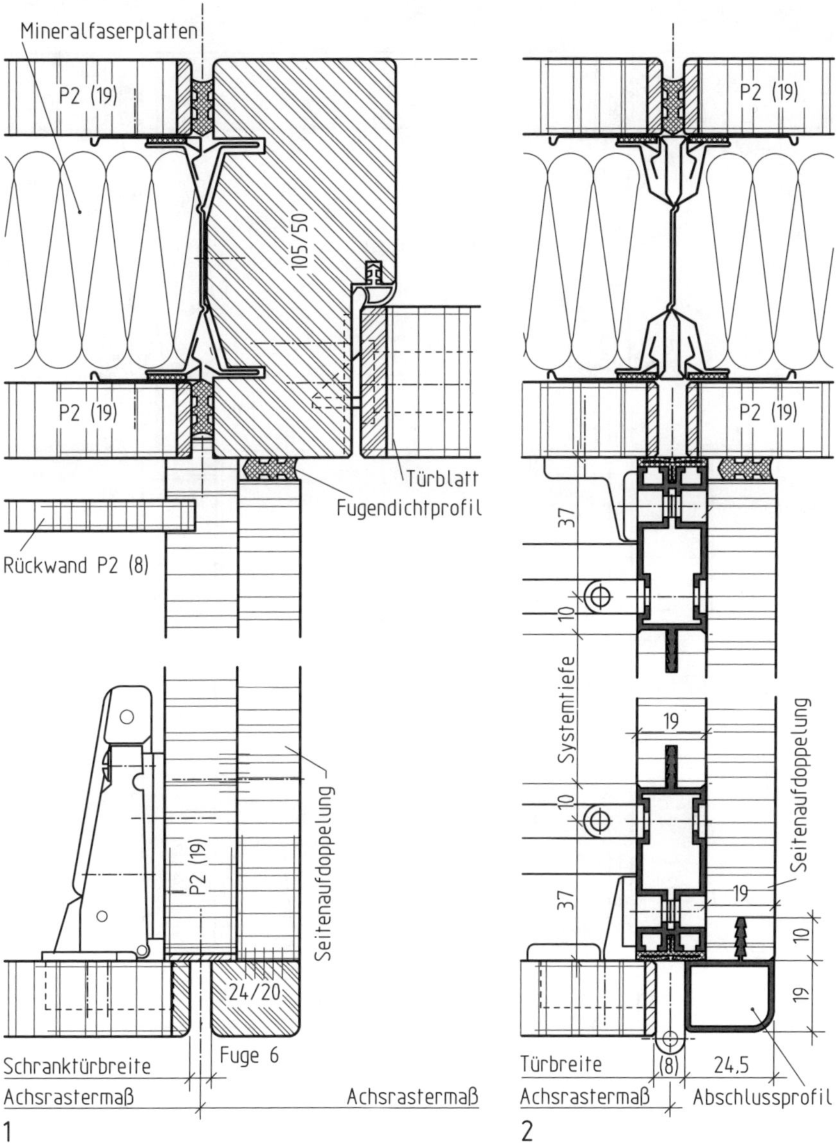

Bild 7.4-18 Schrankanschlüsse. Auch auf der Schrankfront läuft der Achsraster durch. 1 Einbauschrank aus Holzwerkstoffen, 2 mit Systemschienen (Fe, Str und Hol sinngem.).

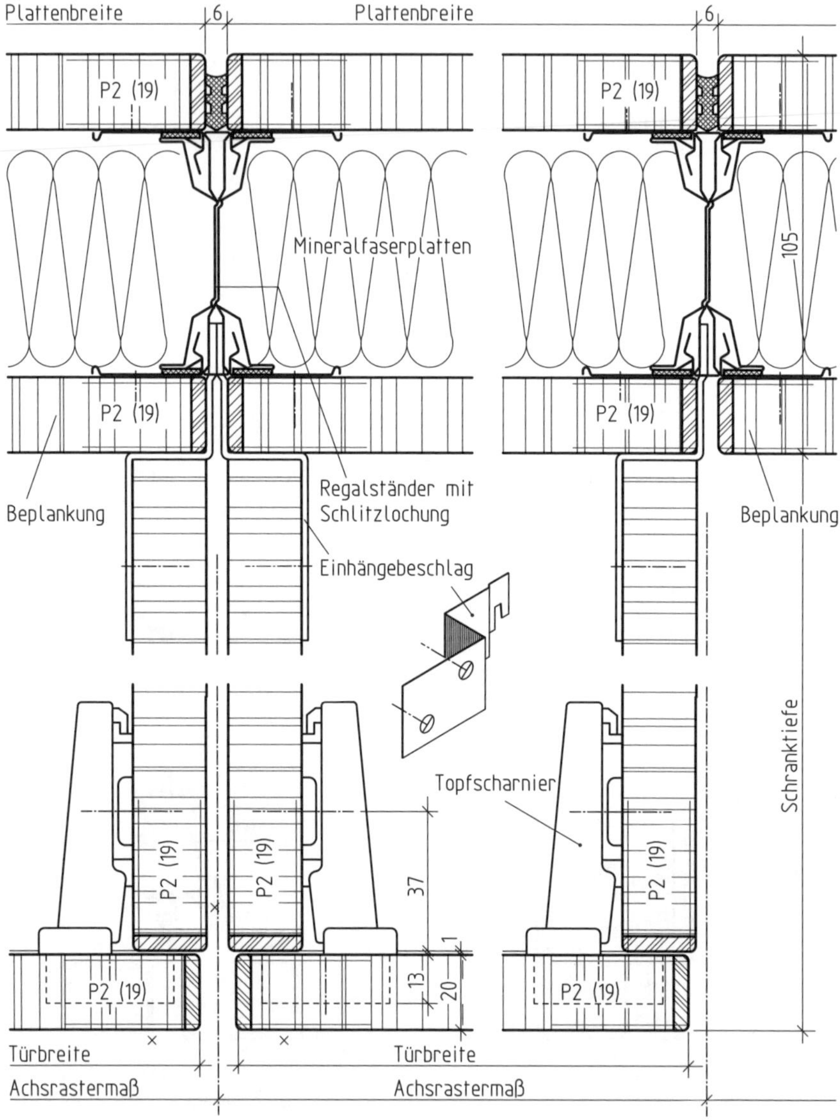

Bild 7.4-19 Schränke, die in die Regalständer gehängt werden (Fe, Str).

Bild 7.4-20 (Seite 457) Trennwand mit verglasten Elementen. 1 Vertikalschnitt, 2 Achsraster mit Glasrahmen, 3 Glasrahmen mit Anschluss an Vollwandelement (Fe).

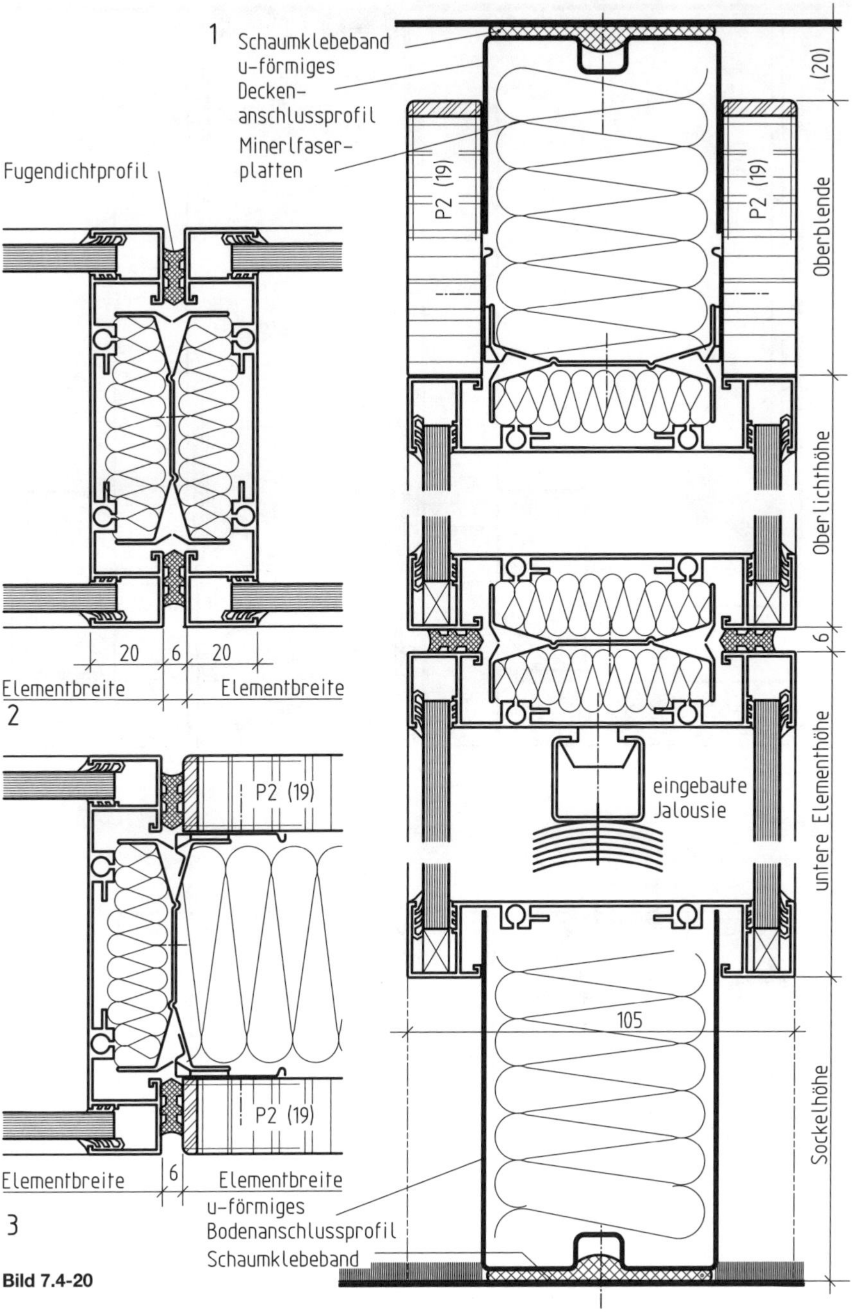
1
Schaumklebeband
u-förmiges
Decken-
anschlussprofil
Minerlfaser-
platten
Fugendichtprofil
P2 (19)
P2 (19)
(20)
Oberblende
Oberlichthöhe
6
untere Elementhöhe
eingebaute
Jalousie
Sockelhöhe
105
20
6
20
Elementbreite
Elementbreite
2
P2 (19)
P2 (19)
Elementbreite
6
Elementbreite
3
u-förmiges
Bodenanschlussprofil
Schaumklebeband

Bild 7.4-20

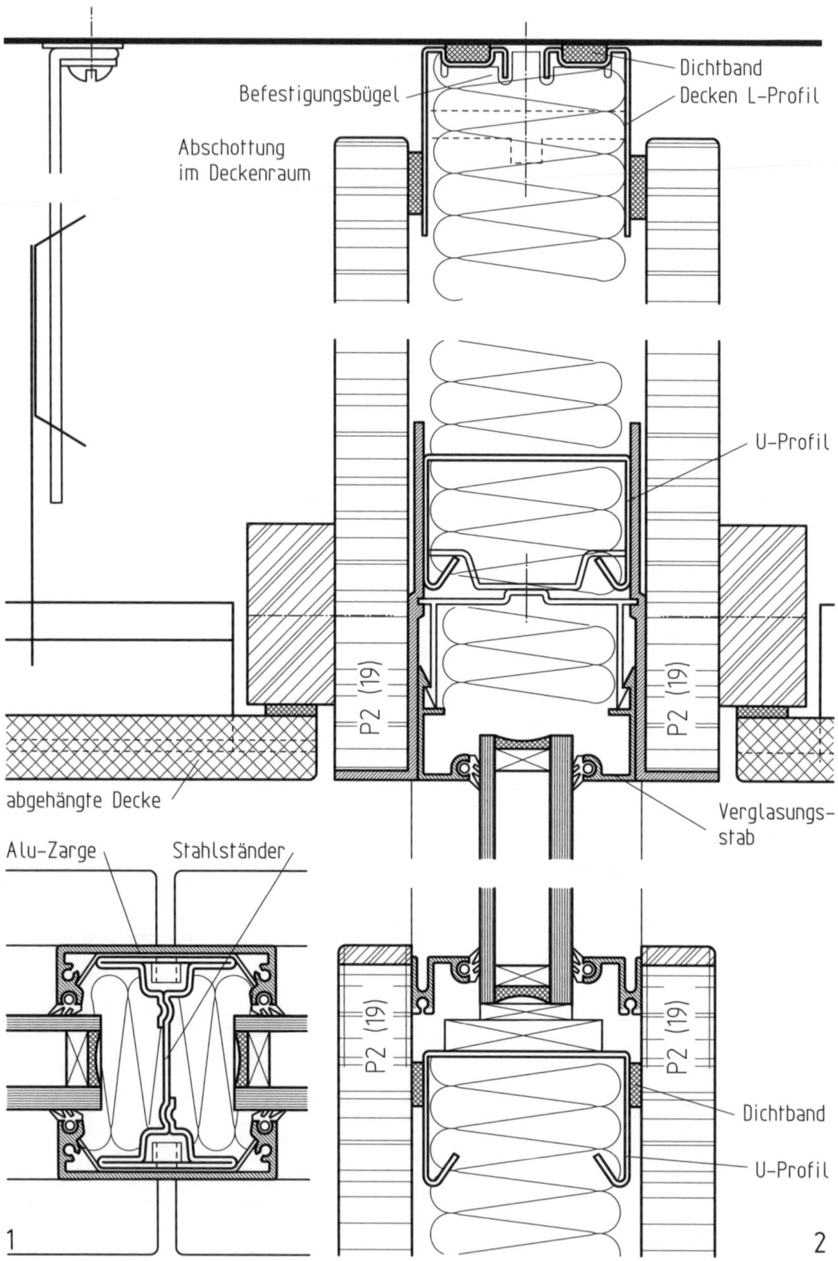

Bild 7.4-21 Trennwand mit verdecktem Verglasungsrahmen. 1 Horizontalschnitt durch die Glassprosse. 2 Vertikalschnitt durch das Oberlicht mit dem Anschluss der Unterdecke (Str).

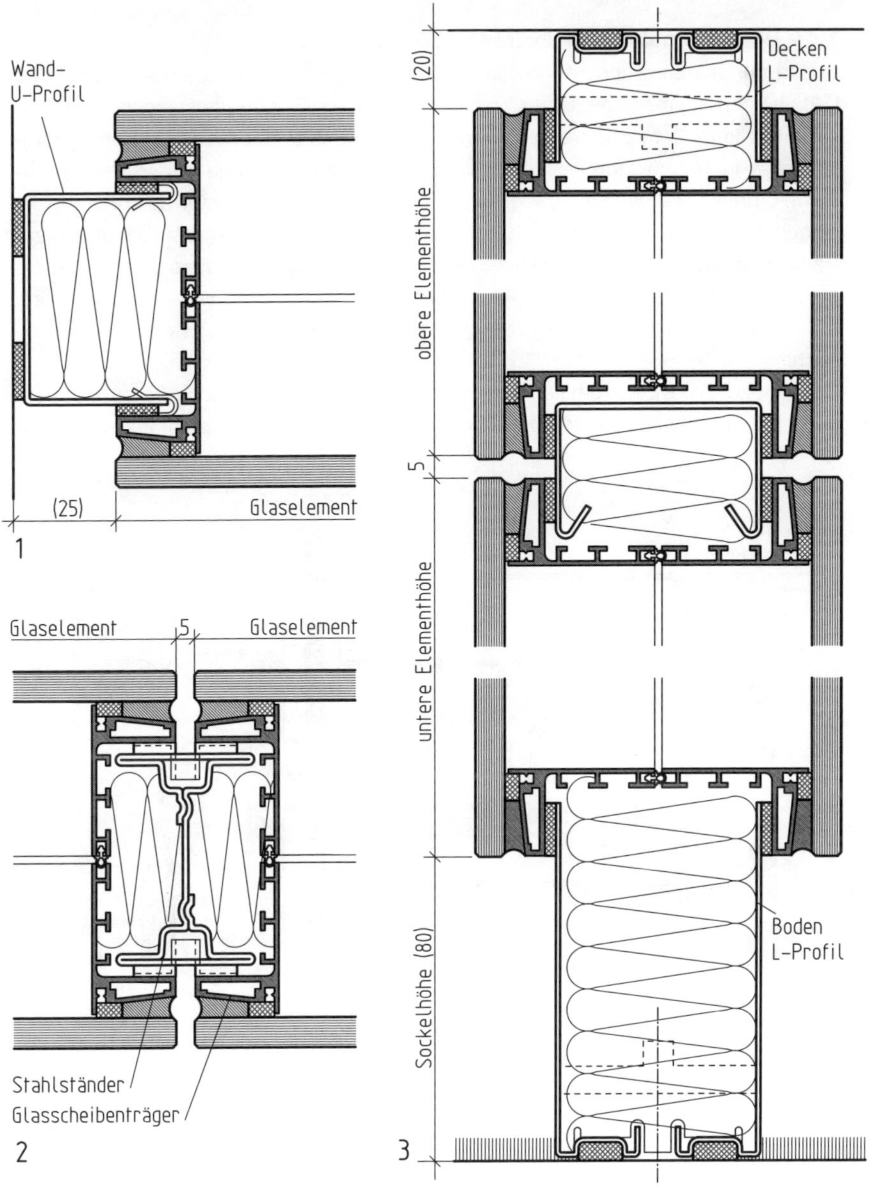

Bild 7.4-22 Trennwand mit vollflächiger Verglasung. Horizontalschnitt durch 1 Wandanschluss und 2 Achsrasterstoß. 3 Vertikalschnitt durch Deckenanschluss, Riegel und Bodenanschluss (Str).

7.4.2 Überströmelemente in Trennwänden

In den durch Trennwände abgeteilten, klimatisierten Räumen kann die verbrauchte Luft aus den Räumen über Überströmelemente in den Flur geleitet werden. Die Überströmelemente werden in die Trennwände verschieden eingebaut. Es gibt Überströmelemente in Trennwandhöhe, die in vertikaler Lage und solche in der Trennwand-Elementbreite, die horizontal über dem Fußboden oder kurz unter der Raumdecke eingebaut werden. Im Wesentlichen weisen alle Überströmelemente Öffnungen zur Raumseite und zur Flurseite hin auf, und sie sind so aufgebaut, dass die Luft schlangenförmig an mineralfaserfreien Absorbern vorbei durch das Element geleitet wird. Auf diese Weise wird ein geringer sogenannter akustischer Durchstrahlungswert erreicht.

Der Einbau der Überströmelemente ist nicht nur eine ästhetische Frage, sondern muss mit den Klimatechnikern zusammen in Lage und Größe bestimmt werden (Bild 7.4-23 und 24).

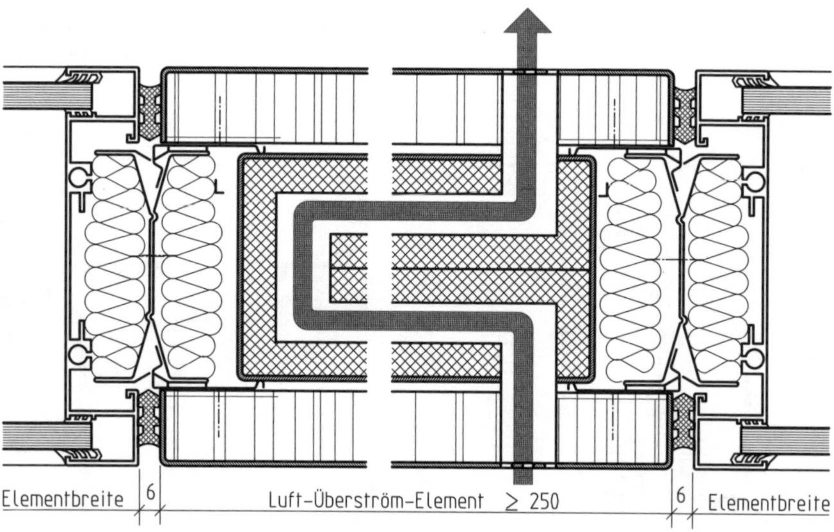

Bild 7.4-23 Vertikal zwischen die Trennwandelemente einzubauendes Überströmelement. Es ist so hoch wie die Trennwandelemente. Die Luftschlitze sind mit Lang- oder Rundlöchern perforierten, mit Melaminharz oder mit Edelholz beschichteten Stahlblechen oder Alublechen abgedeckt (Fe).

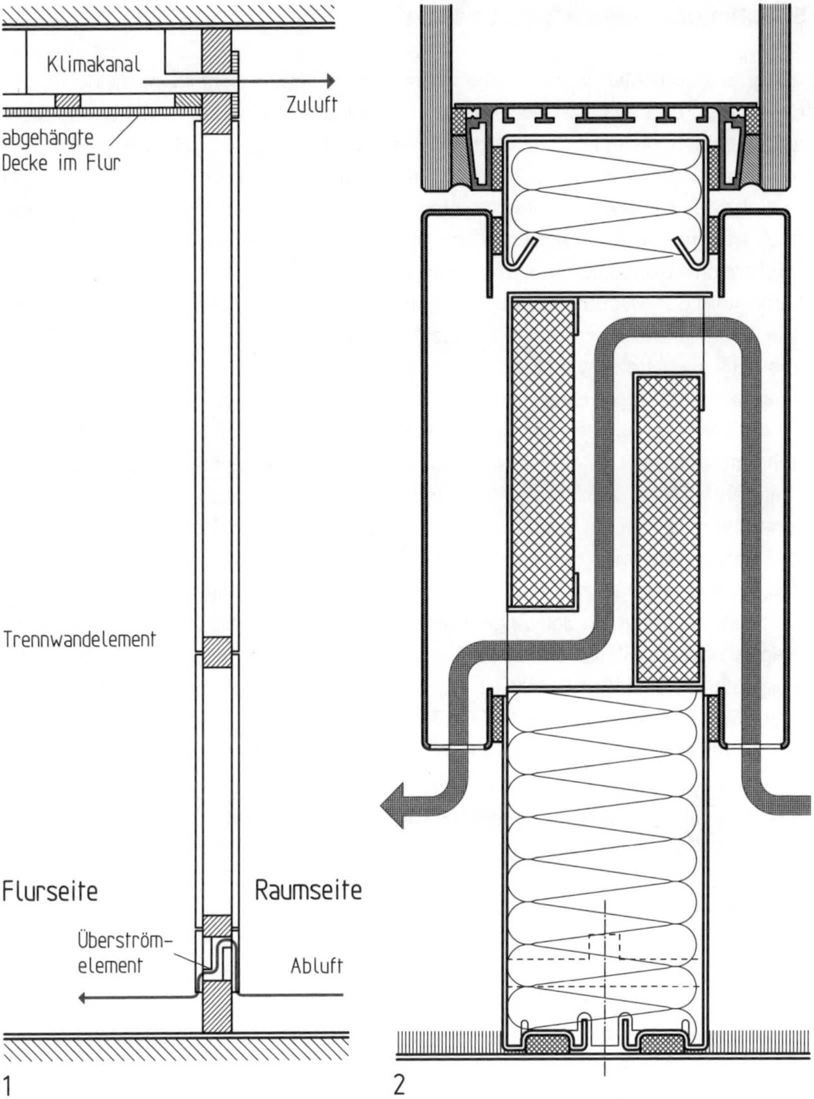

Bild 7.4-24 Überströmelement, horizontal über dem Fußboden eingebaut. 1 Vertikalschnitt durch eine Trennwand mit Zuluftführung aus dem Klimakanal an der Raumdecke und Abluftführung durch das Überströmelement am Fußboden. 2 Detail des Fußbodenanschlusses der Trennwand mit eingebautem Überströmelement. Die Luftschlitze sind in der Trennwandfront unsichtbar (Str).

7.5 Schalldämmende Trennwände

In zunehmendem Maß werden von Trennwänden höhere schalldämmende Eigenschaften gefordert. Da sich der Aufbau einer schalldämmenden Konstruktion nicht exakt berechnen lässt, ist der Erfolg des Schallschutzes in Versuchen zu prüfen. Die Firmen, die sich auf die Anfertigung von Trennwänden spezialisiert haben, verfügen über amtliche Prüfungszeugnisse für ihre Trennwandelemente. Die geforderten Werte können aber nur erreicht werden, wenn alle die Trennwand flankierenden Bauteile in die Schallschutzmaßnahmen einbezogen werden. Für den Aufbau der Trennwände mit erhöhtem Schallschutz lässt sich allgemein Folgendes sagen:

1. Die Trennwandelemente sollten zweischalig aufgebaut sein. Als Beplankung kommen Holzwerkstoffe wie Holzspanplatten oder Furnierplatten, Gipskartonplatten, Faserzementplatten und anderes in Frage. Die Platten sollten schwer und biegeweich sein. Die Schalen können von innen zusätzlich durch aufgeklebte Gipskartonplatten, Metallplatten, HAWA-Phon-Matten usw. beschwert werden. Bei Glaswänden ist eine Doppelverglasung mit unterschiedlich dicken Scheiben (6 und 8 mm) vorzusehen. Je größer der Abstand, desto besser der Schallschutz.
2. Die Schalen dürfen nicht starr auf den Ständern befestigt sein, sondern müssen frei schwingen können. Zwischen Schalen und Ständer ist ein elastisches Material einzubauen, damit die Schwingungen der Platten nicht auf das Ständerwerk übertragen werden. Glasscheiben sind in Glashalteprofile so einzusetzen, dass eine Randdämpfung gewährleistet ist. Bei Doppelverglasungen bietet sich der Einbau einer Schallschluckkammer an (Bild 7.5-1).
3. Die Hohlräume zwischen den Schalen sind mit schallschluckenden Mineralfaserplatten auszufüllen.
4. Werden Türen eingebaut, muss das Türblatt ebenfalls das Schalldämmmaß der Trennwand aufweisen. Eine Bodendichtung ist an der Unterkante der Tür vorzusehen.
5. Die Trennwand flankierenden Wände sollten schwerer als die Trennwand selbst sein, damit sie die Schallschwingungen nicht in den anderen Raum übertragen.
6. Die Fugen bei Wand-, Decken- und Fußbodenanschlüssen müssen gut gedichtet sein. Um Schwingungsübertragungen auszuschalten, darf die Trennwandschale die flankierenden Bauteile nicht direkt berühren. Bei hoher Schallschutzanforderung ist der Bodenbelag unter der Trennwand zu trennen, bei höchster Anforderung muss auch der Estrich getrennt werden.
7. Bei abgehängten Decken ist der Hohlraum über der Trennwand abzuschotten oder mit Absorberschott aus Mineralwolle zu füllen. Durchlaufende Klimakanäle und Installationsleitungen sind gesondert zu dämmen.

Beispiele schalldämmender Trennwände siehe Bild 7.5-1 und 7.4-20.

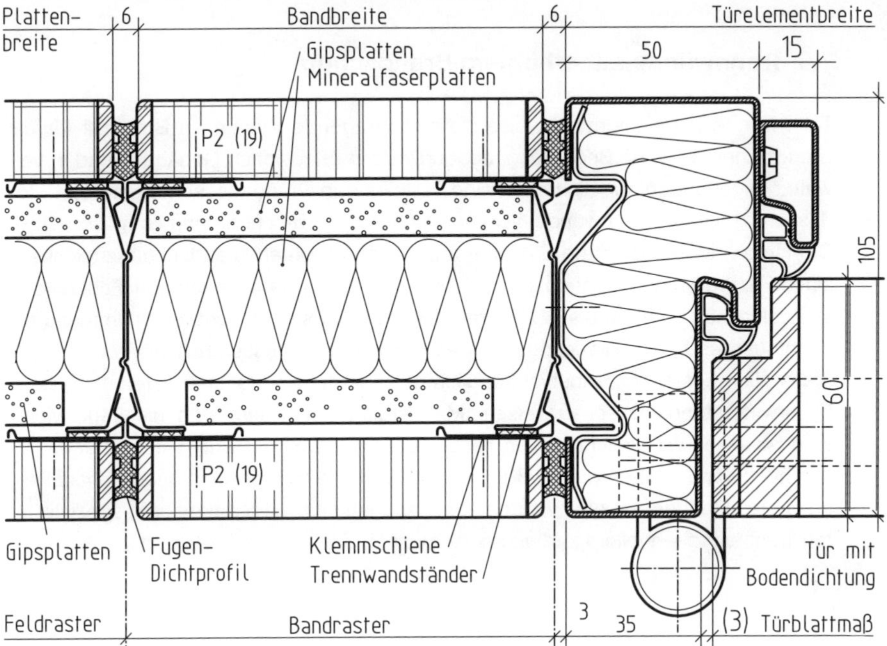

1

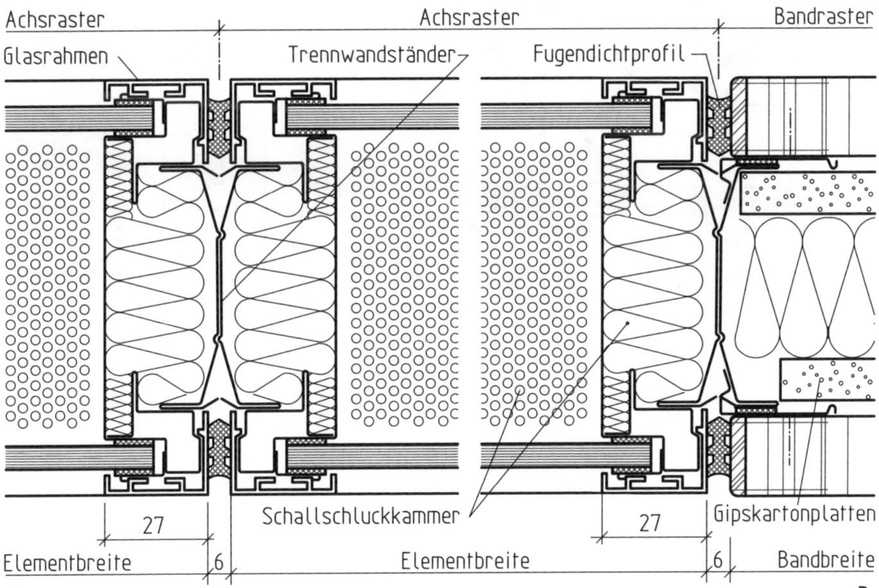

2 3

Bild 7.5-1 Trennwand mit erhöhtem Schallschutz, ca. 52 dB (Fe).

7.6 Trennwände mit erhöhtem Brandschutz

Trennwände haben normalerweise als nicht tragende Wände im Brandfall für die Standsicherheit keine Bedeutung. Jedoch wird in öffentlichen Gebäuden und in Verwaltungsgebäuden zur Sicherheit eine Einteilung in Brandabschnitte gefordert, sodass auch leichte Trennwände hier Brandschutzaufgaben übernehmen müssen.

Die Firmen bieten geprüfte Systeme an, die für erhöhten Brandschutz zugelassen sind. Für Vollwände können je nach Konstruktion und Wandaufbau Feuerwiderstandsklassen von F30 bis F120 erreicht werden, das entspricht feuerhemmend bis hochfeuerbeständig. Die letztgenannten Trennwände müssen aus nichtbrennbaren Materialien bestehen. Selbstverständlich müssen die eingebauten Türen die gleiche Feuerwiderstandsklasse aufweisen. Mit Verglasungen lässt sich die Feuerwiderstandsklasse G30 erreichen. Hier müssen besondere Gläser eingesetzt werden.

Für Trennwände mit erhöhtem Brandschutz wird in der Regel ein bauaufsichtlich anerkanntes Prüfungszeugnis verlangt, sodass man hier auf Systeme von spezialisierten Trennwandherstellern zurückgreifen muss. Beispiele Bild 7.6-1 und 2.

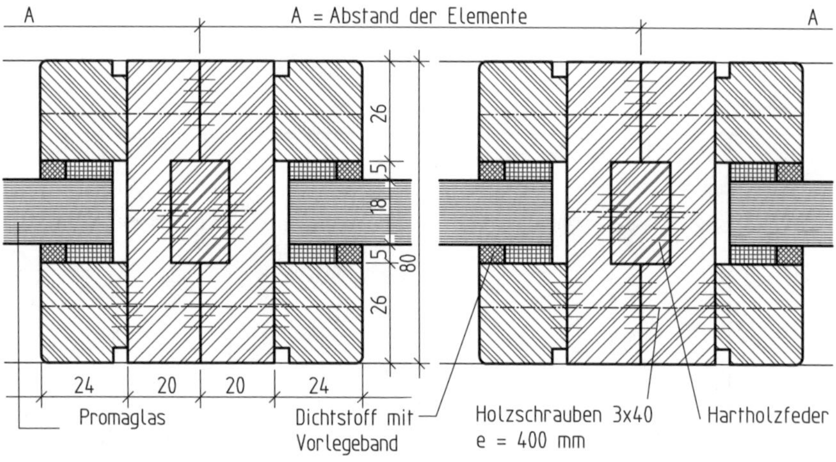

Bild 7.6-1 Einfache Trennwand F30 in Holzrahmenkonstruktion aus Hartholz mit Brandschutzverglasung (Prm).

Bild 7.6-2 (Seite 465) Elementwand F30 mit Glashalteleisten aus Buche. 1 Anschluss Holzelement an Glaselement, 2 Anschluss zweier Glaselemente im Horizontalschnitt, 3 Vertikalschnitt eines Glaselements mit Decken- und Fußbodenanschluss (Fe).

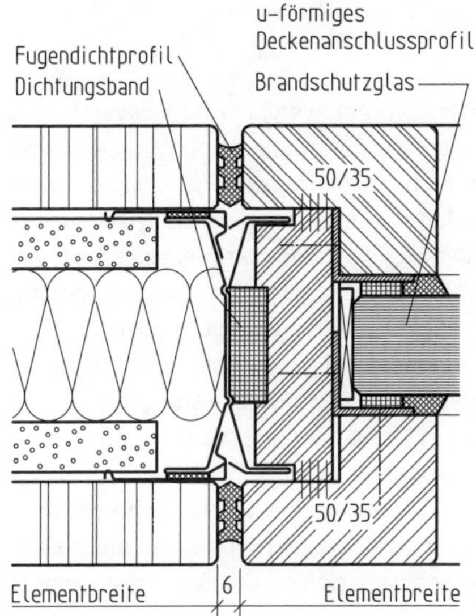
Fugendichtprofil
Dichtungsband
Brandschutzglas
50/35
50/35
Elementbreite
6
Elementbreite

1

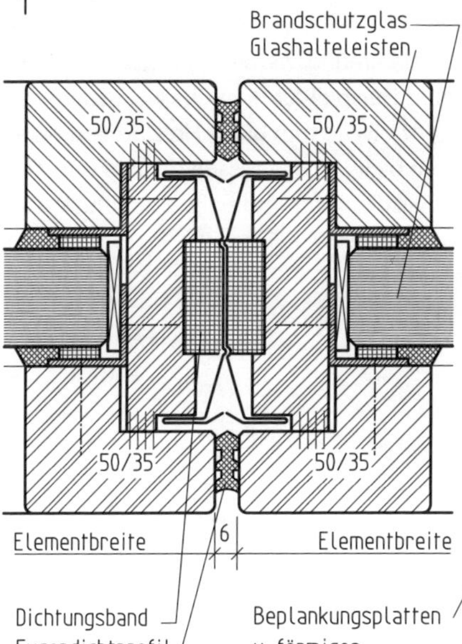
Brandschutzglas
Glashalteleisten
50/35
50/35
50/35
50/35
Elementbreite
6
Elementbreite
Dichtungsband
Fugendichtprofil

2

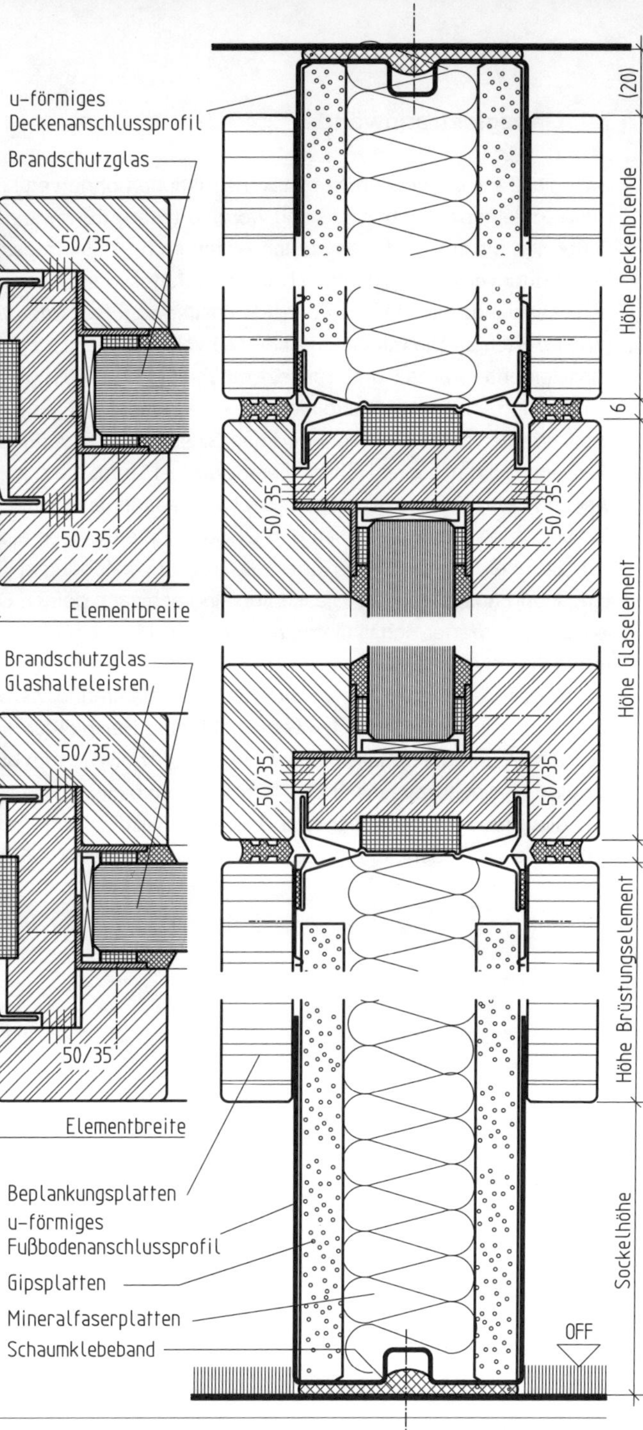
u-förmiges
Deckenanschlussprofil
(20)
Höhe Deckenblende
6
50/35
50/35
Höhe Glaselement
50/35
50/35
Höhe Brüstungselement
Sockelhöhe
Beplankungsplatten
u-förmiges
Fußbodenanschlussprofil
Gipsplatten
Mineralfaserplatten
Schaumklebeband
OFF

3

7.7 Ganzglastrennwände

Ganzglastrennwände sind Nurglaskonstruktionen ohne vertikale Trennwandständer. Diese objektspezifisch werkseitig vorgefertigten Trennwandelemente gehen vom Fußboden bis zur Decke durch und bieten so höchste Transparenz. Gemäß der Arbeitsstättenverordnung und den Unfallverhütungsvorschriften müssen diese raumhohen Glaswände aus Einscheibensicherheitsglas (ESG) oder Verbundsicherheitsglas (VSG) bestehen. Die mit einem Achsmaß von maximal 1,35 m breiten, vorgefertigten Glaselemente werden unten in ein durchlaufendes Fußbodenprofil gestellt, durch Verklotzung ausgerichtet und hier fest eingespannt. Im genau über dem Fußbodenprofil montierten Deckenprofil wird das Glaselement in vertikaler Lage gehalten. Das Deckenprofil muss eine Höhendifferenz von ±15 mm, die durch Verformung und Bewegung der Gebäudedecke auftreten kann, auffangen können.
Die vertikalen Fugen zwischen den Glaselementen weisen eine Breite von ca. 6 mm auf. Sie werden mit Silikon oder als Trockenverklebung mit transparentem Dichtungsband ausgefüllt. Alle Glaskanten sind schwach gefast. Die Glasdicken können je nach geforderter Schalldämmung von 8 bis 12 mm oder 15 bis 18 mm betragen.
In die Trennwand können Holz- oder Ganzglasflügeltüren und Ganzglasschiebetüren eingesetzt werden. Bei geforderter Schalldämmung werden hier aber geprüfte Türblätter aus Holzwerkstoffen verwendet; zum Beispiel für die Schallschutzklasse I ($R_{w.p}$ 32 dB) und die Schallschutzklasse II ($R_{w.p}$ 37 dB) 40 mm dicke Holztürblätter und für die Schallschutzklasse III ($R_{w.p}$ 42 dB) 65 mm dicke. Diese fassen dann in Rahmen aus Aluprofilen mit einfacher oder doppelter Falzdichtung. Am Fußboden muss eine automatische Bodendichtung die Fuge abdichten (Bild 7.7-1 bis 3).

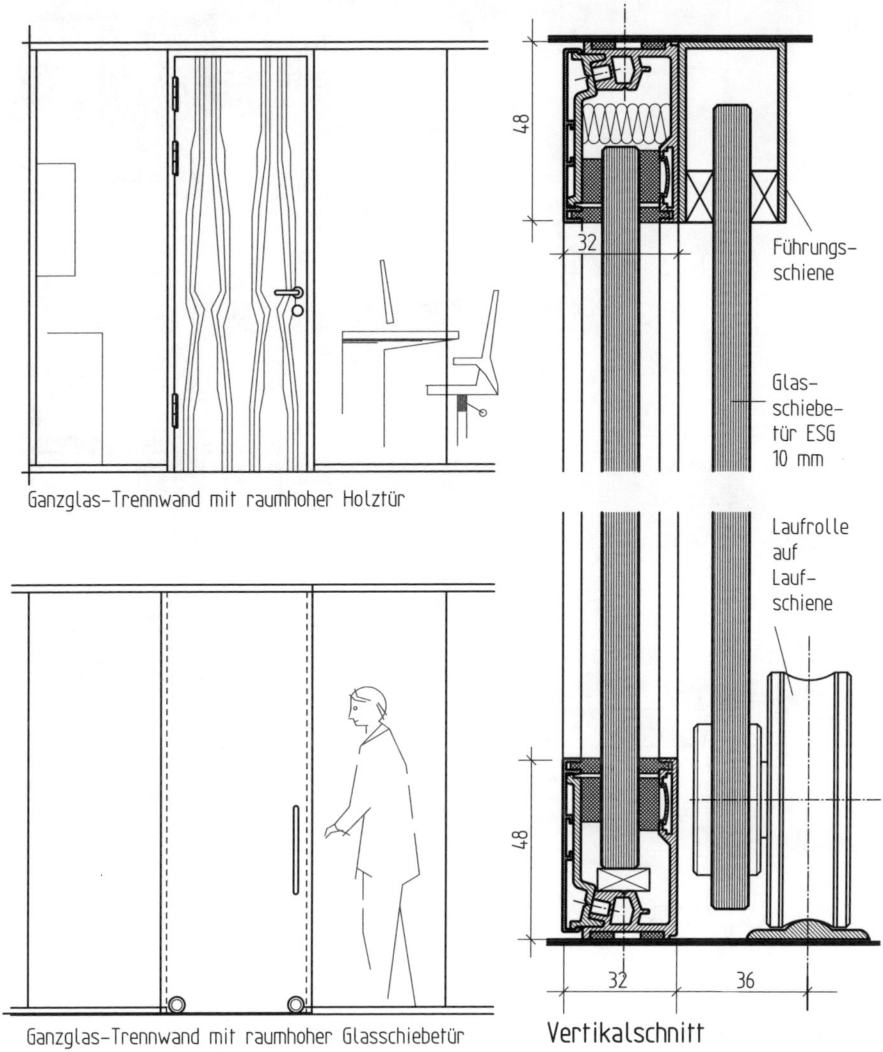

Bild 7.7-1 Ganzglastrennwände. Ansicht oben, mit raumhoher Holztür; Ansicht unten, mit Ganzglasschiebetür. Detail: Vertikalschnitt durch die Glastrennwand mit unten laufender Ganzglasschiebetür (Str)

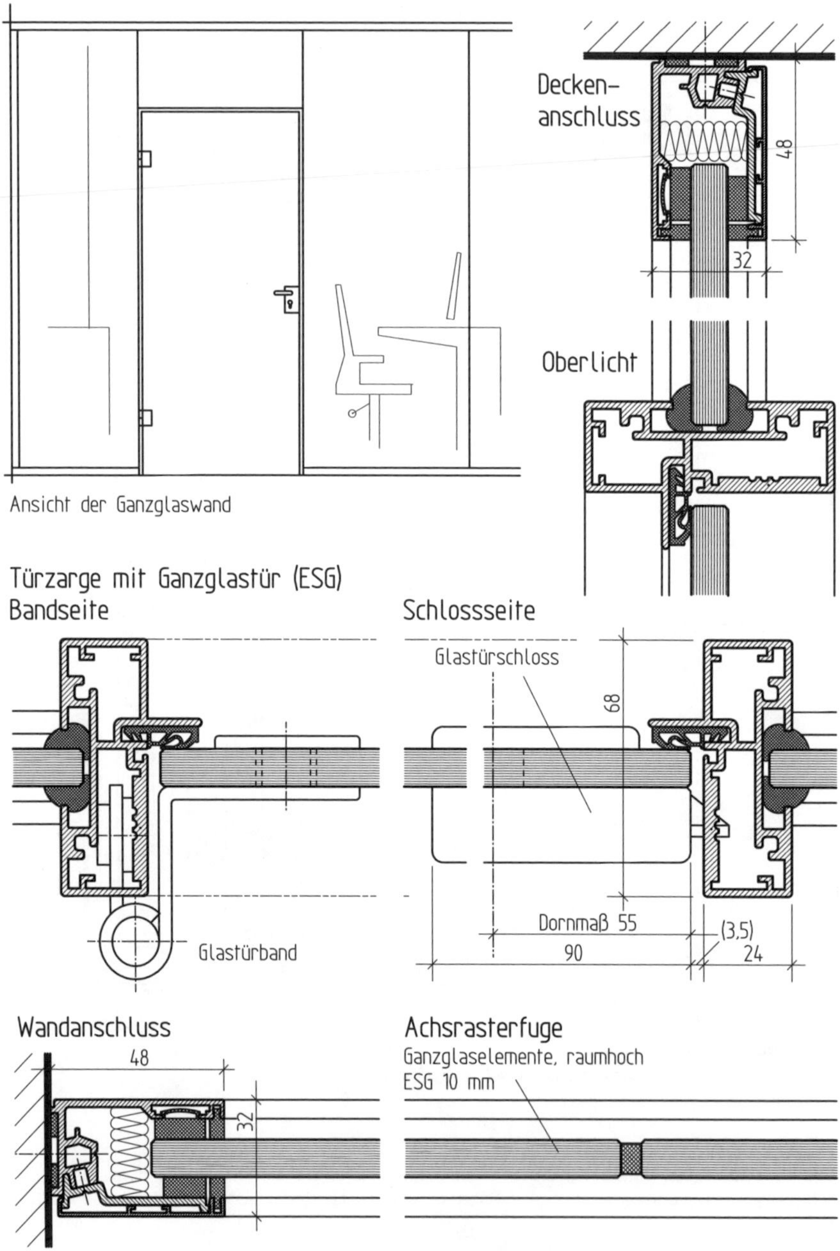

Bild 7.7-2 Ganzglastrennwand mit Ganzglasdrehflügeltür in einer schmalen Aluzarge. Wand-, Decken-, Kämpferanschluss und Achsrasterfuge der Glastrennwand (Str, Fe sinngem.).

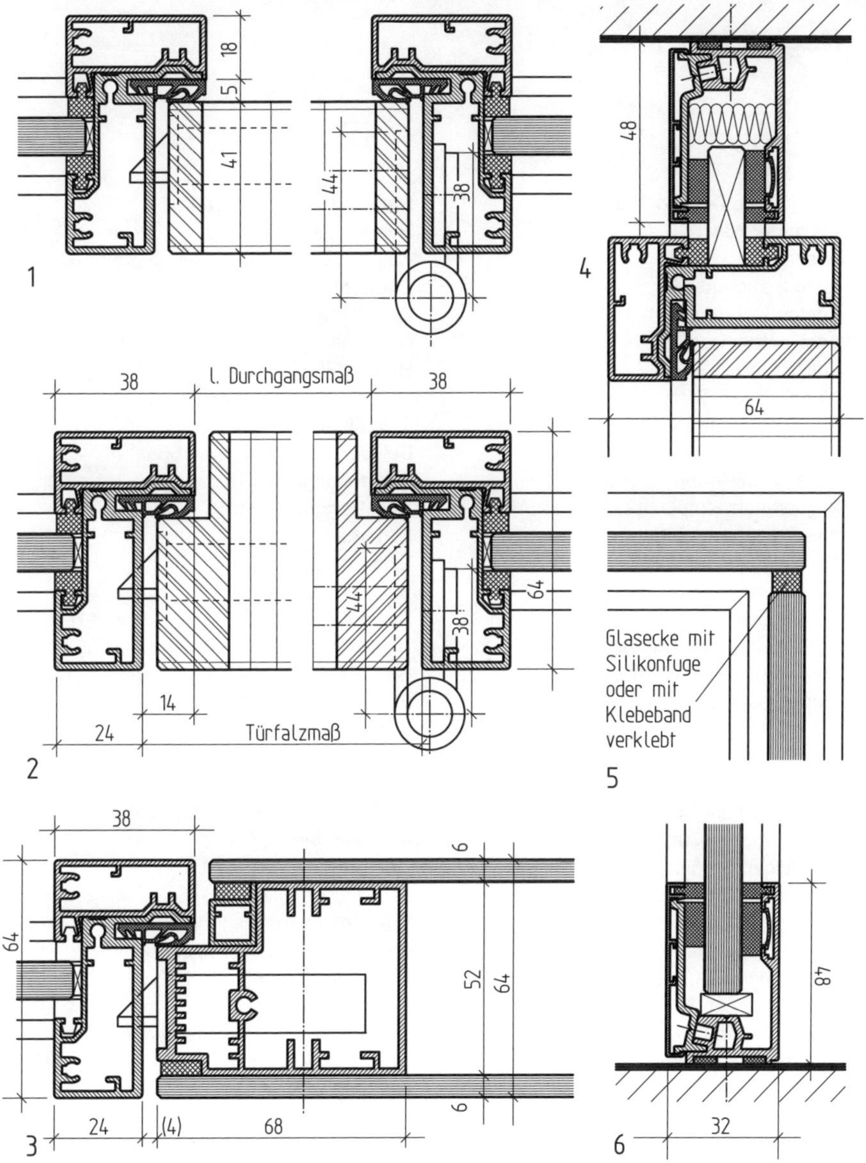

Bild 7.7-3 Ganzglastrennwand mit verschiedenen Drehflügeltüren und Türzargen im Horizontalschnitt. 1 Stumpf einschlagende Drehflügeltür aus Holz 40 mm dick, 2 stumpf einschlagende 64 mm dicke Holztür mit Mittelfalz, 3 stumpf einschlagende 64 mm dicke Glasverbundtür, 4 Deckenanschluss bei raumhoher Holztür (Vertikalschnitt), 5 Ecke bei einer Ganzglastrennwand, 6 Fußbodenanschluss (Str, Fe sinngem.).

Register

abgehängte Decken 368
Abhänger 368
Abschottung 417
Absorberschott 415
Abstand zu Rauchrohren 201
Achsrasteranschluss 441
Achsrastersystem 447
Akustikbretter 213
Akustikdämmfeder 415
Akustikdecken 411
Akustikschwingbügel 268, 415
Allgebrauchslampen 427
Alu-Glasrahmen 263
Aluminiumzargen 127
Alu-Schrankbauprofile 322, 327
Anschlagsmöglichkeiten, Türen 35
Anschlüsse bei Trennwänden 441
Anwendungsbereich Trennwände 433
architektonische Regeln, Wandverkleidungen 197
Aufbausysteme, Schrankwände 302
Aufbohrschutz 68
aufbohrsichere Beschläge 149
aufgedoppelte Türen 27
Aufhängemöglichkeiten von Wandschränken 295
Auflaufdichtungen 83
Aufnahmeelement für Türbänder 41
Aufsatzband mit geraden Lappen 49
Aufsatzbänder 39
Aufsteckklipps 383
automatische Bodendichtung 84

Balkendecken 375
ballwurfsichere Deckenverkleidung 418
ballwurfsichere Wandverkleidung 265
Bandbezugslinien 35
Bänder für einbruchhemmende Türen 47
Bänder, verdeckt liegend 53
Bänder für schwere Türen 47
Bandrasteranschluss 442
Bandrastersystem 440
Bandseitensicherung 148
Barrierefreiheit, Türen 131
Baunormzahlen 11
Baurichtmaße 11
Baustoffklassen 417
begehbarer Einbauschrank 355
Beistoßrahmen 26
Beleuchtung in Möbeln 360
Beplankungen 433
Besatzungsschloss 66
Bilderhaken 220
Bilderschienen 423
Bleieinlagen 148
Bleigleichwert 148
Blendrahmentüren 112, 120
Blockrahmentüren 103
Bodenführungen 171
Bodenführungsrolle 171
Bodenschwelle 97
Bodenträgersysteme 334
Bodentürschließer 77,153
Bommerbänder 151
Brandschutzdecken 417
Brandschutzglas 140
Brandschutztrennwände 464
breite Wandanschlussblenden 321
Bretterdecken 383
Brettertüren 21
brüstungshohe Verbretterung 222
bündig überfälzte Türen 55
Buntbartschloss 66

Cabineo-Verbinder 309
CD-Tragprofil 372
Clamex-Verbinder 309

Deckenanschlüsse 445
Deckenanschlüsse bei Schrankwänden 315

Deckenbekleidungen 363
Deckenblende 220
Deckenschale 368
Deckenschwelle 432
Deckensonderformen 389
Deckensysteme 388
Deckenverkleidung, ballwurfsichere 418
Deckenverkleidungen 363
Deckenverkleidungen, architektonische Wirkung 363
Decklage 365, 368
Deckleisten 89
Doppelklebebänder 261
doppelt bündig überfälzte Türen 55
doppelte automatische Bodendichtung 86
Dornmaß 62
Downlight-Leuchte 425
Drehklipps 383
Drehflügeltüren 23
Drehflügeltüren für Sonderzwecke 138
Drehlager 48, 158
Drehrichtung der Türen 23
Drehschiebetüren 354
Drückergarnituren 68
Drückerhöhe 35, 62
Druckknopfverbinder 232
Dübelung von Türrahmen 28
durchbruchhemmende Verglasung 149
durchschusshemmende Türen 150

Eckzargen 123
Edelstahlfeder 239
Einbauleuchten 426
Einbaumaße für Konvektoren 284
Einbauschränke 290
Einbauschränke an Wandverkleidungen 257
Einbautürschließer 79
Einbauzubehör für Decken 419
Einbohrbänder 41
einbruchhemmende Tür 148
Einhängebeschlag 241
Einsteckfallenschlösser 62
Einsteckriegelschlösser 62
Einsteckschlösser 61
Einsteckschlösser für Schiebetüren 172
Einstemmbänder 39
Elektroinstallationskanal 287
elektromechanische Drehtürantriebe 80
elektromechanische Türfeststellung 77
elektronische Schlossbetätigung 69
Elementschränke an Trennwänden 447
Elementwände 435
Elementwände im Achsrastersystem 436
Elementwände im Bandrastersystem 438
Elementwände, Schrankanschluss 448
Elementwände, Türanschluss 450
englische Züge 343
Expansionsstreifen 140
Exzenterbeschläge 311

Falle 61
Fallenschlösser 64
falsche Kassetten 389
Faltschiebetür 353
Falttüren 186
Falzbekleidung 86
Falzbekleidungen, breite 91
Federbügel 415
Fertigtüren 87
Feuerschutztür 140
Feuerwiderstandsklassen 140, 417
Fingerschutzzarge 128
Fitschen 39
Flügelriegelschloss 172
Fries, umlaufend 384
Frontrahmen 302
Fugenausbildung bei Verbretterungen 214
Fugendichtungsprofil 451
Fugenkrallen 213
Führungsmöglichkeiten von Schiebetüren 162
Führungsnocken 171
Führungssysteme, Schiebetüren 170
Füllungsstäbe 95
Fußbodenanschlüsse, Schrankwände 328
Fußbodenanschlüsse, Trennwände 444
Fußleisten 192
Fußschwelle 433

Ganzglasanlage 136
Ganzglasschiebetüren 169, 180, 182, 184, 185
Ganzglastrennwände 466
Ganzglastür, Beispiele 27, 101, 102, 111, 119, 126, 136
Garantiespiegel 260
Gardinenleiste 379
Gardinenschienen 420
gekröpfte Bänder 54
Gelenkwechselstift 70
Generalhauptschlüsselanlage 72
Gerippewände 432
Gestaltung der Schrankfronten 300
Gipskartonbauplatten 372
Glasausschnitte in Türen 22
Glasfüllungen bei Türen 25
Glashalteleisten 94
Glasschiebewand 191
Glastürband 122
Glasverbundtür 34
Gleitschienentürschließer 78
Grundlattung 366, 368
Grundlattung/Konterlattung 205

Hängende Klappen 333
Halogeneinbauleuchten 360
Harmonikatüren 186
Hauptschlüsselanlage 72
Hawgood-Pendeltürband 153
Heizkörperklappenbeschläge 279
Heizkörperverkleidung, Einhängebeschlag 278
Heizkörperverkleidungen 270
Heizwirkung von Konvektoren 283
Heizwirkung von Radiatoren 270
Hinterlüftung 202
Hochschwenkklappe 358
Höckerschwelle 83
Hohlkammerdichtungen 82
Hohlraumplatten, Verbindung 310
Hohlwanddose 454
Holzständerbauweise 446
Horizontalschiebewände 188
Hutprofil 418
hygrothermische Beanspruchung bei Türen 25
imitierte Rahmen und Füllungen 227
Innenschubkästen 343
Innentüren 15

Kamin, Abstand 314
Kantenausbildung bei Türen 24
Kassettenböden 389
Kassettendecken 389
Kassettenfelder 389
Kassettenrahmen 389
Kederleisten 402
Keiltreiberschlösser 63
Klappen, hängend 333
Klappenliftbeschlag 358
Klappschlüssel 172
klemmfreier Glastürbeschlag 137
Klemmschiene 451
Klimabeanspruchung bei Türen 25
Knopftürschloss 71
Kombibänder 41
kombinierte Hauptschlüssel- und Zentralschlossanlage 74
Konterlattung 205, 366
Konterprofil 29
Konvektor 283
Konvektoren, Einbaumaße 284
Konvektorverkleidungen, Beispiele 285
Kreuzschnellverbinder 372
Kreuzsprossen 33
Kreuzstoß 441, 442
Kristallspiegel 260
Kurzschild 69

Lamellendecke 406
Langfeldleuchten 428
Langschild 69
Lappenschließblech 69, 154
Laufrohrbeschlag 166
Laufwerke für Ganzglasschiebetüren 182
Laufwerksysteme, Schiebetüren 166
Lederbespannung 262
leichte Deckenbekleidungen 363
leichte Unterdecken 363
Leistenklipp 232

LED-Leuchten 361
Lichtdecke 410
Lichtgitter 428
Lichtkanal 428
Lichtrohrsystem 429
Lippendichtungen 81
Luftdurchlässe bei Decken 413
Luftschienen 414
Lüftungsdecken 411
Luftverteilerkasten 413

Magnetdichtungen 85
Magnetzylinderschlüssel 67
Maße bei stumpf einschlagenden Türen 50
Maße bei überfälzten Türen 40
Maße bündig überfälzter Türen 55
Maße stumpf einschlagender, zurückspringender Türen 54
Maßordnung im Hochbau 11
Maßsystem bei Trennwänden 437
Maulweitenanpassung 128
mechanische Beanspruchung bei Türen 25
Mehrfachverriegelung 148
Metallzargentüren 123
Mineralfaserplatten 372
Mineralfaserrasterplatten 412
Mittelschränke 303
Möbeldrehflügeltüren 344
Möbelklappen 358
Möbelrolladen 357
Möbelschiebetüren 348
Montagebrett 116
Montagerahmen 109
Motorschlösser 65, 68

Nennmaße 11
Nennmaße, Türöffnungen 87
Niedervolt-Halogenreflektorlampe 425
Noniusabhänger 369
Nurglastrennwand 466
Nuss 62
Nut- und Federbretter 213

Obentürschließer 76
Oberblende 99, 107
obere Falzluft 37
Oberlicht 106
Oberschränke 303
Objektbänder 41, 52
Öffnungsdämpfung 75
Öffnungswinkel 77
Ovalzylinder 68

Paneelbretter mit loser Feder 235
Panikschlösser 63
Parabolreflektorlampe 425
Parkmöglichkeiten der Schiebewandelemente 190
PAR-Lampen 426
Pendeltürbeschläge 152
Pendeltüren 151
Pendeltüren, Beispiele 155
Pendeltürschloss 154
Pfosten 432
Plattendecken 388
Plattenklammer 395
Plattenraster 395
Plattenverkleidungen 234
poröse Schallschlucker 417
Profilbretter 213
Profilbrettkralle 213
Profilzylinderschloss 66
Promaglas 465
Promatect-Platten 417
Putzanschlussleiste 114
Putzdeckleiste 93
Putzhilfen 112

Radiatoren 270
Radiatoren, Abmessungen 273
Radiatoren, Benennung 271
Radiatorverkleidung, Heizleistung 271
Radiatorverkleidungen, Beispiele 274
Rahmenhebel 48
Rahmentüren 27
Rahmentürschließer 77, 153
Rahmenunterkonstruktion 207
Randbalken 381
Rasterplatten 412
Rasterschienen 243
Rauchmelder 75
Rauchrohr, Abstand 314

Rauchrohre und Feuerstellen, Abstand 201
Rauchschutztür 140
Raumspartür 131
Regalständer 451
Riegel 432
Riegel, Schloss 62
Riegelschlösser 63
Rohbauöffnungen für Türen 13
Rohrkantenriegel 67
Rollenfalle 154
Rollenfallenschloss 154
Rosetten 69
Rückwandhaken 242
Rückwandverbinder 314
Rundzylinder 66

Schachtblech für Konvektoren 284
Schalendecke 410
schalldämmende Trennwände 462
schalldämmende Wandverkleidung 267
Schalldämmmaß 138
Schallschutzdecken 411
Schallschutzklasse 139
Schallschutztür, einflügelig 142
Schallschutztür, zweiflügelig 145, 146
Schallschutztüren 138
Scheinbalken 375
Schiebetür, einflügelig 175
Schiebetür, zweiflügelig 177
Schiebetüren 161
Schiebetürschlösser 172
Schiebewandelemente 189
Schließanlagen 70
Schließbleche 65
Schließfolgeregelung 75
Schließgeschwindigkeit 76
Schließhebel 79
Schließkraft 76
Schließverzögerung 75
Schließzylinderschlüssel 67
Schlitzbandabhänger 372
Schlitzlochschienen 242
Schloss für Badtüren 66
Schloss mit Wechsel 62
Schlösser mit Besatzung 66
Schlösser mit Mehrfachverriegelung 148
Schlosskasten 62
Schlüssel 66
Schlüssel für Elektronikschlösser 67
Schlüssellochformen 71
Schnellbauschienen 206
Schrankanschluss an Trennwände 447, 454
Schrankaufhänger 297
Schrankbauprofile 322, 327, 328
Schränke in Regalständer 456
Schrankeinbauten 333
Schrankfronten 300, 333
Schrankfronten, Gestaltung 300
Schrankmontage 304
Schrankverbindungsbeschläge 309
Schrankwände 299
Schrankwände, Aufbausysteme 302
Schubkästen, Holz 335
Schubkästen, Metall 338
Schubstangenschloss 173
Schwellendichtungen 83, 86
Schwingelement 266, 415
Schwingungsabhänger 415
Segmentschiebetüren 164
seitliche Falzluft 37
Sicherungsarten bei Türen 65
Silikonkleber 261
Slimlinespiegel 260
Sockelhöhenversteller 330
Sockelleiste 220
Sollbruchstelle 70
Sonderdecken 389
Spanndruck bei Trennwänden 431
Spannfederabhänger 369
Sperrholzfüllungen bei Türen 26
Sperrholztürblätter 21
Sperrtüren 23
Spezialbänder 41
Springgriff 172
Sprossen 34
Stahlzargenprofile 125
Ständermaße 433
Steinsockel 232
Stiel 432
Stielabstände 433
Stoffbespannung 262
Strahlenschutzschloss 149

Strahlenschutztür 63, 148
Streifenvorhänge 422
Stromschienensystem 429
Stulp 62
stumpf einschlagende Türen 49, 100
Sturzmontage 76
Stützweite bei Unterkonstruktionen 370

tapezierbarer Wandanschluss 320
technische Anforderungen, Wandverkleidungen 200
technische Deckenverkleidungen 411
Teleskopbeschlag 165, 170
Teleskopschiebetür 162
Tellerbord 98, 222, 233
Toleranzen bei Türöffnungen 14
T-Querprofil 371
Trafo-Einbau 425
Trägerschienen 313
Traglattung 365, 368
Tragseiten 303
Tragzapfen 43
Trapezverbinder 309
Treibriegelschlösser 65
Trennschwelle 96
Trennwand mit ganzflächiger Verglasung 459
Trennwände 430
Trennwände mit erhöhtem Brandschutz 464
Trennwandelemente 435
Trennwandelemente, verglast 457
Trennwandständer 452
Trennwandsystem mit Metallunterkonstruktion 451
T-Stoß 441
T-Tragschienen 370
Türanschluss 441
Türanschluss an Wandverkleidung 253
Türanschluss bei Trennwänden 450, 454
Türband mit Aufnahmeelement 57
Türblattausbildung 20
Türblattaußenmaße 87
Türblattfalzmaße 87
Türblattform 19
Türdichtungen 81
Türen im Türrahmen 36
Türen mit Futter und Bekleidungen 86
Türfalzdichtungen 81
Türfutter 86
Türfutterfräsersatz 93
Türhebel 48
Türkantenriegel 67
Turnhallenzarge 129
Türscharnier mit geraden Lappen 52
Türscharniere 39
Türschild 69
Türschließersysteme 75
Türspion 96
Türumrahmung 18, 35

überfälzte Türen 37
Überluckbeschläge 386
überluckte Verbretterung 218
Umfassungszargen 123
umlaufender Fries 384
unsichtbare Scharniere 57
Unterdecken 363
untere Falzluft 37
Unterkonstruktion 201
Unterkonstruktion für Deckenbekleidungen 364
Unterkonstruktion für Unterdecken 368
Unterkonstruktionssysteme 373
Unterschränke 303

Verankerung der Deckenverkleidung 365
Verankerungslänge bei Nägeln 368
Verankerungslänge bei Schrauben 368
Verbindungsschrauben 309
Verbretterung, brüstungshoch 222
Verbretterung, überluckt 218
Verbretterungen 208
verdeckte Verglasungsrahmen 458
verglaste Trennwandelemente 435
Verkleidungen mit Bespannungen 260
Verkleidungen mit Spiegeln 260
Verkleidungsschale 208, 366
verleistete Füllungen in Türen 30
Verschluss bündig überfälzter Türen 64
Verschluss von Schiebetüren 173
Verschluss von Stumpftüren 64
Verschluss von überfälzten Türen 63

Verschlussmöglichkeit von Drehtüren 61
Verstäbungen 208
Vertikaljalousien 419
Vertikalschiebetüren 356
Vierkantstift 62
Vollholzfüllungen in Türen 30
Vorhangschienen 419

Wabendecke 406
Wabenrasterplatten 412
Wandanschluss 441
Wandanschlüsse bei Arbeitsplatten 294
Wandanschlüsse bei Schrankwänden 315
Wandanschlüsse bei Wandschränken 291
Wandanschlussprofil 372, 451
Wandfeder 395
Wandfluter 425
Wandfriese 397
Wandpfosten 432
Wandrandleiste 384
Wandschränke 290
Wandschränke, Aufhängemöglichkeiten 290
Wandverkleidung an Einbauschränke 257
Wandverkleidung, ballwurfsichere 265
Wandverkleidung, Hinterlüftung 202
Wandverkleidung, KF-Profile 248
Wandverkleidung, Platten 234
Wandverkleidung, Rahmen und Füllungen 223
Wandverkleidung, schalldämmende 267
Wandverkleidung, Türanschluss 253
Wandverkleidung, wärmedämmend 269
Wandverkleidungen 193
Wandverkleidungen mit Bespannungen 260
Wandverkleidungen mit Spiegeln 260
Wandverkleidungen, Anordnung 199
Wandverkleidungen, architektonische Regeln 197
Wandverkleidungen, technische Anforderungen 200
Wandverkleidungen, Unterkonstruktion 201
Wandwinkelprofil 394
wärmedämmende Wandverkleidung 269
Wechsel 62
Wechselgarnituren 70
Wechselstift 71
Wendeschlüssel 67
Windfangtür mit Vitrinen 135
Windfangtüren 132
Windfangtüren, zweiflügelig 137
Winkelprofil für Schattenfugen 371
Winkelschließblech 63
Wohnungsabschlusstür, Beispiele 96, 97, 148

Zapfenbänder 41
Zargenrahmentüren 112
Zementkasten 77
Zentralschlossanlage 72
Zierbekleidung 86
Zierkappen 383
Zierknöpfe 387
Ziernägel 383
Zierstöpsel 402
Zirkelriegelschloss 172
Zuhaltungsschloss 66
Zuhaltungsschlüssel 67
zweiseitig ausziehbarer Schubkasten 341
Zylinderlochformen 71

Abkürzungen

3M	Firma 3M Deutschland, Klebesysteme
Al	Aluminium
Alu	Firma Alumat-Frey GmbH, D-87600 Kaufbeuren-Oberbeuren
An	Firma ANUBA, Heine & Sohn GmbH, D-78147 Vöhrenbach
Ath	Firma Athmer-Dichtungen, D-59757 Arnsberg
Bas	Firma Basys, Bartels Systembeschläge, D-32689 Kalletal
Bi	Firma Ernst Bierbach GmbH & Co, KG, D-59402 Unna
BKS	Firma BKS GmbH, D-42549 Velbert
Bl	Firma Blum GmbH, Beschlägefabrik, A-6973 Höchst
BMH	Firma Beyer & Müller, D-42579 Heiligenhaus
BSW	Firma Breuer & Schmitz, D-42719 Solingen (Wald)
Di	Firma Dictator-Technik GmbH, D-86356 Neusäß
Do	Firma Dorma GmbH & Co KG, D-58747 Ennepetal
DOG	Firma Dorma Glas GmbH, D-32107 Bad Salzuflen
Du	Firma Duropal, Pfleiderer Industrie GmbH & Co, KG, D-92318 Neumarkt
Ek	Firma EKU-AG, Beschlägetechnik, CH-8370 Sirnach
El	Firma Eltec, Pfleiderer Industrie GmbH & Co, KG, D-92318 Neumarkt
Er	Firma Erco-Leuchten, D-58505 Lüdenscheid
ESG	Einscheibensicherheitsglas
Fe	Firma Feco Innenausbausysteme, D-76139 Karlsruhe
Fl	Firma Flabeg GmbH, D-90766 Fürth
Fr	Firma Früh, D-72654 Neckartenzlingen
FS	Firma F. Schumacher, D-42551 Velbert 1
FSB	Firma Franz Schneider, Brakel GmbH, D-33034 Brakel
FU	Furniersperrholz (siehe VP)
Ge	Firma Geze GmbH & Co, D-71229 Leonberg
Gi	Firma GICO-Beschläge, R. Gievers KG, D-33189 Schlangen
Go	Firma Karl Gold, Werkzeugfabrik GmbH, D-73447 Oberkochen
Gr	Firma Grass AG, Beschlägefabrik, A-6973 Höchst
Gut	Firma Hermann Gutmann Werke GmbH, D-91781 Weißenburg
Hä	Firma Häfele GmbH & Co, D-72192 Nagold
HA	Firma HAWA, CH-8932 Mettmenstetten
Hac	Firma Haco, Happe & Co, GmbH, D-33739 Bielefeld
He	Firma Hettich - Beschläge GmbH & Co, D-32602 Vlotho
Heb	Firma Hebgo, Beschlägefabriken, CH-4657 Dulliken-Olten
Hel	Firma Helm, Hespe & Woelm, GmbH & Co, KG, D-42579 Heiligenhaus
Her	Firma Hera, GmbH & Co.KG, D-Enger
Hew	Firma HEWI, Heinrich Wilke GmbH, D-34454 Arolsen

Hol	Firma Christian Holzäpfel GmbH, D-72160 Horb
HoR	Holzwerk Rockenhausen, GmbH & Co, KG, D-67802 Rockenhausen
HPL	Dekorative Hochdruck-Schichtpressstoffplatte
Ht	Hetal-Werke, Franz Hettich GmbH & Co, D-72275 Alpirsbach
Hü	Firma Hüppe, Form GmbH, D-26121 Oldenburg
Hu	Firma Huwil-Werke GmbH, D-53809 Ruppichteroth
IK	Firma Ikon AG, D-14167 Berlin
IMI	H. Schubert GmbH, D-48493 Wettringen
Ju	Firma JuNie, Jul. Niederdrenk, Schlösser, D-42553 Velbert-Tönisheide
KA	Firma Bauer, KABA-Sicherheitstechnik, CH-8620 Wetzikon
Ke	Firma Keso, Präzisions-Schließtechnik GmbH, CH-8808 Richterswil ZH
KF	Kunststoffbeschichtete Flachpressplatte
Ki	Maschinenfabrik Gg. Kiefer GmbH, D-70447 Stuttgart
Kn	Firma Friedrich Knapp GmbH, A-3300 Amstetten
Kna	Firma Gebr. Knauf, Gipswerke, D-97346 Iphofen
Kri	Firma Krion, Porcelanosa
Ku	Firma Kuri, Kunststoffverarbeitung, D-53225 Bonn (Beuel)
Küf	Firma Küffner-Aluzargen GmbH & Co, OHG, D-76287 Rheinstetten
KW	Firma KAWO, Karl Wolpers, Dichtstoffe, D-31135 Hildesheim
Lei	Firma Gebr. Leitz GmbH & Co, D-73447 Oberkochen
Leu	Firma Leuco, Ledermann & Co, D-72160 Horb
Mab	Firma Mab-Glasbeschläge GmbH, D-03229 Altdöbern
Mev	Firma Mevaco GmbH, D-73278 Schlierbach
MFB	Melaminbeschichtete Platte
MHZ	Firma MHZ, Gardinenleisten, D-70771 Leinfelden
Mo	Firma Moralt-Fertigelemente GmbH & Co, D-86730 Oettingen
Mod	Firma Moradelli, Lochbleche, D 85551 Kirchheim/München
MS	Messing
Ne	Firma Kunststoff KG Nehl und Co, D-32257 Bünde
Nü	Firma Franz Nüsing GmbH & Co, KG, D-48031 Münster
OG	Firma Ogro, Beschlagstechnik GmbH, D-42553 Velbert
Op	Firma Oppold, Werkzeuge, D-73447 Oberkochen
Os	Firma Ostermann & Scheiwe GmbH & Co, D-48155 Münster
P2	Spanplatte für Möbel und Innenausbau
Pho	Phos Design, D-76135 Karlsruhe
Pl	Firma Planet-Dichtungen, Mathias Jaggi, CH-8309 Nürensdorf
Pr	Firma Prämeta, Beschläge, D-51085 Köln
Pro	Firma Profil-Vertrieb, D-76571 Gaggenau
Prm	Firma Promat GmbH, D-40835 Ratingen

Re	Firma Rehau AG & Co, Kunststoffe, D-91018 Erlangen
Schü	Firma Schüco-design, Schüco-International KG, D-33326 Burgholzhausen
Se	Firma Se›lux, Semperlux GmbH, Lichttechnisches Werk, D-12277 Berlin
SG	Firma Silent-Gliss, D-79576 Weil am Rhein
Si	Firma Simon, K. Simon GmbH & Co, KG, D-78733 Aichhalden
Sim	Firma Simonswerk GmbH, Baubeschlagstechnik, D-33375 Rheda-Wiedenbrück
St	Firma Heinrich Strenger GmbH, Riegel- u. Baubeschlagfabrik, D-42579 Heiligenhaus
ST	Stabsperrholz
Sta	Firma Staff & Schwarz, Leuchtenwerk, D-32657 Lemgo
Str	Firma Strähle, Raumsysteme GmbH, D-71332 Waiblingen
SW	Schlüsselweite (für Muttern)
Th	Firma Thealit-Hager, D-66440 Blieskastel
Ti	Firma Tiger- Beschläge, Hermann Francksen Nachf., D-28719 Bremen
Vie	Firma Vieler Beschläge, D-58614 Iserlohn
VP	Veneer Plywood (Furniersperrholz)
VSG	Verbundsicherheitsglas
We	Firma Westag & Getalit AG, D-33375 Rheda-Wiedenbrück
Wen	Firma Hans Weber, Metallwarenfabrik, D-90443 Nürnberg
Wü	Firma Adolf Würth GmbH & Co, KG, D-74653 Künzelsau
Wul	Firma Wulf-Handelsgesellschaft mbH, D-59609 Anröchte-Effeln
Zi	Firma Gustav Ziehl, Beschlägefabrik, D-50996 Köln

Weitere Titel von Wolfgang Nutsch:

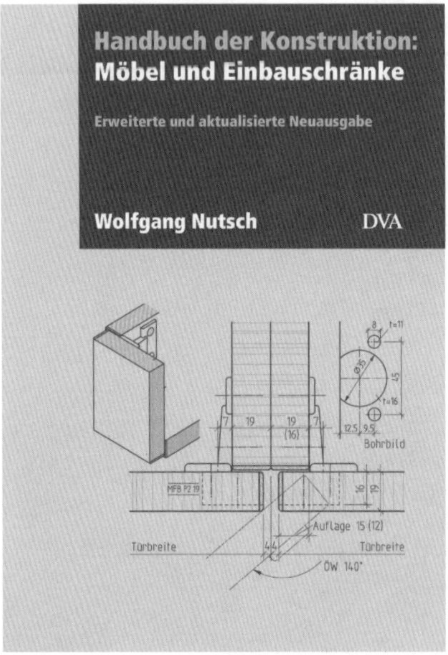

Handbuch der Konstruktion: Möbel und Einbauschränke

Pappband, 452 Seiten, 14,8 × 21,0 cm
ISBN 978-3-421-04134-0

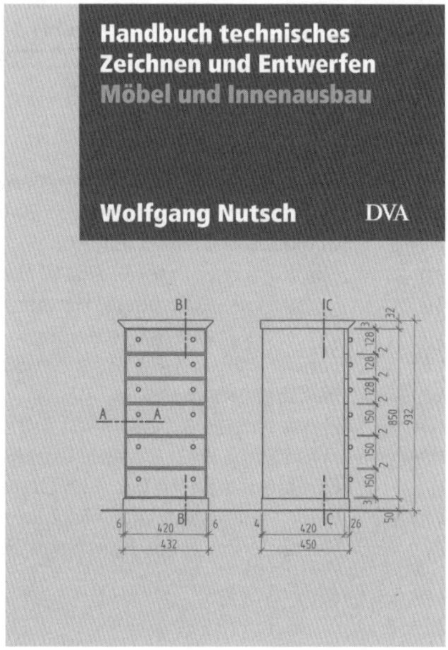

Handbuch technisches Zeichnen und Entwerfen: Möbel und Innenausbau

Papppand, 304 Seiten, 14,8 × 21,0 cm
ISBN 978-3-421-04050-3